U0364026

精彩由此展开……

80种昆虫彩图馆

黄威 编著

中侨彩图馆

刘凤珍 主编

中国华侨出版社

图书在版编目（CIP）数据

80 种昆虫彩图馆 / 黄威编著． — 北京 : 中国华侨出版社，2015.12
（中侨彩图馆 / 刘凤珍主编）
ISBN 978-7-5113-5879-0

Ⅰ．①8… Ⅱ．①黄… Ⅲ．①昆虫—普及读物 Ⅳ．①Q96-49

中国版本图书馆 CIP 数据核字（2015）第 302785 号

80 种昆虫彩图馆

编　　著 / 黄　威
丛书主编 / 刘凤珍
总 审 定 / 江　冰
出 版 人 / 方　鸣
责任编辑 / 兰　馨
装帧设计 / 贾惠茹
经　　销 / 新华书店
开　　本 / 720mm×1020mm　1/16　印张：27.5　字数：867 千字
印　　刷 / 北京鑫国彩印刷制版有限公司
版　　次 / 2016 年 3 月第 1 版　2016 年 3 月第 1 次印刷
书　　号 / ISBN 978-7-5113-5879-0
定　　价 / 39.80 元

中国华侨出版社　北京市朝阳区静安里 26 号通成达大厦 3 层　邮编：100028
法律顾问：陈鹰律师事务所
发行部：（010）64443051　　传真：（010）64439708
网　址：www.oveaschin.com
E-mail: oveaschin@sina.com

Preface 前言

色彩缤纷的蝴蝶、访花酿蜜的蜜蜂、引吭高歌的蝉、身手矫健的蜻蜓、挥舞“大刀”的螳螂、成群结队的蚂蚁，以及令人生厌的苍蝇、蚊子、蟑螂，等等，如果仔细观察，你会发现，这些千差万别、大小不一、个性迥异的动物却有着鲜明的共同特征：都有6条腿；身体由头部、胸部和腹部三部分组成；头上有触角或触须来感知气味和碰触。这些特征使得蝴蝶、蜜蜂、蝉、蜻蜓等都成为洋洋大观的昆虫家族的成员。

昆虫是地球上数量最多、最为成功的动物。昆虫的历史之久、数量之多、分布面之广是其他动物所望尘莫及的。昆虫的身影遍及整个地球，从赤道到两极，从河流到沙漠，上至世界之巅——珠穆朗玛峰，下至数米深的土壤里，都是昆虫安居乐业的家园。这样广泛的分布，说明昆虫有着惊人的适应能力，这也是昆虫种类繁多的生态基础。

事实上，昆虫是我们这个地球至关重要的一部分，在确保我们的生态系统动态发展的过程中占据着显要的地位。它们分解死亡的植被，动物的尸体、粪便，大量的营养成分被它们处理并返还到土壤中。它们还是主要的食草动物和动物蛋白的提供者。作为花卉的授粉员，它们也是植物繁衍过程中的重要环节。一个令人震惊的事实：我们这个星球，没有人类照样存在，没有昆虫却不行。

昆虫群体之所以如此值得研究，还因为诸多具有社会性组织的昆虫同人类一样，都代表着生物进化了不起的成就，就群体的凝聚力、等级划分的精确度和个体的利他行为而言，它们充分展现了社会组织的极致水平。种类数以万计的胡蜂、蚂蚁、蜜蜂、白蚁都是运用社群组织的力量来解决各种生态问题的，因此常有人把社会性昆虫群体称为“超有机体”，因为社会性昆虫的组织活动可以同生物体的器官和组织的生物学特性比拟。

然而，尽管昆虫世界仍然兴旺发达，人类的活动已经逐渐影响到了昆虫的生存和发展，比如改变了多种昆虫的栖息地和生存环境等，这使得越来越多的昆虫种类灭绝或濒临灭绝。尽管昆虫中不乏对人类有害的物种，比如会将疾病传播给人类和牲畜的虱子、跳蚤以及各种蝇类，等等，即便如此，它们在生态平衡中所起的作用也不容低估，它们一旦灭绝，可能导致的严重后果最终还是会殃及人类。现在人们越来越强烈地意识到，人类的生存依赖于对生物多样性的深刻理解和保护，人类只有与动植物和谐相处才能实现可持续发展，而昆虫就为我们提供了一个完美的范本。

为了使广大读者了解昆虫，喜爱昆虫，进入昆虫的世界，我们精心编写了本书。全书精选了世界上最常见、最有代表性的昆虫80余种，取整数将书名定为《80种昆虫彩图馆》。

在本书中，我们对每种昆虫都进行了详细的介绍，包括相关生理特征、分布情况、进化历史、分类、繁殖、食性、保护状况以及与人类的关系等，条理清晰，层次分明。

本书形式多样，版式多元，除了正文以外，还有节选自法布尔《昆虫记》的“法布尔昆虫趣谈”，流畅的行文，生动的语言，将小小的虫子塑造得有感情、有个性，让昆虫活灵活现地跃然纸上；“我爱昆虫”栏目引领读者和昆虫进行亲密接触，在动手中走近自然世界中的昆虫。在正文部分，为使读者能够轻松理解和掌握，编者有针对性地总结归纳了大量相关知识点，以“知识档案”、“框内专题”的形式对主题内容进行信息提炼或拓展延伸，简明扼要，一目了然，极具专业性和资料性。部分章节的后面还设置了精彩的“照片故事”，是对主题内容的生动补充和深化。全书语言生动流畅、风趣幽默，读来令人兴趣盎然并深受启发。大量珍贵的插图既有生动的野外抓拍照片，也有大量描摹细腻传神的手绘图，生动再现了昆虫的生存百态和精彩瞬间。

我们相信，这本书的出版一定能够让更多人喜欢上昆虫——这种数量庞大、形态万千的小动物，然后去充分体味人与自然和谐相处的奇妙感受，并唤起读者保护昆虫的意识，积极地与危害昆虫及其他野生动物的行为做斗争，保护人类和野生动物赖以生存的地球，为野生动物保留一个自由自在的家园。

Contents 目录

第一篇 昆虫基础知识

第二篇 常见昆虫

第三篇　昆虫探秘

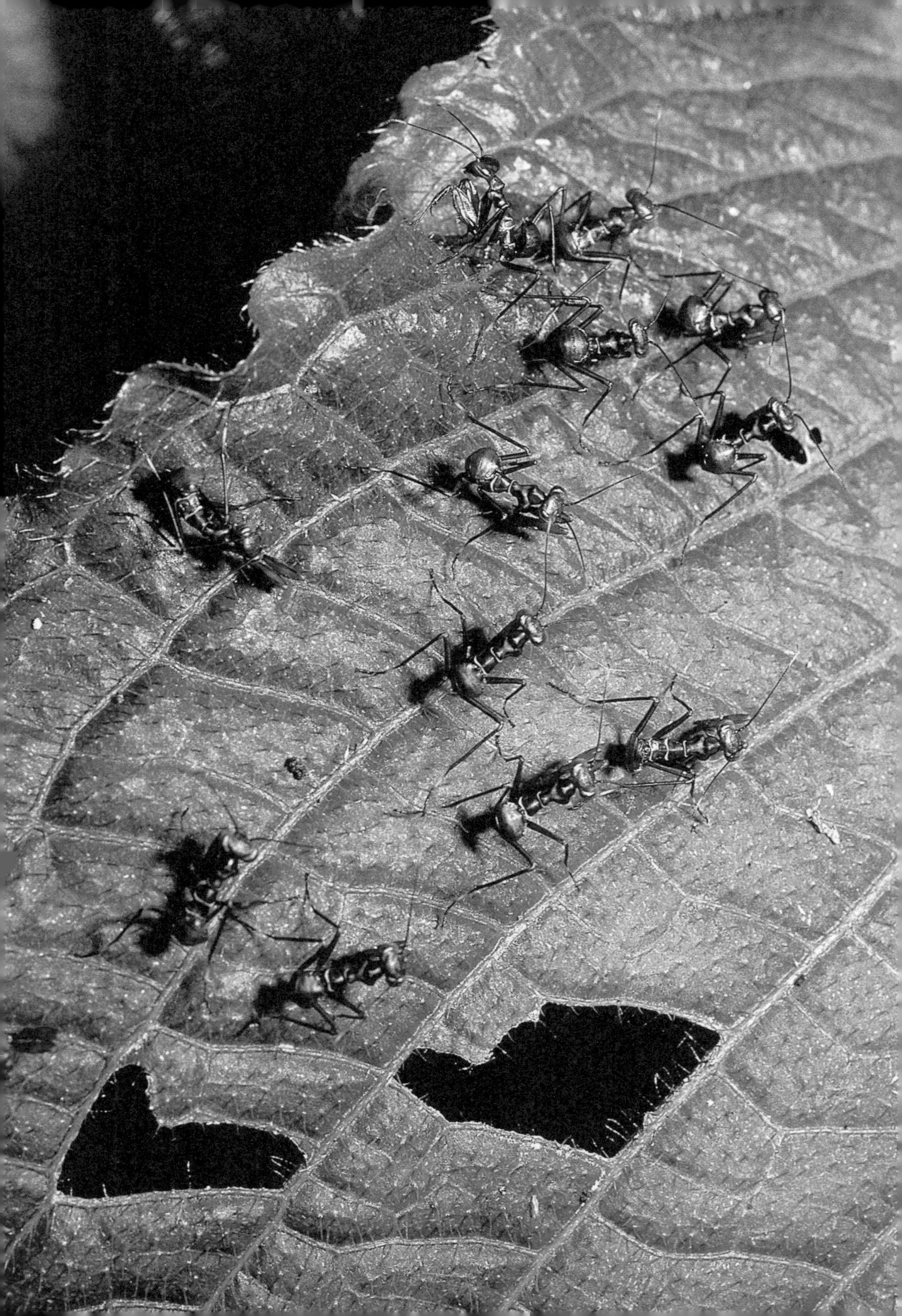

第一篇

昆虫基础知识

什么是昆虫

如果说节肢动物是这个地球上最辉煌的物种，那么这个物种内部的相应称号应该属于昆虫。到目前为止，已发现的昆虫种类数目接近100万，可能还有几百万种在等着被人类发现——每年新发现的品种在7000个左右。然而，在我们不断地发现新品种的同时，昆虫的种类也在不断减少，每年消失的数量超过我们发现的数量——这是它们的栖息地，尤其是热带森林日渐遭到破坏的结果。

现在大多数权威组织认为无翅弹尾目昆虫（跳虫）、原尾目昆虫和双尾目昆虫都不属于昆虫类，应该最好在单肢动物门的六足总纲下为它们单独设置一个纲。六足昆虫与数量少得多的多足动物（蜈蚣和马陆）的不同在于：它们的身体分为明显不同的3部分——头部、胸部和腹部，胸部分3节，长有6条附肢（因此得名“六足动物”），体内有气管系统。

昆虫分为小而无翅的无翅亚纲（石和衣鱼）和有翅亚纲。有翅亚纲囊括了已知昆虫种类的99.9%，它们的翅膀都长在胸部的第二和第三节上——这两个体节通常融合，像个坚硬的小盒子，以承受飞行时产生的机械力。

对于昆虫的起源，有好几种不同的理论，但看起来它们似乎是从多足动物演化而来的，其直系祖先与综合虫类相似。除了外表皮，早期昆虫的主要特征包括体腔之外的口器（外

↘ 跟所有的昆虫一样，来自阿根廷的这只生有警示性颜色的缘蝽有 6 条附肢，每条至少有 5 节，外形与大多数昆虫类似，但与多数陆生节肢动物不同的是，它长有翅膀。

口式）、下口式的头部（口器面朝下）、1对触角、基部才有的肌肉、6条附肢、至少5节体节——胸部至少有3节，腹部至少有11节腹板（有些长在一起了），雌性第8节腹板处、雄性第9节腹板处长有一个开放的生殖器（生殖孔）。以上这些特征把昆虫和其他属于六足总纲的动物区分开了。

外表皮的多种用途

身体结构

昆虫这一物种的成功和显著的多样性应归功于这样几个主要特点：能应付或经受住干燥；快速灵活的飞行，而且可以飞很长时间；包括变态在内的短暂的生命周期，高繁殖率；季节异常时顽强的生存能力。类似白蚁、蚂蚁、黄蜂和蜜蜂那样的社会化合作也是这些群体异常鼎盛的主要原因。

防水的外表皮和有阀气管的呼吸系统结合起来，使得昆虫们能够在陆地上大量繁殖。如此重要和功能多样的外表皮使昆虫充满这个世界，因此，昆虫的外表皮非一般的其他节肢动物可比。它既可以变成坚硬的爪和颚，也可以变成柔软易弯曲的腿部关节、体节膜，以及昆虫体内气管系统的内层、前肠和后肠、生殖系统组成部分和皮肤腺体的排泄管。尽管昆虫的成长通常仅限于蜕皮后的很短时间内，但毛虫和其他柔软的幼虫们也能在两次蜕皮期之间长个，甚至有些成虫也能变大：自在巢穴中被发现到工蚁首次喂食，白蚁蚁后的腹部能变长10倍。

千变万化的外表皮变成了纤毛、刚毛、外表面的鳞片（造就了蝴蝶多彩而优雅的翅膀）、蜜蜂的毛皮“外套”和甲虫的保护刺。外表皮的物质还形成了多样化的感官结构，包括眼睛里的晶状体、耳部的鼓膜，以及为嗅觉和味觉服务的纤毛。

外表皮含有的一种特殊的蛋白质——节肢弹性蛋白，使外表皮既有弹性也有韧性，可为跳跃或扑扇翅膀储存和释放能量。此外，外表皮还演化出了内骨骼，尤其体现在大型昆虫身上，为颚部和肌肉提供了附着处，在体内还支撑着胸部的体壁，就连长长的、腱质状的内突也是由外表皮形成的，以便对跖节或爪进行遥控。

昆虫 昆虫纲

已发现近100万种，分为2个亚纲，28目

无翅亚纲

石蛃（石蛃目）

衣鱼（缨尾目）

有翅亚纲（有翅的成虫，包括某些后来翅膀消失的种类）

古翼类（翅膀与身体成直角）

蜉蝣（蜉蝣目）

蜻蜓（蜻蜓目）

新翅类（翅膀交叠在背上）

翅膀长在外部（外翅类）；变形不完全（半变态）：

蟑螂（蜚蠊目）

白蚁（等翅目）

螳螂（螳螂目）

蠼螋（革翅目）

石蝇（翅目）

蟋蟀和蚱蜢（直翅目）

竹节虫和叶虫（竹节虫目）

书虱（啮目）

足丝蚁（促足目）

缺翅虫（缺翅目）

蓟马（缨翅目）

寄生虱（毛虱目）

臭虫（半翅目）

翅膀长在内部（内翅类）；变形完全（全变态）

蛇蛉（蛇蛉目）

泥蛉（广翅目）

草蜻蛉（脉翅目）

甲虫（鞘翅目）

捻翅虫（捻翅目）

蝎蛉虫（长翅目）

跳蚤（蚤目）

蝇（双翅目）

石蚕蛾（毛翅目）

蝴蝶和蛾（鳞翅目）

黄蜂、蚂蚁和蜜蜂（膜翅目）

自由呼吸

呼吸系统

像其他节肢动物一样，昆虫通过气门呼吸，气门与体内纵横交错的气管相通。昆虫大都有10对气门，沿体侧分布。每个气门都由一个小阀控制。主管道（气管）外延伸，成为更小的、一端封闭的微气管，直径不超过0.1毫米。微气管的终端会有一种液体，是从周围的组织中通过毛细作用吸进来的；当渗透压或酸碱值发生变化使得组织变活跃时，液体就会被吸到微气管的顶端。

气管系统既能应对飞行时大量氧气的需要，也能在静止状态时将水分的流失降低到最低值。飞行时，有些昆虫每克体重每小时会消耗超过0.1公升氧气，这个新陈代谢率高于其他任何一种多细胞生物。昆虫胸部的气管和气囊

↗ 许多蛾类幼虫都在丝质的茧内化蛹。蝴蝶的蛹通常都被固定在某种坚固物质的基部，比如树干。上图中是一个燕尾蝶的蛹，头朝上地被几束丝固定住了。

六足动物——不仅仅是昆虫

六足总纲的其他 3 个纲与昆虫纲区别开来的原因是口器的不同，它们的口器被包在头部侧边与下唇长在一起的腔内（内口式）。与昆虫最为不同的是，它们的触角里生有肌肉，没有一种会飞，而且这 3 个纲的典型代表们均在某些腹节上长有附器。

原尾虫（原尾纲）（图 1）体型非常微小，通常不超过 2 毫米长，体色为白色，住在土壤里，四海为家。它们没有触角，前肢代替触角发挥感官功能，中部和后部的附肢负责运动。附肢有 5 个关节，腹部末端生有一个突起（尾节）。它们的气管呼吸系统很简单，有些种类只有 1 对气门。随发育成熟体节增多。尽管原尾虫分布很广，却是喜欢隐居的动物，因此人们对有关它们的生态知识了解得不多。它们用口器吸吮食物，而且主要以真菌为食。原尾虫大约 70 多种、7 或 8 个属。

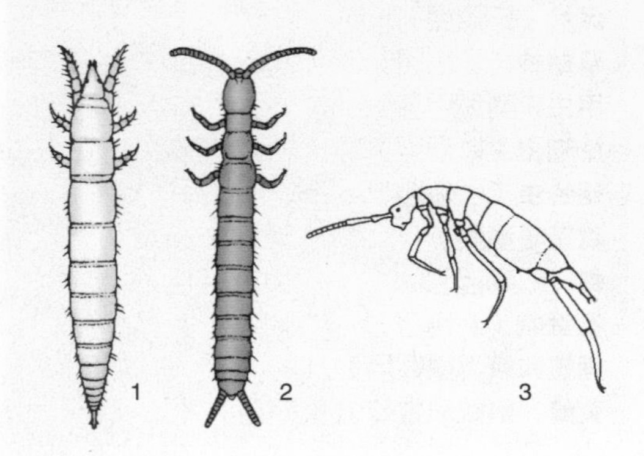

尾部长有两根尾须的双尾虫（双尾纲）（图 2），大约有 400 种，部分分布很广，也很常见。有的双尾虫体长能达到 7 毫米，但有的双尾虫则长达 50 毫米，而且尾毛进化成可以捕食的钳子；能咬合的口器缩小了。双尾虫喜欢住在潮湿的石头或木头下面，没有视力，一般双尾虫只有 2~4 对气门，但有的多达 11 对。它们的触角和尾须很长（多数情况），腹部的附肢发育不完全，胸部则有 3 对附肢，附肢均分为 5 节。雄性把精囊产在体外，然后由雌性拣走。

弹尾纲动物在世界上超过 2000 种（图 3），多见于隐蔽、潮湿的环境和池塘的水面。体长通常不超过 3 毫米，最多到 5 毫米。胸部有 6 条附肢，每条分 4 节，多数在第 4 节腹节处生有一个叉状的尾巴，一旦第 3 腹节上的附器松开这个小尾巴时，小尾巴就向下弹，昆虫借此向上跳跃，因此它们又得名“跳虫”。

弹尾虫以腐烂的有机物质为食，有许多也吃活体植物——用它们的口器啃咬。有些弹尾虫会严重危害甘蔗、烟草和蘑菇等作物。有一种普通的弹尾虫以浮萍为食，其他的吃花粉、真菌、细菌或藻类。它们的数量如此丰富——1 公顷的草场上足有差不多 250 万只弹尾虫，1 公升的泥土里就有约 2000 只。雨后的野外，它们的数量会猛地激增，使它们看起来像烟灰。有些弹尾虫会用自己的排泄物给自己精心做一个小窝，以备干旱时节居住。

大多数弹尾虫的气管系统仅是一对气门而已。其中有两类头上的单眼有 8 只之多。

非常丰富，翅膀运动的时候能自动进行气体交换，以蚱蜢为例，它每拍打一下翅膀就会引起约20毫升的气体交换。有些体型巨大的甲虫，其胸腔内还附生有两对巨大的气管以便飞行时输送空气——除了供氧之外还起降温的作用，就像冷气机一样。

水栖昆虫的气管系统也具有优良的性能，既能像鳃一样吸收溶于水的氧气，也可以在水面外呼吸。改良的气管还起到如眼后的反光毯、声音共鸣器、隔热体，甚至类似某些淡水生物的浮力器的作用。

交配和变态

繁殖和发育

变态，包括完全变态和不完全变态，是绝大多数昆虫的特征。变态期间，成体主要担当分散和繁殖的角色，幼虫则处于发育和进食状态，这也意味着它们要在不同的环境中去找寻更丰富的食物来源。

尽管有少数昆虫是孤雌生殖（无性生殖），但大多数还是两性生殖（有性生殖）。早期的陆生节肢动物都是由雄性把精囊产在体外，然后由雌性拣走。部分原始的六足纲动物如弹尾虫或双尾虫仍然在使用这种方法。现代的昆虫也有精囊，但雄性直接把精囊注入雌性体内，雌性要么一次性大量产卵，要么产数窝卵。有些雌性蟑螂卵被保留在体内，直到孵出一龄幼虫；雌性蛇蝇一次在体内孵化1只幼虫，直到这只幼虫完全成形并立刻化蛹。雌性蚕豆蚜产卵后，卵立即在体内开始发育，这种孤雌生殖和“套叠式”的生殖方式结合在一起，大大提高了繁殖率。

有些种类的昆虫在进食和产卵的地方交尾，比如粪蝇在粪便上、蛇蝇在哺乳动物体

↘ 这些蛾类毛虫聚集在马达加斯加的一棵树上，它们属于比较高级的鳞翅目，为全变态发育。

内、蜻蜓在水边。有些则在标志性地界与异性约会，比如山顶、矮树丛或树上。曾经有一次因为大批蚊群如浓烟般聚集在教堂塔顶上，结果引来了消防队员。东非的部分地区，上千万的湖蝇聚在一起，集合成一块块点心状，结果是被当地居民吃掉了。有许多种类，异性之间会彼此“召唤”着交尾。萤火虫会闪来闪去做灯火表演，蝉、蟋蟀和蚱蜢发出尖而高的声音，红毛窃蠹喜欢敲出它们独有的“莫尔斯电码”，许多蛾类则释放出信息素。

求爱行为在昆虫中很普遍，有着长期而复杂的一套程序。这套程序对于雄性确认雌性的“匹配度”来说，比确认种类和分辨性别更加重要。求爱的雄性也许展示它翅膀上或其他器官上夺目的色彩，或者它们会唱歌，或翩翩起舞，或者释放化学信息素。雄性之间有时会为了争夺雌性而大打出手，比如有些长有角的雄性甲虫，为了击败竞争对手，会将对手置于死地。在某些昆虫种类中，这种争端演变成了一种仪式，竞争者通过展示自己的体型和力量获胜，不需要动武。

↗ 在所有全变态的昆虫中，脉翅目昆虫的幼虫和成虫在外形上差别很大。比如图中这只蚁蛉幼虫的身体非常扁平，没有翅膀，颚部巨大如镰刀状，但成虫的身体则很苗条，颚部很小，还长有翅膀。

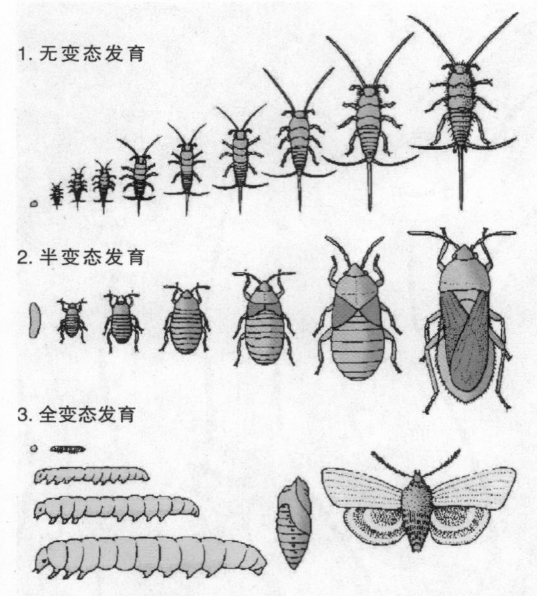

↗ 不同种类昆虫的幼虫变形次数（龄）不等，某些石蝇的幼虫会变形 33 次，而某些高等目昆虫普遍只变形 5 次。1. 无变态发育。典型代表是衣鱼，从一龄幼虫到成体，外形基本没有变化。2. 半变态发育。外翅类昆虫，如臭虫，其幼虫与成体有点像，只是很小且没有翅膀；一旦长成成体后，体外的翅膀就出现了。3. 全变态发育。比较高等的昆虫都会经过一个完全的变形——幼虫在发育成成体前，会经过蛹的阶段。而幼虫与成体相比，外表、栖息地和饮食习性都大不相同。幼虫后期，翅芽在体内出现并发育（内翅）。

有时候一只雄性昆虫会在交尾前看住某一只雌性昆虫作为交尾的对象，一直等到它准备好。交尾时雄性会把精子注入雌性体内，然后它仍会一直看守下去直到雌性产卵，以确认它的父权。这之后，雄性要么在雌性体内塞入一个塞子，要么注射一种化学物质，使雌性不会再对其他雄性构成吸引力。

数据处理器

神经系统

昆虫的头部包括脑和咽下神经节，二者均由3个或更多的原始神经节相互愈合而成。昆虫的胸腔和腹腔内也都有这种愈合的神经节。愈合的神经节使进入的信息更快地集中起来，减少了对神经元（神经细胞）数量的需求。

某些种类昆虫的脑部包含了不下百万个神经元，大多数（某些蝇类是97%左右）被用来分析来自眼睛和触角的信息。脑的前部（前脑）有一对蘑菇状的部分包含了丰富的微小神经元，这个区域并非仅仅集成感官输入的信息，还负责发动某些行为模式。在蜜蜂和其他某些社会性昆虫体内，这对“蘑菇”还负责存储记忆，形态也远比那些独来独往的种类的要大。

昆虫的神经系统最令人惊讶之处在于能通

过较少数量的神经元控制非常复杂的习性。神经元具有高度的专化性、特异性，结构复杂，上百个神经元与遍布半个神经节的树突一起形成了交感。

大多数感觉神经元与微小的表皮结构形成紧密的联系，即机械性刺激受器，靠此实现身体各项功能。这些受器包括纤毛、刚毛、可变形的冠状物（或钟形感觉器）和对声波敏感的鼓膜状物质。有些机械性刺激受器能对外表皮内的应力，或昆虫运动时抬起关节的拉伸力作出回应。

眼睛和化学受器
感觉

昆虫具有灵敏的视觉器官，可以分辨紫外线，而人眼是做不到这一点的。许多昆虫都是通过视觉确认食物、交配、巢穴、产卵、敌人的方位的，也通过视觉去辨认邻居的方位。

昆虫的眼睛通常占据了头部的大部分面积，具有360° 视角，能辨认颜色，精确度高（换句话说，就是对细节的解析度很高），可以在不同强度的光线下工作。许多种类的昆虫都能通过辨认偏振光定位，而其他有些则通过大量的单个小眼的视线交叠使看到的影像具有立体感，并能判断距离的远近。此外，大多数飞行昆虫在头顶部附近生有3个单眼，每个单眼里面都有一个晶状体，为昆虫在飞行时保持稳定提供了高灵敏度和快速反应系统。

对我们来说，更难的是去认识昆虫的嗅觉和味觉世界。昆虫还能感知地球的引力和磁场，以及温度和湿度。更有甚者，当视觉作为某些昆虫种类的基础感官系统时，有的则是化学受器在其感官系统中占据主要地位。化学受器主要集中在触角、口器和脚上，有些在产卵管（产卵器）上。昆虫可能用跖骨的受器品尝食物，或用触角上的感受器远距离闻食物的味道。有些种类的昆虫释放出的化学信息素即使浓度非常低，也能被另一些昆虫的触角感受到。

广阔的生活空间
栖息地和环境

成年昆虫的体长范围介于不到0.2毫米长的寄生蜂（比某些原生动物还要小）到某些超过30厘米长的竹节虫之间，最大型的昆虫体重可能达到70克。问题是，为什么现代的昆虫再没有超过这个尺寸的呢？倒是3000多万年前出现过体型更大的种类。答案也许在于大型昆虫的生存空间都被兴旺的脊椎动物（比如鸟类）占据了。但其实正因为昆虫的体形受到限制，它们的栖息地就不会太单一，生活方式也同样不会太单一。

外表皮上完美的防水层和气门阀使昆虫能在干燥的陆地上生活，包括极热和极冷的地区。比如蟋蟀能在降雪期也过得很活跃，而各种各样的甲虫和蟑螂占据了热带沙漠地区。很多昆虫通过冬眠和夏眠度过对它们不利的季节——有时以卵的状态或蛹期，有时以静止的幼虫或成虫状态。昆虫体内甘油的存在也能帮助它们抵御霜冻，当干燥的季节来临时，它们会躲到洞穴中去保持静止状态。非洲摇蚊的幼虫甚至可以让身体组织完全脱水而不会死亡，几年后再把这种处于隐生状态的幼虫重新放进水中，它们又能很快地活过来。

蝇类，包括蚊子，还有其他一些目的昆虫的幼虫期，甚至某些种类的成年期，会变为次水生——栖息在各种各样的淡水环境中。此外，因为得益于快速的分布和短暂的生命周

↘ 半变态发育的昆虫，幼虫通常看起来像成体的缩小版，但没有翅膀。图中这只来自澳大利亚的蝉正在从一个很大的、裂开的若虫外壳中摆脱出来。

期，许多种类的昆虫非常善于开拓新出现的栖息地，比如日渐缩小的冰川地带、火山爆发地区、地震区或者火灾后的地区。

吃光残余物
摄食和消化

造物者赋予昆虫飞行的能力使它们可以把小而分散的地方变成它们的栖息地，例如一堆堆的粪便、牲畜的尸体和稀疏的植被，在这些地方它们同样可以摄食和产卵。对于有一定高度的植物，其身体每一处都可能被某些昆虫占据，比如根部（蝉）、茎部（天牛）、树干（蠹虫）、树叶（蛾的幼虫）、花（蝴蝶幼虫）、果实（果实蝇），以及种子（碗豆象鼻虫）。有些昆虫还钟情于某一种植物，如针叶树（云杉蚜虫）、蕨类植物（叶蜂），苏铁类植物、藓类（某些的幼虫）、藻类、青苔、真菌（白蚁）和细菌。

对于一些分解这些难以处理的动物或植物的原料成分，它们要么由昆虫体内的肠道共生物来完成，要么被用来培养体外的真菌农场（如蚂蚁或白蚁）。尽管许多植物会产生有毒的化学聚合物以抵御那些食草昆虫，或被很厚的树皮、棘、刺和黏稠的液体武装起来，但总能被至少一种昆虫攻克并从此获得专有的食用权。有时那些植物毒素也会被昆虫用来武装它们自己。甚至寄生在昆虫上的细菌也会反过来对毒素加以利用。

有些昆虫吃植物，有些则吃动物的蹄、角、皮肤、纤毛、羽毛、鳞片、蜡质层或粪便。许多从远古时代起就没了翅膀的寄生虫会专注于吃某一种组织，比如血液，而食肉动物则享用猎物的其他大部分。

↘ 这只红色的豆娘又大又圆的眼睛占据了脑袋的大部分。它的眼睛能够看到非常真实的立体影像，并能准确判断距离，使它可以在飞翔状态中捕食其他昆虫。

昆虫的进化

蜜蜂在采蜜

昆虫是非常古老的生物群，从古生代的泥盆纪开始出现的，距今已有3.5亿年，比鸟类还要早近2亿年。

因为昆虫非常弱小，所以保留至今的史前昆虫化石非常稀少，但还是有一些化石留在琥珀里被保存了下来。专家认为现代蚂蚁、黄蜂和蜜蜂都是从一种黄蜂样的食肉动物进化而来的。

昆虫最早的祖先是在水中生活的，它的样子像蠕虫，也似蚯蚓，身体分为好多可活动的环节，前端环节上生有刚毛，运动时不断地向周围触摸着，起着感觉作用。在头和第一环节间的下方，有着像是用来取食的小孔。这种身躯构造简单的蠕虫形状的动物，便被认为是昆虫的始祖了。

大约经历了2亿~3亿年的漫长岁月，昆虫肢体功能不断演化，逐渐登上陆地舞台。为了适应陆地生活，它们的身体构造发生着巨大变化，由原来的较多环形体节及附肢，演变成为具有头、胸、腹三大段的体态。随着时间的流逝，大约在泥盆纪末期，有些昆虫才由无翅演化到有翅。

在以后亿万年的漫长历史变迁中，地球的环境发生过多次剧烈的变化，由于不能适应环境巨变，许多昆虫在演变过程中被大自然所淘汰；也有些种类的昆虫，逐渐适应了环境，这就是延续到现在的昆虫。例如蜻蜓、蟑螂，它们的模样就与数万年前的化石标本没有区别。

大约在2.9亿年前石炭纪时期，这是昆虫演变最快的时期。这与当时的自然环境有着极为密切的关系。在多种复杂的关系中，与植物的关系最为密切，因为当时大多数种类的昆虫主要以植物为食。石炭纪时期，大自然中的森林树木已是枝繁叶茂，郁郁葱葱，而且为植物提供水分的沼泽、湖泊又是星罗棋布，这就为植食性的昆虫提供了生存和加速繁衍的良机。

后来，到了1.9亿年前的中生代。那时地球上的气候又发生了巨变，生机勃勃的陆地由于干旱而变成不毛之地，森林绿洲只局限于湖泊岸边和沿海地区的小范围内，这就使植食性昆虫失去了赖以生存的食源。有一部分昆虫被历史所淘汰。但是也有适应性极强的昆虫种类，它们仍然借助于自身的种种优势，顽强地延续着自己的种群。

到了距今1.3亿年~0.65亿年前的白垩纪，地球上的近代植物群落形成，特别是显花植物种类的增加，各种依靠花蜜生活的昆虫种类（如鳞翅目昆虫）以及捕食性昆虫（如螳螂目等昆虫）便与日俱增；随着哺乳动物及鸟类家庭的兴旺，靠营体外寄生生活的食毛目、虱目、蚤目等昆虫也随之而生，这样便逐渐形成了五彩缤纷的昆虫世界。

最早的飞行昆虫

石炭纪中，无边无际的森林中出现了最原始的飞行昆虫，包括蟑螂和巨大的蜻蜓。

这只史前蜜蜂被保存在了琥珀里，大约4000~5000万年前，蜜蜂落在松树的树桩上，被这种黏糊糊的树脂粘住。后来，树脂变硬，成为透明而金色的琥珀，这种材料经常用来制作珠宝。

古代的白蚁

3000万年前，一只长有翅膀的雄性白蚁被粘在树脂上，人们可以看到保存在琥珀中的精

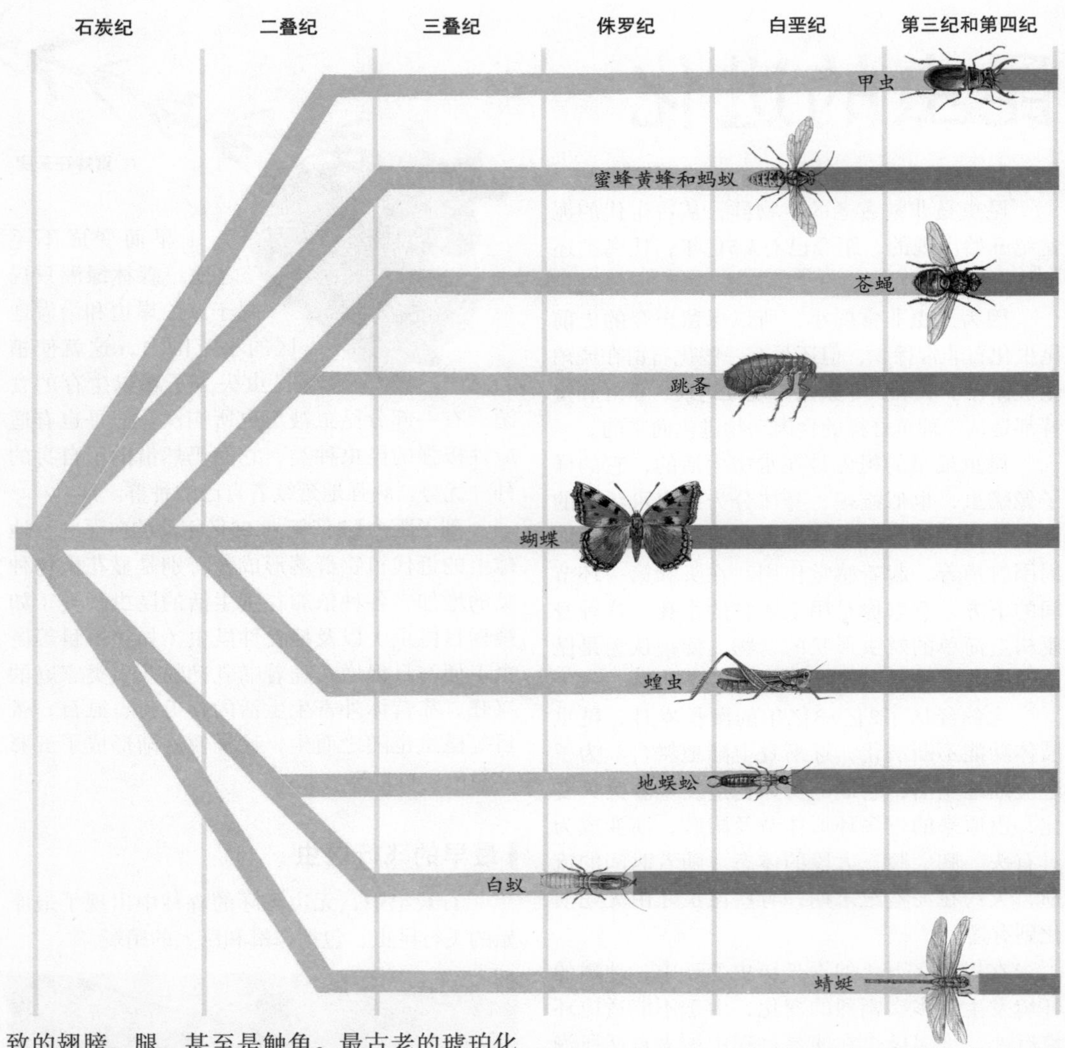

致的翅膀、腿，甚至是触角。最古老的琥珀化石可以追溯到 1 亿年前，但据说白蚁在这之前就已经出现在地球上了。

↖ 这张图是一些昆虫进化的时间表和与其他节肢动物的关系。世界上有 100 多万种昆虫，大致分成 30 目。蜜蜂、黄蜂和蚂蚁属于膜翅目，白蚁属于等翅目。从图中可以看出，白蚁比其他昆虫更早开始进化，白蚁与小蜈蚣的关系比它们与蜜蜂、黄蜂和蚂蚁的关系更加密切。

新的合作关系

蜜蜂和黄蜂的祖先是食肉动物。1 亿年前，蜜蜂以花粉和花蜜为食，专家认为植物开花就是为了吸引昆虫帮助它们传播花粉。随着昆虫和花之间的“合作”日益紧密，昆虫和花的种类也不断增加。

恐怖时期

4500万年前，大型蚂蚁在欧洲的森林里游荡。蚂蚁可能是过着群居生活的食肉动物，与现在有些蚂蚁一样。蚁后是最大的蚂蚁，翅膀展开足有12厘米，比一些蜂鸟的翅膀还大。

史前的猎手

有一个琥珀化石里有一只蚂蚁和两只蚊子一样的昆虫，是一只食肉的蚂蚁在捕食蚊子时被困在树脂里，蚊子的腿还夹在蚂蚁的颚中间。专家认为蚂蚁以前生活在地上，后来由于群居，而转到地下筑巢。

昆虫如何交流

俗话说，人有人言，兽有兽语。人类是靠语言、动作和神态进行交流的。其实，昆虫也有各自的联系方式。它们通过自己的“语言”系统——声音、动作和化学气味等，互相进行联络或传递信息，彼此沟通“情感”，甚至发生交配行为等。这是一种非常奇妙而有趣的“语言”。

交流对于昆虫的日常生活非常重要，群体成员通过嗅觉、味觉、触觉和声音互相交流，有些昆虫也能通过视力交流。强烈的气味，也叫信息素，是传递信息的重要途径，这种气味由一种特殊的腺体发出，可以散发出影响同伴行为的各种不同信号。工蜂可以发出警告的信号，召集同伴一起保卫蜂巢。生活在地上的蚂蚁和白蚁在地上留下气味，标记出巢穴与食物之间的路线。蚁后发出的气味能告诉工蜂它生活得很好。

昆虫还可以靠声音进行交流的。蟋蟀、纺织娘、油葫芦、蝉都是“歌唱家”。不同的蝉有不同的叫声：蚱蝉的叫声像一声长长的“蚱——”，它也因此而得名；蟪蛄蝉的鸣声是尖锐的“吱吱……吱吱”，连续不断，从4月到7月都可听见它的鸣叫声；寒常在深秋时节鸣叫，声音凄切，在瑟瑟寒风中，就像凄婉的哀歌；红娘子从6月开始“吱吱……”鸣叫，声音单调、高尖、刺耳；黑艳蝉的幼虫无法单独觅食，但它的腿上有一个发音装置，饥饿时只要“鸣号”，母虫便会给它喂食了。

↘ 蝉的不同叫声代表着不同的意思。

有些动物是以气味语言进行联络的。蚂蚁就是一种典型代表。蚂蚁的“化学语言”其实是一种激素，它是由蚂蚁某一器官或组织分泌到体外的一类化学物质。当蚂蚁在外觅食时，它会一面爬行，一面在路上洒下这种化学物质，哪里的食物多，哪里分泌的激素就多。其他的蚂蚁根据激素的气味，就知道应该去哪里觅食。如果许多蚂蚁一起释放这种激素，那么这条路便成了一条“气味长廊”，成群的蚂蚁就会沿着这条长廊忙碌地搬运食物。

白蚁的气味

蚁后大部分时间被工蚁包围，工蚁则是被蚁后的气味吸引过来。蚁后发出的气味可以让工蚁去取食物、照顾后代，扩大或清洁蚁穴。

↙ 蚂蚁根据激素的气味，就知道应该去哪里觅食。

是敌是友

两只黑蚂蚁在蚁穴外碰面，它们互碰触角以确定对方的身份。它们检验双方是否有群体成员共有的一种专门气味。如果有，它们则是同伴，外来的入侵者会受到攻击。

这边走

工蜂为了召集同伴，露出腹部的腺体，发出一种特殊的气味，这个腺体被称作那沙诺夫腺，用来标记水源。在寻找新巢的过程中，蜂群以这种气味作为一起行进的信号。

警告

这些蜜蜂来到蜂房的入口与敌人对峙。当危险临近时，蜜蜂会发出香蕉味的信息素，请求其他士兵蜂的支援。在杀手蜂中，这种警示的信息素会把所有成员召集过来，而不仅仅是守卫巢穴的蜜蜂。

气味的痕迹

木蚁足够强壮，可以把弱小无助的虫子搬运回自己的巢穴里。工蜂如果碰到大个的猎物，就会到巢穴里把同伴叫来，通过摩擦腹部在地上留下气味，它的同伴只要跟着气味就能找到食物。蚂蚁可以通过释放信息素和身体的其他动作传达50种不同的信息。

↗ 工蜂舔一下蜂后，以获取它身上的味道。如果蜂后离开这一蜂巢，这种信息素也会停止。工蜂会培养新的蜂后，让它产生这种至关重要的气味。

声音交流

蝈蝈通过振动翅膀来交流，是靠其左翅叠在右翅上来发声的。蝈蝈的声音除了用来吸引异性外，还能起到自卫和报警的作用。如果周围出现异常或危险，蝈蝈便通过发声器向其他同类发出警报。

↘ 一只木蚁正在把虫子搬运回洞穴。

昆虫的身体

在所有的动物中，昆虫的种类最多，分布也最广。除了海洋的水域外，昆虫几乎群集于每一个你能想象到的栖息地：陆地、水中、空中、土壤里，甚至是动植物的体表或体内。科学家们已经为上百万种的昆虫取了名字，但可能尚有1000多万种昆虫至今仍然默默"无名"，有待于人类去发现、鉴别。

昆虫之所以能如此广泛地分布于地球上，主要是靠其飞行能力和高度的适应性。昆虫一般个头都很小，可以被气流或水流传播到遥远的地方。昆虫的繁殖能力也很强，虫卵在精心的保护下能抵抗恶劣的环境，并能在鸟类和其他动物的远距离活动中，被带到很远的地区生活。许多昆虫具有极为复杂的生命循环过程，需要经过几个界线鲜明的生长阶段才能变为成虫。

昆虫家族如此兴旺，那么什么样子的动物才算是昆虫呢？昆虫隶属于被称为节肢动物的群系，它们的外形十分独特，即身体外面通常

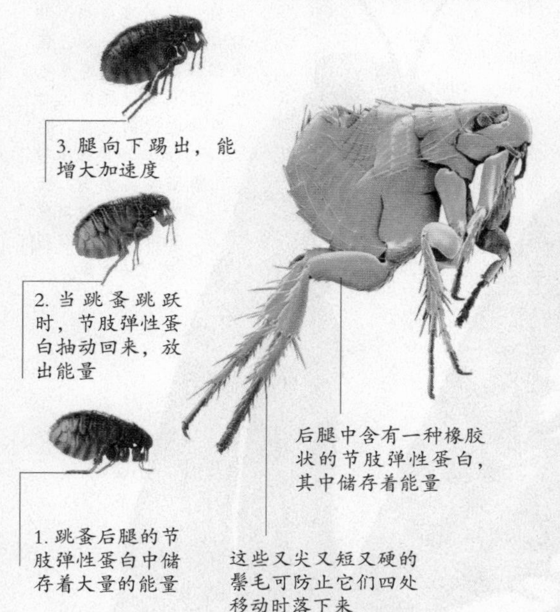

许多种跳蚤都能长距离跳跃，以逃脱危险或从一个寄主向另一个寄主搬迁。一个跳蚤长 2~3 毫米，能以 0.002 秒跳过 1 米的距离，其加速度约为 200 个地心引力，与之相比，人类若超过 20 个地心引力的加速度就不能生存了。

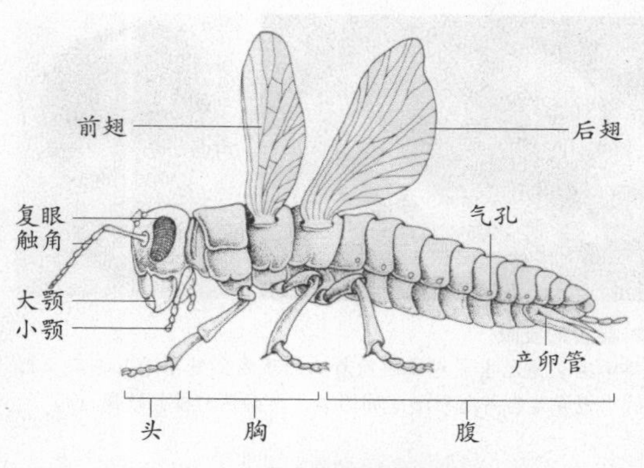

昆虫身体构造示意图

包着一层很硬的外骨骼，躯干明显地被分为3个部分：头、胸、腹。头部长有一双一对一的触角（触须）和一张适用于特殊食物的嘴巴；胸部长有腿和翅膀；腹部里面有肠和生殖器官；腿部带有6条关节。

昆虫构造的变化主要体现在翅、足、触角、口器和消化道上。这种广泛的形态差异使得这个旺盛的家族能够通过一切可能的方法生存下来。

所有昆虫的成虫都有6只脚，绝大多数有2对翅膀，长在胸部。它的翅是由中、后胸体壁延伸而成的。少数昆虫只有1对翅，后翅变成1对细小的平衡器，在飞行时起平衡作用。还有一些昆虫的翅膀已完全退化，但若用放大镜仔细观察的话，还是可以找到翅膀的痕迹的。昆虫的骨骼长在身体的外边，叫做外骨骼。防水的外骨骼可以防止水分的蒸发，保护并支持躯干，使其适合于陆地生活。同时，昆虫还要通过外骨骼上的气孔进行呼吸，与外界进行能量交换。

昆虫还有极其发达的肌肉组织。它的肌肉不仅结构特殊，而且数量很多。一只鳞翅目昆虫竟有2000多块肌肉，而人类也不过有600多块而已。发达的肌肉不仅可以使昆虫跳得高、跳得远，还可以帮助它们进行远距离飞行，甚至举起比自身重得多的物体。如小小的跳蚤，身体扁得不能再扁，体长仅为1~5毫米，但它却能跳到22厘米高、33厘米远的地方，是昆虫世界的跳跃冠军。跳蚤之所以有如此惊人的跳跃能力，完全是依靠它的后足及肌肉。跳蚤的后足很发达，足的长度比身子还长，又粗又壮。

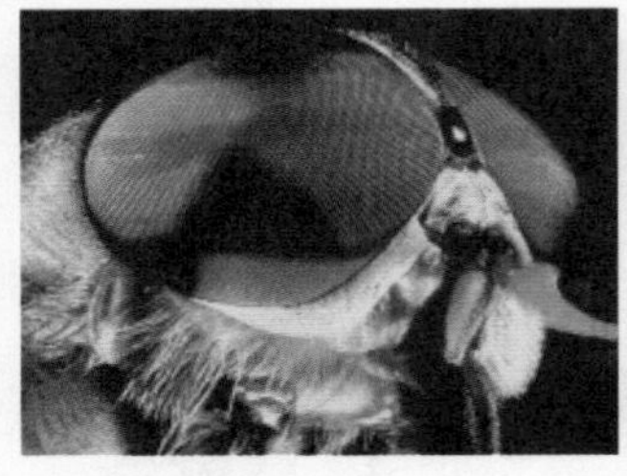

↗ **昆虫的复眼**

科学家认为昆虫通过复眼所看到的现象，是由千万个六角形的小视像连在一起而形成的图案，因而视觉极其敏锐。

跳跃前，肌肉发达的胫节紧贴着腿节，用力将强大的胫节提肌收缩得紧紧的，然后再伸展开来，利用强大的反弹力跳起来。同时，跳蚤的中足和前足也可后蹲，协调整个身体的跳跃动作，这就更增强了它的跳跃力量。此外，蝗虫和蟋蟀的跳跃能力也十分出色。蚂蚁可以举起相当于自身体重52倍的物体。蜻蜓、蝴蝶、蜜蜂等昆虫依靠胸背之间连接翅膀的那部分肌肉，能够飞到很远很远的地方。

昆虫的视觉器官极为发达。它们的飞翔、觅食、避敌都离不开敏锐的视力。大多数昆虫都有大大的复眼，位于头部的前上方，呈圆形或卵圆形。复眼又是由许多六角形的小眼组成的，每只复眼至少有5~ 6 只小眼，最多的可以达到几万只。蜻蜓、螳螂的复眼就很具有代表性。

蜻蜓成虫的个头一般在20~150毫米之间，头大而灵活，一对复眼占头部体积的一半左右，复眼是由1.2万个小眼组成的，视觉非常敏锐，可以帮助它们迅速地捕捉到食物。螳螂也有2个很大的复眼，其作用除了能够辨别物体外，还可以用来测定速度。

单眼结构的昆虫，只能辨别外界光线的强弱，因而它们更多依靠触觉、嗅觉和听觉来感觉外部世界。昆虫的头部有一对能灵活转动的触角，有的细长，有的短小，但都是出色的感觉器官，就像给它们装了一副多功能的天线似的。在昆虫的嘴巴下，还有两对短小的口须，其作用就像鼻子一样，可以辨别气味。在昆虫的躯干上还有一些知觉鬃毛，其作用是分辨声音。昆虫的种类不同，这些知觉鬃毛长的地方也不同。蝗虫是在腹部第一节的左右两边各长有一些知觉鬃毛，外表就像半月形的裂口，清晰可见；蚊子的知觉鬃毛则长在头部的两根触角上；蟋蟀的知觉鬃毛则长在前肢的第二节上。

昆虫的嘴巴的学名叫口器。昆虫令人难以置信地进化了多种多样的口器构造，以适应它们特定的需要。昆虫口器的形式虽然很多，但人们通常将其分为咀嚼式、舐吸式、刺吸式、虹吸式、吸嚼式等几大类。

昆虫中有一些是寄生，有一些则是自己捕猎食物。其中有的是吸取植物的汁液，有的是咀嚼植物的叶片，还有一些以动物的血液为生。因而有的昆虫对人类有益，如蜜蜂、蝴蝶、螳螂、蜻蜓等。它们有的可以帮助果树传播花粉，有的能消灭害虫。而有些昆虫对农作物则十分有害，如蝗虫、棉铃虫等。我们应该根据其生长特点，对其进行有效的防治。

↙ 螳螂在捕食时，通常会先将头部对准猎物，然后将头转动到一侧，使头部挤压到一丛感觉毛上，让大脑辨别自己与猎物之间的距离。这样，螳螂不仅知道猎物所在的方向，而且能够精确地测算出距离，从而提高了命中率。

生动的腿

所有昆虫都属于节肢动物，成年昆虫都有6条呈节状相连的腿。昆虫的腿由4部分组成——髋、腿节、胫节和踝骨。髋是腿最上面的部位，与胸部相连，腿节与大腿相连，胫节是腿的下面部分，踝骨很小。昆虫的腿没有骨骼，而由外层的坚硬物质支撑，就像中空的管道。

↗ 澳大利亚牛头犬蚁的腿能使其远离炎热的地面。

你知道吗

所有成年昆虫都有6条腿，但蜜蜂、黄蜂和蚂蚁的幼虫根本没有腿。

用于抓取的爪子

昆虫的爪子能帮助它们附着在光滑的表面，比如光亮的叶子、茎和树枝，而不至于滑下来。蚂蚁可以用爪子在叶子的背面行走。

踩在高跷上

与其他蚂蚁一样，澳大利亚牛头犬蚁的腿是由几截长而细的部分组成的。在澳大利亚炎热干燥的地方，这种蚂蚁高跷一样的腿能把身体高高抬起，远离炎热的地面。有的昆虫的腿除了行走、爬行和奔跑还有其他用途，一些蚂蚁和白蚁用腿在地下挖洞，蜜蜂用后腿携带食物。

多用途的腿

蜜蜂用腿抓住花瓣，用腿行走，携带筑巢的材料，清理毛绒绒的身体。它们的前腿有专门的槽口用来清理触角，后腿可以把蜂蜜搬运回巢穴里。

迁移中

行军蚁大部分时间都在移动中。除了与其他蚂蚁一样要筑巢外，它们还要行进到森林里寻找食物，攻击它们发现的任何生物，或蚕食动物尸体。

攀爬专家

在东南亚的马来西亚，白蚁通常集体行动，一哄而上爬到树枝上。许多白蚁的巢穴在地下，但有些会把窝搭在树上。白蚁能爬上垂直的表面，比如树上，它们通常把爪子钉进树干里而牢牢地附着在树皮上。

三条腿的比赛

一只奔跑中的蚂蚁会保证一次有三条腿接触地面，但不会一起移动身体一边的所有腿。前腿和后腿接触地面的时候，身体另一侧的中腿起到保持平衡的作用。

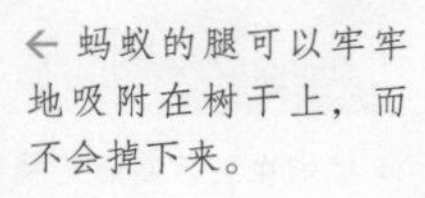

← 蚂蚁的腿可以牢牢地吸附在树干上，而不会掉下来。

法布尔昆虫趣谈

螳螂捕食

有一种昆虫跟蝉一样引人注目，同样生长在南方，但是名声跟蝉比起来，要略微小一些，因为它不像蝉一样，一天到晚唱个不停。如果它也能够像蝉一样，有一个小音箱，再加上它非常独特的外形，那么它的声望恐怕就会超过蝉了。这个昆虫就是修女螳螂，当地人叫它“祷上帝”。

螳螂在捕食前会摆出一种祷告的姿势，所以有很多人认为它是一个传达神谕的女预言家，可能有的人会觉得这是一种迷信的看法。但是在这一点上，科学家的术语和农民们朴素的词汇确实惊人的一致。它们都认为它是一个传达神谕的女预言家，是一个有着神秘信仰并潜心修炼的苦行女。其实早在此之前，就有古希腊人把这种昆虫称为“占卜士”、“先知”。农夫们在描述这些虫子的时候会把自己能应用的词语、有过的印象全部都用到一起。在火球一样的太阳下，螳螂优雅地半立着自己的身体，双手高高地举起，伸向天空，整个翅膀宽大、碧绿、轻薄如坠的长裙，简直是一名正在祷告、仪态万方的修女。

↗ 螳螂在展示高超的捕猎技艺。

其实螳螂把我们所有的人都骗了，虔诚的祷告后并没有跟随着礼拜，而是一场残忍的盛宴。它的虔诚是装出来的，残酷才是其真正的本性。伸向天空的双手并不是转动佛珠用的，而是用来撕裂自己的俘虏。螳螂本来属于直翅目食草昆虫，可是因为它越来越与众不同的习性，现在它已经完全独立成螳螂目。它就那样优雅地埋伏在田野里，对肉类的痴迷，一对有力的前足，无懈可击的攻击套路，这些无疑都让它成为昆虫界的霸王，所谓的“祷上帝”其实是一个十恶不赦的恶魔。

先不说它那攻击力极强的捕捉足，单就外形来说，它真的是一个优雅的修女，仪态万方，身形细长，整体翠绿，头从胸腔里伸出来，能够左右旋转，仰头，低头，有点像人，能够自由地引导自己的视线。头上也没有食肉昆虫那有力的大颚，它的嘴甚至也是很秀气的，好像只能啄食地面上的小草一样，殊不知它的嘴上沾满了多少昆虫的血。整个螳螂看起来是这么优雅安详，谁能想到转瞬之间它就会变成一个优秀的杀手。

它的前足节很长，像织布的梭子，内侧有两排锋利的锯齿，为了迷惑被捕食者，它们还在这里做了一点点装饰，前胸的内侧有一个黑色的圆点，中间还有一点白色，两旁还装饰着珍珠一样的小圆点，看起来的确很美，被捕食者往往会被这样的外表所迷惑，甚至说是震撼，忘记了危险，忘记了逃脱，这样螳螂的目的就达到了。被它抓到的昆虫会很惨，因为螳螂独特的生理构造使得食物一旦被捕，就基本没有逃脱的可能。前足内侧黑色的长锯齿和绿色的短锯齿，共有12根，排列成长短交错的阵形，这样在撕咬食物的时候就会增加许多啮合点，使得它的进攻更加勇猛。而外面一排锯齿相对简单一些，只有四个刺齿，在内侧锯齿的最末端还有三根最长的齿，这就是捕捉足所有的构造。

胫节与腿节相连的地方也是一把有两面的锯齿，这里的小齿更加细密一些，当然反应也更加灵活，跗节上有一个十分锋利的硬钩，就像我们使用的最好的钢针一样。而钩的下面有一道细细的凹槽，里面是一把像用来修剪枝叶那样的双刃刀。其实就算不用描述，很多人也知道螳螂的捕捉足有多厉害，我也一样，为了观察它们，我不得不去抓几只回来看看，结果给我留下了很深刻的印象：很多时候当我抓住它的时候，它会拼命地挥舞前足来反抗，有的时候，捕捉足上的齿就那样咬进我手上的皮肤里。不过我自己却没有办法，我要用两只手稳稳地抓住它，这样一来只能求助别人把它的足从我的手上弄下来。我看着一根根或深或浅的齿从我的手中拔出来，那时就在想，我要是生生把它从我的手上扯下来，那我手的下场可能会有点惨，况且，我也不敢对它太用力，因为稍微用力些，可能就会把它掐死。可有的时候，我又很生气，我这样小心翼翼地对它，就是怕伤害它，可是它却对我用尽了所有的招数，让我甚至不知道该怎么办才好。

它不想狩猎的时候，就会把足高高地举起，装出一副虔诚祷告的样子，这个样子不会坚持太久，等到它想捕食、周围又有猎物经过的时候，它就会立刻展开自己无懈可击的攻击技巧，先把跗节上的硬钩尽量抛向远处，这样才能够钩回食物，然后就把猎物紧紧地夹在两个钢锯一样坚固的钳子中间，然后，胫节向腿节的方向弯曲，一切就这样结束了，老虎钳子已经合上了，不管被它夹住的猎物有多么强壮，只要这一系列的动作完成了，就别想再逃脱螳螂的铁钳，不管是扭动还是后踢，什么都没用了。螳螂还是会保持着自己优雅的姿态，直到自己的猎物精疲力竭，它就开始享受自己新鲜的盛宴了。

↗ 进食的螳螂

我想饲养几只螳螂，这样才能够清楚它们的习性。虽然抓螳螂的过程可能会遇上一些小插曲，但是饲养的过程其实很简单，因为它似乎只在乎自己的食物是什么，而不在乎自己是不是身处牢笼，所以我只要每天向玻璃器皿中放入丰盛的食物，这个凶残的捕食者还是很配合工作的。我找来一个瓦钵，在里面装满了沙子，然后点缀上一丛百里香，让螳螂的生活也有点乐趣，接着再放一块平滑的石头，这样它们以后才会有合适的地方产卵，最后，我用平时放在饭桌上挡苍蝇用的网罩罩在这个观察房的上面，平时大部分时间这里都是阳光充足的。

到了八月的下旬，肚子渐渐大起来的母螳螂越来越多，它们的食量也越来越大，我必须要比以前放进去的食物增加好多才能满足它们日益增大的胃口。当然其中还有一个别的因素，就是它们似乎知道我为了观察研究它们会很殷勤地往实验室中放置肥美的食物，所以，有很多新鲜的猎物它们只是吃了几口就扔在一边再也不理了，如果它们是在田野里，恐怕一定会把逮到的食物吃个精光。到了最后我不得不用面包和西瓜来收买我附近的小朋友，让他们帮我捉一些蝗虫和蝈蝈，我自己也提着网出去给这些挑剔的母螳螂们找一些更高级的珍馐佳肴。

拟态：用伪装进行防御

▶ 就像有毒的昆虫用毒素进行自卫一样，无毒的昆虫则演化出模仿的本领来保护自己，且模仿的行为在昆虫界普遍存在。显著的例子是，来自南美的一种螽斯，会惟妙惟肖地模仿正在觅食的大型黄蜂的外形和动作，包括黄蜂摇颤、腹部弧线向下和翅膀部分抬起的姿态。

▼ 来自欧洲的黄蜂甲虫是一种令人心悦诚服的伪装者，它能模仿一种毛茸茸的熊蜂类大黄蜂。飞行的时候还会发出响亮的很像蜜蜂的嗡嗡声，并公然地在花朵上进食。

▶ 在透翅蛾的家族中，那些有着透明翅膀的蛾模仿黄蜂（不管是群居型还是寄生型）的行为可谓多种多样。图中这只来自南非的蛾正在伪装成一种黄蜂。这种蛾在白天很活跃，行动时会断断续续地摇颤身体。

▲ 各种不同的热带直翅类昆虫，如螳螂、纺织娘、蟋蟀，它们的一龄幼虫都是模仿蚂蚁的高手。图中是非洲螳螂蚂蚁的幼虫，出生后聚集在卵囊周围。它们如蚂蚁般的伪装通常会持续到二龄，在三龄时消失，因为此时身体在不断长大，形态也变了。

▲ 来自新热带区的一种角蝉，其前胸背板向后延伸出一块精致的角状物，使得这种虫身体前后颠倒着伪装成一只张嘴坐着发呆的蚂蚁。这种蚂蚁在它们的敌人看来不仅非常难吃，而且自卫时又咬又刺，还会喷出蚁酸。

▶ 蜘蛛也经常露一手伪装的把戏，它们甚至也会把身体前后颠倒着装成蚂蚁。图中是一只东南亚的跳蛛，与伪装时静止不动的角蝉不同，这种蜘蛛会不停动来动去，肚子上下甩动，一对吐丝器活像触角，这使它看起来很像在觅食时探路的蚂蚁。

法布尔昆虫趣谈

昆虫的着色

我们常说，爱美之心，人皆有之。在自然界中，也不乏爱美并且懂得怎样美的生命。比如说我们的推粪工人食粪虫，它们从事辛苦的劳动，身穿朴素的衣服，但是喜欢佩戴华美亮丽的珠宝作为装饰。比如，黑粪金龟身体背面披着暗夜般的黑衣，在腹面则为自己抹上黄铜矿石的颜色；某一只金龟则用稳重的酱红色装点它的鞘翅，另一只也不甘落后，在前胸佩戴上佛罗伦萨的青铜色宝石；粪生粪金龟在阳光下也身穿一袭低调的缁衣，但是为朝着地面的腹部挑选了华贵的紫晶做装饰。

在搜寻挖掘污物的虫类中，还有一位珠宝工人兼珠宝艺术家很值得一提，这就是潘帕斯草原上最漂亮的食粪虫亮丽亮蜣螂。它的名字意思是灿烂、光亮、辉煌，这真是一个极响亮的名号了。它也确实不是浪得虚名，这位对美有着绝妙感知的珠宝艺术家，将宝石的光辉和金属的光泽完美地结合起来，阳光凌空而下，它便能放射出绿宝石的光彩和红铜的光亮。可以说，亮丽亮蜣螂称得上是昆虫珠宝工的成功楷模。

爱美之心，虫皆有之。除了食粪虫类，还有很多其他种类的昆虫也表现出了形形色色的、高水平的装饰技艺。比如天蓝色单爪丽金龟，它拥有一种罕见的蓝，这种蓝只有在赤道地区某些蝴蝶的翅膀上，在某些蜂鸟的颈部才能够找得到。这是一种绝妙的蓝色，它比天空的蓝更柔美，比海浪的蓝更恬静。吉丁、步甲、金匠花金龟、叶甲等昆虫在装扮自己方面，也都表现得十分出色，堪与食粪虫媲美。有时候，这些珠宝与色彩的爱好者们聚集在一起，各种美妙的光彩交相辉映，真是美不胜收。

然而，昆虫这些绝美的宝石是从什么矿山中找寻到的呢？它又是如何加工而成的呢？探寻美的根源是一件令人开心的事情。而且，根据我的判断，颜料化学能在这项研究中获得令人惊喜的成果。但是，难度似乎很高，科学至今还不能回答昆虫这些美丽的装饰品到底来自哪里、到底怎样制成。不过，我相信，在未来的某天我们一定会找到这个问题的答案，虽然这个答案永远都在不断的完善之中。那么，我目前所得到的一点实验成果，也许能成为这个答案中的一小部分。

那是很久以前了，当时我正在研究捕猎性膜翅目昆虫从卵到茧的演变情况，笔记本里几乎记下了我居住地区的所有昆虫猎手。让我们先说一说黄翅飞蝗泥蜂的幼虫吧，它身材适中，是很好的实验对象。

这只幼虫在孵出不久，透明的皮下就显露出一些细小的白色斑点。随后，这些斑点的面积迅速扩大，数量急剧增加。最后，除了头两个或头三个体节外，全身都布满了白色斑点。剖开幼虫后，我们得知这些斑点是脂肪层的附

↗ 美丽的吉丁

属物。它不但数量非常多，而且渗透得很深，一直深入到脂肪层的底部。

让我们在显微镜的帮助下进一步探寻脂肪层里的秘密吧。脂肪层组织由两种椭圆囊状物组成，形状和体积都相同，它们乱七八糟、毫无次序地组合起来，就形成了脂肪层。其中一种囊状物呈淡黄色，透明，充满含油的小滴，它属于营养性储备物质，通俗地说，就是肥肉。另一种则是淀粉的白色，不透明，里面还有一种颗粒很细的粉状物，它展开成模糊的长条状，使得椭圆囊鼓胀起来。在显微镜的载玻片上，这种包含粉状物的椭圆囊状物意外地破裂。根据以上观察，我推断白色斑点是由这第二种椭圆囊状物形成的，看来我们要花些工夫研究一下这些斑点了。

在显微镜的载玻片上，我用硝酸分别与两种椭圆囊状物作用。饱含脂肪的椭圆囊状物不受硝酸的侵蚀，只是稍微有点变黄而已。与此相反，白色椭圆囊状物中那种不透明、不溶于水的细小微粒，在遇到硝酸后，沸腾起泡，不一会儿就消失不见了。用硝酸溶解封闭在椭圆囊状物的这些微粒时，情况也是一样的。

于是，我扩大了实验规模，从许多只幼虫身上抽取脂肪组织，与硝酸作用，也产生了强烈的沸腾起泡的反应。但是，当沸腾平息后，有残余物漂浮起来，是一些很容易分离的黄色凝块，它们来自于细胞膜和脂肪组织。然而，那些白色的微粒在被硝酸溶解之后，没有留下一星半点儿的残留物，它们变成了透明的液体。

↗ 膜翅目昆虫拥有华美的服装。

这些白色微粒到底是什么物质呢？我试图向先驱们寻求帮助，可是前人没有留下任何相关的资料。我只能自己一次次摸索。我将白色微粒溶解后的溶液放置在一个小瓷圆皿里，然后将圆皿置于热灰上，溶液蒸发了。我在圆皿底上滴几滴氨水或是几滴水，得到了一种漂亮的胭脂红色，这种染料就是红紫酸铵。因此，使得白色椭圆囊状物鼓胀的物质就是尿酸，更准确地说，是尿酸盐。至此，谜团终于解开了，求得正解的成就感真让人快乐！

然而，我认为这样一个重要的生物学现象不会是一个特例，据此，我展开了更大规模的实验。我对我居住地区的所有捕猎性膜翅目昆虫幼虫和处于蛹态期的蜜蜂进行了相同的实验，在前者的脂肪组织里和后者的体内都找到了尿酸微粒。同样地，在其他处于幼虫或是成虫状态的昆虫身上，我也观察到了这种微粒。我为大家详细展示一下两种昆虫猎手的幼虫：泥蜂的幼虫和水龟虫的幼虫。想必在它们身上也同样存在着尿酸或是类似的酸吧。然而，实验证明，这种酸在泥蜂幼虫的体内积存着，在水龟虫幼虫的脂肪层中却没有发现。这是为什么呢？

这是因为，泥蜂幼虫正处在变态时期，身体的排泄通道都不能够打开，消化器官的尾部如同被绳子捆绑扎紧一般，致使固体排泄物无法排除。尿酸既然找寻不到出口，就必然找寻一个地方容身，被尿酸选中的这个场所就是幼虫的脂肪组织。这样，脂肪组织就成了一个仓库，用来存放器官加工的剩余物和有待于加工的塑性物质。这种情况让人想起高等动物切割肾脏之后的状态。尿素在血液中原本只是不明显的微量存在，但是，当它的排出通道被阻断之后，它就只能够积存于机体之内，于是血液中的尿素就变得明显起来。

而水龟虫幼虫的情况刚好相反，它体内的排泄通道从一开始就是畅通无阻的。因而，只要有尿酸产生，立即就能通过这条通道将其排出体外，就不用把脂肪组织变成仓库将其收存起来了。

昆虫的敌人

↗ 这种鸟是蜜的追逐者，生活在非洲和西亚，它最喜欢的食物在蜂巢里，由于自己无法攻击蜂巢，所以需要蜜獾这种哺乳动物的帮助。它会发出特别的叫声，蜜獾跟随向蜜鸟进到蜂巢里。蜜獾打开巢穴，拿出蜂蜜，同时向蜜鸟吃掉蜜蜂的幼虫、蜂蜡和残余的蜂蜜。它把人引到蜂巢也是出于同样的原因。

在自然界中，昆虫常因其他生物的捕食或寄生而引起死亡，使种群的发展受到抑制。人们把这些使昆虫种群受到伤害的生物性自然敌害通称为昆虫的天敌。

昆虫的天敌种类很多，大体可归纳为三大类。第一类是食虫昆虫。比如，瓢虫、草蛉、食蚜蝇、虎甲、步甲等。还有一类寄生性昆虫，如寄生于卵的赤眼蜂、平腹小蜂等；第二类是食虫动物。比如蛛形纲的蜘蛛、肉食螨，脊椎动物中的两栖类的青蛙、蟾蜍，爬行类的蜥蜴、壁虎，鸟类中的啄木鸟、燕子、山雀，兽类中的蝙蝠、刺猬，家禽中的鸡、鸭等，哺乳动物中的食蚁兽，而熊、獾则对蜜蜂的蜂蜜、花粉情有独钟。第三类是昆虫病原微生物。包括病原细菌、真菌、病毒、线虫等。

草地上的食蚁动物

食蚁兽用它长而尖的舌头捅白蚁窝，这种生活在中美洲和南美洲草原上的哺乳动物是蚂蚁和白蚁的主要敌人。

食蚁兽的毛很厚，尾巴又大又长；吻呈管状，没有牙齿，舌头很长，长得就像一条蠕虫。它的唾液黏糊糊的，前爪又尖又长。蚁类和白蚁是它的美味。它可以循着气味找到蚁穴，伸出平时不易伸出来的大爪子在蚁巢上挖一个洞，然后将它那柔韧性极好的长舌头伸进蚁洞舔食蚁类。它一分钟可以吞吐160次，一天可以吞下大约30000只蚂蚁。有时候，食蚁兽会用利爪将蚁巢或蚁穴完全摧毁掉。这时，蚁类便会从洞里爬出来四散逃命，食蚁兽会用长舌横扫，将蚁类闪电似的卷入腹中。由于它吃得太快，常会把沙子、小石块也一起吞入腹中。因为它没有牙齿，所以吞下这些东西反而有助于消化。

↘ 土豚也是蚂蚁的天敌。

虽然蚂蚁和白蚁命中注定就是食蚁兽的美味，但它们并不甘心毫无抵抗地被食蚁兽吞掉。它们会爬到食蚁兽的身上，对它又咬又蜇。虽然食蚁兽皮糙肉厚，但也经不住这样的折腾，因此食蚁兽要飞快地进食，吃完后马上跑到最近的小河里，美美地泡个澡，让水把身上的蚁类冲干净。

草原上还有另一种蚂蚁的天敌——土豚。土豚是一种以白蚁和蚂蚁为食的大型哺乳动物。这种外形像猪的动物在夜晚进食。可以用其铲形的爪子一直伸入白蚁穴中。土豚是世界上挖掘速度最快的动物之一，可以比一队配有铁锹的工人工作得更快。

进攻的力量

行军蚁正入侵黄蜂的巢穴，它们会进到蜂

↗树枝上的蚂蚁太少，不够吃！

↗这下好了，终于找到一大窝蚂蚁，好日子来了。

↘团结就是力量，群体合作，发现目标，各个击破。

↗ 食蚁兽正在寻找食物。

↗ 这种丝光食蚁兽生活在中南美洲，它们以森林中的蚂蚁为食。

窝里面，吃黄蜂的幼虫。行军蚁是许多社会性昆虫的天敌，包括其他蚂蚁和白蚁。

生吃

黄蜂被称作蜜蜂杀手。在洞里，黄蜂会在工蜂上产卵。当小黄蜂出生时，它会吃掉奄奄一息的蜜蜂，所以可怜的蜜蜂就成了小黄蜂的美食。

爱吃蚂蚁的黑猩猩

黑猩猩既吃野菜、果实、谷物等素食，也吃昆虫、小鸟等荤食。最有趣的是，黑猩猩还酷爱吃蚁类。可是，蚁类总是躲在洞口很小的蚁穴内，黑猩猩的手根本就伸不进去。于是，聪明的黑猩猩就会用一根小树枝伸进蚁穴去钓蚂蚁。当小树枝抽出来的时候，便钓上了一团团一簇簇的蚂蚁。更绝的是，它们还会对小树枝进行加工改造，来钓到更多的蚂蚁。

吸血的寄生虫

蜜蜂的最大敌人是一种叫做瓦螨的寄生虫。这种八脚生物生活在蜜蜂的皮肤上，吸它的血，一些瓦螨还带有疾病。

另一种叫做蝗螨的虫子在蜜蜂的气管里大批滋生。这两种寄生虫在过去十年间已经毁掉了成千上万的蜂群。

↘ 瓦螨是蜜蜂的主要敌人。

食虫植物

对于一只不留神的苍蝇而言，捕蝇草似乎像是一个合适的停靠位置，但这是一个致命的错误，因为捕蝇草是食肉的，苍蝇就是它的食物。

植物利用阳光生长，但是它们也需要一些简单营养物质，就像人类需要空气和食物一样。

开和闭

捕蝇草只有足踝高低，却是世界上最奇怪的植物之一，它的每一片叶子都分为两片平坦的裂片，边上布满了卷须。裂片在合叶处连接，在正常情况下，它们是张开到最大的，为路过的苍蝇提供了一个降落平台。这个平台有着特殊的吸引力，它会分泌出含糖的蜜汁，昆虫可以将其作为食物。但是，一旦一只苍蝇飞落并享用这些蜜的话，就会触动特殊的绒毛，捕蝇草陷阱就开始运作。在半秒钟内，裂片就会迅速关闭，长卷须就将苍蝇锁在内部了。一旦捕蝇草成功捕获猎物后，其消化酶就开始工作,不管苍蝇如何挣扎，它注定难逃一死，在1个小时之后，苍蝇就会死去。

紧紧粘住

捕蝇草是非常敏感的，它们可以分辨出美味可口的昆虫和偶然掉落在陷阱里的、不适于食用的物体。

不过世界上大部分的食肉植物的捕猎方式都是不同的，有些诱惑昆虫后，将其粘住使其难以脱身。这些植物中最常见的就是茅膏菜，世界各地，特别是山地和沼泽地区都有它们的分布。茅膏菜的叶子表面覆盖着一层黏稠的绒毛，上面有类似液体的胶。如果一只昆虫在茅膏菜叶子上着陆，那么这些绒毛就会将昆虫折叠起来，昆虫就无法逃脱了。

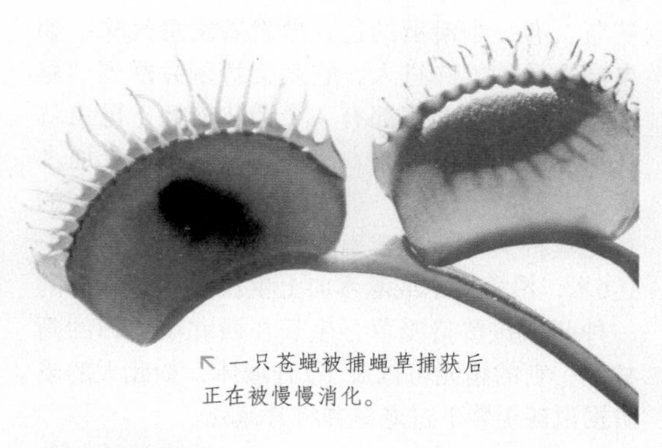

↖ 一只苍蝇被捕蝇草捕获后正在被慢慢消化。

溺死猎物

昆虫经常被芳香的“饮料”吸引，有时它们就会掉在这些饮料中淹死。猪笼草就是用这招来捕获猎物的。猪笼草的种类有很多，分布地也比较广，从沼泽地到热带森林都有它们的身影。尽管它们属于不同的科，它们“陷阱”的工作原理却大同小异：每棵猪笼草都像一个

→ 世界上的茅膏菜有110多种，占了所有食肉植物的1/4。图中这种生长在泥炭沼中的茅膏菜刚抓住了一只豆娘蜓。

花瓶，有一个滑滑的边，散发着腐臭气味，如果昆虫顺着气味进入，它就会滑倒并跌到“瓶底”。猪笼草的底部有一个消化液池，昆虫就在那里变为它的大餐。有些猪笼草只有几厘米高，它们的“陷阱”就在地表。世界上最大的猪笼草种类分布在东南亚和澳大利亚，可以长达6米，沿着树木或灌木向上生长,其中最稀有的一种叫做拉贾猪笼草，生长在西北婆罗洲的雨林中，它的猪笼可以装下1升液体，如此大的陷阱据说甚至装下过老鼠并将其淹死。

死胡同

大多数猪笼草的都有类似于一把伞的片，可以阻止雨水进入。但一种分布在美国加利福尼亚州和俄勒冈州的眼镜蛇百合却是以伸出的“舌头”为覆盖的。这种舌头上可以分泌出蜜汁，以吸引觅食的苍蝇。当苍蝇停靠后，它沿着舌头就进入了陷阱之中，在这里有许多很小的窗口，苍蝇对着窗口，却无法飞出去，当它精疲力竭时，就会掉落到底下的致命液体中。

水下猎人

捕蝇草的反应相当之快，但是还有反应更快的猎手将它们的陷阱设在池塘和湖泊中，这些植物被叫做狸藻，它们以水中的蠕虫、水跳蚤之类的微小动物为食。狸藻在水面上漂浮，除了向上的茎之外，它们还有十分类似根的水下茎。这些在水下的茎负责装置这种植物的打猎设备，每个都带着多个看起来像小气球一般的陷阱。每个陷阱都有一个小型的活板门，在正常情况下是紧闭着的。在准备制造陷阱时，这种植物会排出一些水，这样植株内部的压力就会比外面的低。如果小动物游近陷阱的话，它就会碰到门上的一组刚毛，门就会立即打开，涌入的水就会将小动物也带入，门就再次合上。当猎物被消化之后，陷阱就会再度备战，等着下一次捕猎行动。

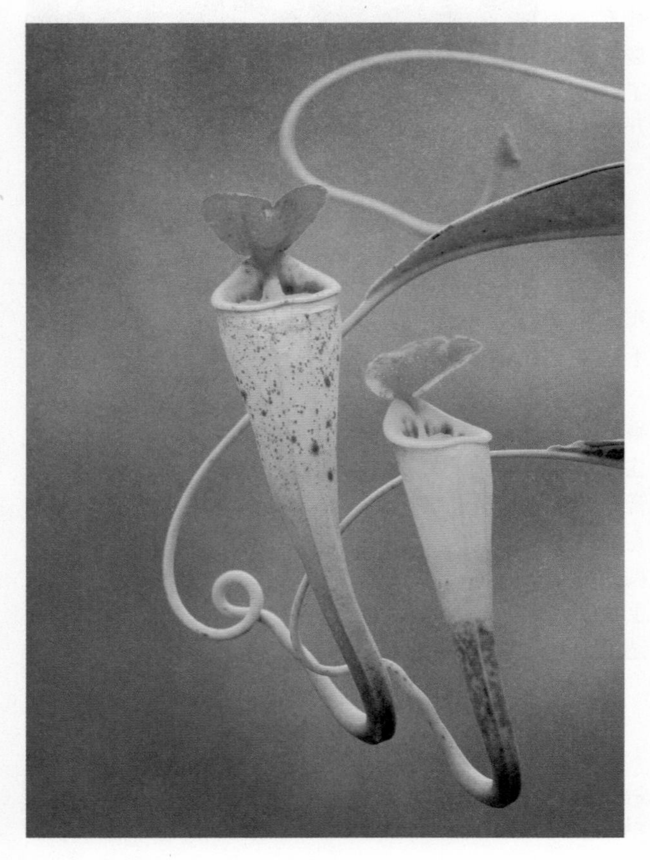

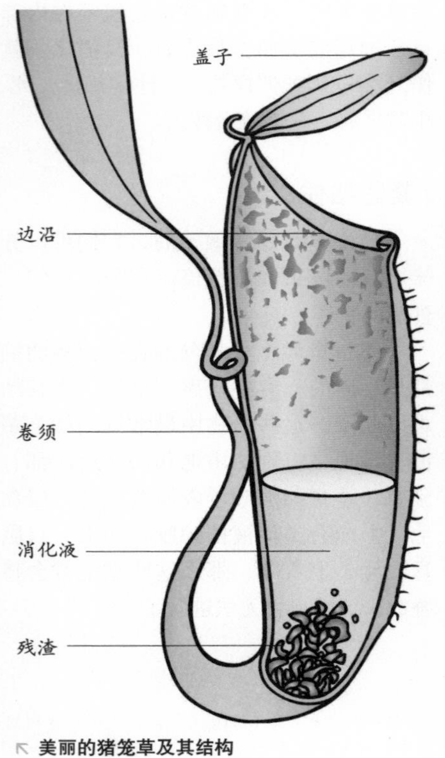

↖ 美丽的猪笼草及其结构

昆虫的变态

所谓变态，是指某些动物在幼体发育为成体的过程中，身体的外部形态、内部生理结构，以及生活习性所发生的一系列显著的变化。在动物界中，昆虫类的许多动物都要经过变态过程才能发育成成体。此外，两栖动物中的蛙类也要经过变态过程才能从蝌蚪变为成熟的蛙。

某些昆虫要经过卵、幼虫、蛹、成虫4个时期，这称为一个完全变态的过程。幼虫与成虫在外形上有着极大的差异，它没有翅膀。幼虫长大之后，就停止活动，并生出一层坚韧的外壳，叫做蛹。蛹要经过几天或持续数周的休眠，在里面，它的躯干组织破裂，然后重新长成一个成年昆虫的形状。

经过完全变态过程的主要有蛾、蝶、蚊、蝇等。

蝴蝶是一种非常漂亮的昆虫，然而它并不是从一出生就这么美丽的，它也要经历一个由“丑小鸭”到“白天鹅”的完全变态过程。

蝴蝶一次产卵的数量从几百个到几千个不等，卵呈球形或半球形，多散产于枝梢、芽苞、叶片等暴露的地方。卵的表面有的光滑，有的粗糙，有红、黄、蓝、绿、白等多种颜色。卵期一般来说都很短，夏季一般为3天，秋季一般为7~10天。卵在壳内发育到一定时期则

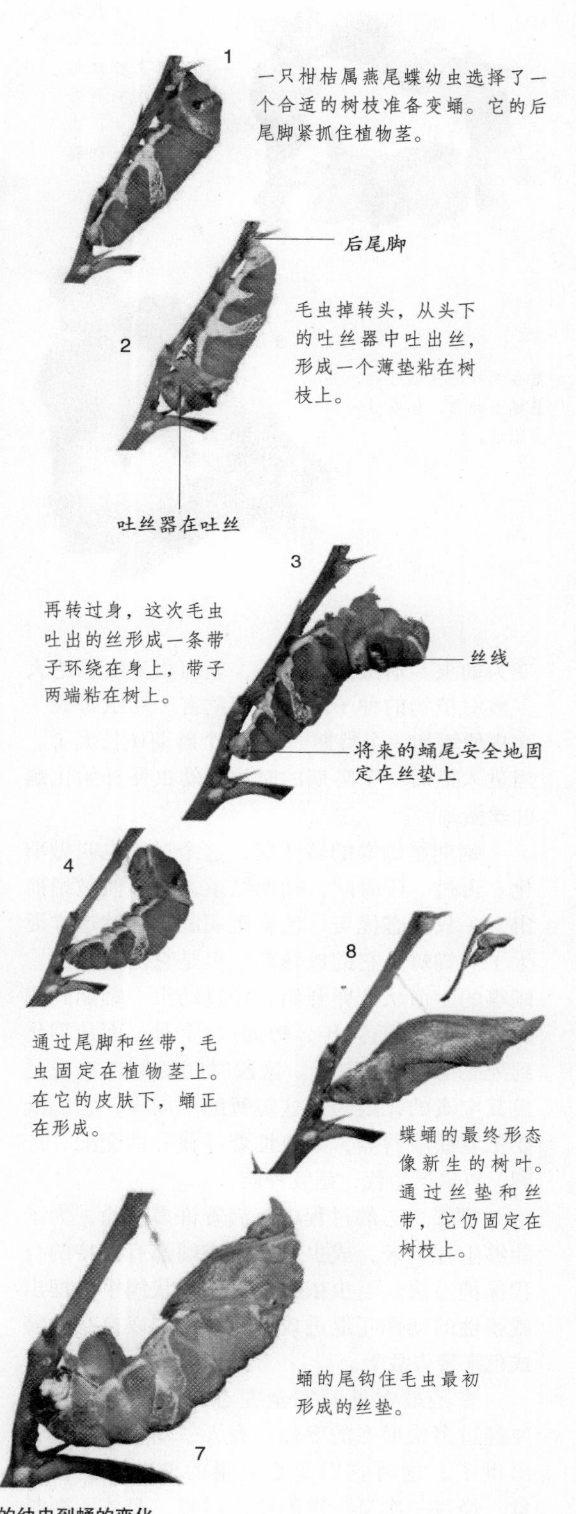

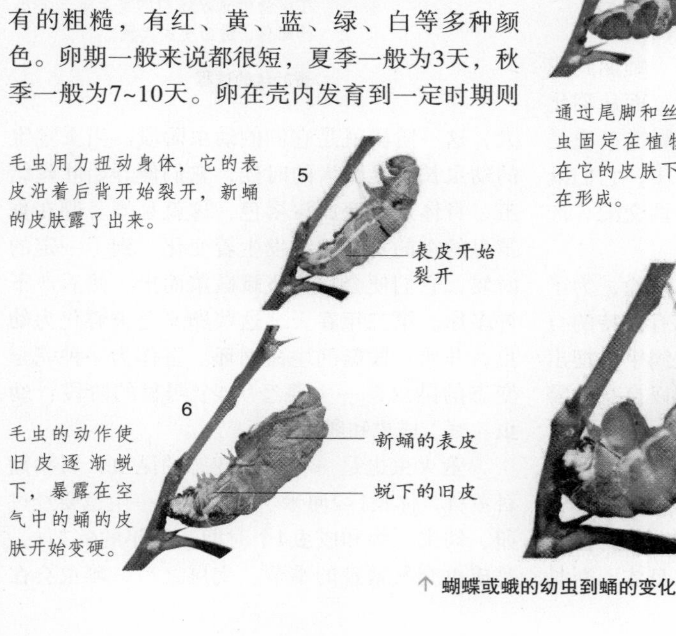

↑ 蝴蝶或蛾的幼虫到蛹的变化

蚕在树叶间找到了一个合适的位置，准备吐丝结茧。丝由蚕腹部的腺体产生，由其头下的吐丝器吐出。

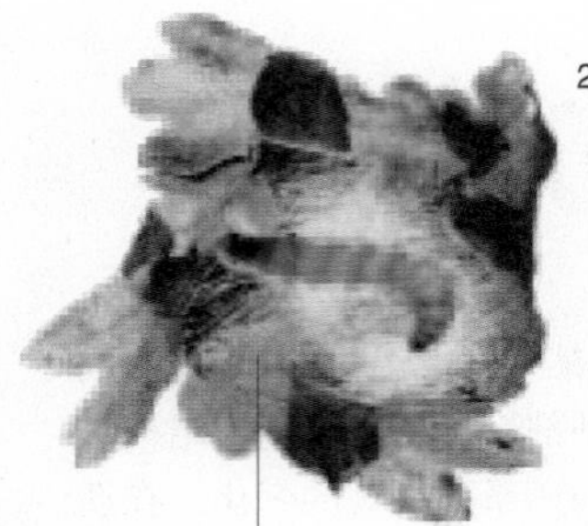

蚕先结一张网，然后在网上织茧。此时的蚕茧还很松，我们可清晰地看到工作的蚕。

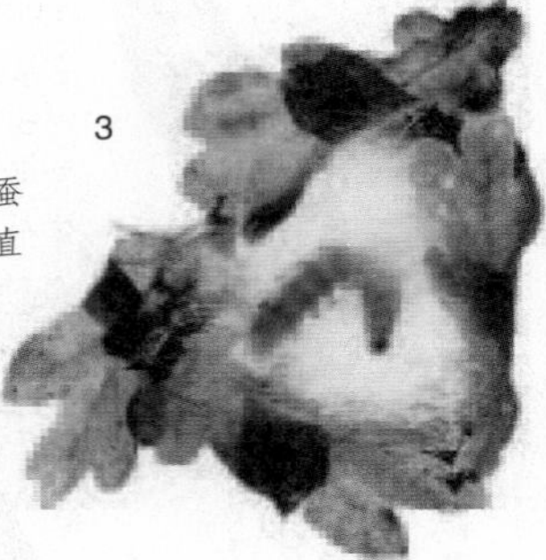

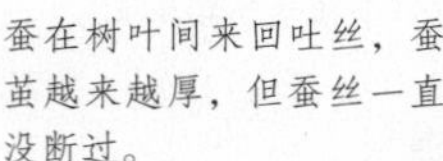
蚕在树叶间来回吐丝，蚕茧越来越厚，但蚕丝一直没断过。

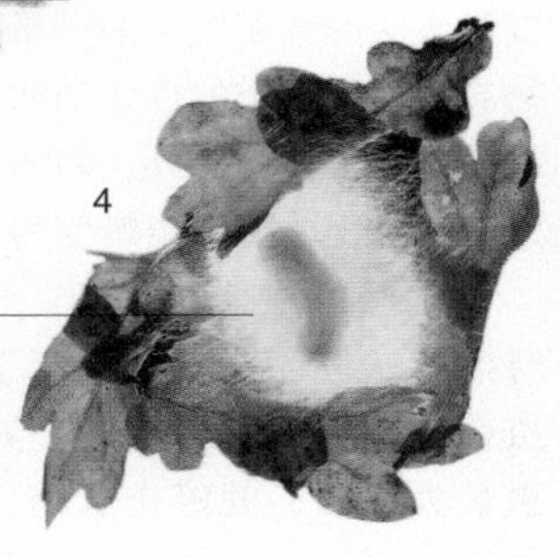

这时的蚕茧厚度已可使蚕免受大部分掠食者的捕食。

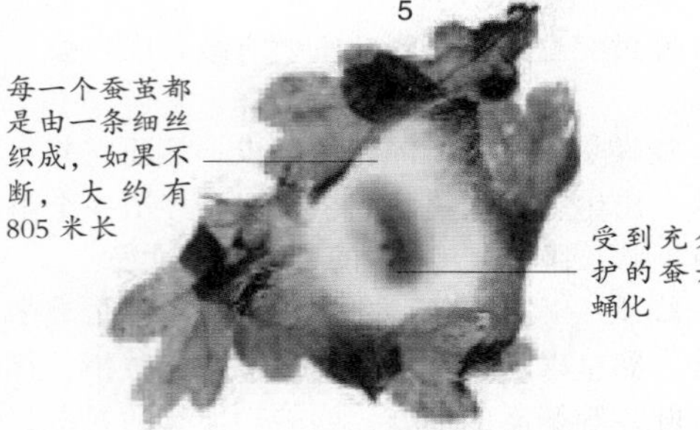

在能受到充分保护的蚕茧里，蚕开始蛹化，进而变成飞蛾。

↖ 蚕吐丝的过程

变为幼虫。幼虫体弱细长，表面很光滑，绝大多数对植物的种子或树木有危害。幼虫每蜕一次皮便增加一个龄期，经过5个龄期便长大了。当进入最后一个龄期的时候，幼虫便开始化蛹吐丝做蛹台。

蛹期是蝴蝶的转变期，这个过程也叫做羽化。再过一段时间，蛹期结束，蝴蝶便破蛹而出，一只体态优美、色彩斑斓的蝴蝶就这样诞生了。蝴蝶是它的成熟期，也是它的繁殖期。蝴蝶的生命从产卵开始，经过幼虫、蛹期到成蝶死亡，长的达1年，短的仅1个月，而从羽化到死亡只有短短7天。这段时间对蝴蝶来说是极其宝贵的，因为在这短暂的一周中，它们既要忙着获取营养，又要忙着寻找异性交配、产卵，以繁衍后代，延续种族。

蝴蝶变态的过程中充满着许多危险，为了能够生存下来，成虫、毛虫或蛹都有独特的自我保护方法。毛虫依靠身上的刺状鳞甲或摆出威胁性的动作吓退进攻者。成虫则以自身的警戒色来警告敌手。

蚕是最常见的完全变态昆虫，蚕的一生要经过多次形态的变化。春天，幼小的蚕宝宝出世了，这时它们要吃大量的桑叶，储蓄能量，经过一次又一次的蜕皮过程，身体不断长大，这一阶段就是它们的幼虫阶段。当蚕宝宝的幼虫长到足够大的时候，它们便开始吐丝结茧，身体逐渐变成深褐色，这就是蛹。躲在蚕茧里的蚕的身体继续发生着变化，到了一定的时候，它们便会化为飞蛾破茧而出，然后产下许多卵。第二年春天，这些卵又会被孵化为幼虫，开始一段新的生命循环。蚕作为一种完全变态的昆虫，一生要经历4个明显的阶段：幼虫、蛹、成虫和卵。

萤火虫也是一种完全变态的昆虫，属鞘翅目萤科，体长1~2厘米。萤火虫的一生也要经过卵、幼虫、蛹和成虫4个时期。每年的6~7月，是成虫交配繁殖的季节。交尾之后，雌虫会在

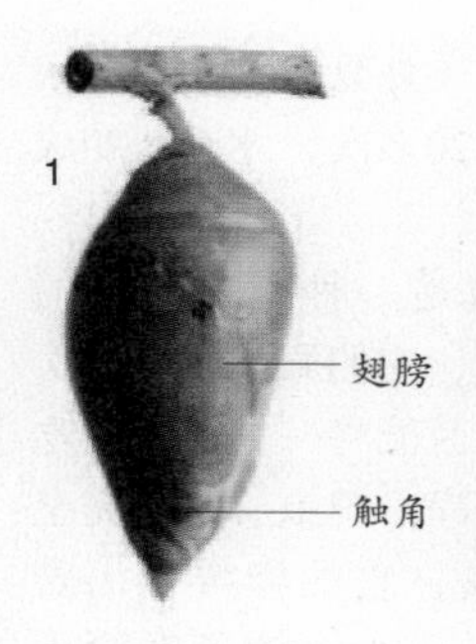

在蛹成形之前 数小时，蝶的身体构造通过蝶蛹上的皮肤可以看见。黑色部分是蝴蝶的翅膀，底部的触角和腿也依稀可见。它需要85天才能从卵孵化成成虫。

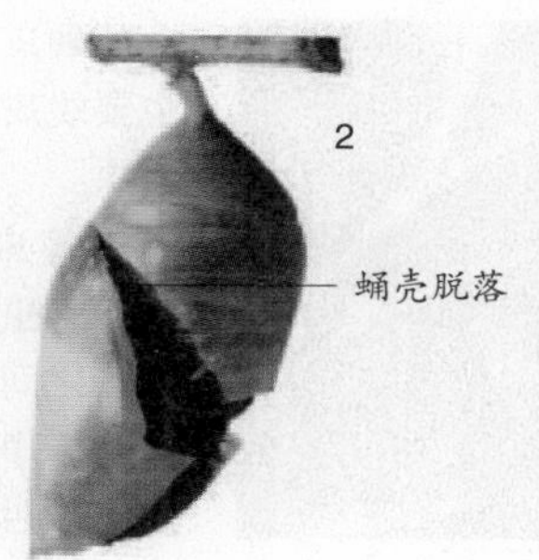

一旦昆虫完成蜕变，它就开始往头部和胸腔灌注流质，这有利于蝶蛹从脆弱处破裂，以便成虫能依靠腿的力量加速蜕化。

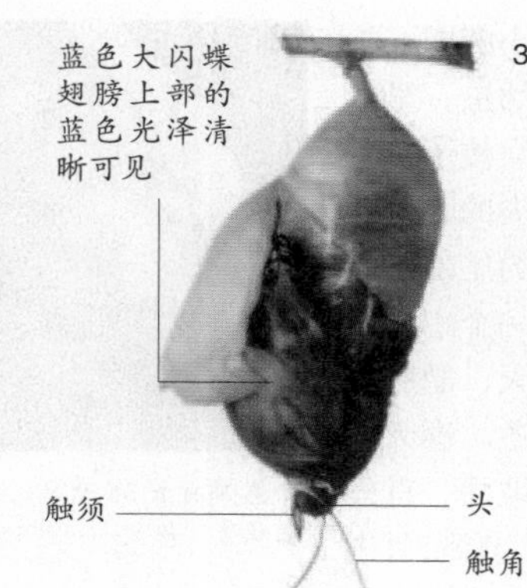

一旦蝶蛹表皮破裂之后，其破裂过程就会加快。膨胀不仅归功于头部和胸腔体液的流动，而且也归功于昆虫吸进的空气。虽然目前触角、头和触须可见，但其翅膀还很柔软和有皱痕，以致不易认出。

4

触角

膨胀的腹部

变成蛹后，蝴蝶的身体伸缩自如了。此阶段蝴蝶的体表骨骼柔软，所以它还可能膨胀更多。但如果因为某种原因破坏或限制了此阶段蝴蝶的发育，那么可能导致缺陷蝴蝶生成。

5

腿

头

伴随着蝴蝶蜕去蛹皮，很重要的一个任务便是排除腹腔和鼓起的翅膀中储存的废物。这使得血液从身体流到翅膀，此时蝴蝶就会经常将头抬得高高的，以便克服重力伸展开成皱痕的翅膀。

在许多情况下这些小滴是红色的而非黄色，这也许就是中世纪的人们所说的蝴蝶产生“血雨”的缘故吧

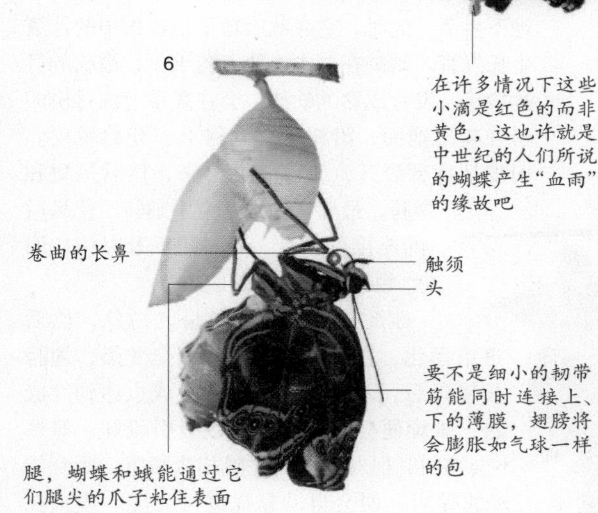

7

已灌注血液的翅脉

当血液注满翅膀的静脉的时候，就可以清楚地看到翅膀的伸展，这种伸展必须相当快速，否则翅膀就会因为没有得到充分伸展而干瘪。这一旦发生，蝴蝶就会残疾而不能飞翔。

在大约一二十分钟之后，蝴蝶的翅膀能够完全成形。现在蝴蝶就等着它的翅膀坚硬起来以备飞行。又过大约一个小时左右，蝴蝶做了许多预备的开、闭翅膀的动作之后，它吸进了空气。通常，它会径直飞到一株植物或别的食物源上以寻求自己的第一顿膳食。

↑ 蓝色大闪蝶的蜕变过程

潮湿的草丛中产下小圆卵。一个月后，卵孵化成幼虫，呈灰褐色，样子就像一只梭子，中间圆圆的，两端尖尖的，身体上下扁平。这时它的尾部已具有发光的能力，像一个小亮点隐藏在草丛中。冬天，肥胖的幼虫会钻进地里过冬。春天的时候，它们会爬出地面，首先寻找食物补充体力，直到5月中旬的时候才躲到地里化为蛹。经过20天左右，蛹变为成虫。成虫呈棕红色，胸部微红，外表色彩斑斓，身体每一节的边沿都点缀着两粒鲜红的斑点。多数种类的成年萤火虫终日不吃东西，急急忙忙地求偶、产卵，忙了20天左右，便结束了它们短暂的一生。

↗ 春蝉身长35毫米。4 6月间，会在松树林里“格依——格依——”地鸣叫。

除了完全变态的昆虫外，昆虫界还有不少种类的变态过程。只有卵、若虫和成虫3个阶段，没有蛹期，称为不完全变态。

最常见的是蝗虫、蝉和豆娘。它们从卵里孵出来时叫做若虫，就是小型化的成虫，没有翅膀。为了长大，若虫必须蜕掉包裹在它躯体上的硬皮（外骨骼），它的一生要蜕皮20多次，才逐渐变成成虫。

蝗虫是一种危害极大的农业害虫，它们聚集在一起，顷刻之间就能将一大片农田吃得干干净净。蝗虫属于不完全变态昆虫，它的卵孵化出若虫，个子较小，翅膀发育不全，然后经过数次蜕皮，若虫渐渐长大，翅膀长全，变为成虫。灭蝗的工作应该利用蝗虫生长的这一规律，在其处于若虫阶段就进行综合防治，如在秋耕时破坏其冬卵的越冬条件或施放药物等，才能取得成效。

蝉也是不完全变态的昆虫。蝉喜欢将卵产在干的树枝上，每次约产三四百个。卵要经过一个漫长的冬天，直到来年夏天才会孵出幼虫。幼虫很小，像条小鱼。它用鳍一样的前足支撑纤弱的身体，从树皮的缝隙中爬出来，开始蜕皮。蜕下的皮形成一条有黏性的长丝，丝的一端连着小如芝麻的幼虫。幼虫在这根丝线上先尽情地享受一次日光浴，等身体变硬后，就顺着垂下的细线滑落到地面，寻找柔软潮湿的地方，开始漫长的地下生活。此时，它靠吮吸地下植物根中的汁液生长发育。幼蝉在洞中要待上若干年，最长的可达17年。发育成熟的幼蝉，会在夏季七八月份的傍晚爬出地面，沿树干爬到树上，开始蜕皮。旧皮从背部裂开，头部先钻出来，然后是腿和翅膀，最后它们会在空中翻转，使最后的连接点脱离，同时前爪及时钩住旧皮，蜕化为带翅膀的成虫。

刚蜕化的蝉，体色呈乳白色，然后逐渐黑化，直到天亮，虫体完全变黑，翅膀长硬以后，才可飞。几天后，成虫达到性成熟，雄蝉便会用声鼓鸣叫以吸引雌蝉。雌蝉不会鸣叫，但对同类的呼唤相当敏感，听到雄蝉的呼叫，便会自动靠拢进行交配。成虫在地上只能生活1个月左右，生命很短促。

除完全变态和不完全变态外，昆虫中还有增节变态、无变态（表变态）、原变态等变态类型。

↗ 正在进食的蝗虫

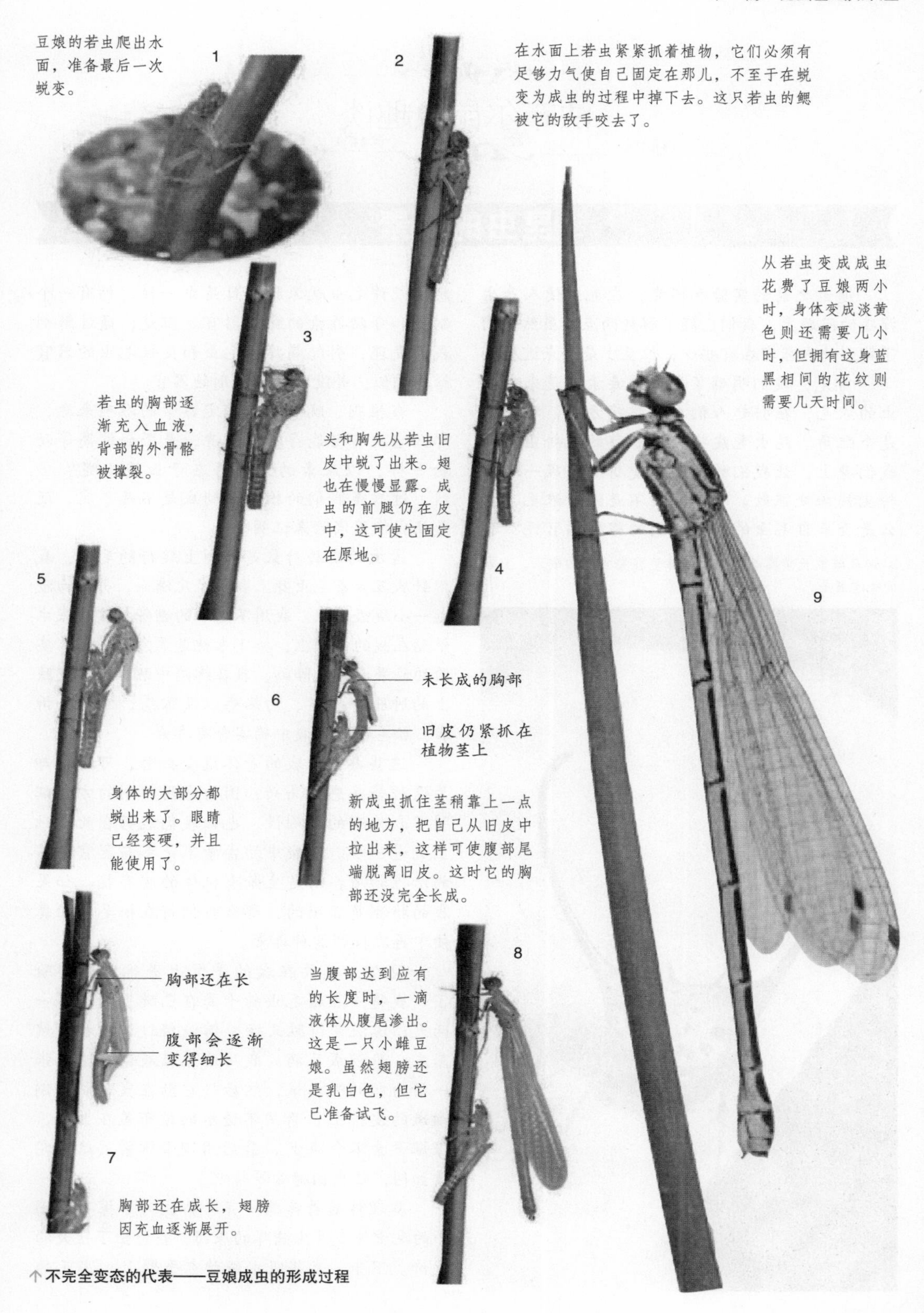

↑不完全变态的代表——豆娘成虫的形成过程

法布尔昆虫趣谈

昆虫的毒素

通过之前的实验和研究，在毛虫使人产生痒痛的问题上，我们已经了解到两点。虽然我们了解到的内容实在有些少，但至少是一点进展。

首先，我们明确了昆虫的毒素不是来自毛虫的浓毛，在引起人们皮肤痒痛方面，毛皮只是个配角。昆虫毛皮将毒素和碎的毛粉尘贴在我们身上，让我们的皮肤饱受折磨；风一吹，粉尘就四处飘散。既然毒素不是源于浓毛，那么是否来自毛虫的某种特别的腺体器官呢？我想，或许毛虫就像膜翅目昆虫一样，拥有一个制作和分泌毒素的腺体器官。但是，通过解剖我们发现，引起痛痒的毛虫和良性毛虫的器官结构相似，并没有什么特别的器官。

↘ 这只雌性长角圆蛛橙褐色的体色在警告它的敌人，它们的味道很差。

我推测，既然不能确定毒素的准确来源，那么它就有可能存在于全身，是否会像高等动物一样，以尿素的方式存在于血液中呢？当然，这只是我们的推测，到底是不是事实，还是让我们用实验来证明吧！

这次的实验对象是松树上爬行的毛虫，我用针从五六条毛虫身上取得了几滴血，并用血浸湿一小块吸水纸。我用不通水的绷带把这块吸水纸贴在我的前臂上，接下来就是焦急的等待。实验的结果在夜晚降临，我在疼痛中醒来，我皮肤上的肿胀、瘙痒、灼热感以及脓疮，它们告诉我：松毛虫的血液中确实含有毒素。

这些毒素让我的身体遭受折磨，可是我却为这种苦痛感到高兴，因为它用特别的方式证明了我推测的正确性，也让我们能够在此基础上更进一步。血液中的毒素不是参与器官运转的活性物质，而是生命有机体的废弃物。如果我的推测是正确的，那么我们将在松毛虫的粪便中再次找到这种毒素。

现在，我要在我的手臂上进行新的实验了。我将一点松毛虫的干粪在乙醚里浸泡了一两天，溶液变得脏又绿；溶液经过过滤和自然蒸发，浓缩成几滴。我用这几滴液体浸透一张一折为四的吸水纸，然后将它贴在我前臂内侧细嫩的皮肤上；再用不透水的胶布盖在上面，保证毒素不会减少；最后用绷带绑紧。结果究竟如何，让我们耐心等待吧。

真理伴随着疼痛一齐降临，为了探寻这小小的毛虫使我产生痛痒的原因，我付出了巨大的代价。下午，我将吸水纸放在手臂上；当天的

↗ 这些热带毛虫带有长刺，可以保护它们免受鸟类攻击。

整个晚上，瘙痒令我煎熬难挨，刺痛和灼烧感折磨着我，让我每时每刻都有冲动把这块吸水纸揭下来。第二天，在与这块让我痛苦的吸水纸接触了20个小时之后，我终于把它拿下来了。

不过，痛苦没有因此而停止。由于我用量太多，毒液蔓延到纸片四周的地方，皮肤红肿、起皱、灼痛甚至坏死。第三天，肿胀加剧，扩展到整整一大块肌肉里；创口呈胭脂红色，并向四周扩散，随后出现液体外渗现象；瘙痒更加厉害，让我辗转反侧，彻夜难眠，不得不使用硼砂凡士林和碎布。

五天内，皮肤受损的部位出现了令人恶心的溃疡，以至于每天早晚给我换药的护士见到了都想呕吐。三个星期过去了，皮肤开始逐渐康复，但是脓疮在我的手臂上留下了红斑，红斑一直很红，持续了好长时间。又过了一个月，瘙痒和灼热还没有完全消退。最后，又过了半个月，除了红斑外其他症状都消失了，红斑逐渐变得轻微，三个多月之后才完全消失。

我为了找寻答案，让自己的身体尝尽苦痛，然而这并不会减少我寻得真理后的快乐，现在，我们距离答案更近了。实验证明，松毛虫的毒素是生命有机体的废弃物质，它一边形成一边随着粪便排出体外。粪便包含两部分，其中大部分是消化的残渣，还有一小部分是尿的残渣。至于毒素到底源自哪一部分，我们稍后再谈，先谈谈松毛虫为什么要产生使人痛痒难忍的毒素吧。

这些沾染毒素的浓毛是为了震慑敌人吗？未必，因为我知道许多例子能够推翻这种假设。比如说杜鹃，它非常喜欢食用毛虫，它的胃里装满了毛虫的毛，但是却毫发无损。再比如说皮蠹，它驻扎在松毛虫的丝屋里，以死毛虫为食，对食物身上的浓毛没有丝毫顾虑。可以说，涂抹了毒液的浓密毛发，对那些特殊的胃来说，并没有什么抵挡作用。

那么，这些毒素是为了自我保护吗？我认为答案未必是肯定的。在昆虫的社区内，装备着浓毛的虫子和裸露身体的虫子，并没有什么大的区别。和这些能够让人痛痒的虫子相比，裸露的虫子没有威胁敌人的浓密长毛，似乎更应该让全身浸满毒素。像松毛虫这样的虫子，并没有更多制作毒素来保护自己的理由啊！

既然，松毛虫的毒素是生命运转的废弃物质，那么也许所有毛虫，裸露的还是有毛的，都具有一种毒素。只不过，在身上装备长毛的虫子中，有些技艺高超或是具有某些我们还不确定的有利条件，它们通过痛痒使其他人知道自己身上带有毒素；而另一些，它们使用毒素的技艺还不到火候，所以我们才没有发觉。

下面，就让我们用实验找出这些尚未被发现的毒素吧。这一次，我选择了蚕，这种皮肤光滑、几乎完全无害的虫子。不过，蚕的无害只是表面现象。我用和处理松毛虫粪便一样的方法，将蚕的粪便用乙醚浸泡后浓缩成几滴，贴在前臂。相同的症状又出现了：瘙痒、灼痛、肿胀和溃疡，它们向我证明我前面的推理是正确的。这种令人的皮肤痛痒、溃疡的毒素，存在于所有昆虫的体内。

这次实验也让我找出村里养蚕的妇女前臂奇痒、眼睛红肿的原因。由于劳动时人们经常挽起袖子，当人们清理蚕沙、更换桑叶的时候，前臂难免要和蚕沙接触。而蚕沙中混有蚕的粪便，这种粪便给我的前臂带来的痛苦大家也都看到了。人们若是不注意，把手碰到眼睛上，这种肿痛瘙痒的痛苦便传染给眼睛了。至于蚕本身，是不会对人们造成危害的。

昆虫的“家”

大部分动物总是处于迁移和运动中，今天住这儿，明天住那儿，根本没有什么固定的、真正的家。但有些动物，像昆虫为了繁殖后代，常常会搭窝或筑巢——这就是它们的“家”。这些“家”不但结实耐用，而且还各具特色，令人叹为观止。

蜜蜂的建筑才华在动物王国里可以说是首屈一指的。它们以自己独特的方式，搭建了一个个整齐的六角形房间，堪称是巧夺天工的杰作。

组成蜂巢的一个个小房间基本呈水平方向，它们大小一致，紧密排列在竖直墙架的两侧。房间的门也呈正六边形。三个菱形的蜡片对接形成房间的底部，并略微向外突起，这可以起到防止蜂蜜外流的作用。这种结构就使得两侧的房间底部恰巧能交错排列，而且与蛹尾部细尖的形状非常适应。

令人惊讶的是，每个房间的菱形都非常标准，锐角一律是70° 32′，钝角一律为109° 28′。从建筑学来讲，选择这个角度是最省材料的。

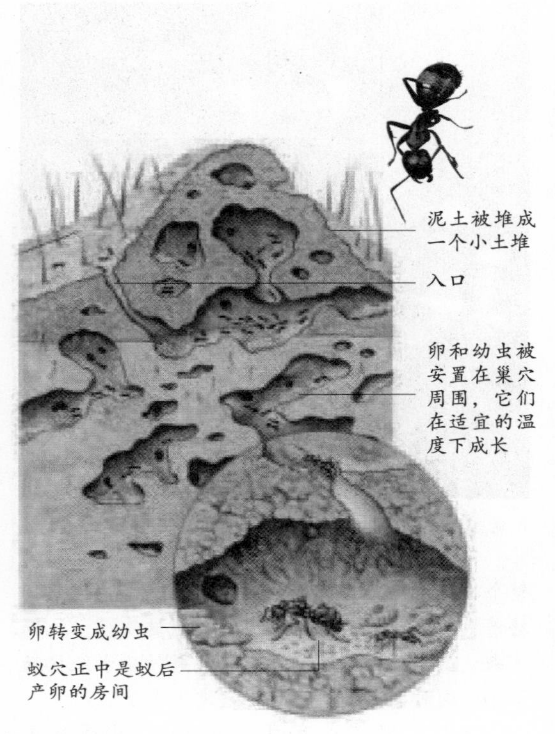

↗ 蚁巢内道路四通八达，穿插回往。

小小的蜜蜂又不是建筑师，它们在没有任何工具帮助的情况下，是怎样完成如此精细的任务的呢？

让我们来看看蜜蜂是怎样一步步地搭建房子的。建筑工作从“天花板”开始。所谓“天花板”，其实是指蜂箱活动框架的顶部，也就是日后巢室的最上部。蜜蜂同时在几个地方修建巢室，每个巢室无一例外地都从底部的菱形开始搭建。

在工地旁，有一个临时的由蜜蜂聚在一起形成的“建材加工厂”。在这里，众多蜜蜂挤在一起，使得中心温度保持在35℃，这样才能保证工蜂能顺利分泌蜂蜡。工蜂从腹部挤出一点蜂蜡，然后用后足接住，传递到嘴里嚼匀，嚼匀的蜂蜡可依据建筑需要加工成形。

修建完几个起点处的菱形后，蜜蜂便以此为依托继续筑墙。之后，蜜蜂返回底部进行下一个菱形的修建，再以其为底修造两堵墙。

↗ 巧夺天工的杰作——蜂巢

辛勤工作的蜜蜂使这些小室中装满蜂蜜。

立体蜂巢

当第三个菱形和最后两面墙修成，一个巢室就完工了。蜜蜂能迅速地把前后相邻的蜂巢接起来，连接成一片整齐的正六角形。

造一个这样的蜂巢并不是件容易的事，小小的蜜蜂精湛的建筑技艺令人叹为观止，它们真不愧是昆虫界中杰出的“建筑师”。

蚂蚁的“家”都建在地下，是一个如同地下大迷宫似的四面延伸扩展的巢。从石缝或草丛间的洞口进入弯弯曲曲的门廊，就逐渐进入漆黑的地下，到达这座令人惊叹的地下“迷宫”了。这里一条条回廊交叉迂回又互相交通。通过这些忽宽忽窄、忽弯忽直的回廊可以直达上下左右所有的房间。这些房间各有各的用途：有的是储藏粮食的“仓库”；有的是工蚁休息的“宿舍”；有的是哺育幼虫的“幼儿园”；有的则是专门用以孵化卵的“育婴房”

随着蚁群的发展壮大，蚁巢也会不断地延伸扩张。几年后，有的蚁巢占地可达几十平方米，甚至达几百平方米，有上下十余层，延伸到地下好几米处。虽然这些通道和房间的设置没什么规律可言，但是蚂蚁靠着熟悉的气味的引导而自由活动，丝毫不会迷路，而且越杂乱的格局越能迷惑敌手，越能保证自己的安全。

同样是生活在地下的昆虫，蝼蛄也是个筑巢的“好手”。蝼蛄的名字很多，有天蝼、土狗、拉蛄，等等，它和蟋蟀一样，也会靠摩擦翅膀来“鸣叫”，以此来追求异性。

蝼蛄的一生大多是在地下度过的。春天，蝼蛄会钻到潮湿的地表下开始建筑“家园”。它会顺着地表一直斜着往下挖，挖到30~40厘米处就会停下来，然后再返回到地表，挖许多条可以通到老巢的隧道，以备逃生之用。

在挖掘的过程中，蝼蛄会边挖边吃地里的种子、幼苗或植物的根茎，如果遇到马铃薯，它就会在马铃薯的中间打个洞穿过去。夏天，蝼蛄会将这个老巢扩建、装修一番。它先是开凿出一个酒瓶般的巢穴，然后将接近地表的“瓶口”用烂草堵住，还在里面铺些杂草，作为雌蝼蛄的“产房”。雌蝼蛄在此产完卵后，用泥土把所有的通路都堵好了才离开。

大约十天之后，这些卵就会依靠土地的温度孵化为幼虫，小蝼蛄便这样诞生了。它们以“爸爸妈妈”留下的杂草为食。等草都被吃光的时候，小蝼蛄也差不多长大了，便从洞中出去，开始新的生活。

“狡兔三窟”的蝼蛄

蝼蛄正在地下建筑“家园”，它挖许多条可以通往老巢的隧道，以备不测。

法布尔昆虫趣谈

本能与鉴别力

为了研究昆虫的智力状况，我对长腹蜂做了一些实验。我把长腹蜂的蜂巢原址摘走，但是它依然把灰泥涂抹在墙上；我用镊子把它的卵和食物偷走，但是它依然往蜂房里填充自己捕捉来的食物，放完之后再出去巡猎之前会把那间蜂房关闭。通过这些实验我粗略地了解了它是什么样的智力。后来我又对石蜂、大孔雀蝶的幼虫做了同样的类比实验，结果它们都犯了同样的不合逻辑的错误。它们总是按照正常惯例，尽管有时会因为某种原因它们的行为像是做无用功，可是它们仍继续按既定的顺序完成它们的筑巢任务。看起来昆虫就好比是一台水磨的轮子，一旦发动，即使没有谷粒，它也不会中断自己的轮子，仍坚持做完这项无谓的工作。如果只简单地把昆虫比作永动的机器，这愚蠢的结论，我是不敢苟同的。

各种事实相互抵触，就好比是行走在疏松流动的沙地上，每走一步就可能会陷入各种阐述的泥沼之中，简直是寸步难行。虚伪的表象往往在事实面前是站不住脚的，因此我更加坚定了以我的理解来解释它们。在昆虫的心理中，有两个截然不同的范畴需要加以区别对待，一个是无意识的冲动，也就是通常意义上所说的本能。它引导着昆虫建造出精妙绝伦的巢穴，这个巢穴建得如此完美，完全是本能强行施加不可变更的法则的结果。在这方面，如果仅仅依靠经验和模仿是达不到如此完美的。就是这个本能，也只有这个本能才促使雌性昆虫为陌生的后代筑巢并储存食物；也是本能引导昆虫将螫针刺入猎物的中枢神经，使其麻醉瘫痪，并将其带回，以便储存；最后，本能还驱使昆虫做出不凭理智，也不凭经验的行为。虽然看上去并不合逻辑，但这是凭它自己的判断力来实施的。我想它的行为应该会有理智、远见和经验参与其中吧！

本能如果一开始不是完美的，昆虫就不可能顺利地传宗接代，对于某一种特定的物种，无论它的过去怎样，现在和将来依然不会变，时间也不会在本能中有所增加或删减，这或许是动物所有特征当中最特定的特征。它这种本能并不比肠胃的消化功能和心脏的脉动功能自由、自觉，各阶段的运作都像是预先注定的，且环环相扣。这容易让人一下子想起齿轮的转动，前轮的转动带动后轮，同样是那么丝丝入扣。这就是动物的机械性。正是这种机械性，也给出了长腹蜂来拜访我的实验室时犯下不合逻辑的错误的合理解释。就像是小羊羔第一次把母亲的乳头含在嘴里进行吮吸时一样，它也不知道该如何来完成这项艰难的技艺，就更别奢求它自由、自觉，追求精益求精了。那么相对于更为艰巨的筑巢技艺来说，昆虫也并不比小羊羔高明到哪里去。

昆虫本身并不知晓自己刻板的经验，也就是通常所说的纯粹的本能。倘若仅凭本能，那么昆虫在面对外界无休止的冲突时无异于赤手空拳。世界上没有哪两点是完全相同的，有时实质看上去没有改变，但是次要的东西已经发生变化，到时候出现任何出乎意料的事情也就不足为奇了。在这些混杂在一起的意外事件中，如何理清头绪，利用有利因素，就必须有个向导来指导工作。这个向导昆虫当然拥有，且显而易见，它引导昆虫去寻找、接受、拒绝、选择，可以偏爱这个，忽略那个。这种向导就是昆虫心理的第二个范畴。在这个范畴里，昆虫凭借经验使自己变得自觉且精益求精。这种能力我不敢称为是它的智慧，毕竟这样说是高看了它们，因此我称它为鉴别力。昆虫的最高特性之一也来源于此，用它辨别事物，把两件事物区别开来，当然必须是在它技艺允许范围之内。

昆虫对自己的行为有意识吗？也许有，也许没有。假如它们的行为属于“鉴别力”这一范畴就有意识存在；假如它们的行为属于“本能”这一范畴就没有意识包含在内。昆虫的生活习性可以改变吗？如果它的生活习性与鉴别力相关就可以改变；如果它的生活习性特征与本能有关那是肯定不能变的。因此人们一旦把纯粹本能和鉴别力相互混淆，往往会重新坠入无休止的争论之中，况且这激烈的论战，并不能从根本上解决实际的问题。

下面我举几个例子来验证一下这两种范畴的根本区别。长腹蜂把捕食来的蜘蛛给幼虫作食物，这就是本能。无论气候、经纬怎么变化，时间如何流逝，猎物是充足还是匮乏，它们的食谱都不会改变。它们祖祖辈辈都是以蜘蛛为食，继承者也是以此为食，将来它们的后代也不会改变这样的食谱。尽管有时候幼虫也会对我提供给它的其他食物相当满意，但是无论其他食物对它多么有利，也不会使长腹蜂相信小蝗虫能抵得上蜘蛛，整个家族也不会因此而乐意改变接受这种食物。看来本能的魅力还是很大，一下子就把它们束缚在出生时的食谱上了。如果缺少了长腹蜂最爱的圆网蛛，那么它就不能猎食哺育后代了吗?不，这绝不可能，它还是会捕食其他的蜘蛛来替代圆网蛛来填充满自己的储物室，因为在它看来只要是蜘蛛就是很好的美味。在无数纷乱复杂的野味当中，这位猎手总能为家人找到食物，而不必做本能以外的无用功。它是如何区分蜘蛛目和非蜘蛛目的呢？它这种能及时灵活地弥补本能中太过呆板的能力，就是它的鉴别力。

长腹蜂用变软的泥土和成泥浆来建筑蜂巢，这就是本能。它一直是这样筑巢，现在如此将来也一样，这也是这位劳动者亘古不变的特性。即使时间过去几个世纪，也不会带给它什么教训，它依然不会用干燥的泥土做泥浆，就算优胜劣汰也不能使它效仿石蜂。它们建筑泥巢，需要一个可以遮挡风雨的屏障，因而，首先它必须在石头下找一个可以避雨的藏身之所。但是，一旦它能够在人类的居所之中找到更舒适的地方，那么这位制陶工匠就会占据此地，把家安在人类的居所之中。这种选择能力就是它的鉴别力，精益求精的原动力。

切叶蜂用薄薄的圆形叶片建造装蜜汁的羊皮袋；黄斑蜂往囊中填充植物绒毛做毡子，还有另外一些则用树脂雕塑蜂巢。它们彼此从来不会，也绝不会互换工作，只能是第一种用树叶、第二种用绒毛球、第三种用树脂，保持它们各自劳动的本色，这就是本能。如果说那位裁叶工最初裁的不是树叶是绒毛，如果说那位绒絮工能将玫瑰或丁香叶裁成小圆叶片，甚至说黄斑蜂糅合树脂是从糅合黏土开始的，那么又有谁敢做出这么大胆的假设？又是哪个具有冒险精神的脑袋冒出这样古怪的念头呢？看来每一种昆虫都不可征服地徘徊在自己的艺术范围之内。在昆虫的世界里没有工作革新，没有经验秘诀，也没有技巧可言，更不能使艺术逐步发展，由普通到优良，由优良到出色，现在的实践活动和过去没什么两样，将来也不会改变。虽然劳动方式一成不变，但是原材料还是可以变化的。切叶蜂能将某种植物的叶子切成一块块的，但是在不同的地点，它们会发现不同的植物；产绒毛的植物也会因为地域不同，而品种也随之改变；提供树脂黏合剂的树种也有很多，譬如松树、冷杉、刺柏、雪松、柏树，但是它们的外观却不尽相同。是什么引导昆虫来选择自己所需要的原料呢？我想一定是鉴别力的指引吧！

毛刺砂泥蜂将螫针刺入猎物的中枢神经，随之猎物开始麻醉瘫痪，它将这只猎取的肥美硕大的美味作为幼虫的食物。它的这种猎取食物的本领就是本能，它捕食时足以压倒一切的表现，证明这种技能并非是后天所学。倘若这门技艺从一开始就完美无缺，则后代便会一代代继承下去。那么有力的时机、遗传性、气候的改变又会在其中起什么作用呢？如果它今天享用一条黄地老虎幼虫，而第二天它又吃着绿色、黄色或者别的什么颜色的幼虫，是什么使昆虫在变化不断的外表下，还能准确地猎取自己称心如意的食物呢？我想这就是它无与伦比的鉴别力吧！

昆虫与真菌

对于昆虫，真菌既可能是有帮助的盟友也有可能是致命的敌人。某些真菌能提供给昆虫食物，还有一些则扮演秘密侵入者的角色——攻击昆虫并从内部开始消化它们。由于它们通过孢子传播，所以这些致命的真菌几乎可以攻击位于任何地方的昆虫。

如果没有真菌，我们还是会想念它们。但是和植物相比，真菌在人类生活中的戏分并不是很多。而对于有些昆虫而言，真菌对于它们的生存是至关重要的——蘑菇和伞菌是昆虫幼虫的食物来源。不过，真正的真菌专家是培养真菌作为食物的昆虫们——它们收获真菌，同时也通过保护和帮助它们传播而成为合作伙伴。不幸的是，对于昆虫而言，并非所有的真菌都是有益的，有些真菌会侵入昆虫体内，它们可以很快就像霉菌穿过一片面包那样穿过昆虫的身体，而这对昆虫往往是致命的。

↑雌性树蜂正在树上钻孔产卵。它还带来了真菌。不过，其通常会挑选已经受到真菌感染的树木。

真菌“园丁”

在某些温暖的地区，白蚁会啃食它们前进路上的一切植物，每年都会往地下搬运几百万吨食物。就像大多数动物一样，白蚁并不能自己消化所有种类的食物，它们会依靠住在它们肠道内的微生物来帮助它们消化，这种微生物叫做披发虫。

有些白蚁的效率更高，因为它们已经进化出一种额外的方式可以从它们的食物中获得营养。在地下巢穴中，白蚁吞咽它们的食物，又收集它们自己的粪便，这些粪便包含一些只有部分消化的残渣。白蚁将这些残渣变成一个直径超过60厘米的类海绵体——这就是白蚁的“地下”花园，也是白蚁食用的某些真菌的完美栖息地。只要白蚁好好照料这些真菌，它们就会一直待在这个地下家庭中。不过，当白蚁废弃它们的巢穴时，这些真菌就会长出地表，生出蘑菇，从而传播开来。

↙图中的昆虫已经受到了真菌的侵袭。昆虫上出现的小蘑菇不久就会散射出它们的孢子。

↗白蚁兵蚁正在保卫一个深埋在地下巢穴中的菌圃。这些白色的物体是白蚁食用的部分真菌。

发霉的隧道

许多昆虫幼虫在木头中产下卵，幼虫出生后可以将木头作为食物。随着内部蛀空的隧道变长，它们就开始食用进入木头中的真菌。对于幼虫而言，真菌就像配菜一样，和木头一起成了一顿丰盛的大餐。一些木材蛀虫更进一步地将真菌作为它们的主要食物，木头反而退居次席——树蜂的幼虫就是这样长大的，它们通常在针叶树中钻洞。林业工人非常讨厌这种昆虫，它们损害树木并导致树木十分虚弱。它们活动的隧道里排列着真菌形成的“皮毛”，幼虫就在真菌上游荡，仿佛在树林中穿行一般。当成年树蜂从它们的洞中爬出时，它们会带上一些真菌，雌树蜂在产卵时，新的树木就会受到真菌感染，这样，它们的幼虫出生后又衣食无忧了。

昆虫杀手

人类有时也会遭受真菌的侵袭，比如人们很容易染上脚癣。脚癣是一种以人类表皮为食物的真菌引起的，在汗脚和紧鞋导致的温暖潮湿环境下会大量滋生。尽管需要花时间清理，这种感染通常没什么危害。对于野生动物，真菌的威胁相对严重，它们可以杀死哺乳动物、鸟和鱼，对于昆虫尤其致命——可以驱赶窗玻璃或者草丛上的昆虫，如果昆虫不跑或者不飞走，那么它们也许已经是真菌侵袭的牺牲品了。当单个孢子进入昆虫体内时，这种攻击活动就开始了。一旦孢子融入昆虫身体，它就开始在内部散播，将昆虫的内脏消化掉。昆虫受到感染之后，真菌常常会改变昆虫运动的方式，它会使昆虫停留在野外开阔处——这些致命孢子的最佳传播场所。

↘果蝇以含糖的树液为生，也会食用酵母——一种自己合成糖的微观真菌。酵母会在有些水果表面形成一层薄层，看起来像上了蜡一般。

法布尔昆虫趣谈

昆虫与蘑菇

这是一个非常有趣的问题，如果只是回忆我与牛肝菌和珊瑚菌的奇妙的缘分，而不让昆虫参与进来，那就显得太乏味了。有很多菌种都是可以吃的，有的名声还很响，但也有一些是有毒的。那些植物并不是每个人都能够接触到的，要是不对它们进行研究，又怎么能够区别无毒和有毒呢？人们普遍相信，只要是昆虫以及幼虫和蠕虫会吃的菌都可以放心地采用；而只要是昆虫不吃的蘑菇就绝对不能去碰。昆虫的健康食品也就是我们的健康食品，对它们有害的东西会对我们有害。人们没有考虑不同动物的胃对不同食物的消化能力是不一样的，仅仅根据事物表面上的逻辑关系就作出了这样的推理判断。这一信条究竟能否站得住脚呢？这也正是我打算研究的。

↗ 蘑菇

昆虫非常善于开发蘑菇，尤其是幼虫。昆虫消费者可以分为两类。一类是一点点地啃下蘑菇，咀嚼，嚼烂之后吞下去，是真的“吃”；另一类是像食肉的蛆虫那样，先把食物变成粥，然后吸进肚子里。总的来说，第一类食客为数不多，光从我在附近所看到的情况来看，属于咀嚼食物类的昆虫有：四种鞘翅目昆虫、衣蛾的幼虫，以及软体动物鼻涕虫，或更确切地说，是小个子蛞蝓，它的棕色外套膜边缘有一条红色花边，但是它们十分活跃，很擅长侵蚀，尤其是衣蛾幼虫。

↖ 这些蘑菇萌芽于地下真菌，它们使得真菌能够到处传播。

有一种巨须隐翅虫，在鞘翅目昆虫中算是最喜欢吃蘑菇的了，它身着红、蓝、黑三色搭配的美丽服装。它依靠后面一根柱子的支撑行走，和它的幼虫一起常常到杨树伞菌那儿去，春天或者秋天，我常在这些地方碰到它们。它们吃的东西比较单一，但是它们完全称得上美食家，因为它们的选择很有品位。杨树伞菌虽然白得有点吓人，外表也常有裂痕，伞盖下的褶皱边还附着红棕色的孢子，看上去有些脏，但千万不可以从外表判断蘑菇的优劣。要知道，它是最好的菌种之一。有些形状漂亮、颜色鲜艳的蘑菇恰恰是有毒的，而某些外表丑陋的反倒是好蘑菇。

还有两种身材比较矮小的昆虫专吃蘑菇。一个是鞘翅呈黑色的闪光隐翅虫，它的头和前胸都是棕色的。它的幼虫吃一种长着直毛的带刺多孔菌，这种蘑菇又肥又大，往往侧贴在老

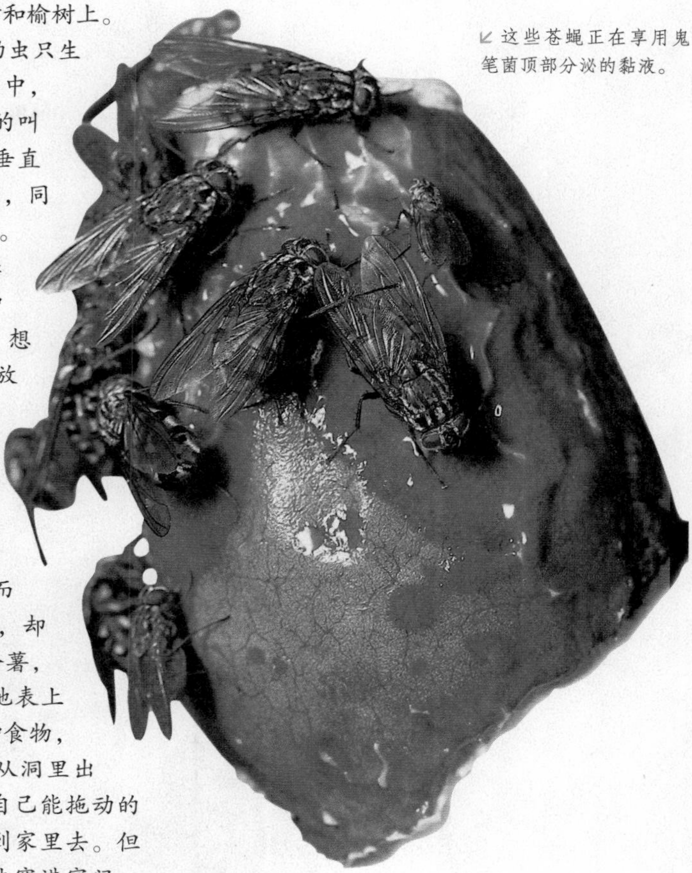

桑树的树干上，有时也长在胡桃树和榆树上。另一个是桂皮色的大蚕蛾，它的幼虫只生长在块菰中。吃蘑菇的鞘翅目昆虫中，最有意思的是盔球角粪金龟，它的叫声如同小鸟歌声一样，它还挖了垂直的洞穴来寻找日常食用的地下蘑菇，同时，块菰也是它喜爱的菜肴之一。我曾经拿走了住在洞底的盔球角粪金龟的足间的一块块菰，这是一种榛子般大的块菌。我试着饲养它，想看看它的幼虫长什么样。我把它放在一个盛满新鲜沙土的罐子里，笼上网罩。因为找不到地下蘑菇和块菰来，我用几种稍微硬些的有点像块菰的蘑菇代替来喂它，其中有马鞍菌、珊瑚菌、鸡油菌和盘菌，可它丝毫没有领情。而当我提供给它叫做茯苓的植物时，却很顺利。这种植物长得就像小马铃薯，常常能够在松林的浅土层里甚至地表上见到。我在饲养笼里放了一些这种食物，我在夜晚几次看到盔球角粪金龟从洞里出来，在沙土里搜寻着，想找一块自己能拖动的不太大的食物，再偷偷地把它滚到家里去。但茯苓像一堵墙似的，大了些，无法塞进家门，于是它把食物留在门口，自己进了家门。第二天，我看到那块被啃咬过的食物放在那儿，但这有下面有被咬的痕迹。

↙这些苍蝇正在享用鬼笔菌顶部分泌的黏液。

盔球角粪金龟得自个儿待在地下室里吃东西，它可不喜欢在露天的公共场合用餐。要是它无法在地下找到食物，就会到地面上来寻找。一旦找到可口的食物，要是能塞进家门，它就会将食物搬到地下室，要是搬不进去就只能把食物留在地洞门口。然后它就在洞里面啃咬食物的底部，不再露面。迄今为止，我只知道它吃地下菌、块菰和茯苓这些食物。这三种我所举出的食物表明，盔球角粪金龟会在食谱上变各种花样，也许它会不加区别地把所有的地下菌都收入腹中，而不像巨须隐翅虫那样只吃一种食物。

与之相比，衣蛾幼虫的取食范围更广泛。菌类最主要的就是由这种弱小的幼虫开采的，它们将在被糟蹋过的蘑菇下编织一个小小的白丝茧，然后羽化为一只微不足道的蛾、一只纤小不起眼的蛾。在大部分菌类中都能发现大量聚集的衣蛾幼虫，从菌柄一直向菌盖上扩散。它们长五六毫米，身体洁白，头部黑亮，喜欢吃菌柄，因为菌柄吃起来有股难以形容的滋味。它们通常居住在牛肝菌、珊瑚菌、乳菇和红菇上，除了个别菌科里的几种菌以外，其他菌都吃。除了蛞蝓以外，一些贪食的软体动物也值得一说。它们在蘑菇里安了一个宽敞的窝，自由自在地在里面大吃大喝，它们对各种蘑菇都来者不拒，只要个头不算太小就行。与其他的开采者相比，它们一般都离群索居，数量也并不算多。它们用锋利得像刨刀的大颚从蘑菇里掏出一个个大洞，所造成的破坏一目了然。从被啃过的蘑菇上留下的咬痕和掉下的蛀屑，我就能认出是哪位食客留下的残羹。它们有的切割，有的挖沟槽，有的在蘑菇里挖出洞壁很清楚的隧洞，有的腐蚀内部而使外表保持完好。

第二篇

常见昆虫

蝴蝶和蛾

全世界不管哪里的人，总是能即刻认出蝴蝶和蛾这些既迷人又无害的昆虫。它们出现在从高山顶到最黑暗的丛林，再到沙漠，甚至在我们的家里，是真正的四海为家的群体。其中有些属于最华美的昆虫，很多还都与难以置信的传说联系在一起。当有人收藏那些令人恐惧的爬虫的时候，全世界的人们都在愉快地观赏着这些既不叮人又不咬人的蝴蝶和蛾的成虫。

蝴蝶和蛾属于鳞翅目，这一名称暗示了这个群体的主要特征：鳞翅目的学名“Lepidoptera”来自希腊语“lepis”和“pteron”，前者的意思是“鳞”，后者的意思是“翅膀”。翅膀和身体上层叠的鳞片将鳞翅目与其他昆虫目区别开来。与鳞翅类昆虫关系最亲近的是毛翅目的石蚕蛾，其翅膀上覆盖有鳞状的茸毛。鳞翅目昆

知识档案

蝴蝶和蛾

纲 昆虫纲

亚纲 有翅亚纲

目 鳞翅目

18万~20万种，分属127科和46总科。

分布 世界上有植被的地方均有分布，一直到雪线。

体型 成虫的翅展为0.3~32厘米。

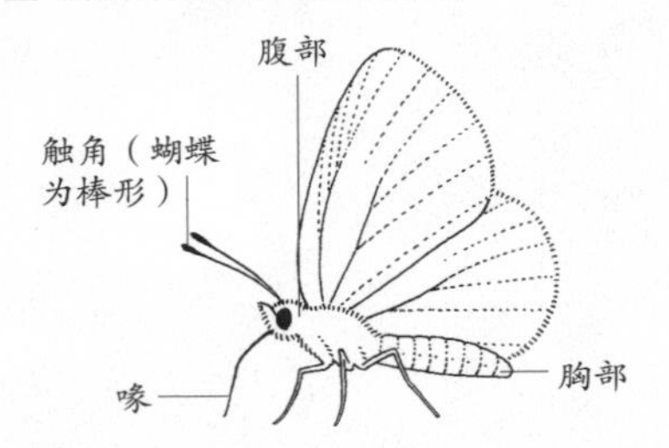

特征 成虫的翅膀上通常覆盖有层层叠叠的鳞片；特化的鳞片（常如纤毛状）包裹着身体的其余部分和附肢；大部分种类有长长的、司吸吮花蜜功能的喙，或称为“齿舌”；通常的防御手段包括鲜艳的警戒色或伪装花纹、刺或刺激性的纤毛、有毒物质或讨厌的味道，以及伪装成其他有毒种类。

生命周期 属于完全变形，一生经过卵、幼虫、蛹和成虫4个阶段；无翅的幼虫（毛虫）通常有适合以植物为食的咀嚼式口器。

↘ 灰蝶科中，“假头拟态”这种现象很常见。后翅尖上延伸出的细长突起与邻近的黑斑结合，看起来像上面有眼睛和触角的“头”。当蝴蝶不停地扇动翅膀的时候，这种假象非常逼真。

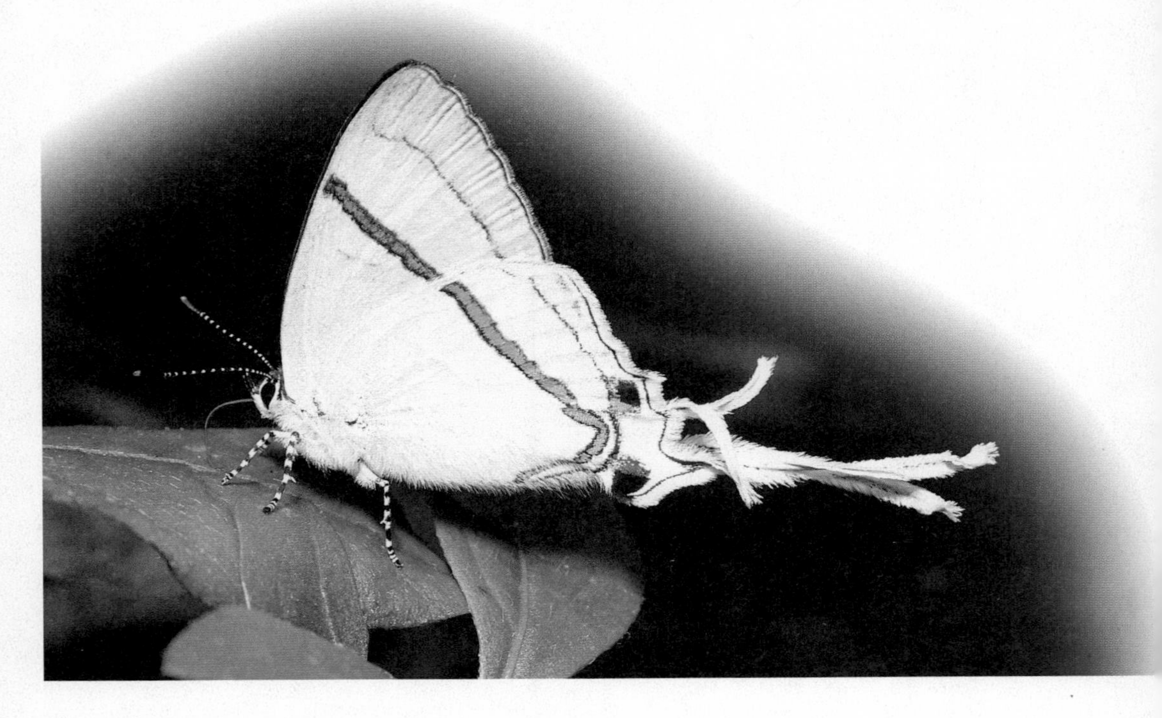

↗ 蝴蝶是昆虫世界里的表现艺术家。图中这只来自马达加斯加的皇家蓝彩蝶身上那豪华的服装具有结构化的特点，是特殊形状的鳞片光反射的结果。

↗ 图中是热带蛾翅膀上独特的交叠鳞片。翅鳞片是特化的纤毛，也是蛾和蝴蝶翅膀上彩色花纹的成因。

虫也是变形概念的例证：从毛虫变成蛹再变为翅膀大大的、常常体被鲜艳色彩的蝴蝶或蛾，这一系列转变如此戏剧性、突然且令人震惊。

蛾和蝴蝶所属目是昆虫界中最大的目之一（最大的是甲虫家族），包含约20万个种类，其体型多种多样，令人目不暇接。从翅展仅有3毫米的最小的蛾，到翅展达32厘米的南美夜蛾，鳞翅目成员的成虫和幼虫均具有相同的身体结构。作为一个群体，它们的化石记录可以上溯到约1亿年前的中白垩世时代。但这个推测可能低估了这一目的实际年龄，因为鳞翅目昆虫的化石非常稀有，而且大部分是以昆虫的琥珀残片出现，已知最早的琥珀就是翅鳞片。蝴蝶和蛾与开花植物关系密切，有推测中白垩世时鳞翅目昆虫多样性和种类的增多也反映出开花植物的进化及此后的数量激增。

翅膀上的鳞片
形态和功能

翅膀上覆盖有鳞片是鳞翅目昆虫最显著的特征，当你抓着一只蝴蝶或蛾的时候，你会很容易看出这点。沾到手上的细细的粉末就是由极微小的鳞片组成。不光是翅膀上，鳞翅目昆虫身体其他部位也覆盖有这种物质，其头部的鳞常状如茸毛，且笔直地竖着形成一簇簇的，或者就如鳞状或片状那样平平地覆盖在头壳上。附肢也常多毛，但这些“毛”实际上也是

特化的鳞。大部分鳞翅目昆虫，其翅鳞片的上下表面之间有一个空洞（内腔），但大部分低等蛾的鳞是实心的。

覆盖在鳞片下的翅膀为玻璃般的透明结构，就像其他昆虫那样，鳞翅目昆虫有发达的网状翅脉，刚从蛹中羽化的成虫的翅脉像水泵一样充满了空气和液体。一旦翅膀硬化，翅脉就起着支撑的作用，使翅膀在扑扇的时候仍可保持其形态和硬度。慢镜头显示，当鳞翅目昆虫在飞行的时候，翅膀有很大的弹性，而管状的翅脉在其中起着重大的作用。它们飞行的时候，两对翅膀会在同一时间、同一方向（与蜻蜓不同）上相击，表现得像一只翅膀一样。前翅与后翅连接的方式成为一种分类的标准，将鳞翅目分为两类。那些最低等的种类，前翅的背面有一个简单的膜质瓣连着后翅的前缘。但鳞翅目的大部分成员长有一个特殊的结构，由

↖ 1. 很有韧性的深色白眉天蛾能容易地在沙漠稀疏的植被中生存。2. 长舌头的马达加斯加天蛾常盘旋着吃东西，而蝴蝶则是停留在花朵上。3. 冬青大蚕蛾是阿特拉斯蛾中的小群体，全部来自亚洲，是蛾世界里的巨人。4. 维纳斯转蛾仅见于非洲南部，幼虫在树干里取食。5. 这只亮丽的东非的蛾习惯在大白天飞翔，翅膀闪烁着彩虹般的光，维多利亚时代的人造珠宝常使用这种款式。6. 海湾豹纹蝶属于毒蝶亚科。这一类蝴蝶的独特之处在于它们用喙采集花粉。7. 黑脉金斑蝶是唯一一种每年从南到北双向迁徙的蝴蝶。8. 当这只雄性大闪蝶收起翅膀的时候，敌人会被翅膀底部的暗淡色彩所愚弄。

后翅前缘上的一组粗短的刚毛形成的刺或翅缰构成，这个特殊的部位被前翅后缘下一个专门的抓扣结构把控着。大多数蝴蝶没有翅缰。

有一种叫“香鳞”的特殊鳞片可在大多数雄性鳞翅目昆虫身上发现。这种特化的鳞片能贮存化学气味或信息素，帮助翅膀上的腺体散发气味，并在求偶时散播给雌性。许多种类中，起同样作用的特化鳞片聚成一束束的，像刷子或铅笔。这些刷子通常装在腹部一侧的小袋中，在求偶的时候会伸出来把气味散布出去。许多雌蛾都会利用气味来吸引异性交尾，这种气味要么通过身体末端的一簇鳞片散发开来，要么通过挤压一个专门的气味腺达到目的。这种行为称为“召唤”或“召集”，一只雌性个体利用这种途径，能引来一大批的雄性。

成年鳞翅目昆虫的头部形状大致相同。3个最显眼的特征包括触角、齿舌或喙，以及大大的复眼。鳞翅目昆虫的触角比较有特点，起鼻子和味蕾的功能。成虫的触角在结构和长度上各不一样。那些低等的种类，触角由短而简单的几节组成，但在较高级的群体中，触角上通常生有细密的茸毛，或者触角的分节延伸为长长的细丝，形成“梳子”（栉齿状的），因此触角外观很像羽毛。栉齿状的触角出现在很多毒蛾和皇蛾中，这些群体有很精密的嗅觉协助交尾定位系统，雄性有大型栉齿状触角，而雌性的触角结构很简单，这种性别二态性反映出雄性需要能从下风处远距离侦查到未交尾过的雌性发出的极小量信息素。对欧洲皇蛾进行的试验显示，雄性能从1.6千米或更远的距离之外探测到雌性的存在。人们已经制造出某些蛾害虫的雌性气味，并在果园中使用这种气味引诱、消灭雄蛾。

除了鳞片之外，鳞翅目成虫的最显著特征之一就是司吸吮功能的喙，或称为“齿舌”。不用的时候，喙通常卷起来位于头部下面，取食的时候会伸出来。喙有纵贯的通道，使得这一器官具有柔韧的吸管一样的功能，能吸食液体，尤其是花蜜。喙的长度不一，低等的小翅蛾科成员的喙完全缺失，而代之以可用来吃花粉粒的咀嚼式上颚。基于这个原因，有些学者拒绝把小翅蛾科归入鳞翅目中。

在其他科中，例如毒蛾科成员没有喙，而成虫也压根不进食。或者像微小的微蛾科成员，喙可能存在，却极短。天蛾的喙最长，它们能从管状花卉的深处把花蜜吸出来。会盘旋于花前采蜜的蜂鸟天蛾属于长喙天蛾属，其学名的字面意思是“大大的舌头”，成虫齿舌的长度与它采蜜的花朵的深度有关。那些短舌头的仅限于在开放式的花冠比如毛茛科植物上进食。鳞翅目昆虫与齿舌长度之间的关系使得达尔文在1822年预言应当存在某种能对花朵深达30厘米的彗星兰授粉的蛾。后来，这一预言得到证实，一种蛾的确长有与彗星兰花深匹配的喙。鳞翅目和显花植物的共同进化使蝴蝶和蛾与花朵之间产生了无数紧密的关联因素。

鳞翅目成虫的眼睛由1.2万~1.7万个独立的小眼面或小眼组成。每一个小眼面都是一个独立的光学单元，能看到景物的一部分，眼睛结构越复杂，视觉越敏锐。许多白天出没的蛾和蝴蝶具有极佳的视力，能看到运动中的物体并分辨多种颜色，其视觉范围延伸至光谱的紫外线区，但对于光谱红色端不敏感，因此有些收集蛾的人会在夜晚利用红色光观察进食中的蛾却又不会惊扰它们。鳞翅目成虫依靠其视力，能辨认图案、形状和颜色以达到进食、求偶和躲避天敌的目的。除了明显的复眼，成虫还有数个单眼朝向头部后方，这些单眼常常隐藏在鳞片中，其功能尚不太清楚，但应该与评估光线强度有关。

鳞翅目成虫的胸部有3对附肢和2对翅膀。附肢并非只是简单地用来行走，还扮演着味觉和声音探测器的角色。每条附肢的末节都生有一个感觉凹点，专门用来探测湿度和宿主植物中某些化学物的糖含量。因此，让一只蝴蝶伸

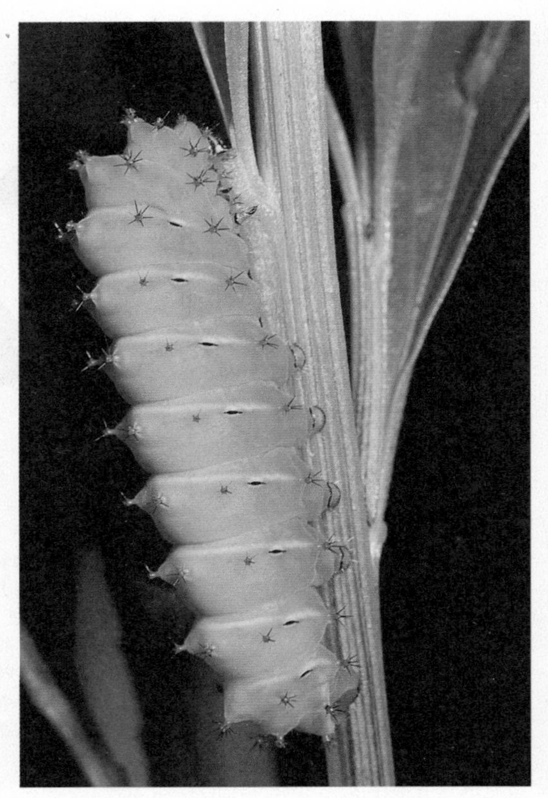

↗ 图为阿根廷的一种蛾毛虫的3对附肢不起眼地集中在头部附近（顶部），粗短的伪足则在身体中部和后部清晰可见。

↘ 许多燕尾蝶毛虫很像鸟粪。这只亚洲的半大的大燕尾蝶毛虫伸出了它的臭腺——叉状的防御器官，能释放出有毒气体。

出喙来进食的最佳途径就是用一个被糖溶液醮湿的薄片去碰触它的“脚”。你能观察到一只将要产卵的雌性蝴蝶会用它的附肢检查叶片，以便确认它是否能为毛虫提供食物及适合幼虫生长的环境。大部分鳞翅目昆虫取食的植物品种很有限，每一种都因不同的化学成分而有所区别。

容纳于胸腔中的发达的飞行肌肉起着伸缩胸部弹性外骨骼和上下拍打翅膀的作用。在寒冷的天气里，许多种类通过晒太阳或颤动的方式规律地调节自身的体温，以便使飞行肌肉维持较高的温度。成虫身体的其他部分与典型的昆虫结构没什么两样，具有分节的腹部和管状的肠道，以及神经系统和气管。

毛虫和蝶蛹

发育阶段

鳞翅目昆虫在幼年阶段会经历一系列身体结构和习性的变化，以适应它们在形态和功能上的转变。幼虫，或称为毛虫，均具咀嚼式口器（只有极少数例外），这是唯一适合它们的口器，因为它们大部分的时间都在进食。此时是生命周期中的成长阶段，幼虫表现得像进食机器。进食不仅仅和幼虫的生长有关，还与有翅成虫的需要有关——由于很多成虫完全不进食，食物的储存必须在毛虫阶段完成。

大部分毛虫有真附肢和伪附肢两种附肢，有些种类其附肢部分或全部缺失。真附肢有3对，生在头部后面的3个体节上——毛虫的胸部。此外，通常还有5对肉质伪附肢，或称为腹足——腹部第3~6节上各有1对，最末1对（肛门附近）长在第10节上。锯蜂（膜翅目）的幼虫与鳞翅目的幼虫非常相像，但前者的第2腹节上总有1对附肢，而且伪附肢的数量也通常多于5对。利用基部的一圈钩状物，即“趾钩”，鳞翅目幼虫每只伪附肢都能抓住植物的茎或叶片的表面。蛞蝓毛虫没有腹足，而代之以黏糊糊的足底和吸盘。尺蠖蛾幼虫中间的2~3对腹足缺失，仅留下了后一对腹足，因此它们是用“翻筋斗”的方式前进。

大多数毛虫能用口器附近一对特殊的腺体吐丝。丝的用途各种类不一，有的用丝将进食管连在一起，制作蛹茧。仔细地看一下毛虫的头部，会发现其有一对极小的短棒状触角，且两侧各有一组单眼，或眼点。对于幼虫，它们并不需要有像成虫那么好的视力，仅用这些单眼去感觉光线的强度和颜色就足够了。

↙ 黑白相间的条状纹是一种警戒色。通过组成以血缘关系为基础的群体，这些乌干达雨林中的“翻筋斗”的蛾毛虫传达了一种强烈的“不得接近”的讯息。

↗ 对除了花粉别的什么都不吃的蝴蝶来说，花粉里所含的营养实在有限，这只马来亚花裙蛱蝶每天都需要大量进食才能保证日常活动所需的热量。

→图中这些吃叶子的圆黄掌舟蛾毛虫，每天也必须吃下大量没什么营养的食物才能获得生长所需的蛋白质。

脆弱的毛虫极易被捕食，但大部分毛虫都会利用一系列策略中的任一种来保护自己：要么使自己融进周围的环境中去，要么钻进植物组织里去躲起来，或者像蓑蛾虫那样用丝或植物材料给自己做个壳。它们也会利用颜色或外形，或二者结合起来的方式把自己藏起来。最普遍的做法是简单地利用绿色植物的阴影把自己的身体轮廓隐蔽起来，因此毛虫的腹部是浅绿色，比背部的颜色浅。当它们趴在叶片上时，鸟类等捕食者难以将它们与植物区别开来。表皮外层下源自于植物的色素构成了幼虫的体色，并随着幼虫蜕掉旧的表皮进入下一龄后随之改变。有些种类，其体色的变化令人吃惊，比如燕尾蝶毛虫的体色好似鸟粪，但随着它们成长并蜕变为大型的毛虫后，身体就呈现出黑色和黄色的带状花纹。这些变化表明，随着毛虫体型的增大，单一的防御策略会隐含风险。假扮成鸟粪只对小毛虫有用，但体型大得多的毛虫需要更安全的防御办法，比如差劲极了的味道。

将外形与颜色相结合是一种极佳的隐蔽方法。尺蠖蛾的幼虫很像小树枝，为了尽量接近实物，它们的身体上甚至还有污迹和瘤突。这种幼虫夜间出来进食，白天的大部分时间都伪装成小树枝。

毛虫们普遍的防御手段是身体上满布的尖毛或尖刺，对捕食它们的很多鸟类和蜥蜴来说，这些玩意会把它们弄得很痛，此后它们一般就会避免捕食此类毛虫。但所有策略中最有效的一个是利用食物中的植物毒素作为防御手段。这种办法也伴有风险：在每只鸟或蜥蜴学会将某种行为或鲜艳的色彩花纹与危险警告联系起来之前，总有一两只毛虫会成为牺牲品，然后捕食者才会明白是怎么一回事。

在蛹或蝶蛹中，有咀嚼式口器、没有翅膀的幼虫会经历向有翅成虫的转变。那些最低等的蛹有功能性上颚，能在羽化前弄破茧。毛顶蛾科成员的这种上颚非常大。大部分群体的蛹是简单而坚硬的纺锤形，褐色，活动仅限于腹节的偶然扭动。某些种类的蛹期会持续一年或多年。蛾的蛹常被一个丝质的壳保护着，有的被埋在地下，有的则在植物的组织中。

蝴蝶的蛹通常暴露在外，仅靠外形和颜色来防御敌人。大部分蝴蝶的蛹，在蛹壳末一节的一个小丝垫上有一串钩形物，蛹就被这串钩子给吊起来。当毛虫最后一次蜕皮的时候，依靠某种特技般的轻拂动作，这些钩子就被附着在蛹上，并露出蛹壳的底部。为了伪装，许多蝶蛹上都装饰有亮金属光泽的花纹、刺、角和其他结构。羽化中的蛾或蝴蝶首先弄破坚硬的壳，把空气吸入消化道；从蛹中出来后，有时会经过一段漫长的爬出地面或爬到矮树丛上的旅程，成虫利用空气使翅膀膨胀后再把它们

“晾干”。在从毛虫到成虫的转变过程中，它们的体内堆积了大量的废弃物，在羽化的时候，这些废弃物，或称为蛹便，会以液体的形式流出来。

↗ 交尾的时候，雄蝴蝶将精囊注入雌性体内，与它们体重相比，精囊的分量着实可观。这些凤蝶科的蝴蝶来自马达加斯加，它们的尾部相连，是蝴蝶交尾的典型姿势。

越过植物的防线
食性

鳞翅目昆虫是与植物一起进化的，在植物和以植物为食的昆虫之间，一直有着持续不断的战争。有时，植物对昆虫的抵抗是显而易见的，比如刺或坚硬的叶片。但真正的战争是看不见的，双方的军事行动在植物化学水平上展开着。

大多数鳞翅目昆虫依靠相对少数的植物为食，且都是幼虫期吃过的那些，如果缺少了这些植物，它们就会饿死。这种反应部分是习性使然，部分是生理使然。在确认植物化合物的混合方式之前，毛虫是不会开始进食的。但如果宿主植物化合物被加入营养基，毛虫会上当。把这种人工物质当作食物——一种大批培养试验（如病毒学试验）研究用幼虫的方法——需在无菌条件下进行。所有的植物均含一种或多种对动物来说是有毒的化合物，可能对消化过程形成阻滞，或对食草动物造成其他不利影响。不同种类的鳞翅目昆虫已掌握了对付不同类型的植物化合物的本领，或者克服毒素，或者将毒素储存在自己体内作防御之用。除了食谱上的植物之外，别的品种的植物，它们不会去吃，即使吃下去，它们也没办法消化。

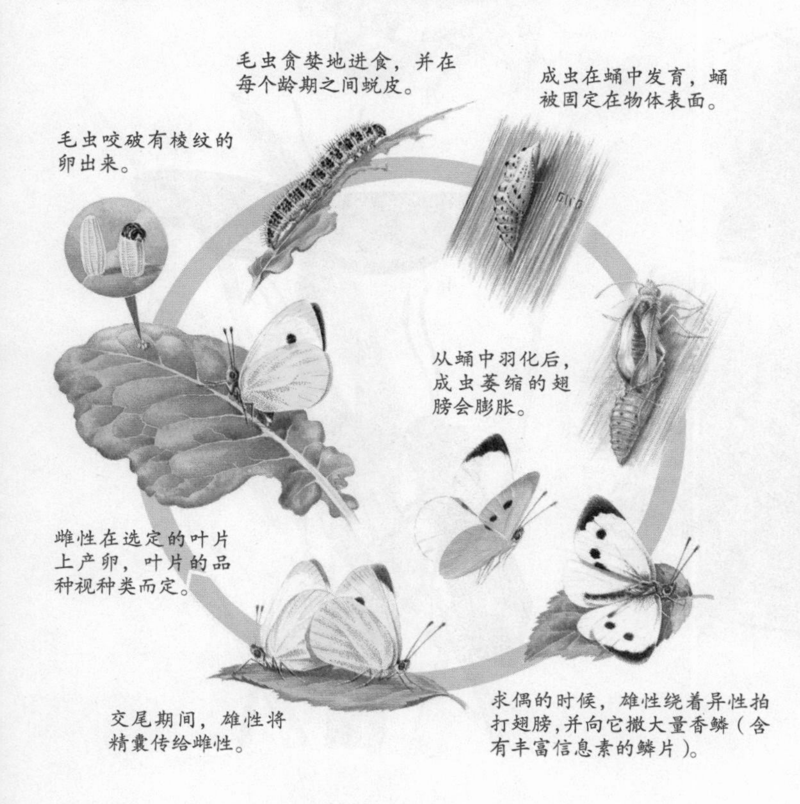

↖ 蝴蝶的生命周期包括一系列非常特别的变形。毛虫从卵中孵出，成长时经历数次蜕皮，最后进入蛹期——蜕掉最后一次幼虫期的皮，然后成虫就从不能动弹的蛹中出现。左图展示了全过程。

欧洲的一个种类——沼泽豹纹蝶，很好地说明了植物化合物和食物之间的联系。在英国，这种蝶的食物是山萝卜，这种植物含有一类叫做环烯醚萜苷的次生化合物，已被证明会使成年的蝶变得极难吃。同样的化合物还出现在一些其他的植物科中，如果在实验室里进行测试的话，沼泽豹纹蝶的幼虫会吃一些野生环境中没有的其他种类的植物，还长得挺健壮。苦心经营植物毒素是植物为驱赶蝴蝶的普遍性防御机制，反映了植物和蝴蝶之间以化学“军备竞赛”的方式进行着紧密的共同进化。

毛虫从所吃的植物中获得所有必需的营养成分，且进食量非常大，以摄取足够的蛋白质。有些种类的毛虫必须从卵期就开始储备食物。很少有成年的蝴蝶能从食物中获得足够的蛋白质，在产卵或修复身体组织的时候，它们得依靠幼虫期就开始储备的食物。但某些蛱蝶种的蝴蝶是特例：这些分布于热带美洲中南部的蝴蝶吃花粉粒中的氨基酸和蛋白质，并利用特化的齿舌把这些物质分离开来。这种蝴蝶存活的时间长达130天，多数时间都在产卵。相反，大多数蝴蝶，尤其是那些温带的种类，由于所吃的食物缺少蛋白质，仅能存活 1 周或2周多时间。

保护卵

哺育和繁殖

鳞翅目昆虫的卵在形态和形式上极其多样。产卵的方式也不一样，有的会很随意地产下数千粒卵，有的则会小心翼翼地产下少量卵。蝙蝠蛾曾产卵1.8万粒，而弄蝶仅产卵20~30粒。大部分鳞翅目昆虫长有一个简单的产卵器，能把卵产在植物上或植物附近。有些种类的产卵器较长且可以伸缩，会把卵产在裂缝中，或把卵注入植物的茎中（如许多小型的穿孔蛾）。有些种类，卵直接在输卵管中孵化，这样的雌性实际上是产下活体幼虫，这种现象首先在澳大利亚谷蛾身上被发现。

鳞翅目昆虫的卵非常能适应气候的变化，有许多温带的种类所产的卵能越冬，并在来

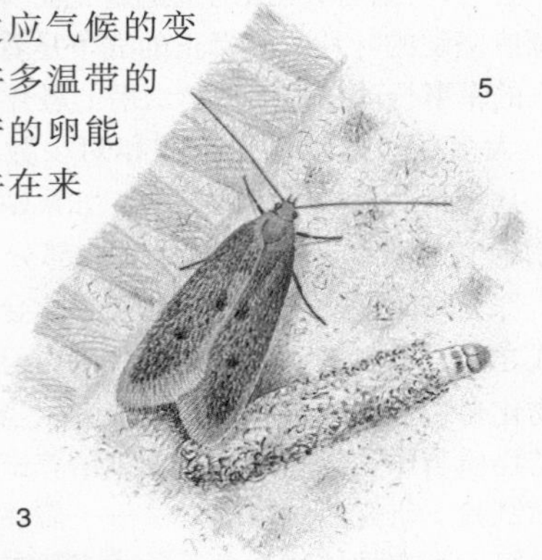

5

3

1

4

2

↗ 这只“袖珍”蛾（小翅蛾科）很像一片褶皱的枯叶——昆虫为了躲避敌人而采取的多种策略中的一种。模仿的精确度反映了鸟类和蜥蜴敏锐的视力，也从侧面反映了它们承受的强大的自然压力。

↓ 1. 黄后翅蛾利用色彩亮丽的后翅惊吓袭击者。2. 受到惊扰的时候，有眼斑的天蛾会展开翅膀露出一对大大的眼状斑来吓跑敌人。3. 在云杉和松树上栖息的白边蛾尺蛾科成员和幼虫。4. 白天活动的地榆蛾（斑蛾科），其华丽的警戒性红色花纹在警告敌人它们是有毒的。5. 衣壳蛾幼虫以织物为食，会在衣服上蛀出我们熟悉的洞。6a. 黑色桦尺蛾在树干是暗色的污染环境中也能繁盛起来，而在较清洁的环境中，占主导地位的则是同一种类的杂色蛾（图 6b）。7. 桦尺蛾的幼虫，即尺蠖，长得像小树枝。8. 这种突出蛾栖息在澳大利亚的部分地区。

年春天孵化。有些，如阿波罗绢蝶和深棕色豹纹蝶，幼虫在卵壳中孵化后，会一直蛰伏着度过冬天。

对鳞翅目昆虫来说，处于卵期的它们非常脆弱，因此会普遍采用一系列防御措施保护自己。卵最常受到的攻击来自一种寄生性黄蜂。当这种黄蜂最后孵化为成虫离开时，还会在它寄生的卵上留下一个小孔。因此有一些蛾会在每一粒卵上都点上一个圆形的黑点来愚弄这种寄生黄蜂。不过最常用的策略是把卵伪装起来——用其自身的颜色或用其他可供伪装的东西把卵裹上一层。侍从蛾把一窝卵产在小树枝上后，会分泌出一种很快就变硬的黏性物，并把它涂在卵上，在这种黏性物的作用下，这些卵就变成硬硬的一块了。有两种枯叶蛾，都会产下少量看上去有裂纹的卵——色彩对比强烈的黑白花纹破坏了卵的圆形轮廓，以此来迷惑那些捕食者。

许多鳞翅目昆虫的卵都带点毒性，比如有几科的蝴蝶产下的大个且色彩鲜艳的卵，斑蛾

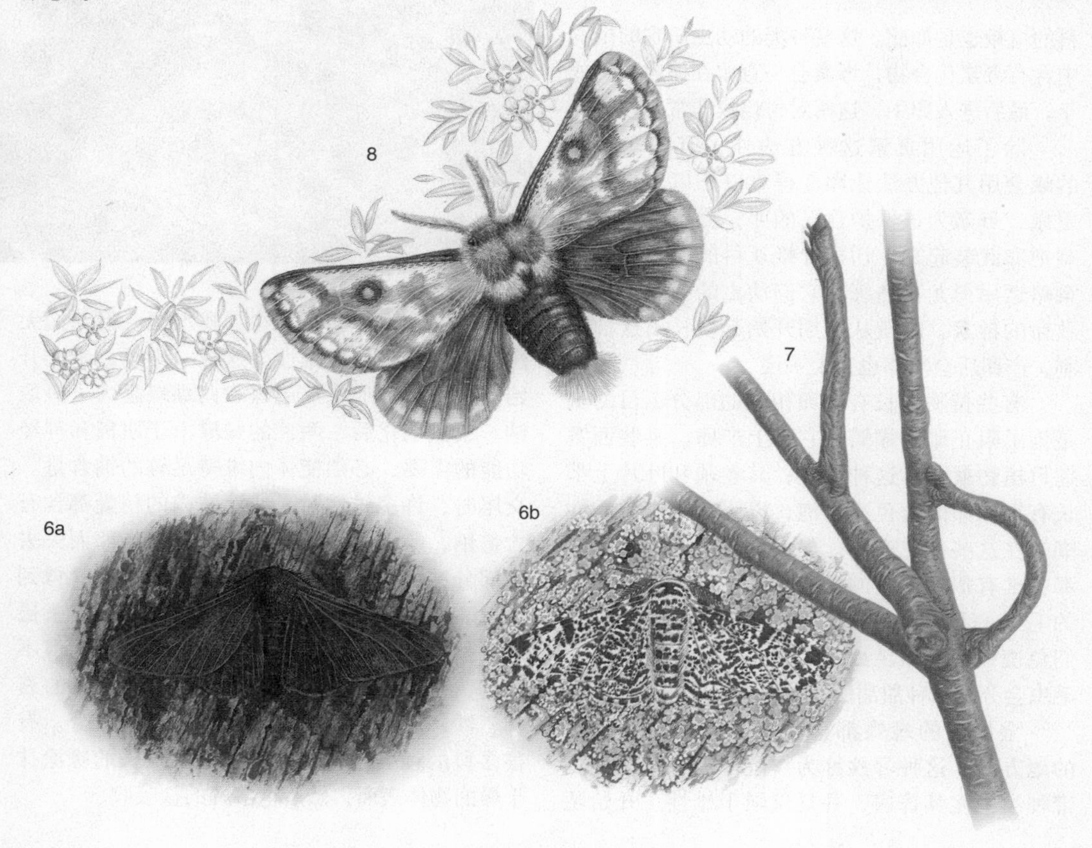

↗ 许多蛾都有保护色，而且通常会选择一个适合隐蔽的背景环境。这只来自欧洲的角状蛾一整天的时间都在死树叶子上度过，以此来增加其伪装的效果。

科的斑蛾也是如此。这些种类的幼虫所吃的植物中含有毒素化合物，毒素会一直留在体内直到成年，最后进入卵中，这招对付蚂蚁非常有效。

除了运用毒素这种方法外，有许多种类的蛾会用其他办法让卵变得难以下口。比如棕尾蛾，母亲为了保护自己的卵，会用厚厚的毛刺把卵武装起来。切根叶蛾亚科的蛾子把这种策略运用得尤其熟练，它们幼虫的毛刺中含有致命的毒素，雌蛾从蛹期开始起就长出这种毛刺，产卵后会给卵也盖上一层。

有些植物上长有与卵相似的部分，目的就是为了阻止雌性蝴蝶在它身上产卵。某些西番莲科植物就具有这种特性，其卷须和叶片上都长有很像卵的黄色小水泡，以阻止袖蝶属雌性蝴蝶在这些部位产卵。澳大利亚的兰羽蝶选择那些常有蚂蚁出没的植物作为食物，这种蝴蝶的毛虫（不同龄）营群居生活，蚂蚁会保护它们免遭一些小型昆虫敌人的袭击，作为回报，毛虫会分泌一种甜甜的液体给蚂蚁吃。

全世界的蝴蝶都喜欢往那些泥泞或潮湿的地方去，这种习性称为“湿地吸水”，在热带种类中尤其普遍，并且仅限于雄性。开始昆虫学家们认为这些蝴蝶在寻找水源，但他们无法解释为什么只有雄性会这样。最近，事实开始浮出水面：那些燕尾蝶和白蝴蝶是为了摄取钠。成虫羽化后，两性的蝴蝶由于肌肉和神经功能的需要，必须使体内维持足够的钠含量。交尾时，许多雄性射入雌性体内的精囊都含有大量钠，雌性可用这些钠弥补其因产卵而失去的部分钠，而雄性为了补充丢失的钠，就得到因地表水的蒸发作用致使钠含量高的地方去摄取钠盐。湿地吸水这种行为会出现变化，但不大为人所知，比如有些雄性蝴蝶从干燥的石头、沙砾层，甚至动物的尸体上摄取盐分。有很多科的种类用它们沾上唾液的长长的喙涂抹干燥的物体表面，然后把溶解的盐吸收。

↖ 苏拉威西岛的尺蛾是一个大型属的成员，这种蛾体被警戒色，来自亚洲和澳大利亚。这只雨林地面上的样本大概是刚从蛹中羽化的，翅膀刚膨胀起来。

每一种蝴蝶都有自己独特的繁殖途径。大部分雌性蝴蝶一生会交尾多次，然后在食物充足的时候产卵。其他，比如有些阿波罗绢蝶一生只交尾1次。交尾后，雄性会用自己的分泌物做成的小塞子堵住雌性的生殖孔，以阻止对方再与其他雄性交尾。

潜叶虫和拟态

小型蛾

鳞翅类昆虫学者常常分为几大阵营，如研究小型蛾类的（微鳞翅目昆虫）和研究大型种类的（大型鳞翅目昆虫）。这种划分只是称呼不同，并没有切实地反映出它们之间的进化关系。不过，相对来说低等的蛾通常体型较小，较高等的种类体型较大。而且，体型反映了它们的生活方式：小型蛾类，毋庸置疑地，是从小型幼虫发育而来的，而小型幼虫能占据的栖息地与那些大家伙们所占据的多有不同。小型幼虫倾向于像潜叶虫那样在种子、虫瘿、果实、茎、花或叶子的里面进食，而大型幼虫则通常是暴露在外的进食者，即我们所知道的典型的毛虫，并且把它们生命周期的这一阶段都花在啃吃叶子上。这种生态学上的分化不仅仅表现在幼虫（通常还包括成虫）的体型上，在身体结构和习性上也有反映——在食物内部进食的那些种类，腿一般都退化了。

现今还存在的最低等的蛾类的确很少，而且多年以前人们就确信第一代蛾也很小：保存在黎巴嫩的琥珀中的一个标本来自至少1亿年前的白垩纪早期，让人振奋的是，这个化石标本属于微鳞翅目昆虫，从其结构上来说属于最原始的蛾。在这个广泛分布的家族中，成虫长有显著的咀嚼式口器，而不是典型的鳞翅目昆虫那样的吸吮式口器。这种蛾会到花头那儿去找花粉粒吃，吃的时候用颚部研磨花粉。在鳞翅目的高级成员中，进化为喙的口器各部分在微鳞翅目昆虫那里变为一个微小的退化器官的遗迹。微鳞翅目昆虫的幼虫能在落叶堆中发现，在那它们大概以腐屑残渣或真菌菌丝为生。

有两个其他的蛾群体——澳大利亚的贝壳杉蛾（食杉蛾科）和近期发现的南美异石蛾属异石蛾科成员，也没有喙。这两个群体的幼虫在植物组织内部取食——贝壳杉蛾在贝壳杉（贝壳杉属）的种子里，而异石蛾属的成员则在南美山毛榉树（加山毛榉属）的叶子里面充当潜叶虫。

潜叶现象在较低级鳞翅目昆虫中广泛存在。由于潜叶虫住在叶片的外表层（表皮）之间，它们的附器大多退化或消失。潜叶现象是侏儒蛾的特征。尽管不常见，这一科的昆虫实际上在全世界都有分布。如果仔细检查一下橡树和山毛榉树的叶子，你就会发现不少潜叶幼虫留下的痕迹。由于昆虫啃吃植物的组织，毛虫取食含叶绿素（使叶子呈现绿色）细胞的那一层后，就会在叶子上形成看得见的沟槽或斑。许多潜叶

虫专吃某一种植物，因此，如果你能确认留有记号的叶子属于哪一种植物，那么通常就能够通过那些空空的“矿脉”辨别出该潜叶虫的种类。

鳞翅目昆虫的潜叶习性也许已经进化了不止一代。在鞘蛾科成员中，幼虫首先表现出潜叶习性，但在此后的数龄中，它们会自己织茧保护自己，进食也是在茧壳里进行。日蛾科成员的幼虫在它们营潜叶生活的末期，会从叶子上割下椭圆形的一片片，然后做成一个化蛹的壳。

与日蛾科有亲缘关系的曲蛾科中，包括著名的丝兰蛾属的丝兰蛾，这种蛾见于北美和墨西哥，与丝兰花关系紧密。雌蛾在丝兰花的子房中产卵，然后会用收集来的花粉为丝兰花授粉。这种花长出种子后，部分发芽，部分被蛾幼虫吃掉。这样，双方彼此依傍着生存下来。

有些幽灵蛾或蝙蝠蛾（蝙蝠蛾科）属于一些体型最大的鳞翅目昆虫，但它们与这一目中小型昆虫的关系远比跟大家伙们的关系要密切。蝙蝠蛾的幼虫常在植物根部或树干里面取食生活，有一个澳大利亚的种类，在某种植物的茎部和根部留下的洞深达50厘米。最美丽的蝙蝠蛾之一当属维纳斯，或叫银星幽灵，是一种仅见于南非海角地区海岸森林的蛾，其幼虫在烂木树干里挖洞。在羽化前的短暂时间里，蛹会从树干中钻出来。刚羽化出来的蛾颜色为深紫色，夹杂着银色的斑点。

许多体型较小的蛾都是浅褐色的，例如臭名昭著的谷蛾所属的衣蛾科成员众多，多半是黄褐色或灰色，只有少数有多彩的体色。细蛾科那些纤巧的小蛾子，其长穗状的翅膀上常常生有眼状斑和彩色带状花纹。很难想象这些小型蛾身上复杂的图案和多样的色彩具有什么样的功能——如果确实有的话。

但透翅蛾身上的图案功能是毋庸置疑的——伪装成黄蜂和蜜蜂。它们的翅膀上几乎没有鳞片，就像黄蜂翅膀那样透明；身体上长有黄蜂或蜜蜂那样的条纹，外形也与它们很相像，甚至还能像它们那样发出嗡嗡声。当然，透翅蛾没有刺，它们只是利用拟态摆脱敌人。

另一个色彩鲜艳的蛾类群体是斑蛾科，其中包括了地榆蛾和林蛾。像透翅蛾一样，它们

↓1. 亚历山大女王鸟翼凤蝶是世界上最大的蝴蝶。2. 长途跋涉后，红线蛱蝶会借着风势滑行，而不是采用通常的鼓翼动作。3. 阿波罗绢蝶能在高纬度地区生存，但是现在处境濒危。4. 同样属于濒危物种的一种灰蝶科成员目前只在圣地亚哥和加利福尼亚地区存在。5. 斑马纹蝶翅尖上醒目的条纹像触角，能转移敌人的注意力。6. 当枯叶蛱蝶收起翅膀的时候，它很像一片死树叶。7. 橙色苜蓿粉蝶在北美很常见。8. 大红蛱蝶是一种分布很广泛的种类，幼虫以荨麻为食。

也是白天出行的昆虫。相比透翅蛾依靠拟态逃生，斑蛾科成员却是用鲜艳的颜色告诉敌人，它们的味道极差。有些种类身体组织内储存有极具威力的毒素，如氰化氢。与其他有毒的鳞翅目同类一样，它们的毒素也是来自于植物食物。

飞舞的巨人
大型蛾

大型蛾中最低等的一科是木匠一样的蠹蛾科。幼虫通常会往树里钻，它们的俗称由此而来。芳香木蠹蛾，也叫山羊蛾，据说是因为这种蛾闻起来有山羊的味道。这个品种分布很广，在欧洲、北非、亚洲的中部和西部都能见到。它们通常得花上3~4年的时间才能发育成熟。

更大一些的皇蛾（大蚕蛾科）属于最引人注目的一类，所有的皇蛾在翅膀上都有明显的眼状斑纹。巨大的乌柏大蚕蛾属于最大型的鳞翅目昆虫之一，翅展达到30厘米。皇蛾没有喙，每只触角都像把梳子（双栉形的），幼虫身上有肉质的、名为头节的突起。在南非，可乐豆木蛾的幼虫是人们的一种主食，这种迷人的毛虫，其白色的底色上有艳丽的红、黄和黑色花纹，以可乐豆树的叶子为食，当地常有晒干的、具有浓郁坚果味的“可乐豆虫”作为食品出售。与皇蛾关系亲密的是蚕蛾科，后者包括著名的家蚕蛾，这种蛾的幼虫织茧时吐出的丰富的蚕丝作为商业用已经有2000年的历史了。

有些大型种类看起来不太像蛾，却比较像蝴蝶。比如分布于热带和亚热带（不包括非洲）的蝶蛾科，这一科的成员很少，部分种类的后翅上有亮闪闪的色彩，而前翅的色彩则属于保护色；其他有些据说会伪装成味道难吃的蝴蝶种类。像蝴蝶那样，蝶蛾科的成员也有棒状的触角，也许这两个群体有很近的亲缘关系。白天出没的燕尾蛾（燕蛾科）与燕尾蝶惊人的相似：除了亮丽的色彩，燕尾蛾的后翅上也有燕尾蝶那样典型的“尾巴”。

几乎所有的蛾幼虫都是食草动物，但偶尔地也有真正以食肉为生的生活方式。有些种类吃介壳虫或其他同翅类臭虫。唯一已知会埋伏捕食的是一种巴狗蛾的幼虫，巴狗蛾属于庞大的尺蛾科下的一个属，与燕蛾科关系较近。许多尺蛾幼虫都具有保护色，且像小树枝。一般来说，这是它们躲避天敌的办法，但有些种类

↘ 图中这只蛱蝶是南美的种类。其所属的珍蝶亚科是泛热带的一个亚科，以体被鲜艳的警戒色而著称。图中这只正在花朵上进食。

↗ 这只褐色翅尖的弄蝶是弄蝶科分布在非洲的一员，当它们的翅膀展开的时候，看起来像鸟粪。

会利用它们的保护色去积极地捕捉猎物，比如有一种的毛虫用腹部末端的抱握器抓牢物体，身体的其余部分保持笔直静止，当有合适的猎物进入捕猎范围时，它们就会迅速出击。尽管这一属的昆虫分布很广，却只有夏威夷岛上的种类具有这种捕猎的习性。

以超强的飞行能力著称的蛾类当属天蛾，其中有些能飞很远的路程，部分具有跨洲分布的能力。分布最广的一种是骷髅天蛾——名字来源于它胸部骷髅状的纹饰。这种蛾的成虫常四处搜寻蜂窝找蜂蜜吃。像许多其他天蛾一样，它们也有长长的喙。天蛾科的幼虫在其腹部末端附近长有一个明显突出的角。

切根虫和粘虫属于鳞翅目中影响最恶劣的害虫，二者都是夜蛾科成员的幼虫。非洲粘虫攻击谷类作物的叶子和茎秆，有时它们大量云集在一起进行破坏活动。除了某些色彩艳丽的鹿蛾外，所有夜蛾科的昆虫在胸部都长有“耳朵”，基本上由能感知声音振动的膜组成。夜蛾大概就是用耳朵感受捕猎中的蝙蝠发出的高频超声波，一旦听到后就赶紧设法躲避。灯蛾科的某些种类，自己就会发出超声波。许多灯蛾的味道不佳，它们所发出的声音信号可能是起着警告蝙蝠的作用——与那些在白天用鲜艳的色彩标明味道的飞行昆虫一样。

夜蛾科包括数千种外形差不多的蛾，具有两种特别古怪的习性，一种是关于幼虫的，一种是关于成虫的。如有些种类的毛虫有列队前进的习性，会在夜晚一个跟一个地排成一长列去找食；有些种类的成虫，舌头取代了喙去吮花蜜以及在果实上打眼；有一个亚洲的种类会吸家畜的血。

最美丽的昆虫
蝴蝶

我们一般认为蝴蝶是白天活动的昆虫，有棒状的触角和色彩艳丽的翅膀，而蛾类是褐色的，触角的形状多变，而且是夜行性的。上述差异成为把鳞翅目分为异角亚目（蛾）和锤角亚目（蝴蝶）的根据，但这并非客观的分类。首先，有些蛾，如地榆蛾和林蛾（斑蛾科）以及南美的蝶蛾科，都是白天活动的，而且体被鲜艳的色彩，触角也是棒状的。其次，一项关于它们结构方面的详细研究表明，许多“蛾”（即使没有那些特征）相比其他蛾类，与蝴蝶的亲缘关系实际上更近一些。因此这种区分一般视为鳞翅目的一种自然原始的分类。

在所有昆虫中，多彩而常见的蝴蝶总是能吸引博物学者和普通人。维多利亚时代，那些热衷于对自然界编目录的狂热者总是热情地把注意力贯注在蝴蝶上，于是迄今为止，已有超过1.77万个种类（包括弄蝶科蝴蝶）被记录在案，每年还有更多的种类被补进去。尽管知道很多蝴蝶种类，对蝴蝶本身和它们的幼年生活，人们依然所知有限。

凤蝶科包含一些最令人难忘的昆虫，如

弄蝶

组成弄蝶总科的弄蝶与其他科蝴蝶很不同，有些学者认为它们是与“真正”的蝴蝶不同的一群。其俗称暗指它们快速的、猛冲一般的飞行。而且它们在身体结构上具有很多不同的特征，比如有蛾类那样的触角——尖端变细，这与一般意义上的蝴蝶不一样。蛾类与弄蝶间的关系非常近，比如南美的大弄蝶亚科在过去就被认为是蝶蛾科的一部分。通常，弄蝶的体色较暗，但体色发亮的新热带区一类弄蝶身体是亮闪闪的蓝色，是个例外。

许多种类的幼虫用丝把自己固定在植物的管状部分中取食，蛹期也是在松散的丝茧中度过的，这两个特征都是与其他蝴蝶有区别的——其他科的蝴蝶，幼虫和蝶蛹都暴露在取食的植物上。大体上，弄蝶都食草，这大概能反映出弄蝶与那些在更高级的植物出现以前与植物的共同进化。

↗ 庞大的粉蝶科家族成员常常是局部地区数量最丰富的蝴蝶。这一科中的某些常见蝴蝶常常大批聚在一起，在河边的沙地上饮水，如图中这些阿根廷的粉蝶科成员。

燕尾蝶、鸟翼蝶和阿波罗绢蝶，全都因它们的美丽和体态著称。这一科中体型最小的成员，翅展就达到50毫米左右，而亚历山大女皇鸟翼蝶，雌性的翅展足有280毫米，是已知最大的蝴蝶。所有的种类都具有亮丽的色彩，且体内常常含有从食物中获得的毒素，因此它们的味道不佳，或者具有毒性。后翅上长有典型的长“尾巴”的燕尾蝶在全世界都有分布，尾巴是它们精心设下的骗局的一部分，许多栖息中的成年蝴蝶用尾巴假扮触角。许多种类“尾巴”根部有眼睛般的斑纹，增强了与某些昆虫头部的相似度。任何袭击猎物的鸟类或蜥蜴首先会攻击猎物的头部，因此常常可以看到野外出现尾部受伤的燕尾蝶，这表示它们的伪装已经让某个敌人上当。其他有些种类则依靠黑色、黄色、红色和白色的花纹去标明它们的毒性。并不是所有具有显眼花纹的蝴蝶都有毒，有些是专门假扮那些真正有毒的种类。

鸟翼蝶总是受到收藏者的追捧，如今它们已受到国际法的严格保护，并禁止人们对这些日渐稀少的美丽昆虫的交易。许多种类的鸟翼蝶中，雄性和雌性显示出令人吃惊的性别二态性。具有鲜艳闪亮色彩的雄性在向体型相对较大、色彩暗淡的雌性求爱的过程中扮演主要角色。鸟翼蝶仅见于东南亚和澳大利亚，平时在它们的丛林家园中不容易见到，除非它们被吸引到粪便或腐肉上进食。

阿波罗绢蝶是寒冷气候区凤蝶科的典型代表，这些健硕的皮革状蝴蝶都是缓慢、笨重的飞行员，栖息在欧亚大陆和美洲的北部山区。它们圆圆的淡色翅膀上生有特别的红色或黄色的大斑点，表示它们的味道不佳。其中有一种名为爱珂娟蝶的蝴蝶被发现于珠穆朗玛峰海拔5640米处的斜坡上，是有记录的栖息地最高的蝴蝶品种。

粉蝶科中包括一些世界上数量最丰富且最常见的蝴蝶，如白粉蝶、粉蝶、硫磺蝶等，均是人们很熟悉的蝴蝶。从这些蝴蝶的名字就可看出来，白色和黄色是它们翅膀图案的主要色调。十字花科和豆科植物是它们的主要食物。粉蝶科的幼虫大部分没有绒毛，主要依靠保护色保卫自身安全。大多数种类的雄性和雌性在翅膀的花纹上有性别二态性，但最有趣的差别是我们眼睛看不见的。蝴蝶能看见光谱中的紫外线端，如某些粉蝶和硫磺蝶，它们看上去一致的黄色中隐藏了一种花纹，利用紫外反射色素，使两性能彼此区别。粉蝶科中还包括一些世界上最伟大的旅行者，大白粉蝶就是欧洲著名的迁徙动物，成虫每年都会远远地迁徙到北部地区。有些种类见于整个热带地区，包括数种常见的移居者，迁徙时总是数千只云集成群。

体型较小、色彩鲜艳的蓝蝶，或灰蝶科成员是一个见于世界各地的大家族，被粗略地分为3个主要群体：蓝蝶、细纹灰蝶和铜色灰蝶。这些全都是小型昆虫，通常体被金属光泽或鲜艳的颜色。细纹灰蝶采用与燕尾蝶相同的抗敌计策：后翅上长有1~2对精巧的尾巴和眼状斑。在野外采集到的这种蝴蝶的标本，鲜有尾巴是完整的，证实了它们迷惑敌人的效果。湿地吸水现象出现在成年的蓝蝶和细纹灰蝶中，它们常常云集成群，在泥泞的小水坑边吸取盐分。

许多灰蝶科的幼虫具有与蚂蚁共生的习性。有些品种长有特殊的幼虫腺体，能渗出蜜露，这对蚂蚁来说是极具吸引力的甜液。这种共生关系与蚂蚁和某些蚜虫间的关系很像，这两者中的蚂蚁，为了回报蝴蝶馈赠的蜜露，会

↙ 图为巴西雨林里的一种蛱蝶正在潮湿地面上进食。这种蝶俗称“80”，因为它们翅膀上有醒目的数字般的花纹。像所有刷足蝶（蛱蝶科）一样，它们用两对附肢爬行。

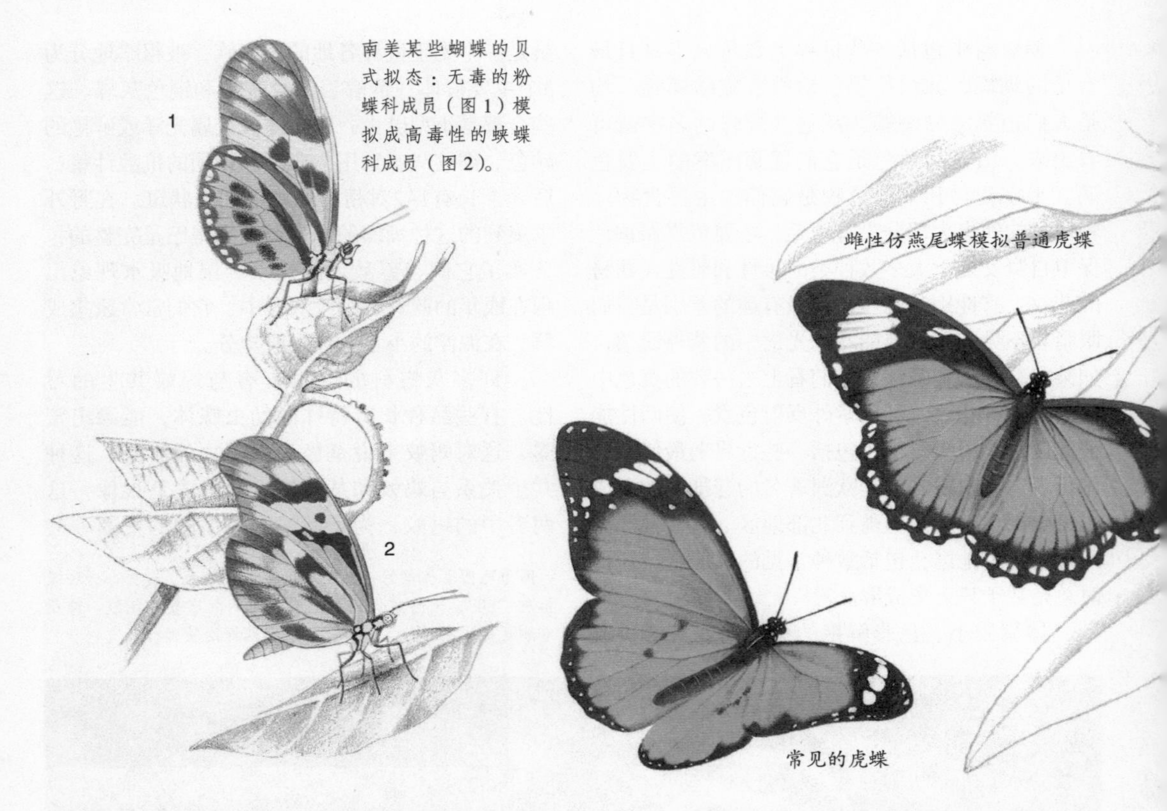

南美某些蝴蝶的贝式拟态：无毒的粉蝶科成员（图 1）模拟成高毒性的蛱蝶科成员（图 2）。

雌性仿燕尾蝶模拟普通虎蝶

常见的虎蝶

保护对方免受敌人的侵袭。在极端的例子中，二者的关系可以发展到某些住在蚂蚁巢穴中的毛虫竟然以蛆为食的程度。

同样的关系也发生在灰蝶科的一个近亲群体——蚬蝶，或蚬蝶科中。灰蝶科的幼虫一般都长得像蛞蝓，其宽而扁平的身体在毛穗的帮助下隐蔽于环境中。这个群体的食物包括各种草、灌木和树木。

蛱蝶科大概是最庞大的蝴蝶家族，俗称刷足蝶，其得名于成虫缩小的前肢——它们并不起附肢的作用，且常常覆盖着厚厚的一层层鳞片，很像刷子。这一科中包括许多很容易通过它们的俗称辨认的种类，如眼蝶、豹纹蝶、皇蝶等。这一科中最典型的代表来自蛱蝶亚科，其中包含了一些在所有蝴蝶中色彩最艳丽、翅膀的形状和大小最多样的品种。其中最著名的是南美的三色紫玫瑰蛱蝶和蛱蝶，其发亮的、色彩斑驳的胸部与腹部漩涡般的黑色、黄色和白色的环状图案形成强烈的对比。在热带的蛱蝶中，有金属光泽的体色很普遍，但都比不上雄性闪蝶，当它们沿着南美丛林中的道路和河岸缓缓巡行的时候，其电流般的闪亮蓝色好似闪光灯一样。与它们同处热带和新热带丛林的是巨型的鸮蝶（猫头鹰蝶），这种蝴蝶后翅的底面有又大又逼真的“眼睛”图案。在这些最大型的南美蝴蝶中，一旦受到惊扰，它们会用身体上的眼睛图案去吓唬敌人，以强化它们拍打翅膀时发出的沙沙声的效果。

最迷人的非洲蛱蝶，其鲜艳的花纹和复杂多样的“尾巴”常使人把它们与燕尾蝶弄混。这种健硕的蝴蝶喜欢吃腐烂的果实，鳞翅类昆虫学者常利用这一点来捕捉它们。许多非洲稀树大草原的蝴蝶种类有一个共同的特征，即季节二态性：在潮湿和干燥的季节中，这些蝴蝶会呈现不同的色彩和花纹。非洲也是珍蝶亚科昆虫的主要栖息地，对于鸟类和其他动物来说，这种蝴蝶的成虫很难吃，并且很多珍蝶都具有相似的色彩和花纹，以给敌人留下深刻的印象（缪氏拟态）。而其他种类的蝴蝶，为了给敌人留下相同的印象，也会模仿珍蝶的图案（贝氏拟态），比如眼蝶科成员。

蛱蝶科中有一些种类曾被划到别的科。斑

雌性仿燕尾蝶模拟修道士蝶

↖ 当一只无毒的蝴蝶长得像有毒的种类的时候，就会采用名为贝氏拟态的防御策略，但其种群的数量必须比模拟对象少：如果它们数量过多，敌人就会逐渐注意到二者在可食性方面的区别，而保护性的拟态也会失去作用。在非洲，雌性仿燕尾蝶为了避免种群的数量受到限制，演化出了3种形态（图中显示了其中2种），每一种都模拟另一种有毒的斑蝶。然而，这种蝶的雄性却仍只具有一种样式，因为变化的外形会减少它们成功交配的机会。

蝶亚科，俗称虎蝶或者乳草蝶，对敌人来说，它们都是有毒的食物。这类蝴蝶的幼虫通常以含有强心脏毒素的马利筋属植物为食。

王斑蝶具有所有斑蝶的特征：幼虫体色鲜艳，有毒；成虫体型甚大，飞行速度缓慢，有警戒色，身体非常坚硬——一只鸟去啄食它的话，会立刻明白自己犯了个错误。这类蝴蝶是有规律的迁徙动物，会穿越大洋和大洲长途旅行，这一特性使得新大陆的王斑蝶也出现在全球的热带和亚热带地区。在北美，王斑蝶每年春天会有规律地从南飞到北，然后在秋天的时候，它们的后代又会飞回去。直到最近我们才开始关注这些蝴蝶过冬的地点，长期以来，它们选择的公共过冬地是美国南部的树上。最近，人们又在墨西哥北部的松树林中发现了这种栖息的蝴蝶——没有一个人预料到这些蝴蝶会进行如此盛大的集会。王斑蝶的迁徙习性尤其让生物学家们感兴趣，因为这种蝴蝶总是在长途跋涉后来到同一个栖息地点冬眠，而这种能力一般只出现在较高等的生物（如鸟类或哺乳动物）中。有人曾对单个的王斑蝶进行跟踪，这只蝴蝶于数天内就前进了1900千米，它的行进速度不一，最多一天可飞行130千米。也有人指出这些蝴蝶群体返回到墨西哥的公共栖息地是最近才有的现象，是人类大规模砍伐森林的直接后果。

蛱蝶科中最大的一个群体大概是眼蝶亚科，这类蝴蝶一般体色暗淡，广泛分布于世界各地，而且几乎全是食草动物。它们身体上的眼状斑点发展到了极致，对转移鸟类和蜥蜴的攻击注意力非常有效。其中许多栖息在古北区，在那里，一些眼蝶是高山区的优势物种。这些小型蝴蝶利用它们的深棕色体色吸收阳光的热量，使它们比别的蝴蝶种类多了一些优势。

蝴蝶和蛾总科

下表通常用于区分鳞翅目的蛾和蝴蝶。除非有特殊说明，这些总科里的昆虫在全球均有分布。

蛾

小翅蛾总科（原始具颚蛾）

1科，约 120~150 种。是最原始的蛾类群体。成体很小，有咀嚼式口器，以花粉为食；幼虫生活在落叶构成的沃土中，以腐殖质为食。

贝壳杉蛾总科（贝壳杉蛾）

1属（贝壳杉属）2种。分布在澳大利亚及西南太平洋地区。毛虫在贝壳杉的种子中进食；成虫没有“舌头”。

异石蛾总科

1属（异石蛾属）约9种。分布于南美洲温带地区。毛虫食用南山毛榉叶子；成虫没有“舌头”。

毛顶蛾总科（毛顶蛾）

约 24 种，多数属于毛顶蛾科。分布在全北区。体型微小；幼虫通常为潜叶虫。

棘蛾总科（原始举肢蛾）

至少有 4 种小型蛾。分布于古北区（包括欧洲、亚洲北部、阿拉伯半岛北部以及非洲的撒哈拉以北）及南美洲地区。幼虫为潜叶虫。

冠蛾总科（澳大利亚原始举肢蛾）

6 种小型蛾。分布于澳大利亚。成虫有无功能的口器；幼虫情况未知。

卵翅蛾总科（原始铃蛾）

10 种已命名的中型蛾（翅展可达 27 毫米）。点状分布，部分在东南亚地区，其余在澳大利亚和南美洲地区。

扇鳞蛾总科（新西兰原生蛾）

14 种小型蛾。分布于新西兰。幼虫生活在潮土上的丝状结构中，以腐殖质为食。

蝙蝠蛾总科（幽灵蛾和蝙蝠蛾）

大约 520 种小型到大型的蛾，有非功能性口器；幼虫常在植物的根部或者茎部进食。包括维纳斯蛾等。部分种类雄性的求偶行为不太常见。

微蛾总科（侏儒蛾及相关蛾类）

大约 900 种微型蛾；幼虫一般为潜叶虫。包括微蛾科和茎潜蛾科等。

曲蛾总科（切叶蛾、丝兰蛾及相关蛾类）

超过 590 种小型到极小型蛾，多数具有“金属”光泽；幼虫多为潜叶虫（如日蛾科成员）。也包括丝兰蛾（丝兰蛾属；丝兰蛾科）和长角蛾（长角蛾科）。

古蛾总科（冈瓦纳古陆蛾）

大约 60 种小型蛾。分布于南美洲及澳大利亚。幼虫早期为潜叶虫，后期将叶子编织成进食的“帐篷”。

冠潜蛾总科（卷叶蛾）

超过 80 种小型蛾。分布于北美洲、大洋洲。

伪螟蛾总科（伪螟蛾）

4 种微型蛾。分布于澳大利亚、中国、印度。

谷蛾总科（衣蛾、蓑蛾及相关蛾类）

约 4200 种小型或极小型蛾，包括衣蛾（蕈蛾科）、蓑蛾（蓑蛾科），以及其他几科幼虫为潜叶虫的蛾。

细蛾总科

超过 2000 种小型蛾；幼虫是多种植物的潜叶虫。

巢蛾总科（巢蛾及相关蛾类）

超过 1500 种的微型蛾。幼虫的习性包括潜叶、钻食茎秆，是一种严重的谷类作物害虫、群集在丝网中进食。

麦蛾总科（潜蛾和相关蛾类）

超过 1.625 万种的小型蛾类，分为 15 科。包括潜蛾（鞘蛾科）以及幼虫潜入草茎中的种类（草潜蛾科）。

斑蛾总科（地榆蛾、林蛾及相关蛾类）

超过 2600 种的小型或中型蛾类；成虫通常在白天出现，体色鲜艳且常有金属光泽，是有毒性的警告。幼虫同样具有鲜艳的颜色,具有化学性（斑蛾科）或物理性（刺蛾科）防御功能。成员包括斑蛾和林蛾（斑蛾科）及“蛞蝓”幼虫（刺蛾科）。

透翅蛾总科（透翅蛾及相关蛾类）

超过 1350 种小型或中型蛾类；通常在白天出没，利用透明的翅膀、图案及体色模拟黄蜂；幼虫食根或蛀食。有一科类似蝴蝶。包括透翅蛾（透翅蛾科）。

木蠹蛾总科（木蠹蛾及相关蛾类）

包括大约 680 种小型到超大型蛾类，最大的翅展可达 236 毫米；幼虫食茎秆或木头，例如山羊蛾（木蠹蛾属）。包括木蠹蛾（木蠹蛾科）。

卷蛾总科（卷叶蛾）

超过 6200 种的小型到中型蛾类；幼虫多数待在茎秆内，或者在用丝卷起来的叶管里进食。

拟卷叶蛾总科（蚬蝶蛾）

超过 400 种的小型蛾类，前翅常有金属光泽的斑纹。幼虫多为果树的害虫。

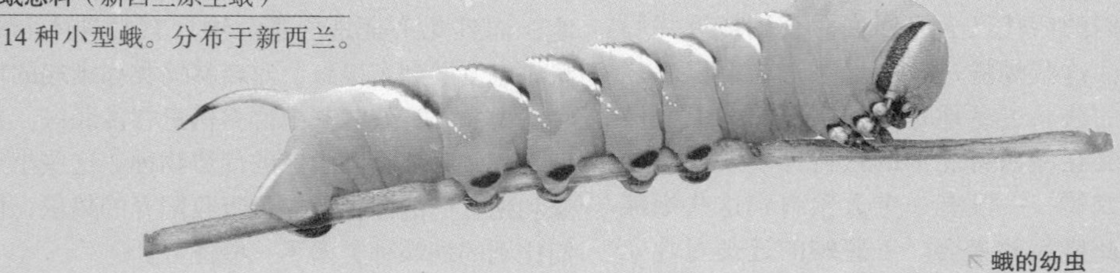

蛾的幼虫

伪蛾总科（伪地榆蛾）

超过 60 种；成虫为小型到中等大小的微型蛾；幼虫以树的各部分为食。

豆蛾总科（豆蛾）

大约 17 种的小型蛾，与伪蛾总科是近亲；幼虫群居在织在豆科植物上的丝网中。

谢蛾总科（毛足蛾）

8 种小型蛾类；幼虫以数种草本植物为食。

粪蛾总科（果实虫蛾）

超过 310 种的小型蛾类，幼虫通常在种子、水果、枝条或虫瘿内部进食；多数将特定树木作为宿主植物。

邻绢蛾总科

超过 80 种的小型窄翅蛾类，与果实虫蛾是近亲，以草本植物为食。

羽蛾总科（羽蛾）

大约 1000 种的小型蛾类，长有个性化的羽毛状分开的翅膀；部分科具有“正常的”翅膀（单羽蛾亚科）。包括在食物外部及内部进食的幼虫群体。

翼蛾总科（多翼蛾）

大约 150 种翅膀分开的小型蛾类，是羽蛾的近亲。幼虫一般蛀食花蕾、种子和果实，有些种类会制造虫瘿。

伊蛾总科（伊蛾）

超过 245 种的小型到中型蛾类。幼虫在某些种类的植物外部进食，包括泛热带地区的针叶树。

欧蛾总科（欧洲金蛾）

含 6 个已命名的中型种类，是色彩艳丽，带金色斑点的蛾类。共 1 科（南欧蛾科）。分布于北非到地中海一带。

鸵蛾总科（柚蛾）

大约 18 种身体健硕的中型蛾类。分布在非洲和亚洲的热带区域。其幼虫露天进食，或在一些植物上用丝编织出一个“帐篷”，在里面进食。一般认为柚木鸵蛾是数种热带硬质树木的害虫。

网蛾总科（画翅叶蛾）

超过 1000 种中型到大型蛾；

↗ 蝴蝶正在花间翩翩起舞。

成虫一般图案精美，有些类似枯叶；幼虫在植物茎秆内部取食，或在利用叶子编成的“帐篷”里进食。

瓦蛾总科

包括 2 种的中型蛾，与网蛾总科是近亲。分布于马达加斯加。幼虫情况未知。

螟蛾总科（螟蛾和羽蛾）

已发现的超过 1.6 万种，而未发现的估计也有这么多。成虫腹部有鼓膜——“耳朵”；一般为小到中等体型；幼虫一般在各种植物的组织内部或者外部进食，也有少数食腐。

栎蛾总科（负袋蛾）

约 200 种粗壮的中型到大型蛾；幼虫常常具有鲜艳的色彩，居住在叶子构成的“帐篷”内，幼虫后期会建造由叶子碎片和丝网构成的轻巧的壳。

枯叶蛾总科（枯叶蛾）

含超过 1600 种小型到大型蛾，翅宽大、体色暗淡，身体大且覆盖着绒毛；一些种类的雄性个体在白天活动；幼虫体型大且多毛，或者沿着体节有硬的刚毛“垂片”。

尺蛾总科（尺蠖蛾）

超过 2.05 万种中到大型种类；色彩及翅型多样，包括从暗淡的到带有非常鲜亮“尾巴”的种类。幼虫具有“翻筋斗”步态，外形通常与小树枝非常像。包括燕尾蛾、巴狗蛾等。

钩蛾总科（钩蛾）

共 675 种，与尺蛾总科是近亲；成虫小到大型，还包括一些色彩鲜艳、在白天活动的种类；俗称源自其内弯的翅尖；幼虫在叶子“帐篷”外面或者在其中隐蔽地进食。

蚕蛾总科（蚕蛾、皇蛾及其相关蛾类）

超过 3500 种的中到超大型蛾类，包括乌桕大蚕蛾——蛾类中最大的一种；幼虫食性广泛，有时群居；蛹一般在由丝或者松散丝线单元组成的茧内。包括皇蛾（大蚕蛾科）、天蛾（天蛾科）、蜂鸟天蛾（长喙天蛾属）、鬼脸天蛾、乌桕大蚕蛾、蚕蛾、欧洲皇蛾，以及濒危的草原天蛾等。

旧大陆蝶蛾总科

共 60 种中型到大型蛾类，常日间飞行，类似蝴蝶。分布于东方及马达加斯加区域。已知的幼虫包括以蕨类植物为食的种类。

喜蝶总科（美洲蝶蛾）

大约 40 种 1 科。分布于中、南美洲。成虫为小型体型，主要在夜间活动。与蝴蝶是近亲。

夜蛾总科（夜蛾）

蛾类最大的群体，有超过 7 万个种类；成虫小到大型，外形、颜色、生态习性各异。关键特征是成虫胸腔的鼓膜器官，这是用于侦听蝙蝠捕食中发出的超声波的“耳朵”。幼虫形态习性各异，通常为杂食性。包括突出蛾（舟蛾科）、灯蛾（灯蛾科）、夜蛾（夜蛾科）、毒蛾（毒蛾科）、

吸食花粉的蝴蝶

鹿蛾（鹿蛾科）等。

蝴 蝶

蝴蝶共有 5 个科，分别归入 2 个总科：弄蝶总科和凤蝶总科。

弄蝶总科（弄蝶）

1 科（弄蝶科）。大约 3500 种小到中型蝴蝶，身体结实，具有窄而尖的翅膀，触角尖；飞行距离短而迅速；有些具有短的“尾巴”；翅膀通常具有闪亮的斑纹。亚科包括弄蝶亚科（超过 2000 种）、花弄蝶亚科（1000 种），绒毛弄蝶亚科（75 种，分布在非洲、印度到澳大利亚地区）。幼虫一般生活在草或类似植物叶子组成的“帐篷”内。

凤蝶总科（蝴蝶）

超过 1.36 万种，共 4 科（凤蝶科、粉蝶科、灰蝶科、蛱蝶科）。

凤蝶科（燕尾蝶及其相关蝶类）

大约 600 种。包括燕尾蝶（550 种）、阿波罗绢蝶（54~76 种），以及 1 种墨西哥种类。体型中到大型，善于飞行，通常具有大“尾巴”以及亮的斑纹。种类包括亚历山大女皇鸟翼凤蝶——已知最大的蝴蝶，以及濒危的斯里兰卡玫瑰蝶。

粉蝶科（白粉蝶、硫磺蝶及其相关蝶类）

大约 1000 种。包括白粉蝶以及粉蝶亚科中的 700 种，含白粉蝶种的大菜粉蝶；硫磺蝶和黄粉蝶（黄粉蝶亚科中的 250 种），含斑缘豆粉蝶种；新热带区的白粉蝶的近 100 种等。中等体形；翅膀底色通常白色或黄色，有些相当鲜艳，许多种类有迁徙习性。

蛱蝶科（刷足蝶）

大约 6000 种，约占蝴蝶总数的 1/3。目前认为该科包含 10 个亚科：蛱蝶亚科（约 350 种），含龟斑蝶及南美洲三色紫玫瑰蝶等；猫头鹰蝶亚科成员分布于热带，包括

栖息在树叶上的蝴蝶

鸮蝶；眼蝶亚科（最大的亚科，含有 2400 种），含括喙蝶亚科（12 种）；毒蝶亚科（400 种）包括北温带地区的豹纹蝶等；副王蛱蝶亚科（1000 种）；螯蛱蝶亚科（400 种），是非洲主要的一个强壮的蝴蝶群体；小紫蛱蝶亚科（430 种），含紫闪蛱蝶；摩尔浮蝶亚科（230 种），分布在新大陆热带地区以及亚洲、澳大拉西亚热带地区；绢蛱蝶亚科（8 种），分布于远东地区；斑蝶亚科（470 种），含王斑蝶和皇后斑蝶、新热带区的虎斑蝶等。主要分布在北温带地区，在热带地区也有。体型为中到大型，色彩非常艳丽；习性多样，前肢均特化，有刷状的毛作为化学感受器。

灰蝶科（蓝蝶、蚬蝶以及细纹灰蝶）

超过 6000 种，目前分为 5 个亚科：灰蝶亚科（4000 种），该亚科包括蓝蝶、细纹灰蝶（线灰蝶属），以及红灰蝶（红灰蝶属）；蚬蝶亚科（1250 种），该名称来自它们的身体图案中有金属光泽的斑点和线条；蓝灰蝶亚科（530 种），包括非洲和中国的“灰蝶”；蚜灰蝶亚科（150 种），其幼虫捕食蚜虫；以及分布于远东地区的银灰蝶亚科（18 种）。灰蝶一般为小型个体，主要分布于热带地区，主要生活在雨林；许多种类的翅膀的颜色是具有金属光泽的蓝色；幼虫食性多样，包括蚜虫、苔藓，以及与蚂蚁共生等。

带有翅膀的美丽昆虫

蝴蝶和蛾是最美丽的昆虫，夏天蝴蝶在花丛中飞来飞去，我们可以看到它们大而艳丽的翅膀。蛾的颜色通常没有蝴蝶艳丽，多在晚上出来活动。

蝴蝶和蛾所在的家族叫做鳞翅目昆虫，这一目包含了165000个物种，其中蝴蝶20000种，蛾145000种。它们的足迹遍布世界各个角落（除了南极大陆），包括平地、森林、草原、沙漠和山地。

静止的蝴蝶

区分蝴蝶和蛾的方法就是观察它们静止时翅膀收拢的方式。蛾在静止时翅膀平铺在背上。蝴蝶的翅膀会呈坚立状。

蛾

大多数蛾在黄昏或晚上出来活动，它们白天栖息在树桩和树叶堆上，由于身体的颜色单调，所以不易被发现。蛾通常身体肥大，有着厚厚的毛，触角呈羽毛状，形似天线。

毛虫

多足毛虫是从卵孵化而来，蛾和蝴蝶的幼年状态都是毛虫，只有经过一系列变化毛虫才能成为有翅膀的成虫。

蝴蝶的特点

蝴蝶通常有着颜色鲜艳的翅膀，而且只在白天飞行。它们身体光滑，没有毛，触角的形状像棍棒，末端是块状。

你知道吗

虎蛾会发出高分贝的声音，以此警告蝙蝠自己的味道并不好。

↗ 蝴蝶的身体构造

网聚蝴蝶

这是一个能够短时间观察蝴蝶，而不会伤害到它们的安全工具。

材料和工具

- ◎ 网布或纱布
- ◎ 剪刀、针和线
- ◎ 4 根竹竿
- ◎ 昆虫网或渔网
- ◎ 笔记本、铅笔

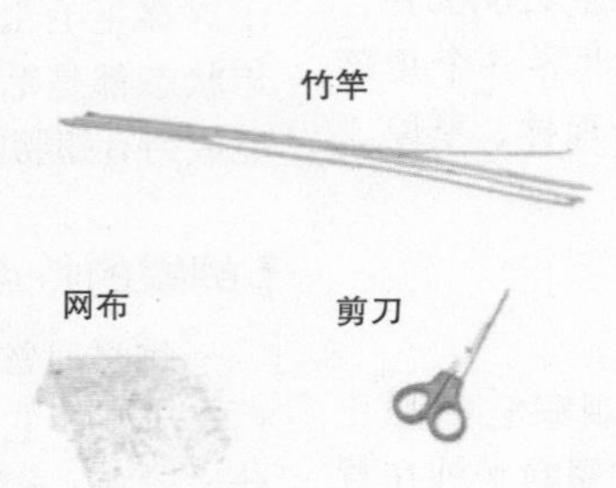
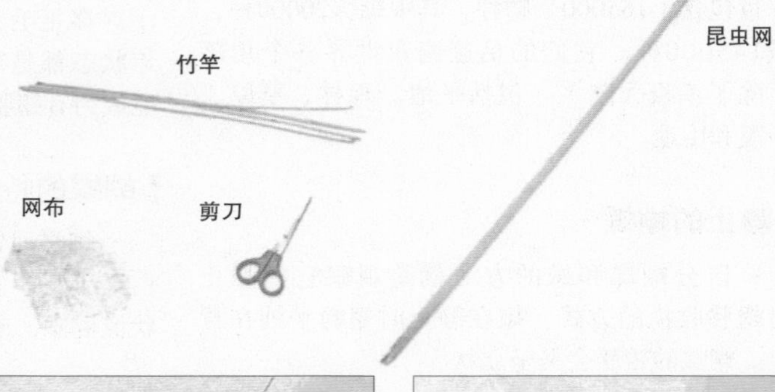

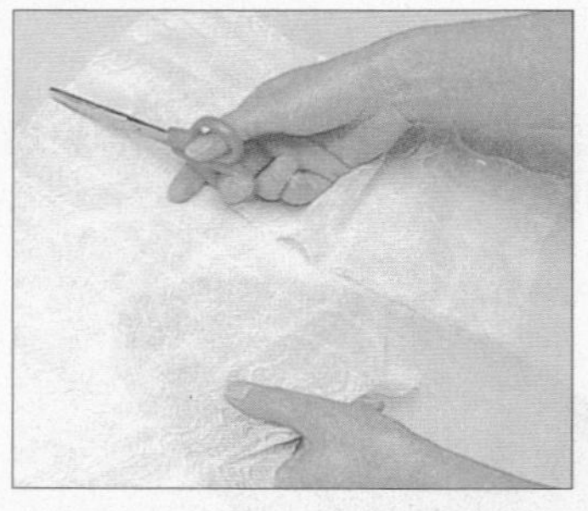

1 剪一块约 30 厘米 X30 厘米的正方形网布，一块 120 厘米 X50 厘米的长方形网布。

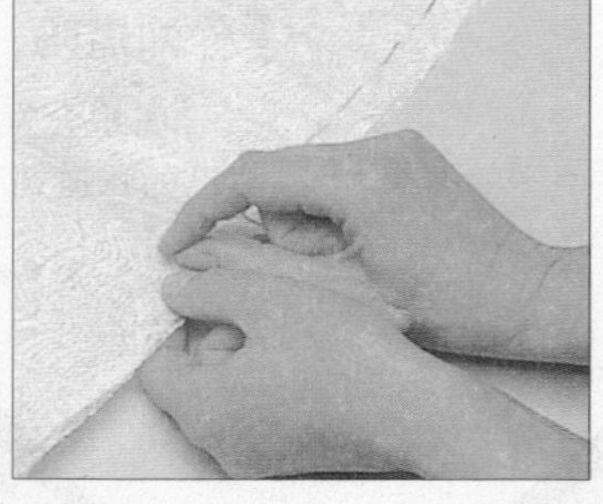

2 将长方形网布对折，缝合重合的 50 厘米边。

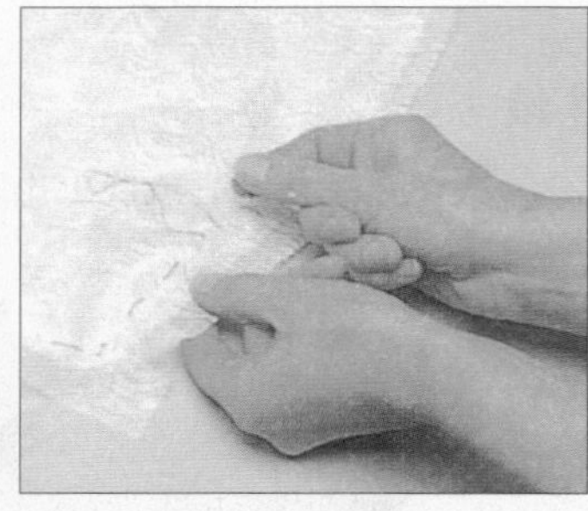

3 将正方形的顶缝在长网布的一端。

4 把四根园圃竹竿插入土中，搭成一个正方形框架，每竿间距 30 厘米。用网布从上方套住支架。

5 小心地用昆虫网或者渔网捕捉一只蝴蝶，然后轻轻地放入观察网中。不要碰到蝴蝶翅膀。

6 透过网布辨认你的蝴蝶。这是一只龟甲蝶，把它画在你的笔记本上，然后把蝴蝶放生。

家族概况

科学家把蝴蝶和蛾分成24个不同的大科，只有2个大科是蛾，小翅蛾总科和蚕蛾总科。后者包括巨大的阿拉特斯蛾。蝴蝶属于其他两个总科，第一个是弄蝶总科，包括弄蝶在内的3000多物种。第二是凤蝶总科，有15000个物种，又可以分成多个科目，包括凤蝶科（凤蝶、阿波罗绢蝶、红星花凤蝶），粉蝶科（白蝶、黄蝶），灰蝶科（蓝蝶、铜灰蝶、细纹蝶），蛱蝶科（斐豹蛱蝶、大闪蝶、帝王斑蝶、眼蝶）。

有毛的家族

羽蛾小但非常显眼，因其翅膀上的羽毛而得名。

灯蛾科

虎蛾属于灯蛾科，它们身上有难闻的液体和难看的毛。敌人一般不会靠近它，通常在危险关头，它们就向敌人展示那丰富的颜色和显眼的图案。

美景

凤蝶属于凤蝶科，这一科目包含600多种蝴蝶，例如，东南亚的翼凤蝶和翅膀展开足有25厘米宽的非洲巨型凤蝶，那大而美丽的翅膀，无疑是一道风景。

↙金凤蝶

↗ 洁白的绒羽，宽大的翅膀让羽蛾看起来像翩翩欲飞的仙子。

长有毛的脚

斐豹蛱蝶属于数量最多的科——蛱蝶科，这一科目的蝴蝶因为前脚上长有毛而闻名。斐豹蛱蝶（Fritillaries）的名字来源于古罗马的一种棋（fritillaria）。

别具一格的一群

日本山茧蛾与中国有名的白茧蛾不同，前者有着棕色的翅膀图案，属于蚕蛾总科。蚕蛾总科中只有300个物种至今还存活。茧蛾是最有名的蛾，因为它们在毛虫时期能够结茧。

热带的亲戚

南美洲有一种美丽的蝴蝶，它有个非常美丽的名字——玻璃翅蝶，属于分布面最广的蛱蝶科，但是这种蝴蝶只生活在热带。

小小的奇观

长角蛾属于小蛾科目，这种欧洲蛾通常是金属色。长角蛾因其超长的触角非常容易辨认。

↗长角蛾

有鳞片的翅膀

蝴蝶和蛾的科学名称是鳞翅类昆虫（Lepidoptera），指的是它们翅膀上的小鳞片。Lepis在古希腊语中是鳞片的意思，pteron意指翅膀。鳞片其实是扁平的毛发，每个都与翅膀相连。这些精致的鳞片使得翅膀的颜色更加丰富，但也像灰尘一样容易掉落。在鳞片下面，蝴蝶和蛾的翅膀与其他昆虫的翅膀一样是透明的。鳞片的颜色由色素和反射的光线共同组成。

↑ 静止的粉蝶

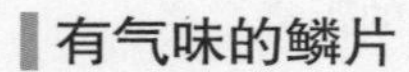

有气味的鳞片

许多雄性蝴蝶有着特殊的鳞片，能够吸引异性，这些鳞片上有一种刺激雌性的气味。

重叠的鳞片

翅膀的表面是重叠在一起的细小的鳞片，因为鳞片与翅膀不是很紧密地连接，所以飞行的时候鳞片很容易掉落。

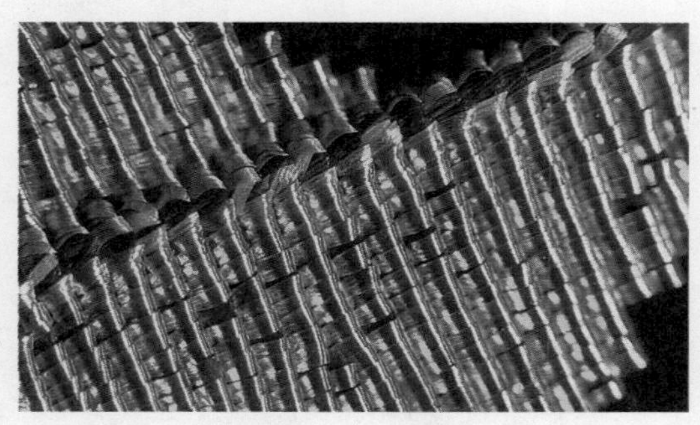

↗ 鳞片放大后的图案

翅室

翅脉之间的区域叫做翅室，所有翅室是由翅脉围成的。

蝴蝶舞会

蝴蝶脆弱的美往往能激发艺术家的灵感，在18世纪，许多欧洲艺术家把蝴蝶描绘成天使，它们有着人的身体和蝴蝶的翅膀。

翅脉

蝴蝶和蛾的翅膀由翅脉支撑，这些翅脉里充满着空气、神经纤维和血液。人类就是根据翅脉的图案把蝴蝶和蛾分成不同的科目。

鳞片脱落

一只白色的大蝴蝶在一株毛茛上起飞，飞行中的蝴蝶不时地会掉落鳞片，但对于有些物种来说这无关紧要。但是有些蝴蝶如果缺少鳞片，就会由于热量不足而无法飞行。

你知道吗

玻璃翅蝶的翅膀是透明的，这种透明性帮助玻璃蝴蝶逃脱了掠食者的注意视线。

大闪蝶的翅膀

南美大闪蝶的金属蓝翅膀在阳光下发出微光，这是因为翅膀表面组织反射光线的缘故。如果摄像机对它们进行拍摄，它们的鳞片还会发出烟火般的色彩。

眼对眼

一些蝴蝶鳞片的图案是圆形，就像大型动物瞪大的眼睛。科学家认为这些眼点一是为了吓走像鸟类这样的敌人，二是为了吸引异性。

蝴蝶和蛾的飞行

蝴蝶和蛾的飞行方式与其他昆虫不一样，而类似于鸟类。大多数昆虫只是快速地拍打翅膀，由于它们只有通过这种方式才能停留在空中，很快就把精力耗尽。但是蝴蝶能够缓慢地上下拍打翅膀，像白蛱蝶还可以在气流上滑行，只要偶尔拍动翅膀，就能飞行很远的距离。蝴蝶和蛾的飞行方式也不一样，从木白蝶的鼓翼到紫帝王蝶的滑翔。越小的蝴蝶，翅膀鼓动的速度也越快，弄蝶是其中之最。鹰蛾的翅膀如喷气式飞机，能以极快的速度呈直线飞行。

爱太阳

蝴蝶和蛾只能在身体温度达到24~29摄氏度时才能飞行，如果温度太冷，肌肉无法正常运作。为了提高体温，蝴蝶就要晒太阳，翅膀上的鳞片会像太阳能电池板一样吸收热量。晚上飞行的蛾通过不停地扇动翅膀来暖和身体。

扭动

在人眼看来，蝴蝶和蛾的翅膀只是简单的拍打，但是静止镜头表明在上下飞行的过程中，它们的翅膀基部在不停扭动，于是翅尖的移动轨迹就呈现 8 字形。

向上，向上，离开

翅膀的前部和基部坚硬，而其他部分灵活。坚硬的前端给予蝴蝶升力，就像飞行的机翼。灵活部位能向后推动空气，使蝴蝶身体向前。

优雅的滑翔者

蛱蝶科的蝴蝶，比如小红蛱蝶飞行时只是偶尔扇动翅膀，就能滑行很远的距离。

↘飞行中的蝴蝶

↘蝴蝶看上去是笨拙的飞行者，但它们高超的扭动技术使得它们能随时逃脱燕子和其他捕食鸟类的追击。一些蛾在受到惊吓时飞行速度能达到 48 千米 / 小时。

翅膀把空气往后推

一只蝴蝶
抬起翅膀

翅膀向下时，提供
了向上的升力

感觉器官

蝴蝶和蛾的感官与人类完全不同。它们不是长两只眼睛，而是有一双由成百上千个透镜组成的复眼。它们的触角异常灵敏，不仅用于闻食物，还能听和感觉周围的动静。触角在寻找配偶和决定去哪里产卵等方面起着非常重要的作用，甚至还能分辨味道，感受温度的变化。蝴蝶和蛾的脚上有非常完善的味觉和嗅觉系统。蛾用耳朵状的鼓膜器听声音，其位置位于胸腔或腹部，当受到声音撞击时会像鼓一样振动。

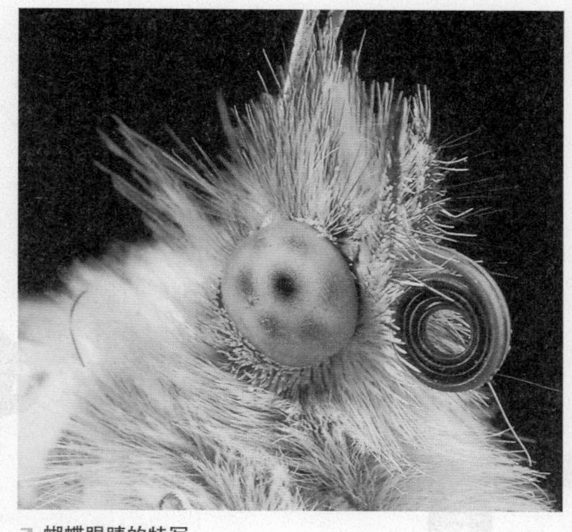

↗ 蝴蝶眼睛的特写

夜蛾的胸部有听觉器

夜蛾的头部

↖ 听觉

许多蛾类的腔体上有微小的膜组成的“耳朵”，这些“耳朵”位于胸腔，当膜受到声音的振动，神经就会给大脑传递信号。这些“耳朵”对它们的敌人——蝙蝠的高分贝声音非常敏感。

触角

阿拉特斯蛾毛茸茸的触角就像电视天线一样增加了感知的面积，这样雄蛾就能在很远的地方感知某种味道，比如异性的气味。

嗅闻空气的气息

蝴蝶的触角就像装有高度灵敏接收器的外鼻，能收集到空气中微小的化学物质，而人的鼻子通常无法闻到这些气味。

漂亮的触角

雄性的长角蛾有着很长的触角，这些触角除了能捕捉气味外，还有另一个与众不同的作用，当雄蛾在下午的阳光下舞蹈时，触角就会发光，吸引雌蛾。

广阔的视野

黄角蝴蝶的复眼非常大，每只眼睛里的几千个透镜都各自成像，蝴蝶的大脑把这些影像拼在一起。虽然蝴蝶是非常严重的近视眼，但它们能凭借许多的小眼睛看清各个方向。

对花的感知

蝴蝶和蛾通过触角上敏锐的嗅觉系统寻找它们的目标，它们能在很远的地方闻到一朵花的气味。

蓝色的花

蝴蝶对红色和黄色光线不是很敏感，所以它们看到的夜来香与我们看到的完全不同，但它们能看到人类看不到的紫外线。黄色夜来香在它们视野中就是这个样子。

蝴蝶和蛾的变态

化蛹（从毛虫变成蝴蝶或蛾的过程）是生物经历的最惊人的变化。在蛹里，毛虫的身体逐渐消失，而长出新的身体特征，包括完全不同的头、身体和两对翅膀。整个过程不到一个星期。当变态完成时，成虫就会破茧而出。

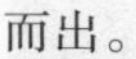

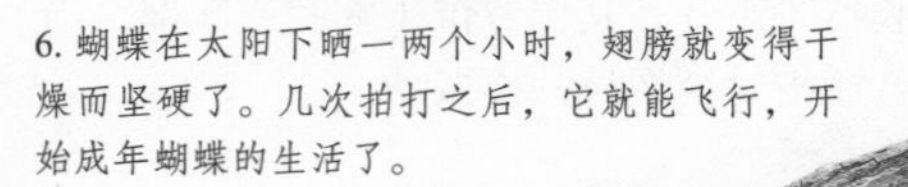

6. 蝴蝶在太阳下晒一两个小时，翅膀就变得干燥而坚硬了。几次拍打之后，它就能飞行，开始成年蝴蝶的生活了。

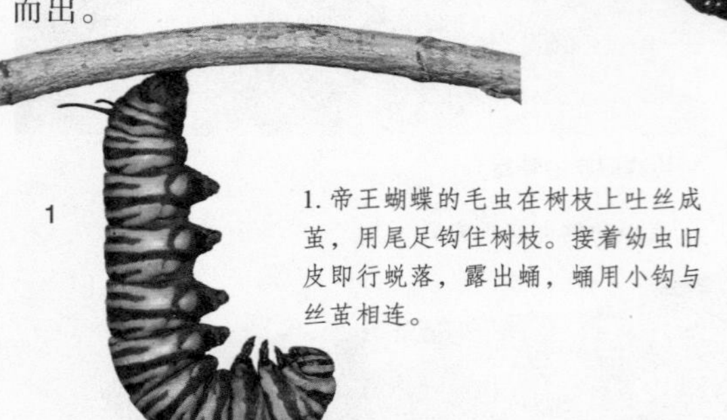

1. 帝王蝴蝶的毛虫在树枝上吐丝成茧，用尾足钩住树枝。接着幼虫旧皮即行蜕落，露出蛹，蛹用小钩与丝茧相连。

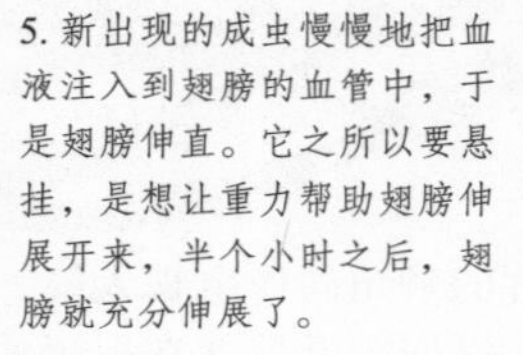

2. 帝王蝴蝶的蛹长成时会变成白色，上面有金色的斑点。除了偶尔的抽动，大多数时候它是静止的。但是通过外皮我们有时能窥见里面的变化。

5. 新出现的成虫慢慢地把血液注入到翅膀的血管中，于是翅膀伸直。它之所以要悬挂，是想让重力帮助翅膀伸展开来，半个小时之后，翅膀就充分伸展了。

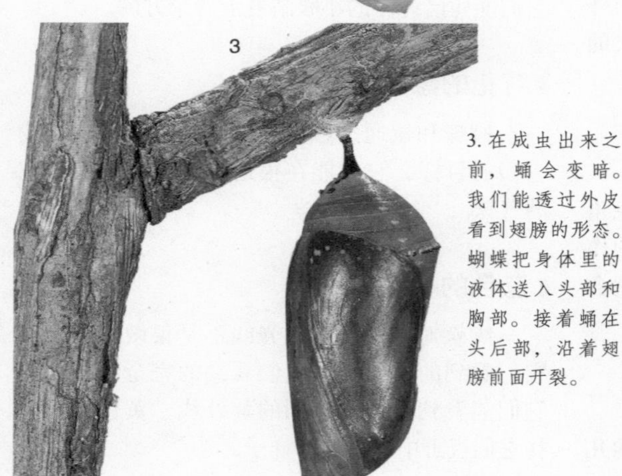

3. 在成虫出来之前，蛹会变暗。我们能透过外皮看到翅膀的形态。蝴蝶把身体里的液体送入头部和胸部。接着蛹在头后部，沿着翅膀前面开裂。

4. 蝴蝶吸入空气，使身体膨胀，这样蛹就裂得更大。它出来时身体颤抖而且呈悬挂姿势，与蛹的外皮紧紧相连。

花蜜和食物

蝴蝶和蛾无法咀嚼食物，只能通过长长的舌头吮吸液体。它们最喜欢的食物是花蜜，这种甜甜的液体是由花的蜜腺产生的，用来吸引蝴蝶和蜜蜂等昆虫。大多数蝴蝶只食花蜜，总是看到它们在花丛中飞来飞去，寻找这种液体。一些森林里的蝴蝶食物源更加广泛，包括腐烂的水果和树上渗出的汁。一些物种甚至吮吸尿液。但是这些东西无法提供实质性的营养，所以蝴蝶的生命很少超过20天的。

蝴蝶中的“寿星”

南美热带雨林里的大力士蝴蝶是少数几种生命周期较长的蝴蝶。它们的生命能持续130天甚至更长，大多数蝴蝶只能维持20天左右。它们的食物主要来源于西番莲花。

吮吸苹果酒

秋天，大红蛱蝶和坎伯韦尔美人蝶经常吮吸腐烂的水果。有时这些液体发酵成为酒精，大红蛱蝶会像醉汉一样摇摇晃晃。

↗ 逗点蝴蝶正在吃黑莓。

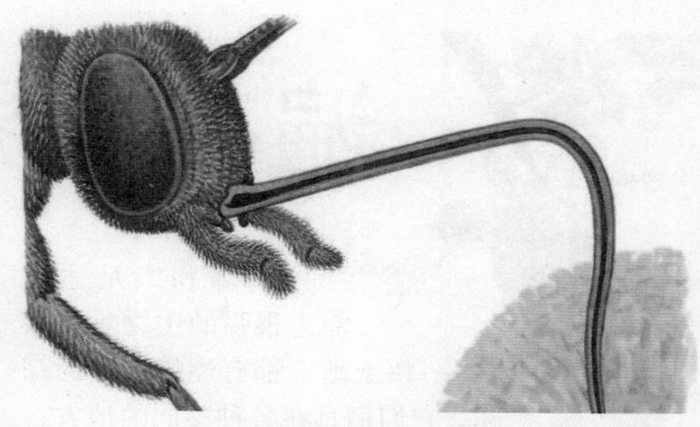

↗ 蝴蝶长长的口器可以轻易地吸食到花蜜。

吃水果者

逗点蝴蝶的第一代会在每年的初夏出现，它们以黑莓的白色花朵为食，黑莓此时也未成熟。第二代出现在秋天，以成熟的黑莓为食。

吸管

许多花会把蜜腺深藏在下面，这样蝴蝶就不得不钻到花粉囊中，许多蝴蝶有很长的口器可以吮吸到花蜜。

你知道吗

紫帝王蝴蝶经常吸食腐烂的动物尸体上的汁液。

盘旋的鹰蛾

白天飞行的蜂鸟鹰蛾之所以得名，是因为它像蜂鸟一样盘旋在花上方，来吸食花蜜，而不是停在花上。鹰蛾家族的口器最长，其中达尔文鹰蛾达到30~35厘米，是它身体长度的3倍。

森林里的蝴蝶品种

许多森林蝴蝶从各种各样的食物源吮吸液体。斑点木蝴蝶的主食是蜜露，但有时也吮吸野风信子的花蜜。蜜露是蚜虫的一种甜味的分泌物。花瓣上经常会覆盖有一层蜜露。

晚上觅食者

夜蛾经常在晚上到草地上吮吸刘寄奴属植物的花蜜。在气候温和的国家，这种蛾主要在夏天的晚上出来觅食。名字是从拉丁文noctu衍化而来，意思是晚上。

↘ 橙头粉蝶

遍布世界

蝴蝶和蛾是适应能力很强的生物。几乎每一块土地上都有蝴蝶和蛾的踪迹。它们栖息在各种不同的地方，从炎热的沙漠边缘到北极的冰天雪地。不同的物种都适应着不同的生态环境。例如，生活在寒冷环境下的蝴蝶和蛾比在温暖环境里的颜色暗一些。这是因为前者需要身体暖和才能飞行，而黑暗的颜色能够吸收热量。在山地，本土的物种通常在靠近地面的区域飞行。因为飞到高处就会有被强风吹走的危险。

草地和路旁

农场对于蝴蝶来说越来越危险了。密集的耕作几乎要除掉野花和野草，除虫的喷雾会杀死许多蝴蝶。但是许多蝴蝶仍然在农场的草地和灌木篱墙里旺盛地繁衍着。黄尖蝶、眼蝶、链眼蝶、铜灰蝶、白蝶和蓝蝶，以及夜蛾、尺蠖科在这里还是很普遍。

沼泽和湿地

湿地豹纹蝶生活在气候温和的草地和花丛中。山萝卜是毛虫最喜欢的食物。在湿地中繁衍的还有燕尾蝶和黄斑小弄蝶。

山区

高山地区的蝴蝶包括阿尔卑斯和阿波罗蝶。阿波罗蝶的身体上覆盖有御寒的毛。多数卵由于温度低不会在秋天进行孵化，而是等到来年春天。那些孵化出来的毛虫也很快进入冬眠。

花园

所有蝴蝶和蛾会光临花园，包括孔雀蝶。这里有许多可以食用的花——不仅是种子，还有许多的花朵。这些花多数长在灌木篱墙上或者是地上的醉鱼草、南庭霁、紫苑等花。

武士的象征

一个骄傲的武士雕像矗立在墨西哥的古托尔特克的图拉城，蝴蝶的形象出现在武士的胸甲上。托尔特克人认为蝴蝶的生命短暂而灿烂。于是蝴蝶成为托尔特克士兵的象征，他们勇敢地生活，从不畏惧死亡。

不同的生态环境

蝴蝶和蛾生活在不同的环境中。像大白蝶生活在内陆，红星花凤蝶、棕色蝶和帕夏双尾蝶通常生活在沿海地区，黄斑小弄蝶在沙漠里，白蛱蝶和松天蛾、垂肉蛾一样生活在林地里。北极的物种包括纹黄蝶，而阿波罗蝶生活在阿尔卑斯山。

↙ 蝴蝶生态环境示意图

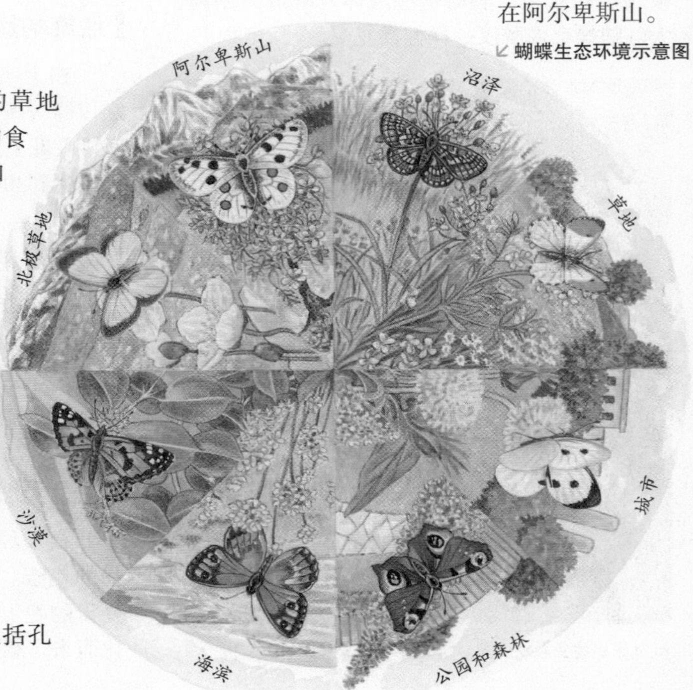

迁徙

有些蝴蝶和蛾生活在一个很小的区域，不需要离开出生地很远。但是一些物种是频繁的迁徙者。它们为了寻找新食物源或逃离寒冷或过于密集的区域而进行长途跋涉。一些蝴蝶和迁徙的鸟类一样是世界公民。一小群的北美蝴蝶飞过大西洋会出现在欧洲。人们曾经目睹红斑蛾在大西洋几千千米上空翩翩飞过。但是蝴蝶与鸟类不一样，它们的迁徙是单向的，不会返回原来的地方。

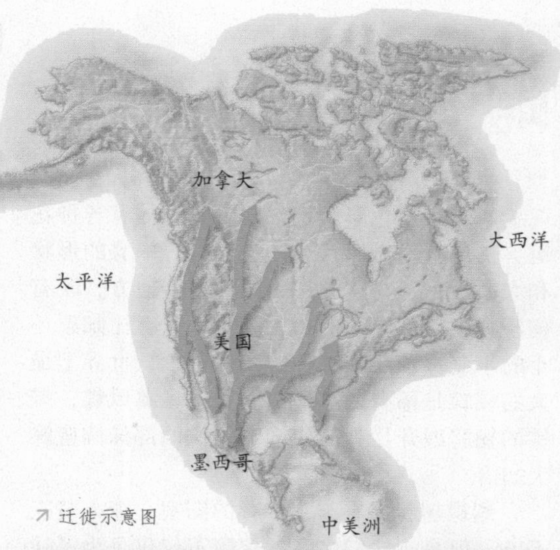

↗ 迁徙示意图

帝王蝴蝶的路线

帝王蝴蝶主要在北美和中美洲之间迁徙。一些会穿过大西洋，到达非洲和葡萄牙附近的岛屿。而另一些蝴蝶会直接飞到意大利。

帝王蝴蝶的群体

每到秋天，大批的帝王蝴蝶从北美的东部和西部出发，往南飞行。冬天它们到达佛罗里达、加利福尼亚和墨西哥，生活在前一年它们的祖先栖息的树上。

“迁徙之王”

三月份，帝王蝴蝶会向北飞行2897千米之远，在那里产卵和等待死亡。当卵孵化时，生命的周期开始新的循环。一个月大的蝴蝶会根据季节来决定继续留在北方还是去南方。

“非洲移民”

棕脉白蝶可以凭借两只大翅膀飞行很远的距离。数百万的蝴蝶在非洲南部聚集，引起混乱，人类想驱赶它们。虽然棕脉白蝶一年之中都在飞行，但人类多是在12月和1月份见到它们。

鹰蛾

每年春天，夹竹桃鹰蛾会从非洲出发，往北飞行，只有少数鹰蛾能在夏末到达欧洲北部。鹰蛾是所有蛾中飞得最远、快速飞行距离最远的种类。

↗ 迁徙中的帝王蝴蝶

你知道吗

一大群迁徙中的蝴蝶如果停在农场的机器上，就会导致机器停止运作。

芒胥

芒胥在世界各个地方迁移，夏天它们在欧洲，最北到达冰岛，但是它们无法忍受冬天的严寒，所以夏末就要往南迁移。只有一些蝴蝶能在寒冷的秋天到来之前，抵达北非。

冬眠的孔雀蝶

成年的孔雀蝶冬天要睡觉，这种睡觉的方式叫做冬眠。它们身上有一种叫做乙二醇的化学物质可以防止身体冻僵。其他蝴蝶也以冬眠的形式度过冬天，而不需要迁徙。

蝴蝶的样子

蝴蝶一般色彩鲜艳，翅膀和身体有各种花斑，头部有一对棒状或锤状触角。蝴蝶的形状和大小不一，在欧洲和美国的一些地方，既有翅膀宽度达10厘米的帝王蝴蝶，又有比邮票还小的小蓝蝶。热带物种的变化更大，世界上最大的蝴蝶是稀有的亚历山大女王鸟翼凤蝶，雌蝶的翅膀展开足有28厘米宽，比西部侏儒蓝蝶大25倍。

蝴蝶翅膀上有丰富多彩的图案，令人赞叹不已。但是，它们多彩的翅膀不仅仅是为了让人们大饱眼福。五彩缤纷的颜色是用来隐藏、伪装和吸引配偶的。在照片和图片上，蝴蝶的翅膀通常是充分展开，但是在自然界中并不是如此，例如，前翅可能会隐藏在后翅里。

小蓝蝶

小蓝蝶是生活在英国的一种小型蝴蝶，长成后也只有2.5厘米宽。但是北美的侏儒蓝蝶更小，翅膀宽度只有11~18毫米。

白钩蛱蝶

每种蝴蝶都有自己的翅膀图案，白钩蛱蝶名字的由来就是后翅下面字母C或逗点形状的斑点。

雄性的亚历山大女王鸟翼凤蝶拥有颜色明艳的翅膀

↗ 白钩蛱蝶

↖ 黑脉金斑蝶

灵魂和阿佛洛狄忒

古希腊人认为人死后灵魂就以蝴蝶的形式从身体上脱离。希腊人把灵魂想象成一个长有蝴蝶翅膀的女孩，取名赛姬。在神话中阿佛洛狄忒（爱之神）嫉妒赛姬的美貌，要求她的儿子诱惑赛姬，但是她的儿子不由自主地爱上了赛姬。

亚历山大女王鸟翼凤蝶

亚历山大女王鸟翼凤蝶生活在茂密的热带雨林中，在早上及黄昏十分活跃，并会在花间觅食。这类蝴蝶一般飞得很高，当觅食或产卵时会在地面低飞。它们的掠食者包括大木林蛛及一些小型的鸟类。

孔雀蛱蝶

如鸟一般大

亚历山大女王鸟翼凤蝶是生活在巴布亚新几内亚北部的一种稀有蝴蝶，它的翅膀比许多鸟类的翅膀还要宽，雌性可以长到28厘米宽。

金凤蝶

金凤蝶因其体态华贵，花色艳丽而得名。

骗人的尾巴

蝴蝶翅膀因物种的不同而呈现不同的形状，凤蝶科的蝴蝶翅膀上有明显的尾巴，就像燕子的尾巴。当翅膀收拢时，尾巴类似于触角，敌人就会把尾巴误认为头部。

孔雀的眼睛

孔雀蛱蝶由于其前翅和后翅的斑点就像一双眼睛，很容易辨认。这种特殊的蝴蝶大部分生活在欧洲和亚洲的部分地区。

蛾的样子

和蝴蝶一样，蛾的形状和大小也多种多样。蛾的触角多为羽状，向端部渐细，犹如美女弯弯的眉毛，但也有的蛾子触角为丝状。再就是蛾的腹部一般比蝶的要粗壮。

蛾的翅膀的形态比蝴蝶还多样化。就大小来说，一些小蛾物种的翅膀宽度不到 3 毫米，而最大的蛾有一本书那么大，比如澳大利亚和新几内亚的大力士蛾和东南亚的弯翼魔鬼蛾。小型蛾的幼虫可以待在种子、水果、茎、叶和花里面，大型蛾的幼虫也会相应大一些，但有些也生活在树干和茎里面。

↖月亮蛾

美国月亮蛾是如此精致和美丽，双翅伸展长度在 30 厘米左右，后翅上有着修长的尾巴。当它在树上休息的时候，身体和头部就藏在大翅膀下，捕食者只能啄食尾巴，这也因此给了它逃跑的时间。

↗多羽蛾展开翅膀，像一把绒绒的羽扇。

多羽蛾

多羽蛾的名字来源于翅膀上美丽的羽毛，前翅和后翅都分成 6 根修长的羽毛。

象鹰蛾

多数蛾的颜色没有蝴蝶那么丰富，但并不

↗阿拉特斯蛾

这种蛾的翅膀充分张开后非常大，覆盖面积可达 400 平方厘米。

是所有蛾都是那么单调，例如象鹰蛾就是一种长有粉红色翅膀的美丽昆虫，与它最喜欢的花很好地融合。但是这种蛾通常晚上出来活动，人类很少有机会目睹它的艳丽。

颜色范围

蛾的种类很难分辨，但一些物种的颜色范围很广。例如，许多花园虎蛾的颜色会有细微的差别，于是科学家就用花园虎蛾做繁殖的实验。

印度蛾

这种蛾属于螟蛾科，生活在印度南部，这种小蛾的双翅宽度只有2厘米。翅膀上白色的条纹打破了身体的曲线，在它静止时很难被发现。

宽大的翅膀

印度和东南亚的巨型阿拉特斯蛾是世界上最大的蛾之一，只有南美的阿格里帕蛾的翅膀比它大，足有30厘米宽。一些阿拉特斯蛾如果充分张开翅膀，有这本书页面的两倍多。翅膀上亮闪闪的三角形被认为是用来反射光线以迷惑敌人。

← 象鹰蛾

→ 虎蛾身上的花纹与老虎很像。

大毛虫

大毛虫是蛾的幼虫，毛虫与蛾有不同的形状和大小。它们的形状类似香肠，有些更像树枝，这样藏在灌木和树上就不容易被发现。毒蛾幼虫身上有坚硬的毒刺，尺蛾幼虫走路一躬一躬的像是用尺子丈量，灯蛾的幼虫身上长满了长长的毛，天蛾幼虫具有巨大的身体，还有一些枯叶蛾如松毛虫的幼虫会成群结队地迁徙。

↖ 这只帝王蛾的幼虫是最大的毛虫之一。这种毛虫颜色醒目，身上的黑点看起来像是睁大的眼睛，让人觉得非常可怕。

石蚕蛾

几乎每一处有淡水水流或积水的地方都有石蚕蛾的幼虫。典型的土褐色石蚕蛾成虫在外形上有点像蛾，但这一目昆虫较出名的是许多种幼虫建造和居住的那些精巧的壳。这些像小石管的壳总是隐藏在石蚕蛾的栖息地中。

石蚕蛾的祖先最初出现于2.95亿~2.48亿年前的二叠纪。毛翅目昆虫实际上与蝴蝶和蛾是近亲，它们有长长的下颚须，却没有蝴蝶和蛾那样卷曲的喙和遍布翅膀的鳞片。人们可能会把石蚕蛾与草蜻蛉弄混，但石蚕蛾的翅脉较少。其他特征中，用于辨别石蚕蛾和石蝇、蜉蝣的则是静止的时候它们翅膀的交叠方式。

毛茸茸的翅膀

形态和功能

石蚕蛾的前翅通常长有一个半透明的角状小点，而且一般比后翅稍长。正常情况下，这两对翅膀都是毛茸茸的，这也是这一目的学名“Trichoptera”的由来（在希腊语中，“trikhos”的意思是“绒毛”，而“pteron”的意思是“翅膀”）。除了那些纵向的翅脉，许多群体的翅膀还生有一些横脉，偶尔沿着一些翅脉会长一些鳞片。石蚕蛾的头部长有发达的复眼。下颚分5节，有的最外面的那一节和分3节的下唇须长而柔韧；3胸节很发达，上表面长有一些小瘤。

石蚕蛾被誉为最佳的“飞行员”，前后翅之间、狭长的前翅之间、膨大的后翅之间和长长的触角之间都有一个结实的耦接头，翅膀通过卷曲的纤毛（刚毛）相连接，沿着翅脉在边缘上形成简单的交叠。石蚕蛾的腹节独特，第1~7节上有一排呼吸孔（气门）；附肢细长，附肢的下部（跗节）分5节，上面是腿节和胫节，有的长有细密的刺，或粗的刚毛和长刺。

成年的石蚕蛾主要在傍晚和夜间活动。白天则栖息在凉爽昏暗的地方，但有些种类会在白天的时候聚集在一起。它们的口器适合舔食

↗ 石蚕蛾的翅膀上覆盖着绒毛，而不是像与它们有亲缘关系的蝴蝶和蛾那样覆盖着鳞片。图中这只欧洲的沼石蛾科的成员正在休息，身体姿势具有该科典型特征——翅膀像屋顶一样盖在身体上。

液体，但人们极少能看到成虫进食，有些压根不吃东西，有的则会去采花。

成虫见于淡水附近区域，但有一个澳大利亚种类——海石蛾科成员，住在海边靠近低潮线附近岩石围成的水坑里。刚羽化的成虫会大量聚成一个竖直排列的群体，并一起“跳舞”。交尾就发生在飞行的时候——雄性用它们大大的眼睛和触角确认异性的方位。飞行中的雄性聚集成群也是为了将雌性吸引过来。

在幼虫期的生活

繁殖和生命周期

石蚕蛾一年繁殖1次。越冬的时候是幼虫，在春季化蛹，在初夏时羽化为成虫。母亲会产下数量不等的球形小卵，直径0.3毫米左右，一般都是淡淡的蓝绿色或白色。产下的卵要么是一堆堆的，要么是一串串的，覆盖着黏糊糊的分泌物，粘在水里面或附近的石头成其他物体上，有的则是被粘在垂向水面的植物上。许多科的雌性，特别是幼虫不会做壳的，会钻进水里把卵产在浸没的物体上。

石蚕蛾幼虫一般为杂食性，外形像毛虫，其头部和胸部已经完全硬化，腹部则是柔软的。头部已经有小小的触角，两侧各有1个单眼，有咀嚼式口器。胸部出现的3对附肢用于未来的爬行和捕食，以及建造幼虫壳；腹部分为9节，末端有1对腹足，用来在壳中固定身体。在壳里，如果受到惊扰，或在休息的时候，这对腹足能完全缩进去。气门还不能真正起作用，但大部分种类长有外在丝状的气管鳃与腹节和胸节上的呼吸管相连。有的种类通过外表皮呼吸，有的则是在肛门附近长有一簇血鳃。

许多科的幼虫都会用胶状物质或下唇尖吐出来的丝将不同的小物件粘在一起，做成一个轻便的壳。每种石蚕蛾的幼虫都能发现于一种特殊的栖息地如缓慢或快速流动的溪流、池塘、小型湖泊中，并建造自己独特的壳。微型石蚕蛾做的壳是钱包形状的；蜗牛壳石蚕蛾则如其名字所示，会做出蜗牛壳形状的壳；大石蚕蛾能用条状植物材料做出螺旋形的壳；北部石蚕蛾做的壳形状则多种多样。

有些幼虫根本不做壳，而是在水下的植物、碎片和石头之间编织丝网，用来抓住小型的甲壳类动物和浮游生物。大部分幼虫以植物为食——藻类、苔藓或腐烂的植被。肉食性的幼虫则会利用它们的前肢捕食。

在淡水溪流和池塘中，石蚕蛾幼虫是食物链上的重要一环，许多种鱼、鸟和青蛙，甚至有些肉食性的昆虫幼虫都以石蚕蛾幼虫为食。因此有些人会把石蚕蛾幼虫用做钓鱼的饵，成虫也是，并且许多都有迷人的名称，如黑银角、大红沙草、松鸡翅膀等。有一种姬蜂会寄生在石蚕蛾的幼虫身上和蛹中，这种蜂的雌性会没入水里把卵产在将来的宿主旁边。长角石蛾科某些种类的幼虫是稻田的害虫。

知识档案

石蚕蛾

纲 昆虫纲

目 毛翅目

7000种，43科，3亚科。纹石蛾总科含9科，包括纹石蛾科等；沼石蛾总科含30科，包括石蛾科、沼石蛾科等；流石蛾科含4科，包括流石蛾科等。

分布 除了两极之外，全世界都有。

体型 成虫体型细长；体长为1.5~35毫米。

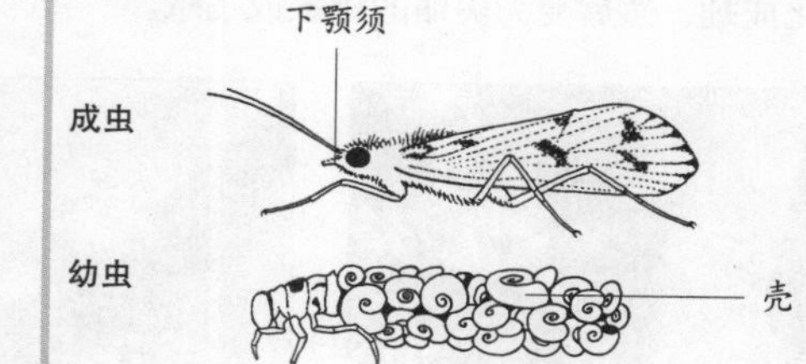

特征 触角如细丝状；口器简化或退化；有长的下颚须；两对膜质的翅膀上覆盖有绒毛；静止的时候翅膀像屋顶一样盖住腹部；大部分为夜行性。幼虫沿着腹部长有丝状鳃，腹部末端长有一对带钩子的腹足。

生命周期 属于全变态发育（完全变形）；幼虫如毛虫状，通常缩在壳里。

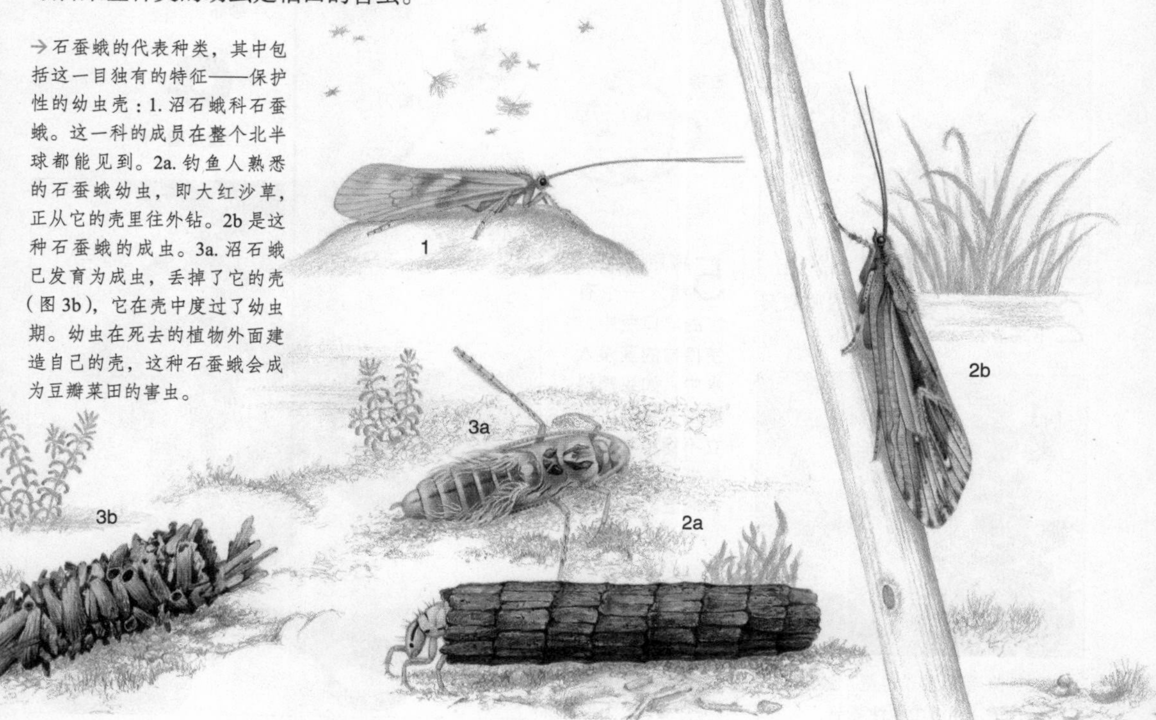

→石蚕蛾的代表种类，其中包括这一目独有的特征——保护性的幼虫壳：1. 沼石蛾科石蚕蛾。这一科的成员在整个北半球都能见到。2a. 钓鱼人熟悉的石蚕蛾幼虫，即大红沙草，正从它的壳里往外钻。2b 是这种石蚕蛾的成虫。3a. 沼石蛾已发育为成虫，丢掉了它的壳（图 3b），它在壳中度过了幼虫期。幼虫在死去的植物外面建造自己的壳，这种石蚕蛾会成为豆瓣菜田的害虫。

饲养毛毛虫

材料和工具

◎ 塑料瓶
◎ 剪刀
◎ 纸巾
◎ 广口瓶
◎ 胶带
◎ 纱布或者编网
◎橡皮圈或者绳子

下面介绍的是一种美观且干净的饲养毛毛虫的方法。最终它们会化成蛹，然后变为美丽的蝴蝶或飞蛾。

1 在卷心菜或者其他植物上找一些毛毛虫。把它们放入一个收集瓶中。同时，从毛毛虫生活的植物上采集一些叶片。

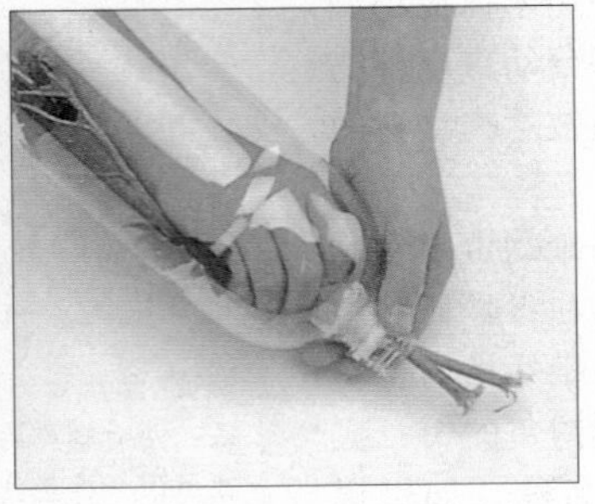

4 把叶子放入瓶中，茎从瓶口穿出，纸巾刚好形成一个塞子，把枝叶固定。

广口瓶

剪刀

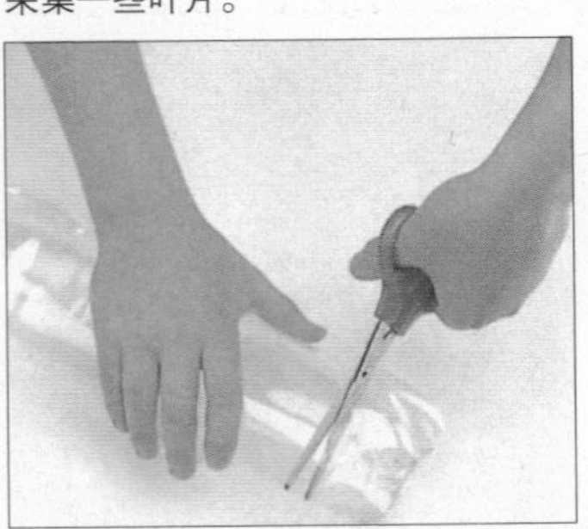

2 用剪刀将一只塑料瓶的瓶底剪下来。

3 取一束毛毛虫“游览”过的植株和叶子，用纸巾包住茎部。

5 将瓶颈倒立插入一个有水的广口瓶中，使植物的茎没入水中。如果塑料瓶左右晃动，站立不稳，就用胶带把它固定在广口瓶上。

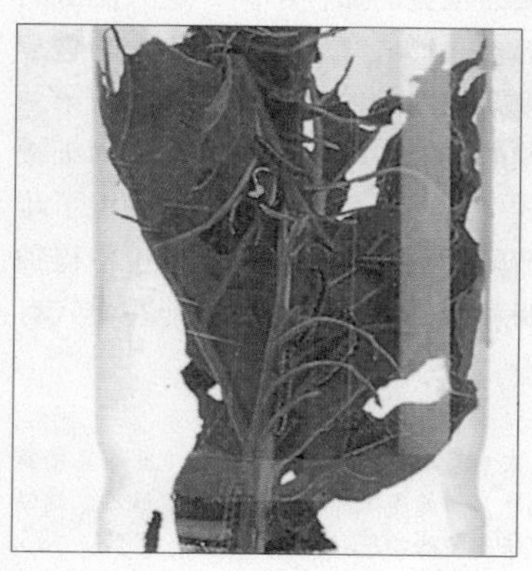

6把毛毛虫放入瓶中，瓶顶用一片纱布盖好，然后用像皮圈（皮筋）或者绳子扎牢。定期给你的毛毛虫宝宝们喂食。

自然小贴士

每隔几天清理并洗净瓶子，晾干，给毛毛虫们喂一些新鲜的植物。毛毛虫最终会变成像小香肠一样的蛹。留着这些蛹，直到蝴蝶或者飞蛾破茧而出，然后把它们放归自然。

黄蜂、蚂蚁和蜜蜂

高度特化的膜翅目昆虫在全世界随处可见，其种类之繁多，仅次于鞘翅目的甲虫。且估计仍有数千种还未被发现，尤其是寄生蜂。它们惊人的多样性反映了这一目昆虫在生态学上的重要性。在北美的温带森林中，蚂蚁对土壤营养成分的生态循环所作出的贡献堪比蚯蚓。在热带南美，单位体积内的蚂蚁和白蚁的数量，超过了所有其他动物的总和，这其中包括水豚、貘和人类！由于寄生蜂对它们的昆虫宿主种群施加了极大的压力，因此被人类当作生物控制媒介去对抗害虫。作为授粉员，膜翅目昆虫尤其是蜜蜂对地球上的植被起着至关重要的支撑作用，在经济学上也具有重要意义。

膜翅目分为两个亚目：一个是广腰亚目，由锯蜂和木胡蜂组成，有时候这两种均指树蜂；另一个是细腰亚目，也分为两部分，一是寄生部，主要由寄生蜂组成；另一个是针尾部，包括那些“真正的”黄蜂、蚂蚁和蜜蜂，它们的产卵器特化为一根刺，已经不具有产卵的功能了。

知识档案

黄蜂、蚂蚁和蜜蜂

亚纲 有翅亚纲

目 膜翅目

至少有28万个种类左右，已发现了12万种。106科，2个亚目：广腰亚目和细腰亚目。

分布 除南极洲以外其余各洲均有分布。

体型 体长0.17~50毫米。

特征 高度特化的昆虫，有咀嚼式口器和2对膜质的翅膀，翅膀之间通过一排翅钩相连；前翅比后翅大。

生命周期 雄性为单倍体（从未受精的卵发育而来）。翅膀在体内发育（内翅类），变形完全。广腰亚目的幼虫为毛虫状，在外部进食。细腰亚目的幼虫是无附肢的蛆。

锯蜂和树蜂

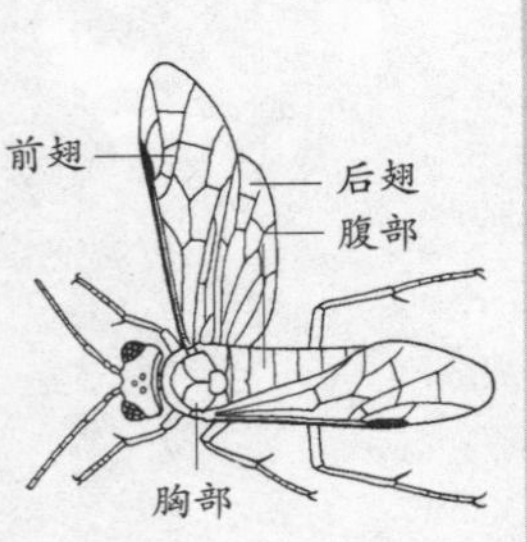

广腰亚目下近1万种的昆虫分属14科。除南极洲以外,全世界均有分布。大部分属于低等膜翅类昆虫；翅脉复杂，无显著特点；腹部与胸部的连接处宽（无“蜂腰”）；产卵器通常为锯状，用于切开植物组织在其中产卵。幼虫（除了钻柱虫）的胸部和腹部长有分节的附肢，唇瓣分节，下颚有触须。

寄生蜂、黄蜂、蚂蚁、蜜蜂

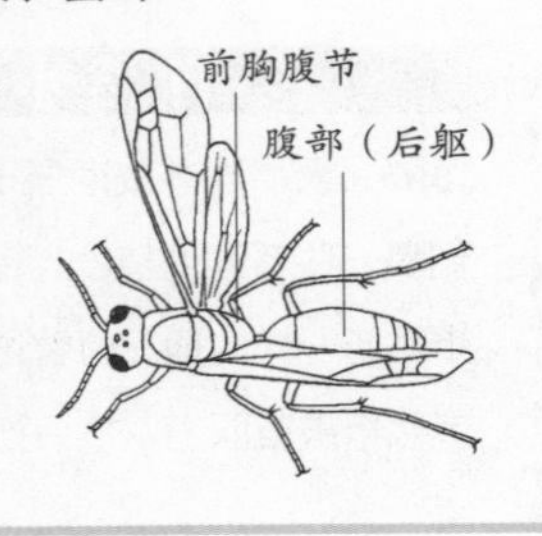

属于细腰亚目，已发现近11万种，分属92科。第一腹节与胸部后部衔接为并胸腹节；标志性的“蜂腰”缩进并胸腹节和腹部其余部分之间，形成后躯。幼虫无附肢。

蜂腰是如何形成的

进化

已知最古老的膜翅目昆虫的化石是长节蜂总科的锯蜂，形成于2.48亿~2.05亿年前的三叠纪。出现于2.95亿~2.48年前的二叠纪时代（这个时候膜翅目昆虫应该也出现了）的蝎蛉（长翅目），与膜翅目昆虫来自同一个祖先。

锯蜂的身体结构在近2.48亿年的时间里基本保持不变。然而，在侏罗纪时代（2.05亿~1.44亿年前），一种主要的新进化趋势出现了：第一个细腰亚目昆虫的化石就出现在这个时代。与腹基部和胸部的衔接面很宽的那种不同，这只昆虫的第一腹节与胸部合并形成并胸腹节，后面的腹节被一个具有高度柔韧性的绞合关节连接，与第一腹节分开。蜂腰的发展使得这种柔韧性成为细腰昆虫的生活方式中必不可少的部分，它确保了雌性寄生黄蜂在产卵时的动作的精确性，也使得独居型的捕猎黄蜂和蜜蜂在捕食的时候能在巢穴有限的空间内转身。

→右页图中是一只来自墨西哥的纸巢蜂蜂后，它正留意的巢穴是春天的时候由数只雌蜂用木质纸浆和唾液建造的。这幅图很好地显示了“蜂腰”的特征。

↗ 巴西三节叶蜂科成员在锯蜂中很独特，它们会留下来照顾卵。这些卵异常的大，一堆一堆地产在树叶的上面而不是内部。

细腰亚目锯蜂具有其他两个结构上的改进：一是口器能缩进口腔中；另一个是前肢上生有整饰触角的“清洁工具”。此外，幼虫的中肠和后肠分开，使排泄延迟，这一情况一直持续到化蛹前的一个阶段。这样就避免了幼虫把食物弄脏。对寄生在自己食物中的寄生蜂和蜂房中以花粉和花蜜的混合物为食的蜜蜂幼虫来说，这也是一种具有显著重要意义的适应过程。

在侏罗纪和白垩纪时代（1.44亿~0.65亿年前），细腰昆虫多元化的结果之一就是寄生——大量黄蜂都属于此类。某些蜂（针尾部）的产卵器已不具有产卵功能，而是演化为针，那些捕猎的黄蜂就是用这根针向猎物体内注射毒液将其麻痹的。也许在白垩纪时代，显花植物趋于多样，为其提供了新的食物来源。有些营捕猎生活的黄蜂为了给幼虫们采花粉和花蜜，于是放弃了捕猎的生涯，并因此进化出一系列用于采集和运输新型食物的身体结构。由此说来，显花植物和蜜蜂彼此发展了对方。

为卵钻洞

锯蜂和树蜂

锯蜂（广腰亚目）的名字源于它们的产卵管（产卵器）的形状——像有锯齿的刀片，雌性锯蜂用它切开植物组织在其中产卵。树蜂的幼虫在死木头或将死的木头中进食，它们腹部末端突出的产卵器是钻孔的工具，因此树蜂科的昆虫也常被称为“角尾虫”（这个产卵器常被误认为是刺）。

大部分的成年锯蜂生命短暂，它们在春季和初夏的时候很活跃。有些种类在这一阶段不

↘ 至少有 50 只寄生蜂幼虫（茧蜂科）在这只蛾毛虫的身上取食，它们已开始织白色的茧，并在宿主的皮肤上化蛹。当幼虫转变为成虫时，它们就完成了这样的最后一次变形。在成年的蜂从茧中羽化而出之前，那只毛虫通常已经死掉了。

吃东西，但大部分会去采花蜜，有些会捕食小型昆虫。雌性在树叶、茎或木头上产卵。扁蜂科的部分成员把卵粘在叶片表面，然后幼虫把叶片卷起来住在里面。

大部分锯蜂的幼虫与蛾和蝴蝶的毛虫很相似。不同的是它们只有1对单眼和多于5对的腹足。那些在植物内部的进食者，如木胡蜂的幼虫，只有胸足退化后的痕迹，这一点倒是像其他膜翅目昆虫的幼虫。食木为生的幼虫要完成整个发育过程得花上好几年时间，但在露天以树叶为食的种类则只需要2个星期。有些种类的卵会在寄居的叶片上形成虫瘿，幼虫就在里面进食。

尾蜂科锯蜂放弃了以植物为食的习性，幼虫成为钻木甲虫幼虫的体内寄生虫。有人也猜测，部分种类大概是以这种幼虫被真菌感染的粪便为食。

在密集单作的树林中，锯蜂常常成为害虫。欧洲的松树锯蜂是新生树木的主要麻烦，它们的幼虫会把针叶树全部剥光。泰加大树蜂的树蜂是云杉树的危害者，幼虫传播的一种真菌会最终导致树木的死亡。然而有些锯蜂并不是人类的敌人，而是朋友。例如，从智利引进到新西兰的一种锯蜂，被用于控制一种有害的蔷薇科野草——这种名为无瓣蔷薇的植物是无意中传入新西兰的。

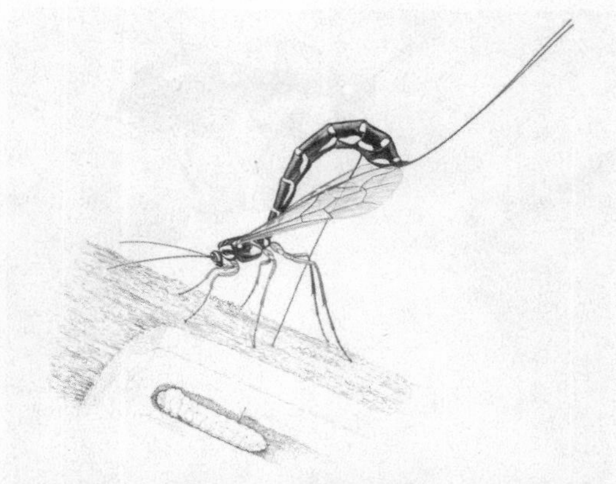

↗ 由于受到粪便中的共生真菌的气味的吸引，这只雌性姬蜂找到了一只木胡蜂幼虫，并将卵产在其身上。

“杀手”幼虫
寄生蜂

大部分寄生蜂既不是寄生性，也不是肉食性，不像真正的寄生虫——它们在幼虫阶段总是把宿主杀掉并以之为食。而仅需要一个单一的宿主（猎物）来完成它们全部的发育过程这一点也不像食肉动物。因此，寄生部的成员被更确切地称为“拟寄生蜂”。

雌性成虫在宿主身上取食。产卵的时候会利用产卵器把卵产在宿主体内、体外或附近。此后它就表现得跟自己的后代或宿主没什么关系一样。孵化后，幼虫就开始进食，但此时带来的危害很有限。然而到了发育的末期，它们开始大量食用宿主的身体组织，并导致宿主死亡。最后，幼虫在宿主遗体的内部或外部化蛹。

体内寄生虫在宿主体内生长；体外寄生虫在宿主体外生长，通过对宿主表皮造成的伤口进食。体外寄生虫特别喜欢和住在隐蔽环境中的宿主如潜叶虫或虫瘿共同生活。差异也存在于那些独居和群居的拟寄生蜂之间。

有些体内寄生虫在宿主受到攻击的初始阶段完成其生长过程，即它们利用一个非生长状态的宿主，比如卵或蛹，而其他的（卵—幼虫、卵—蛹、幼虫—蛹、幼虫—成年拟寄生蜂）则利用一个处于生长状态的宿主来完成它们此后的发育过程。相反，大部分体外寄生虫会在宿主受到攻击的初始阶段完成其生长过程，雌性拟寄生蜂在产卵的时候会麻痹宿主，也是因为幼虫的生长速度非常快。

↗ 有些黄蜂的行为具有“寄巢”特征。图中这只极小的钝腹广肩小蜂的幼虫正在橡树上的一颗豌豆瘿上产卵，它的主要食物就是其中的营养组织，而且同样也会把虫瘿的占有者，即瘿蜂科成员的幼虫吃掉。

拟寄生蜂一般具有宿主专一性。比如，在攻击古北区西部蚜虫的姬蜂中，大约半数的拟寄生种类都只认一种蚜虫，而另一半中的大部分会侵袭同一个属或同一个亚科中的近亲种类。相反，其他许多的姬蜂和一些小蜂，会攻击某个小环境中的多种没有任何关系的宿主——小环境生物（或小生境生物）。

雌性拟寄生物选择宿主时会从两个方面考虑，一是宿主的栖息地，另一个是宿主本身。在这两方面中，它们会对两种刺激作出回应：“诱惑”刺激会把它们引向宿主的小块所在地；“抑制”刺激则会使它们在那小块地中缩小与宿主的距离。

有些“引诱”刺激来自宿主的食物媒介。拟寄生蜂中，比如寄生于韭菜蛾的姬蜂和攻击甘蓝蚜的菜蚜茧蜂，最初都是被宿主所吃的植物（含有芥子油）散发出的气味所吸引。昆虫的食物，尤其是植物，会产生吸引拟寄生虫的化学或视觉刺激。例如，金小蜂科的小蜂会对南部松小蠹吃过后的松树散发出来的挥发性萜烯所吸引，而南部松小蠹正是这种小蜂的宿主。有些“引诱”刺激则直接来自宿主本身，且大部分都是排泄、蜕皮或进食的时候所产生的化学物。有时候，拟寄生虫也会被聚集的宿主和性信息素所吸引。

“抑制”刺激为视觉、触觉或自然化学物刺激。行走中的拟寄生蜂一旦发现有宿主留下来的化学物，就会全神贯注地寻找宿主。由于低挥发性，只有当拟寄生蜂接触到的时候才会对这些“接触性化学物”作出反应。例如，当一只仓蛾姬蜂的雌性接触到印度谷螟幼虫的颚腺分泌物时，它会立刻停下来，用触角尖端快速轻拍那块地方（通常是昆虫碾磨并储存谷物的地方），然后放缓脚步爬过去，偶尔停下来用产卵器探查一番。当它走到那块区域的边缘的时候，就会立刻转身回到含有分泌物的区域。

一旦确认了宿主的方位，这只雌蜂会通过一系列的“检测”来确认宿主的种类和发育阶段。检测工具一般是含有不同种类传感器的触角和产卵器。缘腹细蜂科的黑卵蜂通过卵表面的化学物辨认宿主绿棉铃虫卵——化学物来自雌蛾生殖器官的附属腺体，没有这种化学物的

生物控制媒介

如果某种昆虫偶然进入一个新的地区，而这个地区中没有它们的任何天敌存在，可能就导致它们成为一种危害严重的害虫。很多寄生蜂都被用于生物控制程序，将其引入到昆虫为害的地区，消灭这些害虫。

这种程序的第一步是在害虫肆虐的当地寻找合适的拟寄生虫。引进拟寄生蜂后要在隔离状态下对其进行研究，尤其关注它们的生命周期、繁殖和搜索习性，以便预计它们能够造成的宿主种群的死亡率。如果计划引进不止一种，还得研究它们之间相互竞争的后果。最后，人们会选择一种或数种进行投放。这些拟寄生虫会定居下来，大量繁殖，并减少害虫数量。

生物控制不仅能减少害虫数量，还能够将它们自己控制在一个新的低水平。这种相互作用的一个例子是控制巴巴多斯岛的小蔗螟，这是一种蛾幼虫，有两种拟寄生虫即螟黄足绒茧蜂和古巴蝇，会寄生在这种虫身上。1966 年 ~1967 年人们将它们引进后，这 3 个种群（宿主和两种拟寄生虫）的变动均很小，受损的甘蔗数量的百分比一直保持在此前的 1/3 水平。

如今，超过 180 种寄生蜂、蝇和甲虫已经被成功地用于对付害虫。

卵则不会受到黑卵蜂的攻击。如果在外形像卵的玻璃珠上抹上这种附属腺体的分泌物，一样会刺激雌性黑卵蜂用它的产卵器在上面钻孔。

当雌虫用它的产卵器探查宿主的时候，卵的释放物形成的最后刺激就被接收到了，产卵的发生与宿主是否已被寄生有关。如果一只独居性的拟寄生虫产下不止一粒卵，那么除了一个后代，其他的都会死于竞争。许多种类的幼虫会用它们的上颚除去竞争对手。而那些营群居生活的种类，如果卵的数量超过了宿主可以承受的范围，那么其中的部分会夭亡；或者幼虫成长为体型过小的成虫。因此可以推断，复寄生现象——在一个已被寄生的宿主身上产卵——通常不会发生。

不同种类的雌性拟寄生蜂，产卵的数量大不相同，甚至在同一科里也是这样。这种差异可以看做是对宿主的数量和分布的适应性。攻击宿主晚期幼虫或蛹的拟寄生虫比攻击其早期的携带更少的卵。隐居型宿主（例如那些见于矿区、隧道或丝网里的）的拟寄生虫，同样地比那些侵袭露天宿主的所产的卵要少。

蚁小蜂科、巨胸小蜂科和钩腹姬蜂科的寄生蜂在树叶上产卵，常常与宿主保持一定距离。在前两个科中，一龄幼虫会待在产卵地点的附近，等待一个潜在宿主的到来。蚁小蜂的一龄幼虫会把自己粘在觅食的工蚁身上，随之一起到达蚁巢，然后就跑到蚁幼虫待的地方去。在钩腹姬蜂科中，卵在孵化前需要被毛虫宿主吃掉，在这些拟寄生物中，一龄幼虫在宿主身上定居下来的机会很少。因此，雌虫会在它们的一生中产下大量的卵。每一只蚁小蜂科的雌性的总产卵量从1000粒到1.5万粒不等——曾观察到有一只雌虫在6个小时内产了1万粒卵！

有些雌性寄生蜂从蛹中羽化出来的时候就已经完成并结束了产卵的工作，而其他一些种类，由于能获得适当的食物如宿主的体液，或者是蜜露和花蜜，会在其后的成年生活里继续产卵。有些隐居在植物组织、茧或蛹壳里的宿主的拟寄生蜂，能直接通过口器来接触宿主，并造一个专门的食管。金小蜂科成员叮过它的宿主，即麦蛾的幼虫后，将产卵器缩回，直到只有尖端在谷物中包裹着幼虫的腔室内部突出。随后，一滴清洁、黏性的液体从产卵器中渗出，并在硬化前成形，通过产卵器的运动进入一个管中。管子连接到外表皮上通向外部的小孔时，产卵器再次伸进原先的那个小孔中，然后小心翼翼地缩回来。雌虫便利用它的口器把那滴液体吸掉——在毛细作用下吸上去。有许多拟寄生虫，缺少宿主和合适的食物，能够将卵再吸收。卵中的能量和物质用于维持成虫的生命。

在产卵前或产卵中，寄生蜂通常会把腺体的分泌物（毒液）注入宿主体内。这种毒液——尤其是体外寄生虫的，会使宿主麻痹，便于雌性产卵及不受阻碍地进食。相反，许多体内寄生虫的毒液，并不会造成麻痹，但仍然会对宿主的生理功能造成影响。处于生长状态中的宿主的体内寄生虫，通常会使宿主的状态发生变化，包括食物消耗率、生长率、发育、繁殖（比如寄生去势）、形态学、习性、呼吸，以及其他生理过程。在不同的拟寄生蜂的卵巢萼（卵巢和卵巢萼之间的区域）和萼液中，存在着共生的病毒状微粒。当这些微粒随着一粒卵进入宿主体内后，会入侵宿主的某些

↘ 茧蜂科某些寄生蜂是具有破坏性的大菜粉蝶的天敌寄生虫。图中，一只新羽化的成年蜂立在茧上——在宿主毛虫的身上。

组织，然后明显抑制宿主对转移能量和物质的寄生卵和幼虫的免疫反应。因此，在操纵宿主方面，寄生蜂倒是很像扁形动物和其他真正的寄生虫。

每一种宿主身上的大量拟寄生蜂种类构成了一个有组织的社会。寄生蜂常常按利用宿主的方式被分为几类，比如卵寄生、幼虫寄生和蛹寄生。这个社会也包含数种营养等级：袭击非拟寄生宿主的拟寄生蜂（初等拟寄生蜂）、二级拟寄生蜂和三级拟寄生蜂（超拟寄生蜂）——拟寄生在拟寄生蜂上的。很多超级拟寄生蜂，包括几乎所有的三级拟寄生蜂，都能寄生于超级拟寄生蜂或低等拟寄生蜂身上。这些在许多虫瘿和潜叶虫中发现的兼性超级拟寄生蜂，其食物网络结构极端复杂。

寄生虫分支包括许多非寄生的种类，其中的大部分都间接转变为植食性的。许多棍棒瘦蜂科的昆虫，与部分姬蜂种类是独自活动的盗窃寄生蜜蜂。它们的一龄幼虫会把宿主的卵或幼虫贪婪地吃掉，然后靠宿主蜂房中储存的食物为生。它们也有可能在不止一个蜂房中来去，吃掉里面的东西。

广肩小蜂科和长尾小蜂科很多成员是植食动物。有些吃种子，而有的——部分金小蜂科的成员，还有长痣小蜂科的一些种类会制造虫瘿。然而最著名的造虫瘿者是瘿蜂科昆虫。在英国，至少有31种瘿蜂科制造虫瘿的昆虫只钟情橡树。其中大部分每年通过单性生殖交替产出不同性别的后代，而且每一个种类的两代后裔所制造的虫瘿都不一样——结构和在树上的位置都不同。与这些昆虫不同的是，瘿蜂科中有半数为“寄生性”成员，它们不自己造虫瘿，却跑到别的种类的虫瘿中去住着，最终接管这些抢来的栖息地（它们中的大部分会把原主人干掉）。

育卵室的细节

卵

幼虫

蛹

→黑花园蚁巢穴的内部结构，显示了育卵室的细节。卵产于春季晚期，工蚁会一直照顾它们到成年。

↘黑花园蚁巢穴中的一堆蛹。体型稍小而无翅的蚂蚁是工蚁，而体型较大、翅膀完整的个体是新的蚁后，正准备进行它们的婚礼飞行。

另一个植食性的寄生虫群体是榕小蜂科，这一科的昆虫与无花果树形成共生的关系，即前者为后者授粉。而榕小蜂的幼虫在无花果的胚珠中成长，还会在其中造虫瘿。

昆虫世界中的“极权主义者”
蚂蚁

针尾昆虫有40多科，蚁科的蚂蚁只是其中之一。所有的蚂蚁都是社会性的，并形成永久的社区，这一点与蜜蜂很相似，但蚁群中的工蚁是没有翅膀的。

在一次交尾飞行后，蚁后就会蜕去翅膀。雄蚁也能飞，交尾发生在飞行过程中，或某个特殊的表面，如聚集了大量同类的裸露的小块土地。交尾后的蚁后会尝试去培养工蚁以建立一个新巢，或尝试别的办法。

蚂蚁通常用气味标明食物的位置——找到食物的蚂蚁留下记号后，利用视觉定位法返回巢穴。气味标记经常地在欧亚大陆温带区的大黑蚁这样的蚂蚁中被使用。但有的其他种类的蚂蚁则会避免吸引太多的蚂蚁聚集过来，因此不会留下气味。一只返回到大块食物跟前的蚂蚁身后通常紧跟着同一巢穴中的同伴。很快地，一对一对的蚂蚁尾随过来。

吃下去的食物被反刍出来，然后传递给其他的蚂蚁，或喂给巢中的幼虫。两只成年蚁在传递食物（交哺现象）前，会互相轻拍触角。在林蚁和其他种类的蚂蚁中，乞求食物的那一只会敲打供应食物的蚂蚁的脸颊。如果触角的拍打相当猛烈的话，通常是在警告其他同类有潜在的危险。但大部分种类，如旧大陆的热带编织蚁，发出的警告信号是一种化学分泌物，这种分泌物中包括数种挥发性成分，以便在通向骚乱地点的路径上提供更强的刺激。喷射大量的化学物也是一种对付敌人的防御手段。人类很容易看见并闻到，或通过眼部的疼痛感觉到林蚁产生的蚁酸。

不同种类发出的化学信号（信息素）一般都不一样，但在近亲种类中，这种差别只是所含成分的比例不同，因此蚂蚁一般都是通过这种方式辨认不同种类的成员的。此外，同种类不同巢穴的蚂蚁相遇后，通常会因不认识对方而厮打起来。有些蚂蚁群中会有其他种类的“奴隶”，例如，欧洲的红林一般会把黑蚁的工蚁当做奴蚁。孵化出奴蚁的卵是从它们父母的巢中抢来的，在收养它们的蚂蚁巢中，它们的行为和受到的待遇与别的蚂蚁没什么两样。

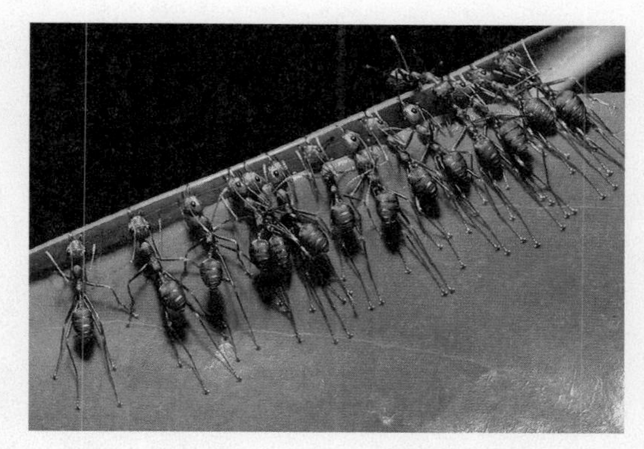

↗ 在泰国，属于编织蚁的黄蚁用它们的颚作为临时的夹子将两片树叶的边缘固定在一起，以便做一个袋状的巢。

蚂蚁群一直被视为“超个体”。其中，各组成部分（意指个体，并不是指个体的头或肢体部分）也许会缺失，但不会影响到这个有机的整体。蚂蚁和其他膜翅目“工人”这种明显的利他主义特点让人叹为观止（参阅“利他主义——已解决的矛盾”）。在社区中，很多行为会同时发生，而普通的个体通常无法同时做两件事，或至少在进行精细的工作时无法做到。有些种类的蚂蚁群中具有一个或多个特殊的分工，比如有些种类的蚂蚁中，有巨大头部的工蚁专门负责碾压种子，而有些种类的蚂蚁中，有司军人之职或巢穴看门员的兵蚁。

大部分种类的蚂蚁会维持一个更灵活的社区系统，如果有需要，负责某项任务的工蚁也会转到另一项任务中去。特殊的编织蚁，它们中那些成熟到可以吐丝的幼虫会被工蚁拿来当“梭子”用——把叶子都编在一起，在树上做巢穴。

蚂蚁的社区组织非常成功——如果成功是用生态优势来衡量的话。热带的行军蚁在传奇小说中非常有名，如南美的游蚁属或非洲的驱逐蚁，都是非常引人注目的例子。行军蚁的每一个社区中都有数百万只个体，一旦它们在几天里消耗完某地所有的猎物后，就得搬迁到一个新的地方去。而位于它们迁徙路线上的大多数动物（尤其是其他的蚂蚁）必须搬家，否则就会被吃掉。

如果蚂蚁要在静态的巢穴中使种群达到极高的数量，就必须采取更先进的生态学策略。对蚂蚁来说，源源不断的食物供应量包括吸吮树液的蚜虫的蜜露并不是那么容易就能获得的。热带美洲的阳伞蚁或切叶蚁，以及它们的亲属种类，会把一片片的树叶搬进巢穴中，然后在上面培养真菌（不同种类的蚂蚁培养的真菌种类也不同）——蚂蚁的主食，这种情形仅在美切叶蚁属中有发现。某些处于半荒漠地区严酷环境下的收获蚁以种子为食，它们在巢穴中储存休眠状态的种子，以便在长期干旱的条件下继续生存。储蜜蚁则利用那些不动的工蚁的肚子作为储存液体蜜露或花蜜的容器。

热带和温带地区蚂蚁的饱和度来自不同蚂蚁种类间的相互作用，而且与其他有机物之间也有紧密的联系。关于蚂蚁间相互作用的一个例子就是在建立巢穴的时候，将暂时的群体寄生作为一种选择性策略：先头部队，如黄墩蚁或黑花园蚁会去侵犯那些已被其他蚂蚁占领的地带，该地已有形成规模的、有蚁后的巢穴存在，但单位面积中这些蚂蚁种类的饱和度使得更多的蚁后不会再出现，因为它们都被吃掉了。有些种类会跟在先头部队后面，并产生大量的小蚁后，这些小蚁后无法独自建立蚁群，只好取而代之地在先头部队的巢穴中寻求庇护。按着这个顺序，第三阶段与大黑蚁有关，这是一种林地的种类，跟在第二梯队后面并被其“收养”。大部分侵略者蚁群中的蚁后都会被除掉，但有些是例外，大概原先的蚁巢里面没有蚁后，比如那些由不同蚂蚁种类组成工蚁混合部队的巢穴就是这种情况。有奴蚁的则通过四处搜捕的行动来维持这种混合状态，但毛蚁属的巢穴中，个体很快会变成清一色的侵略者的种类。

关于蚂蚁和植物间的相互作用，植物（比如热带美洲的号角树种植物）有可能从食叶昆虫如蛾幼虫那里得到保护或者从蚂蚁的垃圾场那里获得营养（比如附生植物），但蚂蚁肯定是可以从植物那里获得食物的——号角树会长出特殊的、缪氏拟态的外形，蚂蚁吃这种植物以获得糖原质、蛋白质和脂质，这也是该植物特定的功能。某些掌握了对付蚂蚁的策略的鳞翅目幼虫又使这种动物和植物间的共同进化向前更进了一步。植物也在其他方面充分利用了蚂蚁，最显著的就是种子的散播：很多不吃种子的蚂蚁会去捡拾某种植物已经明显发芽却非常坚硬、表面又光溜溜（油质体）的种子，这些种子最终会被蚂蚁丢弃到垃圾堆里，给种子提供了一个肥沃的生长环境。

尾巴上的刺

真正的黄蜂

大部分“真正的”或有刺的黄蜂都是独来独往的猎人，但有些是群居，而蜜蜂是植食性

↖ ↗ 1. 火蚁是严重的农作物害虫，由于它们有毒，被咬过后，伤口有烧灼感，故得名。2. 美国蜜罐蚁的工蚁从不离开巢穴，以花粉和蜜露为食，是干旱时节集体的“活储存罐”。3. 澳大利亚公牛蚁地下的巢室、幼虫和卵。3a. 一只有翅的雄性。3b. 蚁后。3c. 一只工蚁在照顾蛹茧。4. 黑花园蚁工蚁在看管蚜虫。为了回报蚂蚁将敌人赶走以保护它们，蚜虫会向蚂蚁提供甜蜜露。

的。那些有刺的拟寄生虫，其生活方式与寄生部的那些同胞具有相似性。

没有一只有刺的拟寄生黄蜂会自己筑巢。雌蜂往往会在其宿主身上产下一粒或多粒卵。尽管从生物学角度来讲它们是拟寄生蜂，但它们都没有真正的刺，起刺的作用的是产卵器，但这一器官却不具有产卵的功能。

肿腿蜂总科的红尾蜂非常漂亮，绿色或蓝色的身体有光泽，有3节明显的腹节。雌性既没有刺也没有产卵器，其腹部末端愈合在一起的体节形成一个可伸缩的管，它们通过这个管产卵。这种蜂寄生在其他黄蜂或蜜蜂身上，有些是真正的拟寄生蜂，它们的幼虫以宿主完全长大的幼虫为食；其他有些像杜鹃那样吃掉宿主的卵或幼虫，然后以宿主储存的食物为食。

在胡蜂总科中，主要的拟寄生虫科是土蜂科、小土蜂科和蚁蜂科。所有的土蜂和大部分小土蜂是金龟子（金龟科）地下幼虫的体外拟寄生虫。小土蜂的有些属寄生在虎甲虫洞穴里的幼虫身上。这种小土蜂的雌性没有翅膀，长得像蚂蚁，在整个小土蜂的膨腹土蜂亚科（见于澳大利亚和南美）中，无翅的雌蜂很典型。这一亚科中，澳大利亚的某些种类寄生在蝼蛄身上，但大部分成员都寄生在金龟科的幼虫身上。它们求偶和交尾的时候，雌蜂被雄蜂带着

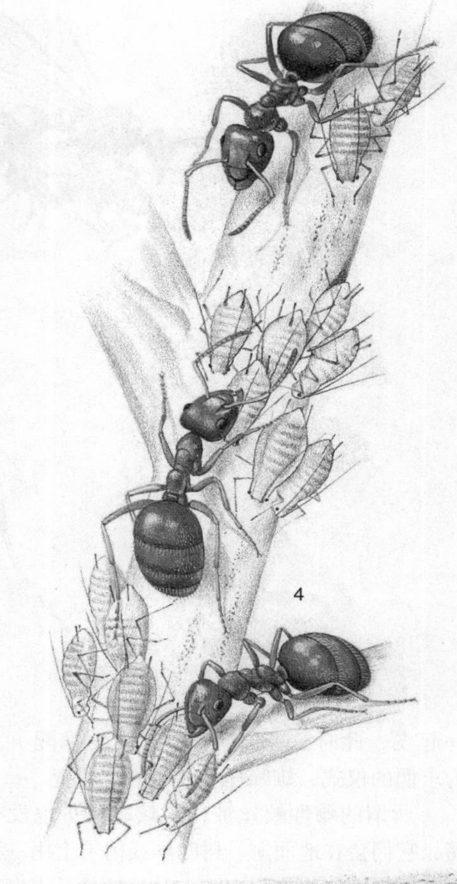

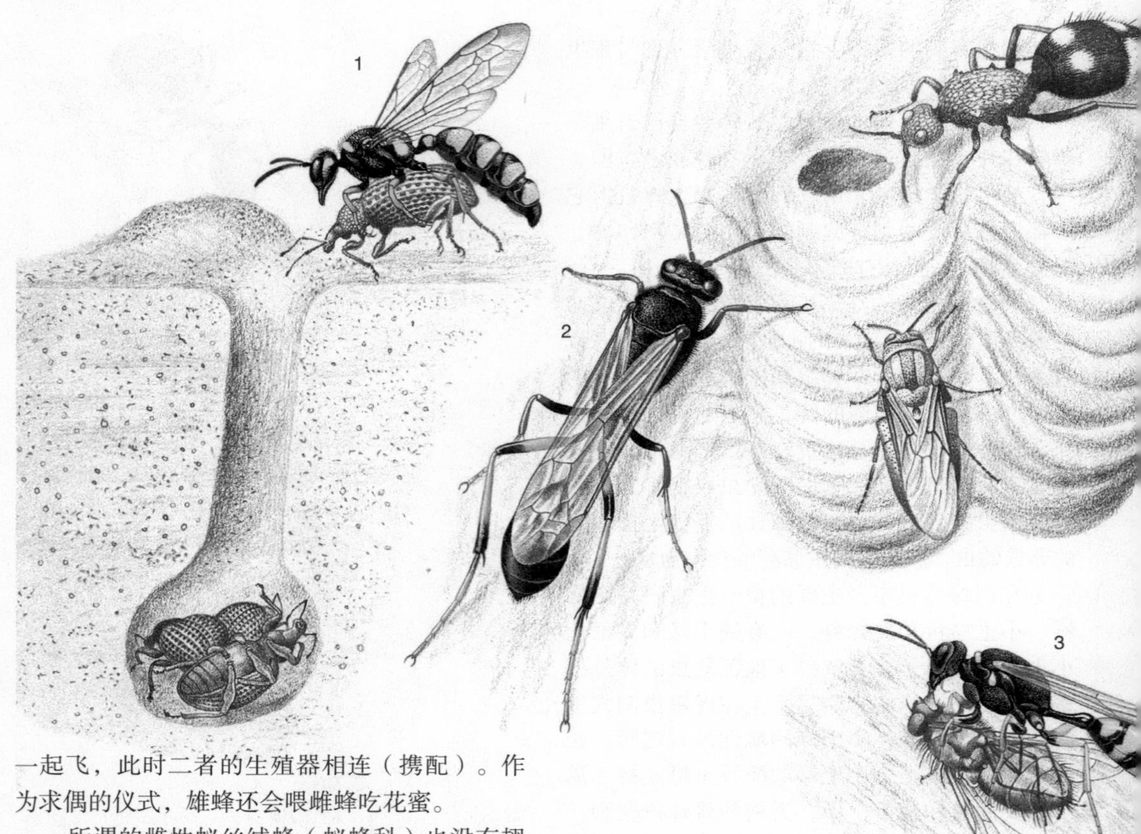

一起飞，此时二者的生殖器相连（携配）。作为求偶的仪式，雄蜂还会喂雌蜂吃花蜜。

所谓的雌性蚁丝绒蜂（蚁蜂科）也没有翅膀，它们会在地面上、树叶堆或树干上用一种蚂蚁般不规则的步法跑来跑去。蚁蜂总是寄生在其他昆虫的前蛹或蛹中。其中，大部分会攻击其他黄蜂和蜜蜂，而且相当具有宿主专一性。有两个非洲种类寄生在采采蝇的蛹中，目前人们将它们作为潜在的控制媒介加以研究，以对付那些昏睡病病菌的携带者。雌性丝绒蜂的刺会引起剧烈的疼痛，因此通常具有警戒色。雄性蚁蜂长有完整的翅膀，体型通常较雌性要大。有些种类像小土蜂那样具有携配的习性，有的雄性会在飞行的时候用自己的颚紧扣雌性，用头部这块特化的区域抓牢对方。在膜翅目中，无翅的雌性独立进化了许多代，以工蚁为例，大概为了适应宿主，或者便于在地下有限的区域里寻找食物，就得将妨碍行动的翅膀蜕去。

筑巢行为的发展，是有刺黄蜂进化过程中的一项主要进步。在胡蜂总科中，那些猎食蜘蛛的种类表现出不同程度的筑巢习性，而在胡蜂科那些群居种类中，这种习性变得非常复杂。此外，筑巢的习性也在泥蜂总科中有很大的发展。

从最简单的形式来说，巢穴是雌性黄蜂或蜜蜂预先准备的为后代储存食物的空间，同时为发育中的幼虫提供保护。最初，雌性黄蜂找到一只昆虫后就会刺它，接下来它会在地上挖一个简单的窝，再把已麻痹得动弹不得的猎物拽到窝里去，最后把卵产在猎物上面。很多猎蛛蜂，以及泥蜂总科中一些低等的种类就是这么做的。

那些较高级的猎蛛蜂、独居性的胡蜂和泥蜂总科的其他科成员，都是在捕猎前就把巢筑好。这种习性需要具备重复并准确返回巢穴地点的本领。黄蜂和蜜蜂通过记忆通往巢穴的路途中可见的记号来做到这一点，如鹅卵石的相对位置、草丛，以及类似的标记。地平线上更远一些的物体，如树或小山顶，也经常被作为标志物。在绕着巢穴入口作短暂定位飞行的时候，它们会把这些标志物都记住。黄蜂和蜜蜂还会利用太阳的方位作为参照物，即记下太阳和向外飞行路线之间的角度。体内的“时钟”能帮助它们调节与太阳的方位。

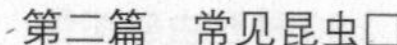

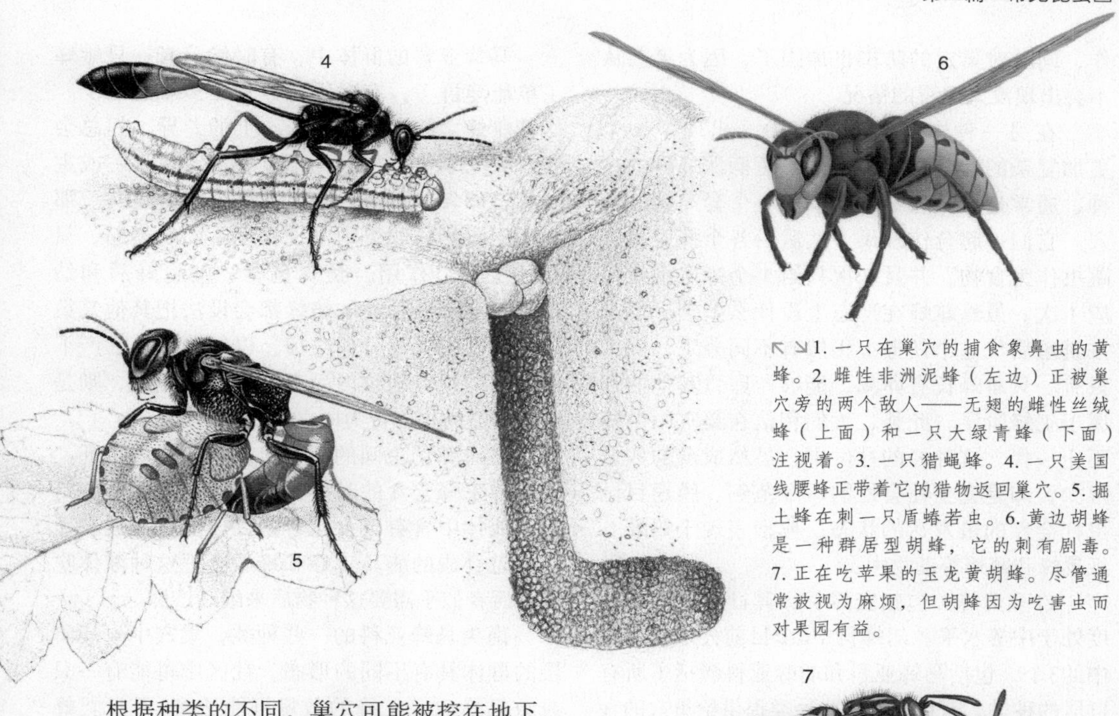

↖↘1. 一只在巢穴的捕食象鼻虫的黄蜂。2. 雌性非洲泥蜂（左边）正被巢穴旁的两个敌人——无翅的雌性丝绒蜂（上面）和一只大绿青蜂（下面）注视着。3. 一只猎蝇蜂。4. 一只美国线腰蜂正带着它的猎物返回巢穴。5. 掘土蜂在刺一只盾蝽若虫。6. 黄边胡蜂是一种群居型胡蜂，它的刺有剧毒。7. 正在吃苹果的玉龙黄胡蜂。尽管通常被视为麻烦，但胡蜂因为吃害虫而对果园有益。

根据种类的不同，巢穴可能被挖在地下，或者在死木头中，有的黄蜂会利用现成的洞穴，如中空的茎秆或甲虫在死木头上钻的洞。石巢蜂和其他的黄蜂收集泥巴，在裸露的石头或叶片的背面筑巢。撇开建筑上的细节不谈，这些巢穴都包括一个或多个蜂房，每个蜂房中都有一只幼虫住在里面。母亲会给每个蜂房都提供数只捕获的昆虫，足够幼虫完成其身体发育所需。在自己的后代羽化前，母亲通常已经死去。

最著名的猎蜂是泥蜂总科中的9个亚科的成员，包括7600多种，捕食各种昆虫，孤立的几种会捕食蜘蛛。有些高等的角胸泥蜂科种类，会逐步训练发育中的幼虫进食，根据需要，母亲会向其提供能飞的猎物，而不是批量供应食物。美国猎毛虫蜂，雌性不仅要训练幼虫进食，还要同时照顾好几个巢穴，而且每一个巢穴中的幼虫都是不同龄的。

泥蜂家族大约是白垩纪早期（1.44亿年前）出现的，其他种类的昆虫在这一时期也趋于多样化，为泥蜂提供了新的食物来源。现代泥蜂捕猎的对象反映了这段历史：低等的黄蜂倾向于捕食低等生物，而较高等的猎蜂会捕食那些高度进化的昆虫。

群居型黄蜂社区的复杂性不同：从松散型合作——产卵的雌性仅在筑巢的时候合作，到具有高度社会性的纸巢蜂或大黄蜂——精确划分出来的工蜂阶层都是不育的雌蜂。大部分群居的黄蜂都属于胡蜂科，但泥蜂总科（包括蜜蜂）中也包括社会组织很简单的猎蜂。中美洲的一种泥蜂，每次都是4个雌性合作用泥筑巢，但每个雌性只给自己的蜂房里提供抓来的蟑螂——在社会组织类型中，达到维持公社的水平。在筑巢的同伴中，互相攻击的行为很少见，也罕有偷盗猎物的情况发生。这样的公社集体两个明显的优点是，大家分担筑巢的工作，同时对巢穴的防御也加强了，因为巢穴从不会出现没人照看的情况。

在另一种中美洲的泥蜂中，出现了一个更加复杂的社会化行为模式：短柄泥蜂科的一种，通常是11只雌蜂共同享用一个套筒状的巢穴。它们一起合作筑巢，然后给各个蜂房提供跳虫作为食物，并且一次只给 1 个蜂房批量供应 1 次。虽然雌蜂在形态上没什么差别，但是在繁殖后代这个任务上仍然有不同分工，因为只有一只雌蜂长有卵巢，能够产卵，其他的都属于工蜂阶层。此外，人们相信在巢穴中的蜂不止一代。这种蜂的社区中，虽然成员的数量很少，却是完全社会性的一个范例。膜翅目昆虫社会性的最发达的状态，典型表现于蚂蚁、纸巢蜂和蜜蜂等动物中。

许多黄蜂（包括蜜蜂），其社会性发展程度处于中等水平。胡蜂科中6个目前公认的亚科中的3个，包括马蜂亚科和胡蜂亚科囊括了所有群居的种类。而且所有这些种类提供给巢穴的食物都是咀嚼过的昆虫猎物，而不是一整只昆虫。此外，所有的胡蜂都是先把卵产在蜂房中，再供应食物。马蜂亚科和胡蜂亚科昆虫的巢穴都由坚韧的纸做成，即把木质纤维和唾液混合在一起。

马蜂亚科的群体中，有时候只有一只雌蜂（单雌建群），有时候有数只（多雌建群）。尽管雌蜂之间没有什么形态上的差异，但总会有一只处于优势层级的顶点——它是唯一或主要的产卵者，可称为蜂后，极少离开巢穴。那些下层雌蜂的卵巢则出现程度不同的萎缩，只起“工人”作用，负责觅食、哺育蜂后和幼虫。非洲部分种类的雌蜂都会设法把其他筑巢同伴所产的大部分卵吃掉，以便确保自己产下的后代的优势地位。而有些种类的雌蜂，则是通过明显的攻击行为树立威信。

成虫和幼虫间的食物交换是胡蜂的特征。幼虫向工蜂乞食的时候，会反刍一滴液体到口器，液体中含有碳水化合物，可能还有成虫无法自己合成的酶。工蜂和蜂后会把这种液体吃掉，后者似乎需要这种物质来继续产卵。

南美马蜂亚科的一些种类，巢穴中不同阶层的群体具有不同的形态。社区中可能有一只或数只蜂后，工蜂的数量可能达到1万只。蜂后除了长有卵巢，体型一般也比工蜂要大，但这些差异并不总是很明显。在如此大型的社区中，蜂后显然不可能用武力或吃卵的办法来确保自己的优势地位。实际上，它们和胡蜂会分泌一

↙ 青蜂科的大绿青蜂具有闪亮的金属般的色泽。同大多数种类一样，这只欧洲的大绿青蜂是蜜蜂和黄蜂幼虫的独居型体外寄生虫。

↖ 虽然蜘蛛是高效率的捕食者，通常武装着可怕的毒牙，但它们很少能逃过蛛蜂科的雌性猎蛛蜂的捕食。正如图中这只蜘蛛被黄蜂的刺弄瘫后，被当作黄蜂幼虫的食物拖向蜂巢。

种“蜂后信息素”，这是一种会抑制其他工蜂长出卵巢的气味。这种蜂的巢穴建筑技术通常比马蜂的要先进。一个成熟的巢穴包括数个水平蜂巢，蜂巢间被垂直的柱子连接起来，然后被耐用的纸质封套封起来。这种蜂巢中的群体长期存在，持续的时间可能长达25年。社区是通过云集的蜂群形成的：一个或多个蜂后，以及数百只工蜂离开老巢后建立一个新巢。

胡蜂亚科中，体型较大的蜂后和较小的工蜂在外形上有明显差异。社区总是由一名蜂后建立起来，这只独来独往的蜂后会变成一只不完全群居的个体，直到第一代工蜂孵化出来。巢穴有的悬在树枝下，有的只是地上的一个洞。虽然胡蜂令人讨厌，而且常常侵袭蜜蜂的蜂巢，但它们仍然属于益虫，因为它们会杀死多种害虫作为幼虫的食物。

“素食的猎人”
蜜蜂

蜜蜂是泥蜂科的猎蜂，但已经变成植食性的了——它们从花朵上采集花粉和花蜜。这种食性的变化大概发生在白垩纪（1.44亿~6500万年前）的中期，即在显花植物出现不久后。已发现的最早的蜜蜂化石形成于始新世（5500万~3400万年前）晚期，已包括具有植物专食性、长舌头的家族，如蜜蜂和无刺蜜蜂。如今，许多蜜蜂都专注某一种植物，或其亲缘品种作为花粉的来源。比如宽痣蜂蜜蜂只对珍珠菜属植物感兴趣，而具有重要经济意义的蜜蜂，只对各种瓜类的花授粉。这样的蜜蜂属于寡性传粉生物，在干燥温暖的地区数量非常丰富，占到所有蜜蜂种类的60%以上。在这样的地区，气候因素会促使很多显花植物同时开花，寡性传粉减少了蜜蜂之间的竞争并增加了授粉的成功率。

蜜蜂中的大多数过着独居的生活。在北美西南部的沙漠地带和地中海盆地地区，这类蜜蜂数量非常多，并且种类多样。蜜蜂从泥蜂祖先那里继承了巢居习性，其中包括寻找返巢路径的本领。附加在这项遗传特征上的是身体结构方面的，如有长长的舌头、枝枝杈杈的纤毛，以及花粉刷（“刷子”），这些都是为了适应采集、运输花粉和花蜜的。有些专家型种类还能采集植物油。

蜜蜂的筑巢习性包括两种主要的类型。短舌头的雌性地花蜂用它们腹部的杜氏腺的分泌物给地下哺育蜂房做一层内衬，这层内衬既防水又抗菌，对维持蜂房内部所需的湿度非常重要，而且即使土壤遭遇水涝，蜂房和蜂房里面的东西也不会被水淹。这一种类中，只有少数的幼虫在化蛹之前会给自己织一个茧。

第二种类型主要出现在切叶蜂科中。这类蜂使用四处收集来的材料，而不是腹部腺体的分泌物筑巢。而且大部分种类都会利用现成的洞穴——昆虫在死木头上钻的老洞、空心树枝、蜗牛的壳，有时候还常利用老墙的灰泥碎屑，这样就省得自己在土里挖洞了。有的种类也会在石头上或灌木上建筑暴露的巢穴。不同种类使用的建筑材料包括泥土、树脂、咀嚼后粘在一起的树叶、花瓣、树叶和植物的碎片、动物的毛发，或者以上这些的混合物。那些会使用柔软且有延展性材料的蜜蜂常被称为石巢蜂。切叶蜂的幼虫也会织坚韧的丝茧。

由于切叶蜂的巢穴会筑在任何合适的洞穴中，尤其是木头和茎秆中，因而有许多种类都因人类的商业活动偶然地被带往更广阔的天地中去了。如一种原籍非洲的石巢蜂现在在美国东南部和加勒比海岛地区很常见，人们猜测这种蜂是通过奴隶贸易被带到新大陆的。苜蓿切叶蜂是另一种偶然引进的种类。这种蜂原籍欧亚大陆，20世纪30年代首次出现于美国，现在被美国的农场主们主要用来给苜蓿或紫苜蓿授粉。

切叶蜂科中包括世界上体型最大的成员。直到最近，这种著名的蜂的生物特性仍然不为人所知。实际上，人们仅仅是从唯一的一个标本中得知它的存在，这个雌性的标本是阿尔弗雷德·拉塞尔·华莱士在印度尼西亚摩鹿加群岛的贝茨安岛上采集到的。标本现存于牛津大学自然历史博物馆中。除了它巨大的体型（39毫米长）之外，雌性还以其巨大的颚部著称。

最近的研究显示这种蜂栖息在摩鹿加群岛中的几个岛屿上，雌性用它们巨大的颚部在构成白蚁蚁丘侧面的坚实泥巴中开凿筑巢的洞穴。雌性的蜂巢属于公社型，数只共用一个巢穴入口。它们还会用结实的颚去刮取木头碎片，再混以树身伤口处流出来的树脂，为哺育蜂房和巢穴做一个衬里。

↗ 就像切叶蜂科的所有切叶蜂一样，这只雌性切叶蜂切下叶片的半圆部分，以便将叶片折起来，并在身体下面调整至更加舒适的位置。

像大胡蜂一样，蜜蜂群中也会分各种阶层。其中隧蜂科尤其让人感兴趣，因为这一科下只有一个属，即隧蜂属，却包含了群居的、不完全群居的、低等完全群居的，以及完全群居等各种不同习性的成员，此外还有很多是独居型的。

→在腹部的背面，这只蜜蜂工蜂长有奈氏气味腺，弯曲腹部尾端的时候会露出来。腺体释放的信息素会把其他蜜蜂引过来。

↓虽然图中这只看上去很像只黄蜂，但其实是只游牧蜂。游牧蜂的行为很像杜鹃，它们把卵产在其他蜜蜂的巢里，然后幼虫会把巢里的食物吃掉。

在温带地区，熊蜂是最常见的群居型昆虫。这类蜂共有超过200种，仅有少数出现在热带。在冬天的时候，蜂后完成交尾并进入冬眠，然后在接下来的春天里建立起蜂群。在组织结构上，熊蜂属于低等完全群居型，在蜂后和工蜂之间没有明显的形态上的差异。实际上，某些种类的熊蜂在体型上差别很小，或没有差异，因此蜂后显然是要靠武力来确保自己的优势地位。

蜜蜂科的高等完全群居型蜂中包括泛热带的无刺蜂以及8种蜜蜂属蜜蜂。与熊蜂不同的是，它们的大型社区是永久性的，而且不同阶层的成员在形态上有明显的不同，工蜂间能就食物和其他资源的方向，以及从蜂房中补充新成员来扩充蜂群等事宜进行沟通。

无刺蜂一般在空心的树木或地上洞穴中筑巢。有少数会把巢穴的地点选在白蚁的蚁丘上。一个大型的无刺蜂群可能有18万个成员，其中包括1只或数只蜂后。哺育蜂房和食物储存罐彼此分隔开来，由蜜蜂分泌的蜂蜡再混以树脂或动物的粪便做成。它们给蜂房巢室批量

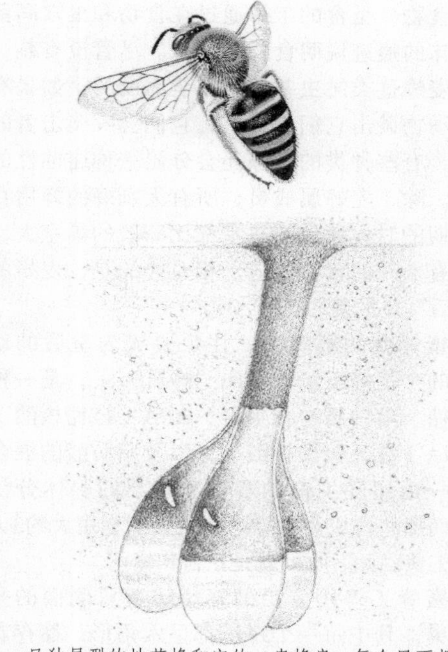

↗ 一只独居型的地花蜂和它的一串蜂房，每个里面都有一枚卵粘在蜂房壁上。孵化的时候，幼虫会落进下面花蜜和花粉的混合液中。

舞蹈语言

蜜蜂工蜂通过“舞蹈”向巢穴的同伴说明食源的信息。舞蹈是在蜡质蜂巢的垂直面那一排排蜂房造成的黑暗中进行表演的。舞者总是会受到数只“追随者”的注意。

觅食的工蜂如果在离蜂房 25 米内的地方找到食物的话，就会返回蜂房表演绕圈跑一般的“圆舞”，其中伴随着方向的变化，变化的频率时多时少。变换方向的频率越高，就表示目的地的食物所含的热量价值越高。

如果食物距巢穴的距离为 25~100 米，那么蜜蜂的舞蹈介于圆舞和摇摆舞之间，用来表示距离较长的摇摆舞是一种约定好的“8”字舞。蜜蜂跳这种舞的时候，会在舞蹈两端两个半圆的直线轨迹上左右来回摆动自己的腹部。“8”字舞中，食物的距离通过直线轨迹的持续时间和摆尾的频率来说明（右边的图用来解释它们如何说明方向的）：摇摆身体，以及伴随着这一动作的高频的嗡嗡声相结合，用来告知食物的质量。

追随者们通过用触角碰触舞者，并且对空气振动（声音）的感受性接受这些信息。而在舞者身上留下的花朵的特殊气味也很重要。因此，蜜蜂的舞蹈语言是一种多通道的信息系统。

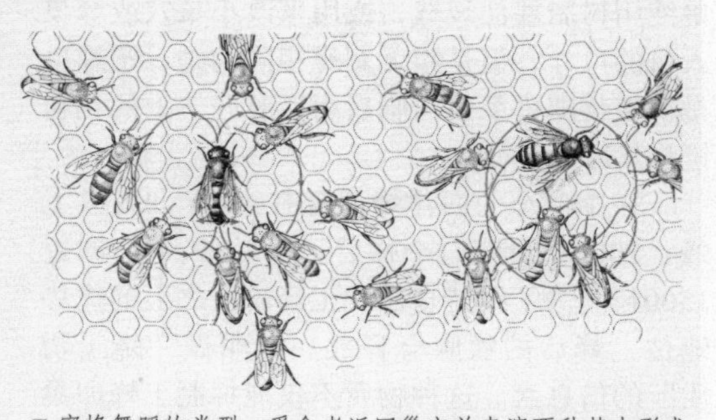

↗ 蜜蜂舞蹈的类型。觅食者返回巢穴并表演两种基本形式的舞蹈。左边，蜜蜂正在表演“摇摆舞”，而右边的那只在表演“圆舞”。

↘ 从巢穴入口看去，跳“摇摆舞”的时候，直线竖直的角度与食源和太阳之间的角度相关联（图中是 90°）。

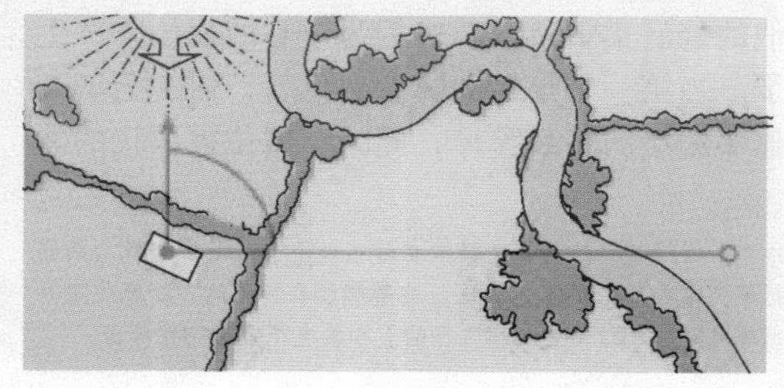

供应食物。觅食的工蜂通过在食物和巢穴间留下气味的痕迹说明食物的来源。尽管没有刺，但像麦蜂这类昆虫并不是完全无助的，如果有脊椎动物袭击它们的巢穴，它们会咬袭击者的皮肤，有些种类的颚腺还会分泌一种腐蚀性的液体。除了麦蜂属成员，所有无刺蜂的蜂后在幼虫期的时候所住的巢室都比一般的巢室大，还会有额外的食物供应。相对应的是，麦蜂的“皇后”是世袭的。

蜜蜂属的蜜蜂中，注定要成为皇后的幼虫吃的全是蜂王浆（也叫“蜂乳”），是一种含有糖、蛋白质、维生素、RNA（核糖核酸）和DNA（脱氧核糖核酸），以及脂肪酸的混合物——由年轻工蜂的颚部和咽下的腺体分泌的。而那些将成为工蜂的幼虫只能享用大约3天的蜂王浆，此后吃的就是花粉和蜂蜜。

蜜蜂工蜂用分泌的蜂蜡建造双侧面的垂直蜂巢，其中每一个蜂房都呈六角形。储存花粉和蜂蜜的蜂房与哺育工蜂幼虫的蜂房大小相同。雄性都住在较大的蜂房中，蜂后所住的大蜂房悬挂在蜂巢上。蜜蜂也会利用树脂，但它们不会像无刺蜂那样将树脂与蜂蜡混合，而是单纯用树脂塞住裂缝，或用来改小巢穴或蜂巢入口的尺寸。但是跟无刺蜂相同的是，蜜蜂也是从植物那里采集树脂后用后肢胫节上的花粉筐将其运到巢穴中去。

一个健全的西洋蜂群含有约4万~8万只工蜂、200只雄蜂和1个蜂后。蜂后1天中产卵近1500粒。为了维持自己在工蜂阶层之上的优势地位，蜂后的颚腺会释放一种叫做“蜂王物质”的信息素。这种物质不仅能抑制工蜂卵巢的发育，还能抑制工蜂修筑其他的蜂后蜂房的行为，从而减少自己的竞争对手。蜂后的寿命为1~5年，其势力也会逐渐衰落。由于工蜂的数量太多，相比之下，蜂后释放的蜂王物质难免有鞭长莫及之处，于是工蜂们又开始修建其他的蜂后巢室。以新蜂后为中心的群体就产生了。当第一个年轻的蜂后羽化后，通常会把其他年纪小的蜂后除掉，此时，地位被取代的老

→许多熊蜂（蜜蜂科）的巢穴都建在地下，但欧洲小花园熊蜂把巢穴建在密集的草丛表面。注意那些有特色的、随意收集来的哺育蜂房（被幼虫或蛹占据的）和装有花蜜的储存蜂房。

蜂后会离开蜂群。

蜜蜂工蜂的行为与年龄有关联。它头3天的职位是清洁员；第3~10天则是护士，此时它的颚腺和咽下腺体变得活跃并负责给幼虫喂食；在第10天左右，这两个腺体萎缩，腹部的蜡腺活跃起来，于是它又变成了一个建筑工人；大概从第16~20天，它学会从返回的觅食者那里接过花粉和花蜜并放到蜂巢中去；大约在第20天的时候，它开始担负起守卫巢穴入口的职责。而在此后一生中余下的6周左右的时间里，它会一直负责出去觅食。

↗ 蜜蜂把群居习性发挥到了极致。这个露天的蜂巢属于东南亚的东方小蜜蜂，由一个垂着的蜂房组成，这种蜂巢通常建于树上。

但职责的分工并不是这样刻板的，如果蜂群的年龄结构被破坏了，不管是人为的还是来了个大个子的敌人，各种工作职责都会在幸存者中重新分配。

完全群居型蜂群的特点之一是集体防御，在蜜蜂属中，这种防御行为是通过刺里的腺体所分泌的报警信息素激活的。这种信息素会使其他的工蜂面临危险。当它们展开肉搏的时候，倒钩状的刺和毒液腺会留在最后使用。这种明显的“利他主义”的自我牺牲使蜜蜂很快丧命，但毒液囊会继续搏动并发射毒液。

当一个蜜蜂（或蚂蚁、黄蜂）社区中有宝贵的资源需要保护的时候，群体就会采用协同防御策略。对蜜蜂来说，大量的幼虫、储存的花粉和花蜜都会引来敌人。就是蜂蜜这种蜜蜂制成的营养丰富的植物糖分（花蜜）混合物，也对人类构成吸引力。蜜蜂，尤其是西洋蜜蜂，人类用蜂箱饲养它们的历史至少有3000年了。

利他主义——已解决的矛盾

根据查尔斯·达尔文关于自然选择的理论，社会性昆虫的存在面临着严峻的挑战。但既然工蜂自己不能繁殖后代并传递它们的特性，自然选择是如何在工蜂阶层中促成“利他主义”这种特性（比如照顾幼虫或其他同伴）的呢？达尔文用一个例外条目解释了这个互相矛盾的问题：社会性昆虫是一个特殊的案例，自然选择作用的并非个体，而是群体。

膜翅目昆虫中，高度的社会习性至少独立经过了 11 次的进化，但只在所有具有这种特征的其他昆虫（白蚁）中进化过一次。但现在看来，工蜂这种“无私”的习性实际上并不是真正的“利他主义”，而是与一种最不寻常的性别决定方式有重要的联系。在大多数昆虫和其他动物中，雄性和雌性都来自受精卵，拥有两组分别来自父母亲的基因，称为“二倍体”，兄弟姐妹得自父母的基因各有 1/2 相同。但是在膜翅目昆虫中，所有的雌性都是二倍体，但来自非受精卵的雄性只有一组基因，是单倍体，因此雄蜂们只有一个共同的外祖父，却没有父亲。

由于雄蜂是单倍体，因此雄蜂所有的精子所含的基因是一致的。假定一只雌蜂只交尾一次（在高度社会化的昆虫中并不总是这样的）的话，那么所有它的雌性后代会从它们单倍体的父亲那里继承同样的一组基因。但因为它们的母亲是二倍体，所以拥有相同的另一半基因的各占 50%。把从父亲母亲那里得来的基因加在一起的话，很明显，膜翅目的姐妹们从共同的父母亲那里接受的基因平均有 75%（50% 来自父亲，25% 来自母亲）相同。从母亲那里得到一半相同的基因后，如果自己还会有女儿的话，也只会给女儿 50% 的基因。

根据它自己本身传递给下一代的相同基因的数量，使得雌性膜翅目昆虫没有自己的女儿，却会帮助母亲抚养妹妹，其中有些会成为蜂后并承担繁殖后代的责任。这种代价就是它自己那另外的 25% 的相同基因以这种方式永久保留下来。至此，这种“血缘淘汰”理论为昆虫社会性的演化提供了最合理的解释，同时也解决了达尔文的难题。

膜翅目昆虫

锯蜂和树蜂

广腰亚目

约1万种，14科，包括扁蜂科（织网锯蜂，幼虫有的独居，有的群居在丝网中，或把自己卷在叶片中，用丝固定自己）；筒腹叶蜂科（分布在美洲和大洋洲南部，至少有136种，有些在桉树上取食，可能是有严重危害的食叶昆虫）；三节叶蜂科（超过800种；四海为家）；叶蜂科（多数为常见的锯蜂，5000多种；分布在温带北部地区；有些会制造虫瘿）；树蜂科（包括约85种木胡蜂或树蜂；除了美洲外，全世界均有分布；幼虫是针叶树的蛀木虫，如云杉中的泰加大树蜂）；松叶蜂科，包括欧洲松树蜂；尾蜂科（66种寄生树蜂；全世界均有分布；幼虫寄生在吉丁虫和树蜂的幼虫中）；茎蜂科(含100种,幼虫钻进草茎中，如钻进小麦茎秆中的麦茎蜂）。

寄生蜂

细腰亚目（寄生部）

据估计有20万种（有许多仍无记载），51科，6总科。可能并不是来自同一个祖先。主要包括寄生蜂或拟寄生蜂，产卵器仍具有产卵功能，幼虫为昆虫或其他陆生节肢动物的体内或体外寄生虫，包括姬蜂、瘿蜂、缨小蜂。

钩腹姬蜂总科

由钩腹姬蜂科组成，寄生在毛虫身上。

姬蜂总科

包括茧蜂科（茧蜂，约4万种）；蚜茧蜂科,寄生在蚜虫上;姬蜂科（姬蜂，约6万种）。

旗腹蜂总科

包括棍棒瘦蜂科，许多种类是独居型蜜蜂的卵和幼虫的盗窃拟寄生蜂。

小蜂总科

大概有8~10万种，包括榕小蜂科，在无花果树上造虫瘿；金小蜂科；广肩小蜂科（许多种幼虫以种子为食）；姬小蜂科；跳小蜂科；缨小蜂科（缨小蜂）和赤眼蜂科的成员都是昆虫卵的寄生虫。蚁小蜂科的昆虫寄生在蚂蚁幼虫身上；巨胸小蜂科中有一些是毛虫的超寄生蜂；长尾小蜂科中有很多是植食性昆虫；长痣小蜂科的多数会制造虫瘿。

瘿蜂总科

包括寄生蜂和瘿蜂；枝跗瘿蜂科的幼虫寄生在树蜂的寄生虫中。隆盾瘿蜂科的幼虫寄生在双翅目昆虫的蛹上；瘿蜂科，包括许多会住在别的瘿蜂的虫瘿中，如栎瘿蜂。

细蜂总科

包括锤角细蜂科，为蝇类的寄生虫；细蜂科成员的幼虫为甲虫幼虫的体内寄生虫；缘腹细蜂科（昆虫和蜘蛛卵的寄生虫）；广腹细蜂科（蝇类和粉蚧的寄生虫）。

黄蜂、蚂蚁和蜜蜂

细腰亚目（针尾部）

7万~8.5万种，41科，3总科。主要由非寄生蜂组成，产卵器特化为营防御功能的刺，也起麻痹猎物的作用。大部分种类的幼虫由母亲喂食。包括蚂蚁、猎蜂、纸巢蜂和蜜蜂。

肿腿蜂总科

至少有3500种，9科。包括肿腿蜂科，幼虫为甲虫和蛾幼虫的群居型皮外寄生虫；尖胸青蜂科，寄生在成熟的锯蜂幼虫身上；青蜂科，幼虫像杜鹃一样生活在别的黄蜂和蜜蜂的巢穴中；螯蜂科，叶蝉的寄生虫。

胡蜂总科

4万~5万种，12科。土蜂科和臀钩土蜂科的幼虫是金龟科甲虫的寄生虫；蚁蜂科含4000种，寄生在蜜蜂、黄蜂的幼虫和蛹上以及采采蝇的蛹中，或超寄生在金龟子的身上；蛛蜂科（猎蛛蜂）；胡蜂科（独居型的猎蜂和群居型的纸巢蜂），包括胡蜂，大黄蜂或普通黄蜂等；蚁科（蚂蚁），约1.4万种，包括行军蚁、蜜罐蚁（蜜蚁属）、切叶蚁或阳伞蚁（切叶蚁属）、编织蚁（织叶蚁属）、黑蚁、血蚁、林蚁等。

泥蜂总科

约2.96万种，20科，其中9科为猎蜂（7600种），其余11科为蜜蜂（约2.2万种）。

↗ 一只来自特立尼达寸林的蚂蚁正摆出一副典型的警觉埋伏姿态。

猎蜂家族包括：长背泥蜂科（猎蟑螂蜂）；泥蜂科（细腰蜂）；短柄泥蜂科（捕食弹尾虫、牧草虫和蚜虫）；小唇沙蜂科（捕食直翅类昆虫，有些吃臭虫）；结柄泥蜂科（捕食蝇类）；方头泥蜂科（捕食蝇类，有些吃甲虫）；角胸泥蜂科（沙蜂），包括捕食蜡蝉的泥蜂，以及有杜鹃习性几种泥蜂，是能在飞行中捕食蝇类的昆虫；大头泥蜂科（泥蜂是欧洲的“蜂狼”，这种泥蜂会危害蜜蜂，有的捕食象鼻虫和蜜蜂）。

蜜蜂家族包括：分舌蜂科的地花蜂，如分舌蜂和叶舌蜂；隧蜂科（包括一些群居型种类）；低眼蜂科；地蜂科所有的成员都长有短到中等长度的舌头；腹刷蜂科昆虫的花粉刷长在腹部底面上，而不是后肢上；切叶蜂科的蜜蜂舌头长，花粉刷长在腹部，包括石巢蜂和切叶蜂；蜜蜂科，包括挖掘蜂，都长着长舌头，飞行速度很快，惯于在地面筑巢，有些属为低等群居型的，其他有些具有杜鹃的习性；此外还包括兰花蜂，部分种类具有杜鹃习性的熊蜂，无刺蜂，以及11种蜜蜂，包括西洋蜜蜂。

法布尔昆虫趣谈

黄足飞蝗泥蜂的生活

膜翅目昆虫在攻击时，往往能清楚地知道对方唯一的弱点所在，比如准确地寻觅出鞘翅目昆虫坚硬的盔甲间脆弱的连接处，将螯针准确无误地刺入这个地方。它们往往选择象虫和吉丁这一类神经器官相当集中的猎物来行刺，一击之下就可以刺伤三个运动神经中枢。但是如果碰上了软皮不带盔甲的昆虫，搏斗时无论被刺到什么部位都无所谓的敌手，膜翅目昆虫会怎么办呢？凶手杀人时，往往会选择心脏，让受害者在一击之下失去反抗的能力，从而减少自己的麻烦。膜翅目昆虫是不是也像节腹泥蜂一样，采用强盗的战术，宁愿刺伤运动神经节呢？但如果敌人的运动神经节不连在一起，即使被刺中一个神经节，其他的神经节也不会因此而失去作用，那凶手该怎样做呢？观察黄足飞蝗泥蜂捕捉蟋蟀时的举动，也许对我们解答以上问题有所帮助。

黄足飞蝗泥蜂破茧而出的日子在七月份。它从黑暗的地下摇篮中飞出来，在罗兰蓟带着刺茎的枝头上飞舞着，悠闲地度过美好的八月。罗兰蓟是一种普遍而茂盛的植物，往往盛开在盛夏的烈日下，为黄足飞蝗泥蜂提供蜜汁。然而八月一过，黄足飞蝗泥蜂就必须在道路两侧的边坡上选择一个小地方，开始挖掘和狩猎这些艰巨任务。

黄足飞蝗泥蜂通常都是成群地从事建筑工作，很少单独行动。它们往往十只、二十只或者更多的成员聚集在一起，共同开发选定好的场地。黄足飞蝗泥蜂总是经过精心考虑后选定家的位置。说起它们选择安家的场地，有两个条件是必不可少的，一是要有易于挖掘的沙土，一块没有遮挡和风吹雨打的水平场地自然是再合适不过了，但是必须保证朝阳，有充足的阳光照射，这也是场地必备的第二个条件。如果正当飞蝗泥蜂进行掘地工作时，突然下了一场暴雨，那它们就惨了，不得不弃置这项未完工的工程，正在建筑中的地道第二天就会被堵塞住的沙土弄得凌乱不堪。

筑窝是一项漫长而艰巨的工程，其过程往往要持续整个九月。如果你想要了解它们工作的状况，必须要一连好几天凝视着同一个工地，看那些勤劳的矿工们是如何敏捷地跳跃、迅速地活动、忙碌而热切地工作的。工地上尘土飞扬，工人们用林奈所谓的“犹如利刃”般的前腿上的耙子迅速地挖着土，一边工作一边快乐地哼唱着劳动的旋律，用时断时续、尖锐刺耳的歌声激励着身边的工友，伴随着双翅和胸腔的振动，抑扬顿挫仿佛在敲打着鼓点。多么欢乐的一群伙伴！如果碰上费力的大沙砾，它们就会像伐木工人一般猛一用力，发出一声犹如“嗨哟”的高喊，大家一起腿颚并用，加倍使劲，小洞很快就挖了出来。被它们一点一点耙出来的过大的沙砾会滚落到远离工地的地方，细小的尘埃则落在它们微微颤动的翅膀上。接下来，它们把整个身体钻进小洞，我们看不见辛勤的矿工的工作，但却仍旧能听到它们在地下不知疲倦地歌唱着。那么它们是如何工作的呢？飞蝗泥蜂身处隧道，一边向前挖新的沙砾，一边向后排碎屑，两种动作迅速交替，急促地来回运动着，跳跃着，腹部抽动，触角颤抖着，全身都在震颤发响，像是被一根弹簧拴住后用力的弹动。时不时地，它们会中断地下的工作，到阳光下伸伸懒腰，把落在细小的关节上的尘粒抖落下去，那些尘粒会妨碍它们自如地活动；或者在很短的休息时间内到周围去巡视一番。几个小时内，地道就会挖好了，飞蝗泥蜂们剩下的工作就是对整体工程进行最后的装修，搬开在它们细小的眼睛看来会妨碍活动的沙砾，刮掉墙壁上凹凸不平的地方，当然它们在做这些之前会先在地道的入口处高奏凯歌以庆祝完工。

要想好好观察飞蝗泥蜂完工的家，需趁它们远出捕猎的时机。在一处水平但并不平坦的地皮上，有覆盖着一簇草皮或是蒿属植物的凸出表面，抑或是植物的细根须牢牢扳结住的褶皱侧面，那便是飞蝗泥蜂建窝的理想地带。地道的入口先是一个水平的门厅，约有两三法寸深，这是食物储藏室和幼虫的卧室，也是通往隐藏所的通道。过了门厅是一个急转弯，向下延伸了两三法寸深的缓慢的坡度，洞穴深处是一个椭圆形的蜂房。为了避免坍塌，蜂房的沙土都被压得结结实实，地板、天花板、墙壁都经过认真地平整，这样幼虫的嫩皮就不会被粗糙的墙壁表面弄伤。虽然这里四壁萧然，但是足以看出经过了多么精心的设计和建构。这个蜂房的直径比较长，水平线就是最长的轴线。蜂房与过道相通的入口非常狭窄，仅仅够一只黄足泥蜂带着猎物通行。一个洞穴中通常有三个这样的蜂房，两个蜂房的情况较少，四个蜂房的情况更是不多见。飞蝗泥蜂在第一个蜂房产下一枚卵，为即将出生的幼虫备足食物后，便将蜂房的入口封住，在旁边挖第二个蜂房，同样产卵存放食物，然后再挖第三个，极少数的情况会挖第四个。到了这时，飞蝗泥蜂才把所有堆在门口的泥屑搬回洞里面，清除掉洞外留下的痕迹。通过对飞蝗泥蜂尸体的解剖可以知道，飞蝗泥蜂产卵的数目有30个，这样就至少需要10个蜂窝。

飞蝗泥蜂建造一个蜂窝和准备食物的时间很短，最多只有两三天，那是因为它们必须在九月底前全部完工。在这样短的时间里，勤劳的小虫必须要分秒必争地备好一打蟋蟀，把食物千辛万苦运回蜂窝，放进仓库，最后把窝封好，这是一系列多么繁琐的劳动啊！更何况还会遇上因为刮风或者是阴雨连绵而无法捕猎的日子，任何工作都必须停止，飞蝗泥蜂只能躲在门厅里，夜间藏身，白天小憩，从洞口中露出富有表情的面孔和无所忌惮的大眼睛。黄足飞蝗泥蜂并不像那些把牢固的洞穴世世代代传下去的栎棘节腹泥蜂，它们的洞穴往往可以用很多年，一年比一年挖得更深，当我想参观它

↗蜜蜂的巢

们的家时，即使用上了挖掘工具也挖不到头，常常弄得我满头大汗。相反，黄足飞蝗泥蜂的洞穴就像是一顶匆匆忙忙搭起来，只用一天第二天就要收起来的帐篷一样，它们更热衷于白手起家，事必躬亲，而且要尽快做出成果。聪明的母亲知道给藏身处的蛹穿上三四层不透水的外套，添上母亲无法创造的东西，所以飞蝗泥蜂的幼虫虽然只盖着一层薄纱，却比节腹泥蜂薄薄的茧高明得多，这也弥补了洞穴不够坚固的缺陷。

大多数的黄足飞蝗泥蜂是在平地上，在自然的土壤中工作，我观察过很多这样的蜂群，但是一群把窝筑在大路边上的飞蝗泥蜂群却给我留下了深刻的印象。它们选择了路边的一些明显是养路工人用铲子挖小沟时堆出来的小土堆，其中一个半米多高的锥形土堆早就被太阳晒干了，从堆底到堆顶都布满了洞穴，离远一点看，这块圆锥形的干土外表像一块大海绵。飞蝗泥蜂们似乎很喜欢这个地方，在这里建了一个小村落，我从没见过一个有着如此众多居民的村落。村庄显然还没有完全建成，像是一个正在赶工的大工地，里里外外热火朝天，居民们你来我往忙忙碌碌，尘土顺着挖掘的巷道里流出，不时能看见满脸尘土的矿工出现在洞口或是进进出出。偶尔有一只飞蝗泥蜂忙里偷闲地爬上堆顶，像是要从高处欣赏自己的杰作。被捕的蟋蟀就被拖到这个锥形城市的斜坡上，存放到蜂巢的食品储存间里。啊！我多么想把这个村落连同它的居民们一同搬走，留住这诱人的劳动景象啊！但是土堆那么大那么高，我如何能连根拔起呢？不过是痴人说梦罢了。

社会性昆虫——昆虫中的群居者

昆虫是地球上最成功的动物群体，它们占所有动物种类的四分之三。大多数昆虫过着孤独的生活，但还是有一些社会性昆虫以群体的方式一起生活和工作。一些群体有几百、几千甚至几百万的成员，群体中的不同成员有着不同的职责。所有蚂蚁、白蚁，一些蜜蜂和黄蜂就是这样的社会性昆虫。

几个世纪以来，人类一直好奇于昆虫的群体，因为它们的社会似乎与人类的社会结构类似。一些社会性昆虫在人类生活中起着重要的作用，因为它们酿蜜，帮植物授粉。正因为如此，社会性昆虫是世界上最为人熟悉的种群。

↗ 一群织工蚁正在紧张忙碌地筑巢。

孤独的生活

大多数昆虫，比如蝴蝶并不过集体生活，而是各自为生。交配后，雌蝴蝶会把卵子放到植物上，而在孵化的过程中，植物就会为卵子提供养分。接着雌蝴蝶就飞走了，小生命就得学会独立营生了。

一个大家庭

蜂巢中的母蜂正在繁殖时会被它的女儿们（工蜂）所包围。社会性昆虫群体就像几世同堂的家族，由父母和子女组成，而子女也会帮助抚养后代。

皇室象征

图为英国格洛斯特教堂的窗户上有鸢尾花形的纹章。鸢尾花是法国皇室的象征。Fleur-de-lys 是鸢尾花或百合的法国名词，但是以前这个符号代表了伸展着翅膀的蜜蜂。法国国王把蜜蜂作为皇室的象征，因为蜜蜂家族的运作与人类社会一样有序。因为蜜蜂酿蜜，所以也代表着富裕。

团队工作

上图中，一群织工蚁正一起用叶子筑巢，用来保护群体中的幼小者。与成年工蚁一样，它们要帮忙养育后代，但自己不生育。一只蚂蚁根本没有力气拉动叶子，只能由一个团队一起完成。

不同的工作

在白蚁中，头大、下巴尖利的灰色白蚁是兵蚁，它们的工作是保护弱小的苍白色的工蚁。社会性昆虫群体中有等级制度，不同的等级扮演着不同的角色，例如，工蚁寻找食物，而兵蚁保卫巢穴。不同等级的物种有着不同的生理特征，以适应各自不同的工作。

筑巢者

纸巢黄蜂之所以取这个名字，是因为它们用咬过的木纤维或纸来筑巢。大多数社会性昆虫与这些纸巢黄蜂一样，在巢里生活和养育后代。一些巢穴，比如黄蜂和蜜蜂筑的巢非常复杂和美妙；而另一些巢穴，例如白蚁的巢体庞大，有的可高达 6 米。

奇特的感觉

昆虫通过敏锐的感觉系统寻找食物、逃离危险，与同伴交流。但是它们眼中的世界与人类看到的世界有着天壤之别。

触角是许多昆虫的主要感觉器官，这种位于昆虫头部细长的触角可以用来闻、感觉，有时还能尝味道和听声音。视力对于黄蜂、蜜蜂和大多数蚂蚁来说很重要，但许多白蚁没有眼睛，根本没有视力，白蚁的世界就是气味和味觉的组合。

蜜蜂、蚂蚁等群居的昆虫没有耳朵，所以不能像人一样听声音，但它们能用特殊器官捕捉由声音产生的气流震动。身体上敏感的毛发能帮助昆虫判断危险的临近。

两种眼睛

黄蜂大大的复眼几乎占据了它的整个头部。眼睛弯曲的形状使得黄蜂可以同时看清前面、后面、上面的事物。复眼可以组成颜色和形状的影像，擅长判断事物的移动。黄蜂的头顶是三只单眼，呈三角形排列，这三只单眼可以感知光线，让黄蜂知道是一天中的什么时候了。

触觉

战斗蚁的触角是它主要的感觉器官。触角分成珠子样的片断，上面覆盖有细小的毛，可以向大脑传送信号。嘴巴边上的触须使白蚁的触觉更加灵敏，能帮它找到食物，并把食物送到嘴里。

触角部位的关节

牛蚁用脚清洁它的触角，如果仔细观察，你会看到蚂蚁的触角上有一个关节。

许多透镜

蜜蜂的复眼由许多六边形的小透镜组成，蜜蜂和黄蜂的眼睛有成千上万个这样的透镜，一些蚂蚁只有几个。每个透镜分布在眼睛表面的不同角度上，形成不同的影像。昆虫的大脑把这些分散的影像组合起来，形成了关于周围环境的印象。

你知道吗

只有白蚁蚁王和蚁后才有眼睛，工蚁和兵蚁没有眼睛。

警惕

蚂蚁没有耳朵，而用触角、身体和脚上的特殊器官感知猎物。

↘战斗蚁的触角

这只白蚁头上还有小的寄生虫。

触角

寄生虫

触角

←感观

工蜂有复眼、单眼和短而敏感的触角，可以感知花的香味。头上的毛可以感知风的速度，判断出它自身飞行的速度。

泥蜂的返程能力

昆虫的眼力和记忆比起人类而言，显然是大大高于我们。它们的身上有一种对地点的独特直觉，姑且称之为记性，那是一种我们无法比拟又无以名状的能力。正是这种能力，令泥蜂准确无误地停落在它那跟滚滚黄沙融为一体的家门前，令砂泥蜂在花丛中徜徉一夜后仍然能找到它昨日心血来潮建好的竖井。我的眼睛无法分辨，记忆也不能完全清晰地指出洞穴所在，纵然我之前可能观察了好几个小时。那么昆虫究竟是怎样记住的呢？它们对地点的认知，是由于卓越的记忆力呢，还是通过什么我们不能理解的方式呢？如此种种令我对昆虫的心理大为好奇，于是我进行了一系列相关实验。

第一个实验。在上午将近十点钟的时候，我在一个斜坡上找到了一个栎棘节腹泥蜂的蜂群。这种节腹泥蜂以方喙象为食，它们有的正在挖掘洞穴，有的正在储备粮食。我在同一个蜂群里抓了十二只雌性节腹泥蜂，用麦秸沾着一种不会褪色的颜料，给每个节腹泥蜂的中胸点了一个白点，以便将来辨认。然后把它们每只单独封闭在一个纸袋里，放在盒子中，走到了离蜂窝大约三千米的地方再放出来。这些初获自由的俘虏们骤见天日，纷纷四散飞往各处，没有统一的秩序和方向。不过它们只飞了几步就都停了下来，站在草茎上，用前腿揉一揉仿佛被阳光眩晕了的眼睛，努力辨认着方向。不一会儿就先后起身，毫不犹豫地挥动着翅膀向南飞去。那正是它们的家的方向。五个钟头后，我在之前的蜂窝里已经发现了两只胸前带着白点的节腹泥蜂正在窝里不慌不忙地干着活儿，不一会儿第三只从田野里飞来，还抱着一只象虫，看来在归途中很有收获。不到一刻钟，第四只也很快飞来。我想我没有必要继续等待了，也许剩下的那八只正在归途中捕猎，也许已经躲到了窝的深处，不管它们现在在哪儿，一定也会像眼前这四只一样回到这里来的。运输的过程中，它们被关在纸牢里，根本不可能知道运输的路途和方向。我不知道节腹泥蜂的狩猎范围有多大，是不是它们对方圆两千米内的环境比较熟悉，才能如此驾轻就熟地找到自己的家呢？看来我有必要继续实验下去，把它们送到更远的地方去，而且出发的地方是它们绝对不可能知道的。

我从上午的同一窝节腹泥蜂中又取了九只雌节腹泥蜂，其中有三只接受过上一次实验。我在这次的节腹泥蜂胸前做了两个白点的记号，和上次胸前只有一个白点的实验品区分开来，然后把它们关在各自的纸袋里，放在一个黑漆漆的盒子中。这一次，我选择了距离蜂窝大约三千米处的邻近城市卡班特拉出发。节腹泥蜂是典型的乡下人，从来没有来过大城市。人口稠密的都市，鳞次栉比的房屋，烟雾缭绕的烟囱，这些对于长年生活在原野中的节腹泥蜂该是多么新奇啊！更何况又有三千米的距离，这是多么大的阻碍！因为天色已晚，我推迟了实验，让囚犯们在黑匣子里过了一夜。第二天早上八点左右，我在人口稠密的市中心大路上，把它们一只只释放，然后观察每一只飞走的方向。被释放的节腹泥蜂在获得自由的时候，都挥动翅膀奋力地垂直向上飞，仿佛要从这一排排楼房、一条条街道中摆脱出来。终于飞到了屋顶上，身处高处的节腹泥蜂视野骤然开阔，它们奋力一跃，迅速地向南方飞去，那正是我把它们带过来的方向，也正是它们的窝的方向。我一个个释放了所有的节腹泥蜂，每一次都惊奇地发现，即使是周围的环境完全陌生，甚至在与平时生活的原野一点相同之处都没有的城市，它们还是可以迅速地判断出正确的飞行方向，毫不犹豫地向家飞去。

几个小时后，我回到了成为实验品的节腹泥蜂的家。我首先看到了好几只胸前带着一个白点的节腹泥蜂，它们是昨天的实验品。但胸前带着两个白点的俘虏却一个都没有见到。难道说刚才释放的俘虏们迷失在归途中，找不到自己的家了吗？它们会不会被两天来诡异的经历和陌生的城市吓坏了，躲在某个巷道里平复紧张的心情，或者醉心于原野中的捕猎呢？我不敢确定。第二天我又去视察，这一次，我欣喜地发现了五只胸前有两个白点的工人在工地上积极劳作着，仿佛什么事都没有发生过一样。

节腹泥蜂所展现出来的惊人的能力让我想到了鸽子，当鸽子被人们从窝里取出来，带到很远的地方，它也能够迅速地返回鸽棚。然而和节腹泥蜂相比，昆虫的体积只有一立方厘米，而鸽子的体积完全有甚至是不止一立方分米，足足比节腹泥蜂大一千倍！如果动物的体积和飞行能力成正比的话，节腹泥蜂要比鸽子强多少啊！节腹泥蜂运到三千米远的地方也能够返回自己的窝，鸽子如果想要公平竞争的话，至少要从三千千米远的地方开始飞，中间的距离是法国由南到北距离的最远处的三倍啊！我不知道有没有信鸽可以完成这样的壮举。然而，正如翅膀的强有力与否是不能用长度来衡量的，动物的本能的高低更不能用体积的比例来考虑，我只能说，节腹泥蜂和鸽子都是飞行的高手，当它们被人为地弄到背井离乡时，都能迅速而准确地回到自己的家园，两者显然不分伯仲，各有千秋。

↗ 停栖在木头上的蜜蜂

我的实验虽然证明了节腹泥蜂本能的地形感，却并不能解释这种本能。节腹泥蜂在我的实验中，都是被放在黑漆漆的密闭纸盒里，运到一个完全陌生的地方，自始至终它们都不清楚自己身处的地点和方向。对于没有经历的东西，昆虫是不可能有记忆力的。它们肯定不是靠着卓绝的记忆力找到回家的路的，纵使它们向天空奋力展翅，到达一个开阔的高处，记性也不可能成为一个好用的指南针，给它们指明家在哪里。可以说，在这个实验中，记忆力几乎没有起到一点作用。指引节腹泥蜂回到家园的，只能是一种比单纯的记忆还要好用的东西，一种专门的本领，一种独特的地形感。这种与生俱来的本能，在我们人类身上丝毫没有相似的东西，所以我们无法确立同样的概念，更不可能感知昆虫的感受。这种敏锐而精确的本领，在昆虫和鸟的身上体现得那样明显和普遍，但对于人类来说又是多么难得和可贵。为了进一步研究本能的优势和缺陷，我继续做了几项实验。

泥蜂的洞穴搭建在滚滚黄沙中，每当它准备动身外出给幼虫寻找猎物时，它总会一面后退着从洞穴里出来，一面仔细地把沙子扒到洞口堵住入口，直到入口淹没在沙地里，和其他地方的沙子看起来没什么两样，它才放心离去。过了一会儿它带着猎物回来，很轻松地找到了洞穴的入口，这对它来说根本不是什么难事，找到洞口的方法我也已经介绍过，这里不加以赘述。我现在需要采取各种恶作剧的手段改变现场，让泥蜂认不出自己的洞穴。要怎样才能瞒住如此敏锐的泥蜂呢？我首先采取的办法是用一块平板石头把洞穴的入口盖住。过一会，泥蜂回来了，在它外出期间，家门口已经发生了重大的变化，但是它似乎并没有什么困惑，也没有丝毫的犹豫，立即向石头奔去，开始挖掘。它没有费多大力气在那块石头上，而是在与洞口相应的那个部位挖呀挖，由于障碍物过于坚硬，它很快放弃了。泥蜂围着石头左转转，右转转，似乎转了个念头，钻到了石头底下，开始朝着窝的准确方向挖了起来。看来这块平板石头根本难不住机灵的泥蜂。

身体构造

与其他昆虫一样，成年社会性昆虫有6条腿。蜜蜂和黄蜂有翅膀，不生育的蚂蚁和白蚁没有翅膀。社会性昆虫的身体外面由一层外骨骼保护，这种坚硬的物质既防水，还可以防止昆虫体内水分的缺失。昆虫的身体可以分成3部分：头部、胸部、腹部。社会性和非社会性昆虫在有些方面会有差异，例如，前者有分泌特殊气味的专门腺体，而它们就用气味与同伴交流。不同等级的成员也会有不同的特征，比如螫针的结构。

蜜蜂

大黄蜂的身体上覆盖有浓密的毛，它有专门的花粉筐收集花粉，花粉筐长在后腿上，被刚毛覆盖。

黄蜂

黄蜂的翅膀窄而精致，身体修长。很多黄蜂的腹部和胸部有鲜艳的条纹。

蚂蚁

蚂蚁的腹部由腰和胃部组成，胸部的强壮肌肉用来移动六条腿。

白蚁

与其他社会性蚂蚁不同，白蚁的胸部和腹部之间没有腰部，所以行动不够灵活。

蜜蜂身体的内部结构

社会性昆虫通过身体上的气门呼吸，这些气门与提供氧气的管道相通。神经系统通过感觉器官接收信号，形成反射，例如飞离危险物。消化系统分解和消化食物。右图中这只蜜蜂是工蜂，所以不进行生育。蜂王和雄蜂的体内，腹部包含有主要的生殖器官——雌蜂的卵巢和雄蜂的睾丸。

↗蜜蜂、蚂蚁等社会性昆虫的身体构造

冷血动物

蜂王冬天的时候会待在隐蔽的地方，比如木料堆。社会性昆虫与所有昆虫一样是冷血动物，当它们一动不动时，身体温度与外界的温度是一样的。冬天，工黄蜂死去，而蜂王进入冬眠阶段，它会在第二年春天天气变暖的时候醒来。

↙蜜蜂的内部构造

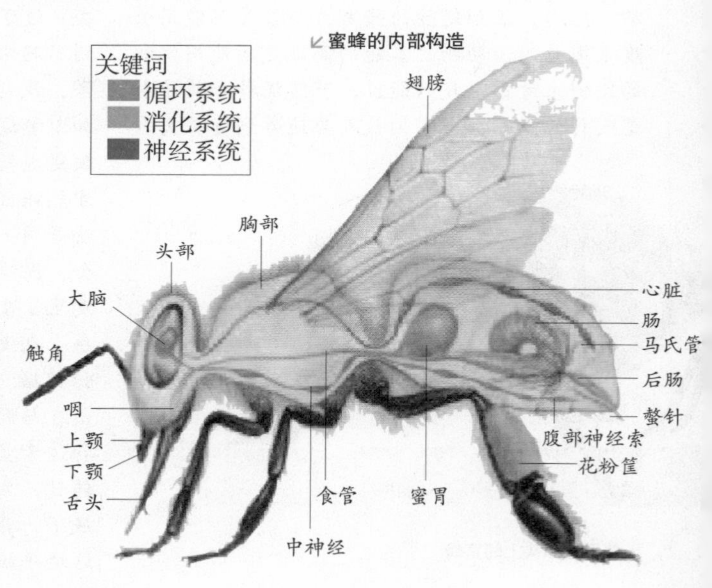

蜂类的飞行

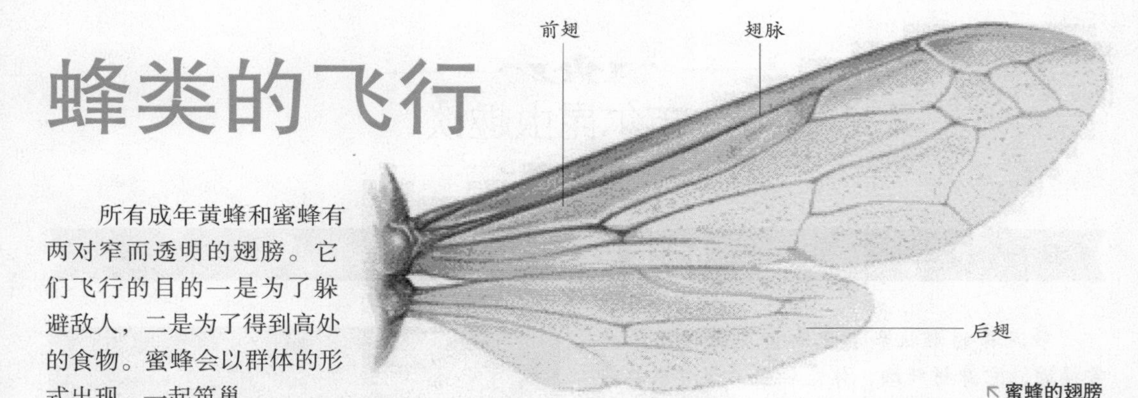

蜜蜂的翅膀

所有成年黄蜂和蜜蜂有两对窄而透明的翅膀。它们飞行的目的一是为了躲避敌人，二是为了得到高处的食物。蜜蜂会以群体的形式出现，一起筑巢。

蜜蜂或黄蜂的翅膀与胸部相连。与其他飞行的昆虫一样，蜜蜂和黄蜂会晒太阳来提高体温，也会运动它们的飞行肌肉来暖身。飞行需要大量的能量，所以蜜蜂和黄蜂要吃高热量的食物，比如蜂蜜。

蜜蜂如何飞行

在蜜蜂和黄蜂的胸腔里面有两组用于运动翅膀的肌肉：一组肌肉在胸部的圆顶端，另一组在胸腔的末端。

嗡嗡作响的蜜蜂

一群蜜蜂正接近一朵花。飞行中的蜜蜂会快速地拍打翅膀，每秒超过200下。这样快速的拍打会发出嗡嗡的声音，而一旦拍打的速度变快，这种嗡嗡声的分贝也会提高。

钩住

下图中的这排小钩长在蜜蜂前翅的边缘上。黄蜂也有翅钩，这种钩子可以在飞行时把前翅和后翅连接起来。相连的翅膀会形成较大的表面积，提高飞行的速度。

这种钩能把蜜蜂的前翅和后翅连起来。

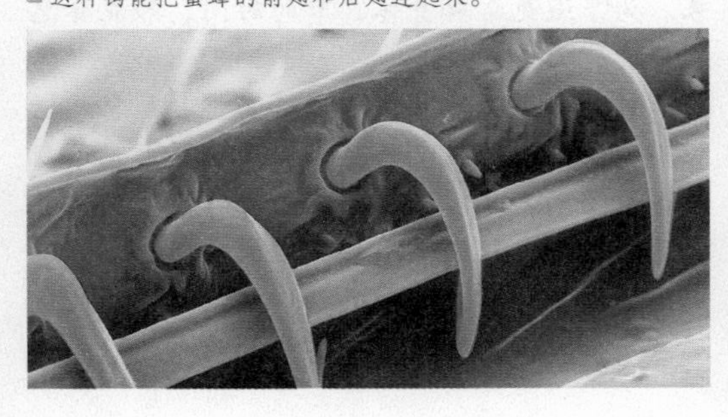

蜜蜂的声音

《大黄蜂的飞行》是俄国作曲家尼古拉·安德烈耶维奇·里姆斯基·柯萨科夫（1844~1908）的钢琴作品。灵感就来源于飞行中的昆虫发出的嗡嗡声。快节奏和颤抖的音调就像蜜蜂在花丛中采蜜时发出的嗡嗡声。这部作品因其演奏的难度而闻名于世。

精致的翅膀

蜜蜂和黄蜂的前翅比后翅大。翅膀由一种叫做壳质的坚硬物质组成，这种物质也覆盖了身体的其他部位，但蜜蜂和黄蜂的翅膀也是薄而精致的，由网状结构的神经系统支撑。

你知道吗

蜜蜂飞行的速度最快可以达到24千米/小时。

灵巧的飞行者

棕色的大黄蜂在一朵花上盘旋。蜜蜂在空中的行动非常灵活，可以前后、上下运动翅膀，所以它们既可以往前、往后飞，也可以在一个地方盘旋。

保持干净

蜜蜂和黄蜂会经常清洁翅膀，使之保持良好的状态。当翅膀不用时，就收拢在背上，免受破坏。

法布尔昆虫趣谈

砂泥蜂的故事

砂泥蜂的形状和颜色和黄足飞蝗泥蜂非常接近，它身材纤细，体态轻盈，腹部末端非常狭窄，身穿黑色服装，肚子上装饰着红色丝巾。这就是它简要的体态特征。但它的习性却和黄足飞蝗泥蜂大不相同。黄足飞蝗泥蜂捕捉直翅目昆虫作为食物，包括蝗虫、蟋蟀等，可砂泥蜂却以幼虫为野味。猎物不同，那它们捕捉猎物的方法和策略自然也就不同。

砂泥蜂的意思是"沙之友"，但我一直觉得这个名字并不适合它。沙真正的朋友应该是捕捉苍蝇的泥蜂，而不是我即将要介绍的砂泥蜂。砂泥蜂并不喜欢那流动的、干燥的、粉状的沙，甚至还要离这些沙子远远的，因为这样的沙只要轻轻一碰，就会坍塌。在把食物和卵放到蜂房以前，它们的竖井应当一直畅通无阻，所以挖竖井的地方应当比较坚实，免得时候未到，井就被堵住了。砂泥蜂需要的是一块易于挖掘的沙土，那里的沙用一点黏土和石灰就能黏住。

山间小路边长着稀疏草皮的朝阳斜坡是砂泥蜂最喜欢的地方。在这些地方，春天的时候，就有毛刺砂泥蜂了；九十月份，沙地砂泥蜂、银色砂泥蜂和柔丝砂泥蜂也会在这里现身。这四种砂泥蜂的洞穴都是钻出来的一个垂直的洞，像一口井似的。井的内径还不如一根粗鹅毛管那么粗，深度也才只有五厘米。井的底部是一间蜂房，蜂房很小，看起来很不起眼。这简陋的建筑并不用费砂泥蜂多少力气，很容易就挖成了，所以它的保暖效果自然不会太好。幼虫就只能靠它那像黄足飞蝗泥蜂一样有四层壳的茧来抵抗寒冷的冬天。

我们来观察一下砂泥蜂建造住房时的样子吧。它非常审慎而且认真地对待着这项工程。前跗作为耙子，大颚作为挖掘工具。如果碰

↗一只振翅飞翔的蜜蜂

到很难扒出来的沙粒，昆虫的翅膀和身子就会使劲颤动，仿佛在使劲吆喝着一般，那尖锐的沙沙声从地底一直传到上面，好久都没有停下来。过不了多久，它就会咬着挖出来的沙粒，嗖的一声从地底飞出来，然后用大颚用力地把这没用的沙粒丢向远处，以免它阻塞现场。而有一些形状和体积特殊的沙粒，则会得到砂泥蜂的优待，它们不仅不会被丢远，还会被砂泥蜂小心翼翼地用脚搬运到井边放好，这些可是优质的建筑材料，在将来建造封闭场所时会起到很大的作用。你看，砂泥蜂的身子翘得高高的，腹部挂在长长的肉茎末端，需要转身时，它要费劲地调整好身子，然后一点点移动过来。为了避免翻转身体，节约时间，砂泥蜂总是头最后从井里出来。

沙地砂泥蜂和柔丝砂泥蜂工作起来总是一丝不苟。它们的腹部鼓得像梨子一样大，吊在一根带子的末端。由于转身的动作很难控制、肉茎又很细，稍微一用劲肉茎便会断掉。也就是出于这个原因，它们的动作总是很慢，爬行起来十分谨慎，飞起来也尽量倒着飞，以免要

经常地翻身子。可毛刺砂泥蜂就不一样了，它腹部的肉茎比较短，在挖地穴时没有太大的阻碍，就可以像大部分掘地虫一样，动作潇洒而敏捷。

住宅很快就挖好了。别以为砂泥蜂就闲下来了，它还有很重要的任务要做。到了晚上，甚至只要是太阳照不到刚挖好的洞的时候，它便会出发，到挖掘过程中储存下来的小砾石那里巡视一番，选中一块中意的石子；如果找不到满意的，就到附近去找，总是很快就能找到。这是一块扁平的小石子，直径比井口略大一点。砂泥蜂用大颚把石板搬过来，暂时放在洞口上，以保证自己家的门不会被坏人破坏。

第二天，如果天气晴朗的话，砂泥蜂便会出门捕猎。在暖洋洋的阳光下，它轻轻松松就找到了自己的食物。它们先把猎物麻醉，然后用嘴咬着它的颈，用腿把它拖回窝里。砂泥蜂有一项特殊的技能，就是总能够辨清自己的家。在我看来，放在它家门口的小石板和其他的石板并没有什么不同，但它就是有这样的本事，能够在众多石块中找到自己的家。它把猎物放进井底，把卵产下来，把留在附近的泥巴扫进竖井里，然后就可以把竖井永远地封闭起来了。

沙地砂泥蜂和银色砂泥蜂有时候会暂时把住所封闭起来，那是因为太阳已经下山了，它们必须把储备粮食的任务留到第二天再进行。它并不在自己挖的小洞里面过夜，而是用小石板暂时把洞封起来，然后走开到别的地方过夜。砂泥蜂跟朗格多克飞蝗泥蜂一样，喜欢到处游走，并把卵产在各个地方。它偶然走到什么地方，喜欢那里的土壤，便会在那里挖洞。现在，谁也不知道它又飞到什么地方去了，只知道明天一早，它还会回到那未完成的洞穴里，继续它未完成的工作。为了能继续我的观察，我还必须在它的洞穴旁边做个标记，插几根树枝作为标杆，这样我才能找到砂泥蜂的小房子。

砂泥蜂的记忆力令人叹为观止。它不像蜜蜂那样有固定的住所，长期的往返可以使自己很清楚地知道路线；砂泥蜂是自由自在的漂泊者，它从来不会固定在一个地方。在这种情况下，它还能轻易地找到自己曾经挖过的房子就很不容易了。

去找石板不是件容易的活。有的时候它会犹豫很久，寻找很多次。这时候，它就把猎物扔在高处，放在一丛百里香上或一束草上，这样等它匆匆忙忙地搜寻归来，便能很轻易地看到自己的猎物。我用铅笔描出了砂泥蜂的行走路线。那简直可以组成一个复杂的迷宫，线条互相纠缠打结，凌乱不已。是不是这复杂的路线暗示了砂泥蜂的惶恐不安呢？答案只有它自己知道。

砂泥蜂好像迷路了。它站在一个地方来来回回地走，很难回到猎物那里。它自己好像也知道，虽然已经把猎物放到了很明显的地方，把猎物拖回去时还可能遇到麻烦。所以如果寻找住所的时间太长，砂泥蜂会在中途停止探索，回到猎物那里去，确保自己的财产还在，然后再接着上路摸索。一般情况下，砂泥蜂还是可以直接回到昨天挖的井里的。这地点会记在它的脑子里，对它归家起到了重要的作用。如果是我的话，可不敢靠自己的记忆力去找它的窝，我必须用笔把这路线和坐标描出来，再借助我多年的地理学的知识才能做到。

四种砂泥蜂里，我只见过沙地砂泥蜂和银色砂泥蜂用石板把洞穴封起来，而其他两种砂泥蜂似乎从来都不会用这种方式去保护自己的住所。对于毛刺砂泥蜂，封盖似乎完全没有必要，因为它总是在捕捉到猎物附近的地方挖个洞，随时把猎物储存起来。而柔丝砂泥蜂不用封闭物可能另有原因。据我猜测，柔丝砂泥蜂是因为猎物太多的缘故。别的砂泥蜂一般在一个洞穴里放一只猎物，而它会放五只，这就意味着它在短时间内至少要下到井里五次，那么封住住所显然就没有必要了。

↘这只蜜蜂腹部的颜色非常醒目。

用泥土和纸筑巢

为了保护自己的后代，陶蜂亚科中独居的陶蜂成为胡蜂科中的建筑大师。图中这只以色列沙漠里的雌性陶蜂正在以高度的精确性将一个轻巧的向外展开的壶口加盖在筑在石头上的巢穴上。它利用前肢和上颚将一块球形的泥巴“滴”到准确的位置上，同时用触角测量直径。

有些陶蜂收集干燥的建筑材料，然后用嗉囊的唾液将材料混在一起。其他，像南非的陆蜾蠃为了做好工程的准备工作，会跑到池塘或水坑的边缘去找小泥球。

在多种类的陶蜂，雌性会用泥土做一批蜂房，然后将蜂房一个挨一个排在一起。一旦第一个蜂房完工，它就会出发去找毛虫，找到后用刺将毛虫麻痹。当蜂房中存有数只这样的猎物后，它会产下 1 枚卵，用泥土将蜂房封闭。此后，它接着开始做第二个相邻的蜂房，并重复之前的步骤，直到 4~6 个蜂房排成一列。蜂房中的卵孵化后，幼虫就以其中储存的猎物为食。

有些黄蜂是高度发达的社会性昆虫，如下图欧洲普通黄胡蜂是一只已度过冬天且已受精的蜂后。它正在独自努力在这个春天建造一个新的巢穴。那些蜂房中的，是胖乎乎的幼虫。在夏末，这个巢穴的体积会变得非常可观，如左图，内层蜂房中住着幼虫，受到一层宽敞的纸质外壳的保护，其结构如鳞片状，就像图中显示的那样。用泥土和纸筑巢。

大部分群居的黄蜂（胡蜂科），巢穴是用“纸”（即将木质纤维混以唾液）做的。这种巢穴通常没有外层，蜂房暴露在外。图中这些巴西的阳伞蜂为夜行性昆虫，白天都聚集在巢中。

群居型黄蜂的巢穴具有各种不同的外形和尺寸。来自秘鲁的胡蜂的巢穴，各自独立的蜂房一个接一个地连成一串“细绳”，从岩石或屋顶下垂下来。

四处觅食

昆虫的食物多种多样，且跟它们生活的环境有关系。在土壤中生活的昆虫以植物的根和土壤中的腐殖质为食料；寄生性的昆虫大部分以动物的血液为生。过群居生活的昆虫会团结一致把食物带回洞里。有经验的工蚁会像侦察员一样搜索食物的来源。当它们成功找到食物时，它们就回到洞里，把信息传达给同伴。工蚁就会一起到达食物源。蚂蚁用信息素来标记食物。

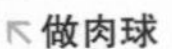

做肉球

一只黄蜂把它的猎物毛虫变成了一个肉球，这样方便带回洞里。社会性的黄蜂通过刺或咀嚼杀死猎物，然后找一个安全的地方，把坚硬的部分像翅膀切掉。最后把猎物身体的剩余部分揉成一个球。

蜜蜂和黄蜂会把食物带回到洞里。一些蚂蚁把食物带回洞里的路线很长，而且由兵蚁守卫。它们可能要把食物分解，或者一起抬起重物。工黄蜂会把昆虫嚼碎后喂养给后代。幼虫会产生一种甜味的唾液，让成年黄蜂食用。

储存花蕾

生活在干旱地带的蚂蚁会未雨绸缪。例如生活在美国西部的沙漠地带的蚂蚁，它们把种子和花蕾储藏在所谓的谷仓中。

恐怖的蚂蚁

兵蚁是可怕的森林猎手，主要捕食小动物，像昆虫，但也会杀死大型动物，像狗、山羊，甚至是被拴住、无法逃脱的马。

大大的褒奖

中美洲的行军蚁抓住了一只纺织娘——一种蚱蜢。兵蚁摁住还处于挣扎中的猎物，一群工蚁把它分解成小块。

甜品

欧洲大黄蜂正在吮吸豕草的花蜜，这种甜味液体是成年蜜蜂和黄蜂的主要食物来源。细小的黄蜂会产生甜味的唾液，供成年蜂食用。秋天，因为没有产卵，所以没有这种甜味唾液。由于食物缺乏，工黄蜂会四处寻觅其他甜品，像水果汁。

行进的方式

当兵蚁安营扎寨时，表明它们正在寻找食物。每天它们会朝不同的方向进发，通常与前一天的方位有120° 的偏差。于是它们的路线就会形成一个从中心辐射出来的星形图案。兵蚁这样的行为要持续3个星期之久。

待在暗处

白蚁刚在一截倒下的木桩里筑了新家，此刻正沿着隐蔽的路线赶路。它们的食谱非常广泛，但由于强烈的阳光会灼伤它们，所以很少到外面来。它们能在柔软的木头或松软的泥土里挖出一条通道。即使移到地面上，顶上也是要有湿润的泥土覆盖。

多样的生活环境

大多数社会性昆虫，例如大多数的白蚁、蚂蚁、黄蜂和蜜蜂生活在热带地区，那里一年四季的温度都很高。雨林是众多昆虫，包括社会性昆虫的故乡；许多白蚁生活在干燥的草原；沙漠边缘的灌木丛林是一些社会性昆虫比如蜜罐蚁的栖息地；亚热带地区夏暖冬凉，孕育着多样的生态环境，是一些特殊物种的理想家园；极地温度太低，昆虫基本无法存活。

森林里的营地

驾驶蚁生活在南美洲的雨林里。晚上，它们会收拢爪子，紧紧地缩成一个球状。

生活的食橱

蜜罐蚁生活在干旱的地方，包括美国西南部、墨西哥和澳大利亚。在雨季，这种蚂蚁收集花蜜，把香甜的花蜜储存在蜜胃里，于是身体就会膨胀，形成一个蜜罐子。在旱季时节，蜜罐蚁就把蜜挂在巢穴的顶部，方便其他蚂蚁食用。

保持凉爽和干燥

一些非洲白蚁的巢穴建造在每天下雨的热带雨林，它们巢穴的通风口有特殊的盖子可以防止雨水的流入，同时通风口也是重要的降温系统。由于白蚁没有翅膀，所以无法像黄蜂和蜜蜂一样通过扇动翅膀，降低巢穴里的温度。

↗土蜂及蜂巢

↗蜜罐蚁的腹中储存了很多蜂蜜。

树上的领地

一些生活在树上的蚂蚁会用丝把叶子粘在一起，做成一个窝，以此来占领大片领地，其中包含了许多的群体。例如，非洲织工蚁群里包含了20棵树上的150个巢穴。这些蚂蚁的领地范围就在1337平方千米——也是迄今知道的最大的昆虫领地。

松林中的家

蜂后待在家里，在湿润的地方，蜂房的开口都是向下倾斜，这样蜂巢里就不会积水。其他物种会在巢穴外面盖一层东西，保护幼虫免受敌人的攻击。

山中的栖身者

熊蜂主要生活在北半球凉爽的亚热带地区，也有一部分生活在热带的山区，海拔高的地方天气也比较凉快。冬天蜂王在巢穴里冬眠，里面的温度比地面要高出很多，厚厚的外衣也能帮助它保持体温。

雨中的蜜蜂

雨季时节，蜜蜂通常躲在蜂巢里，不到外面觅食。如果蜂巢遭到破坏，蜜蜂会在下雨天保持头部向上的姿势，这样水就会从身上流走。

黑蛛蜂与长腹蜂的食物

我国各地其他的一些膜翅目昆虫，单从本能和习性看和我前面刚刚研究过的蜂巢建筑工没什么区别，它们都以蜘蛛为食。因此它们才是真正意义上的泥瓦匠、制陶者。现在我介绍一下生活在本地区的两位制陶艺术家：斑点黑蛛蜂和透翅黑蛛蜂。

它们个头不高，仅比家蚊略大，看似弱小却才华横溢。凭瘦弱身躯，一己之力竟然也能制出相当完美的陶器。其陶器规则之完整令人惊叹。但两种黑蛛蜂的蜂巢也是有所不同的。斑点黑蛛蜂的“坛子”体积比樱桃要小，外形似一只只椭圆的短颈广口瓶；而透翅黑蛛蜂的蜂巢则为圆锥形，口宽底窄，颇似古代的小盅。长腹蜂的蜂巢比起黑蛛蜂的来虽然平坦固定彼此相依，且外形优雅，但是仍稍逊一筹。黑蛛蜂的蜂巢独立且互不相干，它以一点为支撑，从一端到另一端规则隆起，好似迷你碟里的许多精美小盅。因而黑蛛蜂比长腹蜂更配得上筑巢工程师的称号。

黑蛛蜂的蜂房外部粗糙不平，就像建筑工人装修时草草了事一般，根本就没把外表的泥巴抹平整。外壁裸露的粗泥渣也没有经过任何的精加工，等制陶工塑完坛口，外边这片泥渣依然如故。尽管外部这样不美观，但是蜂房内壁却相当光滑，真可谓是精心装饰过。它们在蜂房的内壁上，产卵储存食物，最后将蜂房封口。黑蛛蜂的坛坛罐罐杂乱无章地聚在一起，没有任何保护措施，蜂巢看起来也就不堪一击。

然而雌黑蛛蜂却有自己独特的保护措施，那就是它们蜂房内壁的防水性。如果往长腹蜂的蜂房里加一滴水，则水珠立刻会软化内壁；若往黑蛛蜂的蜂房里加一滴水，则水珠会停留在原处，不会渗透到内壁。这黑蛛蜂蜂房内壁为什么会有防水性呢？这得益于它们对内壁的装修。它们用于加工内壁的材料是粗粒的方铅矿中所含的硅酸铅，正是这一特殊材料，才使得内壁具有了防水性。

为什么只有蜂房的内壁具有防水性呢？现在我们做一个实验，如果把一个黑蛛蜂蜂房，放置于一个水珠上，那么水珠很快从底部渗透到顶端，随即出现的是坛子倒塌，但奇怪的是只有薄薄的内壁保存完整，这也就证明了一个道理，只有蜂房内壁具有防水性。防水剂来源于黑蛛蜂的唾液，由于它体态纤细，唾液含量有限，从而它优先装修自己的内部，也直接造成了内壁和外壁有着很大的区别。黑蛛蜂采集干燥的泥土，混合自己的唾液，不断进行搅拌，使这些泥土成为可塑性的黏土，这些黏土就是内部的装修材料。而外部所用材料是自然湿润的泥土，它不能再吸收唾液了，因此质地也就相对差一些。对于内部材料是用纯净的唾液水，而外部材料则是用普通水浇盖的，这也就不难解释为什么外部遇水即化而内部的防水性好了。黑蛛蜂还有两个贮液罐：一个是腺体，类似储存防水化学反应物质的细颈小瓶；另一个是嗉囊，好比注满水的干葫芦。有了这两个贮液罐，它就能更好地筑坛了。

黑蛛蜂是怎样选择筑巢的材料的呢？我不知道，只是依据习惯猜测而已。长腹蜂收集的泥土不需作任何加工；而石蜂却是对每一粒水泥经过悉心筛选并用唾液调和成糊状，形成自己的筑巢材料。那么黑蛛蜂又是近似于哪家呢？我无从得知。所筑蜂房颜色各异，远远看去白的如路上的灰尘，红的又似我门外的一片沙砾，灰的仿佛附近地区的泥灰岩岩床。黑蛛蜂到哪里去收集这些各色的建筑材料呢？但从色泽上看肯定是来自不同地区，但谁又能想象得到，采集的那一刻究竟是呈糊状还是粉状。

黑蛛蜂有保护自己的秘诀，但是长腹蜂却不懂这样的科学方法。它是如何使自己的住宅具备防水性的呢？正因为它没有黑蛛蜂聪明，所以它用的是最普通的老办法。它把外壁用粗水泥涂抹得厚厚的，用来保护其容易浸水的住宅。它们各安天命，侏儒用清漆釉面，巨人用黏土涂层。

虽说黑蛛蜂内壁光滑有涂层，但是也经不起水的侵袭，且它本身并不牢固，裸露在外就更不安全了，因此它们得为自己找一个安全的栖身之所。这些栖身之所不必太豪华只要能遮风挡雨就好。墙角下的墙洞，树桩下的一个洞穴，石子堆下一只破旧的蜗牛壳，天牛在橡树上留下的旧居，一只条蜂遗弃的蜂巢，一条肥大蚯蚓缓慢爬过留下的甬道，蝉蛹所居的洞穴，这一切看来都不错。在选择住宅上斑点黑蛛蜂没透翅黑蛛蜂那么讲究，因此在日常也就容易见到。虽然常见但也仅仅来拜访过我一次。它们对蜂巢的支撑物并不关心，还常常选择一些奇怪的场所来筑巢。这样的行为让我想起长腹蜂将蜂房筑在一堆账簿上或窗帘上，每每想来很是纳闷。

长腹蜂的坛坛罐罐筑在小圆锥形的纸袋里，这些纸袋用来储存食物。这些食物都是什么呢，让我们来看看吧。长腹蜂和黑蛛蜂一样都是以蜘蛛为食，这是它们最爱的美味。尽管这样，同一蜂巢，就是同一蜂房，储存的种类也不尽相同。只要不超过储存容积的蜘蛛目动物都可以列入它们的食谱。我为黑蛛蜂的食物列了个表，这上面都是它的最爱。它最主要的食物是圆网蛛，包括冠冕圆网蛛、梯形圆网蛛、铁钱圆网蛛、苍白圆网蛛、角形圆网蛛，但最常见的仍然是背部有花纹呈三个白点十字的冠冕圆网蛛。其他就是类石蛛、满蟹蛛、管巢蛛、跳蛛、球腹蛛、狼蛛，如果有必要列下去，我想肯定还有更多的食物。

长腹蜂是敏锐的巡视者，它能轻而易举地捕捉任何一只蜘蛛，虽然它有一大堆的食物，但是冠冕圆网蛛仍是最多的一类。尽管它经常食用这类蜘蛛，可一点也看不出它对此种食物有任何偏好，可能是这种蜘蛛更常见罢了。巡猎时，它不会飞得太远，尽量不远离自己的居所，也就是出门探访一下邻近的旧墙、篱笆、小花园，捕捉眼前飞过的食物。在朴素的村舍门前，用芦竹围起的小花园里，围绕一片白菜地的山楂树的篱笆上，都能看见围坐在网中央等待猎食，或身披十字架的蜘蛛在织网。它们的身影如此常见，也就难怪会经常成为长腹蜂的美味大餐了。

长腹蜂比较挑剔，因为它比其他蜂类更懂得哪种蜘蛛有营养，而且吃起来口感还不错。它对那种肉质肥嫩、口味鲜美的蜘蛛有种特殊的激情，往往遇到自己喜爱的就特别兴奋，喜欢一种甚过其他的。这种特殊偏好也使得它对其他一些只能填饱肚子的蜘蛛不屑一顾。不像方头泥蜂和砂泥蜂兼收并蓄，从不挑食，对它们而言只要能捕捉到，不管是填饱肚子还是一顿美味大餐，只要是双翅目昆虫就可以了。

长腹蜂的近邻家隅蛛就住在我家厨房的天花板和谷仓的托梁上，它在泥巢附近张着自己织的丝网，一切显得那么悠闲，其实它不知道危险就在眼前。长腹蜂不必劳师远征，门前的野味就数不胜数，只要在周围邻近巡猎那么几圈，丰盛可口的美味就能手到擒来。但它为什么不好好利用呢？难道是此种蜘蛛不合它的口味，要说原因还真难讲清楚。不管怎样家隅蛛好歹也是能填饱肚子的，可长腹蜂宁愿舍近求远也不去捕捉它。我多次留意观察它的食物，发现其中就是没有家隅蛛。它对家隅蛛的蔑视也看出来它对食物的质量要求还是比较高的。由于长腹蜂对家隅蛛不采取捕食行动，对于我们来说甚是可惜。你想如果有一个专门的巡猎者每天为你消灭织网的蜘蛛，那该省去家庭主妇多少烦恼呀。并且长腹蜂因此博来的英名，必将被录入益虫宝典，到那时无论到哪里它都会被奉为上宾，就算把泥巴弄得满屋都是也不会被人赶出屋门。

捕食性昆虫传记最显著的特征是介绍昆虫如何捕食猎物，因此我也特别留意观察。长腹蜂与猎物搏斗场面不算宏大，稍纵即逝，还没来得及细看，长腹蜂已经衔着食物飞走了。我曾在它的捕猎处，如荆棘丛前或旧墙下，耐心驻足，但往往收获不大。我曾看见它以迅雷不及掩耳之势，扑向仓皇逃窜的蜘蛛，将蜘蛛捆好后带走。这一系列动作不带丝毫停顿，简直一气呵成。

白蚁

白蚁属于群居昆虫。蚁群有大有小，小的蚁群仅有数百个成员；而大的蚁群，白蚁数量多达700多万只。它们共同进食、劳作、互相照顾，还要协助父母养育兄弟姐妹——这正是社会性动物的真实写照。

每一个白蚁社区都划分为几个不同的阶层：有翅膀、有眼睛的繁殖阶层（蚁后、蚁王、年轻的预备繁殖阶层，末者中的大多数常常还来不及司其职就死掉了）；无翅、无眼的工蚁和兵蚁负责喂食、维持蚁群运转和防御的工作。蚂蚁也具有这种社会化的习性。但每一个白蚁阶层都有两性之分，而蚂蚁、黄蜂和蜜蜂的“工人阶层”中差不多完全是雌性一统天下。

蟑螂和白蚁的混合体

进化

与蚂蚁相比，白蚁的进化史非常独立，而且时间上更早，但白蚁群和蚂蚁群却如此相似。更奇怪的是，蚂蚁居然是白蚁的死敌。

另一个让人吃惊的相似之处发生在白蚁和蟑螂之间。例如，澳大利亚达尔文原始白蚁和北美群居的、食木为生的棕帽蟑螂之间就有很多相似的形态和特征——不仅仅是基本结构上的翅、颚和生殖器，还包括产卵后把卵双列放置，每列20~35个这种习惯。此外，这两种昆虫的肠道内都有食物消化所必需的同类原生动物群，这种对它们有益的原生动物群也会同样地被蟑螂和白蚁通过排泄物传到幼虫体内（白蚁群中，这种幼虫对成虫的依赖是推动种群进化的重要因素）。

社区的建立

繁殖和筑巢

一个白蚁群的形成，始于一只会飞的、性成熟的雄性白蚁被雌性白蚁腹部下面腺体的分泌物散发出来的味道所吸引。没能交尾的白蚁会把自己的翅膀弄掉——来自母巢的短暂离散功能就到此为止了。然后雄性紧跟着雌性，两只蚂蚁一前一后地离开母巢去寻找一个更好的地点筑巢并抚养后代。

第一只幼虫的命运通常注定是在生命的某个阶段成为工蚁。在6个“低等白蚁”科里，没有发育成熟的若蚁也能表现得像工蚁一样为社区的建设献身。

一旦有数只工蚁长大，能筑巢、照料若蚁和收集食物，司防御之职的兵蚁也就培育出来了。兵蚁们装备精良，发达的颚既能咀嚼也能撕咬，坚硬的头部还生有腺体，能在抗敌时向敌人喷出防御性分泌液。然而兵蚁们全得依赖工蚁喂食——工蚁们把自己咀嚼过的食物混合上唾液，形成糊状，吐出来给其他兵蚁享用；或将吃进去的食物很快从肛门拉出来，供其他白蚁舔食。而最开始那两只飞白蚁，身边围绕着自己的部下，成为了社区中真正的“国王”和“王后”。

大多数种类的白蚁，兵蚁和工蚁都没有视觉，直接依靠头部表皮感光。在一个成熟的蚁群中，有能繁殖后代的发育完全的成年白蚁。与它们的兄弟姐妹们不同的是，这种白蚁有翅膀和眼睛。这一时期，蚁后每天能产卵不下3万个，身体膨胀为一个长14厘米、直径3.5厘米的产卵机器。国王相比它体型巨大、白白胖胖且

↘ 从白蚁巢出来的雄性或雌性白蚁（有翅切叶蚁）飞行能力差，给了从老鹰到地面的甲壳虫等诸多天敌以大量的捕食机会。在交配前，它们将蜕掉翅膀。

↗ 纳米比亚草白蚁属的收获蚁收集植物原料高效得就像它们在和牛或者羊这样的家畜进行重大比赛一样。

颤巍巍的配偶，简直是侏儒。

时机合适的时候——通常是暴雨过后，工蚁们开始在巢中掘洞或者像有的白蚁那样造一些专门的空心塔，把年轻的繁殖蚁从巢中放出去，让它们自己飞向外面的天地自立门户。被放出来的这些白蚁，实际上还很弱小，飞行能力也不强，很容易就成为它们的天敌如蚂蚁、蜘蛛、壁虎、蜥蜴，以及鼩鼱等哺乳动物，还有很多鸟类比如鹧鸪、猎鹰等的口中食，甚至还包括人类。但总有少数能幸存下来组建起一个成熟的团体。

特殊的食物消化方法

食物和进食

在昆虫中，只有等翅目的成员能消化纤维素（所有植物的主要化学成分）。这种消化能力来源于白蚁和原生动物、细菌、真菌的共生

知识档案

白蚁

纲 昆虫纲

亚纲 有翅亚纲

目 等翅目

下分7科，共约2300种

分布 赤道南北45°~50°内均有分布，但主要集中在热带（如北美仅有41种）。

体型 多数体型纤细。体长2~22毫米，有些蚁后的体长能达到14厘米。

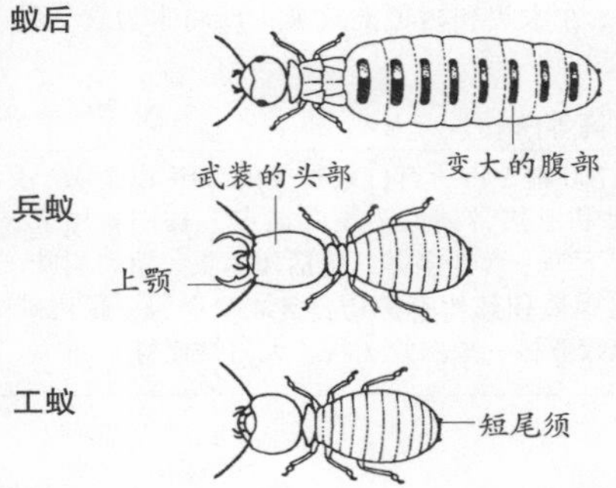

特征 高度社会化，形成大型、永久性的白蚁群，群内有“阶层”的划分，不同“阶层”的白蚁有不同的形态；繁殖蚁体色较暗，有1对形态相同的翅膀，群体飞行后自行脱落；头部有咬合式口器，与身体其他部位成直角。

生命周期 若虫和成虫形态相似；无蛹期。

习性，后三者为它们提供了消化植物所必需的消化酶。

肠道中有原生动物的白蚁全都属于“低等白蚁”，这其中的大多数都以腐木为食。然而，其中还是有很多成分连白蚁也消化不了，大量的这种粪便被用做筑巢的建筑材料，或者直接就排泄在白蚁住的一堆堆木头或泥土上。

“高等白蚁”是白蚁的第七个科，其肠道中不含共生的原生动物，却有更高效的细菌和真菌。这些共生物部分地解释了这一科白蚁进化上的成功——种类繁多，食性也非常多样。四个高等白蚁亚科成员中，有三个的白蚁在其后肠中含有大量的细菌，能帮助植物性食物在其肠道内发酵。

多数白蚁钟情于吃已死的植物，因为真菌已经在进行分解工作，细胞分解后就能释放出养分。在非洲和亚洲的稀树大草原地区，长长的干燥季节大大降低了真菌的分解速度，使白蚁钟情的食物减少，但大白蚁亚科（包括土白蚁属和大白蚁属）的成员却能以一种独特的方式克服食物短缺的问题：它们发明了一套在蚁巢内部用粪便培养鸡枞菌属真菌的方法，真菌将粪便分解后，就可以供白蚁食用。这些培养真菌的白蚁有着非同一般的生态意义——旧大

白蚁家族

澳白蚁科（达尔文白蚁）

1 种，见于澳大利亚；低等品种，在树桩上筑巢；以木头为食，危害多种材料。

齿白蚁科（锯齿蚁）

1 种，见于巴西；在其他白蚁群的塔墙上筑巢；食性未知。

木白蚁科（木白蚁）

350 种，赤道南北 45° ~50° 内均有分布，但主要集中在热带；在死掉的树枝上筑巢，以干燥的死木头为食；是毁坏林木、建筑木材的害虫。包括木白蚁属和新白蚁属。

草白蚁科（切割白蚁）

非洲、阿拉伯半岛和亚洲较干旱地区有 17 种；在地下筑巢；以草为食；是草地害虫。

鼻白蚁科（湿木白蚁）

约 210 种，赤道南北 45° ~50° 内均有分布，但主要集中在热带；在腐木上筑巢，并以腐木为食；有些种类会对建筑和庄稼造成毁灭性的破坏。

原白蚁科

在澳大利亚、南亚、南非、美国和智利共发现有 17 种；在木头和树桩上筑巢，以腐木为食；是木料害虫。

白蚁科（高等白蚁）

约 1700 种（占所有白蚁种类的 70% 以上），分布于热带和亚热带地区；巢穴地点多样——树上、地表、地下等；食性多样，包括死木头、草、树叶、泥土、腐殖质和其他有机物。含 4 个亚科：顶白蚁亚科、白蚁亚科、象白蚁亚科、大白蚁亚科。

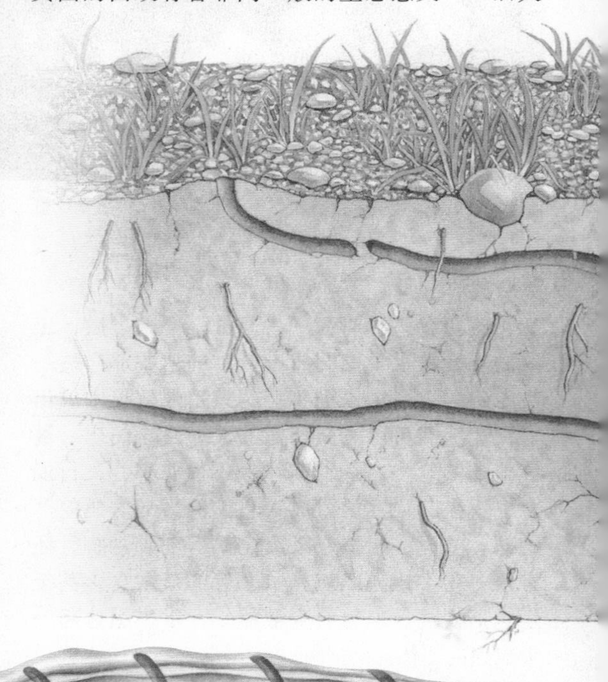

→蚁后（图 1）将成千上万的卵保存在它的腹部，它的体型是在旁边忠实照料它的蚁王（图 2）的很多倍。大型工蚁（图 3）外出觅食；小工蚁（图 4）则在巢穴内工作。

陆大多数季节性干旱地区生物的生态分解工作主要就是靠这些白蚁来完成的。

御敌于家园外
防御策略

有些哺乳动物专门以白蚁为食，包括非洲的土豚和土狼、非洲和亚洲的穿山甲、南美的食蚁兽。然而白蚁最大的敌人是蚂蚁。有许多种蚂蚁专门袭击白蚁的粮草征收队。白蚁的粮草征收地点很不固定，离巢越远就越容易遭到敌人袭击。有些白蚁，如木白蚁科下的木白蚁

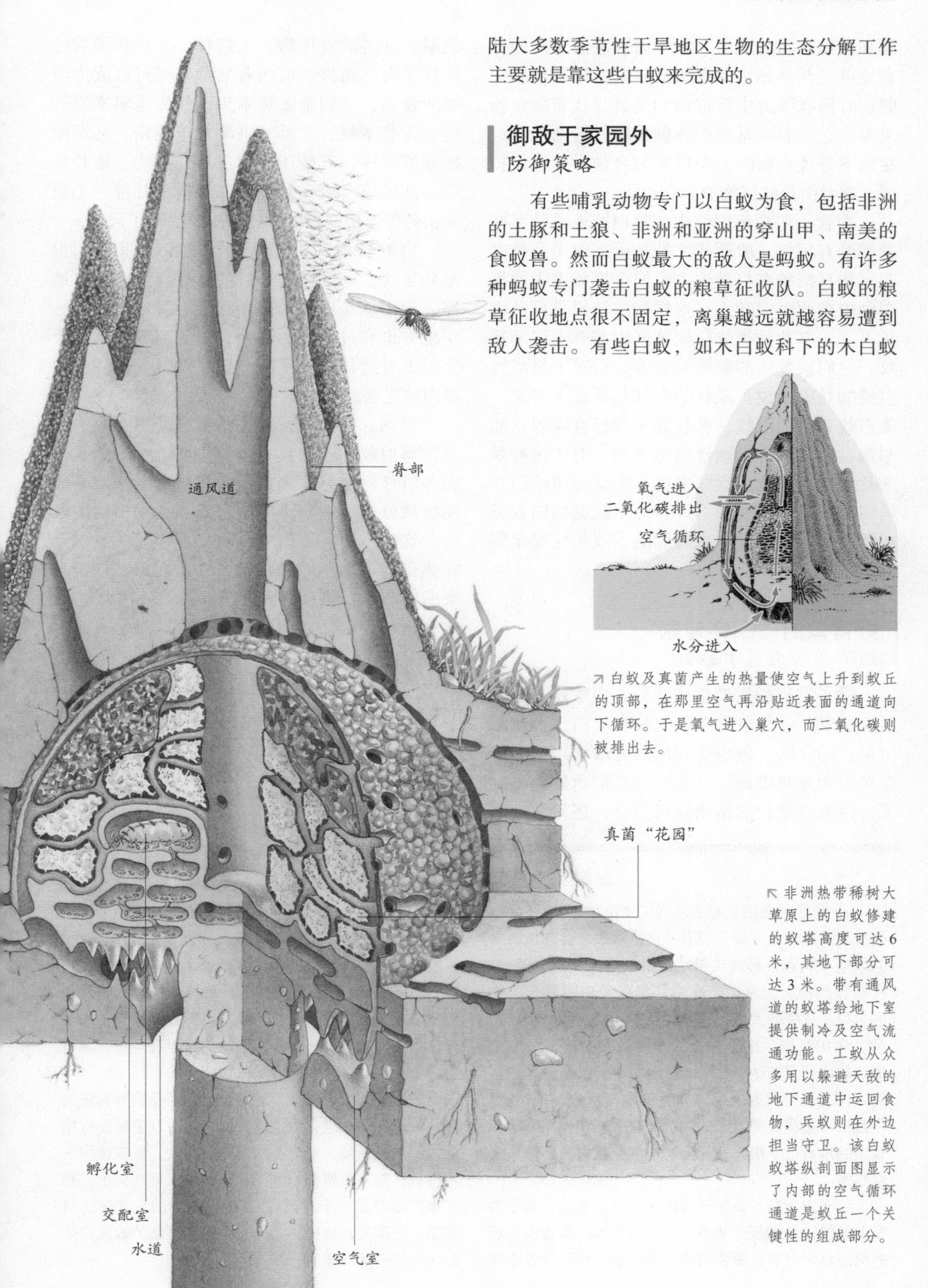

↗白蚁及真菌产生的热量使空气上升到蚁丘的顶部，在那里空气再沿贴近表面的通道向下循环。于是氧气进入巢穴，而二氧化碳则被排出去。

↖非洲热带稀树大草原上的白蚁修建的蚁塔高度可达6米，其地下部分可达3米。带有通风道的蚁塔给地下室提供制冷及空气流通功能。工蚁从众多用以躲避天敌的地下通道中运回食物，兵蚁则在外边担当守卫。该白蚁蚁塔纵剖面图显示了内部的空气循环通道是蚁丘一个关键性的组成部分。

属和新白蚁属的成员，从不离开它们巢穴的分支地点。其他如培养真菌的白蚁，则是从巢穴的临时网状隧道中行进约50米远寻找新的食物来源。它们有一系列的防御手段：造加强巢；在地下寻找食物时，会用泥为食物做一层保护层，或者由兵蚁打掩护。

在食土的高级白蚁中，顶白蚁亚科的某些属都没有兵蚁，取而代之的是由工蚁司兵蚁之职，如有蚂蚁来打劫，工蚁们会把肠道中的黏糊糊的东西喷向敌人，这样做的结果是自己也活不了。多数种类的白蚁社区中都有专门的兵蚁，它们被发达的颚部武装着。但对于最高级白蚁的兵蚁来说，武装的颚部几乎成了多余。象白蚁亚科的白蚁，长长的头部长有额腺，能制造黏糊糊、有刺激性的化学物，对于这种颚部几乎完全退化的兵蚁来说，用这种策略引开蚂蚁的注意非常有效。许多鼻形蚁属的白蚁都在露天呈纵队觅食，由两侧的兵蚁担任安全保卫工作。

好胃口的“循环专家”

经济学和生态学影响

除了它们的定期集会之外，白蚁是一种隐居性昆虫——尽管许多收获蚁在大白天也会派出觅食的纵队。但由于它们到处破坏东西，以至热带和亚热带地区的人们对它们再熟悉不过了。白蚁以死亡的植物材料为食，还常常用之筑巢。人类的农作物、人造林、工厂和民居已取代了自然植被，而所有的这些都可以成为白蚁的食物，它们会毁坏木头、作为木料来源的树、建筑木材、家具、书籍、包装箱，甚至枪械和板球棒，其他还包括皮革、衣物、橡胶电缆，此外还有农作物，比如果树、甘蔗、土豆和山药等，但简单的驱逐根本解决不了问题。

白蚁造成的破坏可以说非常严重。20世纪50年代，印度旁遮普省的一些村庄被整个遗弃，原因就是白蚁的破坏行为。哥伦比亚的一些地方也有过同样的遭遇，以至当地教堂的十字架上有这样的题字：“望主耶稣保佑我们免遭白蚁之害。”

然而，人类对付死亡植被的能力有限，这也使得白蚁的存在具有至为重要的生态意义。因为对任何生态系统来说，其核心要素就是要使植被分解后回到土壤中，成为新生植物的养分。这项工作主要由细菌和真菌来完成，但是在热带稀树大草原和森林中，白蚁也发挥了重要的作用。在热带地区，白蚁能消耗掉近1/3的死亡植被，包括木头、树叶和草。每平方米的地表上白蚁的数量能达到2000~4000只，有的地方则能多达每平方米1万只，远在其他土壤中的动物之上。单位面积内，它们的生物量通常在每平方米1~5克的范围内，偶尔高达每平方米22克，是密度最大的脊椎动物群——坦桑尼亚平原上的羚羊迁徙群和其他哺乳动物的2倍。

自然界最优秀的“建筑师”

大多数种类的白蚁都会把它们的巢穴建在隐蔽的地下或死木头下面，但有一些高级白蚁会建造奇特的蚁塔和树巢，形成热带地区景观的重要组成部分。在非洲的稀树大草原，高温和低降雨量不利于生物的生存。正午的太阳下，暴露的白蚁只能存活几分钟。为了保护蚁群，培养真菌的非洲白蚁会建造一个塔形的蚁山，可高达 7.5 米，露出地面的部分全是中空的，以便让空气在内部流通，使地下部分保持恒温，不致出现昼夜温差过大的情况。在蚁塔中，用来培养真菌的地方占了很大一部分，也会给蚁巢内部带来大量热量。

位于澳大利亚北部干燥地区的达尔文市，著名的罗盘白蚁建造的楔形巢穴，高达 3.5 米。其宽大平坦的两面分别对着东面和西面，平坦的面可以吸收早晚太阳的温热，而东西朝向则使它不会吸进中午太阳的毒热。也是在澳大利亚，长鼻白蚁建造了许多高达 6 米的蚁塔，成为当地的永久性景观，其中有些已有超过 60 年的历史。这种具有了不起的多样性的长鼻白蚁在南美也有发现。在该地区，与爱在地面筑塔的长鼻白蚁相映成趣的一种食草白蚁的巢全在地下，深可达 3.4 米。

在雨林区，温度变化带来的问题不及突如其来的豪雨。非洲雨林区，食土的方白蚁属白蚁会建造有帽状或树冠状屋顶、能遮雨的蘑菇形巢穴。就在这同一片雨林，原方蛩属白蚁则把它们的巢穴粘在树上，再在巢穴顶部造一个用近 40 层泥巴糊成的人字形防雨屋顶。在南美，某些种类的长鼻白蚁建造的蚁巢几乎跟这种的一模一样。

建造摩天大厦的白蚁

白蚁是昆虫纲等翅目昆虫，其前后翅的形状、大小几乎一样，而且翅长远远超过身体的长度。白蚁的样子和习性都很像普通的蚂蚁，可事实上二者并非近亲。白蚁是从2.5亿年前类似蟑螂的生物进化而来的，而蚂蚁则由蜜蜂和黄蜂等距现在较近的生物演化而来。

多数蚂蚁像蜜蜂和黄蜂一样有腰部和长而对称的触角，它们全身都为黑色而且很坚硬。而白蚁没有腰，触角短且呈须状，身体灰白柔软。白蚁一般生活在热带和亚热带，而蚂蚁则遍布世界各个角落。

白蚁是一种社会性昆虫，过着集体营巢的穴居生活。白蚁王国的社群由很多等级组成，社会结构异常复杂。

蚁后是白蚁社会中的统治者，它养尊处优，终身担负着延续种族的产卵任务。通常，一只蚁后一生中可产卵达100万枚。蚁王比其他蚁大得多，但个头还是比巨大的蚁后逊色得多。

群体中绝大多数是工蚁，它们负责建筑和维修蚁穴，侍奉蚁后、蚁王和兵蚁进食。兵蚁的责任是保护蚁穴，它们有的长着月牙刀形的颚，以便杀伤敌害；有的长着喷壶似的吻，用来喷射黏液，捕捉蚂蚁。工蚁和兵蚁都没有生殖能力。除了蚁后、蚁王外，也有次级蚁王、蚁后，它们在蚁后、蚁王生殖功能衰退或死亡时来“接位”。

非常有意思的是，在白蚁繁殖过程中，如果那时蚁后、蚁王和兵蚁都不短缺，若虫只能长成一个没有生殖能力的工蚁；反之，若虫在一两周内就可发育成一个有生殖能力的成虫或兵蚁。生物学家称，这是由白蚁身上的一种特殊的激素(荷尔蒙)所致。

对于白蚁来说，木头就是“面包”，它们的主要食物是充满纤维素的各类木材。这种怪癖对一般动物来说是难以想象的，然而对白蚁来说，咀嚼那些硬而无味的木头却是正常的生活习性。这是由于在白蚁的肠道里共生着一种白蚁共生原虫——超鞭毛虫。它们分泌的酶可以将木材分解成各种糖类，为白蚁提供能量。然而，这种超鞭毛虫只能寄生在工蚁和兵蚁的肠道中，蚁王、蚁后和幼蚁没有这种动物，因此它们只能依靠工蚁用自己肠内的一部分半消化食物来喂养。

白蚁还喜欢吃各种真菌。有些白蚁群体专门在巢内培育真菌。工蚁将木屑、草料、粪便和自己喷出的黏液混合在一起，然后搓成海绵般的小颗粒，将这些小颗粒筑成“育菌圃”。而伞菌的孢子或菌丝体就通过工蚁的唾液及粪便接种到“菌圃”上去，然后工蚁不断地施加肥料——粪便。用不了多久，白蚁们便可以吃到自产的美味食物了。

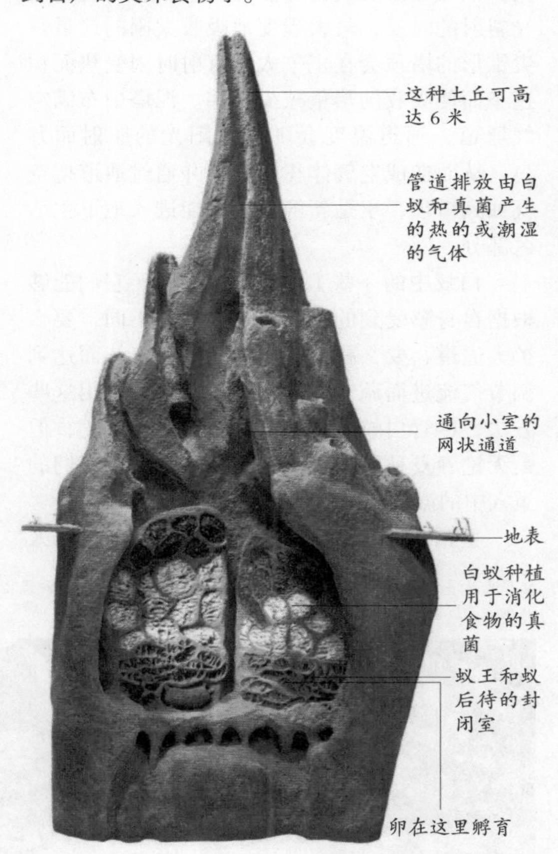

特别值得一提的是白蚁的建筑本领。它们的建筑“理念”竟然被我们人类用于建造摩天大楼上。

白蚁会对摩天大楼的建造有启发，说来你可能不信，但确有其事。白蚁的巢穴通风极好，温度适中，许多高楼大厦的建造者正是从白蚁身上获得了灵感，建造了很多不用人工空调而使用天然风调节室内温度的摩天大楼。

“盔甲”武装的头部

巨颚

软体

↖ 兵蚁

首先看一下奇特的白蚁的巢穴，它是由生活区和奇特的泥塔两部分构成。横截面为楔形，并且尖头总是朝向北方。塔高3米左右，泥塔的侧壁面积很大，但皱巴巴的表面却能够在早晨和傍晚太阳光斜射的时候，最大程度地吸收太阳的热量。尖锥形的塔顶会在正午太阳直射时因受热面积过小而使吸收的热量减少一些。泥塔中布满空气通道，通道温度会随着太阳光的照射而升高，从而造成空气体积膨胀，并通过通道把空气抽到塔顶，于是新鲜空气便能进入地下生活区部分。

白蚁中的一些工蚁更聪明一些。它们能够根据自身感受到的巢穴各处温度的不同，要么扩大通道，要么减少甚至堵断通道，从而达到调节气流进而调节穴内温度的目的。应用这些方法，尽管白蚁巢穴外面的温度千变万化，但是无论春夏秋冬，也无论黑夜和白天，它们的巢穴中的温度都始终保持不变。

生活在非洲和大洋洲的白蚁能建造比人体还高的蚁塔。这些建筑很像城堡，有各种各样的形状，有圆锥形、圆柱形、金字塔形等，最高的能达7米，占地100多平方米。蚁塔中有无数弯弯曲曲的隧道，长达数百米。

人们从白蚁巢穴的建造和温度调节的原理中受到了启发，并将它应用在摩天大楼的自动控温结构上。这种大楼的角上往往建有作用与白蚁巢穴的泥塔作用类似的圆柱形玻璃塔，通过它形成自然通风。由于玻璃塔的气流通道与各个房间是相通的，所以房间中的新鲜空气可以随时置换进来，而多余的热量也随着塔中的上升气流被带走了。大楼中还配套装有计算机控制系统，如同工蚁的工作，通过感知大楼里的温度高低不同随时进行温度调节。

人类在很多方面都得益于动物的启示，相信在动物们的“帮助”下，人类会生活得更加美好，与大自然相处得更加和谐。

↘ 这些大土丘是造冢大白蚁修筑的蚁垤，其形状视白蚁品种及由唾液黏合的土粒性质而定。这些土丘很肥沃，足以养活森林植物群。

甲虫和臭虫

如果你是外星人，某天来访问地球，你会觉得什么是地球上的主要生物形式呢？人类认为自己主宰了地球，但昆虫更胜一筹。地球上有一百多万种的昆虫，而人类却只有一种。

科学家把昆虫分成不同的目，同一个目里的昆虫有着相似的特征。甲虫和臭虫是两种主要的目，两者主要的区别是：甲虫的颚可以咬东西，臭虫的口器用于吸食东西。甲虫是最大的目。至今为止地球上有35万多种甲虫和5万多种臭虫。

甲虫目

甲虫属于鞘翅类，意指翅膀上有外壳。大多数甲虫有两对翅膀，坚硬的前翅搭在精致的后翅上，形成像盔甲一般坚实的保护壳。长角甲虫的得名就是它长长的触角。

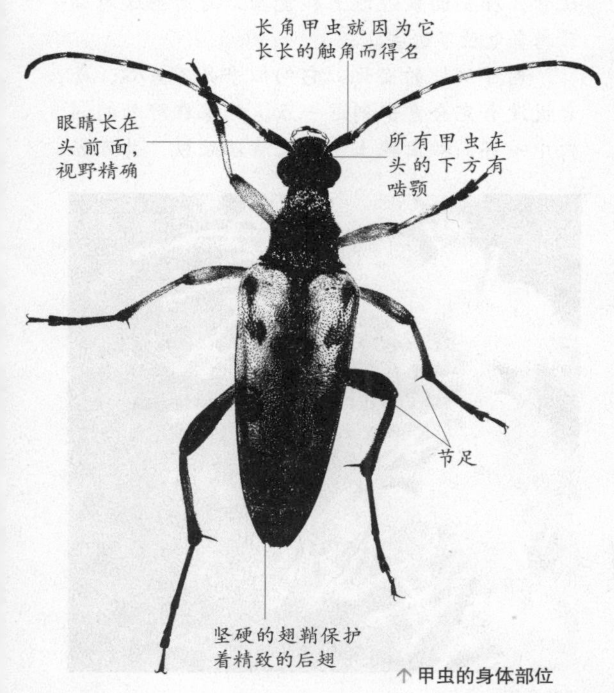

↑甲虫的身体部位

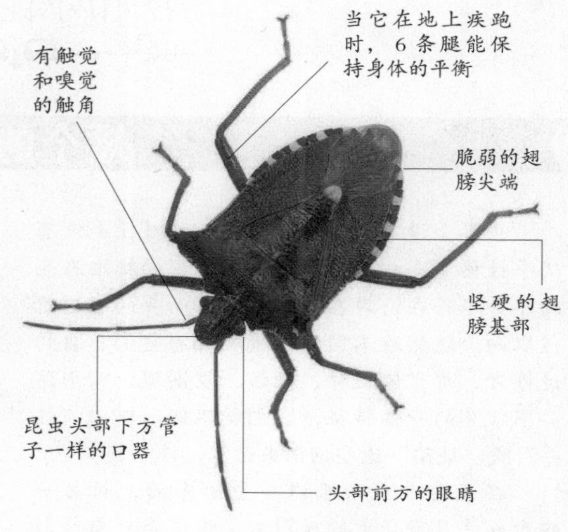

↑臭虫的身体部位

生活在水里

不是所有甲虫和臭虫都生活在陆地上，例如潜水甲虫就生活在淡水里。潜水甲虫在水下觅食，潜入水中在河床上寻找食物。

一起觅食

多数甲虫和臭虫单独生活，但一些物种，比如蚜虫过着群居生活。虽然它们不会像蚂蚁和蜜蜂一样形成一个群体，但蚜虫的群居方式对赶走敌人也是非常有用的。

臭虫目

臭虫有许多不同的形状和大小。所有臭虫都有长的口器，形成一个可以吸食液体的管子。它们属于半翅目，意思是半个翅膀，因为许多臭虫的前翅，基部坚硬，尖端脆弱。当它们合拢翅膀时，形状就像武士的盾牌。

幼虫

甲虫幼虫与成年甲虫看上去完全不一样。金龟子幼虫以土壤中植物的根为食。几乎所有的甲虫和臭虫的幼虫都从卵里孵化出来，经过生命周期的几个阶段以后，长成成虫。

法布尔昆虫趣谈

矮个的昆虫

世界上没有两片完全相同的树叶，也没有两个性格完全相同的人。一成不变的标准在生物界并不存在，存在的只是因人而异的不同价值取向。既然连不同的道德观都有它们各自的追捧者，那么像驼背、独眼、罗圈腿、畸形这些不常见的身体特征，我们就不能一概以“怪异”或“缺陷”这些词语来形容。

在某些人看来难以接受的东西，对另一些人或许具有强大的吸引力。这就是大自然与人类社会都存在的互补法则，就像普罗旺斯的一条谚语说的那样：“任何一把茶壶都能配上壶盖，任何一个人都能找到合适的配偶。”当然，所谓的“合适”因人而异。所以，当你看到昆虫界里那些看上去不太般配的伴侣时，千万不要像我这样大惊小怪。

在一次偶然的情况下，我得到了一对蒂菲粪金龟。我找到它们时，这对夫妻正在洞底忙着挖掘泥土，令我惊讶的不是那位女主人的美丽和优雅，而是它那矮小的丈夫！雄蒂菲粪金龟身材瘦弱，身高只有12毫米，正常情况下这种雄性昆虫一般都会长到18毫米。它的体积几乎只有普通雄性的四分之一，除此之外，就连它们特有的胸前那三根并排长矛都出现了畸形：正常情况下这三根刺都应该弯向头顶，但现在中间那一根又短又小，两侧的两根也只长到和眼睛等高的位置。我感到奇怪，那位漂亮的姑娘为何偏偏选中了这样一位既不潇洒也不帅气的侏儒丈夫呢？

这种情况我并不是头次遇到。我曾经为一位英俊而魁梧的雄性蒂菲粪金龟寻找伴侣，不幸的是，姑娘说什么都不肯接受我为它锁定的配偶，为了撮合这门婚事我绞尽脑汁，最后，我不得不为这个小伙子另配佳偶。连拥有好身材、好相貌的雄虫都会被拒绝，那么这只矮小的粪金龟怎样俘获了漂亮姑娘的芳心呢？难道我们要用“爱情是盲目的”这句话来解释这种不太般配的结合吗？

虽然心有疑惑，但我的注意力并不在那里，还有更加有趣的事情值得我推敲：按照遗传学的观点，子女的身高、相貌多少都会受到父母基因的影响。这是不是意味着这对极不般配的夫妻所生下的孩子中，会有一部分长成母亲那样的瘦高个，而另一部分像父亲一样矮小？

为了得到确切的答案，我决定把它们“圈养”起来。遗憾的是我没有合适的牢房，如果能用木板做一个高高的空心木柱，再在里面装满泥土，那就再合适不过了，但眼下的条件并不允许，所以我只好找了一个做昆虫实验用的试管，往里面装进沙土和食物，随后将这对蒂菲粪金龟放了进去。

对于环境的变化，它们似乎并不关心，或者说没有完全意识到这一点。就像在野外的洞穴中一样，雌虫挖土，雄虫清理垃圾，并开始

↗花金龟

把堆在外面的粪球挪到洞里。很快，雌虫挖到了试管底部，它们这才发现无法继续劳动。由于试管中的土壤厚度无法满足蒂菲粪金龟对于洞穴深度的要求，很快，这对夫妻死去了。

实验失败，破解侏儒之谜的线索也断了。我想到的是，这只雄虫为何成了侏儒？莫非它的父辈或祖辈就是矮个子？它的子女也会把父亲的身材当作遗产继承吗？如果这一切与遗传无关，又是什么因素导致？一连串的问题让我感到头痛。关于遗传的问题我因缺乏专业知识无法验证，只能希望通过力所能及的实验寻找突破口。想到人类中那些因缺乏食物而面黄肌瘦的孩子，还有因营养过剩而令人操心的小胖子，我开始怀疑食物的供给量也会对昆虫的身高构成影响。

一根有弹性的绳子会根据拉伸力度的大小出现长短变化，一个可伸缩的袋子会因为放入物体的多少发生体积缩胀，假如把昆虫的身体当成绳子或袋子，这种现象就不难理解了。昆虫的进食量应该有一个范围，低于最低值，昆虫会饿死；之所以出现了矮子，可能是因为它摄入的食物量不够；如果在最低限度之上增加数量，同时又不超过可承受范围，就会得到一个身高正常或偏高的生命。如果这一套可伸缩理论不算荒唐，那么我是不是可以随意制造矮子或巨人？是不是通过控制它们的食物摄入量就能做到呢？

但是，昆虫们有自己的智慧，通过强迫进食来制造巨人恐怕只会白费力气，因为它们一旦吃饱就会停止进食。所以我的实验只能在最低级和最高级之间进行，以保证它们既不会被饿死，也不会因超量的食物而苦恼。

如何确定幼虫正常的食物定量是我遇到的第一个问题。一般来说，绝大多数昆虫父母都会为它们即将出世的孩子准备取之不竭的食物，幼虫们想吃多少就吃多少，除非胃再也无法负担，否则就没有限制。其中育儿经验最丰富的要算食粪虫和膜翅目昆虫了，它们预备的食物往往数量适中，绝不会出现不足的情况，也不会因过多而造成浪费。

蜜蜂类昆虫也是分配食物的一把好手，它们不仅预备了足够多的蜂蜜，而且会根据幼虫的性别分配食物：雌虫个子大一些，就多分点食物；雄虫个子小，就少分一点。像蜜蜂一样按性别为幼虫分配食物的还有鞘翅目昆虫。我曾经尝试过破坏这些母亲精心的分配，将雌虫的食物匀一部分给它的兄弟们，这虽然没能制造出巨人和矮子，但成虫的身高确实受了影响。

↗ 小小的粪金龟

这让我的想法更加坚定，食量确实能影响身高，我将通过更多实验证明这一点。接下来的任务是挑选我的实验对象，膜翅目昆虫被我排除，原因是，它们的幼虫过于娇弱，很可能夭折于实验之中。而那些身体健康、胃口较好、大小明显的圣甲虫则完全符合我的要求。

圣甲虫会把粪球揉成大小不同的梨形，分配给每一条幼虫。或许也是因为性别不同，幼虫们得到的梨形食物有大小上的差别，对此，我没有做实验性质的认证，而是像当初改变蜜蜂母亲的分配一样，将圣甲虫母亲自认为最恰当的配给进行了调整。

我在五月初做了一项削减食物的实验。我把四个包裹着虫卵的粪梨横向切开，然后把球冠形的梨腹扔掉，而把寄居着虫卵的梨颈分别放在四个广口瓶里。广口瓶的好处在于，能给孵化中的幼虫提供恰到好处的外部条件，因为瓶子内部既不干燥，也不太潮湿。在食物被削减了一大半的情况下，这几条幼虫只能依靠有限的粮食完成生长过程。可能是由于瓶里的舒适程度比不上洞穴的温暖和湿润，两条幼虫很快就死掉了。为了观察其余两条幼虫的生长情况，我在粪球外壁挖了一个小洞作为观望口，两个小家伙一直尝试着用粪把它堵上，终究没有办到。

身体部位

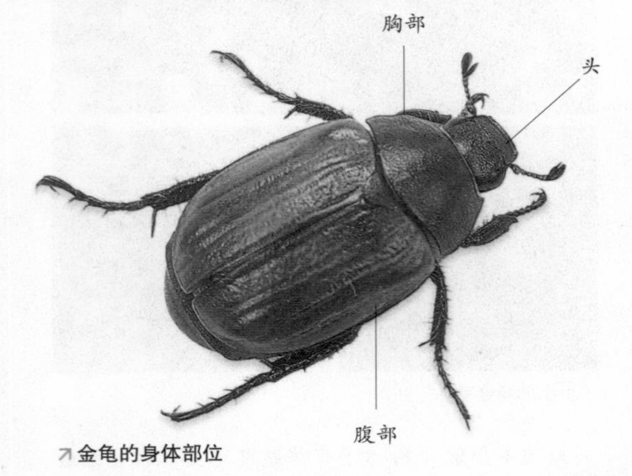

↗ 金龟的身体部位

人的身体由骨骼支撑，甲虫、臭虫和其他昆虫没有骨架，而是由坚硬的外骨骼保护。这层外骨骼防水，也可以在炎热的季节里阻止水分的流失。同时外骨骼又是密闭的，但上面会有一些特殊的气门，让昆虫呼吸。

"昆虫"这一词来源于拉丁文，意思是分类。与其他昆虫一样，甲虫和臭虫的身体由3部分组成，头、胸和腹部。几乎所有成年的甲虫和臭虫都有 6 条腿，和两对用于飞行的翅膀。

3部分

甲虫的主要感觉器官触角和眼睛长在头部，翅膀和腿在胸部，腹部有消化和循环系统。在地上时，甲虫的腹部被翅膀覆盖住。

呼吸和神经系统

呼吸系统是由气门和与之相连的管道组成的。空气通过管道到达身体的各个部位。神经系统通过感觉器官接收信号，把信号传递到肌肉，让肌肉运动。

↘ 甲虫的呼吸和神经系统

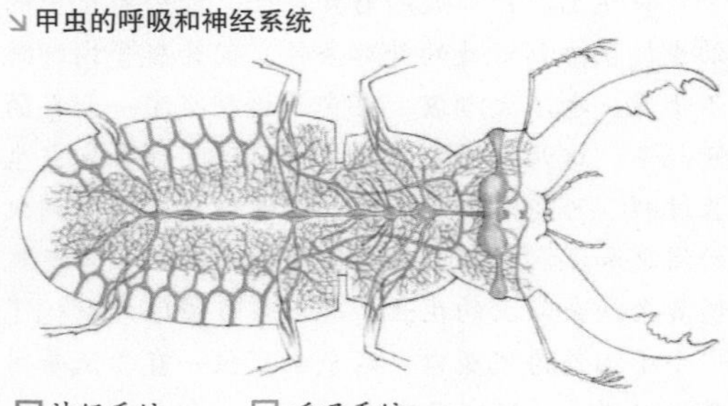

其他身体系统

消化系统消化和吸收食物。循环系统包括一个长而细的心脏，由它把血液输送到全身。腹部有生殖系统，雄性长有两个可以分泌精子的睾丸，雌性有两个产生卵子的卵巢。

冷血动物

与所有昆虫一样，甲虫和臭虫是冷血动物。这意味着它们身体的温度与周围环境是一致的，通过四处走动来控制体温。甲虫和臭虫还会靠晒太阳来提高体温。如果要降低体温，它们就要挪到阴凉处。

在寒冷的环境下存活

虎甲虫的卵藏在泥土里。在一些地方，冬天温度太低，多数成年的昆虫都无法生活。成年昆虫死后，它们的卵可以在泥土里存活下来，因为那里温度相对高一些。当春天来临时，小昆虫就出生了，生命得到繁衍。

移动的城堡

犀牛甲虫全副武装，它坚硬的外骨骼覆盖了它的全身。头部的表皮长成3个长长的突起，就像犀牛的角。有了这一身盔甲，它四处移动就非常安全了。

甲壳虫汽车

在 19 世纪 40 年代，甲壳虫圆圆的形状给了德国汽车生产商大众灵感，大众生产出世界上颇受欢迎的家庭用车——甲壳虫汽车。这种汽车坚硬的外壳就像甲虫的外壳，有很高的安全系数。这种设计非常成功，甲壳虫汽车最近又进行了改进，被再次投入生产。

灵敏的感觉

→ **多刺的感受器**

锯天牛有着长而弯曲的触角，上面有各式各样的毛。每根毛都与神经相连，当毛被触碰时，信号就会传递到昆虫的大脑里。

↖ **臂肘状的触角**

象鼻虫的触角长在长长的鼻子上。许多象鼻虫的触角由多节连接而成，犹如人弯曲的臂肘一样。一些象鼻虫在触角的基部还有特殊的器官，能振动产生声音，起到耳朵的作用。这只刷子鼻象鼻虫在鼻子上长有浓密的长而敏感的茸毛。

甲虫和臭虫感觉敏锐，但它们感知的世界与人类看到的不一样。大多数甲虫和臭虫视力和嗅觉很好，但没有听觉。主要的感觉器官集中在头部。大多数甲虫和臭虫有两只复眼，由许多小透镜组成，擅长感知物体的移动。一些甲虫和臭虫的头顶长有珠子一样的眼睛，对光和暗非常敏感。触角是大多数甲虫和臭虫的主要感觉器官，用于嗅觉和触觉，有些还能用作听觉和味觉。触角的形状非常多样，一些甲虫和臭虫的口器上长有特殊的触角，被称作触须。昆虫身体上的毛非常敏感，可以收集空气中微小的信号，警告它们敌人的靠近。

分叉的触角

中美洲有一种长有分叉的触角的奇特甲虫，看上去像牡鹿的鹿角。这些分叉的触角既能闭拢，又能分开，以收集从远处传来的气味，比如异性的味道。这样的气味非常微弱，人是感受不到的。

嗅觉和触觉

长角甲虫因其长长的触角而得名。昆虫的触角有时也叫做感觉器，这种称呼有时会误导人，因为感觉器用于感知事物，但它们的触角主要的作用是收集气味。像长角甲虫的触角就是对气味和触碰非常敏感。

复眼

滑稽甲虫的大眼睛盖在头上，只有长出触角的部位露出来了。每只复眼是由成百上千的小透镜组成的。科学家认为每个透镜的成像形成了最后的影像。即使这样，科学家还是无法确定甲虫和臭虫看到的世界。

小透镜

从甲虫复眼放大后的图像中可以看出，它是由许多小平面组成的，每个平面指着不同的方向。每个平面都是由表面的透镜和内部的透镜组成。透镜把光线集中到眼睛中间叫做感杆束的结构上，再传导到眼睛后面的神经纤维。神经纤维把信号传递到大脑。成百上千的小透镜可能无法形成像人眼产生的那么完整集中的影像，但也能收集颜色和形状的信息，特别适合判断微小的移动。

法布尔昆虫趣谈

天牛和它的幼虫

↗天牛成虫

在我年轻时曾经对肯迪拉克的雕塑非常崇拜。他认为天牛的嗅觉极其有天赋，它们仅仅依靠嗅着一朵玫瑰花的香味，便能产生各种各样的念头。我曾深信这种形式上的推理达二十年之久，听取这位教士富有哲学思想的神奇说教，我感到十分满足。我也曾天真地以为我只要嗅一下，雕塑就会活过来，甚至产生视觉、记忆、判断能力和所有心理活动，就像在平静的湖水中投入一粒石子那样激起无数涟漪。可最终还是在良师昆虫的教育下，我放弃了不切实际的幻想。昆虫所提出的问题比起教士的说教更加深奥，就像天牛即将告诉我们的那样。

寒冬来临，天空时常显现灰色，这时候我便开始准备储存冬天取暖用的木材。我日复一日地写作，让这忙碌带来了一点点消遣。我再三叮嘱，要伐木工人为我在伐木区内选择年龄最大且全身蛀痕累累的树干。他们认为优质的木材更容易燃烧，因此觉得我的想法非常好笑，可能还在暗地猜测我为什么会选择蛀痕累累的木材。这些忠厚的伐木工人，最后还是按我的叮嘱为我提供了相应的木材。他们或许不懂，但这样做当然有我的道理。

现在我就开始观察这些虫蛀的木材。一条条清晰的蛀痕留在了漂亮的橡树树干上，有些地方甚至开膛破肚，带着皮革气味的褐色眼泪在伤口处闪闪发光。树枝被咬，树干被啮噬，树干的侧面又会发现什么呢？我发现了一群被我视为财富的研究对象。你看干燥的沟痕中，已经有各种各样的昆虫做好了越冬的准备。走廊是扁平的，这是吉丁的杰作；壁蜂已经用嚼碎的树叶，在长廊中筑好了房间；切叶蜂也在前厅和卧室里用树叶做好了休息用的睡袋；在多汁的树干中，则休憩着神天牛，它们才是毁坏橡树的幕后真凶。

相对生理结构合理的昆虫，天牛幼虫该是多么奇特的呀！它们就像是蠕动的小肠。每年中秋时节来临，我都能看见两种不同年龄的天牛幼虫，有一根手指粗的是年长的幼虫，粉笔大小的是年幼的。此外，我还看见颜色深浅不同的天牛蛹和一些天牛成虫，它们的腹部呈鼓胀状，一旦天气转暖，它们就会从树干中出来。天牛在树干中大约要生活三四年，天牛是如何度过这漫长而又孤独的囚徒的生活呢？天牛幼虫在橡树树干内缓慢地爬行，挖掘通道，用挖掘留下的木屑作为食物。修辞学中有“伯约的马吃掉了路”的比喻，而天牛就恰恰是吃了自己的路。它黑而短的大颚极其强健，像木匠的半圆凿，虽无锯齿却像一把边缘锋利的汤羹，用它来挖掘通道。被钻下来的木屑经过幼虫的消化道后被排泄出来，堆积在幼虫身后，留下一道被啮噬过的痕迹。幼虫吃完筑路工程所挖出来的碎屑后，就有了前进的空间，幼虫边挖路边进食。幼虫不断前进，不断消耗碎屑，随着工程进展，道路就被挖出来了。所有的钻路工都是这样工作的，既可获得食物同时又可以找到安身之所。

天牛幼虫将肌肉的力量集中于身体前半

部分，这时候头呈杵头状，这样做恰恰是为了使两片半圆凿形的大颚能顺利工作。吉丁幼虫也是很优秀的木匠，它也是以同样的姿势进行工作。吉丁幼虫的杵头更为夸张，猛烈进行挖掘坚硬木层的那部分身体，有着非常强健的肌肉；身体的后半部分跟在后面，因此显得比较纤细。大颚可作为支撑，它强劲有力，是很好的挖掘工具。天牛幼虫嘴边有黑色角质盔甲围绕，它可以加固半圆凿状的大颚。此外，就是它有像缎面一样光滑细腻，像象牙一样洁白的皮肤。这光泽和洁白来源于幼虫体内营养丰富的脂肪层。昆虫饮食如此缺乏，却还能有这样的脂肪，简直令人难以相信。是啊！天牛唯一的工作就是不断地啃咬、咀嚼，它只能从不断进入胃里的木屑那里找寻一点可怜的营养。

天牛幼虫的足分为三节，第一节是圆球状，最后一节是细针状，长仅仅只有一毫米。这些都是退化了的器官，对于爬行没有任何帮助。又因为身体过于肥胖，它们够不到支撑面或是单独支撑身体。天牛的爬行器官是什么样子的呢？我们先进行一下对比。花金龟幼虫已经向我们展示了，它把普通习俗颠倒过来，用纤毛和背部肌肉仰面爬行。天牛幼虫与花金龟幼虫有些类似，只不过天牛幼虫则更为灵活，它既可以仰面爬行也可以腹部朝下爬行，这样用爬行器官来代替它胸部软弱无力的足。天牛的爬行器官非常独特，它有违常规，生长在腹部。

天牛幼虫腹部有七个体节，背腹面各有一个四边形的步泡突，步泡突可以使幼虫随意膨胀、突出、下陷、摊平。以背部血管为界，背面的四边形步泡突再分为两部分，而腹面的四边形步泡突却看不出是两部分。这就是天牛幼虫的爬行器官，类似棘皮动物的步带。倘若天牛幼虫想要前行，就必须先鼓起后面的步泡突压缩前面的

↗天牛幼虫在粗糙的木头表面自如爬行。

↗天牛幼虫

步泡突，只有这样才能前行。由于表面粗糙后面的步泡突就可以把身体固定在窄小的通道壁上，后面步泡突此时可以用来支撑身体，压缩前面步泡突的同时尽量伸长身体，缩小身体直径，这样它才能向前滑行半步，当身体向前伸长后，还必须把后半部身体拖上来，这样它跨出的一步就完成了。为了实现这一目的，作为支点的幼虫前部步泡突就必须要鼓胀起来，同时后部步泡突放松，使其体节自由收缩。

天牛幼虫在自己挖掘的长廊里进退自如，就像是工件能在模子里进退自如一样，它只不过是借助背腹面的双重支撑，交替收缩和放松来办到的。可是倘若背腹面的步泡突只有一个可以行走，那么它就不可能前行。如果在光滑的桌面上放置一只天牛幼虫，那么它会缓慢弯起身体乱动，然后是伸长或收缩身体，可是却寸步难行。倘若把天牛幼虫放在有裂痕的橡树树干上，天牛幼虫就可以从左到右，又从右到左，缓慢扭动自己身体的前半部，抬起、放低，而后不断重复这个动作。这是它所能做到的最大幅度的动作。

↗天牛成虫

“行动专家”

甲虫和臭虫是行动专家，它们能够飞行、奔跑、跳跃，甚至游泳。其中有些物种没有翅膀，但大多数长有翅膀并且可以飞行。所有成年的甲虫和臭虫有 6 条灵活的腿，每条腿又分成4个部分。许多物种的腿上有爪子，能帮助它们攀附在光滑的表面上。有些物种在爪子间还长有扁平的垫子，上面有成百上千的毛，可以在墙壁上爬行。

腿节

与所有甲虫和臭虫一样，南瓜虫的腿分成4节，顶端是髋，接着是腿节，再是胫节，第四部分是与地面接触的踝。你会发现臭虫的吮吸管长在头部下方。

快速的奔跑者

虎甲虫是速度最快的昆虫之一，每秒钟能达到60厘米。当它奔跑时，身体一边的前腿、后腿与另一边的中腿同时接触地面，这样能像三脚架一样起到支撑平衡的作用。

优雅的飞行者

斑点长角甲虫飞向空中，和其他昆虫一样，它们的胸部有两组飞行肌。坚硬的前翅张开以保护身体在空中的平衡。大多数甲虫是合格的飞行者，但不像其他昆虫一样在飞行方面有自己的专长。

↘潜水甲虫在水中划行。

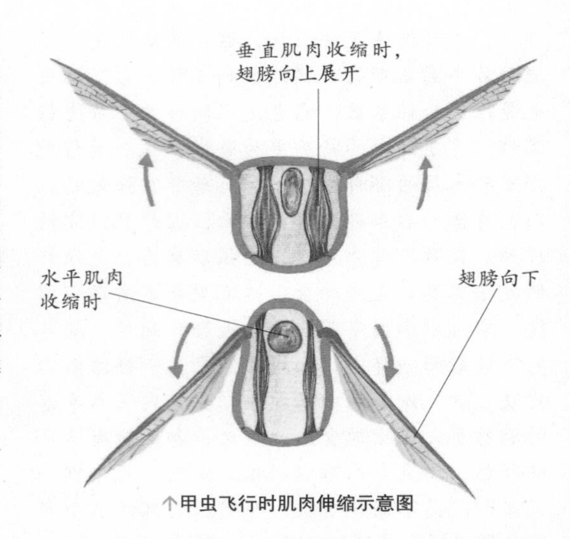

↑甲虫飞行时肌肉伸缩示意图

在水里划行

潜水甲虫是强壮的游泳者，它们扁平的后腿上覆盖有长长的毛，就像宽大的桨。两只后腿把水推向身体后面，使得身体往前。

跳远

叶蝉是跳远冠军，当它准备跳跃时，它会把腿收拢在身体下方，就像在起跑线上的运动员。连接腿节和胫节的肌肉收缩以伸直腿部，于是叶蝉就被抛入空中。

运土工

埋葬虫用它强壮的前腿挖掘，这种生活在地上的昆虫把小动物（像老鼠）埋在泥土里，为它们的后代提供食物。甲虫的前腿长有细刺，可以像铲子一样挖进泥土里面。

飞行肌肉

与苍蝇不同，甲虫只用它精致的后翅飞行。连接在胸部上面和下面的垂直肌肉收缩，翅膀伸展。水平的肌肉收缩使得胸部抬起，翅膀向下。胸部的动作控制着翅膀的方向，使得身体往前。

聚焦甲虫飞行

甲虫、臭虫和其他昆虫是唯一没有脊柱但能够飞行的动物。它们飞到空中一是为了躲避敌人，二是为了寻找食物。大多数甲虫和臭虫是飞行专家。有两对翅膀的臭虫飞行时会把翅膀全都用上。前翅和后翅一起拍打，甲虫坚硬的前翅被称作翅鞘，不是为了产生推力，而是起平衡的作用。长长的后翅在空中拍打产生往前的推力。

6. 金龟子准备降落在一棵橡树上。甲虫的后翅向下弯曲，可以减轻体重。当它降落时，腿往前，使得身体的重量落在叶子上。我们从此图中可以非常清晰地看到收紧后翅的翅脉。

1. 在地上，金龟子的翅鞘盖在身体上，精致的后翅掩藏在翅鞘下，不会轻易被看到。金龟子也被称作五月甲虫或六月甲虫，因为它们通常在这两个月里出来活动。

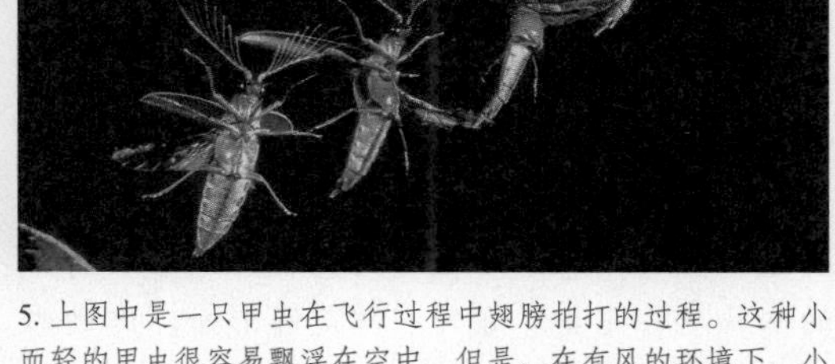

5. 上图中是一只甲虫在飞行过程中翅膀拍打的过程。这种小而轻的甲虫很容易飘浮在空中，但是，在有风的环境下，小对它们来说就是个弱势，因为这让它们会被强风吹走。

2. 火甲虫正在做起飞前的准备动作，抬起前翅，放松肌肉。这一过程是为了检查翅膀的状态，提高体温，以适应飞行。当暖身运动完成后，它就要起飞了。

4. 金龟子在树干之间飞行，它的翅鞘给了它在空中的升力，长长的后翅快速拍打，使它不断向前。金龟子是迟钝的飞行者，有时晚上由于受灯光的吸引，还会误闯入人的家里。在室内，由于对环境不熟悉，它可能会撞上坚硬的东西，但因为它们武装得很好，所以很少受伤。

3. 黑点士兵甲虫正做着起飞前的姿势，就像停在跑道上的飞机。它爬到高高的树上，找到一个通风的地方。在开阔的地方，当它张开翅膀时，风就能把它带走，或者它自己轻轻一跃就能起飞。

法布尔昆虫趣谈

椿象的美感

每个种类的鸟卵都有着自身独特的外表，鸟儿卵上面的浅浅的颜色正是它们的印记。就像豹子那身皮毛一样，海鸥与杓鹬的鸟卵上也布满了大大的黑色斑点。鹀的卵上面雕饰着一些非常雅致的线条，就像大理石的花纹，又好像看不懂的天书。鸠鸟和乌鸦的卵呈蓝绿色，上面还涂了一层没有规则的块状颜色。在伯劳鸟卵比较粗大的那一头，有一圈小斑点将其环绕。除了以上提到的这些鸟卵，其他种类的鸟卵也同样具有自己的特色。

鸟卵是所有生命给予物品的形状中最为简洁，也最为优雅的形状。它以自身独具的几何图形以及简朴的纹饰让观赏它的人有一种美的享受。除了鸟卵以外，没有任何一种圆形或是椭圆形能够拥有如此优美的形状与线条。鸟卵的形状堪称完美。它的一端是圆形面，这种形状非常实用，能够在最小的外壳内圈围出最大的面积。而另一端则是椭圆面，这种形状又恰恰为单调的圆面增添了一丝妩媚与优雅。

在颜色方面，鸟卵并不华丽妖艳。相反，鸟卵的色泽以浅色系为主。这种简洁、轻盈的色彩为原本就雅致的线条更显得丰满圆润。夜莺的卵好像浸泡在盐水里的油橄榄一样，呈现出深蓝的颜色。另外一些莺的卵则拥有肉红色的外表，就像蔷薇在绽放之前的花骨朵的颜色。有的鸟卵呈白色，但是缺乏表面的光泽；也有一些鸟卵不仅拥有象牙白的高贵颜色，而且也不乏光亮。

住在我家附近的一些小孩子为我提供了很多实验品，为了表示我对他们的感谢，我决定让他们进入我的实验室进行参观。他们从别人的口中听说，我这里有很多奇特并且富有奥妙的东西。我不知道当这些孩子真正踏足到我的实验室中后会有什么样的感觉。我的大壁橱里面装着很多的玻璃，有很多奇妙的玩意儿。这是一些非常占地方的物品，假如有人在观看植物、昆虫或是石头，那么他很可能就被这些物品围起来了。而我所说的这些物品大多数都是贝壳类的东西。不知道这些天真无邪的孩子们能够从中看到些什么呢。

孩子们用手指头指向实验室中的各种贝壳。海蜗牛的种类非常多，而且拥有缤纷的色彩。一些贝壳拥有珍珠般的光泽，它们都很大，长得又像奇形怪状的指头，非常显眼。当孩子们在观看这些贝壳时，我有意地察看他们的动作和脸上的表情。他们的肩膀相互挨靠着，这是为了借同伴的力量来给自己壮胆吧，看样子他们比较胆小。从他们流露出的面部表情上，我看到的只有惊奇与诧异。

如果我能够揣测孩子们的心理的话，我想他们一定在说："这是些什么奇怪的东西啊！"由于海洋中的饰品在形状上有些复杂，所以对于这些不了解它们的孩子们来说，他们不可能发出另外一种类似"好美的物品啊"这种感叹。螺丝圈、螺旋梯等精美的海洋饰品已经将孩子们包围，然而它们却不能带给孩子们美的享受，因为孩子对这些奇怪的东西的确没有任何概念。孩子们不知道这是海洋中的宝藏。的确，在这些神秘的饰品中，有的还没有人为它们命名。

那么，当孩子们的目光转向盒子中时，他们的表情又会发生怎样的变化呢？盒子里装着的是鸟卵，而且是我所在地区的鸟儿所产下的卵。这些卵分别按照生产的日期被我一一地罗列与整合起来。光照不会打扰到它们。果然，孩子们露出了惊喜的表情。他们相互间交流着什么，神情非常喜悦。鸟卵能够让他们联想到鸟窝，那是童年时代快乐的印证。如果说海洋中的宝藏让这些小家伙们感到惊诧，那么这些漂亮的鸟卵就已经让他们有了美的享受。鸟卵的美丽震撼了孩子们的神经，显然，他们已经被这优美的线条以及淡雅的色泽所触动了。

与鸟卵的优雅相比，昆虫的卵绝对称不上美丽。一般情况下，昆虫的卵绝对不能够带给不了解它们的人以美的陶冶。昆虫卵的弧线由于组合得不协调，因此整个卵看上去并不漂亮。有的卵呈纺锤形，有的呈圆柱形，而有的则是小的球体状。一些拥有华丽高贵外表的昆虫，它们的卵却其貌不扬。这种前后比较大的反差可以体现在一些蝶蛾的卵上，美丽的蝶蛾原来是从一枚铜色的卵中飞出来的。就像一个金属制成的小盒子，这就是蕴于优雅与美丽的生命的地方，让人不能置信。

在放大镜的观测下，昆虫的卵构造还有些复杂。也正是由于这样的复杂构造才让昆虫的卵丧失了由简单的线条而生出的美。比如锯角叶甲，它们就是用外壳来将自己的卵包裹起来。外面的卵壳有的呈斜着的流苏状，有的则被压成像啤酒花的球果那样的鳞片。另外，一些蝗虫也把自己的卵雕刻成螺旋的形状，这也算是一种雅致的事物。然而，昆虫卵的这种复杂的工序似乎与庄重的外形走得越来越远。昆虫修筑卵巢有着自己独特的想法，这种建筑方式与鸟类有着很大的不同。

不过，在昆虫的卵中也有能够与鸟的卵相媲美的，那就是椿象的卵。这种昆虫就是我们通常所讲的臭虫。椿象的体内可以散发出一种强烈的汁液的味道，让人十分讨厌。然而这种昆虫的卵却是个讨人喜欢的东西，精巧细腻，极具艺术之美感。

近几天我就发现了一个拥有30来只卵的椿象卵群，是在一根石刁柏的树枝上面找到的。椿象的家庭成员还没有分开，卵也是刚刚被孵化。椿象的卵都一粒粒地紧挨在一起，就像一件刺绣艺术品上面的珍珠一样，非常漂亮。卵被孵化后，空的卵壳会停留在原地不动，而且在形状上也没有变形，除了卵壳的盖子稍微地翘起。这些卵壳的颜色是淡灰色，而且是半透明的，很像是一只用白岩石材质加工出来的一只精美的小罐子，就如童话中叙述的那样。在孩子的王国里，小仙女就是把她们的椴花茶盛

↗椿象长着硬硬的壳。

在这样的小杯子中喝的。椿象的卵非常别致，我们可以这样想象：把鸟卵的上面部分按规则去掉一部分，然后把剩下的那部分做成一个精巧的高脚酒杯，这就是椿象卵的形状，丝毫不缺乏优雅的弧线。在它那卵形的罐子腹部，还有着许多褐色细网，附着在多角形网眼上。

椿象卵与鸟卵的相似点就是上面我们提到的，此外就没有太多的类似了。如果把椿象卵比作一个小罐子，那么它也是只优雅别致的罐子。罐子的上面微微凸起，罐子的肚子上面还有网，分布着细网眼。另外，在盖子的边上还有一条带子，像白玉一般。椿象在孵卵的时候，这个盖子就绕着白玉带子旋转，然后脱离罐体。盖子有时候会略微地打开，有时候又会盖上。在卵罐的口处还有一些很小的、细细的齿状物，看上去好像有密封盖子的作用，像纤毛一般。

有一个细节让我不得不注意。椿象卵被孵化之后总是有一条线，那是用炭黑划出来的线。这条线呈现出锚形或是丁字形，丁字的两条臂膀还是弯曲的。黑线就位于卵壳之中靠近边缘的地方。我不知道这条黑线到底有什么样的作用，难道它是为了关闭卵壳而制作出来的锁头吗？还是椿象想要为自己的工艺留下一些凭证？一只小小的椿象卵竟然有这么多的奥妙，实在让人难以想象。

椿象幼虫刚刚从卵中被孵化出来。它们长得圆嘟嘟的，身材粗粗的、短短的。肚子下面是红色的，其余的部分都是黑色。椿象幼虫的胸部侧端还有着红色的带子作为装饰。幼虫们还没有从卵壳堆中走掉，它们一群群地聚集着，等待阳光和空气让它们变得健壮。之后才会与群体分散，各自去寻找自己的地方和美食。

食草者和害虫

甲虫和臭虫的一生中并不总是吃同一种食物。幼虫的食物就与成虫非常不一样，一些成虫根本不进食，而是把更多精力放在寻找配偶，繁殖下一代的事情上。

大多数甲虫和臭虫是草食动物，不同的物种分别以植物的叶、花蕾、种子和根，以及木头和真菌类为食。许多食草者由于吃庄稼而成为了害虫。有一些甲虫和臭虫是食肉动物，或者残食死去的动物。还有一些会啃咬人类觉得无法食用的东西，像衣服、地毯、木质家具，甚至是动物粪便。

↘ 一只南瓜虫正在南瓜的花蕾上准备进食。

最爱南瓜

南瓜甲虫因其最喜欢吃南瓜的花蕾而得名。南瓜家族包括小胡瓜和南瓜。这种甲虫也咬小胡瓜的花蕾。多数南瓜花蕾为绿色和棕色，甲虫以绿色部分和种子为食。这样就破坏了庄稼未来的长势，所以在美国这种昆虫是害虫。

你知道吗

一些雌象鼻虫在成年期的时候会产下6000颗卵。

蛀蚀者

下图中的这棵树已经被树皮甲虫吃过了。雌性的甲虫会把卵产在树皮下，当卵孵化时，

↘ 蛀洞斑斑的大树

蚜虫是一种农业害虫，它们不仅以庄稼为食，分泌的蜜露还会诱发煤污病。

每只幼虫就啃食树皮，形成长而窄的蛀洞。

恼人的蚜虫

蚜虫是小而软的昆虫，它们用尖尖的嘴巴刺穿植物的茎和叶脉，吮吸里面的汁液。这种昆虫在天气暖和的时候繁衍得非常快。

甲虫的攻击

科罗拉多马铃薯甲虫在许多国家都是高危险性的昆虫。它们出自美国西部，吃植物的叶子。当欧洲人移民到美国并种植马铃薯时，这种甲虫吃掉了庄稼，造成了严重的破坏。后来，这种害虫扩散到欧洲，但现在已经被杀虫剂控制住了。

科罗拉多马铃薯甲虫正在啃咬植物的叶子。

有鳞的触角

大多数雌性介壳虫没有腿和翅膀，但可以从它们嘴巴的形状上分辨出它们。虽然介壳虫通常伪装得很好，我们还是能清楚地看到这些物种。它们以瓜汁为食，刺穿瓜皮，吮吸里面的汁液。

邪恶的象鼻虫

成年象鼻虫可以用长长的口器刺穿坚硬的谷物的外壳，吸吮里面的谷肉。雌虫就在谷粒里产卵，这样当小虫孵化出来时，就可以在里面安心地吃东西了。

我爱昆虫

辨别益虫、害虫和丑虫

小昆虫可能是园丁的朋友，也可能是园丁的敌人，所以分清敌我是很重要的。益虫如瓢虫和草蜻蛉幼虫，当然也有一些捣乱的坏家伙。

下面有一些最常见却十分重要的小昆虫，在你的花园里很容易找到。要使对你有益的昆虫留下来，你必须设法为它们创造良好的环境。不要害怕它们！它们比你小得多，却是花园里的“大人物”。

我们是益虫

蜜蜂

没有蜜蜂你就吃不上蔬菜和水果，因为它们在花朵的授粉过程中起着至关重要的作用。

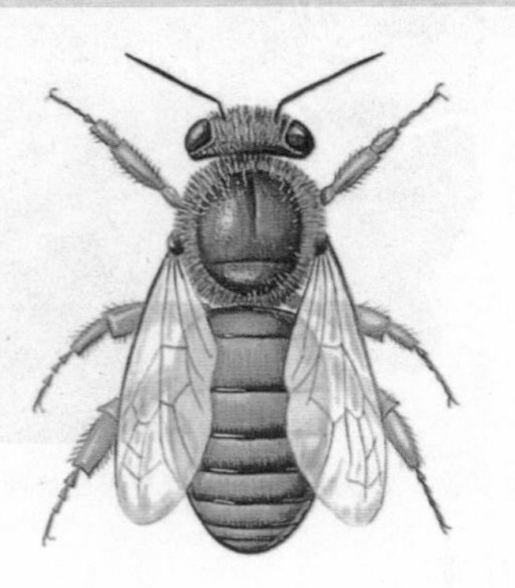

瓢虫

成年瓢虫和它的幼虫都是消灭绿蚜虫的好手，能帮助人们控制蚜虫数量。

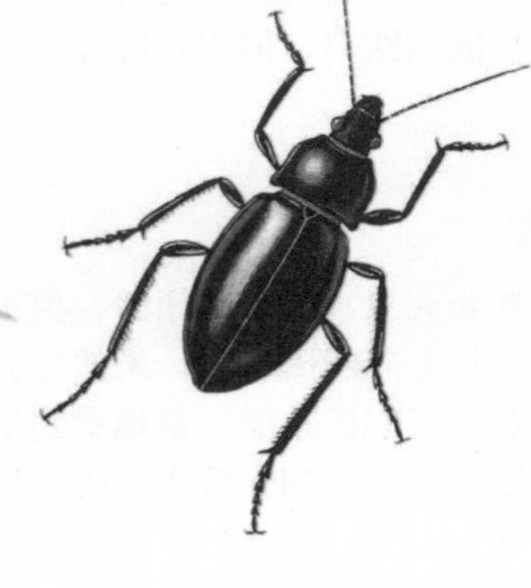

甲虫

甲虫在黑夜中潜行，它会消灭那些偷吃植物的昆虫。

草蜻蛉

这些美丽的小虫有着带花边的透明翅膀，其幼虫以破坏植物的绿蚜虫为食。

我们是害虫

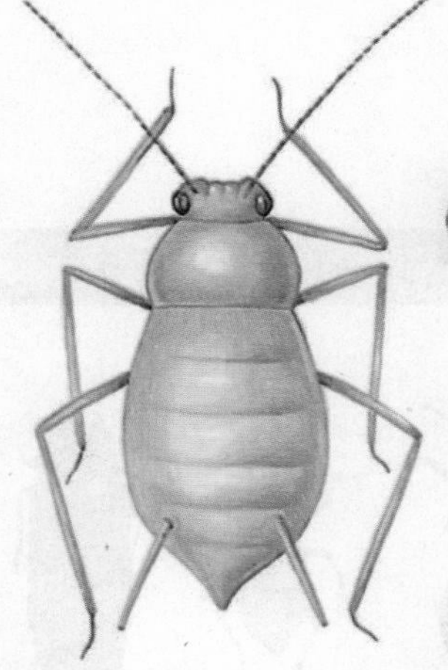

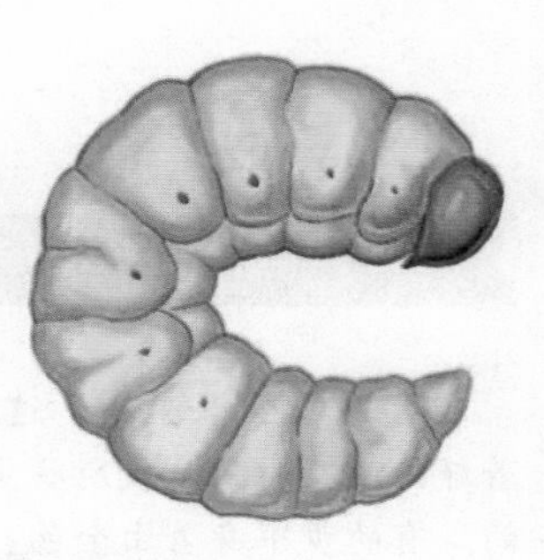

毛虫

毛虫们如饥似渴地蚕食着各种植物。如果它们出现在你的卷心菜上，你一定很想除掉它们。然而，许多毛虫还能变成美丽的蛾子和蝴蝶。

绿蚜虫（蚜虫）

绿蚜虫（蚜虫）有尖尖的嘴巴（针式口器），能刺穿植物的枝叶，吸出树汁。受迫害的植物则因为“失血过多”而变得畸形、虚弱。喷射的水柱能够减少它们的数量——肥皂水更佳。大量地喷洒化学药剂杀虫为我们带来一个问题：许多通常能控制蚜虫数量的益虫也无缘无故地成为牺牲品。

鼻涕虫

鼻涕虫是园丁的大难题。它们酷爱大嚼鲜嫩多汁的幼苗，破坏我们悉心培育的劳动成果，然后留下一道泄露行踪的银色痕迹。

防治鼻涕虫最好的办法就是在它们夜晚享受美餐的时候，摘除它们，放在一瓶盐水中，或是买一些杀虫药球。

葡萄象鼻虫

毫无疑问，这是个十足的坏蛋！成年象鼻虫过着诡秘的生活，它以植物的叶子为食，但造成真正破坏的是它们的幼虫。这些“小家伙”以植物的根为食，通常生长在陶盆和花箱中，当然在花床里你偶尔也能发现它们的身影。遭受攻击的植物开始枯萎，接着一触即倒，因为它们已经没有根了。一旦发现它们的踪迹，要立即铲除植株并清理干净生长感染植物的堆肥或土壤。

丑陋的小虫

想挽留益虫住在你的花园中，你就要为它们准备合适的住处。

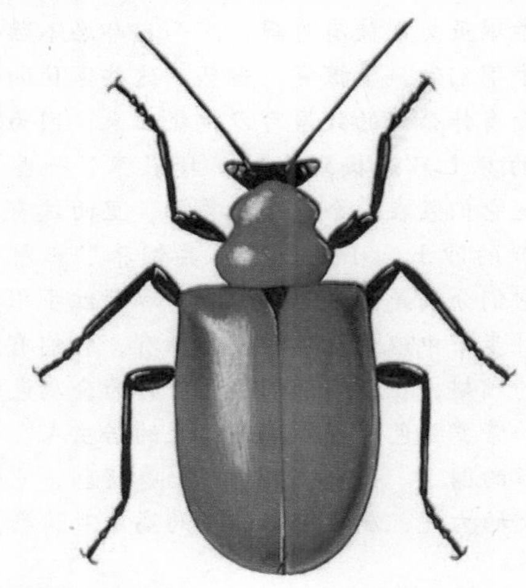

百合甲虫

百合甲虫常常被人们忽视，因为它们披着鲜红的外衣。然而它们的幼虫却是最丑的虫子之一。它们裹着厚厚一层令人讨厌的果冻状黏液来保护自己。成年甲虫及其幼虫均以百合花的枝叶为食，它们可以飞快地剥光一株植物，所以要特别小心这些可恶的家伙！

法布尔昆虫趣谈

大头黑步甲

步甲长得很漂亮，这点毋庸置疑。它有着纤细的身材，是我所收集的昆虫中最为耀眼的。有的步甲身着由金色、黄铜色和佛罗伦萨铜色镶嵌的华美外套。还有的步甲拥有一件黑色外衣，而且有紫晶光泽的折边修饰。步甲的鞘翅上描摹着一些凸起的纹饰和小链条，这些小链条上又有凹进的斑点作为装饰。鞘翅俨然一副护胸甲的样子。然而，我们千万不要被它美丽的外表所迷惑，因为除了这身姣好的装扮之外，步甲什么也不懂。它们只是一群爱好战斗的家伙。但即便就好斗这一点来说，步甲也毫无技巧可言。步甲只会依靠一身的力量来同对手作战。当然，打架对于精干的人来说也不一定就非常拿手。步甲的确是空有外表的家伙，就像大力神海格力斯被古代的圣贤们描绘成长了一颗呆脑瓜的家伙一样。

地位低贱的人总是很容易就被写进故事里。步甲虽然是徒有外观，然而我却忍不住想要对步甲们做一番探究。当然，这些家伙的身上可没有什么好的故事可以挖掘出来，因为在它们的身上只能找到残酷。我喂养了一些步甲，把它们装在一个笼子里关着，里面铺有一层新鲜的沙土。小笼子中总共饲养了三种步甲，它们分别是黑步甲、金步甲和紫红步甲。这三种步甲中以紫红步甲最为稀有，它们有着黑色的鞘翅，在鞘翅的周围还有作为金属色泽修饰的紫罗兰色。金步甲是这里的居主人，也是粗俗的园丁。另外，黑步甲全身暗色，它们有很大的力气，属于不好应付的高丽亚绥斯黑步甲。

我找了几片碎陶瓷片作为它们遮蔽身体的东西，就像岩石下面的隐藏之地一样。我还在笼子的中央部位插上了一簇青草，看上去就像一片草地似的。蜗牛是我供给这些步甲的食物，我还把其中一些蜗牛的壳剥去了。这真是个适合生活的美好地方。步甲们在陶瓷碎片下散乱地蜷缩着，接着就有蜗牛主动送上门来。可怜的蜗牛将自己的触角伸出来又缩回去，好像对生活失去了信心似的。步甲看到蜗牛前来后就三五只地同时把外套膜上鼓出来的下垂的肉抢完，外套膜是含有钙质微粒的。步甲拥有钳子般坚固的上颚，它们就是通过这把锋利的工具来抢夺食物的，直到在撕扯中抢到自己的一份才会向后退几步。步甲们最喜欢吃这些肉，而且吃得很享受呢。

1. 金花虫　2. 蛙形虫　3. 象鼻虫　4. 宝石虫

↖各种甲虫

几只步甲在原地啃食着美味的蜗牛肉，它们的身子前段都被涎沫弄湿了。还有一只步甲的爪子也全被裸着沙粒的黏液粘满了，好像穿着一副护腿套似的。然而这副重重的护腿套似乎并没有引起它的反感。这只步甲由于身体重量增加而掉在了泥坑中。不过它还是在一瘸一拐中来到了食物的面前，打算再撕掉一片肉下来。它还想要把自己腿上的那副护腿套脱下来呢。步甲的这顿美餐足足享用了好几个时辰，直到它们的鞘翅由于肚子的鼓掌而抬起来时，它们才停止了进食。这时候它们的尾巴根也全部露在了外面。

与其他步甲的习惯不同，高丽亚绥斯黑步甲在吃东西的时候不喜欢结群结伴。它们往往是以自己的族类为一伙儿，单独行动。它们会把蜗牛移进陶瓷碎片下面的小窝里，非常隐蔽地享用美餐。比起蜗牛来，这些黑步甲认为蛞蝓比蜗牛肉更好吃，因为小壳螺的肉质更为可口一些，而且螺肉的脊背后面有一块钙质鳞片，看起来很像弗里吉亚帽子。而野味肉的涎沫稀少，而且肉质也比较硬，黑步甲们觉得这种肉不太好吃。我将其中的一只蜗牛的壳去除掉，使它完全处于裸露的状态。步甲们看到了这么一只蜗牛，变得更加肆无忌惮起来。它们根本没有觉得这不是自己劳动的结果。

松树鳃角金龟是一种比步甲大很多的昆虫，然而当我把这只巨大的东西放在一只好几天没有进食的金步甲面前时，金步甲却毫不犹豫地向它发起了进攻，没有丝毫畏惧可言。松树鳃角金龟特别温顺，任凭金步甲这只恶狼的摆布。金步甲在松树鳃角金龟四周转绕着，它寻找着机会，冲上去立刻又缩回来，反反复复地尝试着这种攻击，直到眼前的猎物完全被制伏。终于，松树鳃角金龟被金步甲打倒在地了。金步甲疯狂地啃噬着眼前的美食，剖刮着猎物的腹部，甚至将自己的大半个身体都扑了上去。假如这样的画面发生在比较高级的动物身上，那么场面将是多么令人毛骨悚然啊。

葡萄根蛀犀金龟比刚刚提到的松树鳃角金龟更加威猛，它如同犀牛一般强壮。我想要让这只昆虫与金步甲展开一场战斗。葡萄根蛀犀金龟在甲胄的掩饰下看起来一副战无不胜的样子。它穿着一身盔甲，头上还长着触角。然而它的弱点却被金步甲掌握了，那就是鞘翅保护下的薄皮。金步甲对葡萄根蛀犀金龟进行再三的进攻，直到后者的护胸甲被略微地撬起。这时候的葡萄根蛀犀金龟已经将自己的头部缩进了护胸甲下面。金步甲用自己的螯刺在对方的薄皮上面切了一刀，锋利地如钳子一般。葡萄根蛀犀金龟死了，金步甲啃食着这胜利的果实。

如果想要观赏到一场比挑战葡萄根蛀犀金龟更为惨烈的战斗，那就应该把目光投注到告密广宥步甲身上去。它是步甲中长相最为漂亮的王子，外表华美、身材魁梧，也是毛虫的致命杀手，而且对于那些臀部非常结实的毛虫来说也同样如此。让我们来观看一场在告密广宥步甲和大孔雀蝶毛虫之间的战斗吧。场面的惨烈让我战栗，假如昆虫学只有这种血腥的画面让我目睹，那我一定会义无反顾地将这门学科抛弃。现在让我对这场战争做一下简单的描述：只见大孔雀蝶毛虫的肚子已经被告密广宥步甲刺破，它躺在地上扭动着身体挣扎着。就在这时候，告密广宥步甲却在瞬间被毛虫托起来了。然而毛虫的这种行为却不能让告密广宥步甲有丝毫的让步，它仍旧死死地抓住毛虫不放，在毛虫瘫伤的部位吸着流出来的鲜血。毛虫摊在地上不断地扭动，像一堆绿色的肠子一样散开。

腆着大肚子的蝈蝈儿和白面螽斯也是告密广宥步甲应该认真应对的昆虫，它们都有着不好惹的下颌。我在第二天取了这两种昆虫作为观看告密广宥步甲厮杀的对象。之后这位步甲冠军又对葡萄根蛀犀金龟和松树鳃金龟进行了杀戮。厮杀的场面同样血腥、残忍。告密广宥步甲是步甲中对厮杀对象的弱点最为了解的一种步甲，无论是有鞘翅的昆虫还是有护胸甲的昆虫，它们通通了如指掌。可以这么说，只要摆在告密广宥步甲面前的昆虫不死，这位厮杀高手就一定全力以赴地战斗到底。

↗黑步甲

食腐者和捕食者

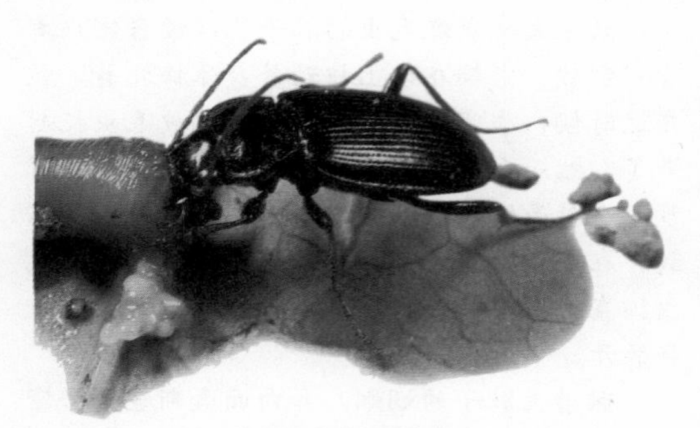

↗一只步甲正吃它刚抓住的蚯蚓。

许多甲虫和一些臭虫是食肉动物，一些捕食和杀死猎物，而另一些喜欢吃动物的尸体，被称作食腐动物。一些甲虫和臭虫是生活在大型动物身上的寄生虫，吃寄主的肉，喝它们的血，但不杀死它们。

大多数捕食的甲虫和臭虫会攻击同类或更小的物种。一些会攻击大一些的动物，像鱼、蟾蜍、青蛙、蛇和蚯蚓。它们用各种各样的技巧和手段捕食猎物。大多数甲虫用颚咬住猎物，嘎吱嘎吱地把它们咬碎。臭虫会在猎物仍旧活着的时候吮吸它们身上的体液。

快速的捕食者

步甲是甲虫目的大家族，由20000多种物种组成。许多物种无法飞行，但是多数能快速地奔跑。它们以极快的速度抓住逃跑中的猎物，用强壮的颚紧紧地把它们攫住。

捕鱼

潜水甲虫是凶猛的水中猎人，它们捕食鱼、蟾蜍、蝾螈和其他生活在池塘和溪流中的生物。这只甲虫刚抓住一条棘鱼。它用颚咬住鱼，把消化液注入鱼体内。当猎物停止挣扎，甲虫就开始吃它了。

吸血的甲虫

猎蝽是杀手虫，很多物种会猎杀小动物，吸干它们的体液，有些是寄生虫。吸食人的血液时，猎蝽把止痛药先注入人体内，这样它就可以安心地吸人血了。

无处可逃

捕蛇甲虫以小蜗牛为食。蜗牛为了保护自己，躲到壳里，用黏液关闭了开口处。但是甲虫喷出一种液体，溶化黏液，把蜗牛吃了。

你知道吗

潜水甲虫在潜入水底时会在翅膀下面灌满空气。

吃活的

下图中的这只臭虫刚抓到一条毛虫，一旦猎物在手，它就会用弯曲的口器吸干它的体液。多数臭虫是食草动物，但有些也会捕食动物。它们在吃掉猎物时会用前腿把它们夹住。

↖臭虫正在进食。

著名的猎物

达尔文是创立进化论的英国自然学家，进化论认为物种为了适应环境而改变自身。达尔文的理论是由一次去南美进行的野生动物考察引发的。回到英国，达尔文得了一种怪病，使他突然明白了一些事。一些历史学家相信达尔文是被南美的猎蝽咬伤的，这种甲虫带有危险的病毒。达尔文则成了猎蝽著名的猎物。

甲虫和臭虫的伪装术

许多甲虫和臭虫的身体上有不同的颜色和图案，可以在自然界里伪装起来。这种伪装能让昆虫远离危险。不同的物种能模仿不同的事物，像木棍、草、种子、树皮和刺。其他一些物种还会模仿恶心的事物，像动物的粪便。敌人在寻找食物时一般会避开这些东西。

一些甲虫和臭虫还有另一种存活的方式，它们模仿黄蜂、蚂蚁这些有毒或有刺的动物的外形。敌人一看到这些模仿者身上的危险信号，就会把它们误认为是危险的昆虫。

条纹状的警告

蜂形天牛黑黄相间的条纹模仿的是有螫针的黄蜂。虽然它不会伤人，但它的颜色足以把敌人吓跑。

在掩护下

一群雌介壳虫在月桂树上觅食，并且伪装起来了。臭虫还会在身体周围产生一种很难闻的白色物质，于是没有敌人会靠近它了。

↘刺虫的伪装术令人惊叹。

↗大眼叩甲胸部的眼斑看起来非常醒目。

醒目的眼睛

叩甲的颜色斑驳，容易混在草丛和树皮里。大眼叩甲的胸部有两个大大的眼斑，犹如猫头鹰的眼睛，从而使大眼叩甲也显得很庞大。这种可怕的斑点可以阻止鸟的捕食和攻击。

酷似蚂蚁

西印度群岛的角蝉是伪装的高手，它绿色的身体和透明的翅膀使它在啃食叶子的时候几乎是隐身的。它的背部看上去像黑色的蚂蚁，一眼就能被捕食者看到。真正的蚂蚁有啮颚，可以向敌人喷出酸性物质。所以捕食者会千方百计避开它们，所以角蝉的这套伪装可以让它在觅食时不受敌人的侵犯。

多刺的外形

这根树枝上的尖刺看上去像植物的一部分。实际上它们是刺虫，而且它们喜欢统一方向。如果它们指的方向凌乱不一，看上去就不像植物了。即使敌人盯上了这些刺虫，它们的尖刺也会让敌人望而生畏。

法布尔昆虫趣谈

负葬甲

↗ 负葬甲与鼹鼠的尸体

四月，大地回春，鲜花初绽，柳树在微风的呢喃中，抽出嫩黄嫩黄的新芽，这是一个多么令人陶醉的时节啊！然而，对于动物界的某些成员来说，这四月天的柔和春风中，到处弥漫着危险和血腥。刚刚换上绿色珍珠衣服的蜥蜴，被不懂事的顽皮鬼们用石头砸死；春耕的农民愤怒地用铁锹剖开鼹鼠的肚子，将尸体扔到路边；无毒蛇在踏青时意外身亡，被“正义的”过路人用脚后跟踩死；一阵大风刮过，还没长出羽毛的小鸟被狠狠地摔到了地上。

这些生命等不到夏日炎热的阳光了，它们变成了等待腐烂的尸体，人见人嫌。不过，这些尸体不会烦恼人们多久的，因为一支庞大的尸体清理队伍正在赶来。

蚂蚁作为先头部队第一个赶到，它们迫不及待地奔向尸体，将尸体分割成碎片。随后，其他昆虫，长着深暗色宽大鞘翅的葬尸甲、腹部涂抹得雪白的皮蠹、碎步小跑且鞘翅发光的腐阎虫、细瘦的隐翅虫等等，成群结队地匆忙赶来，似乎是约定好了一样。其实，它们之间没有约定，是尸体散发出来的野味香吹响了集结号，点燃了它们搜寻美味的热情。

真是难以想象，羊肠小道边一只死鼹鼠的身体下面到底遮掩着怎样的景象啊！这散发出恶臭的腐烂物令人恶心，但是对于热衷于观察和实验的研究者来说，它却是一种特殊形式的宝物。我克服自己内心的厌恶，将脚下这具肮脏的尸体拿起来。眼前的景象太让人震惊了！

鼹鼠尸体的下面一片嘈杂喧闹、哄乱拥挤的景象。这些不知道从来哪里赶来的大大小小、形形色色的虫子在下面乱作一团、你推我搡，就像是在哄抢打仗后的战利品。还有另一些体型更小的昆虫也风风火火地赶来凑热闹，也想从这个巨大的蛋糕中抢得一小块。

葬尸甲发狂似的奔逃，然后在土地的裂缝里蜷缩成一团；一只身穿浅黄褐色短披肩的皮蠹，努力地尝试飞走；腐阎虫身披一件闪闪发亮的黑衣，慌慌忙忙地碎步小跑，离开现场。但是，这些狂躁的虫子被脓血的味道所迷醉，飞不稳、跑不稳，摔倒在地，露出白色的肚皮，和它们身穿的深色服装形成了鲜明的对比。

这些狂热地奔忙的虫子到底在干什么呀？它们在执行大自然的法则：一切生命向自然索取，最终也都要回归自然。它们正在开发死亡，用来滋养生命。它们是自然的净化系统，它们将肮脏可恶的腐烂物变成生命的燃料。它们乐不可支地对尸体进行加工，它们耐心地利用尸体的每一根骨头、每一条韧带、每一点皮毛，它们一点点地汲干尸体的液汁，直到尸体干得酥脆作响。这些环境的净化者、大自然的执法者，它们疯狂地劳动着，直到所有生命的残渣都回归到生命的另一种循环。

春耕的这些受害者们，田鼠、鼩鼱、鼹鼠、蜥蜴、癞蛤蟆，它们的尸体被葬尸甲、皮蠹和其他昆虫大吃特吃，然而在这腐臭的野味欢宴中，有一位赴宴者吃得很少，非常少。它在这群大快朵颐的食客之中显得有些格格不入，它身穿一袭米黄色法兰绒衣，鞘翅上佩戴着齿形边饰的朱红色腰带，触角顶挂着红色绒球，浑身散发着着麝香气味。

它就是最享誉盛名、最刚健有力的土地维护者，负葬甲。它不是解剖实验室的研究者，它没有把实验对象的肉剪切下来，尽管它拥有锋利的大颚解剖刀。准确地说，它是一位大自然殡仪馆的工作人员，它是掘墓者、是葬尸者，它那身庄重的衣服是葬礼的着装，是它对逝去的生命的哀悼，是它对自己崇高职务的尊重。

这位葬尸者将残骸就地掩埋在地窖里，待它在地窖中烘熟了之后，将成为它的幼虫的家产。它埋葬尸体是为了家庭，为了安顿好孩子的未来。而在这个过程中，它只是为了维持体力，吸几口野味的血浆。

其他昆虫在享用完野味之后，心满意足地撤退，留下被掏空的尸体，任生命的残骸承受风吹雨打、饱受苦难；而负葬甲这位有家庭责任感的掘墓者，它处理整个儿尸体，将其掩埋。它平常时候动作迟钝，在将尸体埋入地窖时，却手脚麻利，动作迅速。在几个小时之内，一具相当大的鼹鼠尸体，就被它整个儿掩埋在地下，不见踪影了。原来散发着尸臭的地方，一下子就被腾空，整理得干干净净，似乎这里从来没有发生过死亡和昆虫的食腐欢宴。唯一与之前不同的是，这里留下了一个被沙土覆盖的鼹鼠丘，这是亡者的墓碑，也是葬尸者的劳动纪念碑。

这位收殓葬尸工使用的方法简单快捷，是田野清洁队伍中的佼佼者。有人说，负葬甲在从事埋葬工作中，表现出了近乎理性的思考和推理的才能。而这种才能，就连收集花蜜和猎物的膜翅目昆虫，它们之中的出类拔萃者也不具备。

↗负葬甲虫寻找死去的动物，然后将之埋入松软的泥土下。图中的这些甲虫找到了一只死去的老鼠，一旦将其埋到地下，它们就将之作为自己幼虫的食物。

甲虫和臭虫的生活环境

↗沙丘甲虫是少数的几种白色甲虫之一。

甲虫和臭虫生活在各种各样的生态环境中。大多数生活在炎热的热带地区或者温带。许多甲虫和臭虫生活的地方雨量充足，但有些顽强的物种也能生活在沙漠里，有些还能在白雪覆盖的山地或在山洞、下水道和温泉里存活。

生活在异常寒冷或炎热地区的甲虫和臭虫不得不适应那里的极端气温。为了在严酷的环境下存活，幼虫或卵就藏在泥土里。在沙漠，很多物种晚上出来活动，那时气温稍低些。最顽强的物种能很长时间不进食不进水。由于身形微小，所以这些昆虫可以很容易藏在岩石缝里，以躲避风暴和敌人的侵袭。

寄生虫

臭虫是生活在恒温动物身上的寄生虫。一些臭虫吸食人血，还有一些寄生在鸟类或哺乳动物身上，比如这些动物的巢穴或它们的皮毛或毛发里面。一些臭虫通过从寄主身上获取热量，在寒冷地带，比如北极存活下来。

你知道吗

划蝽为了找一个新家能飞上几千千米。

颠倒的世界

仰泳蝽倒仰着生活在水里，它们悬浮在水面，用腿四处走动，类似划船。与其他生活在水里的臭虫一样，仰泳蝽是一个捕食者，它捕捉落入水中的小动物，吸干它们的汁液。

沙漠里的存活者

雾晒甲虫生活在非洲南部的纳米比亚沙漠，它们有着独特的喝水方式。当雾出现在沙丘时，它们就做倒立的姿势，腹部指向天空。于是湿气聚集到身上，流入背上的凹槽，最后进入嘴巴。

在洞穴里存活

洞栖性微步甲生活在法国和西班牙之间的比利牛斯山脉的洞穴里。它的身体没有保护色，但在黑暗的洞穴里，伪装并不重要。科学家认为一些生活在洞穴里的物种是由一百万年前冰川世纪时生活在洞中的甲虫进化而来的。

沙丘上的居民

沙丘甲虫生活在非洲南部的沙漠，它是少数几种白色甲虫之一。白色可以反射太阳光线，帮助降低体温。苍白的颜色也与沙漠比较融合，不易被敌人发现。它的翅鞘坚硬而紧身，可以在如此干旱的地带尽量保存身体里有限的水分。长腿可以把身体抬高，远离滚烫的沙子。

↗一只臭虫正在贪婪地吮吸人体的血液。

↗洞栖性微步甲生活在洞穴里。

长长的腿

高跷腿臭虫生活在加勒比海的洞穴里，它细长的腿和触角帮助它在黑暗中摸索着前进。腿和触角上长有可以探测气流的毛，以警告它敌人的到来。

以树为家

锹形虫的一生与树木大概都脱不了关系。

↘高跷腿臭虫

它的幼虫啃食枯木，成虫喜欢吸食树木及果实的汁液，所以森林地区是各种锹形虫生长最好的地方。锹形虫的幼虫以腐木及枯木为食，虽然看起来很柔软，实际上却比成虫凶猛，如果两只幼虫相遇，可能会以大颚互咬，造成其中一只死亡，因此锹形虫的幼虫多独居。

什么是“兜虫”

“兜虫”，属金龟科，其实是英文“dorbeetle”的译音，就是金龟子的意思。

“兜虫”最早风靡于日本，并且流行至今热度不减。后引入中国台湾。中国台湾亦沿用日本的叫法，把一些可当作宠物玩耍的大型金龟科甲壳虫定义为“兜虫”。这类宠物甲虫一般都是体型巨大，头、胸部长角，以棕色、黑色常见，也有黄色、白色、黑黄相间等其他颜色的，体长都在 5~8 厘米，大型兜虫可长到 10 厘米以上，甚至 15~16 厘米。兜虫外观优美，很具有观赏价值，作为宠物的兜虫是无毒的。

法布尔昆虫趣谈

穿金黄色衣服的花金龟

透翅蛾长得粗粗短短，它们身体的一部分穿着五彩衣，而另外一些地方则是一层透明的薄纱，没有任何鳞片的覆盖。虽然这种打扮看上去有些简朴，然而整体上则渗透着一丝华贵与优雅。

黑切叶蜂的肚子上扑着一层花粉，它们的翅膀在周边的芦苇上拍打着，使得芦苇上也沾染了一些花粉。在阳光的照射下，它们的翅膀就好像云母片似的，发出耀眼的光芒，非常漂亮。黑切叶蜂拥有一身天鹅绒衣服，一半是红色，另一半则是黑色。黑切叶蜂在花的海洋中沉醉着，等到喝够了美味的汁液后便飞到树荫下面乘凉了。

一群数量巨大的蜜蜂在看到胡蜂与长足胡蜂飞来时，通通都为后者让出了道路。这是一群爱好打斗的家伙，爱好和平的小昆虫们见到它们都会退而远之。就连不容易欺负的蜜蜂都在百忙之中绕道走了。

在同一朵盛满可口蜜汁的小花上，打劫者和被打劫者友好地相处着。条蜂就与毛斑蜂和平地饮用同一坛汁液，要知道，前者可是后者的杀戮对象啊。它们都把自己的舌头浸润在汁液中，在美食的引诱下，仇恨已经完全消失了。

粉蝶穿着洁白的圣衣在空中舞动着，它们拥有黑色的单眼。舞累了的演员会飞到旁边的丁香树上稍作歇息，顺便在花瓮中喝点东西。意犹未尽的粉蝶则依旧在空中跳着芭蕾，它们上上下下地飞着。相互玩耍，相互追逐。在花瓮中取水的粉蝶，看上去有些疲累。它们的翅膀软软地摊开，然后又竖起来，一直重复着这样的动作。

上面提到的昆虫都是一群朝圣者，它们来到我家附近的一个幽僻之地品尝美味。我家附近有一条种着丁香花的、又宽又深的通道。五月来临，丁香花开始绽放。它们弯成尖拱的形状，整个丁香花通道就像一座小小的教堂一般，吸引着四面八方的朝觐者。

这是一个多么宁静的地方啊。虽然是昆虫的节日盛会，然而这里却没有礼炮的轰鸣，没有铜管乐的敲击声，没有醉酒的吵闹者，没有在风中飒飒作响的飘扬的旗帜，更没有人群的喊叫声。一切都是那么祥和与平静，这是普通昆虫百姓的节日。

我也是这个节日中的一分子，同时也是丁香花教堂的一名忠实信徒。每当我在一棵树下停留，我都会发出一声声赞叹："啊！"这是我内心的祷告，是我内心无法用言语表达出来的激动之情。

金凤蝶长得非常漂亮，它们的身上长着新月形的蓝色斑点，还戴着橘黄色的带子作为装饰。由于金凤蝶的身体比较大，所以飞行起来不怎么快。我看到一群美丽的金凤蝶在花丛中翩翩起舞。大概是被这优美的舞姿迷住了，我的孩子们也跑来玩耍。

孩子们想要抓住金凤蝶。然而每次当他们的手刚伸出来时，金凤蝶就扇着翅膀飞到另一边去了。金凤蝶像粉蝶似的挥舞着自己的翅膀，一边舞动一边寻找着可以吮吸的花朵。在吸取蜜汁的金凤蝶，翅膀毫无气力地拍打着，这表示着它们对这些可口的汁液非常满意。安娜是孩子当中年龄最小的。她长着一双灵巧的双手，然而金凤蝶却不会为了这双手而有片刻的等待。于是，安娜放弃了对金凤蝶的抓捕，转而去抓花金龟了。

抓住了一只！比起金凤蝶来，安娜发现自己更喜欢手中的这只花金龟。花金龟穿着一件金黄色的外衣，它们在丁香花上乘凉，流连忘返。放松的休闲方式使得它们没有注意到危险

↗花丛中的花金龟

的存在，所以很容易就被孩子们抓住了。由于花金龟的数量比较多，孩子们没用多长时间就抓住了五六只。孩子们把抓住的花金龟放在一个盒子里，底层还铺上了一层用花瓣制成的褥子。等到天变暖和了，孩子们就会在花金龟的脚上系一根线。孩子们拿着线头的一端，而另一端则是像风筝一样飞翔的花金龟。

儿童时代的我也会折磨昆虫，那时候觉得这是一件非常有趣的事情。随着年龄的增长和阅历的增加，我不再以这种方式来获取快乐了。然而，我依旧折磨昆虫。只是我的目的已经不再是获取快乐，而是从昆虫身上探索一些秘密。虽然说小时候与现在玩弄昆虫的目的不同，但实际上还是一样地对昆虫进行折磨。我制止孩子们，告诉他们不能再对花金龟进行捕捉了。处于幼小年龄阶段的孩子是无情的，他们把抓来的小昆虫玩弄于股掌之中。孩子们把折磨昆虫当作自己获得乐趣的方式，这是多么残忍的一件事啊。他们没有谁会对手中的昆虫表露出丝毫的同情之心。

我看不出我的实验和孩子们的玩耍对于昆虫来说有什么区别。就像人类还处于野蛮时期时，为了让敌人招供，我们会使用刑罚的手段，恶劣而残忍。而现在的人类为了获取知识，同样对昆虫实施了刑罚。看来，我的实验行为与野蛮的逼供者并没有什么两样。还是不要管孩子们了，因为我的脑子中也转着一些对花金龟的探索行为。这种实验甚至比孩子们对花金龟的玩耍还要残忍。为了伟大的博物史，我只好暂时将温情的顾虑抛到一边了。因为如果不对花金龟来点硬的，我想它们也不会轻易地展露出自己的习性。

花金龟的身材并不完美，它们上下都长得一般粗。然而肥大的身体却方便了我对它们的观察。在前来丁香花小教堂朝觐的昆虫中，花金龟是值得我们提一提的。它们穿着艳丽的外衣，表面光滑的程度就好像是铸造者用抛光机打磨出来的一样。那身绚丽的衣服闪着金黄色的光芒，像金子般耀眼，像黄铜般闪亮，又像青铅般凝重。

在我的院子里有很多花金龟，我根本不用费心去寻找就可以轻而易举地得到它们。另外，花金龟还混得个眼熟。即便是不知道它叫什么名字，我们也不会觉得它们陌生。躺在玫瑰花中的花金龟就像一颗绿宝石一般，玫瑰花在它的映衬下显得更加艳丽多姿。花金龟在这张舒适的花床上享受着，花香环绕在四周，更加让花金龟迷醉。除非有一道强烈的阳光射入，否则花金龟根本不愿意离开这个舒适之地。花金龟不吃叶子，也不吃花瓣。那么，它们在一朵玫瑰花或者是山楂花里面能够吃到些什么东西呢？我们根本无法想象，这只肥大的家伙居然仅靠一小滴蜜汁就能够存活下去了。

对花金龟不了解的人可能不会想到，这个慵懒地躺在花朵上的家伙有多么贪吃。八月的头一个礼拜，被我饲养在瓶中的十五只花金龟破茧而出。我准备了一只笼子，把它们关了起来。这些花金龟属于金属花金龟这个种类，它们身体的上部分是青铜色，而下部分则是紫色。我用西瓜、梨、李子和葡萄等来喂养它们，并且考虑到季节的变化。

看花金龟吃东西可是非常大的乐趣。只要把头或是整个身子都钻进水果中，花金龟就不会再动弹了，甚至连脚尖都没有丝毫动静。它们在里面享用着美食，无论白天还是晚上，也无论阳光明媚还是阴暗潮湿。花金龟在丰盛的果汁中陶醉着，吃饱了的它们就躺着一动不动，只是嘴巴还微微地舔着，就像小孩在半睡半醒时的样子一样。酒足饭饱的花金龟看起来非常满意的样子。

设置隐形陷阱

做一个隐形陷阱，来捕捉地面行走的小昆虫吧。

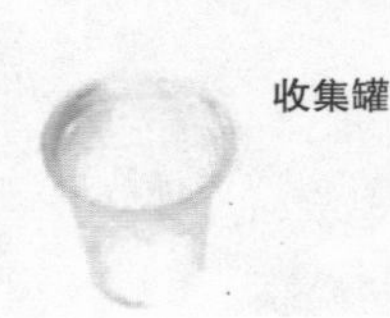

材料和工具

- ◎ 小泥铲
- ◎ 收集罐
- ◎ 4 块石头
- ◎ 扁平的大石块
- ◎ 木片或树皮

1 挖一个收集罐大小的洞。

2 把罐子放入洞中，确保罐口和地面平齐。填满边沿周围的缝隙。

3 在罐口周围堆放 4 块石头。

4 在 4 块小石头上放置一大块扁平的石块和一片木片。放置一夜。第 2 天一早去看看是否有甲虫或其他动物落入陷阱中。

观察地鳖虫

地鳖虫不能在干燥的环境下生活。下面这个实验会显示出它们如何积极地寻找潮湿的住所。

纸巾

报纸

收集盒

浅底塑料盘

材料和工具

- ◎ 收集盒
- ◎ 两张纸巾
- ◎ 浅底塑料盘
- ◎ 报纸

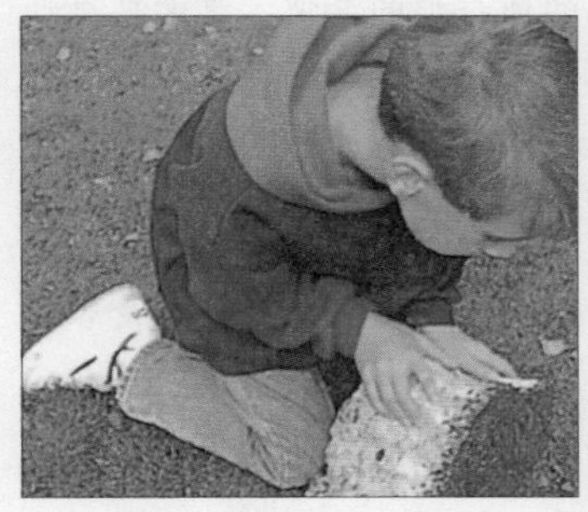

1 在石头、砖块和圆木下寻找一些地鳖虫，把它们放进收集盒中。

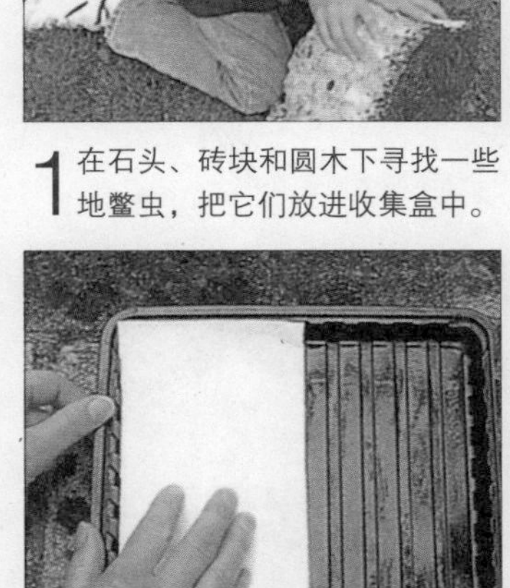

2 把一张纸巾对折，平铺在盘子的半边。

3 把第 2 张纸巾对折，打湿，放在盘子的另一半。

4 把地鳖虫倒在盘子中央，盖上报纸。等待 30 分钟，掀起报纸。地鳖虫都跑到哪边去了呢？

法布尔昆虫趣谈

金步甲的婚俗

我们知道，金步甲是灭杀幼虫和蛞蝓的斗士，是菜地和花圃的守卫者，从这一点来说，园丁这个光荣称号它确实当之无愧。如果说我的研究没有什么新的贡献，不能为金步甲那久负盛名的美誉增添新的光彩，那么至少在接下来的研究中，我将为人们揭示金步甲出人意料的一面。这个魔鬼能把比自己弱小的猎物残忍地吞食掉，而自己也会变成别人的盘中餐。那么它会被谁吃掉呢？就是被它的同类以及别的昆虫。

先来介绍一下它的两位敌人吧，也就是狐狸和癞蛤蟆。在找不到干粮，更别提是美味佳肴的时候，它们也能把那些瘦骨嶙峋、散发着怪味的猎物将就着吃掉。狐狸粪便的主要成分是兔毛，但有时候也会夹杂着金色的鳞片，这就足以证明狐狸吃了金步甲；尽管这道菜分量实在少得可怜，也谈不上有什么营养价值，而且味道也很怪异，但是吃上几只金步甲总还是可以对付一下饥饿。

我也有相似的证据用来证明它也是癞蛤蟆的食物。在荒凉的石园的小径上，我在夏天常常会发现一些奇怪的东西。这些小黑肠细细的，跟小指差不多粗，被太阳晒干后很容易就碎裂了。我从中还发现了一堆蚂蚁头，除了一些纤细的爪之外，就别无他物。刚开始，我思前想后，总也想不明白，它们究竟是从哪里来的。这用成千上万个头压成颗粒状的奇怪的东西究竟是什么东西呢？会不会是猫头鹰在胃里将营养物质提取之后吐出的残渣呢？但是在一番思索之后，我否定了这个想法：猫头鹰是在夜间活动的，而且虽然它爱吃昆虫，但瞧不上这么小的点心。吃蚂蚁得有充足的时间和耐心，得用舌头把蚂蚁一只只粘起来然后再送入口中。那么，谁是那位捕食者呢？有没有可能是癞蛤蟆？我想除了它之外，在这个荒石园里不会有其他动物与这堆蚂蚁产生关系。实验将会帮助我们揭开谜底。我有一位老朋友，可我却还不知道它家住何处。我们曾好几次在夜晚巡察时相遇。从我身边经过时，它总是用它那金黄色的眼睛看着我，然后神情严肃庄严地去忙它自己的事去了。这只癞蛤蟆和茶杯垫差不多大，它是我们全家人都非常尊敬的智者，我们称它为哲学家。

我去问问它吧，看它会不会知道那堆蚂蚁头是从哪里来的。我把它囚禁在一个没有食物的钟形罩里，等待它把那胀鼓鼓的肚子里的食物消化掉。这段时间并不算太长，几天后，囚徒就排出了黑色的圆柱形的粪便，里面也有一堆蚂蚁头，和我在荒石园里的小径上发现的粪便没什么差别。我释放了这位哲学家。幸亏有它在，那个困扰我的难题才能够得到解决。我总算搞清楚了，癞蛤蟆会捕食大量的蚂蚁。没错，蚂蚁确实是很小，但是它的好处就是容易

↗几只金步甲在分食一条蚯蚓。

捕捉到，而且取之不尽。荒石园里的蚂蚁特别多，而其他的爬行昆虫却很少，因此它主要以蚂蚁为生。但蚂蚁并非癞蛤蟆最钟爱的食物，如果能够找到更大的猎物，那可就更好了。对癞蛤蟆来说，偶尔能吃到体积大一些的猎物就算是难得的佳肴了。我在荒石园里发现的一些粪便，完全可以证明它有时也能吃一顿大餐。有些粪便里几乎全部都是金步甲的金色鞘翅，其余那些呈糊状的黏着几片金色鞘翅、而主要成分是蚂蚁头的粪便，才是癞蛤蟆粪便的真正标志。从中就能够知道，癞蛤蟆也是会吃金步甲的。癞蛤蟆作为守护菜地的卫士，却捕食另一位和它同样值得尊敬的菜园园丁金步甲。一件对我们有用的东西，毁了另一件有用的东西。这个小小的教训能够帮助我们克服天真的想法，可别以为它们是为了我们才做这一切的。更不幸的是，金步甲这位我们的花园和菜地的守护者，这位对幼虫和蛞蝓犯罪活动做密切监督的警察，居然还同类相残。

一天，在我家门前的梧桐树荫下，一只金步甲匆匆地经过，我非常欢迎这位朝圣者的到来，它能够壮大钟形罩里的居民们的力量。我把它放在手上，发现它的鞘翅末端有些微损伤。这是不是情敌之间发生争斗造成的？对此我没找到任何蛛丝马迹。经检查确认，它身上没有严重的损伤，能够为我工作，我就把它放进玻璃屋里，让它和那25只金步甲做伴。次日我去看望新来的寄宿者时，它已经死了。那天晚上，同个监狱的囚犯们对它发起了攻击。足、头、前胸全都完好地留在那里，没有支离破碎的痕迹，只有肚皮裂了一个大口，内脏被从那里拉出来。由于鞘翅有个缺口没有能够很好地保护它，它被掏空了肚子。我眼前是一个由两瓣合抱的鞘翅组成的金色贝壳，干净得连被掏空了软体组织的牡蛎壳也不能与之相媲美。这个手术做得真漂亮。这样的结果让我大吃一惊。我的金步甲们居然把一位鞘翅受伤、抵抗力弱的同胞给吃了，它们总不能说是因为自己的肚子饿了吧。要知道，钟形罩里从来都不缺少食物，我对此向来十分注意。我将蜗牛、鳃金龟、螳螂、蚯蚓、幼虫，以及其他一些受欢迎的菜肴，换着花样送上餐桌，而且供

↗金步甲

应的数量完全能够满足它们的需要。在它们那里是不是有终结受伤者的生命，看到尸体即将变质，就将其从腹中内脏掏空的习惯呢？昆虫不知道什么叫做怜悯，当它们见到一个垂死挣扎的伤残者时，谁都不会停下来试图去帮助自己的同类。而在食肉动物那里，情况可能会更加可悲。有时，行人也会跑向残废者，是想表示自己的同情与安慰吗？别做梦了，它们不过是想吃掉它。似乎它们认为吞食它是为了让它能够彻底摆脱残疾带给它的痛苦，这种行为是理所当然的。

说不定也有可能是那个伤残的金步甲，用它那带缺口的鞘翅部分所裸露出来的臀部去引诱了同伴，让它们发现这个受伤的同胞身上有块地方可以让它们大吃一顿。但是，要是那只金步甲没有受伤，它们之间会和平共处吗？从种种迹象来看，它们之间起初相处得很不错，一起进食的金步甲也从没有打过架，最多也就是从别人嘴上抢抢食物而已。在木板下长时间的午休期间，它们之间也从没有动过粗。25只金步甲半个身子埋在凉爽的土里，安静地躺在那儿边消化食物边打瞌睡，各自待在自己的浅土窝里，相互之间离得不远。要是把上面的木板掀开，它们就会醒过来，然后跑出去，但即便它们在跑动中相遇也没有发生打架的情况。玻璃罩里一片和睦安详的气氛，似乎会永远如此。

甲 虫

甲虫是地球上发展最鼎盛的物种，其种类之繁多，占了地球上所有已知物种种类的1/3，大概是所有昆虫种类的2/5。它们可以在极端的环境下生存，其外形和颜色变化多样，体型小的不足0.25毫米长，大的却有约20厘米那么长。

甲虫的栖息地多种多样，从湖泊到河流再到干旱的沙漠，它们既能在温和的环境中繁衍，也能在严酷的条件下生存。正因为这一种群如此之丰富，以至于有人询问著名的生物学家霍尔丹通过对生物的研究，对造物者创造的这个大自然有何感受的时候，他回答说："对甲虫过度溺爱！"

30万种

形态和功能

甲虫的身体构造多种多样。体长0.25毫米至20厘米；有的多毛，有的光滑；有的体型小巧而灵活，有的则是长角的披甲巨人。所有的甲虫都有一对坚韧、僵直的角质化前翅，即鞘翅。鞘翅在体背中央相遇成一直线，包裹着膜质的后翅。正是这一特征将甲虫与臭虫区分开来，后者的鞘翅像纸一样柔软。甲虫在飞行时会把鞘翅展开，静止时则优美地合拢。有些甲虫不会飞，像油芫菁，鞘翅愈合在一起了；有些则是因为没有成熟的翅膀和飞行肌。其他，像瓢虫，或更确切地说瓢甲虫，正因为是完完全全的鞘翅类昆虫，而不是半翅类昆虫，所以是非常专业的飞行家，能迁徙很远去寻找越冬的地点。

具有分节的附肢是昆虫的典型特征，不同的附肢衍生出不同的生活方式：以速度见长的甲虫，附肢是细长的（如虎甲虫和地甲虫）；善于挖洞的甲虫，附肢较宽且有齿（如粪甲虫、金龟子）；善于游泳的，附肢弯曲如浆（如水甲虫）；善跳跃的，如跳甲，发达的后腿节里有大块的肌肉。

甲虫的口器有5个组成部分：上颚、下颚片、触须和上下唇瓣。上颚是用来切割、刺、碾磨的器官，其他几部分主要用来品尝并把食物准备好推挤进嘴里。虎甲虫又大又尖的颚骨是其高度肉食性的一种进化表现；象鼻虫（象鼻甲虫）在其长的口鼻部或喙部尖端有小而坚硬的上颚，用来咬碎植物组织。有些专吃花粉

↘这只雄性的大栗鳃角金龟子长有很多薄片组成的梳子状的触角，用来感知雌性的信息素。不用触角的时候，就像一把折叠起来的扇子。

↙ 甲虫有别于其他昆虫的特征是一对闪亮的前翅，或称为鞘翅，在背部的中线会合。正如图中这只来自乌干达的雄性海王星甲虫，武装的前翅用来保护膜质的后翅。

知识档案

甲虫

纲 昆虫纲

亚纲 有翅亚纲

目 鞘翅目

已知的种类约30万种，166科，4亚目

分布 世界各地，除了海洋。

体型 体长0.25毫米至20厘米。

特征 一对前翅特化为保护后翅的硬壳（鞘翅）；口器前伸，为咬合式。

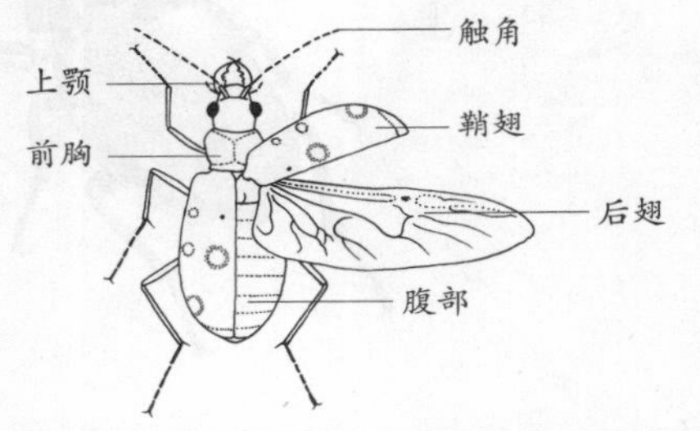

生命周期 发育包括幼虫期和蛹期，属于完全变形（全变态发育）。

的种类，其下颚片部分向前延伸，形成管状的口器。

甲虫的感官系统集中在头部，但微小的振动感应纤毛遍布全身。有些种类能通过腿上的感应结构感知特殊频率的声音。大多数种类的甲虫（除了少数穴居甲虫和大多数的幼虫）都有能分辨色彩的复眼。那些靠视觉捕食（比如地甲虫）或交尾（比如萤火虫）的甲虫都生有大而发达的眼睛。有些地甲虫能看到15厘米开外的猎物。在池塘的水面上游泳的陀螺甲虫，眼睛是分开的，一半用来观察水下情况，一半用来观察空中情况。

甲虫们多种多样的触角上长有能感知湿度、振动和空气中的味道的感受器。有的种类幼虫时的触角结构较简单，成年后，触角会突然变得弯折起来（比如象鼻虫科的象鼻虫）；有的触角如丝状（如天牛科的长角天牛）；有的触角为齿状（如赤翅虫科的赤翅虫）；有的是圆盘状或薄片形（如金龟子科的金龟子）。甲虫用触角寻找食物和交尾对象，雄性的触角通常比雌性的要复杂，因为它们肩负着寻找异性的任务，这种寻觅还常常是远距离的。

有些甲虫（通常是雄性）头上还长有突出的如鹿角般的角，是从上颚延伸出来的一块。长角天牛则有能发出声音的特殊结构，它们腹部下面有一排坚硬的脊突，用硬棱状或拨子状的东西去摩擦这排脊突，就能发出“嚓嚓”的声音。

甲虫有令人印象深刻的保护性“武装”，以应对各种捕食者。坚硬闪亮的鞘翅成为抗敌的第一道防线——当受到惊扰时，许多如穹顶形的叶甲虫和瓢虫会把附肢和触角收进盾甲般的鞘翅下面，同时紧紧扣住地面，一直到它认为安全的时候才会重新把附肢和触角放出来。因此，即使是肉食性的虎甲虫，其锋利的上下颚也很难紧紧地抓牢甲虫光滑的表面。许多甲虫，尤其是幼虫，体表生有很多刺和毛，使它们不易受到攻击。皮金龟幼虫的纤毛能刺透敌人的表皮，引起刺激性的疼痛。

有些瓢虫的幼虫，身上长的刺是中空的，断裂后会流出黏性的黄色血（血淋巴），里面含有味道极不好的化学物。成虫的“膝关节”

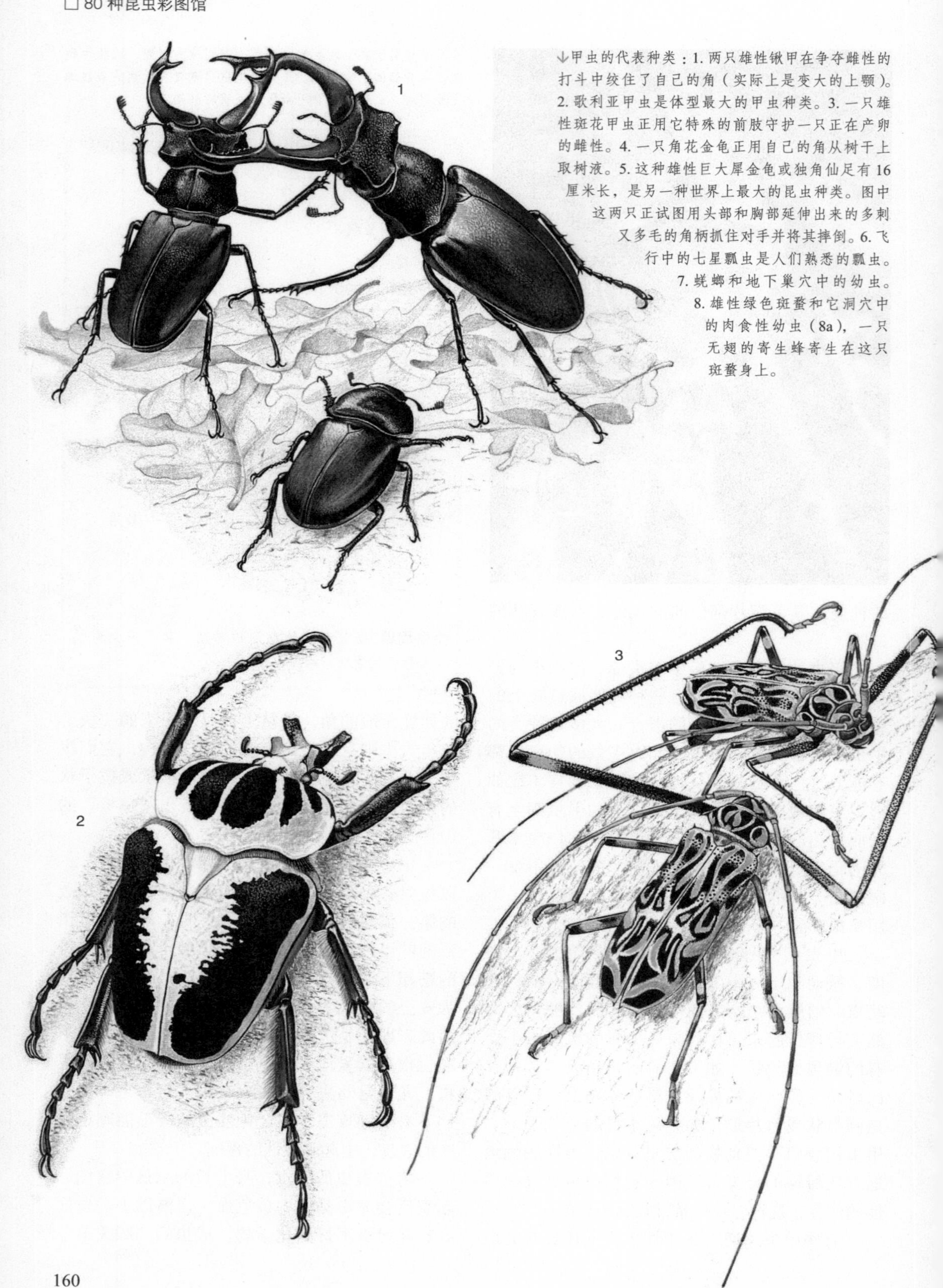

↓甲虫的代表种类：1. 两只雄性锹甲在争夺雌性的打斗中绞住了自己的角（实际上是变大的上颚）。2. 歌利亚甲虫是体型最大的甲虫种类。3. 一只雄性斑花甲虫正用它特殊的前肢守护一只正在产卵的雌性。4. 一只角花金龟正用自己的角从树干上取树液。5. 这种雄性巨大犀金龟或独角仙足有 16 厘米长，是另一种世界上最大的昆虫种类。图中这两只正试图用头部和胸部延伸出来的多刺又多毛的角柄抓住对手并将其摔倒。6. 飞行中的七星瓢虫是人们熟悉的瓢虫。7. 蜣螂和地下巢穴中的幼虫。8. 雄性绿色斑蝥和它洞穴中的肉食性幼虫（8a），一只无翅的寄生蜂寄生在这只斑蝥身上。

化学战争

放屁虫如气步甲属的甲虫，威吓潜在的敌人的时候，会喷出滚烫的醌——一种有毒的化学物，表皮沾到后会起疱，来吓跑蚂蚁和蟾蜍。但甲虫本身不会受害，因为身体里面的醌只是暂时存在的。醌的前体——对苯二酚和过氧化氢，由甲虫体内专门的腺体制造出来，储存在外骨骼衬里的腹部小腔中。需要的时候，这两种化学物会注入二级“燃烧”腔，与过氧化酶反应，然后产生醌、水、氧气和相当的热量。由于氧气产生的推力，醌能被“噗”的一声从腹部末端的一个小嘴喷射出去。滚烫的热度作为一种附加的威慑手段使多数的液态醌转化成刺激性的气体，并形成一小块云状烟雾。

通过旋转可动的腹部末端，甲虫能向任何方向瞄准，也能向前伸和向后缩，非常精确。它能一点一点地喷射，一直持续到毒液库存货被耗尽。

很多躲在暗处的甲虫也会喷射醌，如有些不像放屁虫那么灵活的拟步甲属种类甲虫会低下头，抬起腹部朝脊椎动物的面部喷射毒液。由于这类甲虫其余部位并不那么难吃，某种老鼠掌握了躲避甲虫这一招的防御机制，它把甲虫抓住后，会飞速把甲虫的腹部插进沙子里面，这样，醌就不起作用了，然后老鼠就把它从头往下地吃掉。

处也能产生这种物质。这种现象叫反射性出血。比如，当一只蚂蚁用它的颚咬住瓢虫的附肢时，瓢虫的血淋巴会把它的触角和口器都粘在一起，于是遇到麻烦的蚂蚁会迅速跑开。

在甲虫中，这种排斥性的化学物得到广泛地使用，而且非常有效（参阅“化学战争”）。例如，有些不会飞的地甲虫会喷出甲酸，这种物质会烧伤敌人皮肤，并引起严重的眼部损伤。

受到压挤的隐翅虫喷出的毒液如果不小心被人抹到眼角膜上，会导致疼痛难忍的“内罗毕眼病”。叶甲虫属的一些幼虫，其毒性非常强，喀拉哈里沙漠的土著人就利用它们的毒液涂抹捕猎用的箭头。

芫菁或斑蝥的体液和鞘翅中含有的芫菁素是一种疱疹介质，如果人体吸收了一定的剂量就会丧命。仅0.1克的芫菁素就会引起皮肤疱疹。奇怪的是，有人把脱水后的芫菁粉末当作刺激性欲的药物出售，法国作家萨德侯爵就曾尝试过，罗马诗人卢克莱修据说就是死于过量服用这种制剂。在19世纪，一种令人费解的阴茎异常勃起症使大量在北非服役的法国士兵住进医院，谜底近期才被揭开，原来这些士兵都曾食用过当地一种青蛙的腿，而这种青蛙就是以芫菁为食的。

叶甲虫的幼虫有叉状的尾部，使其能把蜕掉的表皮和粪便挂在上面，作为防御伞。当蚂蚁袭击它的时候，它会不停地摇晃自己的尾部，把粪便什么的抹得蚂蚁一身。这样一来蚂蚁只好赶紧撤退，并把自己彻底清洗一遍。同样地，榛树罐甲虫为了保护自己的子女，会用自己的粪便做一个“罐”，然后把卵产在里面。当卵孵化后，幼虫会继续留在罐里，用自己的粪便再加做一层。活动的时候，幼虫的头和附肢从同一端伸出，把罐拖在身后。幼虫身体和周围的环境融为一体，看起来像一小堆兔子粪。

甲虫家族的 4 个亚目

原鞘亚目

一个非常古老的群体，2 科，即长扁甲科（35 种，主要出现在 2.8 亿年前的下二叠纪化石中）和复变甲科（1 种，幼虫会变形 5 次。）

肉食亚目

3.02 万种，10 科，除以藻类为食的沼梭科水履虫和住在腐木中的条脊甲科皱树皮甲虫外，大部分成虫和幼虫都为肉食性。许多棒角甲科的种类住在蚂蚁的巢穴中。步甲科的昆虫全都住在地表，包括地甲虫、放屁虫和虎甲虫。有些科的种类为水栖，包括两栖甲科、水甲科、小粒龙虱科、豉甲科、龙虱科成员。粗水虫科的昆虫住在潮湿的区域，幼虫水栖。

黏食亚目

22 种。含球蚬科、单跗甲科、水缨甲科等。体型微小，幼虫水栖；多见于炎热地区。

多食亚目

约 24.8 万种，150 科。以多种动植物为食。幼虫可通过附肢分 6 节的缺失辨认。有以下代表性的数科昆虫：

水龟虫 水龟虫科，是潜水的甲虫，栖息在潮湿的地方。

食菌甲虫 大蕈甲科、拟球甲科、圆蕈甲科、薪甲科。

食木甲虫 锹甲科（锹甲）、天牛科（天牛,包括古老的家螟虫或甲虫，以及斑花甲虫）、窃蠹科（家具甲虫和木蛀虫，包括烟草甲虫和报死窃蠹）、长蠹科（竹蛀虫）、粉蠹科（粉蠹）、赤翅甲科（红甲虫）和黑蜣科（漆皮甲虫）。

食肉甲虫 阎甲科（阎魔虫）、隐翅虫科（隐翅虫）、郭公甲科（方格甲虫）、萤科（萤火虫）、瓢甲科（瓢虫，包括双星瓢虫和七星瓢虫）都是肉食性。软翅花甲虫（拟花萤科）虽然是肉食性，但也吃花粉。

斑蝥 大花蚤科和芫菁科（芫菁或斑蝥）的幼虫均为寄生虫。

食粪甲虫 粪蜣科（粪金龟）、皮金龟科（皮蠹）和蜣螂科（金龟子和圣甲虫，包括独角仙和甘蔗蜣螂），都住在粪便上。

食腐甲虫 埋葬甲科（埋葬甲，或司事甲，或食腐甲）。

植食甲虫 小象虫科、象甲科（包括棉籽象鼻虫、浅褐象鼻虫或称药材甲、玉米谷象）有超过 5 万个种类，是动物王国中最大的科之一；豆象科的成员全为植食性象鼻虫。

食根甲虫 叩甲科（叩头虫，跳虫或吧嗒虫、线虫），花甲科和许多吉丁甲科（宝石甲）的成员。

食叶甲虫 叶甲科（叶甲虫），包括科罗拉多甲虫、黄瓜甲虫、墨西哥豆甲虫和玉米跳甲。

住在树皮中的甲虫 小蠹科（包括榆皮蠹），住在树皮下。

住在花卉中的甲虫 露尾甲科（花粉甲虫）、花萤科（花萤）和拟天牛科的成虫常见于花卉上。

住在树叶堆里的甲虫 苔甲科（石甲虫）和蚁甲科，见于土壤和树叶堆里；丸甲科的丸甲虫住在苔藓里。

家居害虫 皮蠹科（皮蠹、地毯圆皮蠹、灯蛾毛虫）和蛛甲科（蜘蛛甲）。

住在沙漠中的甲虫 许多拟步甲科（拟步甲、大黄粉虫幼体）都已适应了沙漠的环境。

↑家族庞大的象甲科象鼻虫吃活的植物的所有部位。图中这只黄带象鼻虫正在吃哥斯达黎加雨林中的一棵蝎尾蕉的花。

味道不好的甲虫，通常体色鲜艳，如红黑色、黄色或白色。肉食性的脊椎动物会从自己不愉快的进食经历中逐渐领悟这一点。缺乏经验的食虫动物会尝试任何一种看起来可以吃的东西，但它们也能很快认识到这种联系。而有限的几种颜色也意味着敌人能很快弄清颜色和味道之间的联系——如果大家的颜色都不一样的话，敌人会逐个去尝试，个体被捕食的风险就大大增加了。

声音也同样被用于自身的防御。如果捕食者抓到这样一只以前没见到过的甲虫，突如其来的尖叫声会使不加防备的敌人吓得立刻丢掉猎物。如果这只甲虫本身的味道也不好，效果会进一步强化。许多地甲虫一旦被捕，会发出抗议的声音，同时还会从腹部末端邻近肛门（臀板）处的腺体中喷出丁酸。叩头虫受到惊扰时，会通过胸腹之间的某种弹射机制发出声音——胸部的一个小突起被压进腹部的凹槽中，可以通过肌肉的张力释放，随着听得见的

“滴答”一响，这股力能把它弹很远。

把自己藏起来大概是对付脊椎动物的最常用的方法，采用这个方法很重要的一点是使自己静止不动。因为它们一动，就有可能暴露自己。那些住在石头或树皮下面，以及土壤里的甲虫通常体表为不显眼的黑色或棕色，敌人很难发现它们。而栖息得比较暴露的甲虫，则会尽力使自己融进环境中（隐态）。拟步甲属的甲虫，把头部隐藏起来后，加上展开的胸部和鞘翅，就变得很像有翅种子，而不太像甲虫了。有些象鼻虫则更进一步，为了使自己更加隐蔽，会在鞘翅上培养真菌和藻类。

拟态——把自己伪装成有毒的或看起来比较恶心的动物——也是一种保护自己的方法。很多住在蚁冢里的甲虫，会把自己打扮得非常像蚁巢的主人，那些不想自己被蚂蚁痛咬一口的捕食者就被它们给蒙混过去了。一种热带的天牛，腹部末端长有两个逼真的眼点，当它首尾颠倒的时候，乍一看很像一种有毒的青蛙。

贪婪的食客
食性

甲虫的食性多样，有的食肉，有的食粪便，或营寄生，但还没有发现在人体寄生的甲虫。大部分甲虫以植物为食，有的为单食性，一生只吃某一种食物，但多数为多食性，对食物不是很挑剔。

事实上，如果想在某处找出一棵从没有受到过至少一种甲虫侵袭的植物是不太可能的，但基本上很少有植物会因为甲虫的啃吃而致死。相当数量的幼虫（如叩甲科和象甲科的幼虫）以植物的地下根为食。线虫，即叩头虫的幼虫吃草根，会抑制草的数量，但被大天蚕的巨型幼虫啃吃的棕榈树则有可能一命呜呼。

甲虫会以多种不同的方式吃树叶，有些从叶片的外部开始吃，有的比如潜叶虫则从内部开始吃。后一种方法给予了成长中的幼虫极大的保护——尽管蓝冠山雀是吃树叶的能手——它们用自己的喙啃食树叶的方法，就好像拉扯罐头上的拉环一样。住在地表的甲虫，比如柳叶甲虫只专注于吃叶片的外层部分。而其他一些种类，则是从叶片的边缘开始一点一点地啃咬。

那些吃植物茎秆的甲虫会给植物带去比较严重的危害，它们会一直吃到植物传送食物和水分的脉管中去。被澳大利亚土著居民当作食物的木蠹蛾幼虫，也就是天牛的幼虫，专吃木本植物的茎。小蠹基本上只吃树皮部分，筒蠹幼虫则会往木头深处钻，隧道般的树洞是它们的家。植物大部分是由纤维素构成，要想将其分解为糖分，必须要有纤维素酶。但极少有甲虫能自己合成纤维素酶，因此依靠树木过活的

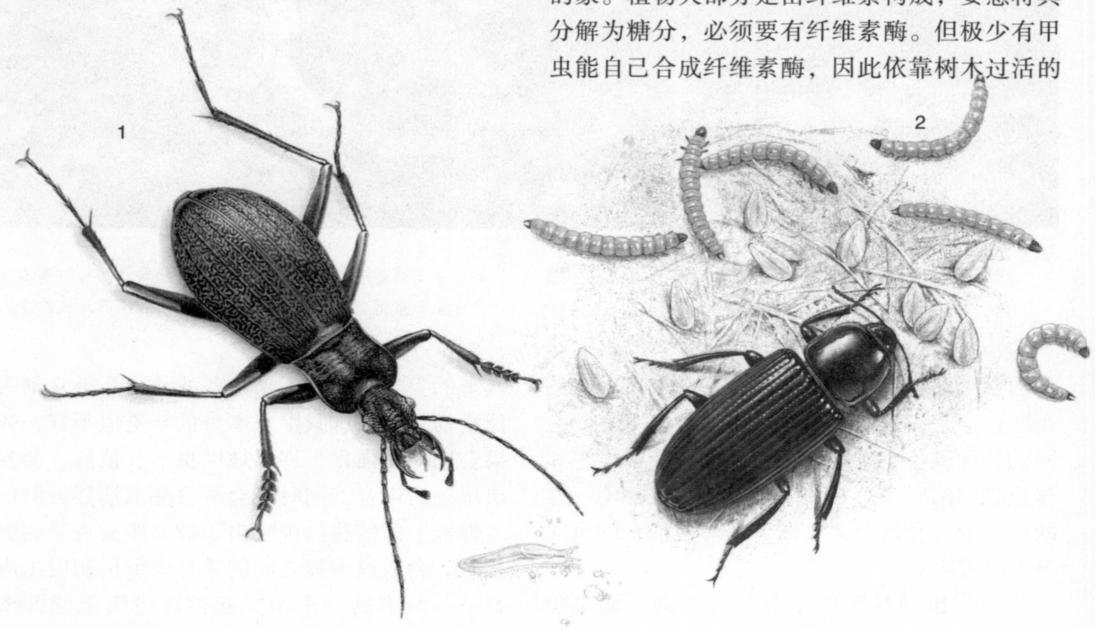

大部分蛀木虫，比如锹甲科、蜣螂科和窃蠹科的成员，不得不与能制造纤维素酶的细菌和真菌形成共生关系。这些共生体住在甲虫肠道中特殊的袋形构造中，还能给宿主提供生存所必需的B族维生素。

由于花卉含有丰富的营养成分，很多甲虫也就不客气地以之为食。许多种类的成虫，比如天牛，专吃花粉和花蜜，而它们的幼虫却吃那些更粗糙的部分。玫瑰金龟子则直接吃玫瑰花的花瓣。

有些甲虫专门吃真菌，比如已死的或快要死的树木，在其生有檐状菌的部位，通常就能

↙甲虫的代表性品种：1. 蓝地甲虫捕食蛞蝓、蠕虫，以及橡树林和山毛榉林中的其他昆虫。2. 大黄粉虫的幼虫靠储存的谷物生存。3. 龙虱能从鞘翅下面携带的气泡中吸取氧气。4. 蜣螂将粪便滚成一个球后用来产卵。5. 埋葬甲会把小型昆虫的尸体埋葬起来，然后在尸体上产卵。6. 叩头虫的身体底部有个“突—槽”机制，利用这种机制，它们能跳得很远，以躲开敌人。7. 遁甲住在腐烂的橡树和酸橙树里。8. 芫菁会产生一种油状液体，人的皮肤接触后会起水疱。9. 坚果象甲会把自己的喙埋进一个坚果中。

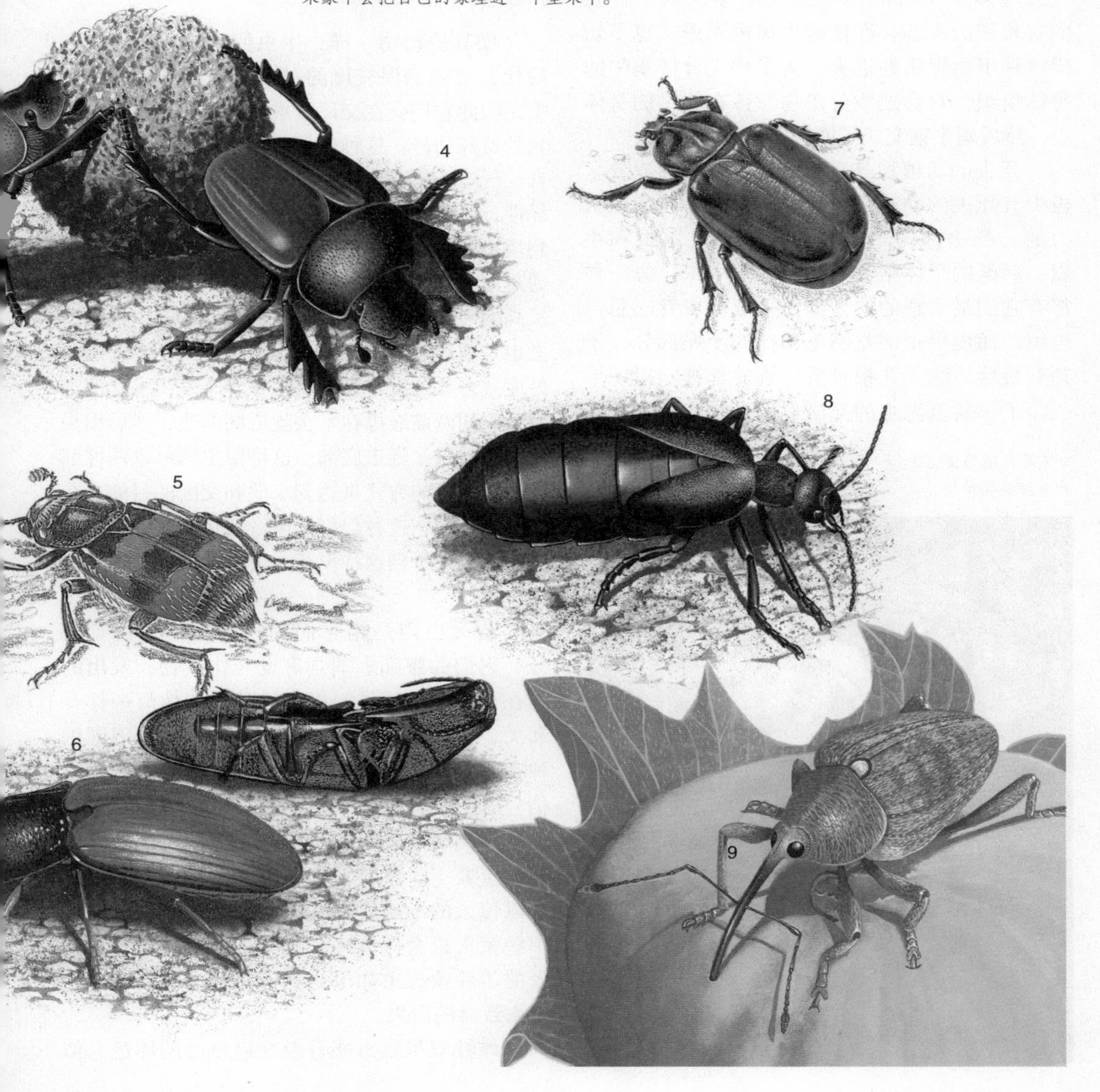

找到圆蕈甲。有的真正的美食家，几乎只吃那些广受欢迎的黑块菌。

大部分肉食性的甲虫会攻击其他昆虫，它们行动敏捷，具有敏锐的视觉。成年的虎甲虫（虎甲科）奔跑的速度达60厘米/秒。它们的幼虫则会把头楔入隧道在地面的开口处，静静地埋伏着守候猎物。尽管它只有单眼，但它很清楚什么时候有合适的猎物进入它的捕猎范围。一旦这种情况发生，它会冲出去抓住虫子，把猎物拖进洞中吞吃掉。大型的水生甲虫由于需要更充足的食物，甚至会捕食小型的鱼类和蝌蚪。

许多步甲科的地甲虫吃蛞蝓或蜗牛，它们有狭长的头部，即便蜗牛缩进壳里，也不妨碍这种甲虫把头伸进去。为了预先分解蜗牛的身体组织，它会把酶分泌物涂抹在蜗牛的身体上，然后蜗牛就变成了液体被它吸食掉。

死去的动植物具有丰富多样的营养成分，极少有死去的动植物组织会不对甲虫构成吸引力的。死去的树木会吸引很多种蛀木虫和小蠹。新鲜的尸体则会吸引各种的甲虫，每一种都有它们最中意的饮食部位：埋葬甲专吃肌肉组织，而皮甲虫则吃羽毛那样的干燥部分，于是到最后，除了几根骨头，别的都被吃得一干二净了，甚至昆虫的残渣也很受欢迎。有些甲虫喜欢对蜘蛛网来个突然袭击，把网上的残羹冷炙一扫而光；有的如丝菌甲则专吃毛虫蜕掉的那层皮。

↘芫菁科斑蝥正在进行一场求偶的仪式。雄性（左）用自己的前肢轻拍雌性。

自相残杀也是甲虫们的生存策略之一，一母同胞的兄弟姐妹也会把彼此当作食物来源。这种行为减少了同类间的竞争对手，使得幸存者的生存机会增多。在瓢虫中这种情况很普遍，不管是成虫还是幼虫，都可能把同类的卵和新孵化的幼虫当作食物。

求偶的信号

社会习性

像其他动物一样，甲虫们为了成功地繁衍后代，必须确保交尾的对象与自己属于同一种类，因此它们会在交尾或求偶前发出确保接收得到的特殊信号。这种信号可能包括视觉影像、声音、气味，或三者相结合。有的甲虫无法去找寻异性，只能通过气味把雄性吸引过来——雌性爬到矮小的植物上，然后释放出恶臭味。尖叫甲虫通过用鞘翅的底面摩擦腹部的尖端，能发出音调极高的吱吱声，据说也是一种求偶方式。报死窃蠹也是通过声音传递信号，幼虫会在老木头的深处度过多年的发育期，成虫在春季发出求偶的声音：它用两前肢撑在木头隧道的两边，然后用头顶快速地敲击隧道底部。这种甲虫的雌雄两性都是通过敲打的方式来达到求偶和交配的目的。在寂静的夜晚，这种敲打的声音会很清晰，有些病床上的病人听到这种声音，会将其当成死神来临的警示。

萤火虫则是用它们的大眼睛捕捉视觉信号。它们的腹部末端含有发光化学物，发出的光在夜晚清晰可见。而且这种光能像灯一样开和关，制造出有规律的同步闪光，而且不同的种类有不同的闪光模式。当雄性萤火虫发出光信号时，模样像幼虫的无翅雌性萤火虫如果看见了同类的闪光模式（闪光的时间长度和亮度非常重要），就会发出回应的信号，然后雄性会以惊人的准确度降落到雌性身边。肉食性的一些萤火虫会模拟另一种雌性的信号，属于后者的雄性萤火虫如果受到引诱的话，会给自己带来致命的后果。

雌性双星瓢虫能百般变换自己的体色，似

乎是用色彩寻找交尾的对象。在一大片红色的双星瓢虫群中，黑色的雌性显然能吸引更多的注意力；相反，在黑色的群体中，当然是稀有的红色雌性受益。推测起来，这种行为大概是为了在群体中提高遗传的可变性。

很多甲虫会制造独有的化学信号或信息素。雌性金龟子和叩头虫释放出来的信息素能吸引极大面积内的异性。这些雄性的触角很宽，有的像梳子或叶子，较大的表面积更适于接收雌性的信号。皮蠹和树皮甲虫释放聚合的信息素，能吸引雌雄同类的两性去合适的地点挖洞和产卵，这种行为会增加成功交尾的概率。一旦雌性树皮甲虫交尾后并开始挖洞，它们会释放出一种威慑的信号来阻止后到的异性。而与之交尾的雄性通常也会留下来帮助配偶挖洞和守护卵。

许多种类的雄性甲虫为了能占有一名异性，彼此之间会竞争。这常常包括力量的角逐，结果是只有最健康的雄性甲虫才能传宗接代。雄性锹甲会把对手夹在两角之间，然后把它摔到地上。雄性角甲为了取代别的同性的位置，会或推或挤地，或将自己的角插到对手的身体下把对方弄走。

↗非洲的纳米布沙漠里有无数拟步甲（拟步甲科）以各种腐物为食。图中，数只拟步甲正在撕咬一只蚱蜢的尸体。

捻翅虫：奇怪的寄生虫

捻翅虫是高度专一的其他节肢动物的体内寄生虫。过去，人们认为它们与鞘翅目昆虫的关系非常近，于是就把它们归入鞘翅目。如今，人们经过对它们特征的研究，发现它们某些特殊的生活方式又与其他昆虫群体如甲虫、膜翅目昆虫、蝎蛉有紧密联系，于是300余种捻翅虫被归入捻翅目，由5科组成。

成年的雌性捻翅虫与幼虫很相似，没有翅膀，从不离开它们的宿主。只把愈合头部和胸部从宿主身上露出来。原科成员是个例外，这一科的雌性非常活跃、无拘无束，它们常常跑到石头下面，还不时寄生到衣鱼身上去。

活跃而短寿的成年雄性约0.5~4毫米长，体色黑色或棕色；有一个大大的、横向发展的脑袋，眼睛膨胀突出，触角为扇形或梳子形。棒状或辨状前翅使它们拥有了“扭翅寄生虫”这一称呼。大大的扇形后翅上有退化的翅脉。当它们身体垂直的时候，腹部却转向水平方向。雄性捻翅虫通过释放性信息素来寻找未交配过的雌性。

雌性体外包围着末龄幼虫的皮，在这层皮和头胸部间，有一个纳精的“育腔通道”。在膨胀的腹部，会有1000多粒卵通过育腔通道进入育腔，并在其中孵出六足的幼虫——三爪蚴。在夏末，这种还未发育成熟的、自主生活的“传染”幼虫会进入宿主体内。进入冬天后，已经过了5龄或5龄以上的成熟幼虫，会把自己的头挤进宿主的腹部体节内化蛹。然后成年的雄性推开蛹盖从蛹中出来，而成年雌性会继续待在末龄幼虫期的表皮形成的蛹中。人们可以通过雌性在宿主体内的位置来辨别它的种类（图中为叶蝉体内的雌性捻翅虫）。捻翅虫具有高度的宿主专一性：有的寄生在蚱蜢体内；有的寄生在角蝉、叶蝉、沫蝉和蝼蛄体内；有的则寄生在蜜蜂和黄蜂体内。

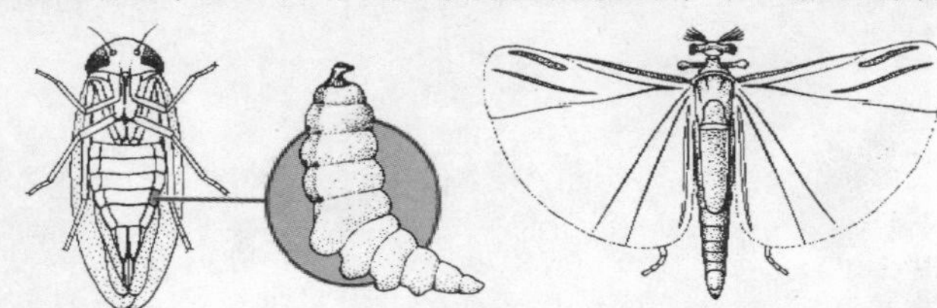

宿主昆虫（叶蝉） 成年的雌性捻翅虫 成年的雄性捻翅虫

一旦两性间建立了联系，在雄性被接受前，通常会有一场求爱的仪式，比如雄性用附肢或触角轻轻拍打雌性。为使雌性接受自己，雄性芫菁必须来一场复杂的打击乐表演。拟花萤科的雄性甲虫会制造某种能吸引雌性前来品尝的化学物。相似地，有些雄性甲虫会通过轻咬雌性鞘翅的方式去“品味”它。

双方确认身份后，而雌性也接受的话，二者就会交尾。雄性甲虫（体型通常比对方小）会爬到雌性背上，用自己的脚抓住它的鞘翅和胸部——大概是因为这个原因，雄性的脚比较长。有些雄性还会用上自己特化的触角。然后它把交尾的器官插入对方的生殖器中，注入精囊或精液，如果是精液，则会被储存在一个专门的囊中（受精囊），直到雌性准备好产卵才发挥作用。这以后，雌性会暂时或永久性地变得不再具有性吸引力。有些种类的雌性会多次交尾，大概是因为具有某些控制精液对卵受精的方法。

很多金龟子和黑蜣科的种类具有单配的习性，即一夫一妻制地繁衍下一代。这些种类的后代，两性的外形很相似。但更多的甲虫则是实行一夫多妻制，父亲根本不会去照顾自己的后代。具有这种习性的甲虫，其后代很大比例上呈现性别二态性，两性的体型、形态、颜色都不一样。

从卵到成虫，甲虫会经历完全变形，中间会有一个休眠的蛹期，换句话说，它们都属于全变态发育。翅膀在体内发育，直到成年的时候才会出现在体外。因为食性的改变，幼虫和成虫的口器差别很大。幼虫发育为成虫所需要的时间，取决于它最终的体型大小、环境温度和食物的营养价值。大型蛀木虫由于其赖以为

↘ 两只龟甲虫正在试图交尾。它们的名字很衬它们的外形——受到惊扰的时候，会把头和附肢缩进去，并把前胸背板和鞘翅放低。

生的食物缺少蛋白质，发育的时间相当长，某些种类居然需要花上45年的时间。

甲虫通常都把卵产在土壤里（隐翅虫科的隐翅虫），有的则产在植物组织内（象甲科的象鼻虫）。总之，它们会尽量把卵产在潮湿且不易被敌人发现的地方。有些甲虫比如金龟子产单粒的卵；有些比如芫菁则会成批地产下数千粒卵。许多甲虫都会对自己的卵多加保护。大银龙虱会把卵产在丝茧内，并把茧结在水面漂浮的树叶上。有的水甲虫会用腹部下面的几束丝把卵缚住随身携带。

卷叶山毛榉甲虫会用一种很复杂的方法切割叶片边缘，然后把叶片卷成内外两层"漏斗"固定在某处，卵就产在内层漏斗里面，外层漏斗则起保护作用。因此幼虫可以在叶子里面藏着进食。象鼻虫和种子象（豆象科）常常会用植物的软组织制做育卵室（虫瘿），幼虫就在育卵室里面发育。有的在花的种荚上做育卵室，而有的则在菟丝子的茎秆上做育卵室。

母亲们并不总是在后面保护它们的卵，而是通常会把它们和食物放在一起。榛子象鼻虫会用它长长的象鼻状喙在生长中的果实上钻一个眼，然后把卵小心翼翼地产在这个小眼中。大型的蜣螂则是在作为食物的粪便上打一个垂直的轴形眼，然后在眼的顶端放一粒卵。

大部分种类的甲虫，父亲都不会协助母亲抚育后代，只有少数例外，有的金龟子，母亲会用自己强有力的多刺附肢挖一个育卵室，而父亲则忙活着做一个粪球，让母亲把卵产在粪球上。而粪便就是发育中的幼虫唯一的食物来源。父亲通过自己的协助确保了后代的生存。

孵化中的幼虫用自己的上颚和身体上的刺，或"破卵器"刺破卵壳出来。它们边进食边成长，经过数次以蜕皮或换皮为结果的龄期。幼虫的外形与成虫不同，但雌性萤火虫是例外，它们即使在成虫期也保留了幼虫的外形。而其他种类的甲虫，幼虫既有可能像无附肢的成虫（如家具甲虫），也有可能像锯蜂的幼虫（叶甲和跳甲），还有可能有长长的身体和附肢（隐翅虫），或者像金龟子那样，身体居然是"C"形的。大部分水栖甲虫的幼虫依靠空气生存，会时不时地露出水面通过气门补充

↗大部分甲虫中，如图中这种来自欧洲的橘子瓢虫，两性的外形很相似。雄性瓢虫有时会将其他种类甚至其他科的雌性认为是同种的，还试图和它们交尾。

氧气。但尖叫甲虫利用鳃直接在水中呼吸。有些种类的幼虫，尤其是粪金龟类，利用发声结构发出温和的唧唧声来互相交流。

有少数种类的甲虫，父母双方会一起照顾幼虫直到它们部分或完全发育成熟。如有的埋葬甲，交尾后双方一开始会相互合作照顾后代，但后续的哺育任务则由母亲单独完成：首先，它们会寻找某只小型哺乳动物的尸体，比如老鼠；然后，约定交尾的双方一起不停地挖尸体下面的土，使之自然下沉，最后被埋进地下；在尸体向下沉的过程中，两只埋葬甲会剥去它的皮。交尾后，父亲会离去，母亲则把卵分别产在尸体旁的一个个小洞中。孵化后，幼虫会自己设法来到尸体旁边，母亲会等在那里，把已经预先消化过的食物反刍出来喂给子女。这样的情形会一直持续到儿女们能独立进食为止，然后母亲就会离去。

许多甲虫都有常常显得很古怪而又非常独特的生命历程，尤其是那些营寄生生活的甲虫。例如，火腿皮蠹一般寄生在死尸上，却偶尔会跑到新孵化的小鸡身上，钻进小家伙的肉里面。

人们发现，有8科的甲虫中，有部分寄生虫很专一（专性的），而有部分却很随意（兼性的），后一种主要攻击其他昆虫的卵或蛹。如

有些芫菁的幼虫会钻进土里吃蚱蜢的卵；而有些隐翅虫的一龄幼虫则会非常积极地四处寻找蝇类的蛹——它们会被这种蛹所散发出来的化学气味所吸引。一旦被它们找到这种蛹，它们会钻进蝇的身体中，度过没有眼睛和附肢的第二龄期，这期间，它们靠吃宿主的身体组织过活。到了第三龄期，这种隐翅虫会长出发育完全的附肢和眼睛，然后钻进土里化蛹。

大花蚤科所有成员的幼虫均营寄生生活，而成虫却以花朵为食。该科有些成员的幼虫曾被发现于某种比较常见的黄蜂的巢穴内。这种甲虫的雌性把卵产在花朵上，然后会孵化出体型微小、有刚毛的闯蚴，这种幼虫的外表皮上长有很粗的刺和吸管，但它们不进食，专等着找机会被成年的宿主运到其巢穴中去。当有黄蜂到来时，幼虫会钩住它，随之返回其巢穴。因为这种方法的成功率极低，所以父母们会产下大量的卵以增加成功的机会。有幸被带到黄蜂巢穴中的幼虫，会经过数次变形（复变态期）。首先，幼虫会刺入黄蜂幼虫的身体内，成为其体内寄生虫后，在里面进食。然后它会蜕皮，成为无附肢的幼虫，用自己的身体缠绕在黄蜂幼虫的体外继续进食，成为体外寄生虫。经过蛹期后，幼虫就成长为翅膀发育完全的成虫。

有些种类的粪金龟是哺育型的寄生虫，它们并不自己收集食物（粪便），而是把卵产在大型粪金龟的巢穴中。一种小型树皮甲虫属的成员无法自己去刺穿树皮，只能钻进那些已经存在的小眼中，在其他树皮甲虫已挖好的隧道中开凿自己的窝。

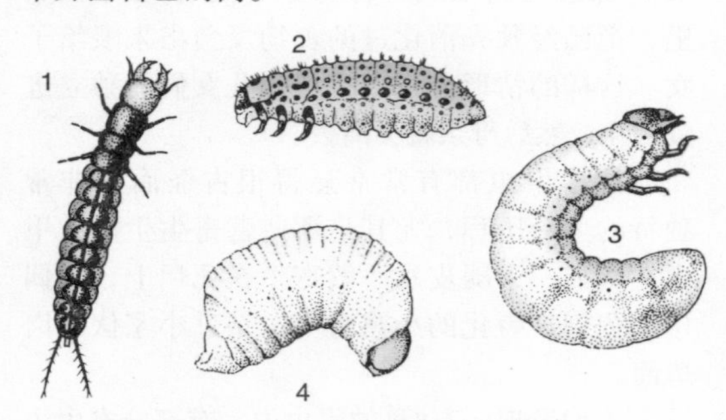

↗4 种甲虫幼虫：1. 步甲虫幼虫（活跃、食肉）；2. 叶甲虫幼虫；3. 金龟子幼虫（住在土壤和腐木中）；4. 象鼻虫幼虫（住在植物里）。

↗有少数甲虫属于胎生，直接产下活体幼虫。图中这只来自巴西的叶甲虫产下了一批小幼虫，而不是产下卵。

有些种类的成年金龟子过着一种半寄生的生活，即把自己粘在哺乳动物肛门附近的毛皮上，这也是雌性为使自己的后代有现成的食物可吃的一种策略。有一种甲虫住在袋鼠的肠道内，靠吃袋鼠的粪便生活。还有的住在蜗牛的壳中，也是靠粪便为生。

此外，有1000多种甲虫喜欢与蚂蚁比邻而居，这其中有的吃蚂蚁，有的寄生在蚂蚁身上，有的则采取与蚂蚁共生的生活方式——这种甲虫从蚂蚁巢穴中获得食物，对蚂蚁没什么坏处，却也没什么益处。有些很受蚂蚁欢迎，有些却不得不模拟主人的化学气味和习性以免受到攻击。有大量的隐翅虫，其幼虫和成虫都会与蚂蚁共享其巢穴，这里面，有很多都会分泌一种对蚂蚁很具吸引力的分泌物，能吸引蚂蚁过来舔它们的分泌腺体。

有一种隐翅虫的幼虫非常受一种蚂蚁的欢迎，它们会被蚂蚁收养，安置在蚁巢的育卵室中。这大概是因为这种隐翅虫的幼虫能释放一种信息素，这种信息素会激活蚂蚁的哺育习性。此外，这种幼虫还会模拟年幼蚂蚁的乞食行为，即跳动着轻拍蚂蚁“护士”的口器，作为回应，“护士”会反刍一滴已消化过的食物流质喂给幼虫。而这种幼虫也可能被周围的其

↖全世界有超过3000种龟甲虫，只有4种具有母性的特征。图中这种龟甲虫是中南美洲的常见甲虫，正趴在它的这批深色幼虫上面。

他蚂蚁或其他甲虫幼虫吃掉。在秋天，还没有性成熟的成年隐翅虫，最后一次向它的宿主要求食物后，就会跑去另一种属于不同属（赤蚁属）的蚂蚁的巢穴中，这种蚂蚁能在冬天为它们哺育后代。为了预防任何可能的攻击行为，隐翅虫会把腹部末端的分泌物提供给这种蚂蚁，这种由它们鞘翅后面含有化学物的腺体分泌的物质会使蚂蚁自动把幼虫带进育卵室喂养，这些幼虫们就可以在育卵室中完成发育过程。在春天，长大的成虫又会在这种蚂蚁巢穴的附近交尾并产卵。

朋友和敌人

保护和环境

自从人类建立居所以来，甲虫就已经与人类和人类的家园建立了联系，它们常常在人类的神话和传说中占有一席之地。在古埃及，圣甲虫（粪金龟）就被视为重生和不朽的象征，

↘ 图中这只马达加斯加的雄性长颈象鼻虫的颈部出奇地长，这是竞争带来的结果，在很多的甲虫科中，竞争都很常见。

那时的人们看见成年的粪金龟把自己埋进地下，并在来年以后代的形式重现，就把粪金龟与好运联系起来。直到今天，还有人佩戴圣甲虫饰物作为护身符。人们熟悉的红色和黑色瓢虫也同样地被人们视为与好运有关。而其他甲虫，比如“魔鬼的马车”就恶名远扬，人们将其与诅咒和杀戮联系在一起。有的锹甲则被认为会给马房的茅草屋顶招来闪电。

在考古地点发现的昆虫遗体昭示着那些被现代人认为是害虫的甲虫已经与人类共处了很长时间。之所以认定其为害虫，其实不过是甲虫在某些属于人类的物品上开展它们正常的日常事务而已。来自亚洲的金蛛甲，是极高超的食客，能以任何死的有机物，皮革、羽毛、毛发，甚至干枯的植物为食，这些它们都能很享受地吃下去，因此在家庭或仓库中不受欢迎。另有一种技艺高超的甲虫会侵袭很多种储藏用品，甚至能钻进锡质和铅质物品中。

蛀木虫能分解死去的树木，使其中的营养成分能进入生态循环并为新的生命提供养

↗叶甲虫是一个外表高度瘤状化的群体，包括大概3.5万种代表性种类。有些，像具有破坏性的科罗拉多甲虫，是人们熟悉的品种，其他的则不是很常见，如图中这种是巴西瘤叶甲亚科中一个奇怪的成员。

分。但人类的木质建筑和家具木材都有可能遭受甲虫对其内部的袭击。天牛幼虫以屋顶的木材为食，常常要花上好几年的时间才能羽化为成虫；家蛀虫或家天牛普遍存在于松树材质的家具中，而报死窃蠹们通常也不会放过老旧的橡树木材；有些木蛀虫喜欢吃家具和地板，人们常常能在这些东西上面发现很小的圆孔，成年的木蛀虫就是在这些孔中度过没有附肢的幼虫期，这期间就靠啃吃木头生活，啃吃的结果就是形成了这些孔洞，然后它们羽化为成虫并飞走。

树皮甲虫带来的问题更严重，因为它们吃活的树木。榆瘤干小蠹已给长着高高的榆树的英国乡村造成极大的危害。其实这种蠹虫本身几乎没什么害处——幼虫仅直直地向树皮下钻一些孔洞而已。问题在于它们会传播一种致命的真菌，即荷兰榆树病菌，这种真菌会侵入树木传输营养和水分的脉管，使传输中断，最终导致树木的死亡。这种病害是20世纪60年代因进口美国的木材而进入英国的，其结果是给80%的英国榆树带来了灭顶之灾。此后，由于榆树的总量下降，抑制了这种真菌的传播，情况才稍有好转。但在1990年，由于人们又栽种了新的榆树苗，这种病害又卷土重来，再一次毁掉大量的树木。人们尝试了多种方法试图终止这种不断反复的循环，如消灭甲虫或真菌，但这种方法难以奏效。

如今，在这场竞赛中，生物技术得到了运用。人们培育了带有附加基因的树木，使其能够自己产生一种化学物，既能阻挡树皮甲虫，还带有抗菌特性。如果这种技术有效，那么在将来有望通过这种方法去保护更多的树种。一种美国橡树枯萎菌能搭载飞机四处传播，英国人非常担心这种真菌会进入本国国土，因为这种真菌再通过本土的橡树蠹虫传播的话，会毁掉大批英国古老的橡树森林。

有些甲虫则不放过庄稼，使农作物严重减产。很多种类的象鼻虫如象甲科和豆象科成员吃种子、花、豆类的叶片、果实和块根农作物。棉籽象鼻虫的幼虫会钻进棉花里面享用大餐，于是绕着棉花籽生长的那些有用的棉花纤维的生长就会受到抑制；同一属的另一种象鼻虫会钻进苹果花里面产卵，这种行为会妨碍果实的正常发育。印第安玉米则会极倒霉地受到数种叩头虫幼虫的摧毁，因为这些幼虫以玉米的根为食。在象鼻虫中，玉米象甲幼虫会侵袭玉米秆的软木髓。其他的甲虫恶棍还包括墨西哥豆甲虫和其近亲，它们破坏豆荚，比如大豆、作为饲料的豇豆，以及番茄和茄子等茄属植物。

在那些吃叶子的叶甲科昆虫中，种植马铃薯的人们最怕著名的科罗拉多甲虫，这种成虫和幼虫均有鲜艳的体色，以马铃薯的茎为食，最终会导致马铃薯减产。当大量的个体聚集在一起出没的时候，可能所有的马铃薯作物都会荡然无存。基因工程专家已培育出了一种能自己合成毒素的植物，这种毒素能有效地对付甲虫。然而另一方面，人们也担心这些毒素会通过食物链进入瓢虫等益虫的体内——类似的副作用会反过来制造一系列的新问题。

甲虫访客们的致病微生物的传播可能会加重部分庄稼的病情。在叶甲虫中，黄瓜甲虫粪便中携带的病菌如果被水冲进作物的新鲜伤口中，会导致作物得枯萎病。而任何吃掉病害作物的种子的昆虫，会进一步把病菌传播出去。同样，玉米蚤甲也会传播导致印第安玉米枯萎病的病菌。

但并不是所有在庄稼中发现的甲虫都是有害的。肉食性的瓢虫，不管是成虫还是幼虫，都以蚜虫和介壳虫为食，被它们吃掉的害虫的

↗ 图中这种有须象鼻虫是马达加斯加雨林中一种又大又奇怪的种类。跟所有象鼻虫一样，它以植物为食。当这种象鼻虫把经济作物当作取食的目标时，是对农场主们的直接挑战。而同时，许多雨林中的甲虫也会因林地和牧场的栖息地受到破坏而受到威胁。

数量足以挽救可能受损的庄稼。有些种类被引进到很多新的地区安家落户并消灭害虫。大量益虫周期性地以卵、幼虫或成虫的形式被针对性地应用于多种农作物：在美国的部分地区，七星瓢虫就被用于控制马铃薯蚜虫。

如今在澳大利亚，人们利用粪金龟来解决农场面临的一个麻烦：当地已有的昆虫动物群无法对付外来牛群制造的大量粪便，因此人们从非洲和南美引进粪金龟来解决这个问题。

在英国，人们为防治寄生虫而给牛喂食的化学物能减慢了牛粪堆被分解的速度。好几个月以来，那些牛粪都原封未动，因为粪金龟和其他昆虫拒绝碰这些牛粪。这个结果表明喂给牛群的食料起了作用。同时，从夏威夷和波多黎各引进的某些品种在控制食粪角蝇的数量方面非常成功，这种角蝇的成虫会吸食牛的血液。

地甲虫是害虫的重要天敌，但由于杀虫剂的过量使用，地甲虫的数量在近些年呈下降势态。但同时，杀虫剂的成本也降低了农民们的收益——在较贫困的国家，这种影响更加显著。20世纪90年代的一份研究显示，在菲律宾，接受过如何在自己的农田周围提高地甲虫和蜘蛛的数量的培训后的农民，放弃使用杀虫剂后，农田的产量不仅没有受影响，而且利润更高。

全球性变暖已经对昆虫的分布造成了影响，此前对寒冷潮湿的北欧，尤其是对北欧的冬季不适应的许多甲虫，如今都能在该地区生存及繁衍。这种趋势对当地的生态系统已带来破坏性的后果。

过去数年，两种已进入英国的甲虫使已受到榆瘤干小蠹侵袭的林区雪上加霜。据说大型的黑白色亚洲天牛已随着来自亚洲的承托货物的木制货盘进入英国，人们在坎布里亚郡首次发现它们，如今它们已扩散至其他很多地区。这种天牛的幼虫会危害多种树木，如小无花果树、七叶树、柳树、苹果树和梨树。它们会一直钻到树心里去，最终害死树木。此外，当天牛于20世纪80年代随运送用于下水道管道的木制包装箱从纽约进入美国后，已经造成了极大范围的破坏。天牛的幼虫已经广泛扩散至本土的枫树、榆树和白杨上。

体型微小，长有8颗牙齿的云杉甲虫最初来自南欧，这种甲虫其实只会啃树皮，但就像其他树皮甲虫一样，它们携带的真菌会严重危害树木。被它们啃过的树皮会剥落，使暴露的部分受到病毒的侵袭，最终会导致树木死亡。这种害虫给美国的商业林区带来了严重的问题。人们从英国取经，禁止任何含树皮的包装材料进入美国，但这也没能阻止害虫的扩散。

新的害虫随时都有可能进入各个国家，但是到目前为止，人们仍无法找到应付它们的好的方法。随着美国的原木进入中国的道格拉斯冷杉甲虫就是这样一个例子。

搞破坏的搭档们

在许多以极干燥的物质如头发、皮肤、木头、羽毛为食物的甲虫的肠道中，居住着共生的有机物（共生体），通常是细菌或原生动物。这些共生物能分泌酶，帮助甲虫消化那些几乎没法消化的物质，使甲虫们能从容吃下那些因为太干燥而没法滋生细菌或真菌的东西。结果就使得甲虫们成为储藏物的主要威胁，这其中有许多都是常见的家居害虫。

年幼的甲虫们从父母那里得到这些共生物。食木为生的粉蠹，共生物在卵被产下前就会钻进去，而一种也吃木头和纸张的谷象鼻虫，共生物是通过精液传递的。雌性家具甲虫产卵的时候，肛门会污染卵的外表面，当孵化后的幼虫吃掉空的卵壳后，共生物就随之进入它们体内。

细小如毛发的小圆皮蠹是声名狼藉的“羊毛蠹虫”或地毯圆皮蠹，会危害羊毛织物，把昂贵的羊毛地毯咬出一个个孔。还有的蠹虫则会逐渐把博物馆里的动物标本变成粉末。当这种昆虫的幼虫进入蛹期的时候，它会钻进相对坚硬的材料中去，如木头或软木，但它们并不吃这些东西。这种昆虫的成虫其实是以花粉为食的，并不造成危害。

在家具甲虫中，有一些还会危害木头之外的东西。烟草甲虫会破坏所有的烟草产品，给经营者带来严重的经济损失。象鼻虫中，点心象鼻虫或药材象鼻虫是早期船员的祸害，它们会吃掉作为船员主食的粗粮。

许多破坏储藏物的害虫，其食性很多样，因此很难控制。竹蛀虫几乎吃遍所有植物原料，尤其钟爱竹制品，特别是竹制的家具，但人们还在干果、鳄梨、姜、肉桂和各种不同的木头中发现过它们。别致有趣的赤足火腿皮蠹钟爱那些含高脂高油的物质，如熏制的咸肉、干酪、坚果或干椰子肉。此外，这种皮蠹还会向某些昆虫和它们的卵、骨粉甚至海鸟粪发起进攻。

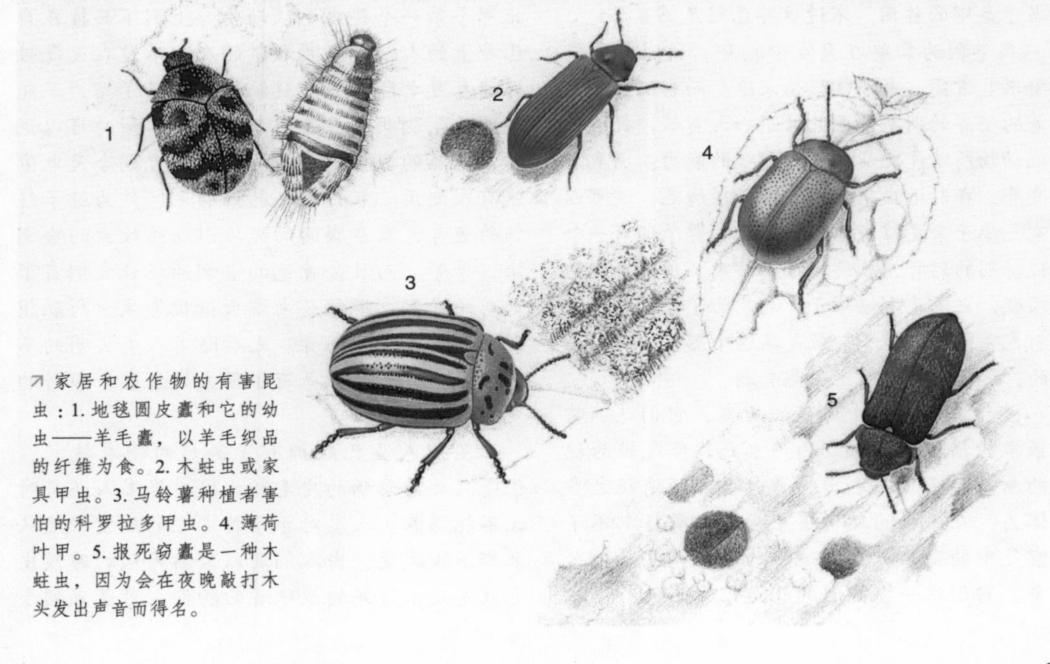

↗ 家居和农作物的有害昆虫：1. 地毯圆皮蠹和它的幼虫——羊毛蠹，以羊毛织品的纤维为食。2. 木蛀虫或家具甲虫。3. 马铃薯种植者害怕的科罗拉多甲虫。4. 薄荷叶甲。5. 报死窃蠹是一种木蛀虫，因为会在夜晚敲打木头发出声音而得名。

法布尔昆虫趣谈

锯角叶甲

衣服无论对人来说还是对于动物来说都必不可少，然而绝大多数的动物都无须为自己的穿衣而费心，因为它们的皮毛与生俱来。也因此这些动物们不具有在外衣上添加饰物的技能。蜗牛不用为自己身上有无甲壳而担心；螃蟹不用为它是否拥有一件齐膝的紧身外衣而苦恼；鸟类不会为自己身上有无羽毛覆盖而忧虑；生活在陆地上的爬行动物们也不用担心自己有无鳞甲来防身。动物们身上的绒毛、螺钿质、下脚毛、鳞甲等无一例外的都是自然生长出来的。

动物们不会担心自己会被严寒击倒，因为它们身上的衣服已经足够防寒了。在能够抵御寒冷的动物外衣中，要属拥有皮毛的动物最为高贵。这些皮毛甚至比最高档的人造呢绒还要柔软。

爬行类动物身上的鳞甲却很少有保暖的作用，它们只是用来防止自身受到外界的伤害，相当于盔甲的作用。不过这些已经足够了。

鸟类因为需要在天空中翱翔，所以对体能的要求非常高，也非常惧怕寒冷。而它们身上覆盖着的整齐的羽毛就为此做了一大贡献，拥有着其他动物所不能比及的保存热量的能力。羽毛层层叠叠，在贴近皮肤之处还有一层绒毛，这可以当空气垫子来支撑身体。在鸟儿的臀尾部有一个比较特别的器官，长得好像脂肪疣、用来清洗的细颈瓶，更像是发蜡罐子。鸟儿为了把自己身上的羽毛弄得油光锃亮，就是从这个器官中汲取脂肪的，这样便可以防止羽毛受潮。

至于能够在水中游荡的鱼类，它们也不需要很多的措施来防寒。因为水是比空气较为稳定的物质，鱼儿在水中畅游时也无须消耗太多的体力。在这样的环境下生存，鱼类根本不了解空气中的炎热以及大地上的雾凇究竟是怎么回事。它们唯一需要做的就是让自己的身体在水中保持平衡。

生活在海洋中的软体动物也不需要外衣来使自己的身子变暖，因为它们的鳞片也是为了防止受到伤害。这点正如甲壳类动物的甲胄一样。

在我们以上所提及的动物种类中，无论是披着毛发的还是穿着硬壳的，它们身上所覆盖的东西都不需要自己制作，完全是生来就有的。如果我们想要找到一些例外的话，那就得跑到昆虫界了。不过在谈昆虫之前还是先看看我们人类自己吧。

人类与动物不同，每个人都是赤裸着身体降临到这个世界的。也正因为没有天生的外衣，人类才在严寒的气候下自己丰衣，并且形成了一套纯熟的制衣技术。从这点来讲，制衣技术是在苦难中产生的，而这种苦难正源于天气。

在严寒的冬日，冷得发抖的人们逐渐意识到动物身上的毛皮或许能够帮助自己御寒，因此那个第一个将皮毛从动物身上剥下而披在自己身上的人就是发明衣服的人。不过在天气较好的春夏之际，皮毛就派不上用场了。为了能够遮羞，聪明的人便想到了树叶。树叶可以说是装饰品的源头，类似的装饰品直到今天也依然有人使用。装饰头发的红羽毛、作为脖子挂饰的鱼骨、系在腰间的绳段以及防蚊虫的哈喇油，等等。而且金黄色的哈喇油还让我们有了更新的发明，那就是由蠕虫抵抗寄生虫所联想到的涂在身上的药膏。之后随着人类文明的不断进步，制衣技术也有了很大的发展，布料的发明就属于其中。

虽然人类已经拥有了高超的制衣技术，但是只要与动物的皮毛相比较，很多人还是对此不能满意。人类对于动物皮毛的热爱程度从来都不曾减退。当人们还以岩石为居的时候皮毛就是用来防寒的最珍贵的物件，可是直到今天，人们还是为能够拥有一件皮毛外衣而骄傲。大学教师想要一件能够装饰肩膀的白色兔尾，国王和司法官也想拥有白鼬皮。为了达到这个目的，很多动物都牺牲在了人类无止境的欲望之下。人类所制造的呢绒里面也含有动物毛的成分，人们认为这是最好的制造呢绒的材料。也为此，身披毛发的动物全都遭了殃。不过，动物的皮毛确实是简洁而又时尚的服饰。

我们人类居然会为自己拥有一件用绵羊毛皮制作的衣服而感到自豪，甚至还会因为一件衣服来源于毛虫的唾沫而傻乎乎地高兴，这是多么不可置信啊！

刚才我们提到在动物界也有着靠自己来纺织衣物的族类，现在我们就回过头来谈谈。在昆虫领域，发明衣服的首先要属叶甲，它们的服装是用粪便做成的。我们知道爱斯基摩人的衣服是通过刮取海豹的肠衣来获得的。我们的祖先——穴居人，他们的衣服来源于熊的皮毛。而叶甲制作衣服的技能绝对比爱斯基摩人要高明，甚至还会超出我们的祖先。因为当人类还为自己有树叶遮羞而感到高兴的时候，叶甲已经会自己搜集衣服原料了。它们的衣料除了搜集以外，自己也会提供一部分。没错，叶甲在制作莫列顿呢上的技巧已经很纯熟了。

百合花叶甲就会为自己做衣服，虽然它的衣服实在是有点不雅致。说不好看是因为百合花叶甲做衣服的原料是自己的粪便，不过这种粪便对于防止寄生虫的侵害却十分奏效。不仅如此，还能够有效地遮挡太阳的照射。在用粪便做衣服方面，没有什么动物能够效仿埃尔伯夫呢昆虫了。

寄居蟹也会根据身子的大小来为自己量身定做衣服。它的衣服材料来源于软体动物的外壳，而且这种外壳要被海水侵蚀到有缺口。然后寄居蟹会挑选一个适合自己体型的外壳住进去，不过只是肚子钻进去而已。至于它的两只肥大且长得不均衡的大钳子则会裸露在壳子外面，目的就是为了攻击与防守时能够派得上用场。寄居蟹的这种行为是很独特的，因为其他的动物很少有如此举动。

叶甲属于鞘翅目昆虫，它们的体形非常优美，色泽也很光亮。叶甲将原本低级和浅陋的制衣方法进行了精心的修饰，因此成衣看上去还是很适合锯角叶甲和隐头昆虫族类。叶甲的幼虫刚出生时全身裸露，没有一处被包裹的地方，不过很快地它们就会为自己编织住所了。这种住所类似于蜗牛的壳，是一种长坛子，既是衣服也是房子。幼虫在坛子造好之后会让自己躲进去，它们不会轻易出来。假如遇到让它们惶恐的事情的话，它们就会把身子突然向后缩，整个身体都缩进坛子，然后再把自己平扁的头部当作坛子的封口。等到它们所认为的危险过后，它们就会让自己的头部还有长着爪子的三个体节伸到坛子外面。由于幼虫身体的主干部分比较脆弱，所以是绝对不会外露的，而只会让它靠着坛子底部。

↗一只进食的叶甲

↗四点锯角叶甲的前肢很短。

甲虫的生命周期

甲虫和臭虫有着不同的生命周期。在甲虫的生命历程中，要经历四个阶段的变化。卵孵化成幼虫，幼虫与成虫完全不同，有的有腿，但更多的看上去像长而苍白的蠕虫。它们生活的环境与成虫不同，食物也不一样。

甲虫的幼虫永远吃不饱。它们觅食、生长、蜕几次皮，但不会改变外形或者长出翅膀。当幼虫完全长成时，它会长出坚硬的外壳，进入休整阶段，被称作蛹。在壳里，幼虫的身体完全消失，然后重新塑造，从幼虫成长为有翅膀的成虫，这一过程叫做完全变态，变态就是指变形。

产卵

雌火甲虫有时在枯木上产卵，它腹部坚硬的尖端刺穿木头，把卵产在里面。当卵孵化时，木头为幼虫提供了藏身之所。幼虫以木头为食，直到完全长成。

↗ 一只雌火甲虫正在枯木上产卵。

四个阶段

甲虫的生命周期中有四个阶段，开始于卵，如下图（1），接着是幼虫，如下图（2），完全长成的幼虫变成蛹，如下图（3），最后是成虫，如下图（4）。每个阶段甲虫的外形都是不一样的。换句话说，成长中的甲虫其实是几个动物的集合。当甲虫最后从蛹里面出来，它就已经是成虫，可以繁殖后代，从此开始新的生命周期。

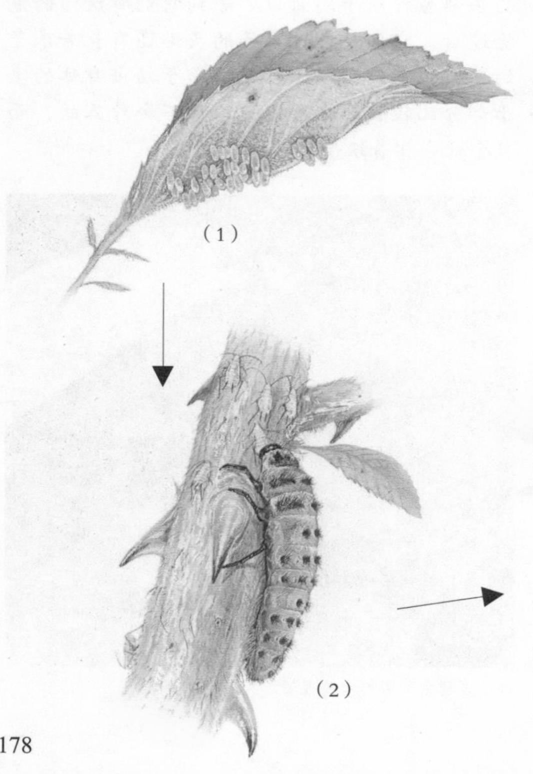

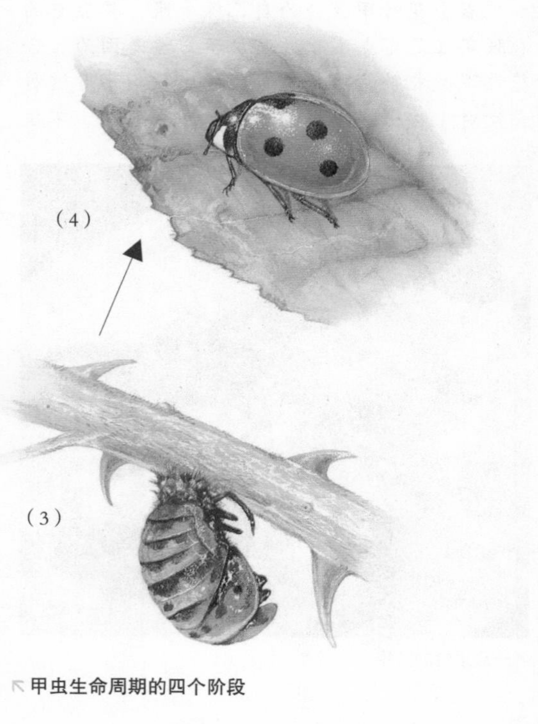

↖ 甲虫生命周期的四个阶段

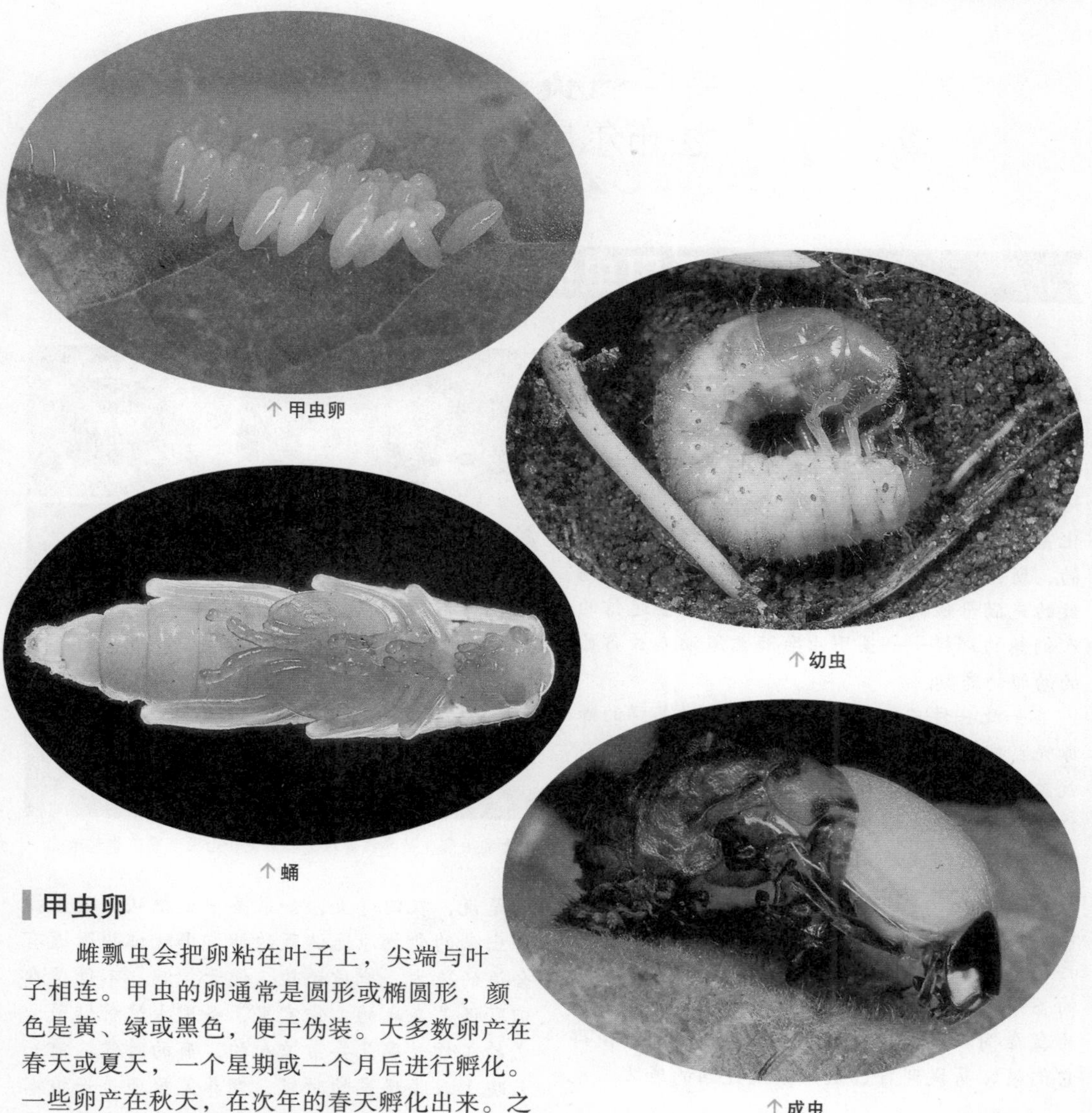

↑甲虫卵

↑幼虫

↑蛹

↑成虫

甲虫卵

雌瓢虫会把卵粘在叶子上，尖端与叶子相连。甲虫的卵通常是圆形或椭圆形，颜色是黄、绿或黑色，便于伪装。大多数卵产在春天或夏天，一个星期或一个月后进行孵化。一些卵产在秋天，在次年的春天孵化出来。之所以时间较长是因为冬天寒冷的温度。

幼虫

金龟子的幼虫与成虫没有相同的地方，前者长而肥的身子与后者圆圆的身形完全不同。但是，与许多甲虫幼虫不一样，金龟子的幼虫有腿。幼虫没有复眼和长长的触角，也没有翅膀，只能在泥土里扭动着前进。

蛹

当甲虫的幼虫完全长成，它会附着到植物的茎上或者隐藏在地下，然后长出一个坚硬的外壳，变成蛹。与幼虫不同，蛹不需要进食，也不会移动。蛹看上去像死了一样，但它在里边进行着惊人的变化过程。昆虫的身体成为液体状物质，然后重新塑造，变为成虫。

成虫

上图中一只成年的七星瓢虫正从蛹里挣扎着出来，长而多节的腿、翅膀和触角完全露在外面，黄色的翅鞘几个小时之后就会长出斑点。一些甲虫从蛹到成虫只要经历短短的一个星期，而另一些则要度过整个冬天，在来年的春天才从蛹里出来。

法布尔昆虫趣谈

圣甲虫的造型术

粪梨，是圣甲虫为自己的幼仔提供的食物，不要简单地以为这只是它们胡乱地在地上滚出的粪球，首先，梨形的粪球不可能在地上随意滚动，其次，雌性昆虫也不会让粪梨在地上随意滚动，因为粪梨的颈部是圣甲虫的孵化室，这个承载幼小生命的地方是经不起颠簸的，所以，在了解事实后，我觉得这是一件精致的充满母性的艺术品，而不是像那些迷信的人们想的那样——圣甲虫会随意滚动盛放自己的幼卵的粪梨。

↗ 食粪虫们先是寻找粪堆，之后便在上面辛勤工作起来。

如此一件艺术品，圣甲虫要经过怎样的雕琢呢？它们喜欢把自己关在地下室制造粪梨，就像很多艺术家喜欢把自己关在工作室潜心创作一样。圣甲虫制作粪梨的方式有两种，一种就是把在粪堆里找到的精华提炼出来，一块块粪便在它们眼里是松软可口的食物，圣甲虫会把这些食物原地储藏起来，等到要用的时候再根据需要分成不同的小块。被我带回实验室的圣甲虫通常会采用这种储藏食物的方式，因为我在饲养笼里放的沙子都是筛选过的，使得它们很容易找到自己认为方便挖洞的地方。也就是说，在田野里，如果圣甲虫把从粪便里提炼出来的食物原地储藏的话，那就证明附近有合适的地方，地质松软，便于挖洞。不管是在田野还是在我的工作室里，圣甲虫这种储藏方式的工作效率是异常惊人的，有的时候，前一天晚上我去观察的时候，饲养笼里还是一堆零散的、看起来并不美观的粪便，待到我第二天早上再去看的时候，就会发现这个艺术家正得意地欣赏它的作品呢，那些难看的粪便块消失了，取而代之的是一个完美的粪梨。

↗ 圣甲虫和它的梨形粪球

当然，这种在原地储藏食物的方式是不多见的，因为这种储存方式要求粪便附近的土质适合圣甲虫挖地洞，但是田野里的土地多是粗糙并且略微坚硬的，而且碎石较多，不适合挖洞，所以，通常，圣甲虫会把找到的粪便简单地堆成球形，然后滚着这个重重的食物一路前行，直到找到合适的挖洞地点。也许正是这一行为使得很多人对圣甲虫的粪梨制造过程产生了误解，认为粪梨是圣甲虫靠不断在地上滚动形成的。起初我也是这样认为的，但当我经过对饲养笼里的圣甲虫的观察之后才知道，其实它们只是以这种方式将粪便搬运到自己的地下工作室，然后再把粪便打碎，重新整理，制作粪梨。

我首先在广口瓶里装进筛过并且弄湿的泥土，然后夯实，再把紧紧抱着自己的食物的圣甲虫放进瓶子里，接下来我要做的就是耐心地等待了，事实证明我的等待是很有意义的，最终我看到了这个艺术家精美的作品——一颗直立在洞底的精细完美的粪梨。与最初放进瓶内的粗糙的粪球不一样，粪梨的表面十分光洁，只有底端与泥土接触的部分才有一点点沙粒。这个结果完全地推翻了人们长久以来的观念，认为粪梨是圣甲虫在地下的洞穴里滚动而成的，恰恰相反，制作粪梨的整个过程都没有滚动的步骤。

那么粪梨是怎样形成的呢？答案就在圣甲虫的前臂上。圣甲虫虽然不像灵长类动物一样有灵活的上肢，但是小棒槌一样的前臂却可以像双手一样灵活地拍打揉搓粪球，丝毫不用滚动，直到粪球变成一颗精美的小梨。有的时候，圣甲虫会把外边已经滚得有些硬壳的粪球再重新捣碎。不明就里的人可能会认为这个小家伙被突然的新环境吓得有些摸不着头脑，但这其实是圣甲虫对后代负责的一种表现，是一种聪明的、卫生的筑巢方法。因为很多昆虫都会在粪梨中孵化下一代，不仅仅是圣甲虫，还有嗡蜣螂、蜉金龟等都会利用动物粪便里的营养物质来孵化自己的下一代。所以，圣甲虫必须确保自己辛辛苦苦寻得的粪便在搬运过程中没有滚进夹杂着其他昆虫卵的粪便。因为一旦发生这样的情况，后果是不堪设想的。

嗡蜣螂和蜉金龟也许不是有意把裹有自己的卵的动物粪便放进圣甲虫准备用来做粪梨的材料内的，但不管是有意的还是无意的，圣甲虫必须确保经过自己长途搬运的粪梨材料没有敌人的后代，如果这种不幸的事情发生，那么自己的后代在孵化成幼虫之后就得不到充足的养分，所以雌性圣甲虫必须把粪球一点点细细地捣碎，然后认真地检查，尽管这样有些费时费力，但是为了确保后代的安全，雌性圣甲虫还是会一丝不苟地完成这项工作。不过也有的

↗圣甲虫造好了粪梨，还会精心地修整一番。

时候，圣甲虫会把地面上的粪球原封不动地搬运到地下洞穴里，因为眼前的粪球是在圣甲虫一路的严格监视和看护下被搬运到目的地的，它可以确保里面没有其他昆虫的卵。

这样的情况其实是很多见的，所以我们看到的粪梨多数是外表不光滑的，这也就是很多人认为粪梨是圣甲虫在地上滚动粪球制成的。其实不然，外表不光滑的粪梨只是因为雌性圣甲虫可以确保粪便内没有其他昆虫的卵，所以没有捣碎粪便重新制作。在我的实验室里，由于我人为地把圣甲虫的作品转移到了广口瓶内，这些艺术家便不能确定粪便里是否有其他昆虫的卵，所以它们才会把粪球打碎，细细检查、重新制作，最终呈现在我面前一个异常光滑细腻的粪梨。我在欣赏这样的艺术品的同时，也明白了很多人的传统意义上的观念——圣甲虫的粪梨是靠它在地上来回滚动粪球得到的，是错误的。我们通常所看到的表面不光滑，甚至沾满沙粒的粪梨是雌性圣甲虫在确保粪便内没有其他昆虫的卵后，将粪球进行简单的拍压，拉伸后形成的。所以粗糙的外表并不是圣甲虫在自己的工作室内来回滚动粪球的标志，只是说明了圣甲虫为了找到一个合适的工作地点经常会滚动着粪球前进。

臭虫

刺吸式的口器封装在一个长长的喙状结构里这一特点将臭虫和其他昆虫区分开来。大多数的臭虫吸食植物的汁液，也有一些臭虫要吸食其他昆虫或者更高等动物的血液。前者导致谷类植物受到损害，后者导致了疾病的传播。二者都会给人类带来严重的影响。

半翅目是新翅次纲中最大的一个目，它的4个亚目中包含了超过8.2万个种类，这4个亚目是：异翅亚目、头喙亚目、鞘喙亚目、胸喙亚目，后3种有时被统称为同翅亚目，与半翅目昆虫关系最近的亲缘动物是缨翅目的蓟马。它们最初出现在2.95亿~2.48亿年前的二叠纪。

刺和吸

形状和功能

半翅目昆虫在体型、结构、颜色以及生理功能上的差异很大，但所有半翅目昆虫的吮吸式口器都是相似的，仅仅在节数和长度上有差异。虽然有些种类的后肢为了适应跳跃或者游泳而发生了变化，但大部分成员的附肢主要用于行走和奔跑。其中一些肉食性昆虫有类似螳螂那样的前肢。有一些在附肢上还生有刺状和叶状延伸部分。

半翅目昆虫的两对翅膀通常是膜质的，但在所有的异翅亚目种类和其他一些群体中，前翅则是角质的，用以保护后翅。某些扁蟜科昆虫和蚧总科的雄性成员则没有后翅。

半翅目昆虫腹部分为11节，有些种类的体节会少一些或特化了。蝉科成员的腹部前2个体节特化为发声器官。而第8节和第9节通常与外生殖器（雌性则为产卵器）相连，形态往往反映出使用的方式。

两性

繁殖和生命周期

从简单的椭圆形卵到附着在植物茎上的

进食机制

臭虫长有专门用来刺穿食物外表面的结构，用来吸食液体或溶解后的产物。大部分的臭虫以植物为食，它们食用多种植物的各个部位；也有许多臭虫是肉食性的，捕食其他昆虫；还有一些臭虫吸食哺乳动物和鸟类的血。许多臭虫以液体食物为食，因此那些食用种子的臭虫通常会分泌出酶，使种子在吸入之前被溶解或者半消化。

具有明显的节和可活动的喙或下唇瓣（如右图的南瓜缘蝽）是臭虫头部最明显的特征。喙的末端具有感觉细胞，可以帮助昆虫识别最喜欢的食物。沿着长度方向，喙内部的槽里长有 4 段细细的口针（见截面图），外面的一对（上颚）在靠近末端处具有锋利的牙齿，这样便于在植物或者动物表面钻孔。里面的一对（上颌骨）沿长度方向有结合紧密的沟槽，这样就在内表面形成了食物和唾液的导流管。

以小型植物为食的臭虫，由于植物的导管系统在靠近表面处，因此这些臭虫的喙通常比以导管组织在离表层更深层的大型植物为食的臭虫的喙要短一些。在空闲的时候，喙向后收，贴近身体，位于两条前腿之间；在吸食植物时，喙垂下到植物的表面。许多肉食臭虫为了捕猎的方便，喙摆到了头部的前方。

在进食的时候，外面的下唇瓣从吸食的口针上拉开。流动性的分泌物，包括酶、淀粉酶、果胶酶，被注入到唾液导流管中，半消化的食物被泵入体内——泵是由口针根部一系列的盘状物组成的。

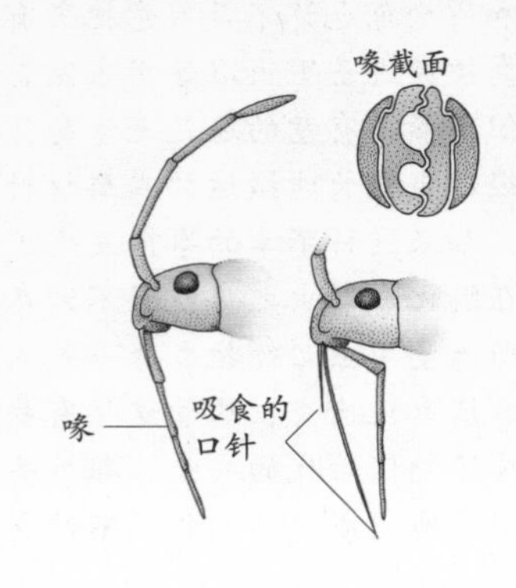

⇱ 两种类型的巴西角蝉具有不同的防御机制。黑白相间的臭虫利用警戒色，而绿色的长有两只角的臭虫则利用拟态（伪装）。

卵，或表面有复杂的纹路——半翅目昆虫的卵差异很大。臭虫们将卵产在植物组织内部或外部和土壤里，也有的把卵粘在石头上。某些种类的父母亲还会守护它们的卵。

若虫长得像无翅的成虫，但触角和跗骨的节通常比成虫少。在某些群体中，如蝉科和蚧总科，若虫和成虫的差异相当大。若虫有2~6个龄期，没有蛹期。但粉虱及雄性介壳虫会经过一个类似蛹期的休眠阶段。

鞘喙亚目、异翅亚目和头喙亚目的成员几乎都是两性生殖，然而胸喙亚目却表现出多种生殖方式，如胎生、孤雌生殖，或根据寄居的植物变化生殖方式。

半翅类昆虫的交尾方式多种多样，包括简单的"寻找–交尾"到求爱、发出性信息（信息素）和声音信号等复杂行为。某些长蝽科臭虫会送一粒营养丰富的种子作为婚礼的礼物给雌性在交尾过程中食用。

鞘喙椿象
鞘喙亚目

鞘喙亚目是一个不寻常的群体，显示出古

知识档案

臭虫

纲 昆虫纲

目 半翅目

已知有超过8.2万个种类，分为4个亚目：鞘喙亚目、胸喙亚目、头喙亚目、异翅亚目。

分布 世界各地。

体型 体长0.8~110毫米。

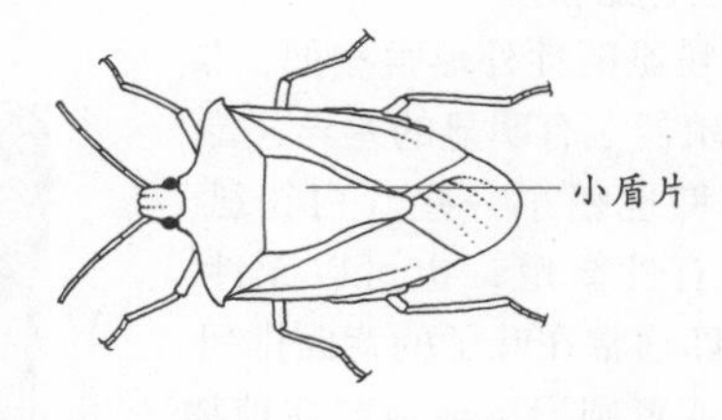

特征 这个极大的群体有多种形态、栖息地、生活方式以及习性，但所有的种类（包括成虫和若虫）在喙状的刺吸式口器里都埋藏着丝状口针。它们的颜色变化也相当大，从暗淡的绿色、棕色到有金属光泽的紫色和蓝色。

生命周期 卵的大小和形状差异很大，若虫为2~6龄，无蛹期。

老和独特的混合特征，这些特征在异翅亚目和同翅类昆虫中也能发现。正因为这一点使得这个亚目长期以来备受争议，最近也有人将其划分到异翅亚目。

这个亚目只包含有1个科，即鞘喙科，该科包含了在澳大利亚、新西兰和南美的智利和巴塔哥尼亚的25个种类。成虫很小，呈棕绿色，宽大的头部上触角很小，眼睛长在头部侧面，它们隐蔽地生活在温带森林的苔藓和地钱中。

蚜虫和介壳虫

胸喙亚目

胸喙亚目成员的特点是喙处于第一对附肢中间，其成员通常都是些非常小的昆虫，但它们总是显眼地大量群居在一起。

当它们密集出没时，会使寄主植物病弱甚至坏死，它们带来的这种危害被经营农田和种植园的人们称为“枯萎病”或者“萎蔫病”。有的种类使水果或者花朵的形状变得非常丑陋而无法出售。它们中许多还在植物之间传递播病毒。被某些种类吸食的寄主植物，形状会发生变化，如叶茎部有凹点或边缘卷曲，以及生有大而复杂的虫瘿。

胸喙亚目和半翅目的一部分属于同源进化。这个亚目包含了4个总科：粉虱总科、蚜总科、蚧总科、木虱总科。

粉虱总科包含一个单独的粉虱科，约有1200个种类。粉虱俗称白粉虱，成虫的翅幅大约3毫米，身体脆弱，像蚊子。两对同等大小的翅膀上覆盖有白色蜡粉。

白粉虱两性外形很相似，仅仅在生殖器上有明显的差异，雄性的体型也稍小一些。白粉虱既可以有性繁殖，也可以无性繁殖。卵通常在叶子的背面排列成弧形或者圆形，或被产在植物的短茎上。虽然一龄若虫附肢比较长，但并不活跃；二龄和三龄若虫与介壳虫很相似，附肢要短很多。若虫以树液为食。若虫到达四龄后，不久就停止进食，形成蛹壳后在蛹内发育为成虫。

卷心菜白粉虱经常云集在卷心菜以及芸苔类作物上，但它们的危害却非常小。然而与它们有亲缘关系的温室白粉虱却是西红柿和温室植物的主要害虫,这种热带种类是无意中从中美洲进入欧洲的。有一种微小的寄生蜂——丽蚜小蜂，会攻击这种白粉虱的若虫，可用来控制这种害虫。

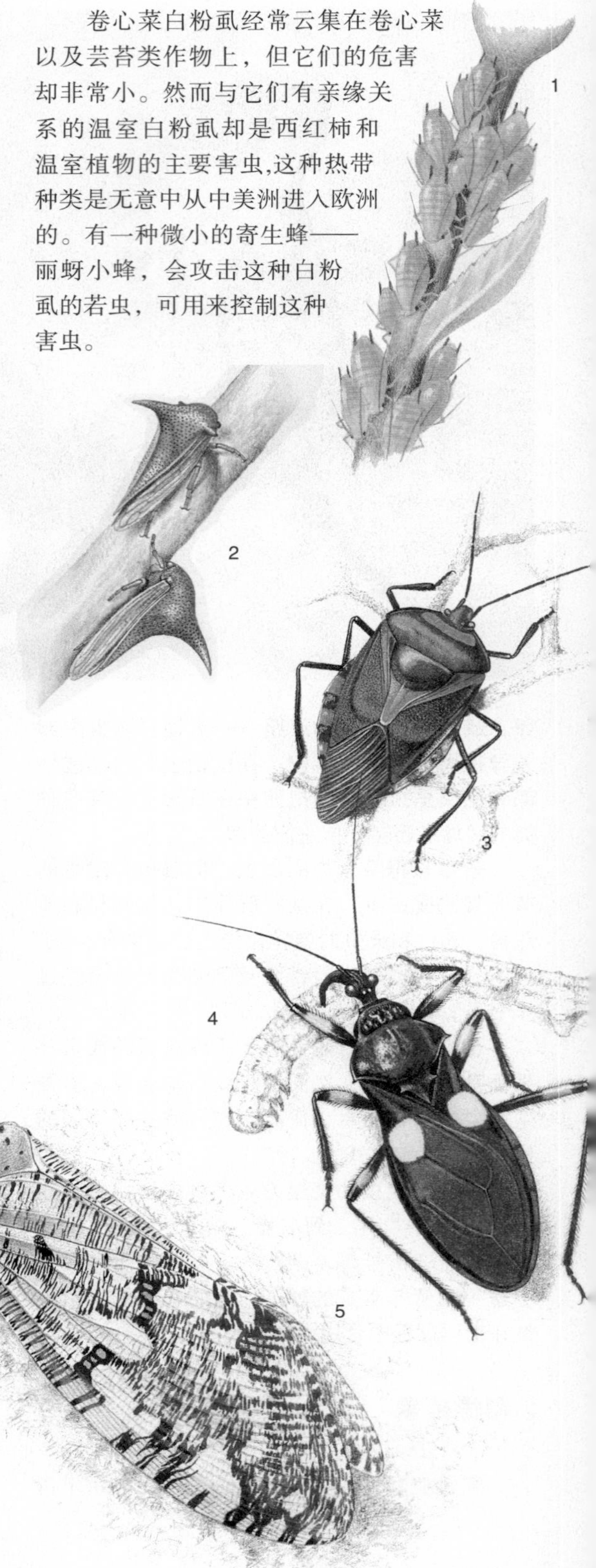

烟草粉虱携带了60多种植物病毒，这些病毒能毁坏大量的农作物。烟草粉虱在全世界不断扩散，在一些国家，政府要求报告它们的动态。

蚜总科包含3个科，即球蚜科、蚜科和根瘤蚜科。目前，全球范围内已发现大约有4700个种类，温带的种类最多，它们中许多都是主要的农作物害虫。蚜虫呈现出多态性：有翅或者无翅；单性生殖为主，也包含很多其他的繁殖方式。蚜虫的排泄物为蜜露形态，住在虫瘿里的种类还能制造出大量的蜡状物，防止蜜露浸湿和淹没自己。中空的蜜露会吸引很多种昆虫，包括蜜蜂。有一些种类的蚂蚁会看护蚜虫群，将蚜虫的敌人赶走并将这些蜜露的制造者搬运到植物上营养最丰富的部位。在广大针叶林区，居住在树上的蚜虫的蜜露可能是蜂箱蜜蜂所酿的蜜的主要成分。这种“森林蜜”大受行家赞赏。

蚜科昆虫被认为是真正的蚜虫，身长约2~6毫米，触角有4~6节，它们身体柔软，通常有两对透明的翅膀，身体颜色呈绿色、黑色，有时甚至是粉红色。翅膀像屋顶一样

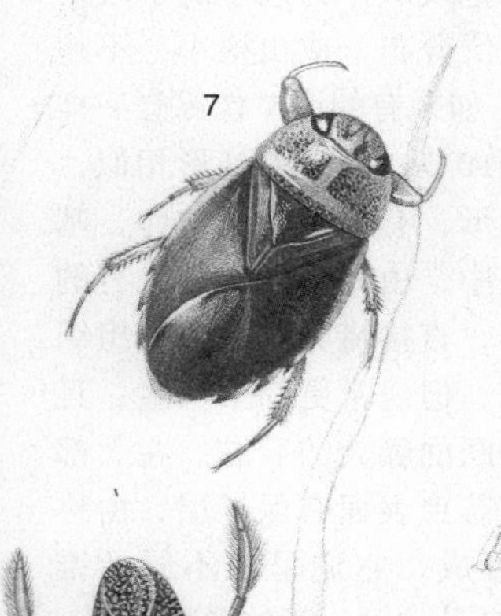

↑ **臭虫中的代表种类**

1. 大多数蚜虫是绿色的，这是它们在植物上的伪装色。最常见的桃蚜以200多种植物为食。2. 这些树角蝉们钉子一样的外形和红绿相间的颜色都是用来威吓侵略者的。3. 亮色暗示着盾蝽的味道很不好。4. 猎蝽以毛虫为食。5. 一只蜡蝉栖息在地衣覆盖的树皮上，很像树皮。6. 水螳螂。圆盘蝽（图7）和仰泳蝽（图8）都是活跃的捕食者。9. 蝎蝽科的水竹节虫和水蝎（图10）通过它们呼吸的管形口器悬吊在水膜的表面，等着用它们凶猛的前腿捕捉经过的猎物。水面为水蛸（图11）和水蝽（图12）提供了生存空间。

↗ 来自苏门答腊的棉蝽，其成节的喙非常显眼。它吃毛虫，而大多数的棉蝽以种子为食。异翅亚目的臭虫通常将它们的翅膀平迭在身体上部。

覆盖着身体，末端在排出蜜露的尾部。腹部有两对腹管，用来分泌蜡或防御性的化学物质。

不同亚科的蚜虫通常具有不同的复杂生命历程。有一些一年繁殖好几代，其中一种通过两性生殖产出越冬的卵。而另外一些则是单性生殖和卵胎生（生出小幼虫）。蚜虫经常变更宿主，尤其是蚜科，冬季的宿主主要是木本植物，春季和夏季则为草本植物。这些特性以及它们能够在短时间内繁殖大量幼虫的能力，使得蚜科成为一个非常庞大的群体。

桃蚜选择桃或者李作为它们的第一宿主，其他一些草本植物，包括马铃薯，是它们的次宿主。这类蚜虫是马铃薯真菌病毒（晚萎病菌）的携带者，曾于19世纪40年代造成爱尔兰马铃薯饥荒，致使大约100万人死亡。

球蚜科的50个品种俗称绵蚜或针叶蚜，几乎全部分布在北半球。球蚜可能是单性生殖，但是不能直接产出幼虫。无翅的雌性以及若虫通常覆盖着由腹部腺体分泌出来的软毛状的蜡。所有这类蚜虫都以针叶植物为食，有的种类会制造虫瘿。有的种类会给针叶树种植园带来严重的经济损失。

根瘤蚜科是一个只有70个种类的小科，主要出现在北半球。它们的触角分3节（呈翅形或翼形），没有产卵器。它们的生命历程同球蚜相似。根瘤蚜通常以落叶树木为食，也有一些以蔓生植物为食。其中一种，葡萄根瘤蚜，从北美进入后，成为19世纪晚期带给欧洲酿酒业近乎毁灭性破坏的罪魁祸首。

木虱总科在全世界有2200个种类，通常被人们称为跳动的植物虱子，这样称呼它们是因为其中的大部分种类把跳跃作为逃生的手段。这一群体在南半球广泛分布。成虫很小，不超过6毫米，两对翅膀（如果有的话）像屋脊一样覆盖着身体。触角分10节，两性的外形相似，有性生殖。卵呈茎梗形，有点像粉虱的卵，基部插入到植物的组织中，由此吸收水分。有的种类有专门的产卵器，直接将卵产进植物组织中。若虫和成虫相似，但通常更扁平一些，且缺少成虫那样用于跳跃的膨大的后肢。在大部分的木虱科成员中，若虫表面有保护层，由称为蜜的尾端分泌物形成，它们呈现不同的锥形、双阀形，甚至是杂乱的网一般的形状。

木虱会飞，雌性在选择产卵的植物种类上很专一。因此，几乎所有种类的木虱都局限在一个宿主或少数几个和该宿主具有亲缘关系的宿主上。

木虱科是目前为止最大的一个科，包括了大约1200个种类，它们中大多数都是害虫。柑橘木虱来源于亚洲，是最近在美国发现的两种攻击柑橘类水果的种类之一。也有反过来利用它们的害处的情况，人们曾用长得像蚜虫的木虱进行过一个试验，该实验将木虱作为一种可能的生物控制媒介去对付顽固的阔叶白千层树（在澳大利亚，这个树种被认为是有害的）。

粉虱总科在全世界有650个品种，大多数都会制造虫瘿。有一些种类的若虫会从腹部分泌出长长的、蜡状的丝。它们有非常独特的翅脉，这一特点将它们与其他木虱科区分开来。它们在全球都有分布，其中有大量的害虫品种，它们中的柑橘木虱是南非出现的绿皮病病毒的携带者。

蚧总科含有大约20个科，将这些科彼此区分开来通常是件很困难的事。在全世界范围内，人类已发现大约7000个种类。它们是介壳虫或粉蚧，这样称呼它们是因为雌性分泌出的蜡质的或者变硬的鳞状结构。从形态学上说，蚧总科属于昆虫中高度特化的群体之一，它们没有翅膀，头、胸、腹完全愈合成一体，这种身体结构是为了适应它们附着在宿主植物上的固定不动或是很少活动的生活方式。介壳虫是许多热带作物的重要害虫，褐软蚧以及某些种类的粉蚧，会危害家养植物和温室植物。成年的雌性无翅，行动缓慢或完全静止不动。雄性的生命很短暂，通常长有翅膀，它们不进食，全身心地将它们短暂的生命投入到繁衍下一代中去。

新孵出的幼虫非常活泼，被称做爬虫，它们通常在这个阶段四处分散。有些种类的爬虫在被风吹走后也能存活下来，因此在它们安定到某株植物上开始进食前，可能已经经过了相当长的一段旅途。

盾蚧科是最大的一个科，有超过2500个种类，正如它们名字所示，它们分泌的蜡像盾一样覆盖着身体。这层盾是一龄若虫开始营固定生活时形成的。此后，这层盾和会被蜕掉的表皮（蜕皮）愈合在一起。

粉蚧科昆虫俗称粉蚧，是蚧总科家族中的第二大科。全世界范围内大约有2000个种类，这类介壳虫体被一种粉状的蜡质分泌物和突出的蜡丝。粉蚧分布广泛，植物的地上和地下部分都是它们的食物。这一科的大部分都是具有严重危害性的农作物害虫，其中包括红粉甘蔗蚧。

蚧总科成员，俗称软介壳虫，约有1000种。很多种类会制造不同形式的蜡。非洲蜡蚧

蝉的歌声

热带、亚热带，以及温暖的地中海地区，蝉的歌声是人们最熟悉的声音之一。蝉的发声机制和蝗虫摩擦发声的方法是完全不一样的。

蝉的发声器官（右下图）是由外表皮内一对很薄的薄膜，即鼓室构成的，这一结构位于腹部第一节的两侧。每一个鼓室都会在一大块像罐头盖那样开合的肌肉的作用下变形或弯曲。通过连接的支撑杆，收缩肌肉引起鼓室膨胀，放松肌肉则鼓室恢复原形。每一次运动都形成一次脉冲或者滴答声，蝉的歌声就是由一长串的这种脉冲构成的。空气囊将腹部的这种声音放得很大。鼓室被膨胀的程度不同，声音在振幅上也会发生变化。

蝉的叫声通常非常响亮，在热带森林中，人的耳朵在1000米外都能听见它们的叫声。但只有雄性的蝉能发声，它们用声音来吸引同种类的雌蝉。

鼓室结构的变化以及与它们相连的盘状物是给蝉分类的基本依据。有些种类通过其声音来分辨其类别往往比通过检查它们风干的标本更容易。

虽然几个世纪前人们就已经知道了蝉利用空气来发出声音，但叶蝉和蜡蝉也能通过发出的声音进行交流是人们在50年前才发现的。这两种蝉成年的雄性，也包括很多雌性，具有像蝉的鼓室一样的结构。现在看来，所有头喙亚目的蝉和跳虫都能利用声音交流。这种小昆虫产生的低强度声音通过它们寄宿的植物传出去。有一些种类，雌性通过发出一系列简单的脉冲来吸引雄性，在交尾前，雄性会唱一曲更复杂的“求爱歌”。

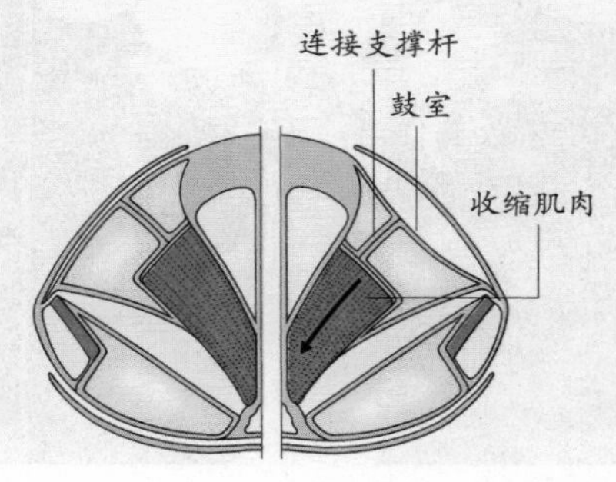

属和另一属的介壳虫常常会用一层比自己身体大好几倍的蜡衣把自己包裹起来。许多住在植物上的种类还会用蜡给植物做一层壳。七叶树介壳虫是一种从南美迁入北美和欧洲的种类，已经对观赏树木造成了严重的危害。

珠绵蚧亚科，约250种，是最原始的介壳虫。雌性的中间龄期是没有附肢的“包囊”，能在没有食物和水的情况下存活好几年。住在植物根部的地珠，其某些热带种类的雌性会造出很大的、青铜色或金色的蜡囊，常有人收集来用做穿项链的珠子。非洲一种介壳虫的成年雌性，体长能达到35毫米，是体型最大的介壳虫。

吹绵蚧是第一种被生物技术控制的昆虫。19世纪80年代，美国加利福尼亚的柑橘园里由于这种从澳大利亚引入的介壳虫的横行，几乎全军覆没。为了防治这种害虫，加州引进了它们的天敌澳大利亚瓢虫，数年后，加州柑橘园的收成就翻了3倍。有趣的是，吹绵蚧是少数已知的雌雄同体的昆虫之一。

泛热带的80种胶蚧科成员非常特别，它们有臂盘和背刺。住在各种无花果树上的紫胶蚧是天然紫胶和虫漆的来源。至少在公元前1200年以前，这种含树脂的物质就被用来做清漆、食物的冻胶层、染发剂和珠宝饰物。世界上第一张留声机唱片的表面就漆的是虫漆，那时乙烯基还没有研制出来。在印度、泰国和中国，人们仍然从树上手工采集紫胶，在这些国家的乡村，这种物质是当地的居民重要的收入来源。

↘软蚧，如图中的巴西红蜡蚧，几乎不像昆虫，更像是树瘿。有些种类分泌的蜡能作商业用途，但很多对栽培植物来说都是害虫。

在中南美洲，洋红虫科的种类不足10种，它们的身体长长的，表面弯曲如球的外侧，只以两类仙人掌为食。500多年前，阿芝台克人就饲养胭脂虫来取它们的蜡，以及天然染料洋红或胭脂红酸，后者是食用色素、化妆品和纺织工业中采用的亮红色彩的来源。如今，洋红虫在全世界都得到了广泛的商业应用。除了能制造染料，洋红虫已经在南非被用于仙人掌果的生物控制媒介。

蝉和跳虫

头喙亚目

头喙亚目昆虫最与众不同的特征是，它们从头后部下方长出喙。这个群体包括飞虱、叶蝉、沫蝉、角蝉、光蝉和蝉。这是一个大型且种类繁多的群体，主要以植物为食，个体包括从2毫米的叶蝉到翅展达20厘米的蝉。头喙亚目昆虫的经济价值不如胸喙亚目种类，特别是在温带，它们是植物病害的传病媒介。少数种类的食性对植物产生直接影响。

头喙亚目包括2个次亚目，即蜡蝉次亚目和蝉次亚目。所有的种类都是自由活动的以植物为食的昆虫。蜡蝉次亚目包括1个总科，即蜡蝉总科；蝉次亚目包括4个总科：沫蝉总科、蝉总科、叶蝉总科和角蝉总科。

蜡蝉总科包括20科，约1万个种类，俗称飞虱，是一个种类繁多的群体，体型小的只有2毫米，大的有80毫米。成虫主要以植物的汁液为食，有些颖蜡蝉科和袖蜡蝉科的昆虫吃真菌。有些蝉的幼虫会分泌蜡，并形成长长的腹部细丝。蜡蝉科昆虫主要生活在热带和亚热带地区。

菱飞虱科约1300种的昆虫在全世界都有分布，体长多在10毫米以内。菱飞虱是最原始的蜡蝉，成虫像蝉，清晰的膜质翅像屋顶一样盖

↖ 图中这种苏门答腊雨林中的东方蜡蝉属长鼻蜡蝉有着奇异的长长的头部延伸部位，该部位尖端有小橘子一样的饰物。

在身体上；前翅的翅脉很有特点，上面有暗色的、长有纤毛的斑点。雌性菱飞虱分泌的蜡是白色软毛状的，在腹部末端有一簇。

雌性菱飞虱有锥状的产卵器，直接把卵产在地下。若虫吃草根和其他植物。成年的菱飞虱在树木和灌木丛中能找到。

飞虱科昆虫全世界都有，共约1700种，体长2~10毫米。这种昆虫的内翅二态性和性别二态性很普遍。它们基本上都住在地表或离地表很近的地方；若虫是无拘无束的漫游者。不少种类在求偶的时候会发出声音，且大多数种类都会表现一定程度的寄主挑剔性。

飞虱科昆虫中有一些是危害稻田、玉米和甘蔗的主要害虫。亚洲褐飞虱会导致水稻发育迟缓；澳大利亚的甘蔗飞虱是斐济病毒的带菌者，已经把这种病传播到了全世界的很多国家，所到之处无不带来严重的后果。在夏威夷，一种小型的盲椿象被用来对付这种害虫，是生物控制上最成功的案例之一。

蜡蝉科的一些成员是最大型和最古怪的同翅类昆虫，全部800种主要分布在热带。体长10~100毫米，有些种类的翅展能超过15厘米。所有的蜡蝉科昆虫都以树木和灌木为食，吃东西的时候通常都是直接把树皮刺破。

蜡蝉科昆虫俗称光蝉，指黑暗中这种虫的头部会发光，其实这是一种古老的、无确实根据的说法。

蜡蝉通常有十分鲜艳的体色，有些蜡蝉前翅为保护色，后翅则颜色亮丽。许多蜡蝉的头部有延伸出的一大块：巴西一种学名为南美提灯虫的蜡蝉，其头部加上延伸出去的那一块竟然形似鳄鱼的头！那些前翅有保护色，而后翅色彩亮丽的蜡蝉，通常会利用这种差异来吓退潜在的敌人：一旦受到惊扰，这种蜡蝉会不停地飞快交替开合前后翅，把袭击者吓跑。头部延伸出去的那一块也能帮它们躲避敌人。静止不动的时候，它们奇怪的头部形状打乱了整个身体的线条，会让敌人感到迷惑。

蝽

异翅亚目

蝽与其他半翅类昆虫的不同之处在于，它能把静止的时候放在身体下面的“喙”转向

臭虫的亚门目

鞘喙亚目（鞘喙椿象）

喙长在面部的最前端靠前腹处，被前胸侧板盖住了；触角很小，眼睛长在头部两侧，头部很宽。25种，1科，即鞘喙科。

胸喙亚目（蚜虫和介壳虫）

喙长在胸部前肢的基部之间；触角发育良好；体型通常较小；有许多种类喜欢聚集在一起凑成一个大团体。种类超过1.5万种，4总科，30科。粉虱总科下只有1科：粉虱科，包括甘蓝粉虱。蚜总科下有3科：根瘤蚜科，包括葡萄根瘤蚜；蚜科，包括桃蚜；球蚜科。介壳虫总科下有20科，包括仁蚧虫或草蚧虫（仁介壳虫科）；甲介壳虫或硬介壳虫（盾介壳虫科）；胭脂虫（洋红虫科）；椰枣介壳虫（刺葵介壳虫科）；旌介壳虫（旌介壳虫科）；绒介壳虫（绒介壳虫科）；绛介壳虫（绛介壳虫科）；巨型介壳虫、地珠或珠绵介壳虫（珠绵蚧科），包括吹绵蚧；紫胶介壳虫（胶介壳虫科），包括紫胶蚧；粉介壳虫（粉介壳虫科），包括甘蔗粉蚧；软介壳虫（软介壳虫科），包括扁坚介壳虫，七叶树介壳虫。木虱总科下有6科，包括木虱（木虱科），柑橘木虱。

头喙亚目（蝉和跳虫）

喙着生在头的后方，即“颈部”；触角很短，末端似刚毛；有发声结构。1.7万种，30科，2个次亚目，6总科。蝉次亚目含4总科：沫蝉总科（沫蝉或吹泡虫），包括尖胸沫蝉（尖胸沫蝉科）和沫蝉（沫蝉科）；叶蝉总科，包括叶蝉（叶蝉科）；蝉总科；角蝉总科，包括刻角蝉（刻角蝉科）、角蝉（角蝉科）。蜡蝉次亚目下有1个总科，即蜡蝉总科（飞虱），包括小头飞虱（小头飞虱科）；菱飞虱（菱飞虱科）；飞虱（飞虱科）；长翅飞虱（长翅飞虱科）；蛾蜡蝉（蛾蜡蝉科）；蜡蝉（蜡蝉科）；蚁蜡蝉（蚁蜡蝉科）。

异翅亚目（臭虫）

喙旋转向下或向前伸；许多种类都食肉；前翅翅基硬化，前翅其他部分和后翅为膜质；静止的时候翅膀交迭，平放于身体上；有臭腺。已知有5万种，75科，7个次亚目：奇蝽次亚目包括独一无二的头臭虫或蚊臭虫（奇蝽科）；鞭蝽次亚目，包括跳地虫（鞭蝽科）；黾蝽次亚目，包括水蛸（水黾科）；水蟋蟀、宽肩水黾和急流椿象（宽肩蝽科）；水蝽（尺蝽科），踩水椿象（水蝽科）；隐角椿象次亚目，包括仰泳蝽或划蝽（仰泳科）；巨水蝽（负子蝽科）；水蝎子（蝎蝽科）；细蝽次亚目，包括跳蝽（跳蝽科）和刺跳蝽（细蝽科）；臭虫次亚目，包括猎虫（猎蝽科）；臭虫（臭虫科）；网蝽（网蝽科）；叶蝽，衣壳虫（盲蝽科），包括苹果衣壳虫；姬缘蝽次亚目，包括扁蝽（扁蝽科），土蝽或黑蝽（土蝽科），地椿象和种子椿象（长蝽科），包括麦虱；盾蝽或臭椿（蝽科）；南瓜虫或叶足蝽（缘蝽科），包括原缘蝽。

前。口器精确的方向感使它们能获得的食物不仅仅只是植物组织，这一点比其他半翅类昆虫要强。许多异翅亚目昆虫都是食肉动物，有些专吃植物种子。所有的水栖臭虫都属于蝽一类。

蝽的生物多样性表现在其体形的多样化。已知的5万个种类分属于75科。蝽的特点在于它们没有一致化的前翅——部分膜质、部分硬化。

所有的异翅亚目臭虫都长有防御性的臭腺。若虫的臭腺长在腹背。到了成虫期，腹部被翅膀盖住，胸部下面或侧面会长出一个或一对不同的腺体。许多臭虫都会用亮丽的、警示性的色彩告诉敌人，它们的味道很差；其他有些有保护色，同时把臭腺作为第二道防线。

池塘的水面、湖泊、缓慢流动的河水和溪水，甚至海水表面都难不倒这些能在水面行走的高手。蝽利用水面张力，用防水的附肢立在水膜上。很多肉食性的蝽住在淡水的水面下，它们呼吸的方式有以下几种：有些用长长的虹吸管呼吸；有些时不时地游出水面补充氧气（用可以伸缩的虹吸管）；有些则收集身体下的气泡。

异翅亚目由7个次亚目组成，即奇蝽次亚目、鞭蝽次亚目、黾蝽次亚目、隐角椿象次亚目、细蝽次亚目、臭虫次亚目和姬缘蝽次亚目。异翅亚目到底该如何分类至今还有争议，

↘ 当巨大的成年花生头臭虫停在它通常的家——树干上时，会被它身上的树皮状色彩很好地伪装起来。如果受到了惊扰，它会张开带有恐吓性眼睛状图案的翅膀惊吓敌人。

↑ ↘ 在这群花穗臭虫身上能明显地看到蜡蝉科昆虫特有的宽大、钝前翅的特征。它们善于飞行，受到鸟类惊扰时就会很快散开。它们在若虫（右图）时期，用蜡作为防御物质，并形成了长条的刷子状“尾巴”。这种策略在许多成年和幼年跳虫中很常见。

总科、科、亚科的位置随着每一个新观点的出现而变化。人们根据触角、附肢、腹部、翅脉和雄性生殖器的形状等结构特征划分了以上这7个次亚目。

黾蝽次亚目，即半水生椿象，其全部的1400个种类都食肉食，大多数都能在水膜上行走，黾蝽科和宽黾蝽科的椿象一生都漂浮在水面上。每当有昆虫形成的“阵雨”当空而来，在水面上争斗而造成的细小波纹，水蝽在几厘米外就能感觉到；大而突出的眼睛能帮助它们捕食和躲避天敌。

在全世界都有分布的宽黾蝽科臭虫，俗称水蟋蟀，是黾蝽次亚目中最大的一科，含近600个种类，也叫宽肩水黾或急流椿象，栖息在从小水塘到湖泊等静止的水体上；有2个属的成员甚至适应了大海。宽黾蝽的体长为1~10毫米，它们结实的身体上覆盖有一层细密的防水绒毛。

同一种类的椿象，其翅膀常呈现出同种二态性：有的无翅，有的则生有巨大的翅膀。有很多种类的中间一对附肢比前、后附肢长得多。

黾蝽科昆虫是最容易辨认的水生昆虫之一，俗称水蛸、水蝽或舟蝽。这一科包括500个种类，在全世界都能见到；体长6~36毫米；附肢很长；身体球状或狭长形。在生态学、生物学和习性等方面，黾蝽是被研究得最多的昆虫之一，因为它们中的很多种都喜欢跑到人类的环境中去。

近期，水蝽在澳大利亚昆士兰北部约克半岛海角的淡水区域中被发现。人们特为此昆虫设置了一个新属，它被认为是连接淡水黾蝽和海洋黾蝽的遗漏环节。

全世界到处都有的水蝽科昆虫，俗称踩水椿象，是最低等的黾蝽，共有39种。其中，水蝽属是最大且分布最广泛的一族，体长1.2~4.2毫米；体型多样，大部分呈结实的椭圆形，有相当长的附肢；头部狭长——与大多数黾蝽种类不同的是，它们只有这个部位长有绒毛；这一属的大多数无翅，有些虽长有很大的翅膀，但它们会自己把翅膀断掉。

隐角椿象次亚目分11科，共1950种。这个群体包括所有生活在水下的水生椿象，以及栖息在河岸的众多种类。隐角椿象有发达凶猛、利于捕食的前肢；多数能喷出含酶的混合物，既能使猎物动弹不得，还能帮助消化。巨型水蝽据说咬人后会使人痛苦难忍，这其实很大程度上是民间的传说。

含550个种类的划蝽科臭虫在全世界都有发现，是隐角椿象次亚目中最大的一科，栖息在溪流、水塘和酸性沼泽中。由于生有桨状后肢，它们常被称做“划蝽”，体长2.5~15毫米，主要以植物为食，雄性在求偶和交尾的时候会唧唧作声。

仰蝽科含340种，出没于世界各地，在温带最多。这一科的昆虫与划蝽非常相像。判断仰蝽科昆虫的依据是它们游泳的时候总是颠倒身子，因此得了个“仰泳虫”的俗称。

大部分仰蝽在水膜上仰面躺着，等待附近的猎物落进水里。在附近打斗的昆虫会在水膜上造成轻微的涟漪，使仰蝽们警觉。小仰泳椿亚科的雄性，求偶时发出的声音在几米外都能听见。有些仰蝽住在缺乏氧气的水体中，其腹部有特殊的含血红蛋白的细胞，这些细胞与呼吸系统直接相连，使其能够获得必需的氧气量。

负子蝽科有近150个种类，常被称为巨水蝽，这样称呼的理由很充分：一种新热带区的种类，体长足有110毫米，是已知最大的臭虫。负子蝽在全世界都有，热带最集中。除了1种外，其余的全都长有发达的捕食前肢，从它们身旁经过的猎物，几乎无一能逃脱，包括鱼类和两栖动物。大多数负子蝽住在静止的水体中。有些优秀的游泳健将能静静地埋伏着等待猎物。所有负子蝽都是扁而长的椭圆形的，体色为棕色。非洲吃蜗牛的一种负子蝽比较特殊，它们捕食的前肢被游泳的前肢代替了。在为数不多的充满父性的负子蝽中，田鳖属、负子蝽属及其他一些属的雄性成员，特化的翅形成了一个育儿室，卵会在里面一直待到孵化。

含231个种类的蝎蝽科昆虫，俗称“水蝎”，大多数生活在热带，体长14~45毫米；体色棕色；身体因尾部长长的呼吸管而显得很长。蝎蝽对游泳不太在行，一般在池塘底部爬

↘ 澳大利亚盾蝽身上这种醒目的颜色警告着那些猎捕者，它们会从腹部的腺体分泌难闻苦涩的液体。这 4 个腺体开口均清晰可见。

行。有些种类的蝎蝽，腹部底部是鲜艳的红色，当它们飞翔的时候能被清楚地看到，这大概是它们的一种警戒色。全北区的蝎蝽属和遍布全世界的、体型长长的螳蝎蝽属是最常见的两个属，后者俗称水竹节虫。

细蝽次亚目含300多个种类，分属5科。多数栖息在河岸边，也有的住在海边的潮汐地带，只有细蝽科例外，这一科的昆虫住在干燥的热带地区。细蝽次亚目的所有成员都食肉，食谱中包括死去的昆虫。

跳蝽科是细蝽次亚目中最大的一科，全部的265种在世界各地均能找到。它们常被称为“岸蝽”，体长2.3~7.4毫米，体型为长椭圆形，体表有花纹。这一科的昆虫行动非常敏捷，能急速地跳跃和飞翔，要想抓住它们可不容易。最常发现它们的地方是淡水岸边，尤其是多石头的水岸。

姬缘蝽次亚目分29科，有近9000个种类，包括一些体型最大的陆生臭虫。这个群体的大多数成员为植食性，有些吃真菌或种子；有些蝽科和长蝽科种类，则是次生肉食性。

蝽科是这一次亚目中最大的一科，也是异翅亚目里四个最大的科之一。姬缘蝽科的成员在全世界均能见到，主要居于热带，共有4100多种，包括臭蝽和盾蝽，体长4~20毫米，体色以绿色或棕色为主，也有一些有鲜艳的体色。

姬缘蝽科昆虫一生产卵近200粒，卵为桶形，大约分12批产完；有的会把卵呈六角形排列在某个平面上，有的则把卵成对排列在小树枝和叶柄上。一龄若虫不吃植物，而是吃与它们共生的细菌——雌性产卵时沾在卵上的。有些种类的雌性会照顾自己的后代。

这些臭虫以会“放臭屁”而著称。若虫释放臭味的腺体生在腹部，而成虫则是生在胸部。这种气味是由一些复杂的挥发性化合物混合而成的，其成分因种类而不同。它们受到攻击时就会释放这种臭味御敌。有些姬缘椿象会用这种臭味告诉附近的同类赶紧逃跑。除了这种化学防御武器外，有些种类受到攻击时，还会用后肢股节上的小突起摩擦腹部底部的特殊棱缘来制造噪音。北美的二星蝽就是用这种方法猎捕臭名昭著的科罗拉多甲虫的。

著名的扁蝽科（扁蝽或树皮蝽）有1800个种类，体长3~11毫米；体背扁平粗糙，体形呈椭圆形或矩形；触角粗而短；大多数的扁蝽有很大的翅膀，但热带有许多种类没有翅膀。大部分扁蝽以真菌为食，如真菌丝或腐烂的木头上原来长果实的那一部分的真菌；有的以树液为食。有的则吃针叶树。有些澳大利亚和北美的种类住在白蚁的巢穴中，吃白蚁培养的真菌（参阅“白蚁”）。最大的为扁蝽属，含200个种类，主要见于北半球，住在死树的树皮下，那里有丰富的真菌丝供它们食用。

同蝽科含180个种类，体长6~18毫米，大多数为椭圆形，身体尾端逐渐变细为锥形；盾板大而尖，但没有盖住真皮（翅膀的膜质部分）；跗骨分为2节。世界各地均能见到同蝽科椿象。

有些同蝽科种类会照顾新生的卵和若虫，保护它们不受敌人和寄生虫的侵犯。甚至有些雌性椿象会一直照顾若虫长到5龄。有许多种类的这种亲代照料的行为都被研究过：欧洲的灰匙同蝽，栖息在白桦树上，会把产下的30~40粒卵呈六角形地排列在叶片的背面，然后母亲会一直趴在那里直到卵孵化，这个过程会持续20天甚至更长。日本的计匙同蝽和背匙同蝽，为了保护后代，母亲们会采取猛扯、向攻击方向翘起身体和扇动翅膀等防御行为。

土蝽科，一般指穴居椿象或黑椿象，是盾蝽形姬缘蝽次亚目中的第二大科，8个亚科共有600个品种，在所有动物地理学地区均能见到。体长2~20毫米；多数有宽而扁平的头部和适合挖掘的附肢。多数土蝽都善于掘地，一生的大部分时间都住在地下，以植物的根为食。这个群体的大多数中，两性均在后翅翅脉上生有一排突起，摩擦身体的棱缘部位时就会发出颤抖的高音，这种声音通常用来求偶。有些种类会制造防御性的分泌物—— 一种对付潜在敌人的刺激手段。

黑椿象由200个西半球的种类组成，成虫象小型的甲虫。那些已被研究过的种类中，若虫和成虫都栖息在植物的地上部分。至少有3个南美种类与蚂蚁住在一起。土蝽亚科是最大、最多样的一个亚科，有超过300个擅长掘地的种

↗ 图中这只来自苏拉威西岛的椿象身体扁平，呈盾形，是蝽科昆虫的典型代表，俗称盾蝽或臭蝽。像这种体型较大、色彩艳丽的种类主要生活在热带，生有威力强大的臭腺。

↘ 姬缘蝽科昆虫交尾时都是尾对尾，如图中这两只普通欧洲绿盾蝽。正如它们的普遍特点，雄性（左边）体型稍小。

类，这些椿象广泛分布于热带和亚热带，喜欢居住在干燥的土壤中。

舌盾蝽亚科昆虫有大且长的盾板，直达腹部末端，体色一般为黄棕至深棕色。有的有引人注目的体色，如红黑条纹的。这一亚科的255种昆虫主要见于潮湿的草地——它们总是和草联系在一起。有的吃住都在草基部。而有些椿象，如非洲的一些椿象，以草种子为食。亚洲和非洲的几种，则是稻类和其他谷类庄稼的害虫。

蝽亚科是土蝽科中最大的一个群体，体形和体色多变；有些种类，其前胸背板有角状的尖。所有的蝽亚科成员都是植食性的，包括了一些害虫。稻绿蝽就是一种常见的亚全球性害虫，能危害从棉花到西红柿等许多种作物。在澳大利亚，寄生蜂、缘腹细蜂被当作是遏制稻绿蝽爆发的生物控制手段。

长蝽科也是大而多样化的一科，旗下的

↗ 图中这只盾背蝽（盾蝽科）能通过它的形状和盾板的宽度辨认出来——它的盾板覆盖了腹部的大部分，看起来很像叶甲虫。图中是一种来自非洲的盾蝽。

↗ 图为来自巴西的一种椿象的末龄幼虫，中胸节上薄片般的翅芽清晰可见。它下一次，也就是最后一次蜕皮后，翅膀会完全长出来，同时变为体色完全不同的成虫。

4000多种类在体长和形态上变化多样。大多数体型都很小，体长1.2~12毫米；体色为暗淡的棕色或黑色，但也有许多体被鲜艳的红色或黑绿色；翅膀短小（短翅），能模仿蚂蚁和甲虫。许多长蝽科椿象都有发声结构，有的长在前翅上，有的在后翅上，或者在腹板上或长在头部和胸部侧边上。大多数以种子为食，但也有许多成员有不同的食性，如杆长蝽亚科的椿象吮食树液；大眼长蝽亚科的捕食其他昆虫；有的则吃脊椎动物的血。该科有的椿象能逼真地模仿蚂蚁，它的前胸背板上有古怪的装饰，前腹节愈合成一体。

长蝽科椿象在世界各地均能见到，500个种类中的多数生活在热带地区。58个属中的许多种类体型巨大，有醒目的红色、橙色或黑色的警戒色。所有已知的该科种类都是植食性，其中许多以种子为食。

长蝽科中，地长蝽亚科是最大且最多样的一族。它们体色暗淡，多为棕色或棕色、黑色和白色混在一起的杂色；体型小至中等（2~20毫米）；多数住在地表的落叶堆中，吃成熟后掉下来的种子；仅有少数树栖。非洲的一种以无花果树的种子为食，非同寻常的是，当这种椿象的雄性向雌性求爱时，会给它一粒无花果的种子当作礼物。雌性开始吃种子的时候，雄性就会与之交尾。另外也很有趣的是它们的生殖方式是卵胎生的，这在异翅类昆虫中很罕见。在特立尼达和秘鲁，住在洞穴中的一种以果蝠扔掉的种子为食的椿象，有时在一个洞穴中栖息的这种椿象的密度能达到每平方米10万只。

含1800个种类的缘蝽科，其成员有的小巧，有的大而强壮，体型狭长或椭圆形；后肢腿节或胫骨上，以及触角的节上常有奇怪的膨胀突出部分；体长7~45毫米；在世界各地均有分布，大多数集中在热带地区——这一地区的品种通常体型巨大，结构精巧。缘蝽科昆虫通常体色暗淡，但也有很多有鲜艳的警示性色彩，有些住在热带丛林中的种类有金属般的体色。这一科的成员全部是植食性，主要吃刚冒出来的嫩芽，有些是严重的经济性害虫。它们有时被称为叶足臭虫，但南瓜椿象这一名称更常见，因为北美的某些种类以各种南瓜为食。呆在花朵上的雄性大型椿象很有领土意识，会抵抗任何入侵者。而且这种行为似乎很普遍，这也解释了很多种类两性间后肢显著的性别二态性——雄性的后肢常有变大而多刺的腿节。

非洲的一些种类能把一对臭腺中的化学分泌物喷射至150毫米外，而且还能较精确地控制喷射方向。有一次南非的一个花园中爆发了这种椿象灾害，人们在其中一棵栀子树上发现了超过9000只这种椿象的成虫，其总重量达到9.8千克。

有些树栖种类是体型最大的椿象之一，体长可达45毫米。它们体被鲜艳的橙色和黄色；

若虫为黑色。它们总是被信息素吸引而聚集在一起进食——分散的每一只个体都能循着气味回到原来的地方。一旦受到惊扰，它们会一起跳动着从肛门处向空中喷射分泌物，同时臭腺中也会有分泌物流出来。

臭虫次亚目是半翅目中最大的一个群体，有超过1.96万个种类，然而16科中的半数所含的种类不到50个。盲蝽科和猎蝽科是其中最大的两个科。在整个臭虫次亚目中，那些较古老的种类被认为是肉食性，而现代的种类中有很大一部分是植食性。

盲蝽科是整个异翅亚目中最大的一科，旗下的8个亚科共含1万个左右的种类。盲蝽俗称植盲蝽或衣壳虫，世界各地均能见到。这一科中的大多数是植食性，仅有少数如单室盲蝽亚科一些成员是杂食性。树蝽亚科的成员以介壳虫为食；热带的细爪盲蝽靠真菌过活，但齿爪盲蝽亚科和植盲蝽属的成员都是肉食性。

盲蝽的体长为2~15毫米，是最灵巧的椿象之一，身体的颜色通常能与周围的环境融为一体；分4节的下唇瓣，以及中、后腿节上的毛点（成簇的纤毛）这两个特征将其与其他半翅类昆虫区分开来。盲蝽的身体结构使它们能把自己椭圆形的身体非常逼真地变成蚂蚁（蚂蚁拟态）——并不只是体色相像，而是包括蚂蚁般的步法，以及腹节收缩成腹柄，再加上胸部的模样，这一切组合在一起，几乎跟蚂蚁完全一样。

最非同寻常的盲蝽住在蜘蛛网上，以蜘蛛们吃剩的食物为食。热带非洲和印度—马来亚地区的角盲蝽属单室盲蝽亚科成员是种植园的害虫。澳大利亚的叶盲蝽亚科一些成员以昆虫的卵为食，在夏威夷被用来控制甘蔗扁角飞虱。

网蝽科椿象俗称网蝽，包含1900个种类，分属3亚科。体长2~8毫米，大多数种类在其前胸背板和前翅上有密集的网状或带状脉络。有些种类则在这些部位的边缘平平地延伸出大块复杂的花边。

←（左页图）尽管在热带能发现数不清的大型叶足缘蝽（缘蝽科），但很少有图中这些法老椿象这样精细繁复的色彩，它们正在巴西大草原上一株植物的茎部吸吮树液。

大部分网蝽是自由生活的食草动物，通常寄住在某种植物上，啃吃叶片的背面。在若虫阶段，它们营群居生活。有些种类显示出母性特征——雌性会照顾幼虫，寻找合适的喂哺地点，并为它们赶跑敌人和寄生虫。有些种类的雌性则会像杜鹃鸟一样把自己的卵产在别的动物的窝里，然后让代理妈妈去孵化它们。

姬蝽科有500个种类，分属2个亚科。大部分为中等大小，体长极少超过10毫米，体型狭长、为土褐色；许多种类的翅膀呈现多态现象，有的无翅，有的短翅，有的大翅。喙长而弯曲，能及前胸或中胸；前肢很粗。大多数雄性，能释放信息素。在花姬蝽亚科中，出现了血腔授精的现象，即雄性的生殖器穿透雌性的阴道壁，将精液射入血腔中（昆虫血腔）。

见于全世界的猎蝽科昆虫都是捕猎的肉食性动物，也是最大和最多样的椿象家族之一，共有6500种，大部分集中在热带。这一科的昆虫不仅仅有各自独特的外形，很多种类还能把自己伪装成扁蝽科、缘蝽科和红蝽科的椿象。猎蝽最关键的特征是其前胸腹板的发声沟，即眼睛后面如颈状的部分，以及严重弯曲的喙。这种刺客般的椿象体长为7~40毫米，有些种类体色鲜艳，代表性的是有红色和黑色的渐变色，其他则是与环境相类似的保护色。许多种类体被毛或刺，有些身体上有奇怪的法兰盘一样的延伸部分。和其他很多肉食性椿象不同的是，猎蝽科昆虫都是活跃的捕猎者，有些种类在捕食大型的猎物时还会相互合作：在纳米比亚，少数品种专门捕食马陆，这些猎物的体长常常是它们自己的10倍还多。有时它们好几个一齐上阵对猎物发动进攻，得手后把猎物拖走，但它们的行为是不是预先商量好的就不得而知了。

在较凉爽的地区，夜行性的飞蝽通常住在人类的房屋里。在英国，这种椿象捕食有害的昆虫和蜘蛛。该种类若虫的伪装手段是用黏黏的丝把自己和碎石一起裹起来。锥猎蝽亚科的成员，俗称锥鼻臭虫或接吻臭虫，是极具医学价值的昆虫。这一科共有111个品种，大部分出现在新大陆地区的北美洲西南部到阿根廷，亚洲也有11种，其成员全部是夜行性，专吃脊

椎动物的血。锥猎蝽住在宿主（如林鼠）的颈部，有些则进入到人类的环境中，以人类和牲畜的血液为食。有的种类会携带原生血液寄生虫，引起锥虫病，病死率为10%，但这种病的传播途径并非叮咬，而是排泄物。

有些种类捕食小型无脊椎动物，和猎蝽科昆虫不同的是，它们的捕食前肢并不发达，有些住在蜘蛛网上，吃死掉的昆虫的残余物。

花蝽科由500个种类组成，遍布世界各地，花蝽亚科是唯一的一个亚科。关于这个群体的分类仍不十分清楚。花蝽有时也被叫做花虫或小海盗臭虫；体长1.4~5毫米；体型扁而长；体色深棕色或黑色，有淡色的花纹。像臭虫科成员和其他更复杂的臭虫一样，雄性花蝽的生殖

↖正如图中这只来自苏门答腊的椿象一样，许多热带刺蝽（猎蝽科）的前胸背板的顶端（前胸的那块遮盖物）长着一圈像栅栏一样的防御性尖刺。它的喙向后弯折于头下面。

↘在美国，猎蝽科的椿象很常见，被称为蜜蜂杀手，因为它们具有在花朵上埋伏着猎杀采蜜的蜜蜂的习性。图中这只新墨西哥的椿象正在一朵仙人掌的花上干着这个勾当。

会选择吃无柄的花或叶，或没有反抗能力的猎物，如昆虫的卵或小型昆虫的血淋巴。有些花蝽种的若虫会叮咬人类，引起人体剧烈的疼痛。有的住在死去树木的树皮下，身体很扁，以适应狭小的空间。

大型的热带和亚热带床虱，即臭虫科成员，包括90个种类。该科成员高度进化，没有飞行能力，是脊椎动物尤其是蝙蝠的皮外寄生虫。它们一般为淡淡的红棕色，体型椭圆，4~12毫米长；翅膀退化为小肉垫。所有臭虫科雄性昆虫的受精方式都是刺伤受精。

臭虫科昆虫都是暂时性的食血寄生虫，它们一生的大部分的时间都在床上、巢穴中或宿主的居所中度过，孵化后会飨自己一顿血液大餐。除了那些吃蝙蝠的外，有些专吃鸟类（多数是燕子和雨燕）的血液。仅有3种臭虫吃人类的血。其中，西非的和整个热带地区都有的热带臭虫通常攻击蝙蝠和鸡。全世界声名狼藉的床虱，在杀虫剂出现以前，是最让人头疼的家居害虫。与其他家居害虫相比，床虱只在吸血的时候才待在宿主身上，在夜间出没于合适的隐蔽处和缝隙中。虽然还没有任何证据表明这种昆虫会传播疾病，但一旦被咬，也是件让人讨厌的麻烦事。儿童如果被它们过多地叮咬，会造成缺铁。

器上有一个侧突，能直直地刺进雌性的腹部，这个过程叫做刺伤受精。

花蝽科的部分种类是杂食性的，既吃植物，也吃动物。大多数是胆小的捕食者，

↘蟾蝽科的蟾蝽，其俗称来自它们忙碌的动作，以及在河流和池塘边上寻找昆虫猎物的习性。图中这只大眼蟾蝽来自美国南卡罗来纳州。

笃蓐香树蚜虫的迁徙

到了九月的末尾几天，有角的瘿就被蚜虫挤得满满登登的。由于空间并不够宽敞，所以蚜虫会根据探测器的长度来进行排列组合，它们会一层一层地排列起来：粗大的蚜虫待在最上面，中等的蚜虫排在第二行，而小蚜虫则排在中等蚜虫的爪子之间。这样的排列组合方式非常适用，假如蚜虫们是一只紧挨着一只插进吸盘地组成一层，那么这个瘿根本不够它们用。排列好的蚜虫全都安静地待着，它们保持静止不动，用嘴巴喝着水。蚜虫们喝水的时候也是很有秩序地轮流着。吵闹的蚜虫们在上面等候，它们各自寻找着自己的位置，场面热闹，而下面的蚜虫则正在喝水。然后喝完水的蚜虫会上升，而刚才还在等待中的蚜虫则会下降。蚜虫们就是通过这种持续的轮流方式来饮水，保证每只小蚜虫都有水喝。

想要在这样杂乱的环境中不被改变形状，那么蚜虫们就必须保持雅致的常态。由于蚜虫群的拥挤与混乱，白色的蜡质物被它们弄成了粉状物塞满了隔间。居所变成了一个来回攒动的团块，蚜虫将会在这个团块里进行身体的蜕变。这个团块中没有任何多余的空间，也完全得不到安宁。蚜虫们的皮肤在摩擦中被弄伤，它们的爪子也全部变了形。不过它们宽大的翅膀在展开后却没有褶皱。

终于，蜕变结束了，隐居的生活告一段落。橘色的蚜虫原本有着突起的肚子，但是现在它们俨然已经变成了漂亮的、类似蚊虫的小虫子。每只小虫子都有四只翅膀，身材修长，瘦瘦的、黑黑的。振翅飞翔的时刻终于到来，然而问题也出现了。由于这些小虫子们被一堵墙围着，它们没有任何工具，也没有能力在围墙上面打开一道口子。那么怎样才能出去呢？不用担心，虽然小虫子自己没有能力出去，但是这堵墙会让它们出去的。蚜虫成熟的时候同样也是瘿成熟的时刻，两者的成熟时间配合得多么好啊。

球瘿由于成熟而日渐膨胀，侧端裂出一些星状的口子。而角瘿则在顶部才有裂口。这些瘿的爆裂并不温和，它们会在突然间将门打开。帽子护耳将有着很多节瘤的厚嘴唇分开，褶裥将上面的薄层稍稍地抬起。纺锤也稍微地打开了，就像衬着玫瑰色绸缎里子的小包一样。门本身是靠汁液的作用为性急者打开的。

这是蚜虫大量活动的时刻。我挑选了一些角瘿，它们就快要整个断裂掉了，因为顶端的角已经裂开了。我贴近它们进行仔细地观察。我把它们放在我的实验室的窗户面前，它们与窗户的距离只有几步远。那里有充足的阳光，蚜虫们喜欢在太阳下面暴晒。第二天中午的时候，阳光非常充足，天气也很热。就在这个宁静的天气里，瘿的一只角稍微地打开，长着翅膀的蚜虫们飞了出来。就在前一天，它们飞出来之前，我在隔室里面放了一根笃蓐香树的小树枝，非常结实。我想要用这根小树枝来引诱蚜虫们起飞，它们或许会把这根小枝杈当作可以乘凉的地方。

蚜虫的身上通通被粉尘所覆盖着，这些粉尘是毛簇的残留物质。小虫子们成群结队地飞出来，像是一股水流，非常平静。每只虫子爬到裂缝那里时就开始展翅翱翔。在准备飞翔的时刻，它们还会用震动着的双肩将一枚细小的灰土火箭抛投出去。蚜虫们飞行的路线呈波浪状，上下起伏。它们通通朝着阳光充足的玻璃窗子飞去，那里的阳光看起来比别处更加强烈。蚜虫们纷纷撞在了窗户上，滑下来堆积成群。它们享受着那里的阳光，没有丝毫想要离开的迹象。

蚜虫们的飞行路线让我感到惊诧，它们全都朝向玻璃的方向飞去，没有一只例外。而且是直直地飞去，没有任何一只蚜虫会向左或是向右偏离这条路线哪怕是一点点。其实屋内的每个角落都很光亮，但是蚜虫们却偏偏喜好有阳光照射的玻璃窗子。飞行的精确程度难以置信。假如我们把一个铅粒从高处扔下去，它也不会比蚜虫的飞行路线更准确，掉落在地上的时候总是有偏离的。如果说铅粒受到地球引力的影响落在地上，那么蚜虫就是遵从着阳光的意志而向玻璃窗户飞去。在被阳光充分沐浴的空间内自由地飞行着，全体蚜虫们都在享受阳光带给它们的快乐。

两天过去了，蚜虫们基本上已经迁徙完毕，只剩下最后的缓慢飞行者。等到它们全都离开后，我也把瘿完全地打开了。是我精心挑选了这些蚜虫，它们刚开始的时候有两种。一种是有翅膀的黑色蚜虫，另一种是没有翅膀的红色蚜虫。现在黑色有翅膀的那群蚜虫已经全然离去，而红色的没有翅膀的蚜虫还在那里。这些依旧守着家园的蚜虫们看起来呈朱红色，又矮又胖，身材比较小，身上还有皱纹，跟过去的它们没有什么变化。这正是蚜虫们的母亲，它们有的背着褡裢，也就是蚜虫母亲的口袋。孤苦的蚜虫母亲在这个破烂不堪的瘿里继续挨着，它们也会继续产卵，但是这些卵都很羸弱，是短命的早产儿。最终蚜虫母亲会和这些早产下来的孩子一同走向死亡。整个瘿变成了一片废墟。

原本我以为那支临时放置的笃薅香树的小枝杈能够吸引蚜虫的眼球，然而事实却不是这样。我眼睁睁地看着蚜虫对这根小木棒不理不睬，这可是它们曾经最喜欢的东西啊。然而蜕变后的蚜虫却没有任何一只再在这根小枝杈上停留片刻。假如有蚜虫不小心与矮树丛相撞而掉在树叶上面，它们也会立刻起身再次飞行，到窗户那边与集体会合。由于蚜虫的胃已经没有了欲望，所以它们不会再稀罕笃薅香树。我的玻璃窗户挡住了蚜虫们的去路，它们通通在那里沐浴阳光。但是如果把这道屏障去除掉，它们会飞向哪里呢？当然不是笃薅香树那里。

这些被窗户阻挡了去路的蚜虫们全都是一个模子刻出来似的，无论在外形、面貌还是颜色上，通通一样。好像全都是由一只蚜虫复制出来的。就是在这样一群没有任何区别的蚜虫当中，人们却期待着找出雌性和雄性两种蚜虫。的确，还是幼虫的它们，个个儿都像大肚子的虱子一样，动作非常迟缓。然而蚜虫们现在已经与幼虫时代告别了，它们刚刚有了自己作为昆虫类别的属性，像身材瘦长的蚊虫一样美丽。蜕变了的蚜虫们为自己拥有四只漂亮的红色翅膀而感到万分骄傲。

然而，这个蚜虫群体却没有性别之分，更别提婚嫁和交配了。它们虽然在成熟的年龄穿着华美的衣服，但是却没有婚姻的滋润。尽管如此，每只蚜虫也能独立地完成生育工作，就像它们的前辈将它们生出来一样，不需要交配就能进展得顺利。我想要验证这个事实。我拿了一根麦秸，用我的唾液把尖部弄湿。然后我用这根被唾液沾湿的麦秸尖将随便一只蚜虫的翅膀固定，然后用大头钉把它的肚子紧紧地按住。不一会儿，这只蚜虫就生出了五六个孩子。虽然我为它做的生育手术相当粗鲁，然而这并不影响它的生殖效果。之后我又进行了几次实验，每一只蚜虫都拥有同样的生育能力。

蚜虫生产所需的时间非常短，它的生育就像播种一样，能够在很短的时间内完成。蚜虫每胎平均可以产下六只小蚜虫。在生育的过程中，蚜虫需要找到一个支撑物，这个时候就用到腹尖。它让腹尖弯曲起来，虽然这种姿势不太稳定，但却是必要的平衡方法。孩子们成功地生产出来了，它们垂直地落在一个撑物上。

↖蚜虫喜欢吸吮植物的汁液，而蚂蚁则喜欢蚜虫分泌的“蜜露”。

臭虫的生命周期

臭虫的生命周期与甲虫不同，大多数臭虫是从交配之后的卵里孵化出来的，新孵化出的臭虫叫做若虫，看上去像体形较小的成虫，但没有翅膀。若虫的食物和生活环境与成虫是一样的。

与人类的皮肤不同，昆虫的外骨骼无法伸展。若虫永远吃不饱，它们不停地吃东西、生长，于是皮变得很紧，需要蜕掉旧皮，这一过程叫做蜕皮。接着若虫长出新皮，在成长的过程中，翅膀慢慢出现。到最后一次蜕皮，臭虫就完全成为有翅膀的成虫了。这一过程叫做不完全变态，这与甲虫不同，因为臭虫不经历蛹阶段。

臭虫卵

与其他小昆虫一样，大多数臭虫的生命开始于卵。臭虫的卵呈黄白色，长圆形，卵壳有网纹状，前端有盖。

你知道吗

夏天，雌蚜虫一个星期就要产50个卵。

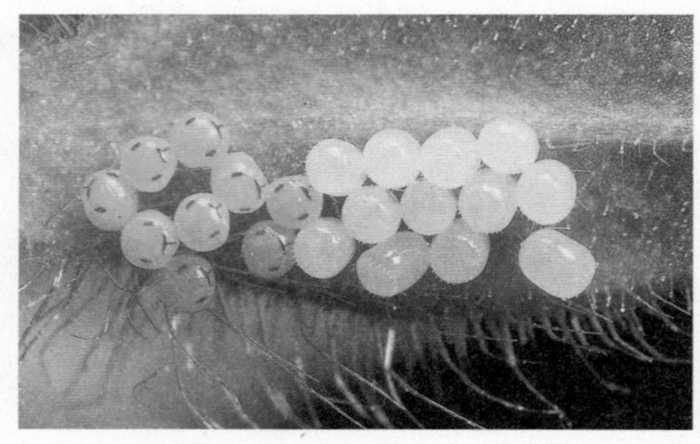

↗这些臭虫的卵处于不同的生长阶段。左边的黄卵比右边的白卵更成熟些，很快就要孵化出来了

三个阶段

臭虫的生命要经历三个阶段。第一阶段是卵（下图1），孵化成为若虫（下图2），若虫慢慢长大，经历几次蜕皮，每次蜕皮后，它与成虫就越来越像，翅膀慢慢长出、伸长，最后变为成虫（下图3）。

易捕捉的目标

盾虫幼虫与成虫类似，但没有翅膀，无法飞行。蜕皮后，若虫没有外壳保护，变得非常

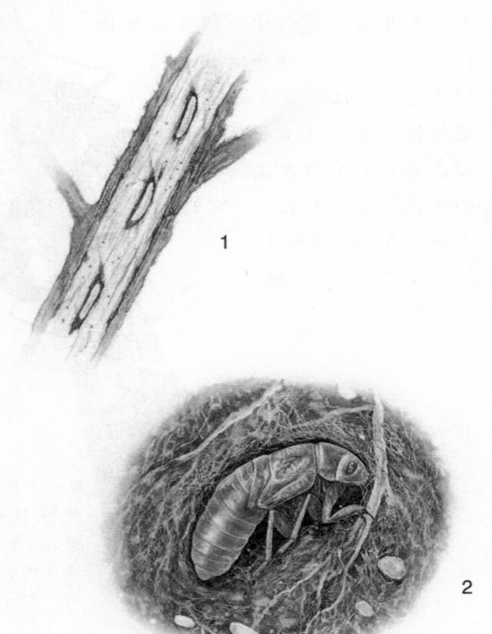

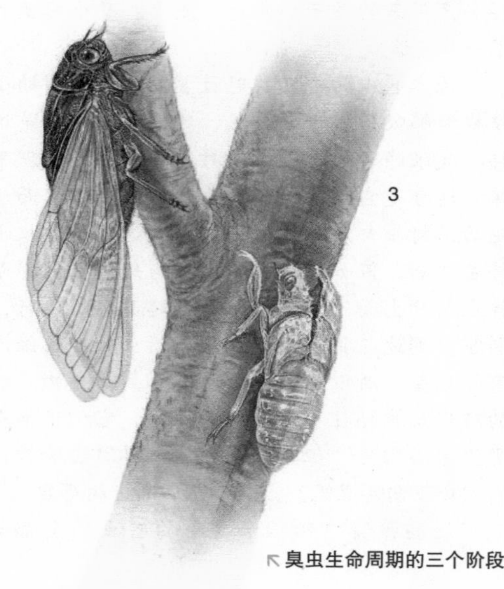

↖臭虫生命周期的三个阶段

脆弱。这一阶段的幼虫很容易受到捕食者，像蜥蜴和鸟类的攻击。蜕皮后几个小时新的外骨骼就长出来，保护幼虫直至成年。

↙ 盾虫幼虫非常脆弱，它们通常靠鲜艳的颜色保护自己。

隐匿在泡沫处

一些若虫有专门躲避敌人的方法。比如沫蝉会藏在难看的泡沫后面，它自身能吐出黏性液体，胀大变成泡沫，这些泡沫是沫蝉最好的藏身之所，还可以避开阳光的暴晒。

小小捕食者

孵化出来后几个小时，水黾开始像成虫一样在水面上生活和觅食。水黾的脚上长满防水的毛，使它能在水面行走。水黾是捕食专家，捕捉其他水里的生物，用长长的吸管吮吸猎物身上的汁液。

无雄性的生殖

蚜虫的繁殖形式比较特别。秋天，雄蚜虫和雌蚜虫交配和产卵。但是夏天雌蚜虫可以在没有雄性的情况下自己繁殖后代，甚至不需要产卵。这一奇特的过程叫做单性生殖。小蚜虫快速成长，一个星期之后就可以自己繁殖后代了。

活动规律

臭虫怕光，多在夜间活动。臭虫活动敏捷而机警，可以在宿主不留意时吸取宿主的血液，在吸血时，如人体稍有移动，即停止吸血，爬走而隐藏。臭虫喜欢群居，主要栖息在住室的床架、帐顶四角、墙壁、天花板、被褥、草垫、床席等的缝隙和糊墙纸的后面。栖息处所带有许多褐色的粪迹。

↘ 这只蚜虫正在繁殖一只完全长成的小蚜虫。

↘ 水黾在水面上生活和觅食。

法布尔昆虫趣谈

西班牙粪蜣螂的母爱

西班牙粪蜣螂的生殖能力是无法跟其他昆虫相比较的，它的生殖能力很有限。那么为什么它的后代跟其他昆虫的后代一样家族庞大呢？就是因为雌性粪蜣螂伟大的母爱和它们高超的制造粪球的技能。

很多生殖能力很强的昆虫，因为可以繁殖出很多后代，所以对繁衍下的后代不是很悉心照顾，对于自己的后代，很可能是在一个粗略的安排后就不再过问，很大程度上把自己的后代交给命运来照顾，它们的后代也因此会有一定数量的或是很大数量上的损失。可能它们每次会产一千颗卵，但也许活下来的还不到一百颗甚至更少。可能是因为这些昆虫知道自己的生殖能力很强，所以它们的母爱相对薄弱甚至是没有，它们不在乎后代的生长状况，更不会为自己的后代精心准备一个良好的成长环境或是留下充足的食物，它们的后代很可能因为生存空间的争夺或是食物的争夺而自相残杀，最后只留下一小部分。而西班牙粪蜣螂就不一样，正是因为它们没有强大的繁殖能力，所以它们对自己的后代格外细心，对于它们的母爱和制作粪球的技能，我是有很多感慨的。

之前我一直在强调粪蜣螂每次产卵的数量是很少的，到底少到什么地步才会让这位伟大的母亲在产卵之后放弃自己的一切活动来好好地照顾自己的后代呢？粪蜣螂每次产卵的数量只有三四颗，如此小的数目在其他每次产卵成千上万的昆虫面前简直是沧海一粟。粪蜣螂很明白，对于自己稀少的后代而言，任何的争夺或是危险的问题都可能是一场灭门之灾。

在田野里痛快地寻找挖掘粪料对于所有的食粪昆虫来说是一件极其快乐的事情，但是西班牙粪蜣螂在产下卵之后，是不会像其他的雌性昆虫一样，继续去外面做让自己快乐的事情的，它们寸步不离地守着自己的卵，甚至都不会在夜里出来小小地舒展一下身体。它们陪在自己的孩子身边，时刻保持着高度的警惕。它们小小的身体一直在忙忙碌碌地工作着，时刻环视自己的粪球内有没有什么状况发生。修补粪球上的破损或是裂痕，赶走会争夺自己孩子的食物的敌人，像是嗡蜣螂、蜉金龟，还有小的隐翅虫或是粉螨、双翅目昆虫的幼虫等，这些看起来不起眼的昆虫幼卵最后很可能成为粪蜣螂的后代成长中致命的敌人。从六月开始筑巢，然后把卵产在巢内，之后就一直守护着自己的后代，雌性西班牙粪蜣螂就这样一直坚持到九月，才会带着已经不需要监护的后代来到地面上。也许真的没有一种昆虫比粪蜣螂拥有更多的母爱，直到自己的子女能够独立生活，它们才会放松警惕，找回自己的时间，恢复到以前无拘无束的生活。

我感叹西班牙粪蜣螂的筑巢技术，并不是因为它的技术有多么高超，相反，跟许多食粪虫相比，粪蜣螂算是比较笨拙的，我感叹的是它的执著和认真。从外形上看，粪蜣螂并没有有利于制造粪球的工具——长而有力的前足。那么它是怎样制作粪球的呢？从常理上来想，没有制造粪球的工具，那么它就不会像圣甲虫一样，把这件工作视为一种艺术，制造粪球对它来说没有任何骄傲感可言。而且从开始制作粪球算起，粪蜣螂就要有将近三个多月的时间没有自由而言。最后这个小小的虫子做出了一个还算是完美的蛋形的粪球，但随之而来的疑问产生了，没有见过蛋的粪蜣螂是怎么有灵感作出如此形状的粪球的呢？

圣甲虫在制作粪梨的时候，自己长而有力的前足会像一个圆规的支脚一样，缠着自己的作品；侧裸蜣螂也跟圣甲虫一样，有着长而有力的前足，但是粪蜣螂就不同了，它的前足又短又不灵活。很难想象它是怎样用这样的前足为自己的后代修窝筑巢的，有的时候我甚至怀疑它是否能够成功，但是观察的结果真的让我大吃一惊：粪蜣螂完成一件半成品——一个圆圆的摇篮所要花费的时间不会超过三天，甚至通常会在两天之内完成。再过些日子一个完整的蛋形粪球就会呈现在我面前，这个精致的小窝长约40毫米，宽大概有34毫米左右，粪球的表面被雌性粪蜣螂夯得很实，像一层坚硬的盔甲，但是轮廓不见得都很明显，有的甚至不太看得出蛋形，更像是一颗圆形的粪球。因为没有很长的前足的缘故，粪蜣螂的粪球的确没有其他昆虫的粪球那样好看，它的粪球更像是那些夜行性禽类的蛋，团团的，只有顶端有一点点的突起。如果细细地观察这个地方，我们不难发现，这里有一圈淡淡红晕，而且稀稀疏疏地插着几根短短的纤维。的确有些昆虫会在建造的粪球顶部插一些粗粗的纤维，这样做的原因有几个。第一，这样不完全把粪球封死，高温和潮湿依然会透过纤维传到粪球内，这样的环境会更加有利于粪蜣螂幼卵的成长和发育；第二，粪蜣螂是靠拍打和挤压粪料来制造粪球的，当它把卵产在粪球的顶端以后，用力地拍打可能就会伤害到粪料下面的小生命，所以为了保护自己的后代，粪蜣螂在制作粪球顶部的时候，只是慢慢地把粪料收拢，然后留一圈空隙，稀稀疏疏地插上短短的纤维就好，这样自己的后代就不会因为自己拍打粪球的力量而受到伤害了。还有一个原因也同样是出于安全方面的因素考虑的，如果粪球的顶端也产用粪料来制造，那么一旦粪料坍塌，对粪蜣螂的幼卵也同样是致命的伤害，所以粪蜣螂的粪球顶端通常都会插着几个粗粗的纤维。

↗西班牙粪蜣螂正在修葺外来的粪球。

当一个蛋形的窝竖立在我的面前时，我不禁有点疑惑：为什么西班牙粪蜣螂要费尽周折地去完成一个对它来说算是浩大的工程？它的前足很短，这样很不利于它筑巢，而且在筑巢的过程中，它无法像其他昆虫一样，用长长的前足来衡量自己制作的蛋形粪球是否是一件曲线端正的作品。它只能辛勤地从粪球的一边踱到另一边，然后用自己短短的前足来修正歪曲的地方，这样坚持不懈的努力使得它跟其他的昆虫一样，能够为后代建造一个温馨的小窝。

至于为什么粪蜣螂会选择这么有难度的蛋形粪球，原因就是炎热的天气。前面已经说过，粪蜣螂从六月开始建造粪球，之后把卵产在粪球内，一直寸步不离地守护着自己的后代，直到九月，它带着可以独立生活的后代走上地面时，这颗粪球才算光荣地完成了自己的使命。粪蜣螂要在粪球内待上整整三个多月，也是一年中气候最闷热的三个月，而蛋形的粪球是粪料内的水分最不容易蒸发的一种粪球形状。虽然制造蛋形粪球对于只有短短的前足的雌性粪蜣螂来说，不是一件容易的事情，但如果不把粪球制造成这个形状，那么后果是不堪设想的，整个粪球内的水分会很快流失，坚持不到三个月就已经硬到无法食用，那么它的后代就面临着饿死的危险，也许对于别的昆虫来说，死掉三四个幼虫是很稀松平常的事情，但是对于西班牙粪蜣螂来说，这意味着整个家庭的消失。

在斑花椿象的看护下长大

▶ 雌性斑花椿象在它寄居的植物上选了一根小嫩枝安置它的卵，这些卵排成的形状好似给这根枝条戴了一个宽宽的项圈。然后，椿象妈妈会趴在这些卵的上面给它们担任警卫直到卵孵化。这个用卵排成的项圈对椿象妈妈来说太大（总有 100 粒左右），但它还是尽力给予这些暴露在外的卵以有效地保护，因为它们大有可能受到寄生蜂的侵袭，所以母亲的保护是很必要的。

▼ 当卵开始孵化，母亲会退到一旁，免得自己的身体阻挡了子女的孵化。大约一天以后，这些体型微小的若虫会爬到附近的树叶上开始进食——标志着母亲会离它们而去。

▶ 末龄若虫体被金属光泽的蓝色和红色，与早期的黑红体色不一样。在成长的整个过程中，它们总是你挨我、我挨你地凑成一群，以强化它们“警戒制服”的效果，降低被捕食的风险。

△ 在最后蜕皮成为成虫的时候，末龄若虫会摊开附肢，用跗节上的爪紧紧抓住叶子。与其他椿象不同的是，一开始它不会采取那种头朝下的姿势。最初，成虫体表的橙色还很淡，但瞬间就会变深。

◁ 某些斑花椿象妈妈对子女长时间的照拂看来似乎不是很有必要，比如图中这种椿象在它生命的任何阶段都穿着极鲜艳的“警戒色”外套。因此这些二龄若虫所要面对的风险似乎很小。

法布尔昆虫趣谈

吃蚜虫的昆虫

一个偶然的机会让我了解到了以蚜虫为食物的昆虫，在这之前我一直想要观察这些昆虫们的活动状况。生活在笃蓐香树瘿瘤里面的蚜虫们，只要瘿不被打开，蚜虫就可以在里面安乐地生活，不会受到外来者的侵略。然而由于干燥，瘿始终会产生裂缝，自动打开，而且这一点是蚜虫进行迁移的前提条件。瘿裂开后，等待在外面的、不能自行把瘿打开的食蚜者也有了机会。

在光合作用下，空气与土壤中的矿物质转化为化合物，这是储备热量的巨大仓库。动物就是靠着太阳能在这个仓库中所储备的能量来维持生命的。各种生命都以自己的方式对自然界的能源进行着提炼与选择的工作，而要想以简单的方式就把通过食物传递到食者体内的化学成分转化为有营养的物质，就需要非常仔细地工作。这项任务需要通过不断的合作才能完成，更好地体现在微小生物那里。这些小生命用自己的耐心把原本并没有价值的东西变为身体里的精华成分，它们一点一滴地加以提炼，然后把这些食物提供给鸟类或者昆虫。就这样经过一层又一层的食物链，最终大型的动物有了食物，而我们人类也拥有了自己的食物。

↗花苞上的蚜虫

我所提到的那些小生命里就包括蚜虫。别看它们长得很小，然而它们的体内却拥有丰富营养的成分。嫩嫩的、丰富的蚜虫，数之不尽。蚜虫那鼓鼓的肚子里装着甘甜的露水，能够为其他生命提供水源。不过一滴甘露需要成千上万只蚜虫的贡献才能够提炼出来，不过蚜虫的繁殖能力旺盛到我们无须担心它们的数量不够。在被太阳光钙化了的岩石缝中生长着一些笃蓐香树这种灌木，在这贫瘠岩石缝中，灌木能够吸收到的养料非常稀少，只有少量的雨水以及岩石中分化的一些矿物盐，然而这些笃蓐香树却依旧繁茂。

生活在笃蓐香树中的蚜虫们以它们的方式为比自己高一级的动物们提供维持生命的养料。笃蓐香树的松脂会散发出一种奇怪的味道，并不是所有昆虫都能够接受这样的气味。然而蚜虫们却对这种味道情有独钟，它们不但不嫌弃，反而当成是非常美味的东西来享受。笃蓐香树对岩石中的矿物质进行初步的加工，这些经过粗加工的东西成了蚜虫们提炼的对象。它们从中吸取精华，然后进行再一次提炼，最终这些东西成了高级养料。也许有一天会有小鸟吃到这些蚜虫，而这个时候原本粗劣的矿物质已经在蚜虫的腹中转化成了高级食品。这种动物界最低贱的虫子用它的柳叶刀将笃蓐香树的树叶切开，鼓起来的叶片形成了一个像仓库似的东西。蚜虫们就在这里面进行繁殖，它们个个儿都吃得非常圆润。

到了八月底，我的那棵笃蓐香树上长得最好看的一些球瘿开始有裂缝了，这些球瘿是早熟了的。没过几天，在烈日的暴晒下，我看到其中的一个球瘿已经裂开了三道缝隙，一些泪滴状的黏液从中流了出来。球瘿中的蚜虫们争先恐后地试图开始迁移，它们个个儿都长了美丽的翅膀，企图开始旅行。我看到它们一个一个地拍着翅膀来到了门槛上，然后做着预备飞行的动作，准备出发。

然而，一群不速之客却在旁边觊觎着这美味又丰盛的食物。这种昆虫叫做三室短柄泥蜂，它们的身体呈黑色，长得很瘦，属于膜翅目昆虫。我时常在蔷薇茎里找到它们，在它们的房子里，我看到了一些储备好的黑色蚜虫或是叶蝉。在今天这个蚜虫迁移的日子里，八只三室短柄泥蜂来到了蚜虫的家门口。这些泥蜂不顾一切地钻进瘿里，它们也不担心自己是否会被里面的黏液粘住。这是多么好的机会啊，成群的蚜虫都在这里。没过多久就有一只蚜虫被泥蜂从瘿里面叼了出来，之后这只泥蜂就飞走了。它是回去储备食物去了，这只蚜虫将要被它放回自己的巢穴中去，然后它会再次飞到这里继续捕捉蚜虫，直到自己房子中的蚜虫足够食用。

由于蚜虫们正准备展翅飞翔，所以它们很多都已经到了瘿的门槛处，这就给了泥蜂好的机会去捕捉它们。这时候泥蜂根本不用钻进瘿中就能够轻易地获得食物，而且也不必担心自己会被粘住，没有多大的风险。在瘿没有被掏空之前，泥蜂疯狂的捕捉工作就不会停止。在泥蜂回去运送食物的时间里，有大量的蚜虫逃脱了死海。蚜虫们凭借自己的翅膀离开了瘿，它们获得了重生。

有一个问题似乎让我感到迷惑不解：三室短柄泥蜂是怎样知道瘿瘤已经打开了呢？它们自己根本不可能把瘿打开。如果来早了，瘿不会自动裂开缝隙；如果来晚了，估计这里也只剩下空壳了。八只泥蜂同时到来，显然它们对瘿自动开裂的时间了如指掌。三室短柄泥蜂终于飞走了，因为瘿壳中已经没有蚜虫了，它们或许去寻找其他的瘿了。虽然有大批的蚜虫躲过了三室短柄泥蜂带给它们的劫难，然而它们却逃不过另一种昆虫的侵略，那就是毛虫。假如遇到了这个抢掠的高手，蚜虫们就会被彻底洗劫，难以逃脱。

穿着棕色和玫瑰红色相间的衣服，毛虫找到了一个完好无损的瘿，这是个还没有开裂的瘿，里面住满了大量的蚜虫，它们还没有翅膀。毛虫用力撕咬着这个瘿壳，有黏液从瘿里面流了出来，毛虫一点也不在乎这些酸涩的树脂，它把被它咬下来的瘿壳堆积起来。毛虫对着瘿边咬边拽，直到瘿被它破开一个洞。很快地，洞眼的周围就堆起了一道黏黏的坎，在这里树脂黏液中混杂着许多木质残渣。我观看着这条毛虫的动作，非常入神。它的头左右摆动着，在洞眼被打开后又把头弯下，钻进了瘿里。整个过程用了不到半个小时的时间。

↗七星瓢虫是人们熟悉的食蚜虫。

这个洞眼与毛虫的头差不多大小，只要毛虫的头部能够钻进去，那它的整个身体就一定能够进去。毛虫将自己的身体绷直，非常轻易地就钻进了这个小小的洞眼。进去之后，毛虫立刻将自己的头部掉转过来，朝着洞口的位置，然后在洞口处编织了一个用来遮挡的网罩，这也是用来遮挡洞口的唯一屏障。瘿里面的树脂不断地流出，这些黏液在网罩上凝固成一个盖子，坚固又安全。

瘿里面住着大量的蚜虫，这对毛虫来说是一个非常巨大的食物储备仓库，够它一辈子享用的了。随后蚜虫被一只一只地杀掉，毛虫会吸干它们的汁，然后将其抛弃。被吸干汁的蚜虫尸体很快就堆积起来，毛虫制作了一张丝质的黏质毯，把这些尸体堆积到一块儿，用毯子将它们与活着的蚜虫分开。这种形式也方便毛虫捕食自己身边的活蚜虫。

毛虫尽情地享受着，一点也没有节约的意识。假如它愿意节省着食用这些美味，瘿里的蚜虫足够它一辈子享用了。然而毛虫却不在乎这些，仍旧大手大脚地挥霍着。它杀掉了大量的蚜虫，好像杀戮这件事情比吃蚜虫更加有意思。瘿里面的蚜虫通通死在了毛虫的手下，没有一只能够逃脱。当全部的蚜虫都被这个杀戮者杀光的时候，毛虫还没有长大。这个时候它不得不从瘿中出去，再去寻找其他的瘿。

石 蛃

无翅亚纲的石蛃体型小、行动敏捷，其腹部末端有三根丝状尾须，这三根尾须起感受器的作用。石蛃与其他昆虫最关键的不同在于，在漫长的进化历史中，它们从没有长出过翅膀。此外，作为一种体长不超过2厘米的物种，它们的寿命可是出奇地长——最长的估计有7年。

根据是否长有翅膀，昆虫纲分为有翅亚纲和无翅亚纲（英文为Apterygota，希腊语“apteros”的意思就是“没有翅膀”，这一纲的物种体型也相对较小）。无翅亚纲的动物们从4.17亿~3.54亿年前的泥盆纪时代首次出现时起，就没有长出过翅膀。这与其他无翅昆虫如跳蚤和某些蝇类不同，它们的翅膀因为寄生生活的需要而消失。而很多其他目的昆虫，也因这样或那样的原因，在不同的时期各自失去了翅膀。

无翅亚纲由两个目的三须石蛃组成，即石蛃目和缨尾目。有一段时期人们也把另外三个纲划进无翅亚纲，即原尾纲、两条尾须类的双尾纲和跳虫类的弹尾纲。然而，由于这三类动物都缺少向外突出的口器，因此最后还是在六足总纲之下将它们单独区别开来。

石蛃
石蛃目

石蛃目的昆虫长有三根尾须。石蛃目昆虫可以说是现存最原始的物种之一，换句话说，就是自古以来基本没什么变化。它们最早出现于泥盆纪，与蛛形动物差不多同时出现。这一目的名称源自两个希腊单词：“archaeos”（意思是“远古的”）和“gnatha”（意思是“颚”），意指这种昆虫的颚部通过一个关节突（单突）与头壳相连，这种结构很原始。其他所有的昆虫都有两个关节突（双突）。

石蛃体型为圆锥形，尾端细，体长3~20毫米，部分口器向头部缩进（下口式的），有3只单眼和2只大大的复眼，体色鲜艳，长长的触角如细丝状，通常分为30多节，头部触须极富个性地向外伸出，胸部则隆起如驼背状，腹部末端的三条尾须，一条如长长的细丝，另两条较短，腹部第2~9节有若干对小刺突，被认为是没有发育完全的附足。大多数石蛃在第1~7节体节生有1~2对可外翻的泡囊，用于从潮湿的表面吸水。

石蛃属于两性繁殖，雄性生有原始的输精器官，石蛃通常把精囊产在尾须上，然后等待雌性来取。有一种石蛃则会直接把精囊注入雌性的产卵器中。光角蛃科的雄性石蛃把精囊产在丝茎上，雌性石蛃有产卵器，喜欢把卵产在洞穴中或缝隙中，一次产卵2~30个。石蛃的幼虫生长缓慢，通常要花2年以上的时间才能发育成熟，这期间要蜕皮10次。与其他大多数昆虫不同的是，它们在成年还会继续蜕皮。

石蛃大多夜行，有些光角蛃科的则只在大白天行动。石蛃们吃植物的残渣、藻类、地衣，甚至昆虫的腐尸。它们在全世界广泛分布，有些甚至生活在北极圈。它们住在落叶堆、草丛和石头缝里，有不少还居住在海岸边。部分光角蛃科的石蛃还在非洲和澳大利亚的干旱地区安家。

衣鱼、家衣鱼和其他
缨尾目

衣鱼、家衣鱼和某些其他同类昆虫常常被以为是鱼蛾，而实际上，它们与石蛃目昆虫

↘ 图中是一只正在地毯上爬行的衣鱼。其名称来源于它遍身鱼一般的细密银色鳞片。这些光滑的鳞片能帮助它从诸如蚂蚁和蜘蛛等天敌手中逃脱。衣鱼遍布全世界，在房屋中很常见，以淀粉为食，例如装订书所用的胶。如果需要，还能不吃不喝过好几个月。

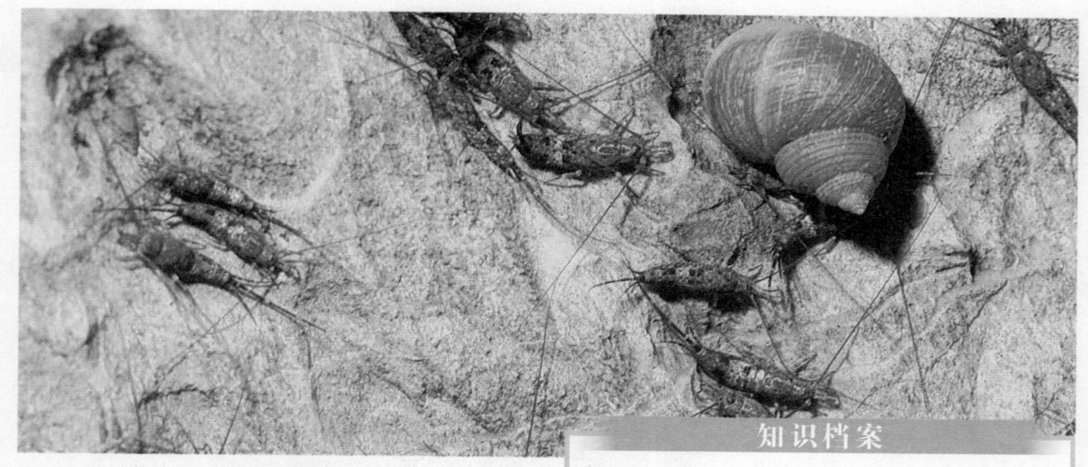

↗图中，大量的海滨衣鱼正围绕着一只海螺。这种情形在光滑平整的海岸岩石的隐蔽处很常见。海滨衣鱼行动敏捷，为了逃避危险，能跳得相当远。

一样，俗名都叫石蛃。衣鱼和家衣鱼是缨尾目中最常见的两种昆虫的俗称。缨尾目衣鱼的身体，有的稍圆，有的稍扁；尾端如圆锥状，尾部两侧两条覆有鳞片的尾须差不多和中尾须一样长，体长5~20毫米。头部下口式，复眼内面不接触（和石蛃不一样）；没有单眼，触角也呈须状。腹部第2~9节有小刺突，第2~7节体节长有可外翻的泡囊。

多数缨尾目衣鱼是两性繁殖，少数土衣鱼科的是单性生殖——因为这少数种类中根本就没有雄性，雌性不依靠交配就可以繁殖下一代。根据目前人类仅能观察到一些普遍种类的交配行为，发现衣鱼的雄性在交尾前会来一段“舞蹈”，然后把精囊产在丝上，雌性会赶来把精囊放在产卵器的两个瓣膜之间，卵则通常被产在缝隙中。幼虫孵化后，经过10次蜕皮才发育成成虫，这期间的生长速度还受温度和食物供给等方面因素的影响。而成虫也会继续蜕皮。

缨尾目衣鱼对栖息地不挑剔，分布很广。鳞衣鱼科和衣鱼科体色暗淡，住在树皮里面，或是树叶堆中。土衣鱼科则喜欢住在地下或洞穴中。体型最小的某些衣鱼还与白蚁和蚂蚁共处一巢。

大多数缨尾目衣鱼为杂食性，只有土衣鱼科的某些种类只钟情植物。部分种类，如均属衣鱼科的台湾银鱼和家衣鱼，喜欢侵犯人类的居所，以含淀粉的物质为食，会损坏墙纸、书籍和照片。

知识档案

石蛃

纲 昆虫纲

目 石蛃目、缨尾目

2个目，下分6个科，共约720种

石蛃（石蛃目）

接近350种，分为2个科：石蛃科和光角蛃科。全世界广泛分布。

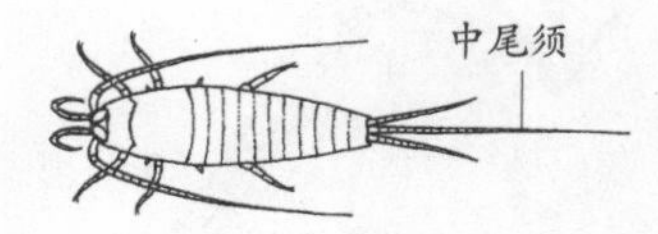

特征 头部下口式；颚部只有一个关节突，这在所有昆虫中是独一无二的；复眼大；有单眼；触角多节，长如须状；跗节为3节；体型似一个前端圆、尾短细的锥体；背部隆起如驼背状；腹部第11节特化为中尾须，另有两条比中尾须短的尾须；腹部第2~9节侧边有若干对短的小刺突（发育不全的附肢）。

变态类型 无变态发育。

衣鱼（缨尾目）

约370种，分为4个科：毛衣鱼科、衣鱼科、光衣鱼科和土衣鱼科。全世界广泛分布。

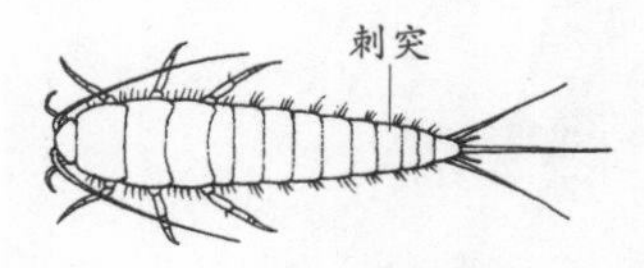

特征 头部下口式；颚部有两个关节突，可横向运动；复眼很小或没有；触角多节，长如须状；腹部有10个完整的体节；体型为相对扁平的锥体，体被鳞片；腹部第11节特化为中尾须；一对尾须与中尾须差不多长短；有的腹部2~9节有刺突。

变态类型 无变态发育。

蜉蝣

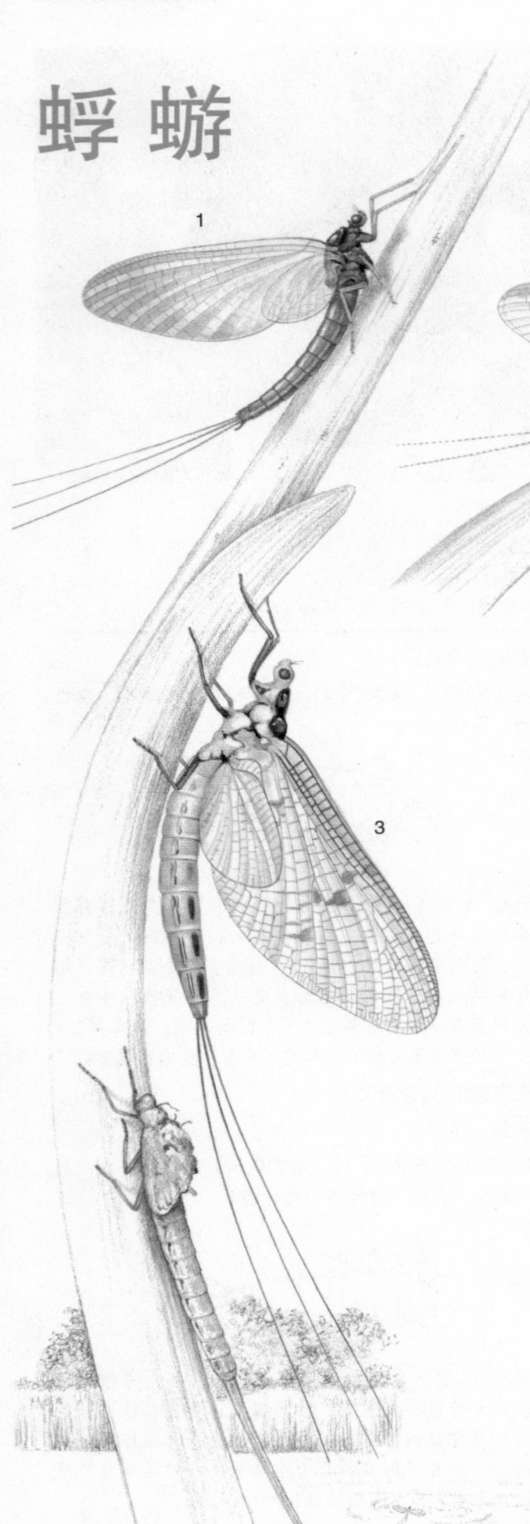

↙ 蜉蝣类的代表物种：1. 蜉蝣的亚成虫或其成虫前的阶段，俗称“讨债鬼”，以能在飞行中捕食而著称。2. 二翅蜉，是一种在花园池塘和其他静止的水体中很常见的欧洲物种。3. 图中是处于亚成虫阶段的末龄鸭绿蜉蝣，这种蜉蝣的若虫需要 2 年多时间才能发育成熟。

与蜻蜓一样，蜉蝣是现存最古老的飞行昆虫之一。由于二者都缺乏翅膀伸缩机制，蜻蜓目和蜉蝣目一起被列为古翼类下仅有的代表，而其他有翼昆虫都被归入新翅类。

古翼类昆虫最早出现在距今3.54亿~2.95亿年前的石炭纪，当时存在的物种可能比现今的更为丰富。而与现代属类相似的形态出现在距今2.48亿年前的二叠纪，那时原本陆生的幼虫可能已经变为水生。与蜻蜓一样，蜉蝣的成虫生活大部分都在飞行中度过。

朝生暮死的昆虫

形态和功能

蜉蝣目成虫的身体小巧而柔软，静止时翅膀在背后垂直竖立。它们典型的大前翅上有丰富的翅脉，包括许多三分岔的细脉路，且布满了交替的凸起和凹下如凹槽状的纹路。后翅已经极大地萎缩，有的种类则根本没有后翅。翅膀的表面没有鳞片或刚毛（纤毛），发育成熟的蜉蝣会停止进食，存活不会超过数天，有的甚至少于1小时，它们几乎把毕生的精力都用于在空中交配。这一物种的特点就是其成虫期非常短暂，其德文俗名“Eintagsfliegen”的意思就是“只活一天的虫”。蜉蝣幼虫在末龄阶段生殖腺通常已经发育成熟。

在那些成虫生命最短暂的种类中，鲎蜉大概是最有名的一群，是自亚成虫期后就从不蜕皮的少数蜉蝣之一。雄性鲎蜉在日出时羽化，羽化后仅能活45分钟，雌性的生命也同样短暂。鲎蜉的幼虫像罩子或壳，能紧紧附着在物体表面——通常为湍急水流中的石块。由于鲎蜉幼虫与鳃足动物表面很相似，在1785年最初被发现之时，它被归为甲壳纲动物，直到1871年才更正为蜉蝣幼虫。体型小巧、生命短暂的鲎蜉成虫直到1954年才被发现，在这个阶段，其附肢已经萎缩，完成交配的飞行任务后即死去。

↗ 图为北爱尔兰泥沼中的水草上，趴着一只裳蜉属蜉蝣的晚期幼虫。整个蜉蝣目中，除了1种外，其余2000多种蜉蝣的幼虫都是水生的，它们附着在水中的物体或碎石上，一年要经历25次或更多的蜕皮，一旦羽化，就完成了从水中生活到空中生活的这一巨大切换，使它们进入倒数第二个有翅“亚成虫”阶段，接下来就是它们短暂的成虫阶段。

连续地蜕皮

发育阶段

蜉蝣幼虫生活在各种各样的淡水栖息地，大部分存在于温度适中、不断流动的活水中。少数可在咸水中生存，有一种甚至在陆地上也能活。水生的幼虫要在几个星期到1年，或更长的时间内经历10~50次（一般是15~25次）蜕皮，此后才能进入蜉蝣特有的陆生、有翼、成虫前的亚成虫阶段。大多数种类的亚成虫期从寥寥几分钟到一两天不等，随后它们经过蜕皮，变成性成熟的成虫。除了鲎蜉科，网脉蜉科、褶缘蜉科和短足蜉科成员的亚成虫阶段后都不再蜕皮。

亚成虫阶段的生物作用还未被人们所知，不过对此大致有两种猜测：其一，额外的蜕皮使尾（保证飞行的稳定性）和雄性长长的前腿（交配时会用到）能达到仅通过一次蜕皮所不能达到的长度；其二，通过有翼阶段的蜕皮，蜉蝣保留了翅膀表面防水的短毛（刚毛），能避免在危急时刻被困在水中。但这两种猜测都没有获得广泛的认可，仍有待研究。

从外表上看来，蜉蝣幼虫有些类似于缨尾目的衣鱼。幼虫的腹部末端有2~3条长“尾巴”（尾须），比成虫的尾须要稍短一些。它们的呼吸系统是封闭的，通过扁平状的鳃呼吸；鳃位于腹部的两侧，布满许多微气管。蜉蝣幼虫有最多可达9对的鳃，有的暴露在鳃室中，或被隐藏在鳃室的鳃盖下，通过鳃的运动，水在鳃室中穿流。短丝蜉科幼虫的鳃被用做辅助移动的“桨”——这有可能是鳃最初的功能。而另一些种类如扁蜉科成员的鳃扩张为有黏性的圆盘，可同时用于换气，使高于呼吸面的水流速度加快。鳃不能活动的蜉蝣只能局限在有高速水流的环境中生活，在那里，它们的氧气消耗

知识档案

蜉 蝣

纲 昆虫纲

亚纲 有翅亚纲

目 蜉蝣目

19个科，约2000种，有蜉蝣科；四节蜉科；细蜉科；短丝蜉科；扁蜉科（包括池塘蜉蝣、四节蜉蝣、湖泊蜉蝣）；扁蜉蝣科；细裳蜉科等。

分布 除南极洲，北极高纬度地区和部分海洋岛屿外，全世界均有分布。

体型 中等；翼展从不到1厘米到5厘米不等。

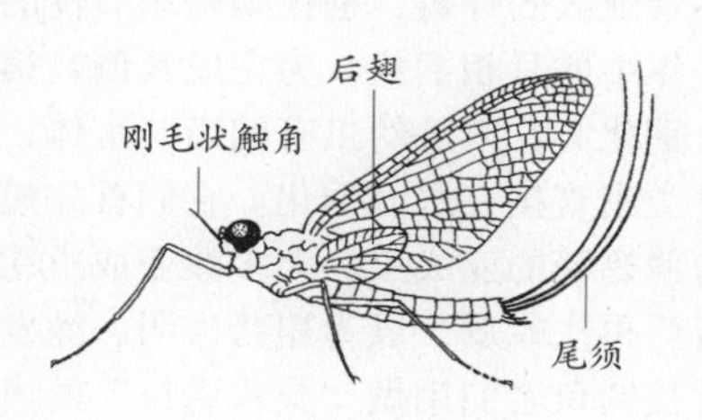

特征 可咬合口器，同一目的总体结构相似；成虫口器退化，不能进食；触角形同刚毛（被刚毛覆盖的）；静止时2对有丰富翅脉的翅膀（后翅较小，可能没有翅脉）保持垂直；成虫和幼虫腹部末端有3根丝状“尾巴”（尾须）；成虫的尾须与身体其余部分的长度相等或稍长；翅膀长在体外（外翅类）。

生命周期 幼虫（有时也称若虫）水生；有独一无二的有翼预成虫时期（亚成虫或幼虫）；不完全变形（半变态）。

↗ 蜉蝣在湖面羽化后进入短暂的成年时期——它们生命周期的顶点。此时它们紧张而又繁忙，通常只有 1 天或更短的时间去找一个伴侣繁衍后代。

与水的流速相关。对于那些通过过滤水来收集食物的蜉蝣来说，鳃的运动所产生的水流对它们很有帮助。除了腹部以外，呼吸从脉也可在身体其他部位发育出来，例如附肢基部。蜉蝣幼虫通常需要1~3年来发育，但有些气候温暖地区的小型种类一年就能繁衍三代。在温带地区，一代的生息则需要1年时间。

有些蜉蝣幼虫栖息在静止的水体中，身体在鳃和尾的帮助下竖向摆动。有些则在泥泞的水底爬行，或居住在用它们上颚特殊的长牙挖出来的U形洞穴中。穴居蜉蝣一般滤食，通过其身体的摆动在洞穴中制造出水流，顺便为自己带来食物。在急流中生活的幼虫，身体是扁平状的，便于它们在缝隙中爬行，趴在河床的石头上时，水流阻力也较小。

大部分蜉蝣幼虫的生活重心就是进食：一部分是滤食动物，用前腿和口器上的刚毛收集悬浮的食物；一部分则食植物或其他生物碎屑，它们像铲土机一样从岩石或其他表面上刮食藻类；有少数则专司捕食。有些摇蚊科双翅类幼虫和蚋科的幼虫和蛹会附着在生活于流水中的蜉蝣幼虫上，它们对蜉蝣幼虫无害，还能从中获益：包括与幼虫共享取食的水流，以及在水流湍急时倒悬过来躲过急流。蜉蝣幼虫的寄生虫包括线虫和吸虫，吸虫的最终宿主是鱼类。四节蜉科蜉蝣居住在淡水双壳蚌类的外套腔上，获得经宿主过滤后的食物。蜉蝣幼虫也是各种鱼类和淡水非脊椎动物的食物，包括蜗牛、甲壳虫、臭虫、石蛾幼虫、蜻蜓幼虫和石蝇幼虫。许多蜉蝣的名字都来源于捕食它们的鱼类的名字。

包括穴居蜉蝣在内的部分种类的幼虫，有时大量聚集在同一个宽广的栖息地，如北美的伊利湖和密西西比河这类大型湖泊与河流中，也包括一些瑞士的湖泊。它们时不时地同时涌现给岸边的社区带来大麻烦，因为蜉蝣成虫喜欢往树叶里钻，被路灯吸引后会聚集在灯下1米或更低处，使交通受阻。

在温带地区，不同种类的蜉蝣均在夏季羽化。热带地区的蜉蝣，羽化则是季节性的，或参照一年中的月相羽化。为完成其倒数第二次蜕皮（羽化），末龄幼虫有的离开水体，有些小型种类则直接在水面羽化。它们首先蜕皮成为有薄薄翅膀的亚成虫。大多数亚成虫在短距离飞行后再次蜕皮，成为翅膀透明、性发育成熟、常被钓鱼者们用做“旋式诱饵”的成虫。有的种类这两次蜕皮的间隔是几分钟，有的则长达数小时。

为后代而冲刺

成虫的形态和习性

蜉蝣成虫不进食。蜕皮后，它们的消化道内充满了空气——最后一次蜕皮之前，中肠两端愈合起来，形成一个封闭的腊肠状的气球，里面全是空气，使幼虫能轻易地升到水面上来。这种现象在细蜉类蜉蝣中最为显著。当大量的蜉蝣聚集在水面时，给人的感觉就好像雨点不停地落在水面上一样。

平静的天气里，雄性蜉蝣会云集起来，在空中跳拍打舞，同时交替地一会儿飞起来，一会儿慢慢地向下滑行。身上的3根长须能减缓它们下降的速度。雄性蜉蝣的复眼上半部比较特别，晶状体（小眼）相对较大，好像另外形成了一个单独的眼睛。小眼的视力灵敏度更高，专门用来观察运动中的物体——大概是因为常用来观察在它们上面飞的雌性而形成的某种进化适应性；复眼的下半部则用来朝向侧面和下面，对细节的观察更加敏锐。

如果一只雌性蜉蝣闯进雄性蜉蝣群中，会立刻被下面的雄性用前足延长形成的抱器一把抱住，跗节上的爪扣进雌性胸膜的凹陷处，一对阴茎插进雌性的生殖孔中进行体内受精，随之它们缓缓落到地面上，整个过程仅持续几秒。此后，雌性蜉蝣把受精卵产在水中，数量多少不定，多数时候是一点一点地产卵——它们一遍遍重复地用腹部的一个小突起点水。少数生活在溪流中的蜉蝣，会沉到水下去产卵。活水中的卵，常常一端带有黏盘，或伸出有黏性的细丝，使它们不会被水冲走。

大约有50种蜉蝣是单性生殖，其中有5种没有雄性，单性生殖是唯一的繁殖方式。其中如四节蜉蝣，在末龄幼虫期体内已有完全成形的胚芽开始孵化为一龄幼虫。

环境污染的警钟

物种和环境保护

由于很多种蜉蝣对缺氧和酸性环境非常敏感，因此一个地区的蜉蝣数量可以作为衡量这个地区环境污染的标尺。北美和欧洲多地的酸雨曾杀死了蜉蝣栖息地的幼虫，使当地鱼群的数量也随之减少——因为蜉蝣幼虫是鱼群的主要食物。1675年，伟大的荷兰生物学家简·施旺麦丹对一种蜉蝣做了详尽的描述，当时这种蜉蝣在荷兰的数量很丰富，但是现在，整个西欧都找不着这种蜉蝣的踪迹了，原因就是蜉蝣的幼虫对环境污染的极端敏感。因此，蜉蝣的存在可以作为鉴定水体质量的重要标准。

↙蜉蝣的有翅预成虫（亚成虫）时期在昆虫界是独一无二的，是连接幼虫期和末次蜕皮后进入成虫期的桥梁。图中的雌性亚成虫属于欧洲的一种常见品种——秋蜉蝣。

蜻蜓和螅

几个世纪以来，尤其在东方，蜻蜓因其美丽的外表得到了世人普遍的赞誉。中世纪开始，这种美丽的昆虫就出现在人们的书稿中和佛兰德人的花卉画中。荷兰人把蜻蜓画在瓦片上作为装饰。日本人则用蜻蜓作为邮票的图案。它们还成为许多歌曲和诗篇的主题。然而西方的民间传说则倾向于认为蜻蜓是不祥的象征。

蜻蜓的英文名“dragonfly”的意思实际上就是“空中的龙”。它们拥有极高超的飞行技艺、超强的视力和色彩斑斓的翅膀。石炭纪时代的某些蜻蜓，翅展足有75厘米，当今最大的蜻蜓目品种，大小也只及这种巨型蜻蜓的1/4。

知识档案

蜻蜓和螅

纲 昆虫纲

亚纲 有翅亚纲

目 蜻蜓目

分为2个亚目：差翅亚目（蜻蜓）和均翅亚目（螅），共27个科，约6000种。差翅亚目包括蜓科、箭蜓科、伪蜻科等。均翅亚目包括色螅科、丝螅科、螅科、古蜓科、东方螅蜓科等。

分布 除南极洲和北极圈高纬度地区之外，其他地区均有分布，远东地区种群丰富。

体型 总的来说体型较大、强壮。体长不超过15厘米；翅展最长19厘米。

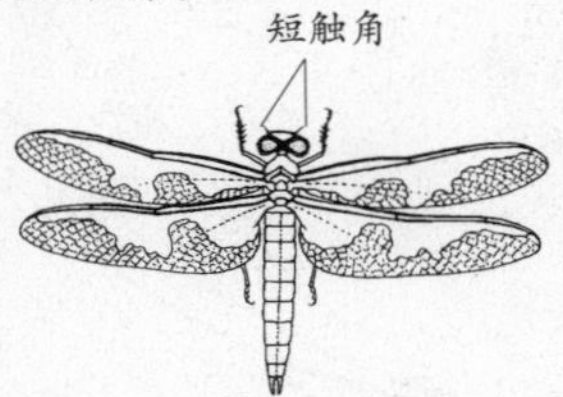

特征 精力充沛、成虫食肉，为咬合式口器；触角很短、复眼很大；两对翅膀翅脉丰富，多数色彩鲜艳；螅的前后翅形态相似，基部窄，休息时翅膀直立；蜻蜓的前后翅形态不同，基部宽，休息时翅膀平伸；附肢笔直前伸；腹部长而纤细，雄性第二、三节上腹面有发达的次生交配器；翅膀为外翅。

繁殖 不完全变态；幼虫（有时称为若虫）水生，食肉，捕食时会突然伸出下唇特化的面罩。

蜻蜓和螅

形态和功能

在蜻蜓目中，纤巧、飞行能力较弱、前后翅形态相似的螅属于均翅亚目；体型更大更有活力、前后翅形态不同的蜻蜓属于差翅亚目。另外，有发现于日本和尼泊尔的一种低等蜻蜓种类的孑遗种。与前两个亚目的成虫相比，这种新种类的成虫具有不同的特征，因此被单独列为“间翅亚目”，是来自中生代时期的古老品种，但不包括相当畸变的螅蜓科成员，最终还是被归入了差翅亚目。

蜻蜓和螅的幼虫或若虫均为水生，栖息地很广。幼虫从8龄至18龄不等，体长不超过6.6厘米。低等的古蜓科蜻蜓的幼虫期可持续五六年之久，但有些住在临时水洼里的蜻蜓或螅，幼虫期只有30~40多天。温带的某些蜻蜓和螅，幼虫期普遍会持续一两年。而热带的某些种类，30天不到就走完生命的全程。

食物供给和温度是影响它们生长速度的最主要因素。生活在温带北部的种类，花上2年时间才能发育成熟，而生活在温带南部的种类，一年就够它们繁殖3代了。有些在春天出生的蜻蜓，会在冬天度过最后一个幼虫期，在随之而来的春天里从蛹中孵化出来。而夏天出生的蜻蜓，则要过了冬天之后才进入最后一个幼虫期，有时更长，因此孵化得也晚。

蜻蜓的幼虫栖息地多样，包括湖、池塘、沼泽、湿地、树洞、凤梨科植物的叶基部，以及河流、盐碱湿地和潮湿的土壤洞穴，甚至是瀑布。例如，虹蜻属的一种蜻蜓的幼虫，就生活在津巴布韦维多利亚瀑布边上水花飞溅的区域和乌干达急流的水底，成虫则常在急流边缘盘旋。有些热带蜻蜓是陆生品种，栖息在森林里潮湿的落叶堆中。

螅的幼虫在腹部前端3个叶形的附器的协助下，游泳时身体两侧左右摇摆，这些附器也起到气管鳃的作用。蜻蜓的幼虫，在最开始的

几个龄期，游泳时只有一个姿势，但往后则发展到可以使用喷气推进力，这为它们提供了非常有用的高速逃生机制。蜻蜓幼虫的直肠腔内也有气管鳃，可以通过用肛门吸水和排水来换气。它们主要的敌人是水蝽、水生甲虫和鱼，甚至它们也会同类相残。为了保护自己，它们会伪装，遇到危险时会反抗，或躲到微小环境中去。躲避鱼类的时候，它们会在泥沙中挖洞。有些幼虫腹部末一节特化成供呼吸用的体管，长度占到整个体长的30%或更长，它们能用这个体管在积水里吸入清水供呼吸。

↑所有蜻蜓静止的时候，翅膀均保持水平伸出状态。蜻蜓目昆虫有丰富的翅脉，在图中墨西哥的这只赤灰蜻蜓上翅脉清晰可见。

有些蟌幼虫在植物中筑巢以躲避同类，因得益于植被的掩护以及相对丰富的食物来源，它们能较快地发育成熟，成虫的体型也会更大一些，这都使它们生存的机会增多。

蟌幼虫蜕皮的次数和间隔的时间因种类不同而不等，短的在3个月内会经历10~20次蜕皮，时间长的，大约6~10年才会经历这么多次蜕皮。

接近最后一次蜕皮（羽化）时，蟌幼虫的体内器官已经发生改变（变形），这些变化中，有些是外表可见的，包括复眼会变得更大、翅鞘膨胀和下唇肌肉组织回缩。羽化前的短暂时刻，幼虫会停止进食，去找个方便羽化的合适地点，如水草、岩石、漂浮的树叶等，或者就在岸上。热带种类，尤其是大型的蜻蜓，会在日落前离开水体，悄悄地在夜晚变形，并在日出来临前开始它们的第一次飞翔。体型稍小的热带品种，以及生活在温带的大多数种类，会在温度合适的第一时间羽化，然后立刻开始它们的处女飞行。在温暖的夜晚，有些温带驯鹰蜓中的国王蜻蜓会在夜晚完成它们的整个羽化过程。

新孵化的成虫会飞离水体，然后花上几天到几个星期的时间进食和发育，但这个时间不能确定，从一天到两个月不等，如果遇到干旱季节或中间还经过了一个冬天，那么这个时间可能长达9个多月。成虫的这种预繁殖期，即成

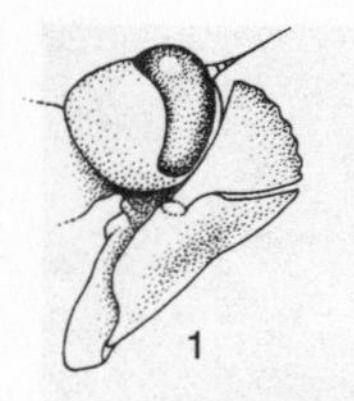

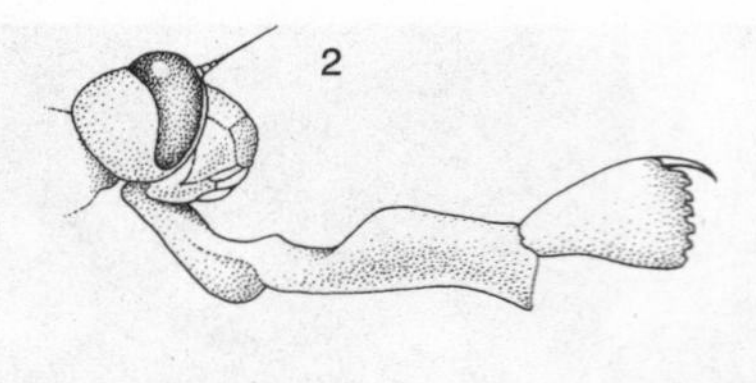

↗ 蜻蜓幼虫休息时会把“面罩”折叠起来遮住口器（图1）。它们的面罩能迅速伸开（图2）捕捉猎物并送进咀嚼有力的嘴里。

熟期，都会在远离水体、食物丰富且较安全的地方度过。这种新孵化的成虫可以通过有玻璃光泽的翅膀来辨认，而且通常在这个时期，大多数种类的体色开始变化，逐渐展现出成虫的体色。

成年的蜻蜓，似乎分为“栖鸟”和“飞行器”两类。如飞鱼蜓、撇水蜓、驱逐蜓和棍尾蜓，以及几乎所有的螅，会像鸟一样作短暂的试探性飞行，随后返回栖枝。相反，像驯鹰蜓、绿蜻蜓等则会长时间保持飞行的状态。这种特性在同一种类间也会变化，还与个体的习性有联系，特别是需要调节体温的时候。

体温调节是蜻蜓习性中的主要组成部分。所有的蜻蜓在起飞前都常常需要预热胸部的飞行肌肉。热量可以通过晒太阳吸收，或通过颤动翅膀升高体温。有的“栖鸟”种类会把肚子直接对着太阳（倒过身子），以避免体温过高。而像“飞行器”的驯鹰蜓，为了降低体温，会长时间滑行，或把胸腔里温度高的血液转移到腹部，血液温度降低后，又会回流到胸腔。伟蜓属和蜓属

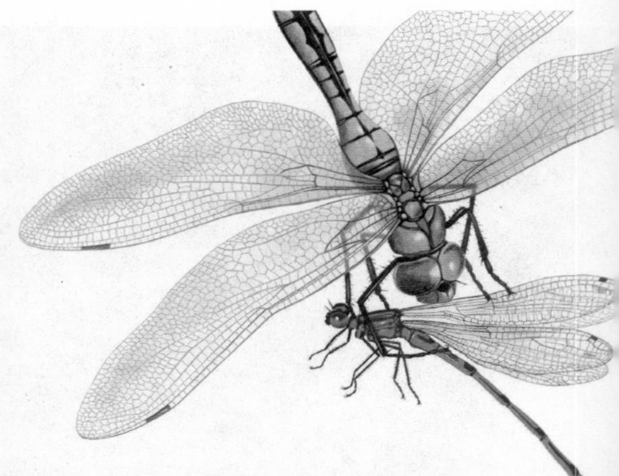

↗ 蜻蜓是最凶猛的食肉昆虫之一。图中的国王蜻蜓素以捕食大红螅而闻名。

有些蓝色的蜻蜓，体温下降时会引起皮下细胞的色素运动，体色随之变为灰色。而当体温回升后就会恢复原来的蓝色体色。

捕猎高手

捕食

蜻蜓幼虫是典型的机会主义捕食者，它们的食谱包括：寡毛纲蠕虫、腹足动物、甲壳动物、蝌蚪和鱼，以及各种小型无脊椎生物，还有它们自己的同类。

大多数种类捕食时会先埋伏起来，主要依靠视力侦察接近的猎物。此时它们的复眼初步长成，此后随着身体的发育，复眼会迅速增

为维护领土而战

雄性的陆生蜻蜓会把河流、小溪或池塘边的一块划定为自己的领土，领土必须要适合产卵。在自己的领土上，它只允许最近和自己交尾过的雌性进入并产卵。领土通常沿着岸边延伸数十米，或以水生植物、树洞、凤梨科植物的叶基部为圆心划定一小块。某些种类的个体会好多天甚至好几个星期守着同一块领地——最高纪录是 90 天。对于有些种类来说，同一个地点会很快数易其主。

对领土的争夺时有发生，入侵的雄性偶尔也会升级为领土的主人。有时候这种冲突会以其中一只雄性蜻蜓被撞进水里而收场——面对水里的鱼和其他敌人，蜻蜓会变得很弱小。而有时候这种争端则演变成一场仪式，包括一系列飞行特技的展示：两只雄性蜻蜓面对面地飞，边飞边“秀”自己色彩亮丽的腹部或华而不实的附肢；或其中一只绕着对方盘旋；或螺旋向上地跳自己精心准备的“Z”字舞。

交尾通常发生在领地的中央，雄性会一直盘旋或停在高处，以警告其他接近的雄性。某些种类中，只有数只体型最大的雄性才有自己的领土，其他大部分雄性蜻蜓则像人造卫星一样分散在不起眼的附近，或是没有固定地点地四处徘徊，在时机允许的时候抓住异性——这种情况有时甚至发生在远离水体的地方（“偷袭者”）。陆生雄性蜻蜓交配的机会比别的种类多。实际上，在某些陆生种类在飞行季节发生的所有交尾中，其中的绝大部分都是由很少的几只雄性完成的，领主们成功的陆地防御系统为它们赢得了交配的优先权。

大。驯鹰蜓的幼虫在觅食的时候，会保持静止不动，猎物接近后再慢慢地暗中跟上去，直到猎物进入它的捕猎范围。它的立体视觉会准确计算出距离，一旦机会来了，它会突然地伸出长长的下唇（面罩）逮住猎物。休息的时候这个可屈伸的面罩折叠在头下面，捕食时全部展开的时间只需要25毫秒——通过肌肉和腹部横膈膜聚起的血压和头部下锁状装置释放的同步作用，使之瞬间射出。面罩的前端生有一个折叶似的钩，用来抓住猎物，并在面罩缩回时把猎物放进嘴里。蜻蜓幼虫的这种压力系统还包括反复喷射肛门处的水作为运动时的应急办法。

↗ 蜻蜓头顶部紧挨着的一对眼睛特别大，正如图中这只金环蜻蜓的一对眼睛一般。相比之下，螅的眼睛间距较宽。

某些种类侦察猎物时用触角、身体或附肢上的刚毛感觉目标的振动。但所有种类的幼虫都是用面罩状的下唇捕捉猎物，其形状和大小还能根据微小环境和目标猎物的形态进行改变。实际上，蜻蜓幼虫的体型、体色、习性、生长速度和眼睛的发育都精确反映了各种类的生活方式（比如是活跃的，还是安静的）和它们所栖居的微小环境（可能是水生植物、精细或粗糙颗粒的沉淀或水中的叶子和碎片）。

几乎所有的蜻蜓种类的幼虫和成虫一样，都是机会主义捕食者，它们会在食物丰富的地方迅速聚集起来，比如在蚁群和蜂窝周围。有些种类则喜欢混在黎明时刻出没的蝇群或其他小昆虫中——实际上，有些热带的驯鹰蜓只在这个时间捕食。如此低的亮度下，它们照样能抓住很小的蚊子，而人类这个时候能看见这些蜻蜓就不错了。捕猎也可以不用飞行，如某些会抓植物上的蚜虫或甲虫幼虫，而驯鹰蜓还会抓地面上的小青蛙。

蜻蜓目中只有伪畸痣螅科的成员（包括成虫）具有特殊的饮食习惯。它们是体型最大的一种，主要栖息在中美洲的热带森林中。这一科的成虫只吃蜘蛛，在森林里盘旋的时候，它们会随时把握机会捕食网中的目标。

↙ 炎热天气里的蜻蜓，如图中这只美洲低飞棕翼蜻蜓，会摆出“尖桩”的姿势，即把尾部指向太阳，以减少热量的吸收。

交配和精液的竞争

蜻蜓目昆虫的交配，都是从雄性用腹部末端的一对抱握器抓住雌性前胸（蟌类是前胸，蜻蜓类是头部）开始，二者形成一前一后的姿势。如果雌性接受了雄性的这一前奏，它会把腹部末端向下向前伸，直到它的生殖器与雄性的次生交配器（腹部第 2、3 节下）咬合在一起，形成了轮子般的交尾姿势。交尾完成后，雌性通常会立刻开始产卵，而与它交配过的雄性此时成为它的看守——不是继续抓着它，就是围绕着它盘旋。

为了争夺异性，雄性之间会展开激烈的竞争，但胜利与否并不保证能顺利实现交尾。雌性能把精液在体内保存数天，一次交尾后，受精的卵够它产一辈子。

每当一批卵成熟，雌性蜻蜓需要不停地点水以便把卵产在水中，而此时它有可能会被该领地的雄性领主截住，雌性为了能获得产卵的地方，不得不又和领主们交配，而得到的精液优先授给之后的 24 小时里它所产的卵。此后，这些精液就与其他雄性的精液混在一起，就没有优先权了。这个事实解释了为什么交尾后雄性会坚决守护在它身边：如果此后它还没产卵就与另一名异性交尾，之前的那一个就做不成父亲了。

雄性的这种首轮意识还来自于它的生殖器（阴茎）结构。蟌类的阴茎生腹部第二节处，坚硬有力，有一排钩状物和向后倒卷的刚毛，在它开始交尾前，会把前面竞争者留在雌性体内的精液挖出来，然后再注入自己的精液。蜻蜓类的阴茎是 4 节可膨胀的结构（下图 1），第

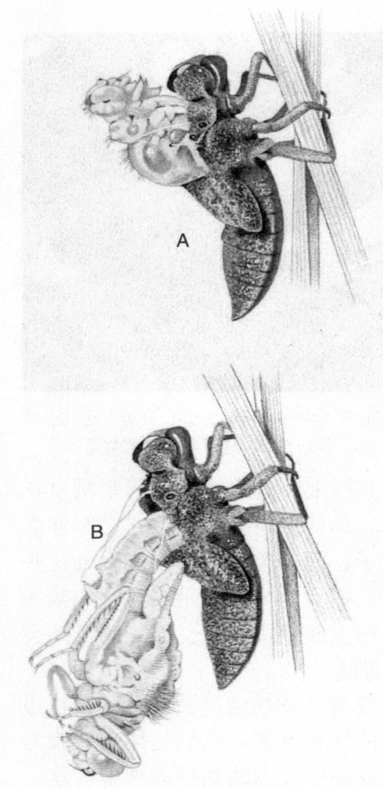

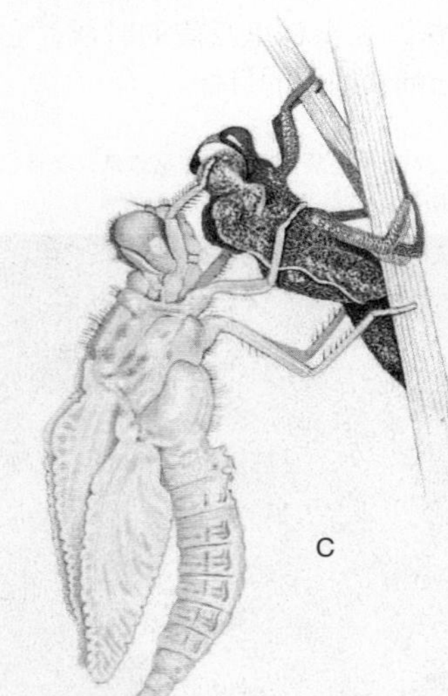

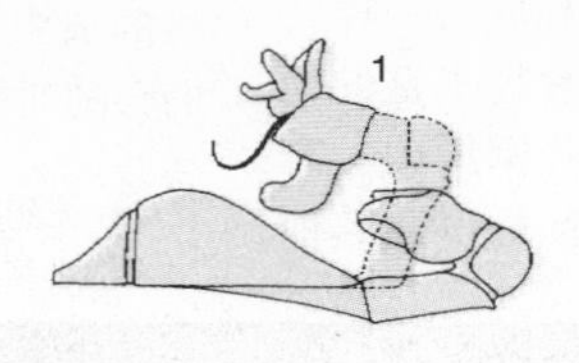

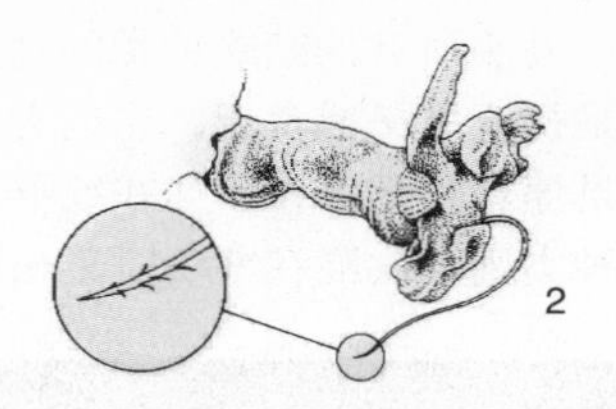

一节（基节）里含有精液。当最外端的体节扩张时，就表现得像一个撞锤，把竞争者的精液挤向一个不利于受精的地方。某些种类中，最外端的这节还长有一根像生有倒刺的鞭子般的东西（上图 2），能伸进雌性储存精液的器官内把里面的东西挖出来。因此，雄性们为异性展开的激烈竞争其实是精液优先权的竞争。

↗ 蜻蜓目的末龄幼虫在羽化前爬到水面的植物上：图 A~C 显示这只蜻蜓的蜕皮过程。

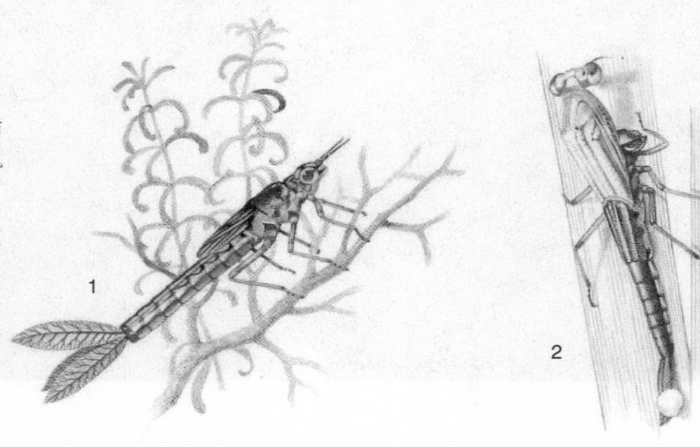

→ 窄翅蟌如右图中这只蟌科的长叶异痣蟌幼虫，长有 3 片“尾鳍”或鳃（图 1），使它们能够在水下呼吸。当它们浮出水面羽化时，就不再需要这些呼吸器官了（图 2）。

↘交尾及产卵

1. 这种蜓科的蜻蜓正在交尾。雄性通过次生交配器将精液注入雌性（左）体内，此时它正钩住雌性头上部。2. 一只雌性金环蜻蜓正在用它的产卵器在浅溪流的砾床上产卵。3. 一种雄性蜻蜓正在帮助雌性产卵。4. 一只透蓝晏蜓的雌性正在一个浸透水的软木桩上产卵。

为了交配而战斗

社会习性

性成熟的蜻蜓目雄性昆虫会返回水体，部分种类的雄性会为了捍卫岸边的领土而与竞争者战斗（参阅“为维护领土而战”）。当异性到来时，雄性们会为了争夺对她的所有权而开始激烈的竞争（参阅“交配和精液的竞争”）。交尾后，雌性把卵产在雄性的领土上，而雄性为了防止别的竞争者靠近它，会一直在旁看守。不同的种类这种现象会有所变化，比如有的会在交尾前展示一套精心准备的求爱仪式，这种仪式与其他种类雄性直截了当的方式非常不同。

一只成熟的雌性一生中会产好多次卵，每次都是交尾之后立刻进行的。螅和驯鹰蜓的雌性长有数个能刺穿植物组织的产卵管（产卵器），可以把卵产在里面——一种为了防止卵变干燥而相对较慢的方法。有些螅则会在水里徐徐前进，同时把卵产在水下；有些螅为了产卵还会潜水1小时以上。此外，有许多种蜻蜓没有产卵器，只能四散地把卵撒落在水面或附近。它们反复地用腹部点水或直接把卵撒在水面或漂浮的水草上。

消失的栖息地

物种保护和环境

像蜉蝣一样，蜻蜓目幼虫也会受环境污染的影响。如果水体富营养化，即在超营养作用下，水藻就会越来越多，高级一些的水生植物就会逐渐消失，而蜻蜓的幼虫就是靠这些高级水生植物生活的。到目前为止，蜻蜓生存受到的最大威胁，并非环境的污染，而是乱排、乱泄、乱填破坏了幼虫的栖息地，或是森林的砍伐——伴随着农业、林地或都市的密集开发而来。

值得赞赏的是，近年来在包括英国在内的部分国家里，蜻蜓的地位有所提升。自然主义者（并非只是专家）对此兴趣迅速提高，并投入越来越多的力量去编制精细的英国物种分布和重要栖息地的地图。这种现象对那些可能对蜻蜓的栖息地有负面影响的计划和决策来说，有非同小可的意义，今后进行建筑工程时也会对稀有物种的栖息地加以重视。

蟑螂

就像这世界上什么地方都少不了蟑螂一样，蟑螂也什么都吃。这种生物适应性很强，因此到处都能发现它们，从海平面到海拔近2000米，从沙漠到苔原、草原、沼泽和森林、树木的里外上下、土壤里和洞穴中。有些东南亚的品种还是半水栖的。

蟑螂有很多种，同时也是昆虫家族中最古老的生物之一。化石研究显示它们的历史最早可追溯到3.54亿年~2.95亿年前的石炭纪时代。不同的蟑螂为了要适应各自的栖息地，体型也各自不同：爱挖洞的蟑螂会变得矮壮结实，翅膀消失，并长出强壮有力的铲状附肢；住在树上的蟑螂则比较苗条，翅膀发达，细长的附肢令它们跑得飞快；住在树皮里的蟑螂，身体是扁扁的。

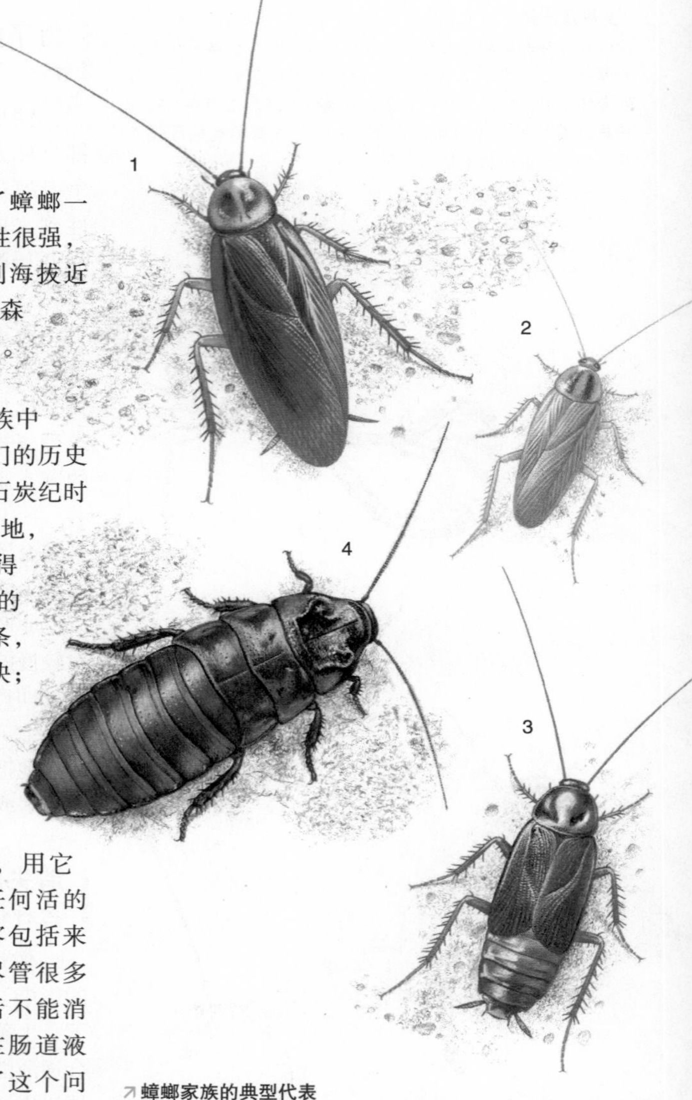

↗ **蟑螂家族的典型代表**

1. 美国蟑螂；2. 德国蟑螂；3. 东方蟑螂。以上三种均为家居害虫。4. 马达加斯加发声大蠊与众不同，正如其名字所示，这种有坚硬外壳的蟑螂不仅彼此间用声音联系，也把声音作为性兴奋剂使用：雄性不叫就不交尾。

吃住在任何地方
饮食和消化

很多蟑螂都是真正的杂食动物，用它们那并不十分特殊的咀嚼式口器吃任何活的或死的植物和动物。比较专业的食客包括来自中国和北美吃木头的隐尾蜚蠊。尽管很多种昆虫都吃木头，但多数吃下去以后不能消化木头里的纤维素。隐尾蜚蠊通过在肠道液囊内保留一定数量的原生动物解决了这个问题。这种极微小的生物体帮助蟑螂消化木质纤维素，并在蟑螂的肠道内留下可供其吸收的养分。作为回报，蟑螂为这些原生动物提供食物和安全的生存环境。

隐尾蜚蠊的若虫时期肠道内并没有原生动物，而是靠吃成虫的排泄物来获得它们，因此幼虫需要跟成虫生活在一起。这也暗示了为什么类似的需要能导致白蚁成为社会性的昆虫。当然，尽管隐尾蜚蠊和其他种类的蟑螂都是群居性的，但没有一种能像白蚁那样把照顾幼虫发展成群体性行为，也不能像白蚁那样在群体内划分不同种类的劳动力。

用声音和气味求爱
繁殖

蟑螂的求爱行为可谓花样繁多：有的只是简单地碰碰触角；有的会跳复杂的舞蹈；有的是释放信息素；有的雄性则会上下拍打着翅膀转来转去以吸引雌性交尾。而另有一些蟑螂的腹部上表面生有特殊的腺体，会分泌引诱剂，如果雌性受到引诱，会爬上雄性的背部，雄性蟑螂会立即抓住机会与之交尾。这种蟑螂的求爱行为从雌性摆出一种“召唤”的姿势开始，此时它的腹部尖端会下垂，以便释放出一种性信息素。雄性回应时，会靠近雌性并摩擦它的触角，然后转过背，把翅膀张开形成60°角，露出自己释放信息素的腺体，即“兴奋性突触”。随后雌性会爬上它的背吃它腺体的分泌物，同时与雄性蟑螂形成交尾的姿势。

另有许多种类的蟑螂具有利用声音信号的本领：欧蠊亚科蟑螂全都会发出声音；有些蟑螂，翅基部和前胸背板基部的下面有一排能发出鸣叫音的突起，当前胸背板活动的时候就会发出吱吱叫的声音；如马达加斯加蟑螂的雄性通过让空气排出气门，会发出很响的嘶嘶声。它们在保卫地盘、交配和防御的时候都会发出这种声音。

蟑螂在繁殖方面的表现正如它们在其他生理方面一样多种多样。蜚蠊目群体根据翅脉、腹部尖端的形状、内生殖器、产卵的习性和前肠结构等方面的不同分为6个科。

蟑螂有4种繁殖类型，大多数属于卵生，产卵的时候腺体分泌物硬化形成坚韧结实的保护膜，即卵鞘。卵鞘被粘在基部，被死亡的细胞组织掩蔽起来。姬蜚蠊科的很多雌性蟑螂会把卵鞘绕在腹部末端，使卵鞘可以从雌性体内获取水分。相反，有些姬蜚蠊科和匍蜚蠊科的蟑螂则有伪胎盘，雌性把卵鞘挤到伪胎盘上，然后整个被旋转90°并拽进一个专门的育卵室中，直到幼虫被孵化出来。澳大利亚地区匍蜚蠊科的蟑螂，都有不同形状的伪胎盘，产的卵没有卵鞘，直接从输卵管进入育卵室中。太平洋折翅蠊和同属的其他成员则几乎是胎生的，卵直接进入育卵室，通过吸收雌性体内一种乳状营养物质生长。该种类最终成熟的若虫数量较少，但体型却相对大得多，使它们在种群中处于相对优势的地位。

知识档案

蟑螂

纲 昆虫纲

目 蜚蠊目

6科，3500种

分布 除两极地区外，全世界均有分布。

体型 体长为3~80毫米。

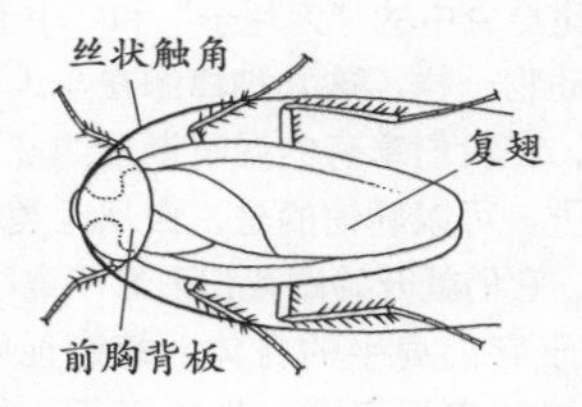

特征 背部扁平；身体长而多节，有丝状触角；下口式口器，有颚；前胸背板大、如盾状；有皮革质前翅（复翅）；后翅膜质，静止时呈扇状折叠；翅膀有的长、有的短、有的则完全无翅；尾须多节；雄性蟑螂腹部末节长有节芒（有的种类节芒退化或没有）。

生命周期 多数为卵生，少数为伪胎盘胎生，至少有1种蟑螂是胎生。若虫形态与成虫相似，但体形略小、无生殖器官和翅膀；幼虫没有蛹期，会经过数次蜕皮，因种类不同分为5~13龄不等。

↗一群蟑螂若虫正在运用数量优势原则：群体越壮大，个体被捕食的风险就越低。它们鲜艳的体色增强了它们的防御功能——向潜在的捕食者表明它们的味道实在不怎么样。蟑螂的幼虫看起来与成虫很相似，仅体型稍小。它们成长的过程中要经过多次蜕皮。

非同一般的照顾

双亲的照顾

世界上最大的一种蟑螂是匍蜚蠊科的犀牛蟑螂，体长达70毫米，体重则足有20克。这种蟑螂仅见于澳大利亚昆士兰北部，住在自己挖的洞穴里，而这个洞穴很大，长可达6米，深可达1米。这种蟑螂的成虫没有翅膀，以家庭为单位群居，甚至还会照料自己的后代。若虫的体

昆虫世界里的“大耗子”和“小老鼠”

尽管蟑螂属于不讨人喜欢的昆虫，但还是应该非常感谢它们进入人类的房子里。昆虫中对人类有害的仅占全部已知昆虫的不到 1%。比起蟑螂损坏食物和传播疾病，蝇类、跳蚤和甲虫等给人类带来的问题要多得多。蟑螂群中对人类有害的，只有较大的美国蟑螂、小一些的德国蟑螂和东方蟑螂，这几种就好比昆虫中的“大耗子”和“小老鼠”。像那些啮齿类动物一样，这几种蟑螂在与人类共处方面格外成功，在我们享有的温暖潮湿的庇护所里过着兴旺的日子。可以确信的是，自从人类开始搬进洞穴中居住，它们就开始跟我们形影不离了。

得益于它们扁平的身体，蟑螂能够钻进极窄的缝隙中去。碗橱后面、地板下面、排水沟和下水道等，都是它们白天的藏身之处。到了晚上，蟑螂就变得活跃起来，四处闲逛着寻找食物。它们对待食物的态度很像天主教徒，逮着什么吃什么，不怎么挑食。纸张、文件、书的粘胶，统统都是它们的食物。

问题在于，蟑螂们总是被自己的排泄物弄得浑身脏兮兮的，因为四处乱钻乱吃，它们的附肢也理所当然的很脏。从排水沟和下水道里溜出来的蟑螂，会满不在乎地在开敞的食物上流连，因此不可避免地传染疾病。人们已经发现蟑螂会携带小儿麻痹症病毒和污染食物的沙门氏菌，还会引起某些人，如哮喘病人的过敏反应。

但是蟑螂极难根除。它们对环境的适应能力实在惊人，而且一旦有过一次虽然很不愉快却不致死的被毒杀经历后，它们会很聪明地避开那些放了毒药的区域。此外，它们也非常敏感，比如当它们趴在某个地方时，能感觉到身体底下任何轻微的振动，即使这个振动的幅度只有 1 毫米的百万分之一。轻微的空气运动也一样，它们能通过两根尾须上的纤毛感觉到。因此不等袭击到来，它们就已感觉到而早早地躲到附近不知哪个缝隙里去了。

蟑螂的寿命较长，繁殖率也非常高。美国蟑螂是这两项特征最高纪录的保持者，这种蟑螂的寿命长达 4 年，雌性一次能产卵 1000 多个。这也就不奇怪为什么它们栖息地的主人们对它们那么头痛了。

↙ 特立尼达雨林的地上，一只蟑螂正在伪装成一片枯树叶。伪装是蟑螂从捕食者那里逃脱的众多方法中的一种。很多长腿蟑螂还是靠速度逃生的快跑健将。

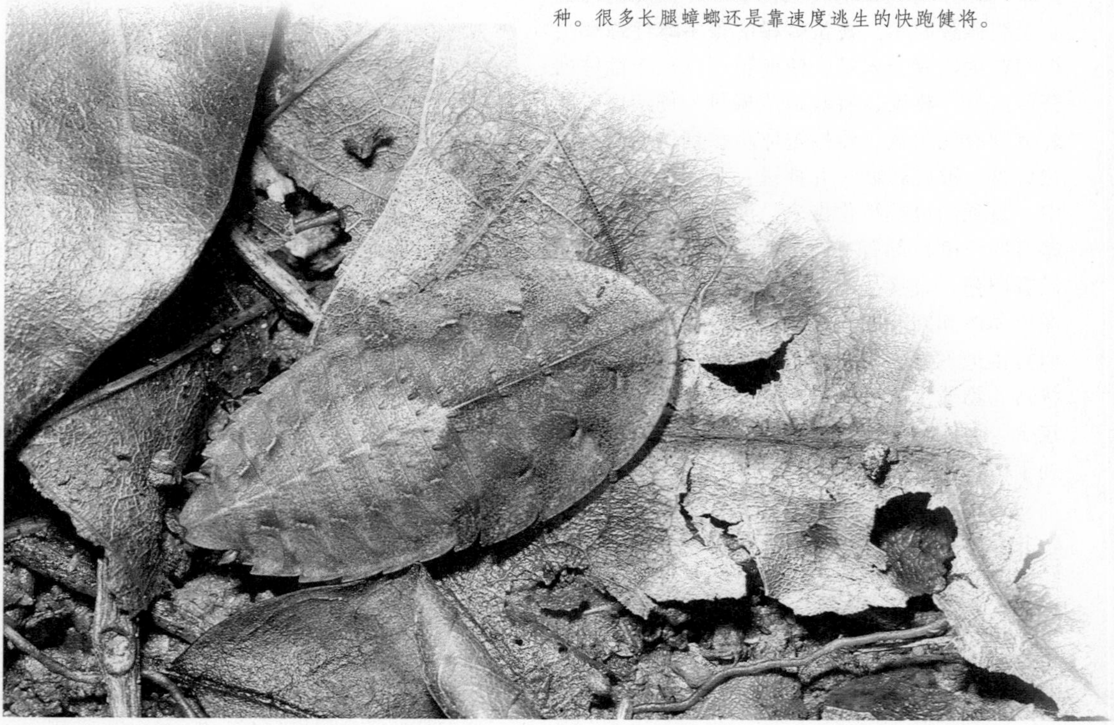

色比成虫浅，身体也相对柔软，很容易成为敌人捕食的目标，因此若虫会一直待在巢穴中直到成熟，而这个时间可能足有9个月之久。作为父母亲的成虫，会夜晚出去寻找食物，然后拖回一堆草和树叶供若虫食用。

关于蟑螂父母对其后代的照料，有一些很有趣的例子：南美匍蜚蠊科的一种蟑螂，雌性有一个凹陷的腹部和一对凸起的翅膀，形成了一个可供若虫躲藏的天然庇护所；马来西亚匍蜚蠊科的一种，全身泛着金属绿的光泽，雌性成虫看起来很像球潮虫，受到威胁时也能把身体卷成一个球。更让人惊讶的是它们的母性：它们的身体下面有一些小凹点，一龄若虫的口器正好能伸进去。甚至在它把身体卷成球时，若虫也能以这种方式得到母亲的保护。人们猜测是不是母亲能通过那些小凹点喂养若虫，如果是真的，这会是昆虫世界中第一个有纪录的"哺乳"实例。

老练的生存者
抗敌防御行为

很多其他种类的昆虫会寄生在蟑螂的卵中，最常见的是黄蜂（如瘦蜂科的某些种类）。只要蟑螂的卵鞘暴露在外就会有这种风险。此外，蟑螂还是螨虫、蠕虫，甚至阿米巴虫的寄主。而不论是蟑螂幼虫还是成虫，都是很多其他昆虫和节肢动物，还有青蛙、蟾蜍、蜥蜴、蛇、鸟类和食虫哺乳动物眼中的美食。许多蟑螂都身怀数种不同的抗敌绝技，例如，地鳖科的一些蟑螂，成虫和幼虫遇袭时都会一动不动地装死。成虫的这种伪装更先进一点，一旦感觉到危险，腹部侧边外翻的小液囊会释放一种有腐臭味的化学物。黑色的欧蠊亚科蟑螂遇袭时则会发出吱吱或嘶嘶般的叫声。

许多种类的蟑螂都会使用生化武器进行防御，如澳大利亚布蠊属蟑螂会向敌人展示其鲜艳的警戒色。蟑螂们使用的化学武器都是脂类的化合物，常见的如顺-3-己醛，是从蟑螂的腹部腺体排出来的。某种见于佛罗里达和热带美洲的树林蟑螂，会释放一种酸性乳状液体，有时候这种化学物是慢慢地流出来的，有时候则是被猛地向后喷射出的，最远达20厘米。

非同凡响的是，菲律宾姬蜚蠊科一种体被亮丽的色彩的蟑螂，会伪装成瓢虫以骗过那些认为瓢虫很难吃的敌人。还有一些其他的颜色鲜艳的蟑螂，也同时具有能散发难闻的化学物质的御敌本领。

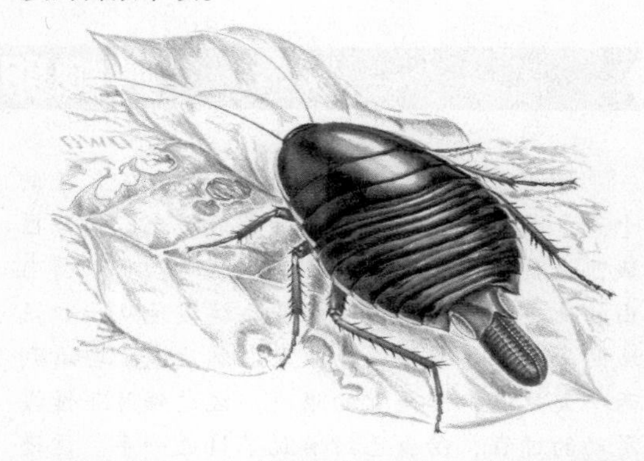

↗在澳大利亚，一只姬蜚蠊科的雌性白边蟑螂的腹部后伸出一个装满卵的卵鞘，它们总是随身带着这个育卵室，而不是把它扔在某处。

蟑螂家族

蜚蠊科

550种，多见于非洲、亚洲和澳大利亚。体型中等。这一科的蟑螂包括那些极常见的种类，如美国蟑螂和东方蟑螂。

姬蜚蠊科

蟑螂家族中最大的一科，含1750多种。多数属弱小型，平均体长约15毫米。但南美姬蜚蠊是世界上最大的蟑螂之一，翅展达20厘米长。德国蟑螂和棕斑蟑螂都是分布广泛的家居害虫。

匍蜚蠊科

约1000种。这一科也包括一些体型较大的蟑螂；体壮、无翅、善于掘土而居。有些如马德拉蟑螂也是家居蟑螂。

地鳖科

约200种。体型小到中等、多毛，喜欢住在干旱地区，也有几种住在洞穴中。美洲的一种蟑螂只有3毫米长，住在蚂蚁的巢穴里，以真菌为食。

隐尾蜚蠊科

含1个属，共7种。其中5种见于北美，2种见于中国，都住在腐木中。

穴蜚蠊科

含2个属，共20种：穴蜚蠊属共18种，非洲、澳大利亚和亚洲均有发现；其余多见于亚洲。大多数住在洞穴里，有些与白蚁住在一起。

法布尔昆虫趣谈

螳螂卵的孵化

阳光明媚的六月中旬，时间约在上午的十点，是修女螳螂卵孵化的最好时光，出口区域，也就是螳螂窝的长条部位，是幼虫获得自由的地方。一个半透明的圆块缓缓地从出口区域的每一个鳞片下面钻出来，然后我们会看到两个大黑点，那是它的眼睛。经过鳞片下慢慢滑动的过程，幼虫已经解脱了将近一半。这还不是接近成虫形态的小螳螂，这只是一个过渡形态。幼虫的头圆圆的，有点发肿，全身由于血液的涌入而颤动不止；身体的其他地方为淡黄色中带点红，有层膜包裹着全身，在它的下面，能清晰地看出因这层膜的覆盖而变得模糊浑浊的眼睛，以及处于前胸的口器，还有向后紧贴身体前方的足。如果抛开异常显眼的足，幼虫的脑袋、眼睛还有腹部的体节，都会让人将它与蝉从卵中钻出来的模样相比较。

事实上，这又是一种具有二态现象的虫子，这种虫子的使命，就是钻出出口，将螳螂若虫带到这个世界上来。蝉一出生，身体就包裹着一层襁褓，这是为了顺利地从狭窄的布满碎木纤维以及空卵壳的通道里走出来。螳螂若虫也遇到了类似的障碍，它的通道弯曲而拥挤，如果把纤细的身体长长地舒展开来，那个通道就根本无法将其容纳。那些原本在草丛中用处极大的器官，诸如像高跷一样的足、以杀戮为主要作用的弯钩，以及纤细的触角，现在却成了它走向世界的累赘，为了解决这个问题，螳螂的幼虫一出生也像蝉一样，浑身包裹着一层襁褓。

我从螳螂和蝉的身上归纳出一条规律：若虫并非总是直接在卵里出生，为了应对破壳而出时要面对的种种艰难，它势必要有一个过渡的形态，这种形态我更乐意称为初龄幼虫。初龄幼虫出现在出口区域的鳞片下面，它的头部汇集了丰富的液体养料，它是一个半透明的水泡，颤动不止。它的作用是准备为幼虫蜕皮。小家伙每颤动一次，脑袋就胀大一点，在最后的时刻，前胸拱起，头部冲向胸弯曲得极为厉害。经过一番“痛苦”的挣扎，小家伙的足就从外鞘中解脱出来，与它一起出来的还有两根平行的长触角，现在，全身只有一根碎细带与螳螂窝相连，它只要再稍微用点力就可以完全脱身了。在这之后，我们见到的才是真正意义上的若虫形态。

很遗憾，观察灰螳螂孵化的最好时机被我错过了，但对它的情况我还是稍微了解了一下。那些易碎的、脆弱的泡沫附在窝尾端向前突出的尖尖的细角上，就像一块白色无光的斑

↗ 螳螂（上图）和螳螂蝇（下图）都有一对可以用来捕获和刺伤猎物的前腿，但是它们并不是近亲。它们这对相似的前腿是通过趋同进化而各自得来。

点。泡沫塞住的圆形气孔是幼虫唯一的出口，它的作用与修女螳螂的鳞片相差无几。灰螳螂的若虫只有一个接一个快速地通过这个气孔，才能目睹外面的世界。我没有看到这种壮观的场面，不过，我看到了悬挂于气孔外面的一堆破烂的白色外套，这是若虫来到外部世界后扔掉的衣服，是它们处于过渡形态的证据。就这点来说，灰螳螂也有初龄幼虫的阶段。

好了，让我们再将视线投向修女螳螂，它窝里的卵并非在同一时间集体孵化，而是有阶段性的，中间的过程能有两天或更长时间，一般来说，最后产下的卵孵化得最快，这种情况与窝的形状有关。窝最为尖细的那部分，更容易受到阳光的照射，里面的卵成熟得也就更早些。虽然卵的孵化总是断断续续的，然而有些时候，出口区域也会被孵化出来的幼虫所包围，那场面真的非常惊人——一个小家伙刚露出眼睛，其他幼虫的眼睛也突然出现在你面前。从窝里出来没多久，小家伙们就掉落在地上，机灵的也会爬到附近的草地上。修女螳螂卵的孵化过程我经常看到，有时是在荒石园的露天地里，有时是在实验室的角落里。荒石园里放着我在冬闲时从各处收集来的螳螂窝，而实验室里的那些，则是我原本出于想将那些家伙更好地保护起来的愿望。我就这样看到了无数次的孵化过程，那种屠杀场面令人震惊。虽然修女螳螂一次能够产下上千枚的卵，但如果一出生就要被那些吞噬者消灭，那这个数字还远远不够。

螳螂的危险来自蚂蚁，我每天都能看到这些凶恶的客人，我也曾驱赶过它们，但毫无作用。螳螂窝里那些可口的娇嫩肌肉让它们垂涎欲滴，虽然在窝上打开一个缺口对它们来说过于艰难，但是它们不会放过任何一次机会。那真是一场惨不忍睹的战争，蚂蚁抓住小螳螂的肚子，将猎物拉出外壳，用嘴撕咬成碎片，而新生儿所能做的，只是无谓的乱踢乱撞。战争在片刻间就结束了，只有极少数幸存者逃脱了这场劫难。

让蝗虫胆寒的草丛屠夫，在刚出生后，却被蚂蚁吃掉了，这个过程真是不可思议。不过当小螳螂变得强壮一些，蚂蚁遇到它们就得乖乖让路了。螳螂锋利的前腿，随时出击的样子，都让蚂蚁感到害怕。然而有一种动物不怕螳螂的前腿，它就是墙壁上的那条小灰蜥蜴。它用长长的舌尖将小螳螂从窝里舔进自己的嘴巴，虽然只有那么一丁点食物，但看那样子，似乎味道非常鲜美。我曾非常生气地将这个在我面前实施打劫的混蛋赶走，但是没多久，它又回来了。我只好对它采取非常行动，如果我对它的存在无动于衷，它将吃掉所有的小螳螂。不过螳螂的天敌不止蚂蚁和蜥蜴。小个子长着钻孔器的膜翅目寄生蜂也是可怕的敌人。

膜翅目寄生蜂将自己的卵产在刚刚落成的螳螂窝里，于是，跟蝉的后代遭遇的命运一样，螳螂的胚胎被这种寄生蜂无情地攻击，这也正是我收集的螳螂窝多半是空的的原因。同时，我也遇到了一个问题，用什么来喂养这些幸存者呢？它们对爬满绿蚜虫的玫瑰花枝无动于衷，于是，我给它们拿来了小飞蝇，它们是无意间撞到网纱里来的，可是小螳螂对这种食物依旧提不起兴趣。经过一番折腾，我终于找到了我想要的东西，那就是刚孵化出来的小蝗虫，这是成年螳螂最爱吃的食物。不过小螳螂是否会接受呢？答案是否定的，这些家伙被它们的猎物吓跑了。

我实在猜不出来了，你们到底想吃什么呢？难道你们这些小家伙只吃素食？我尝试着做过几次，比如最嫩的叶子，但还是被它们拒绝了，我所有的努力都归于失败，小家伙们全都饿死了。后来我想到，小螳螂们应该有属于自己的过渡食谱。

蚂蚁和蜥蜴使螳螂的后代大量减少，这是否会使螳螂的生殖能力逐渐提升呢，以便多产卵来平衡大量幼虫的死亡呢？一些人士同意这样的看法，但他们缺少证据，那些人只喜欢将动物身上发生的变化看成是环境造成的结果。

一株很大的樱桃树生长在离我窗前不远的池塘边。它与我的祖先无关，是偶然长在那里的，每当到了四月份，它那受人尊敬的巨大的树枝就会变成一个无与伦比的冠盖，在那里还有另外一幅欢快的景象。麻雀成群结队地来到这里吞吃熟透的樱桃，和它们一起来的还有翠雀和黄莺。树下也同样热闹，樱桃掉落地上使得所有在路上经过的动物欢喜雀跃。到了晚上，田鼠会把其他动物啃过的果核收集起来，藏到它的家里，这是它们在冬闲时最好的食物。要想找到接班人延续这种繁荣，樱桃树只需要一颗种子。

螳螂

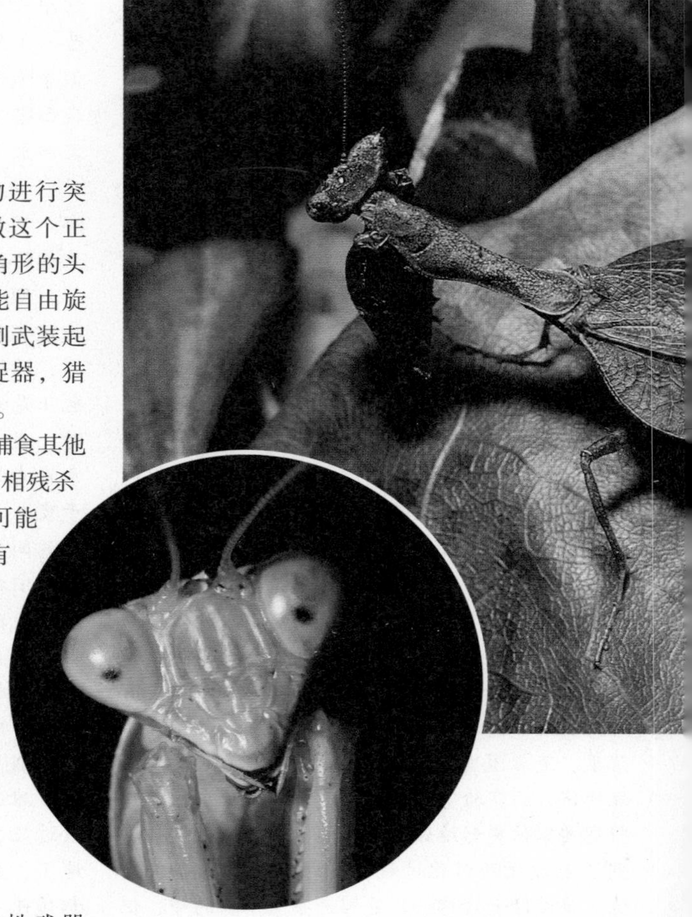

螳螂是惯于静静地埋伏着对猎物进行突然袭击的食肉昆虫，它的身体构造做这个正合适：大大的复眼、咀嚼式口器、三角形的头部在狭长的前胸（胸部第一节）顶部能自由旋转；前胸的附肢像钩子一样，被一排刺武装起来，具有抓取的功能，好似齿夹式捕捉器，猎物一旦被捉住，逃生的机会就很渺茫了。

所有的螳螂都是肉食性动物，主要捕食其他昆虫，包括自己的同类。年轻的螳螂自相残杀的情况很常见。但它们都是独行侠，有可能那些被观察到的它们同类相残的现象只有部分可靠性。对于会守护卵鞘的种类来说，雌性螳螂在自己的后代们从卵中孵化的时候不会去攻击它们。人们还不清楚是不是在这个时期螳螂母亲的食肉本能完全被“切断”了，还是它能够把自己的后代和其他潜在的猎物区别开来。

↗这只在非洲很常见的雌性螳螂有这类昆虫典型的三角形脑袋。其头部突出的大复眼对运动的物体非常敏感。

“伪装大师”

伪装和拟态

除了有敏锐的视觉和强大的进攻性武器之外，大多数螳螂都有与植物颜色相似的隐匿性保护色。利用这种保护色，它们能暗中守候猎物。在非洲的干旱季节，许多绿色的螳螂体色会根据所处的环境变为棕色。非洲和澳大利亚的有些螳螂种类，这种顺应环境的变色有时非常突然，比如经常发生的林区大火把地面变得一片焦黑之后，当地的螳螂会让自己的体色变得与周围的环境非常匹配（像得了黑变病一样），并且保持多日。

有些种类的螳螂更胜一筹，不仅仅只是保护色的变化，它们能把自己变成环境的一部分，而且是活动的。有些螳螂能把自己变成草尖或绿油油的树叶，有些甚至能够惟妙惟肖地模仿一片死树叶，令人叹为观止。非洲和马达加斯加的鬼螳螂在进行这种伪装的时候，你简直就无法把它和一片破破烂烂的枯树叶子区分开，这其实是它把身体倒转过来守候猎物的姿势。许多枝形螳螂，会把前肢向前伸长，头向下低，摆在两前肢之间，保持一个树枝的造型；非洲的有些螳螂，前基节上甚至长有一个V形凹口，正好可以把脑袋放进去。许多热带的螳螂还能以相当高的逼真度模仿花朵，非洲巨眼螳螂的若虫最擅长这个，它们选定了要模仿的花朵后，能一连好多天随花朵变化体色，如粉红色、黄色或白色。如果把它们放在植物的茎上，看起来就好像这棵植物长出来的花，要是某只前来采蜜的昆虫上了当，通常就是有去无回。

在非洲和亚洲北部沙漠地区栖息的方额螳螂科成员，是无翅的伏兵，能惟妙惟肖地模仿石头，除非它们在动，否则很难发觉。在该地区，

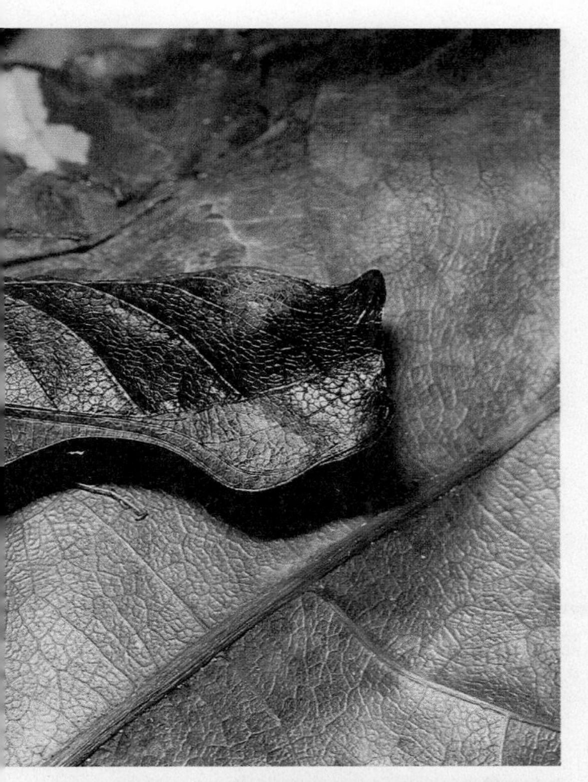

↙ 雄性枯叶螳螂拥有完整的翅膀，正如它的名字那样，它看起来好似枯树叶。雌性则没有翅膀，于是它们就伪装成一片起皱的叶子。

知识档案

螳螂

纲 昆虫纲

目 螳螂目

含8科，1800~2000种。螳螂科是其中最大的科，包括欧洲祈祷螳螂和所有常见的北美螳螂。

分布 气候温暖的地区均有分布；热带最多。

体型 成虫的体型为中等到大型，体长1~15厘米。

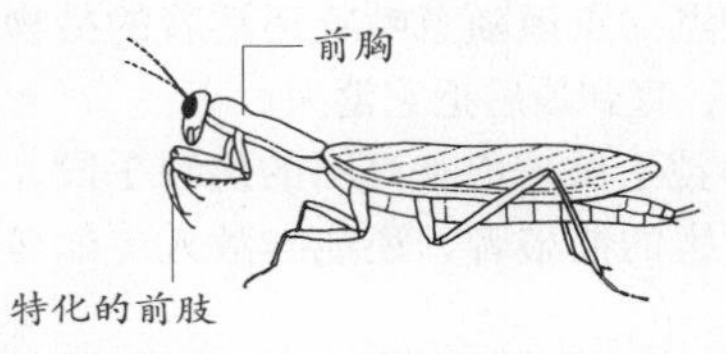

特征 头部三角形，向下，活动自如；复眼大；胸部第一体节（前胸）很长；具有大型的抓握式前肢；体型和体色多能模仿植物。为日行性食肉昆虫，多见于灌木丛、树干、深草丛；以昆虫为食；其他陆生种类能捕食蜘蛛和其他陆生节肢动物。澳大利亚最多见的螳螂与其他螳螂科成员不同的是背部有一个短的甲片（前胸背板）护住前胸，且前肢的钩状部分没有刺。

生命周期 卵产于卵鞘内，不同种类的螳螂的卵鞘形状均不同。

↗ 前腿虽然向捕食方向高度进化，但非洲的这种螳螂仍旧可以使用它们行走。图中螳螂肿胀的腹部显示它是一个雌性个体，且可能将要产卵了。

这种螳螂数量丰富，在平坦的地面上好像排列紧凑的鹅卵石，因此有人称它们为沙漠的标识或沙漠小径。在饱受炙烤的地面上，长长的腿令它们的行动非常快速和敏捷。许多非洲螳螂的一龄若虫会伪装成蚂蚁，常常成群地待在一起以最大限度地达到伪装效果。这种伪装非常专业，比如有的螳螂会伪装成弓背蚁的一种，而有的螳螂会伪装成各种不同的大头蚁。有些螳螂的1~3龄若虫会伪装成编织蚁，但再大一些的若虫或成虫就跟这种编织蚁一点都不像了。随着身体明显长大，这种伪装手段就不能再用了。

出乎意料的袭击者

捕食和防御

　　螳螂在埋伏的时候会保持一动不动的姿势，或轻轻地摇摆身体，好像什么东西在随风摆动似的，前肢举在胸前，模样看上去像是在做祷告，因此有人称它们是“祈祷的螳螂”。如果此时有猎物经过，它的脑袋和前胸会跟随目标缓慢移动（螳螂对静止的昆虫通常不予理睬，即使经过它们面前，螳螂也会自顾自地走过去）。一旦目标进入捕捉范围，螳螂生满刺的前肢会猛地伸出去抓住猎物。有些螳螂对移动的物体非常敏感，能在空中抓住飞行中的苍蝇或其他昆虫。被螳螂钳子般的前肢攫住的猎物，会立即被送进口中。猎物被螳螂的前肢抓得如此之牢，根本没有逃生的机会。于是螳螂开始一点一点地随意啃吃还活着的猎物那肥嫩的身体，直到最后把它消灭。

得益于保护色和高明的伪装手段，螳螂不仅是厉害的捕猎者，还能与敌人（如鸟类、蜥蜴和食虫的哺乳动物等）对抗。一旦发觉敌情，螳螂会使用多种防御策略，比如飞快地逃走，或者飞走；有的会把身体直立起来，把前肢向后方举高，展示前肢内侧的鲜艳色彩；有的则会猛地展开后翅，露出翅膀上或腹部顶端鲜艳的色彩和眼状斑纹。如果与敌人（或昆虫学者）的距离太近，它们会突然发动攻击，长满刺的前肢会给敌人带来痛苦的伤痕。如果是对付体型巨大的敌人，比如人类，它们不会使用色彩防御策略。这种策略只适合对付比较小和较容易应付的敌人，比如鸟类、猴子或蜥蜴。

一旦遭擒，螳螂会把前肢向后弯曲覆在前胸，利用前肢上的刺来使敌人放开自己，但这也会导致敌人以一种更小心翼翼的方式抓牢它。为了逃生，螳螂也会采用丢弃后肢的策

冒着风险交配

雌性螳螂以吃配偶而闻名，但这种情况并不如人们想象的那样常见。有一种美国螳螂就从来不会做这种事，不是因为雄性学会了如何避免被吃，也不是因为雌性不同类相残，而是这个种类的螳螂中压根就没有雄性存在。这种螳螂的后代从没有受精过的卵中长出，而且全是雌性。这种现象叫孤雌生殖。但是大多数种类的螳螂都还是两性生殖。

然而，有时雄性螳螂还是会在交尾前、交尾过程中或之后被雌性吃掉。在自然条件下，这种行为仅仅被看做在极少数种类中发生的事情，比如薄翅螳。这样做最明显的益处是雌性享用了很有营养的一餐。它仅和以恰当的方式向它求爱的雄性交尾，并吃掉那些方式不太合适的（时有出现）。它也会确保其配偶的后代也继承父亲成功的求偶行为，且一直活到留下它们自己的后代。对于雄性来说，如果它在交尾时避免了被吃掉的命运，理论上它此后还会和其他雌性交尾，并生下更多的子女。然而，关于螳螂精液优先的模式我们了解得不多，无法说明这种策略的效果。对雄性螳螂之间争夺交配权的行为的观察，使我们了解到不止一次的交尾对繁殖多少有些好处。

为了使繁殖成功率最大化，雄螳螂已经逐渐掌握了一套使自己被吃掉的风险最小化的方法。它们会非常缓慢、谨慎地、尽量从后面靠近雌螳螂，一旦距离合适，雄螳螂会一下跳到它背上。至关重要的是，它绝不能处在雌螳螂前肢能够到的位置——对雄螳螂较有利的是，它的体型通常小一些。但是，两个不同种类的螳螂交尾的情形也时有出现，在这个过程中，雄螳螂不太可能正确地表现任何必须的求爱“保险”行为。这样看来，交尾时包含的风险可能并没有如前面所设想的那么大或那么常见。

事实上，某些种类（也许是大多数）的雄性并非在交尾时因为雌性不太乐意而强行地、侵略性地“耍花招”，而是对雌性积极的“召唤”的回应，这样一来，被吃掉的风险也同样被最小化。中南美洲的状如死树叶子的螳螂，雌性没有翅膀，通过从腹部腺体释放信息素向有翅膀的雄螳螂提出恳求。前来回应的雄螳螂会受到没有任何威胁性的欢迎。它们交尾后，雌性为了显示对雄性的“公平”待遇，会停止释放信息素。

交尾期间，雄螳螂会把精囊注入雌性体内，而雌性此时会进入一种恍惚的状态。交尾结束后，因为雄性有可能遭遇危险，所以某些种类的雄螳螂会立刻逃之夭夭。

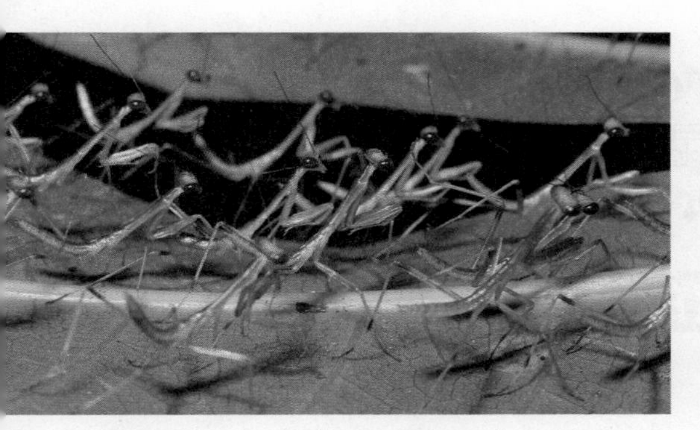

↗ 刚从卵鞘中孵化出来时，幼年的螳螂聚在一起。此后它们开始第一次蜕皮然后开始分散开来。图中是特立尼达岛雨林树叶上的一种螳螂。

略。这种自割行为是通过附肢基部的肌肉收缩实现的。但行抓取功能的前肢不会出现这种情况。对螳螂来说，失去了前肢意味着很快会被饿死。如果自割时螳螂尚幼，失去的附肢会很快再长出来。

保护弱小的子女
繁殖和发育

根据种类不同，雌螳螂一次产10~400粒卵，卵产在由腹部腺体分泌的泡状卵鞘中，这些泡泡遇到空气就会硬化，于是卵就在这层角状囊的保护下成长。有时除了这层角状囊之外，还有一层坚韧的、海绵状的“外衣”。不同种类的卵鞘的形状、大小、结构也有所不同。很多种类，包括欧洲和北非的薄翅螳螂，会把卵鞘粘在树干、栅栏柱或石头的平坦表面上。有些则把卵鞘环绕在小树枝或植物的茎上，有些甚至把卵鞘埋在土里。

尽管有一层保护性的“外衣”，还是有些寄生生物会在螳螂幼虫从卵鞘中孵化出来的时候钻进卵中，尤其是某些黄蜂。螳螂幼虫通过卵鞘中上部一些已存在的小孔出来。有些属的螳螂，母亲会一直守着卵鞘，直到幼虫孵出来，它们的卵鞘是长长的形状，母亲能跨骑在上面，给卵鞘以最大的保护。有的种类的雌性会挑选一个隐蔽性极好的地点保护卵鞘，但有些种类的母亲们则在露天的小树枝上护卫它们的卵，这种螳螂的身体上有醒目的警戒色，能帮助防御靠视力捕食的敌人的袭击，如鸟类。

新孵出的螳螂幼虫是父母的弱小版，最终会四散出去开始它们的捕食生涯。经过数次蜕皮后，它们的体型逐渐变大，原先的翅芽也日益长大。最后一次蜕皮后，幼虫变为成虫。成年的雄螳螂基本上都有完整的翅膀，雌螳螂的翅膀却多数退化甚至消失。

目前已发现的最早的螳螂化石来自于3400万~2400万年前的渐新世。人们经常会把螳螂和竹节虫弄混，这两个目的昆虫在外形上的确很相像，但明显的区别是：螳螂的前胸很长，没有尾铗；竹节虫是食草动物，没有多刺的抓取前肢和像螳螂那样能自由活动的头部。

↗ 和所有的螳螂一样，这种色彩斑斓的螳螂的前伸、尖状的双眼能够对距离作精确的判断，这对成功捕食是至关重要的。图中停在花上的是一种非洲螳螂。

法布尔昆虫趣谈

螳螂窝的建造

↗ 螳螂

除了惨无人道的爱情，螳螂当然也有那些看起来好的方面。就拿螳螂的窝来说，那简直就是个奇迹，科学的称呼是“卵鞘”，我不愿意滥用古怪的字眼。既然有人喜欢说“燕雀窝”，而不愿意说“燕雀巢”，那么，在指螳螂窝的时候，我为什么非要巢或者卵鞘不可呢？在朝阳的地方，几乎都能看到修女螳螂的窝：石头、木块、葡萄树根、灌木枝、干草秸，此外还有砖块、破布、旧皮鞋的硬皮这些人造的物体。只要能把窝牢牢粘住、固定，任何东西都可以拿来做窝，没有什么区别。

这样的窝，通常说来长4厘米、宽2厘米，色泽如同金黄的麦粒。在火中烧它会很旺，有淡淡的微焦的味道弥漫而出。实际上，做窝的材料与丝极为相似，只不过不能像丝那样拉长，而是与泡沫一样成团地凝固。如果窝固定于树上，小树枝就会被它的底部紧紧包裹。它的外形会随着支撑物的变化而发生改变，假如这个窝固定在一个平面上，它的底部就会变成平面状，与平面粘贴在一起，这个时候，窝会变成一个椭圆形，一头圆钝，一头细长而尖锐。通常情况下，窝还有一个与船头相似的短短的延长物。

窝的表面总有一个规则的突起，无论在什么状态下都是如此。突起物的中间部分是最窄的，像房屋的瓦片一样重叠的那些东西是两行并排的小鳞片，在它空空的边缘上有两行微微伸展的缝隙，这是螳螂若虫孵化后的出口。

有一个刚被螳螂抛弃的窝，在它的中间部分是满满的小螳螂褪下来的外皮，只要一有微风吹动，它就会摇晃起来。在经过一阵风雨侵蚀之后，这些外皮就会消失不见。这个部分是螳螂事先安排好的，通过这个出口，小螳螂才能获得自由。除了这部分，在能哺育众多后代的摇篮里，别的地方都是无法通行的。摇篮两侧的地方占据了椭圆形窝的大多数领地，表面粘接得非常牢固。这些坚硬的部分使刚出生的螳螂根本不可能从这里通过。窝的两侧有数以万计的横条纹，这些条纹是窝内壁分层的标志，标志的后面分布着螳螂卵。

当我将窝横向切开，立刻发现，螳螂的卵与长长的核极为相似、它看上去很坚硬。两侧覆盖着一层多孔的厚厚的外皮，似乎与凝固的泡沫有些类似。内核的上部，有着紧密排列的弯弯的薄皮，可以做极小幅度的活动，在它的最上部就是小螳螂的出口，淡黄色的角质外壳里面紧裹着的就是卵。它沿着圆圈分层排列，出口的所在会聚着卵的头部。这种排列方式使我知道了螳螂的若虫是如何出来的。新生儿就是从那狭窄的通道——虽然极难通行，但是借助我在不久以后将要研究的工具，这些小家伙还是能顺利通过。就这样，它们来到了中央地带。在重叠的鳞片的下面，它们将面对两个出口。有一半的卵会从左边的门出去，另外一半则从后边出去。每一层的结构都是如此。

没有亲眼见过窝的结构的人，很难彻底地搞清楚其中的道理。窝里所有的卵都以窝的中心线为聚会场所，层层聚集。这样就形成了海枣核一样的形状。它的外面是一层保护膜，就像凝固的泡沫。只有到了保护膜的中间区域，并列的两片薄片才可能代替如同泡沫一样的多空层。

我研究的对象，是观察螳螂这个家伙以怎样的方式一砖一瓦地搭建自己的家。虽然过程费尽心机，然而我毕竟做到了。这是因为这个家伙总是在夜里产卵，而且是那样随意。在诸多无功而返之后，我终于抓到了难得的机会。九月五日，我终于亲眼目睹了一只在八月二十九日受精的雌螳螂，在凌晨4点，在我的面前产卵的情景。

金属网罩里头众多的螳螂窝——请一定要注意这点：它们的支点无一例外都是金属网纱。我曾经想给它们制造更为符合它们生活习惯的居所，比如几堆凹凸不平的石块，还有几束百里香，在野外，螳螂的窝多用这些作为支撑物。但是令我感到意外的是，这些家伙对此无动于衷，它们更偏爱铁丝网。这是因为它们可以把最为舒适的建筑材料嵌到铁丝网的网眼里，这对窝的牢固度非常有帮助。

螳螂的窝没有任何可供遮挡的地方，这是在野外的情况。在这样的环境下，它的窝必须要经受冬季寒冷的气候，还必须抵挡住风雪雨霜的侵袭。为了避免遭殃，产妇们对凹凸不平的支撑物情有独钟，依靠这种支撑物，产妇可以把它的家粘连得更加牢固。当然，如果条件允许的话，螳螂会选择更好的居所。也许正因为这样，它才会看中金属网纱。

↗图中这种螳螂在夜晚相当活跃。

这只螳螂是我看到其产卵的唯一一只。它攀附在网罩顶的附近，倒悬着身体，就算我用放大镜近前观察也打扰不到这个家伙。它全身心地沉浸在产卵的过程中。即便我打开金属网罩，随意地转来倒去，也不能让它中断自己的工作。我的动作的确鲁莽了些，但我有什么办法呢？螳螂产卵的速度过于迅速，而我观察起来却充满了各种困难。由于螳螂的腹部末端始终放置于一团泡沫之中，使得我不可能将它产卵的过程毫无遗漏地摄入眼帘。那团泡沫颜色灰白，带点黏性，感觉上更像肥皂泡。螳螂窝绝大多数的多孔材料正是由这些带着气体的泡沫形成，使得窝的体积远要比螳螂的肚子大。

↗树皮螳螂会沿着树干快速爬行。

↗螳螂夜晚造窝，白天则比较悠闲。

蠼螋

1

2

3

有一种说法是，蠼螋会钻进睡眠中的人的耳朵里，然后完全不被察觉地往人的脑子里钻孔。其实有些蠼螋的确能咬人，但能对人类造成的伤害几乎微不足道。之所以会有前面那样的传说，大概来自于蠼螋的俗称，蠼螋的英文俗称来自中古英语单词“earwicga”，意思是“耳朵生物”。实际上，它们的英文俗称大概与“earwig”一词弄混了，“earwig”是指地蜈蚣，有钳的小虫。

这种昆虫，有时候也被称为钳虫，又因其前翅革质而得名革翅昆虫；古希腊语中，“dermato”的意思是“皮肤”，“pteron”的意思是“翅膀”。蠼螋最早出现于侏罗纪时代（2.05亿~1.44亿年前），据猜测与蜚蠊目的关系很近。

有钳子的“小偷”
形态和功能

蠼螋很容易辨认，它们的腹部有由尾须特化而来的钳状或镊状的尾铗。除蝠螋亚目和鼠螋亚目成员的尾铗已缺失之外，1900多种蠼螋中的大多数都有尾铗。两性的尾铗在形状和大小上有所不同。尾铗是一种多功能的器官，求偶和防御时均可用，有时也用于清洁和折叠后翅。

蠼螋的扁平的背腹区分明显，体型狭长，体长一般4~50毫米，仅有一种蠼螋的体长可达到80毫米。口器为前口式，

↗ 图中显示 3 种不同类型的蠼螋。扁长的体型及多用途的尾铗是该目昆虫的典型特征。从上到下依次是环足蠼螋（图 1），欧洲蠼螋（图 2）和茶色蠼螋（图 3）。

↖一只蠼螋正伏在叶子上。

换句话说，它们有向前突出的下颌，细长，呈念珠状；感官系统中，触觉和嗅觉起重要作用，为了感知外部环境，它们的触角总是在不停地动；蠼螋的复眼很大，但缺少单眼；前翅短小，通常都够不着腹部第三节；扇形的后翅在静止时通常折叠于前翅之下；有些种类的蠼螋完全没有翅膀。由于体节具有可伸缩的特性，蠼螋的腹部可以自由弯曲。尾须成钳状，不分节。蠼螋的体色呈褐色、黑色、棕黑色或橘褐色，也有乳白色的。

革翅目昆虫分布很广，从山顶的雪线到海岸线，到处都能发现它们的踪迹。欧洲的小蠼螋最喜欢的住处是粪堆和垃圾堆。有少数则是蝙蝠和老鼠的皮外寄生虫（参阅“古怪的蠼螋”）。

蠼螋属杂食性动物，既吃植物，也吃动物遗体的残余物；有的蠼螋吃小型无脊椎动物，如蚜虫，有的专吃某一种，还有的吃农作物害虫，如苹果蠹蛾的毛虫。但许多种蠼螋本身也是农作物和园林的害虫，如欧洲蠼螋和澳大利亚蠼螋。

可惜的是，关于大多数蠼螋的生物学和生态学知识，人们仍然了解得非常有限。

知识档案

蠼螋

纲 昆虫纲

目 革翅目

近1900种，10科，4亚目：始螋亚目，目前仅存有化石；鼠螋亚目（1科，2属，11种），仅见于南非；蝠螋亚目（1科，2属，5种），仅见于东南亚；蠼螋亚目（8科，近1800种），全世界广泛分布。

分布 全世界广泛分布。

体型 体型狭长；体长4~50毫米。

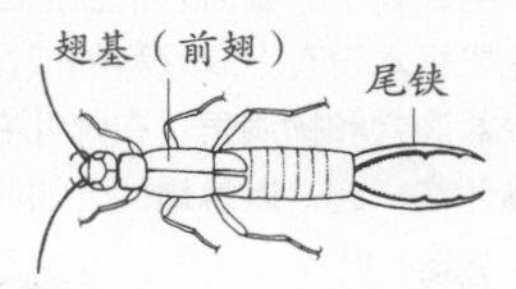

特征 触角细长，如念珠状（6~15节）；口器具颚，呈向前突出状；跗节均分3节；前翅短小、革质；后翅半圆形，褶状；尾须特化为尾铗。

生命周期 不完全变态（变形不完全，幼虫无蛹期）。幼虫（4~5龄）与成虫相似，但翅膀很小或没有。

细心的母亲
繁殖

许多种类的雄性蠼螋在求偶时会使用尾铗，而且雌性在选择交尾对象时，会选择尾铗最大的那个。它们交尾的时候，是尾巴对尾巴地进行的。一旦交尾完毕，雄性便会离去，不会有任何照顾后代的行为。

然而，大多数种类雌性蠼螋的母性非常强。它们在一个“巢穴”中一次产下30~50粒卵。这个巢穴通常被做在石头或木头下，或在某个地下通道的尽头处。母亲会守在巢穴中保护卵的安全。为了使卵保持清洁，避免感染真菌，它们还会有规律地隔一段时间就把卵上下舔一遍。一旦卵孵化，母亲会继续坚持照顾若虫。有些种类的雌性还会为幼虫觅来合适的食物，甚至把自己吃下去的食物反刍出来喂哺若虫。但一旦若虫经过数个龄期后（成长阶段），母亲的母性本能就突然消失了，会吃掉那些还没来得及离开巢穴的不幸的若虫。若虫在发育成熟前要经过5个龄期，这个过程可能得花上1年的时间。在热带地区，这个时间可能会缩短至6周。

有些蠼螋，诸如蠼螋科的一种，能分泌出防御性的化学物。一旦受到攻击，它在使用自己的尾铗的时候会同时从腹部第四节的一对腺体喷出有毒的苯醌混合物。

↗ 雌性成虫在卵孵化前一直和它的卵在一起，舔掉可能引起感染的真菌并防止天敌侵害，然后再和幼虫待一段时间，用带回巢穴的食物或反刍自己的食物喂养它们。

世界上最大的蠼螋是南太平洋圣海伦岛上的一种蠼螋。但自1965年以后就再也没见到过它们的踪影了。很多探险队都找过它们，最后都无功而返，当地仅存一些它们的遗骸，人们猜测这种蠼螋已经绝迹了。

古怪的蠼螋

革翅目下，蝠螋亚目和鼠螋亚目的蠼螋有着非常奇怪的生活方式，它们寄生在哺乳动物的体外。除了蝠螋亚目中的两种雄性蠼螋外，这两个亚目的成员均和其他蠼螋不同——它们没有特化的尾铗，只有硬化的尾须。

蝠螋亚目（图 1）下仅有 1 个科，即蝠螋科，下面的两个属里仅含 5 种蠼螋。这些非典型的蠼螋均完全无翅，体多毛、扁平。因为它们在黑暗中生活的原因，眼睛退化或根本没有。蝠螋科的成员仅见于马来西亚地区的少数洞穴和树洞里，在那儿它们和犬吻蝠科的长尾蝙蝠住在一起，以蝙蝠的分泌物和皮肤残屑为食，饿得受不了的时候也吃蝙蝠的排泄物和死掉的昆虫。蝠螋亚目蠼螋为伪胎盘胎生，与其他蠼螋不同，它们会生下活的幼虫，且幼虫已达到 4 龄。

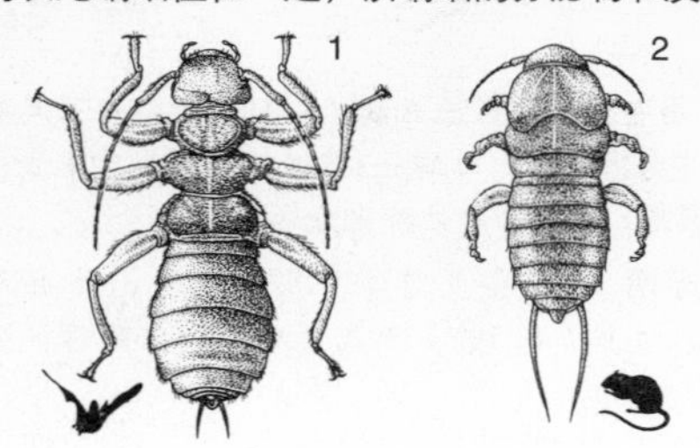

鼠螋亚目（图 2）的成员仅见于非洲的亚撒哈拉地区，人们在非洲囊鼠身上发现了它们。这些蠼螋看起来很像蟑螂，体长大约 10 毫米，没有视觉和翅膀，体表光滑，体型扁平，有发达的跗节，能牢牢抓住寄主的纤毛，也能在其中快速爬行。与蝠螋亚目成员不同的是，鼠螋亚目的蠼螋从来不离开它们的寄主，仅以寄主的分泌物和皮肤残屑为食。它们和寄主之间也许并非仅仅是寄生关系，互惠共生的可能性更大，因为人们猜测这种昆虫能帮助老鼠保持身体的清洁，减少感染皮肤病的风险。

另有一种见于泰国和马来西亚的蠼螋，与当地吃水果的小型倒挂蝙蝠（学名大长舌果蝠）一起住在蝙蝠洞里，吃这种蝙蝠一堆堆的粪便。它们常贪心地趴在蝙蝠背上跑到新的洞穴里去，据猜测，这种骑蝙蝠的行为可能比蝠螋亚目蠼螋与寄主之间的联系更特殊。

石 蝇

襀翅目昆虫，也就是石蝇，是一种古老的昆虫，最早出现于2.5亿年前的二叠纪时代。自那时起到现在，这种昆虫的变化很小。自第一次出现于南半球以来，两个亚目中的一个——南襀翅亚目也只在澳大利亚和南美有发现。

石蝇被认为是新翅类昆虫中最古老的一种，它们有时也会被认为与直翅目昆虫和纺足目昆虫的关系非常近，也因为这一点，这几个目成为了整个新翅类昆虫中的姐妹群体。这个群体分布广泛，除了南极洲之外，它们出现在地球各大洲，从海平面到喜马拉雅山脉海拔5500多米处均有发现。

↗襀科包括一些最大型的石蝇，它们在丘陵地区多石且湍急的河流里繁殖后代，体后有很长的尾须。

3个星期的成年生活
功能和分布

石蝇是一种灵巧的软体昆虫，外观很统一，体长3~50毫米。大多数种类的成虫均有完整的翅膀，但也有很多成虫的翅膀很短，或干脆没有翅膀。襀翅目（Plecoptera）这一名称，来自希腊语的两个单词："plectos"和"pterono"，"plectos"的意思是"褶状物"，"pteron"的意思是"翅膀"，合起来则指这种昆虫在静止时会把后翅交叠在一起。

虽然有翅膀，但是石蝇的飞行能力不强。水是它们成长的环境之一，它们通常都不会远离水体。成虫一生的大部分时间都在水边的岩石或草木上度过，膜质的翅膀平叠于背部。在2~3周的成年生活中，这种褐色或黄色的小虫几乎不怎么吃东西，有些则刮食岩石和树上的藻类，或以花粉为食。

南襀翅亚目下分4科，仅在南半球有发现。澳襀科、原襀科和纬襀科的石蝇分布于澳大拉西亚和南美。始襀科仅含5种石蝇，只在南美有发现，其中有些体色鲜艳。澳襀科中的一种石蝇具有非常夺目的体色——身体泛着金属蓝或金属黑的光泽，黑色翅膀的前缘饰有红色或黄色的边。

北襀翅亚目下分11个科，除背襀科广泛见于南半球外，其余全都分布在北半球。其中卷襀科包括针蝇、卷翅蝇（这两种石蝇静止的时候会用翅膀裹住身体两侧）和用于垂钓的二月红。网襀科的石蝇都是食肉昆虫。而最庞大的一科要属襀科，包括大石蝇，也是垂钓者很熟

知识档案

石 蝇

纲 昆虫纲

亚纲 有翅亚纲

目 襀翅目

共15科2000余种，分为2个亚目：北襀翅亚目（11科）和南襀翅亚目（4科）。

分布 除南极洲外均有分布，尤其在温带地区。

体型 纤巧，中等，体长3~50毫米。

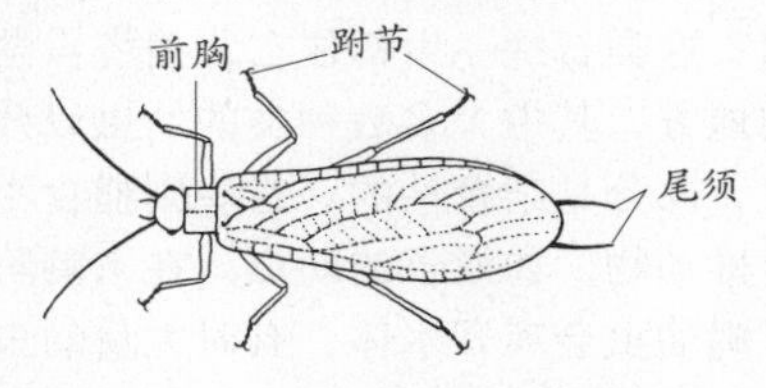

特征 身体圆柱形，也有扁平的；前胸发达；2对膜状翅（后翅较宽）休息时交叉平置于身体上；触角长，线状；尾须多节，线状；跗节有3节。

生命周期 半变态发育（不完全变态）；幼虫生活在水中。

↗ 图中，一对黄色的网襀科突围石蝇正在水生植物上交配。许多种石蝇雄性个体的翅膀都大大退化了。

悉的一种。带襀科因旗下的冬石蝇而闻名，每年年初，地上的雪还没有化干净的时候，这种石蝇就已出来活动了。其他还有绿襀科，包括绿石蝇。

招徕伴侣
繁殖和生命周期

石蝇通常在白天交尾，两性间此时总会来一场鼓乐二重奏，雄性会用腹部轻轻敲打某物，打出特有的鼓点，以此来吸引异性。作为回应，雌性也会敲出对方听得懂的声音。某些种类中，这种声学交尾行为会简化为仅仅使声音在地面传播，以避免敌人也被这种声音吸引过来。

雌性石蝇典型的产卵方式是飞行的时候用腹部点水，可产卵近1000次。球形的卵遇水后会变得有黏性，能粘在河流中的石头或沙砾上。有些种类会在水里面缓缓行进，把卵产在岩石的下面。背石蝇科的一些雌性石蝇有长长的产卵器，能把卵产在岩缝深处。这些石蝇的卵呈扁平的圆盘状，一面带黏性。

石蝇的幼虫，有时也称稚虫，喜欢栖息在凉凉的、氧气充足、无污染，且水底有沙砾层的水中。成年前会经过多次蜕皮，在多数种类为1年，少数长达4年的时间里，它们会蜕皮30多次。幼虫呼吸的方式有两种：简单的渗滤式；通过遍布全身（口器、胸部、附肢、腹部、肛门）的簇生鳃呼吸。极少数的石蝇幼虫是陆生的，住在远离水体的冷而潮湿的地方。奇异的黑襀科无翅石蝇与其他种类形成了鲜明的对照：这类石蝇一生都住在北美塔霍湖下60米深的地方，其中大多数种类的幼虫以残屑沉渣为食，部分是杂食性的。有些则捕食小型水生无脊椎动物，如蚊子的幼虫。在末龄阶段，这种石蝇幼虫会离开水体，有时大量幼虫会同一时间一起蜕皮为成虫。

石蝇的成虫和幼虫都是淡水食物网的重要部分，是许多种昆虫和鱼类的食物。由于它们对水体污染非常敏感，因此被科学家们看做是水体质量的指示性昆虫。

蟋蟀和蚱蜢

直翅目这个大型目中的蟋蟀和蚱蜢因跳跃（逃跑）和吟唱（求偶）而闻名。强有力的后肢、特殊的发声才能和能接收声音的耳朵都是这个大型昆虫目特有的特征。

直翅昆虫的生活方式非常多样——从无拘无束地展示自己的伪装本领或警戒色（大多数二者兼有），到近乎没有视觉，却能用铲状附肢掘洞而居（如蝼蛄）。即使是同一种类，也有部分群居，部分独居的现象。

直翅膀的跳跃者

形态和功能

第一个直翅目昆虫的化石形成于上石炭纪。此后，第一个长角亚目昆虫出现于二叠纪时代（2.95亿年~2.48亿年前），第一个短角亚目昆虫出现于三叠纪时代（2.48亿年~2.05亿年前）。直翅目其实属于直翅总目，后者还包括蟑螂、螳螂和蠼螋。而且据猜测，直翅总目与竹节虫目之间有非常近的亲缘关系。直翅目（Orthoptera）这一名称来自于希腊语："orthos"的意思是"直的"，"pteron"的意思是"翅膀"，两个单词合在一起，指的是这种昆虫前翅的结构。

↘ 如果受到侵扰，这种全副武装的南美洲螽斯科的纺织娘会从胸腺中释放黄色的毒液。但即便如此，饥饿的猫鼬还是会吃掉它。

宽泛一点讲，直翅目包含两种生态类型：一种是适应露天活动的；另一种是住在隐蔽处，且常常栖息在地下的。露天栖息的昆虫通常有被其他动物吃掉的危险，它们的敌人既包括无脊椎动物如蜘蛛或其他昆虫，也有脊椎动物如蜥蜴、青蛙、鸟类。但这种来去自由的直翅昆虫早已进化出一套本领，将风险降至最低。它们常用的策略是将自己混入周围的环境中。这一目的许多成员都具有令人瞠目的伪装本领，能随意地把自己伪装成活的、死的，甚至有病害的树叶、树皮，或烧伤的树干、地衣、石头、沙子等。而其他一些种类，因为常

知识档案

蟋蟀和蚱蜢

纲 昆虫纲

亚纲 有翅亚纲

目 直翅目

分为长角亚目和短角亚目，共39科2.2万余种

分布 除南北极地外，全球均有分布。

体型 中型到大型，体长10~150毫米。

长角亚目

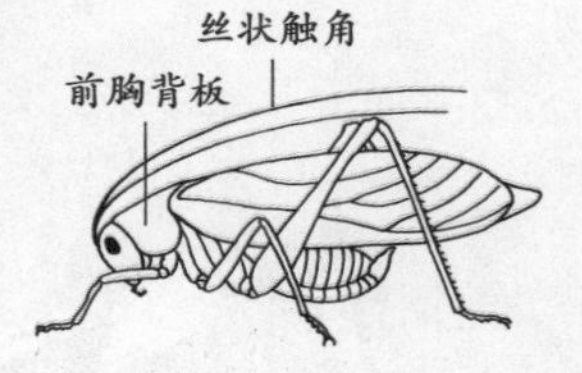

短角亚目

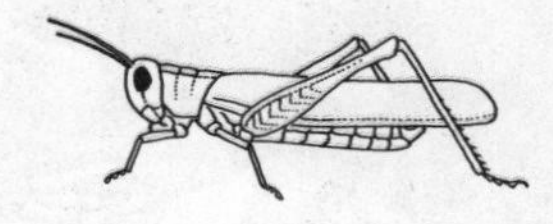

特征 粗壮或细长的昆虫；有颚口器；触须丝状，有短有长；背板盾状或鞍状；前翅（如有）坚硬，以保护扇状折叠的后翅（如有）；后腿通常特化，善于跳跃；跗节有3~4节；尾须短小无分节；通常有听觉器官及发声器官（一般限于雄性）。

生命周期 不完全变态发育；大型若虫大致类似无翅成虫。

把植物的毒素混入自己体内，于是在敌人看来，它们都是些味道极差的虫子。这样的昆虫通常体色鲜艳，它们的敌人会把这种醒目的警示性色彩（警戒色）与味道难吃联系在一起。此外，有些直翅目昆虫还有伪装的本领——通过伪装成其他不好吃的昆虫或危险的昆虫来降低被捕食的危险。某些有长角的蚱蜢或灌木蟋蟀在幼虫（若虫）期就会模仿其他昆虫，甚至是蜘蛛，此后就成长为具有暗淡保护色的成虫。

住在地面上的蟋蟀和蚱蜢中，多数都有敏锐的视觉和听觉，非常机警。一旦受惊，会运用它们发达的后肢飞快地蹦跳着逃走。许多种类的成虫还会飞。逃跑的时候，它们把平时隐藏起来的鲜艳体色显露出来，闪现的颜色会让敌人受惊，或受到误导。

某种蚱蜢把这种行为加以变化，变成色彩的乾坤大挪移。比如，澳大利亚黄翅蚱蜢受到惊扰的时候，会跳到空中，进行一次短暂的飞行，色彩鲜艳的后翅仅在飞行时才看得到，同时它的翅膀还会制造出一种滴答的声音。在飞行的时候，它会突然收起翅膀落到地上。突然间失去目标和声音来源的敌人，会继续跟着鲜艳色彩的光点轨迹跟踪下去。而此时，伪装好的蚱蜢就静静地停留在那个光点几米之后。

如果敌人千方百计要抓住它，直翅昆虫会用自己发达且多刺的后肢向敌人猛踢，同时把前肠中的东西反刍回来吐向敌人。很多味道难吃的种类，在体表长有开口的腺体会释放出防御性的分泌物。锥头蝗科中的许多种，如澳大利亚的一种，其血淋巴中含有从植物身上得来的毒素，它们会用这些毒素来对付昼行性的脊椎动物。有这些毒素的蝗虫，通常体被鲜艳的警戒色。如果被敌人抓住了后肢，蝗虫会通过收缩基部特殊的肌肉把这截肢体断掉——立刻，一片小横膈膜会护住伤口，以防伤口感染或大出血。

直翅目昆虫一生的大部分时间都会以下面三种中的某一种方式隐居起来：第一种是掘土而居，或住在腐木和树皮里，以及石头下面。营这种生活的蟋蟀和蚱蜢偶尔会在夜晚出来活动。它们之中有些有发达的开掘肢，这样的附肢通常很短，第一对跗节为铲形；翅膀常常退化，身体如圆柱形，且体表光滑。

住在洞穴中的直翅目昆虫通常体色暗淡，身体纤巧。它们的视力很差，但长长的附肢和

↙ 图中这种带有警戒色的蝗虫广泛分布于世界上的温带地区。在西非和中非，这种锥头蝗科杂色蝗虫是一种农作物害虫。

↖许多蟋蟀没有翅膀，不能飞行。图中的雄性蟋蟀抬起它的前翅，吸引雌蟋蟀爬上来吃它背部腺体的分泌物。

触角具有非常灵敏的触觉、嗅觉和热感应系统。驼螽科中的大部分昆虫都是穴居者，有些眼睛已经完全退化，一生都生活在黑暗之中。有些则仅用两年时间就走完生命的全过程。北美的一种穴居蟋蟀以单性生殖而闻名，雄性成了多余的。就像某些从人类的穴居时代起就与人类共享居处的蟑螂一样，某些穴居蟋蟀也跟随我们进到家庭中来。

少数直翅目昆虫一生都生活在地下，从来不出来。这里面包括酷劳伦怪螽（丑螽科，参阅“酷劳伦怪螽”）和数沙螽科的耶路撒冷蟋蟀。住在地下的昆虫中，有些身体柔软，没有视觉，体色暗淡，有发达的开掘肢。在巴布亚新几内亚到澳大利亚这一地区发现过这种古怪的沙蝗（短足蝼总科），还包括南美巴塔哥尼亚的1种。这些无翅家族的成员看起来更像是甲虫的幼虫而不是直翅目昆虫。像这样的昆虫已知有18种，都习惯在沙质土壤中掘洞而居。

大多数的直翅目昆虫不与其他动物共生，但有一种奇异的喜蚁蟋蟀（乙蟋科）是个例外，这种小型的无翅昆虫身体扁平，住在蚂蚁的巢穴中，以巢穴主人的分泌物为食，其习性与蚂蚁很相似。而印度的一种蟋蟀则喜欢住在白蚁的蚁山中。

丑螽科的成员中，包括新西兰沙螽、澳大利亚和南非的国王蟋蟀，是直翅目中的大家伙。长牙沙螽的长牙，都从上颚基部向前伸得长长的，只是长短不太一样。这其中有的长牙上还长有能发声的小突起，当它们进行钳形运动的时候就能发出声音。但新西兰有近16种沙螽因为受到老鼠等天敌的捕食，数量已越来越少。目前，关于对它们进行保护的研究中，包含了养殖计划和种群迁移研究，这一切都是为了使它们免遭灭绝的厄运。

咀嚼式口器

食性

大多数的蚱蜢都以植物的叶子为食，有些还只吃某几种植物，当然多数都没有这么挑剔。蟋蟀和树螽一般为杂食性，既吃植物（不管是活的还是死的），也吃动物的残余物。土居的种类吃植物的根，或吃藻类和其他微生物。有的种类吃的时候总是把食物和泥土一起咽下去。有的种类则是肉食昆虫，会像螳螂一样用抓取前肢捕食其他昆虫。

所有的直翅目昆虫都有咀嚼式口器，根据食性的不同有所变化。例如，不同的短角蚱蜢，因为所吃的食物硬度不一样，所以上颚的结构也不一样。澳大利亚地区性的螽斯亚科的一些螽斯非常与众不同——它们只以花朵为食。有的无翅的螽斯，外形很像竹节虫，吃的花有很多种，常给这些植物带来严重的破坏。有的螽斯则只吃花蜜和花粉。

用声音求偶

唧唧的叫声

能发出声音（“唧唧”声）是直翅目昆虫的显著特征。它们可能在保卫地盘和对付敌人的时候会用到声音，但对人类的耳朵来说，最常听到的是它们交配时发出的声音。鸣叫声通常来自雄性，是求偶的重要手段，而且不同种类的直翅目昆虫有自己专用的叫声，以确保只有同种类的雌性才听得懂。此外，鸣叫也是使雄性彼此之间保持距离的重要信号。很多直翅目昆虫在求偶的时候还会来一段舞蹈——附肢和身体以一种复杂的方式运动。

用来唱响求爱颂歌的基本机制有两种，一种是摩擦前翅基部专门的翅脉，这种错齿发声技术主要见于长角亚目（蟋蟀、树螽、长角蚱蜢）的昆虫中。另一种主要见于短角亚目（短角蚱蜢和蝗虫），称为“洗衣板”的技术，其声音来自前翅的一个或多个发声翅脉与后翅内侧的脊部或一排突起之间的摩擦。除了这两种以外，也有很多其他的发声机制，但前面两种是这一目的昆虫用得最多的。有些种类，雄性和雌性都会唱求爱颂歌，有些则只有雄性会唱。

橡树丛蟋蟀发声的方式很独特，它会抬起一只后腿，跗节像敲鼓一样敲打物体，发出咕噜咕噜的声音。还有很多种类则上下吧嗒它们的颚骨，发出像磨牙一样的声音——受到惊扰的蚱蜢常这么做。

直翅目昆虫的耳朵长在腹部或前肢上，包括一层薄膜和与之在内部连接的专门的接收

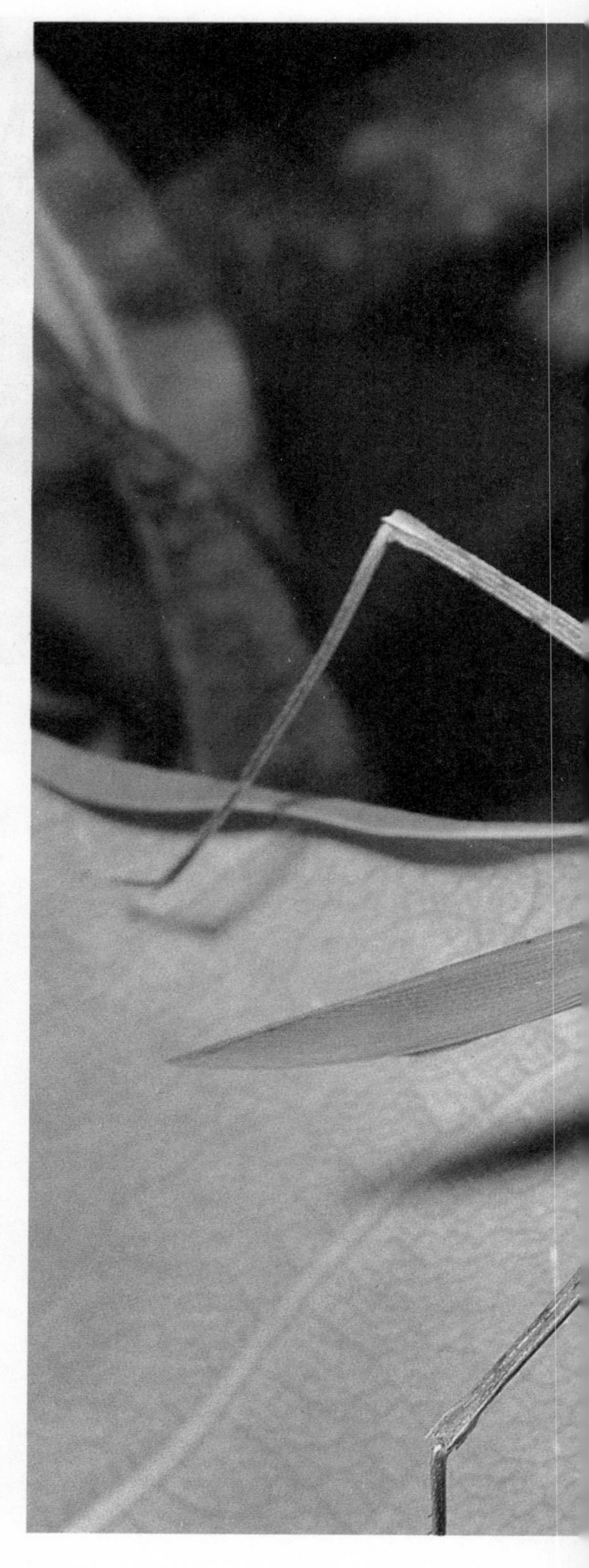

↗有些直翅类昆虫采用的伪装术是一种有效的防御方法，剑角蝗科的蚱蜢颜色就和它们栖息地环境的颜色非常相似。图中该科的一只蚱蜢站在叶子上，使它看起来比较显眼。而当癞蝗科的成员（图中图）在一堆鹅卵石里时，它看起来就像一块真正的鹅卵石。

↑所有的直翅类昆虫都有咬合式和咀嚼式的口器。图中螽斯科的树螽末龄若虫正在一株木槿花上进食。

器。声音会引起薄膜振动，随之刺激接收器的神经细胞。有些种类雌雄两性的耳朵外形不同。许多灌木蟋蟀利用听觉来躲避蝙蝠等天敌，比如薄翅树螽能够探测到近30米外的蝙蝠，在蝙蝠们确定这些昆虫的方位前，它们早已经逃走了。

直翅目昆虫发出的声音有时出人意料地响亮。锥头树螽因为它发声器官的结构，是已知发出的声音最响亮的昆虫中的一种。而包括蝼蛄在内的很多科的成员还会专门制造声音放大器。比如，雄性蝼蛄洞穴的形状会把它的歌声放大，以至于在寂静的夜晚，2000米外都能听到它的声音。最近，人们还利用电脑几乎完全模仿蝼蛄洞穴的构造，研制出了目前最精密和先进的扬声器。

然而，并不是所有蟋蟀发出的声音人类都能听到。许多种类发出的声音属于超声波，而人类的听觉感受范围在20千赫内，因此无法听到任何超出这个范围的声音。澳大利亚的树螽中，有两种以近1毫秒的超声波频率发出短的、音调单纯的声音脉冲。这两种树螽的发声频率不同，目的是为了使雌性能够准确辨认对方。

因此，昆虫学者经常利用改良的“蝙蝠探测器”发出的超声波声音去捕捉直翅昆虫。

直翅目昆虫的发声机制常常会受到环境温度的影响。有些种类的雄性会等到温度最佳的时候才唱歌，只要达到这个温度，它们就唱，非常精确。比如雪白树蟋，把它15秒内叫声的次数加上40，就是当前的华氏温度值。

北美灌木鼠尾草蟋蟀，雄性在夜里从巢穴出来，爬到灌木鼠尾草的顶部开始歌唱。研究显示没有交尾过的雄性比那些交尾过的唱得好听，后者的退步部分原因来自于交尾在雌性身上消耗了很多精力，另外也由于进食的时间减少而引起的体能消耗。

在交尾过程中，雌性会爬到雄性背上，开始吃它肥厚的后翅，交尾完毕后还会吃精囊。据猜测，雌性是以这种同类相残的方式为产卵储备更多的蛋白质。

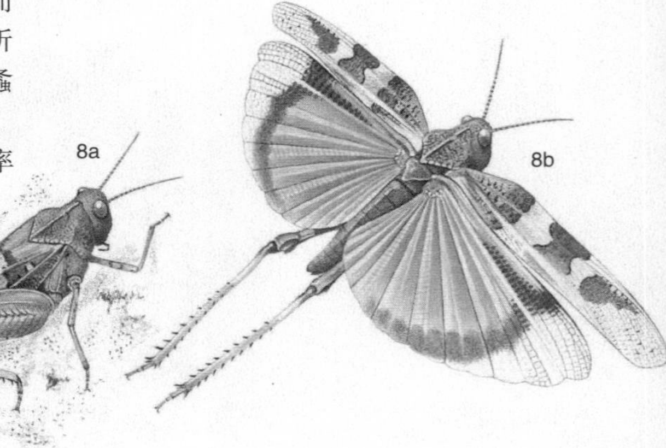

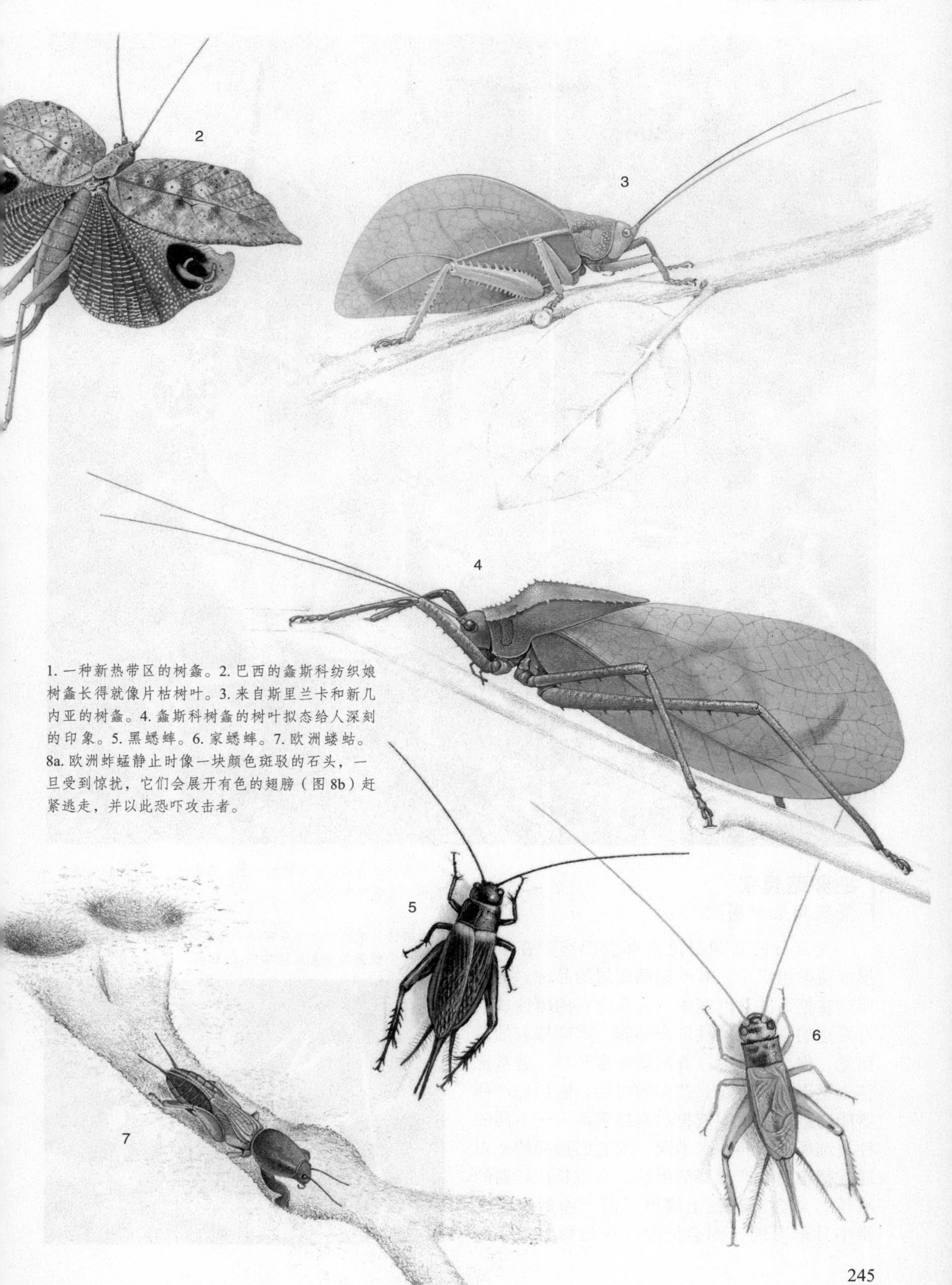

1. 一种新热带区的树螽。2. 巴西的螽斯科纺织娘树螽长得就像片枯树叶。3. 来自斯里兰卡和新几内亚的树螽。4. 螽斯科树螽的树叶拟态给人深刻的印象。5. 黑蟋蟀。6. 家蟋蟀。7. 欧洲蝼蛄。8a. 欧洲蚱蜢静止时像一块颜色斑驳的石头，一旦受到惊扰，它们会展开有色的翅膀（图 8b）赶紧逃走，并以此恐吓攻击者。

↖ 多数蚱蜢将卵产在松软的土里。图中一只非洲优雅雌蝗虫的配偶正在帮它产卵。

把卵藏起来

繁殖和生命周期

大部分的直翅目昆虫都会把卵产在土壤里或植物组织中；有些掘洞而居的品种，会把卵产在挖好的育卵室中。长角亚目的雌性成员有发达的剑形或圆柱形产卵器。产卵器有的短而宽，像半月形刀；有的则瘦瘦长长，常常比整个躯干部分还长。产卵的时候，它们的产卵器能插进植物组织或树皮裂缝里面——不同的种类选择的产卵地点不同。而它们选择的地点通常都很适合产卵器的形状。有瘦长产卵器的雌性，卵会被产在土壤里；而产卵器很短，像半月形刀的，则会把卵产在植物组织或缝

↘ 图中这只雌性树螽尾部有一个交配时雄性给它的巨大的精囊。这个精囊最后会被它吃掉。

隙中——母亲先咬出一个洞，然后锯齿状的产卵器顶部会帮助将其“锯”进植物组织中。大多数长角亚目的雌性在产卵的时候会唱歌，常常，那些合适的缝隙和洞穴会被它们产的卵塞得满满的。

然而，短角亚目的雌性产卵是分批次的，一次产10~200粒，被保护性的泡沫包裹着，像个豆荚。雌性用尖端分叉的短产卵器向下挖洞，体节间特殊的肌肉能使它的身体延长到产卵前正常体长的2倍多。它们的卵荚通常被产在土壤中。在温带地区，有些种类会把卵产在草丛里，而热带地区的某些种类，则有可能把卵产在腐木中。欧洲剑角蝗科的成员住在潮湿的草地中，雌性把卵产在植物的茎部或死木头中，但从来不把卵产在地表——为了避免卵在冬季被洪水淹死。但与此同时，还有无数的昆虫会把卵荚当作食物。在非洲，芫菁科的油芫菁、蜂虻科的蜂虻和缘腹细蜂科的寄生蜂都把腺蝗类蝗虫的卵荚当做食物。正是它们抑制了害虫蚱蜢的数量。

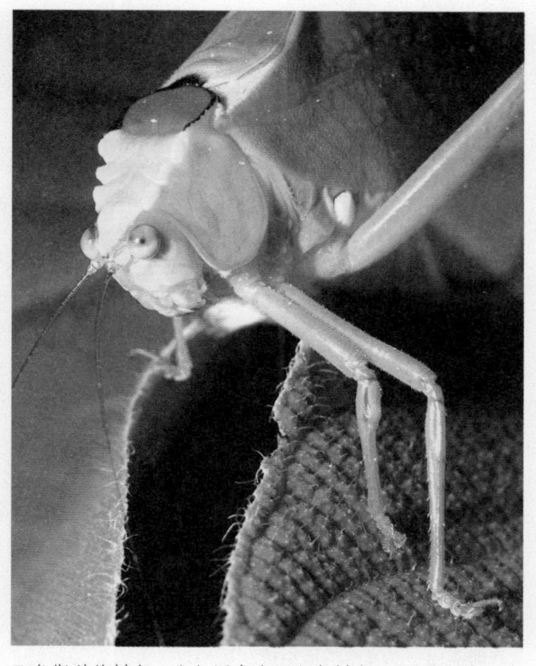

↗ 螽斯科的树螽，比如图中这只秘鲁树螽，“耳朵”由一个前胫节基部的斜长形沟槽组成，这个沟槽上覆盖着能够与声波产生共振的薄膜。

直翅目的幼虫（若虫）孵化后，其外形和习性与成虫很相似，少数种类在体色或图案上与成虫不太一样。经过3~5次蜕皮后，它们就发育为成虫。

总的来说，直翅目昆虫并非很明显的群居性昆虫，其危害作用也同样不十分明显。但剑角蝗科的某些种类具有2种不同的属性，它们有时独来独往，有时又大量聚集在一起。出现后一种情况时，云集的数量能达到数百万只，会毁掉大片大片的农作物。人们也把这种害虫称为蝗虫。

酷劳伦怪螽

1976 年，澳大利亚昆士兰的酷劳伦国家公园中，人们在雨林中的一个隐蔽的陷阱里发现了一只奇怪的动物——后来被命名为酷劳伦怪螽。它的发现在昆虫学界引发了轰动。

这只新物种为成年的雄性，约 3 厘米长，外形极粗壮，身体很宽，头部和附肢均为铲状；触角非常短，几乎没有视觉；翅膀也很短，差不多没有用处（雌性则完全没有翅膀）。这些特征强烈地暗示着这种昆虫属于掘洞而居的类型。

这只怪兽一样的昆虫显然属于直翅目，却跟任何一个已知的科不符，甚至跟两个亚目都不符。分类学家最终同意把它归入长角亚目，但给它单独设了一科——怪螽科。后来人们根据新的科学发现，将这一科归为丑螽科的亚科，但几乎没有一个人认可。

酷劳伦怪螽习惯在昆士兰中部开放的桉树林和沿海雨林那潮湿的沙质土壤中打洞。成年的雄性仅在夜晚出现在地面上，尤其是雨后，这个时间最容易捕捉它们。雌性好像一生都住在地下，极少出现在地面。它们有大大的、肿胀的腹部，足和爪都很小。

口器的形状暗示了酷劳伦怪螽属于食肉动物，它们大概是吃甲虫的幼虫和其他住在森林土壤表面植物缠结的根部的昆虫。遗憾的是，人们对这一群体的生物和生态特点仍然所知不多。

近年来，在昆士兰还发现了另外 3 个新种类。丁狗怪螽被发现的时候，它正忙着在沙地上打洞。甘蔗怪螽，是犁地时偶然被发现的，是迄今为止这个群体中个头最大的一种。最后，一种于 1991 年被发现于南珀西岛——距海岸 85 千米处人迹罕至的小岛。

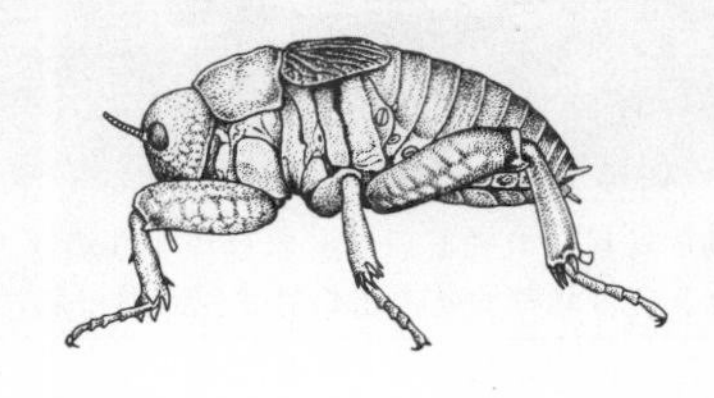

蟋蟀和蚱蜢

目前，直翅目昆虫的分类处于一个不断变动的阶段，没有一个权威性的分类被普遍承认。13 个总科中，某些属、亚科，甚至是科的归置，在不同的书中常有不同的归类。然而，分类学的权威们至少同意把这个昆虫群体分为 2 个亚目，即短亚目和长角亚目。以此为基础，下面按照直翅目昆虫触角的分节数量来划分。短角亚目昆虫触角的分节数少于 30 节，而长角亚目的要多于这个数字。

短角亚目

约 1.05 万种，分为 31 科和 10 总科。总体特征包括：腹部第一节上生有听觉器官；鸣叫机制（如果有）来自于前翅和附足上；雌性的产卵器由一对叉形的瓣组成。

枝蝗总科

130 种，1 科，即枝蝗科。分布于南美。身体很长（有近 165 毫米长）；外形像细小的树枝或竹节虫，经常有人把它们和竹节虫弄混。

短角蝗总科

约 1000 种，9 科，其中短枝蝗科和短角蝗科是最大的两科。短角蝗中较著名的有猴蝗；总体特征是没有翅膀，眼睛突出。

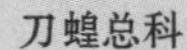

刀蝗总科

4 种，2 科，即刀蝗科和长角蝗科，见于北美。

癞蝗总科

4 科中癞蝗科是最大的一科，共约有 300 种。多数见于干旱的环境中。南非的一种是直翅目中体型最大的昆虫之一，体长接近 70 毫米。

锥头蝗总科

约 450 种，仅锥头蝗科一科。全世界广泛分布，非洲最多。有些体色鲜艳的品种毒性很强，如果被儿童吃掉的话，可能带来致命的后果。有的如腺蝗属于农业害虫，会危害各种瓜类、花生、棉花等。有的体型巨大、体色鲜艳，后翅上常有闪亮的色彩。

叶蝗总科

15 种，2 科，细叶蝗科（窄叶灌木蝗）和叶蝗科（宽叶灌木蝗）。分布于东南亚。

蝗总科

所有总科中最大和分布最广的一科，约 7 500 种，6 科。最大的一科是蝗科，包括常见的蚱蜢和蝗虫，种类有蟾蜍蚱蜢和黄翅蝗。其中包括了一些最大个的蚱蜢和最具危害性的蝗虫，如沙漠蝗。这个群体最普遍的特征之一是前肢间长了一个小突起，而其他科的昆虫都没有这个。剑角蝗亚科包括了最常见的蚱蜢和很多有害的种类，如亚洲飞蝗。花癞蝗科广泛分布于全世界，包括了一些最大个的蚱蜢，体长能超过 120 毫米。

菱蝗总科

约 850 种，2 科，包括蚱科和长角菱蝗科。总的来说体型较小，蚱科的昆虫有时候被叫做“小矮人”、“松鸡蚱蜢”、“地蚱蜢”等。其中多数都栖息在水边或其他潮湿的环境里；有些能在水下游泳，甚至其中一个亚科是部分水生。

蚤蝼总科

2 科，即蚤蝼科和泽蚤蝼科。小型昆虫，体长 4~15 毫米，住在水边的泥或沙里。蚤蝼科的昆虫有时候被称为矮痣蟋蟀，热带最多。

短足蝼总科

1 科（短足蝼科），2 属。其中一属见于巴塔哥尼亚，另一属见于澳大利亚。这个群体具有原始的特征，如此分散和孑遗种分布状态就是强有力的证据。它们有时被称为沙蝗或伪蝼蛄，居住在土壤或沙下的地道里。

长角亚目

长角亚目的昆虫有着长长的角。主要特征包括：前胫节上的听觉器官；前翅的鸣叫机制（如果有）；雌性的产卵器常如一根长针，或如镰刀状。此亚目下有 3 总科：沙螽总科、蟋蟀总科和螽斯总科。

沙螽总科

约 1500 种，3 科，即丑螽科、穴螽科和沙螽科。这个总科于近期经历了一些主要变化。6 个科（怪螽科、蟋螽科、谜螽科、穴螽科、裂趾蟋科和沙螽科）依次被确认。这一总科被认为是最原始的总科之一。

丑螽科

含 8 个亚科。怪螽亚科中包括从澳大利亚采集到的 4 个已知的“怪

↗ 在求偶的时候，来自苏门答腊的一种雄性蟋蟀（右）会喳喳叫着为雌蟋蟀唱起小夜曲。这种蟋蟀的整个求偶过程冗长而细腻，甚至包括少见的腿部舞动。

↗这只乌干达刺猬树螽的背板上有成排的防御性刺，它是许多非洲种类中的一种。

物”品种（参阅“酷劳伦怪螽”）。包括一些体型最大的和最奇怪的直翅昆虫。来自新西兰的沙螽（18种，2属），常常在死木头或地表的沟沟缝缝中被发现，晚上，它们会从那些地方跑出来吃树叶子。

穴螽科

约500种，7亚科。常见的有穴螽斯和驼螽斯，包括北美的穴螽斯。

沙螽科

5亚科。沙螽亚科的约38种，常被统称为沙螽，见于北美洲和中美洲。它们的体长为10~150毫米。

蟋蟀总科

即普通意义上的蟋蟀。约有4200种，全世界均有分布。

蟋蟀科

最大的一科，包括最常见的家蟋蟀。经常有人把其中的一些亚科上升为科，如树蟋蟀亚科成为树蟋蟀科，钲蟋亚科成为钲蟋科。

蝼蛄科

约50种，全世界均有分布。统称蝼蛄。全部都长有掘土机一般善于挖洞的前肢。欧洲蝼蛄是温室害虫。

蚁蟋科

约65种，全世界均有分布。是体型小、身体扁平且无翅的昆虫，习惯与蚂蚁住在一起。

螽斯总科

长角亚目中最大的一总科，超过6000种。

螽斯科

包括大约23个亚科，草螽亚科、露螽亚科、树螽亚科和螽斯亚科囊括了这一科的大部分种类。俗称树螽、长角蚱蜢或灌木蟋蟀。全世界到处都有，大多数栖息在热带地区，食性很广，植物和动物残余物都是它们的食物。有些几乎只吃肉，还会咬人，如灰螽。其他螽斯种类还包括：橡树丛蟋蟀；披甲树螽；锥头树螽等。

鸣螽科

4种，2属。分布于北美、北亚。包括隆背蟋蟀。也有人将该科称做原哈格鸣螽科。包含许多已灭绝的种类，被认为是螽斯的祖先。

法布尔昆虫趣谈

蟋蟀的歌唱

似乎所有身怀绝技的人，都无须要求工具的昂贵和复杂。想当年，鲁迅先生那些脍炙人口、流传至今的经典著作，是用最廉价的毛笔“金不换”所写出来的。当博物学家看到蟋蟀展示的歌唱工具时，没想到这位出类拔萃的歌唱者，使用的乐器是这样简单，和螽斯的乐器采用相同的原理：有齿条的琴弓和振动膜。

蟋蟀两只前翅的结构完全相同，就像是人的左右手，了解了一个就可以知道另一个。不过，它的右前翅除了裹住体侧的褶皱外，几乎把左前翅完全遮住。这与绿色蝈蝈儿、白额螽斯和距螽等近亲完全相反，它们是左撇子，而蟋蟀是右撇子。那么，就让我从右前翅开始说起吧。蟋蟀的右前翅几乎完全贴在背上，这个部分的翅脉比较粗壮，呈深黑色；在侧面，它突然折成直角斜落，将身体紧紧裹住，这部分的翼上有细细的翅脉，斜着平行排列。整个前翅好像是一幅抽象画，让人猜不出画的主题。

↗田间地头的蟋蟀

除了左右两只前翅相交的两点之外，前翅是透明的，呈非常淡的棕红色。前面的呈三角形，大一些；后面的呈椭圆形，小一些。这两处是蟋蟀的发声部位，细薄透明，上面都有一条粗壮的翅脉和一些细微的翅脉纹。前面的一块镶嵌着四五条人字形的皱纹；后面的一块则画着弓形的弧线。

蟋蟀的这两个部位与螽斯的镜膜有些类似。蟋蟀的前部镜膜比较光滑，被歌唱者涂上了一抹橘红色。两条翅脉呈平行的曲线状，将前部镜膜与后面分隔开来；它们之中的一条翅脉，是精致的锯齿状，约有150个三棱柱状的锯齿，这就是蟋蟀的琴弓。两条翅脉之间有凹陷，其间排列着五六条黑色的横脉，让人想起楼梯的梯级。这些小小的梯级就是摩擦脉，左前翅的和右前翅的一模一样。摩擦脉在演奏中发挥着重要作用，它们增加了琴弓的接触点，从而加强了振动。

蟋蟀的乐器确实比白额螽斯的精巧许多：白额螽斯只有一个柔弱的镜膜；而蟋蟀的琴弓上雕刻着多达150个三棱柱锯齿，它们与左前翅的摩擦脉相啮合，四个扬琴同时弹奏，下面的两个直接靠摩擦发声，上面的两个由于摩擦脉的振动发音。白额螽斯的歌声是低吟浅唱，它的声音只有在几步远的地方才能听得到；但是蟋蟀的歌声十分洪亮，甚至在几百米远的地方也能听到它高亢的歌声。这让我想起了底气十足的美声歌唱家，无须辅助的扩音设备，就能让浑厚的声音响彻整个剧场。

在法国北方，蝉用嘶哑的歌声赢得了人

↗意大利蟋蟀

们的赞誉；蟋蟀的歌声和蝉相比毫不逊色，甚至比蝉更胜一筹。蟋蟀的歌声更加清亮、更加细腻，蝉重复着“知了知了”的单调曲子，蟋蟀却懂得抑扬顿挫。它的前翅在侧面伸出，形成一个宽边。宽边放低或者抬高，就会改变与腹部接触的面积，从而使得声音的强度产生变化。蟋蟀就是利用这个制振器，调节声音的大小高低，时而放情高歌，时而低柔清唱。

蟋蟀的两只前翅一模一样，完全对称，但是我所见到的蟋蟀都是右撇子，用处在上方的右边的琴弓拉琴。而左边的琴弓似乎毫无用处，它没有放在任何东西上，不能和任何地方接触发音。

那么，会不会有聪明的蟋蟀交替使用这两把琴弓，用一把、歇一把，以此来延长演出的时间呢？或许，至少会有一种蟋蟀是例外的左撇子，用结构相同的左琴弓拉琴吧？然而，事实与我的猜测完全相反。我观察了许多的蟋蟀，它们都安分地遵循这条普遍的规则，没发现一个例外的左撇子。

我还是不明白，既然两只前翅完全对称，所需要的演奏工具和右前翅是完全一样的，那么，只要把原来处于下方的左前翅移到上方来，就能用它演奏出和右琴弓一样的曲调。既然蟋蟀自己没有发现这个问题，那么我就试试用人为的方法来帮助它们利用这把闲置的琴弓吧。

我设法将蟋蟀的左前翅挪到右前翅上面，我小心翼翼地拿着镊子，大气也不敢喘，生怕手一哆嗦弄伤了我的实验对象。还好，我的耐心和小心帮助我顺利完成了任务，左前翅终于压在右前翅上面了，而且蟋蟀脆弱的胳膊没有脱臼，细嫩的翅膜也没有损伤，就好像它生来就是长成这样的，对于这次改造我非常满意。下面，就等待着整形后的蟋蟀用左琴弓拉出美妙的歌曲了。

然而，事情并没有朝着我所期望的方向发展。蟋蟀刚开始的时候还比较平静，但是没过多久，就对整形手术产生排异反应，费劲地将翅膀扳回原位。我又反复地试了几次，但是，蟋蟀都不能够接受这样的改变，最后，面对蟋蟀的顽强坚持，我终于放弃了。我想，也许是因为成年蟋蟀的翅膜已经僵硬，纹理已经形成，所以无法接受突然的改变；那么，如果我从翅膀发育的初始时期就对它进行改造呢？如果翅膀从一开始就按照左前翅在上、右前翅在下的样子自然生长，蟋蟀会不会顺应这样的形势，改用左琴弓弹奏呢？

于是，我找来了蟋蟀的幼虫，留心它的羽化，这是它再生的重要时刻。此时的歌唱家，它的乐器还是稚嫩的四个小薄片，又短又小，还开着叉。我严密地监视着它的变化，终于等到了蜕皮。我清楚地记得，五月初的一个上午，大概十一点钟，一只幼虫褪去了它的旧衣，换上了一身栗红色的衣服，但前后翅是纯白色的。刚刚蜕皮的蟋蟀，翅膀又小又皱。后翅一直是退化的样子，前翅则开始慢慢展开、变大。起初，左右前翅还很小，没有相互接触到，是在一个平面上生长的；它们长得很慢，看不出来谁要盖住谁。慢慢地，两只翅膀的边缘碰到了一起，眼看着右前翅就要盖住左前翅了，到了我进行改造的时刻了。

为了保护这些稚嫩的薄翼，我抛弃了硬邦邦的镊子，选择一根草作为手术工具。我轻轻地将左前翅扳到右前翅的上面，但是小蟋蟀挣扎了一下，又给扳回了原位；我耐心地再一次将左前翅挪上来。这一次，它没有反抗，左前翅终于叠放在右前翅的上面，尽管只盖住了不到一毫米。这次改造较上一次更加棘手，不过我还是成功了。

叶虫和竹节虫

在最引人注目的昆虫群体中，叶虫和竹节虫可是非同一般的大，并且具有非凡的伪装本领，能惟妙惟肖地假扮植物的颜色、形状和习性。竹节虫目这一名称来源于希腊单词“phasma”，意思是“幻影”，指这种昆虫有助于伪装的外形和习性。

创下昆虫体长纪录的是马来西亚的一种竹节虫，其身体总长达555毫米。其他也有很多竹节目昆虫的体长非常可观，泰坦竹节虫的体长能达到270毫米，还有更大的体长能达到300毫米。而创下体重记录的竹节虫是马来西亚扁竹节虫的丛林若虫，这种体长150毫米的昆虫，体重能达到60克。

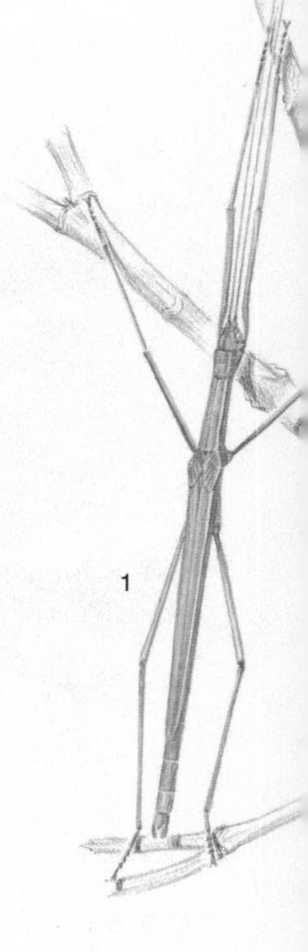

→ 来自世界各地的竹节虫：1. 马来群岛的一种竹节虫。2. 特立尼达的一种竹节虫能够安全地坐在叶子上，无论你从哪个方向看，它都像一根倒下的小树枝。3. 澳大利亚最长的竹节虫。有的可达 25 厘米长。4. 南美洲秘鲁的一种竹节虫。5. 澳大利亚雌性巨型竹节虫。

夜间的食叶者
形态和功能

根据化石记录，竹节虫最早出现于2.51亿~2.05亿年前的三叠纪，与直翅目昆虫有很近的亲缘关系。 然而几个独特的解剖学特征把它们和所有其他新翅类昆虫区别开来，表明它们是一个独立的群体。比如，所有竹节虫的前胸都有一对外分泌腺；许多种类的雄性都有一个很独特的、术语叫做犁骨的骨片。这个骨片长在生殖器的上方，使雄性竹节虫在交尾时能紧紧抱住雌性。

该目昆虫的2500种几乎全是夜行性的，而且主要分布于热带，它们栖息在植物的叶片上。3个亚目只包含6科，胫缘亚目包括枝蝓科和竹节虫科，胫棱亚目包括杆蝓科、拟蝓科、叶蝓科。第6个科——矮竹节虫科，有时并不被认为属于竹节虫目，这个科仅包含一个属，只有13个小型的，且大多数没有翅膀的品种，仅在北美的山区有发现。

在全世界广泛分布的枝蝓科囊括了约1000种竹节虫，著名的实验用印度竹节虫就属于这个家族。竹节虫科含750种左右的竹节虫，包括大多数体型巨大的竹节虫；杆蝓科含300种左右的竹

知识档案

叶虫和竹节虫

纲 昆虫纲

目 竹节目

共2500种，6科

分布 全球均有分布，特别是热带地区。

体型 最大体长一般为30厘米。

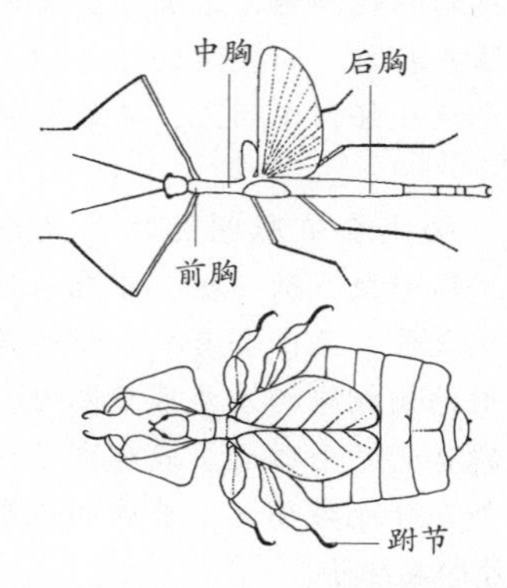

特征 触角细长；口器外突；体形通常为圆柱形；前胸比中胸或后胸短；腿分为细长的节；跗节分5节；2对翅膀，有的退化或缺失；尾须短，无分节。

生命周期 不完全变态；若虫大致类似成虫。

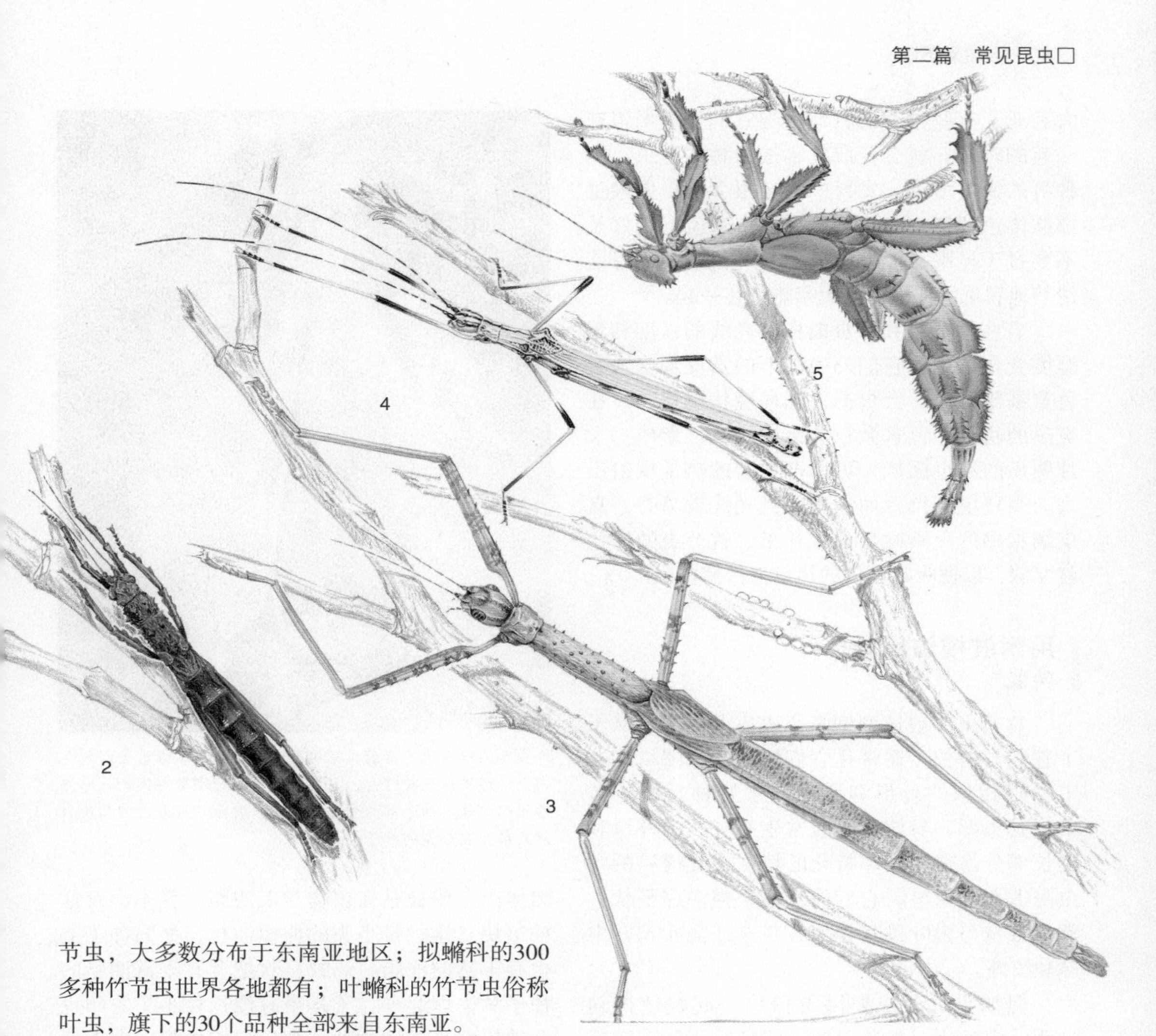

节虫，大多数分布于东南亚地区；拟蝻科的300多种竹节虫世界各地都有；叶蝻科的竹节虫俗称叶虫，旗下的30个品种全部来自东南亚。

竹节虫食性单一，基本上只吃叶子，口器为咀嚼式。很多竹节虫从它们的幼年时代起口味就很挑剔，愿意吃的植物种类不多。在饲养条件下，大多数竹节虫已经开始吃一些非同一般的寄主植物，比如荆棘。

↘在这种来自马达加斯加的竹节虫节头部、身体以及肢部上向外生长的部位就像成簇的藓类植物。图中的这只竹节虫正在雨林中的树叶上休息。

变色
色彩

大多数竹节虫的体色为绿色和棕色的夹杂色。然而，同一种竹节虫能变幻出许多种颜色来。这种色彩的变化在不同地方的同一种类中也会出现。

种群的密度会影响发育中的竹节虫的体色。尽管竹节虫中的大多数都是独来独往的昆虫，有时候却也能达到令人苦恼的密度。在澳大利亚，有些种类的竹节虫当它们大量聚集在一起的时候，就会变成危害桉树林的害虫。当种群的密度增大，发育中的昆虫会变得像蝗虫那样体色鲜艳。对于独居的昆虫来说，最好是不要过于显眼，但聚集成群的时候，就最好能清楚地看见同伴，以便大家能待在一起。

有些竹节虫和叶虫能根据光线的强度和温湿度变化体色。它们外表皮下的真皮细胞含有色素细胞微粒，会根据外部环境状况移动。在炎热的晴天，色素微粒会聚成块状，形成一大片明亮的浅色区域，可以把更多的热量反射出去。当环境变得冷而潮湿，且光线较暗时，真皮细胞中的色素微粒分散开来，竹节虫的体色就变深，以便吸收更多的热量来保持体温。

用附肢模仿树叶
伪装

竹节虫一般体型细长，表皮上的突起赋予了它们与树枝（通常是它们栖息的那棵植物）末梢很相似的外形和质地。某些种类的竹节虫，其头部、身体和附肢常生有叶状的外缘和延长部分。这些极端特化的特征在叶蝌科的叶虫身上非常明显，它们的身体呈横向扁平状，整个虫身与树叶极其相似，甚至还能看到叶中脉和纹理。

但如果竹节虫要随着植物一起快速摆动的话，它的完美伪装通常不能持续很久。实际上，大多数叶虫和竹节虫的行动都不甚灵活，它们习惯把长长的前肢在身前伸展开，然后专注于静止不动地度过大部分时间。但当微风拂过，树叶随之摆动的时候，静止的它们就会变得很醒目。然而，具有有节奏地左右摆动的功能也可能正在竹节虫的进一步演化过程中。

与植物某部分的相似并不只局限于竹节虫的幼虫和成虫，就连它们的卵都看起来非常像植物的种子——椭圆形的卵被一层厚厚的壳包裹着，有的看起来很光滑，有的则有纹理和图案。不同品种的竹节虫所产的卵，其形状和纹饰都不尽相同，能帮助对它们的分类。

许多种类的竹节虫，卵上都有一个突起的结块，即小头。那些被某些竹节虫随便地产在垃圾中的卵上就有这种结块。而那些被产在植物体内，或被粘在植物身上的卵，就不会有这种结块。这种带小头的卵像油粒，如同种子上含有丰富的油脂。蚂蚁喜欢把含有丰富油脂的种子拿去埋起来，于是带有像这种小头的卵也会被蚂蚁当成植物种子搬到它们的巢穴中去埋起来。这样，卵被捕食和被寄生蜂寄生的风险就降低了。油粒和结块都是出于让蚂蚁把自己的卵埋起来的目的而演化出来的适应性，是动植物进化中最令人吃惊的例子。

↗ 成年的叶虫无论活着或死掉后看起来都非常像叶子。新几内亚叶蝌属的这种叶虫，其扁平的身体是形象的例子——翅膀上的纹路与叶子的纹理非常相似。甚至它附肢上的凸边看起来都像更小型的叶子。

甩掉麻烦
捕食和防御

尽管有稀奇古怪的伪装，竹节虫的卵、若虫和成虫还是经常成为其他动物的口中食，其中鸟类是它们最主要的敌人。此外，体型微小的旋小蜂会寄生在竹节虫的卵中。而咬人蠓和螨虫会吃竹节虫的血淋巴，还有蝇类和线虫也会寄生于竹节虫体内。

如果受到惊扰，许多竹节虫都会保持静止，好像全身僵硬了一样从栖息处落下来。在下落期间，附肢全向身后伸，这一瞬间它好像变成了个羽毛球。有的竹节虫会试图阻止袭击者，扁竹节虫的若虫会迅速移动，从伪装的角质前翅下面露出后翅上的鲜艳色彩。

北美的双带竹节虫，或佛罗里达竹节虫，会从前胸的腺体喷出刺激性的化学物。另有许多种类会用附肢上的刺猛刺袭击者，比如巴布亚新几内亚的鬼竹节虫属的竹节虫，就会踢敌人。有些种类的竹节虫非常好斗，一旦受到惊扰，会把身体抬起来，分开后肢，从腹部喷出极难闻的气味。它们的后肢武装得很好，腿节上有很大的刺，甚至能刺穿人的皮肤。

交尾行为

进食和繁殖

人们对野外的竹节虫的交尾行为所知甚少，据猜测信息素在其中发挥了重要的作用。雄性长长的翅膀，并且能够飞行的事实可以作为这一观点的旁证。交尾的时候，雄性会爬到雌性上面，并把腹部末端转动180° 找准交配位置。交尾通常发生在晚上，持续的时间从30分钟到24小时不等。交尾后，许多种类的雄性会一直待在雌性的背上以避免其再和其他雄性交尾。

雌性竹节虫会一次产下所有的卵，有时把卵产在地下；有时则轻弹自己的腹部，像弹弓一样把卵弹出去。有些种类的竹节虫，比如粉红翅竹节虫，会把卵产在裂缝中，或寄居植物的叶片背面。另有许多种类的竹节虫，雌性长有一个短小的产卵器，能插到物体内部产卵。不同雌性竹节虫的产卵数量为100~1300粒。

卵会因为被埋到地下，或者是因为外表像植物种子而受到保护。这些卵会沉寂一两年，有时甚至是3年。每年春天都会有几个星期的孵化时间。孵化的时候，它们会把卵的片状盖推掉，出于抵抗地球重力，加上趋光的本能，它们会爬到垂直地面距离最近的物体上。被产在母亲的寄居植物内部的卵孵化出的幼虫很容易找到合适的食物。澳大利亚的昆士兰桉（俗称“麦克雷的幽灵”或“刺叶虫”），这种竹节虫的一龄若虫通常在蚂蚁的巢穴中孵化，因为它们这时候的外形像蚂蚁，所以能假扮成蚂蚁，并模拟蚂蚁的习性。有的竹节虫一龄若虫，往空中跳跃的高度是它体长的许多倍，这大概是它躲避天敌的方法。

发育成熟前，若虫会经过很多次蜕皮。末次蜕皮后，成年的雌性竹节虫很快就能准备好交尾，而雄性所需要的时间要长一些。一般雄性竹节虫会经过5次蜕皮，比雌性少1次。这样算来，同时出生的雌雄两性竹节虫，最终性成熟的时间差不多在同一时期。

后代从未受精的卵中发育出来即为孤雌生殖，这在竹节虫中很常见，这就好比一种防故障装置——成年的竹节虫常常彼此远远地分散开来，即便雄性能飞行，雌性能散发性信息素，交尾也不一定能实现。有些种类，比如大竹节虫选择孤雌生殖则是出于无奈，因为在野外从来就没有发现过雄性的踪迹。一般来说，没有受精过的卵只会孵化出雌性竹节虫，但至少有一种是例外——澳大利亚的一种竹节虫没有受过精的卵也能孵化出雄性。

↙ 这对正在交配的墨西哥竹节虫清楚地显示了雄性个体比雌性个体小很多。像这样的体形差异在竹节虫中很普遍。

法布尔昆虫趣谈

绿色蝈蝈儿的故事

蝈蝈儿可称得上是最漂亮的螽斯，它体态优美，苗条匀称，身着一袭嫩绿的衣裳，体侧有两条淡白色的丝带，两片大翼轻薄如纱。

这漂亮的虫儿是夜晚的低音歌者，它的发声器官是一个带刮板的小扬琴。蝈蝈儿的低音曲绵长而又喑哑，时而也会发出一声急促的响声，如银铃碰撞般清脆；乐段之间有静默的间歇，此外则是伴唱。在苍茫夜色中的绿叶丛里，蝈蝈儿的歌声并不起眼，仿佛轻声呢喃，又像是窃窃私语，我耳朵的鼓膜要十分努力才能隐隐约约地能捕捉到这窸窸窣窣的声音。

然而当四野蛙声和其他虫鸣暂时沉寂时，我所能听到的绿衣歌者的声音是如此柔和，恰似夏夜的静谧。在北方，沐浴在阳光中的蝉用它那骄阳般热情的歌声赢得了人们的青睐，又岂知，倘若这绿色螽斯的琴声再响亮一点儿，就是比蝉更胜一筹的歌者。

不过，绿色蝈蝈儿并不是田野合唱队唯一的出类拔萃者。在夜晚抒情歌曲方面，有一位演奏者远远超过了它，这就是意大利蟋蟀。当盛夏晚会的灯光师萤火虫点亮幽然的蓝色小灯笼，四面八方的意大利蟋蟀便赶到迷迭香上来参加合唱。这位演奏者身材很小，纤弱苍白，一对大翅膀细细薄薄、闪闪发光。靠着这双翅膀，它演奏起幽雅的小提琴，琴声响亮而富有颤音，与铃蟾忧郁缓款的歌声配合得恰到好处。

提到铃蟾，这是我花园中可亲的两栖类居民。七月中旬的薄暮里，有十来只铃蟾在我身边歌唱，它们大多数蜷缩在花盆中间，花盆一行行排得紧紧的，在我的房前形成一个前庭。每一位歌者都在唱着，它们的歌声节奏缓慢、抑扬顿挫，仿佛在吟唱一曲老歌。它们之中有的声音低沉些，有的尖锐些，但都短促而清晰，是极悦耳的清纯音色。

作为歌曲来讲，铃蟾合唱团的歌难免显得有些凌乱。这个喊一声“克吕克”，那个声音细的叫一声“克力克”，第三个是男高音，回上一句“克洛克”。就这样一直重复着：“克吕克–克力克–克洛克”，“克吕克–克力克–克洛克”，就好像邻居家刚满五岁的小男孩儿，淘气地在键盘上随意敲打，不管什么八度音啊和弦音的，完全不循章法。然而用心去听，你会发现，这是铃蟾小伙儿求爱的清唱，是用歌谣谱成的情书。

不过，铃蟾夫妇婚礼结束的场面让我难以想象。当铃蟾小伙儿成长为一位慈爱的父亲，模样却变得让人完全认不出来了。它后腿的四周缠着一串梨子籽大小的卵，这是它的子女，这鼓鼓囊囊的包袱重重地压在它背上，铃蟾父亲跳不起来，只能拖着身子一小步、一小步地向前走着。

这位温情体贴的父亲啊，你背着这么重的负担，要走到哪里去呢？我要迎着潮湿和阳光前行，到附近的沼泽去，那里有小蝌蚪们生命所必需的温暖的水，是最适合它们发育的环境。在那里，黑色的小蝌蚪会孵化出来，一个一个，蹦蹦跳跳的，和水一接触就能挣破卵壳啦。

顽强的慈父继续它的远征，热爱干燥和阴暗的它，寻找着连做母亲的都不愿去的沼泽。终于，它找到了。它立即投入水中，腿相互摩擦着，那串梨子籽似的卵便脱落下来，父亲的潜水任务完成了。其余的事情会自动进行下去。远征者终于可以回到干燥的家中了。

还是让我们回到田野的联欢会吧，合唱还在继续。绿色蝈蝈儿似乎轻轻敲着小小的三角铁；意大利蟋蟀拨着小提琴E弦；铃蟾敲击着清脆的奏鸣曲；那有着金黄色眼睛的鸟儿，是“小公爵”长耳鸮，它正优雅地独唱忧伤的爱情歌曲；远处传来稍弱的、猫叫般的不和谐音，那是猫头鹰求偶的喊声。

就这样，在盛夏的暮霭中，我沉醉于田野间的联欢会，在大自然的音乐中沉静、思考。而此时，在村庄的广场上，人们用篝火的光照亮了教堂的钟楼，用灿烂的烟花点燃了夜空，孩子们的笑声与咚咚的鼓声交织在一起，这是个举国欢庆国庆的夜晚。不过，我敢打赌，即使是我们这个平常如此宁静的小村庄，在这节庆的日子里，也离不开劣质烧酒和打架斗殴。难道为了更好地品味快乐，就一定要加上痛苦的味道？在庆祝国庆的最高形式隆香阅兵典礼上，死亡和伤痛都是意料之中的，是列入计划的。如果你不能理解，可以去看第二天的报纸。报上刊登的照片中，广场上到处插着写有"军人救护车""平民救护车"字样的红十字旗，看到这你便会明白了。

我则更愿意远离尘嚣，独自一人，来到黑暗的角落，倾听这田野里夜晚艺术家们的音乐。昆虫们才不关心人类吵吵嚷嚷的纪念日呢，它们在为这丰收的季节欢呼，它们歌唱着生活的欢愉，歌唱着草叶上的晨露，歌唱着盛夏的如火骄阳，歌唱着夜幕下的静谧星空。

今天，我们充满信念地庆祝攻陷巴士底狱的胜利纪念日，可是在一两个世纪以后，又有几个人会谈起这件事呢？那时会有新的欢乐需要庆祝，有新的烦恼需要排解。人类和人类变化无常的喜与悲，和虫儿们有什么关系！绿色蝈蝈儿还是会哼着它低沉的抒情曲，长耳鸮还是会对着月亮歌唱它的"康塔塔"。在我们都看不到的未来，总有那么一天，人类会被自己创造的所谓文明所消灭。小铃蟾在意大利蟋蟀、绿色蝈蝈儿和其他动物的陪伴下，一直唱着它的老调子，而人类却会灭亡。在我们来之前它们就在地球上歌唱，我们死后它们还将继续唱着：歌唱太阳，歌唱大地。

不要在联欢会上流连了，我们还是回到昆虫的研究吧。

今年初夏，我那狭小的花园来了一群稀客。真是意外，去年还难以在我家附近寻到它们的踪影，我打算研究它们时，还不得不请求护林人的帮助，才得到了远在拉嘉德高原上的一对；或许是我的坚持不懈感动了命运女神，今年它们像约好了似的成群结队地前来，荒石园的草丛中到处是它们的鸣叫。这难得的客人

↗距螽要经过很久才能找到合适的交配对象。

就是身着绿衣的携刀者——绿色蝈蝈儿。

六月初始，我把不少的雌雄蝈蝈儿请到金属网罩里协助我的研究。对这些身材优美的虫儿，我十分满意，为了好好招待它们，我在瓦钵底铺上了一层细沙，也尽量找些合它们口味的食物。

不过就是在食物方面，我遇到了喂养白额螽斯时同样的麻烦。根据在草地上嚼食的直翅目昆虫的一般饮食制度，我判断网罩中的寄宿者们是虔诚的素食主义者。可事实并非如此：我喂它们莴苣叶，它们吃是吃，可是吃得很少，好像是做客的人为了给主人几分薄面才勉强吃上两口，而实际上明显对呈上来的菜肴不是十分满意。看来要找其他食物招待这些被研究者了，到底是什么呢，是鲜肉吗？命运女神再次对我微笑，一个偶然的机会我得到了答案。

清晨，我在门前散步，突然听到刺耳的吱吱声，感觉旁边的梧桐树上有什么东西落了下来。发生了什么事？我跑过去一看，一只蝈蝈儿正在享用它的战利品——奄奄一息的蝉的肚子。胜利者把头伸进蝉的肚子，一点儿一点儿地拉出它的肚肠，绝境中不幸的俘虏啊，它的哀鸣和挣扎无法改变被开膛破肚的命运。原来，这是一场发生在梧桐树上的战斗。清晨，当蝉在树枝上散步的时候，却不知已经被绿衣猎手盯上。蝈蝈儿纵身一跃，将猎物死死咬住，惊慌失措的蝉飞起逃窜，攻击者和被攻击者就从树上一起掉了下来。

绿衣强盗的屠杀在晚上更容易进行。沉沉夜色中，蝉已进入梦乡。它白天沐浴在阳光和盛夏的热浪之中，尽情地唱了一天，现在它累了，需要休息了。但蝈蝈儿没有休息，它是狂热的夜间狩猎者，只要在巡逻时碰上半睡不醒或是酣睡中的蝉，就一定不会放过，它可以轻而易举地将猎物牢牢抓住，而这正是捕猎的关键所在。

书虱和足丝蚁

啮虫目昆虫都是快跑健将，常见的如书虱、树虱、尘虱或啮虫等。而纺足目昆虫如足丝蚁则不然，它们体色暗淡，身体柔软，群居在丝网组成的隧道里。

啮虫这一名称源自希腊语，“psokos”意思是“摩擦”或“啃、咬”，“ptera”意思是“翅膀”，直译过来就是“会啃咬的有翅昆虫”。纺足目昆虫的俗称则来自于它们前跗骨腺体分泌的丝，它们用这些丝修建供自己居住的隧道网。

书虱

啮虫目

啮虫最早出现于二叠纪（2.95亿~2.48亿年前），人们常常在化石及琥珀里发现它们。由于啮虫的口器与低等的具颚昆虫差别很小，因此常常被认为是最原始的半翅目昆虫。

啮虫的体长介于1~10毫米之间，头部圆形，可活动，球根状眼，线状长触角，前胸较大，休息时翅膀（如果有）交叠于腹背上呈屋脊状，有些啮虫有无翅、短翅、全翅等不同形态；附肢细长，部分种类的后肢特化为跳跃足。某些啮虫的后基节靠近鼓膜处有一个脊状区域，即皮尔曼氏发声器，在求偶期，昆虫使用它发出声音，有些啮虫的发声机制则相当复杂。啮虫既可双性繁殖也可孤雌生殖，有些甚至胎生。有的种类产卵后将卵单个放置，有的则一串串地放置，母亲们会把这些卵藏起来，即用丝或者碎石盖住，某些种类的雌性会守护它们的卵。孵化以后，若虫经过5~6龄的生长期，有些种类成虫后会继续待在一起，有些则各自分开。

啮虫喜欢潮湿的环境，如落叶堆、石头下、植被上、树皮上面或里面等处。有些古啮虫科的种类群居在丝茧里，这些丝由特殊的腺体分泌出来。至少有一种澳大利亚啮虫有蛀木的习性。

由于最新的一些研究成果还没有归并到现有的体系当中，因此对啮虫的分类并没有完整地建立起来。但一般认为啮虫目可分成3个亚目：小啮虫亚目、粉啮虫亚目和啮虫亚目，其中啮虫亚目包含了近75%的已知啮虫种类。亚目和科的区分主要根据触须、跗骨结构以及翅脉的特征。小啮虫亚目的鳞啮科成员的身体和翅膀上覆盖着鳞片，看起来像小型蛾类。包括树虱在内的啮虫科是啮虫目里最庞大的一科。

啮虫以微生植物群落为食，如藻类、地衣、菌类及其孢子、自然生成的酵母等。它们有颚的口器是取食的基础，即内颚叶（下颚的一部分）成为独立的杆状结构，以下颚为支撑沿着基底反向推动以磨掉食物的微粒。咽和下咽也特化为便于磨碎食物的结构，就像研钵和捣锤一样。

有些圆翅啮虫科的树虱住在鸟巢里面，大概虱（毛虱类）就是从那些共生的树虱进化来的。最近在圣海伦岛发现了一种盲眼的地下品种。有些书虱科昆虫是人类房屋里的害虫。书虱科包括常见的书虱，其学名源于书虱科名，

↘生活在热带的书虱比温带的书虱体型更大，颜色也更鲜艳。图中是秘鲁雨林中一种啮虫科书虱正在吃叶子的表面组织。

这些昆虫大量出没于那些存储的谷物粮食受潮发霉的地方，并在那里进食，它们也以受潮的墙纸和书胶上滋生的真菌孢子为食。

足丝蚁
纺足目

足丝蚁生活的丝隧道不仅可以防御天敌以及防止其脱水，同时也提供了从巢中到达腐叶堆、苔藓、地衣等食物来源地的安全通道。在潮湿热带地区，这种从后撤通道连接起来的隧道网络可能非常广阔，覆盖了树皮或者苔藓、地衣覆盖的石头等大片的区域。

纺足目昆虫喜欢群居。一个群体通常包含几只雌性成虫和不同龄、不同大小的后代。雌性成虫在通道内产卵后，会短暂地守护这些卵和新孵化的若虫。这些个体都要经过4龄发育，个体的性别要到最后2龄时才看得出来，因为雄性此时会长出翅芽来。生命短暂的雄性成虫虽然有强大的颚，但并不用来进食，只是在交配时用它抓住雌性成虫。新出生的雄虫离开它们的群体后，会进行一段短暂的飞行，然后进入新的群体中寻找交尾的机会。但是生活在干旱地区的雄性成虫却常常是没有翅膀的。交尾完成后，雌性会把雄性吃掉。

雌雄两性的纺足目昆虫都可以快速地前进或后退。雄性柔韧的翅膀也能适应这种运动，能将其从头部弯向前方。飞行时，翅膀由于放射状的翅脉里的血窦充血而变硬。雄性在晚上具有趋光性。

纺足目昆虫的特征如此之多，因此很难确定它们和其他昆虫群体的亲缘关系。但是，目前人们认为它们与直翅目昆虫是同源的，二者间的分化可能非常早；还有的则认为它们在结构上和蠼螋（革翅目）或者石蝇（翅目）具有相似性。

知识档案

书虱和足丝蚁
纲 昆虫纲
亚纲 有翅亚纲
目 啮虫目（书虱）和纺足目（足丝蚁）

书虱（啮虫目）
35科，约3000多种，由3个亚目组成：小啮虫亚目（5科）、粉啮虫亚目（8科）以及啮虫亚目（22科）。

体型 小型；体长1~10毫米。

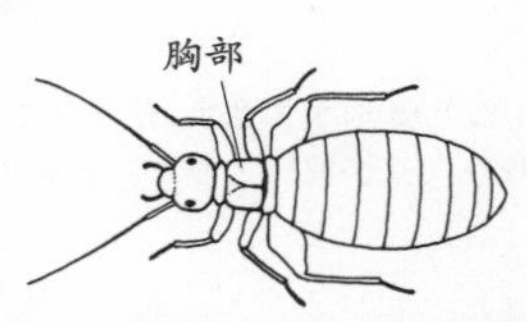

特征 头部突出，有线状触角，仅有翅类型具有单眼，球根状后唇基；头部与胸部间有短“颈”；2对翅，有些无翅；前翅较大；翅脉退化；翅膀呈屋脊状覆于身体上，跗节2或3节；无尾须。

生命周期 有性或者无性繁殖；部分胎生；半变态发育，通常有6个类成虫的幼虫期。

足丝蚁（纺足目）
8科，170余种。

体型 中小型；体长5~12毫米。

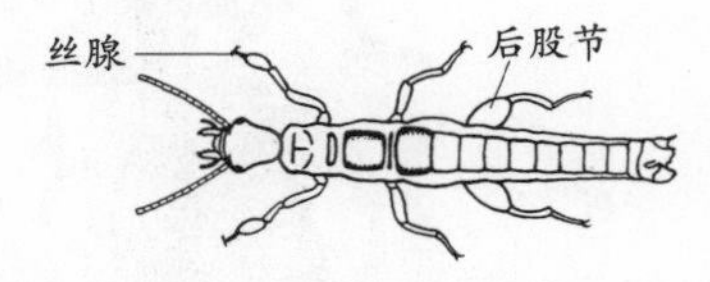

特征 身体长圆柱形，生活在管状丝道里；触角12~32节；肾形眼；无单眼；咬合式口器；雄性有2对窄长的翅膀；所有雌性及某些种类的雄性无翅；附肢短而粗，跗节3节；前腿胀大的基跗节具有丝腺；后腿节较大；腹部10节，末端有分为2节的尾须。

生命周期 若虫类成虫，无翅膀或外生殖器；翅膀体外发育。

缺翅虫和蓟马

除了体型都很小之外，缺翅虫与蓟马几乎没有其他相似点。缺翅虫仅有33种，绝大部分生活在腐烂的木头上，无害；蓟马全部的5000余种几乎都是各类庄稼的主要害虫。

缺翅虫，也叫天使虫，1913年才被发现，目前仍是鲜为人知的昆虫。缺翅虫目唯一的一科仅有2个属，而最近的一项研究则已经将缺翅虫属又划分为7个独立的属。缺翅虫可能与蟑螂有同源关系，一些昆虫学者暗示它们在直翅目昆虫和半翅目昆虫之间组成了一个进化链。

相反，蓟马则与臭虫及寄生虱有关。它们有可能进化为像书虱那样以真菌或植物垃圾里的碎屑为食的昆虫。

↘缺翅虫(图1)是细小的昆虫，体长仅2~3毫米。西花蓟马(图2)是一种令人担忧的园艺害虫，体长1~2毫米甚至更小。

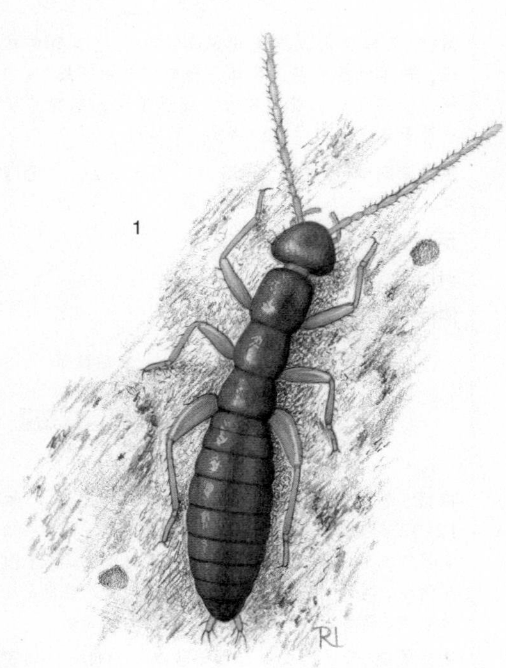

缺翅虫

缺翅虫目

缺翅虫是一种小巧的昆虫，体色包括淡棕色、暗棕色或者黑色。部分种类的成虫是二态的，也就是说它们是同种二态性：有翅的和无翅的。无翅个体的名字从缺翅目名得来（古希腊语“zoros”意思是“纯粹的”，“apteron”的意思是“没有翅膀”），通常为淡棕色，没有眼睛；有翅个体为褐色，有单眼和复眼。这些有翅成虫喜欢各自分散独居，但很少能看见它们飞翔。

虽然雌性或雄性个体都可能有翅或者无翅，但雄性基本上都是无翅的。单个群体内无翅类型的性别比例基本相当，表明有翅雌虫在离开巢穴组建新的群体前已经交配过。因此有翅的雄虫就显得可有可无。与白蚁和蚂蚁一样，交配过的雌虫在到达适宜的栖息地后会丢弃它们的翅膀。若虫颜色比成虫浅，经过4~5次蜕皮后发育成熟。

缺翅虫群居在树皮或者腐木下。吃真菌孢子以及菌丝体，也吃小的无脊椎动物，如螨；群体过量密集时它们甚至吃同类。有时在白蚁巢中能发现它们，但还不确定它们是仅仅巢穴相连还是寄生在白蚁的“真菌花园”里。缺翅虫生活在世界上所有的热带和亚热带地区，近

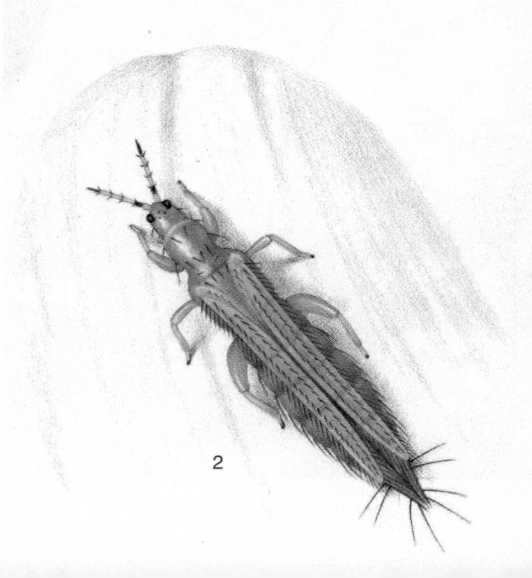

一半已知的种类生活在美洲中南部，最近在澳大拉西亚也发现了一种缺翅虫。

最近对一些种类的进一步研究揭示了其交尾行为的更多细节——雄性提供一种脑部腺体（头腺）分泌物作为交尾前的礼物送给雌虫，雌虫根据这个礼物的质量来选择交尾对象。雌虫可能交尾2~3次，有时它们只和同一个雄性交尾，以确保它吸收到足够多的这种产卵所需的营养物。

交尾时尾对尾，有时雄虫仰躺着，可持续1个小时以上。有些种类群体中雄性很少，雌性可以无需交尾而进行孤雌生殖。缺翅虫花费大量的时间在一成不变的运动中使用口器和前腿修整它们自己。

蓟马
缨翅目

在几组体型微小、翅缘有发状纤毛的昆虫群体中，缨翅目（意思是“流苏状翅膀”）的蓟马的吸吮式口器是独一无二的。蓟马进食时用上腭在食物（通常是叶子、花或者花粉的颗粒）上打一个孔，并插入注射管状的螯针来吸食细胞体。螯针直径通常在1~3微米，但是有的蓟马能够吸取5~10微米大小的真菌孢子。有些种类的蓟马捕食介壳虫或螨虫等小的节肢动物。一种巴西的蓟马是同翅类臭虫的体外寄生虫。

蓟马分为2个亚目，其中锥尾亚目有8个科，包括蓟马科，包含2000多种。部分蓟马是肉食性的，但绝大多数以花或叶子为食，比如温室蓟马、洋葱蓟马、谷物蓟马等。相反，管尾亚目只有一个超大的科，那就是遍及全世界、分为2个亚科的管蓟马科。管蓟马科的2400种蓟马绝大部分以真菌菌丝为食，少数食肉，有些以花为食，也有不少如榕母管蓟马等以绿叶为食的品种。

有些锥尾亚目的蓟马还留有原始的锯状导卵器，而管尾亚目中，雌性的产卵器柔软、可外翻。蓟马的生命周期包含2个幼虫期和2~3个蛹期——初等和高等昆虫的中间态特征。蓟马能够仅用3个星期的时间就从卵发育到成虫。有些蓟马每年繁殖好几代，有些则仅繁殖一代。那些以松树或苏铁类植物雄球花为食的蓟马每年有11个月处于休眠期，因为这些植物的花粉只在一年中很少的几天才有。而食菌类蓟马在潮湿的地方一年四季均可发现。

许多蓟马是双性的，雄性蓟马从未受精的卵发育而成，具有雌性半数的染色体。有些蓟马则完全没有雄性个体。西花蓟马等一些园艺害虫总是双性的，无需交尾就能快速繁殖。

知识档案

缺翅虫和蓟马

纲 昆虫纲

目 缺翅目（缺翅虫或天使虫）；缨翅目（蓟马）

缺翅虫（缺翅目）

33种（有1种从化石中得来），2属，1科：缺翅虫科。全世界都有分布，多见于热带和亚热带。

体型 微小，体长不到4毫米。

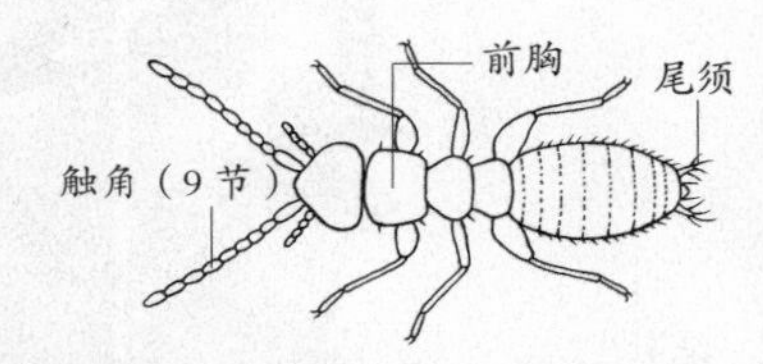

特征 身体柔软；触角分9节；口器下口式，有颚；前胸发达；多数没有翅，有翅（2对）的翅脉退化；腿节大而宽，有刺；跗节分2节；腹部11节；尾须不分节。

生命周期 不完全变形，无蛹期；卵为椭圆形；若虫通过破卵器从卵中孵化出来；在结构、食性和栖息地等方面，若虫与成虫相似，仅体型较小。有一个种类能进行无性繁殖。

蓟马（缨翅目）

2个亚目，9个科，共约5000余种，分布在世界各地。

体型 体长0.5~15毫米。

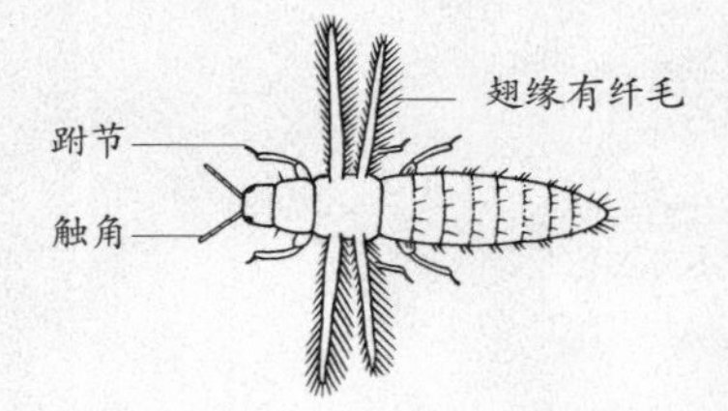

特征 仅有左下颚骨已发育；下颚成为有吸管的蜇针；翅膀有毛边；跗节有凸起的浮囊，用于黏附在光滑的表面上。

生命周期 2个幼虫期，2~3个类蛹预成虫期；部分无需交尾即可繁殖。

多数蓟马生活在热带，但仍有少数种类大量分布于温带地区。在欧洲，在凉爽的初夏，随着温暖多雷的天气，数量巨大的蓟马可能突然起飞，这样的行为模式为它们获得了“雷蝇”的俗称。无翅的蓟马能随风四处分布，甚至越过海洋从澳大利亚去到新西兰。

有许多种蓟马，雄性常常为争夺异性而打斗。有些澳大利亚的造瘿蓟马有兵蓟马来保护虫瘿。有的澳大利亚蓟马将树叶粘在一起或者用丝编织帐篷来建造自己的住处，在里面繁殖后代并躲避蚂蚁及阳光的伤害。

有些蓟马吃各种植物，繁殖迅速，分布广泛，藏身于运输途中的植物上。这些蓟马危害多种农作物，能导致植物或水果由于汁液流失而变质。有些携带植物病源，如著名的番茄斑萎病毒，给鲜花和蔬菜作物带去严重破坏。

↘热带的蓟马通常比生活在温带的蓟马要大得多。图中这种泰国的有黑色光泽的蓟马成虫陪伴着大量亮红色不同龄的若虫。

寄生虱

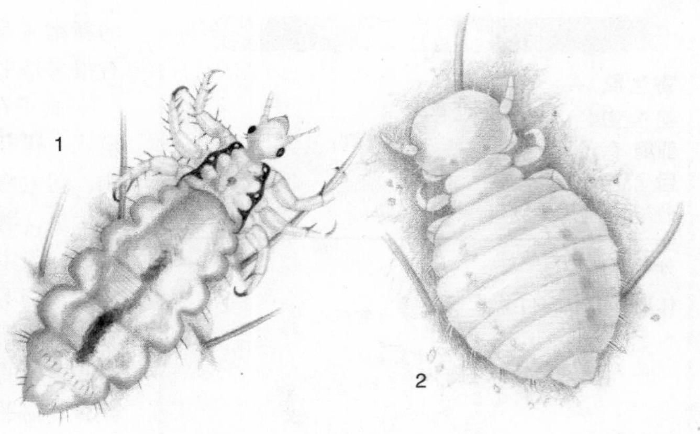

↗1. 人类头虱通常在儿童身上大批孳生，这是由于他们紧密的身体接触使得虱子能够在宿主间传播。2. 一种通常被称作“羽虱”的狗虱依靠宿主的血液生活。

寄生虱在哺乳动物的皮毛或者鸟类的羽毛中度过它们的一生。它们以皮肤碎屑、皮毛或者羽毛以及宿主的血甚至其他虱子的遗体为食。虽然它们不引人注意，但是它们有数千个种类，能够对它们的宿主产生显著地影响，甚至能导致宿主死亡。

虱子终生生活在由宿主的皮肤、皮毛、羽毛构成的环境里，即“表皮”处。没有任何虱子有出去独立生活的阶段，它们都是专性的永久外寄生虫。它们没有翅膀，也不能像跳蚤那样跳跃，只能依靠行走，依附于它们的宿主，只有当两个宿主进行接触的时候，它们才能够更换宿主。

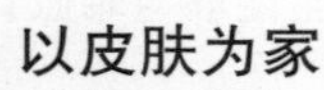

以皮肤为家

形态及功能

寄生虱的祖先可能居住在早期哺乳动物或者鸟类的巢穴里，以真菌或者筑巢者脱落的羽毛或者表皮碎屑为食。虱类的祖先可能曾有过翅膀，但逐渐没有了，大概是因为翅膀不适宜在巢中活动。此后它们就必须搭乘在筑巢者身上才能到达其他的巢穴，这就是携播习性。

适应皮肤并将之作为永久性的栖息地，然后进化为寄生虫，是服从异常的选择性压力的结果。这其中起作用的因素包括合适的食物，宿主的修饰整理行为，以及皮毛或者羽毛的成分等。强大的生存压力促使它们寻找留在宿主身上的各种方法。现代的虱子具有趋温性，以确保它们躲在它们宿主动物的皮肤上。大多数虱子使用它们的爪和变宽的胫节或跗节附着在宿主的毛发或羽毛上，而鼠鸟虱科成员则是用它们强有力的有褶皱的附肢缠绕在宿主的头发上。令人费解的是，很多寄生于哺乳动物身上的虱子每只附肢上仅有1个爪，而鸟类身上的寄生虱同其他昆虫一样是2个。

在宿主表皮里，视觉是不重要的，因此很多虱子的眼睛变小甚至没有。其他的感官则重要得多，因此很多虱子体被厚厚的感觉纤毛。虱子的“皮肤”坚硬而柔韧，身体和头部扁平（和跳蚤不同，跳蚤是侧向扁平），附肢和触角比它们祖先的要短许多。这些适应性有利于减小因宿主修饰或者用嘴整理羽毛而受到伤害的风险，也便于其在皮毛或者羽毛里面行动。

许多虱子仍旧和它们的祖先一样，吃皮屑或羽毛，有些以宿主的皮肤渗出物或者血液为食。南美洲一种豚鼠虱有锯齿状的口器，可以切入毛囊吸取里面的油和蜡。

很多羽虱例如狗虱都具有尖利的下颚，因此它们能够以此造成小的伤口从而吸取宿主的血液。有些蜂雀虱也以血液为食，但它们用长螯针刺穿宿主的皮肤来进食。许多虱子和体内的细菌构成共生关系，这些细菌生活在特定的细胞或者靠近肠的组织中，使得虱子能够消化血液和皮肤蛋白（角蛋白）。有一种羽虱体内甚至发现了其他虱子的残渣，这表明它们以死亡的寄生虱为食。

大部分虱子只有1~2种宿主，具有宿主专一性。仅有少量虱子有较多种类的宿主，最多大约有30种。相反地，有些宿主鸟类如南美洲的珠鸡鸟有高达16种的寄生虱，而一般情况下是2~3种。由于虱子和它的宿主联系如此紧密，因此它们在地理分布上也常常是一致的。当然也有例外，例如狗虱，它原始的宿主是沙袋鼠，但是现在广泛分布在北纬40°到南纬40°之间

知识档案

寄生虱
纲 昆虫纲
亚纲 有翅亚纲
目 虱目
分为4个亚目，27科，约3150种。

分布 全球。

体型 体长0.5~11毫米。

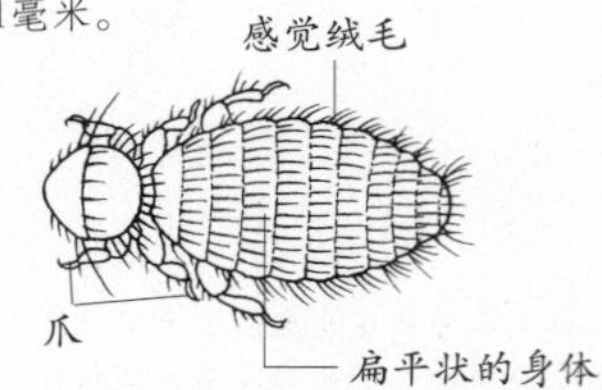

特征 鸟及哺乳动物的永久外寄生虫；无翅，不能跳跃；不显眼的扁平身体；短触角，通常有5节；胸上有一对气门（呼吸孔）；腹部明显分节。

生命周期 幼虫与成虫外形相似（不完全变形）。

吸虱（虱亚目）
共15科，43属，500余种。

特征 头部小，有细小复眼或没有；3种类型刺入式口器；3节胸节愈合在一起；每条附肢上有单爪。

宿主 胎生哺乳动物。

食物 血液。包括人类蟹虱、人体虱、人类头虱以及海豹虱。

象虱（象虱亚目）
1属，3种。

特征 头部前端伸出，成为圆柱状嘴（喙），顶端有咬合式口器。

宿主 大象，疣猪。包括象虱、疣猪虱。

羽虱（丝角亚目）
共有5科，120属，1 800种。

特征 有独特的海绵状肉垫，位于头部和咬合式口器之间的位置。

宿主 鸟类、胎生哺乳动物。

食物 羽毛、皮肤及其分泌物、血液。包括狗虱，绵羊羽虱。

羽虱（钝角亚目）
共7科，75属，850种。

特征 具有上颌骨触须；咬合式口器；第3节触角呈杯状。

宿主 鸟类、哺乳动物。

食物 羽毛、皮肤及其分泌物、血液。包括豚鼠虱、蜂雀虱、杓鹬羽虱、鹈鹕虱、啮啮动物虱（鼠鸟虱科）。

的新宿主身上。即便如此，虱子的分布模式还有很多是未知的。

虱子在宿主身上的分布和它们的地理分布模式一样有趣。虱子很容易受宿主修饰行为的影响，宿主修饰行为的进化大概部分也是为了杀死寄生虫，因此虱子则要面临各种不同修饰行为的挑战。很多鸟类大量使用它们的喙修整羽毛，但显然它们不能这样修整它们的头部和脖子，于是有些虱子就只生活在鸟类的这些部位上。生活在这些区域的虱子移动缓慢，有着宽阔的头部、稍微有些扁平的圆形腹部。鸟类能很容易用喙整理它们的翅膀，因此，生活在这些区域的虱子行动迅速、体型窄长，能够轻易穿过羽毛滑向旁边。

把卵固定起来
繁殖和成长

虱子的求偶行为并不常见。有些雄虱在交尾的时候为了抓住雌虱上面，会用它们的触角紧紧地绕住雌虱的腹部。触角有较大的分节甚至齿，很适合做这些。雄虱甚至能够与雌虱背对背地交尾。

雌虱直接将它们的卵粘在宿主的毛发或者羽毛上。它们无需发达的产卵器，基本上所有虱子的产卵器突起都退化了或者根本没有。绵羊羽虱具有小的钩状突起，可以用来“抓住”毛发并将卵产在上面，其他许多哺乳动物身上的虱子也一样。这些小突起也用于将黏合剂和卵一起拉长成合适的形状以附着在毛发或者羽

↘用人工色彩显示的一只雌性疣猪虱。它象鼻状喙上长有咬合的口器，能够穿透宿主厚厚的皮肤。

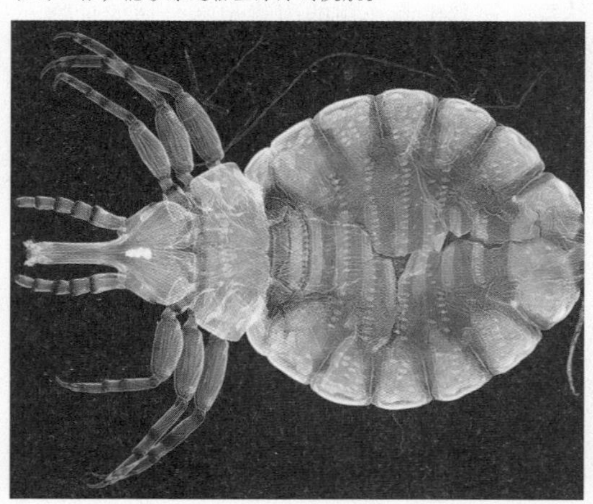

↖这是电子扫描显微镜显示的一个放大了大约 80 倍的蟹虱。这种虱子会用它们 6 条附肢上的爪让自己停留在咬合式口器吸食血液的地方。

毛上。这种黏合剂迅速凝固，变干后非常硬，有时候人们抓住雌虱的时候，发现它们自己也被粘到了毛发上。

虱卵成团的产在鸟类头部和颈部，飞羽羽支的凹槽里或者哺乳动物毛发的根部等受保护的位置，湿气被卵通过黏合物以及基部众多的小孔吸收。虱卵还有一个帽，方便发育后的若虫出来，有时候卵帽上还有突起或结节，以及便于吸收空气的小孔。许多虱类的卵上生有长而复杂的派生体，但人们还不了解其功能。

幼虱通过吞咽空气从卵中出来——空气通过幼虱的消化管进入卵内，使孵化中的若虫后部的压力增大，用这种力量掀开卵帽，有些种类的虱子若虫还会像瓶子口的软木塞一样“发射”出去。卵孵化以后，若虫和成虫吃同样的东西，若虫经过3次蜕皮后变为成虫，中间没有蛹期。人体虱在孵化8天后发育为成虫，而某些海豹虱则要将近1年。成年虱的寿命大致在2或3周到几个月不等。

处于危险中的虱子

保护和环境

虽然许多虱类并未显示出传播疾病的迹象，但有时它们造成的后果却是灾难性的。人体虱传播斑疹伤寒病以及回归热，并造成数百万人死亡。但一般认为人类头虱和蟹虱不会传染疾病。在有些家养动物如狗身上，虱子能传播致病寄生虫。

虱类本身也处于危险中。20世纪灭绝最多的动物是旅鸽虱，数百万旅鸽和更多的旅鸽虱一起灭绝。

虽然虱子在很多人看来远没有它们长着软毛或者羽毛的宿主有吸引力，但有许多同样很重要并应受到相应的保护。在大多数情况下，它们并不对它们的宿主造成实质性的伤害，有情况甚至表明它们可能在诸如猿猴群居整理和孔雀开屏等重要行为的进化中扮演了一个重要的角色。

蛇蛉和泥蛉

从首次露面于2.8亿~2.25亿年前的二叠纪时代（蛇蛉可能出现于更早一些的石炭纪）起，蛇蛉和泥蛉就是第一批翅膀长在内部的昆虫。它们也是已知最早的在生命形态中会经过蛹期的物种，因此是完全变态发育。但是在长期的进化过程中，这两目昆虫似乎并未从这两项“第一”中受益。它们生活在荒僻安静的地方，能观察到的种类很少。

↗ 有着船头一样前伸的头部、网状翅脉的翅膀以及圆润的轮廓，成年的蛇蛉几乎不可能被误认为是其他种类的昆虫。图中这种欧洲的蛇蛉，后面显著突出的黑色产卵器表明这是一只雌性个体。

知识档案

蛇蛉和泥蛉

纲 昆虫纲

目 蛇蛉目（蛇蛉）；广翅目（泥蛉、鱼蛉）

蛇蛉（蛇蛉目）

2科，约200种；包括蛇蛉等。除大洋洲外，其他所有大陆都有分布，在欧洲和美洲最普遍。

体型 1~2厘米长，翅展1~4厘米。

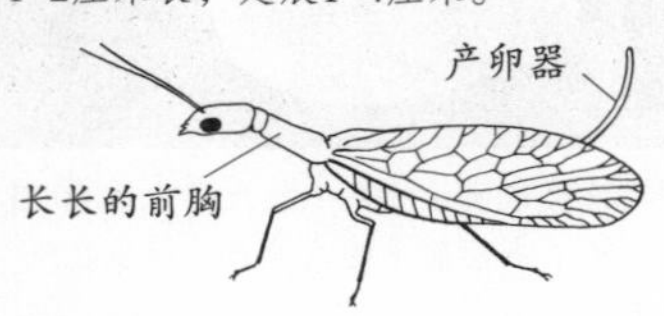

特征 触角刚毛状，较短；前胸（或“颈”）很长；4扇翅膀上有色块；有些翅脉在末端分叉；尾须在腹尖，很短。

生命周期 雌性有长的产卵器；幼虫陆栖，食肉。

泥蛉、鱼蛉（广翅目）

2科，约300种；包括鱼蛉（鱼蛉科）和泥蛉（泥蛉科）。主要生活在温带。

体型 翅展可达15厘米。

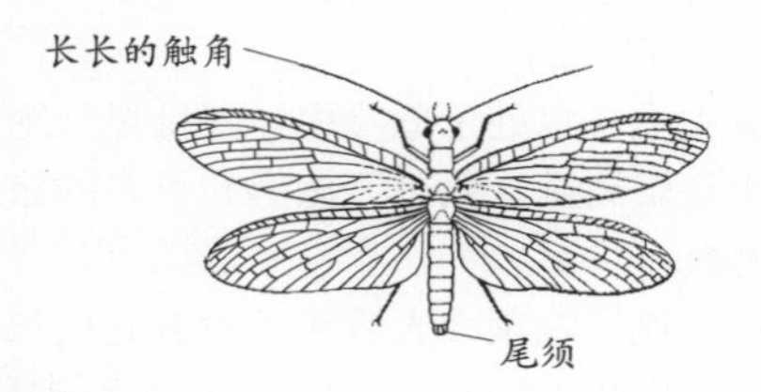

特征 触角通常很长，前胸短；翅上无色块；后翅呈扇形折叠，与前翅通过轭褶相连。翅脉在尖点很少分叉；雄性有尾须。

生命周期 雌性无产孵器；食肉的幼虫通常水栖。

蛇蛉和泥蛉的幼虫期有些要经过好几年，这一阶段它们会长出发达的附肢、头部有强有力的咬合颚。此后，它们会进入能够缓缓爬行的裸蛹阶段（各种附器并不紧贴于身体上）。进入成虫期后，4扇翅膀能沿身体折叠，形如倾斜的屋顶。大大的翅膀上有丰富的翅脉。它们通过拍打翅膀飞行，但多数种类的飞行能力很弱。它们的成年期很短暂，有几种在这个时期不吃东西。

蛇蛉
蛇蛉目

最初，蛇蛉和草蜻蛉、泥蛉都被归在脉翅目下，但最近分类学家们在整个脉翅类（脉翅总目）下为蛇蛉专门设置了单独的目——蛇蛉目。全世界的蛇蛉目昆虫共约2科，200种，这些种类的外形都很相似。以前，大多数的种类都被归在单一属，即蛇蛉属——也是在近期被分割为数个相似的属，但实际上都差不多相当于亚属。

成年的蛇蛉很容易辨认，但因为它们是脉翅总目中极其孤僻的一群，因此很少有人能有机会看到它们。成虫总在森林树木靠近顶部的树枝上度过一生的大部分时间，近地面处很少见。蛇蛉两对透明的翅膀上有近乎渔网般细密的脉络，这一点与其他脉翅类昆虫很相似。与后翅相比，它们的前翅相对窄而长。

蛇蛉有螳螂那样相当长的前胸，像颈一样

支撑着狭长前伸的头部，在身体前部形成一个很好的观察姿势。鞭形的触角很长，像念珠一样分了很多节，在闪亮的头部的扁平顶部向前伸出，正好在大而发达的颚部上面。附肢的外形普通，从前胸的后部开始排列。细长的触角和无特化情形的前肢是与螳蛉（脉翅总目；螳蛉科）最明显的区别——螳蛉也有很长的前胸背板和网状的翅脉，但其前肢高度特化为捕食肢。雌性的蛇蛉因为有长如针状的突出的产卵器，因此看起来挺危险的——有些人会误把它们的产卵器当作刺。蛇蛉属于完全变形，幼虫与某种甲虫的幼虫很相似，与成虫的外形完全不同，因此它们在幼虫期很难被分辨出来。

蛇蛉的成虫和幼虫都食肉，利用它们强有力的附肢捕食其他昆虫。成虫通常以软体的无脊椎动物为食，如蚜虫和鳞翅类毛虫，幼虫则吃甲虫和蝇类的幼虫。由于它们的食谱上包括许多害虫，蛇蛉被认为是果园益虫。

雌性产卵时用长长的产卵器把卵产在树皮里，幼虫会在里面生活。有些种类的蛇蛉钟情于针叶树，而其他种类则主要生活在橡树或其他落叶树种上，于是它们便有了“林地定居者”的名声。蛇蛉的分布很不均匀：北美的全部19种都集中在西部，同时，它们也扩散至更北端的哥伦比亚地区。

泥蛉

广翅目

泥蛉和鱼蛉都属于广翅目，其中包括一些大型物种，有些美洲鱼蛉，成虫的翅展能达到15厘米。幼虫水栖，腹部有7对气管鳃，腹部侧边还有鳃毛。鳃能规律地伸缩，让水流嗖嗖地通过。身体末端的腹足上生有大大的爪，能帮助它们移动。

成年的雌性泥蛉把卵产在近水处，有时同一个地方能聚集数千粒卵。有些澳大利亚种类，数代年复一年地在同一棵树桩上产卵。孵化后，幼虫会落入水中，并在水里用它们大大的颚捕食（一般是小昆虫的幼虫）。它们通常得花上好几年时间发育成熟，然后在附近的土壤里进入蛹期。有些种类的夜行性成虫不进食，虽然雄性有巨大的獠牙状的腭，其长度是头部长度的3倍，但并不能发挥什么实质性的作用，大概是与其他雄性向异性争宠用的。

在初夏，靠近水的地方会出现很多矮胖的褐色泥蛉，其成虫都长得差不多，只能靠辨认雄性的生殖器，或雌性的肛板来确认种类。它们的成虫期很短，只有2~3天，这期间不进食。成虫羽化的时间差不多是同时的，这对它们夜间的交尾很有帮助，因此在很短的时间里就能出现大量的两性泥蛉。

雌性泥蛉把卵成串地产在悬垂于水面之上的植物上。有时好几位母亲会选择同一棵植物，于是这棵植物最终会变得像披了一层卵做的外套。幼虫有7对鳃，像附肢一样每个分5节，通常最末一体节上会有1个额外的鳃。幼虫会花上2~3年的时间积极地四处寻找食物——水生昆虫、蠕虫和其他小型无脊椎动物。最后，它们在水边泥土里或渣屑里的小洞中化蛹。

↙ 一只雌性泥蛉正在池塘边的灯芯草秆上产卵，而此前草秆上已有它产下的一大串卵。旁边，有只细小的雌性寄生蜂将自己的卵产在泥蛉的卵里。当这些卵孵化后，泥蛉的幼虫会直接落入到下面的水中。

草蜻蛉

螳蛉、草蜻蛉和蚁狮这些有网状翅脉的昆虫都属于脉翅目。这一类昆虫的外形多样，从微小如蚜虫，翅展只有3毫米的蜡蛉，到巨大的、翅展足有16厘米的热带蚁狮，令人叹为观止。

这一目昆虫中，人们最熟悉的应该是温带地区的绿色草蜻蛉，那些最常见的种类有时候会进入人类的房屋中，它们美丽的金色大眼睛总是能吸引人们的注意力。

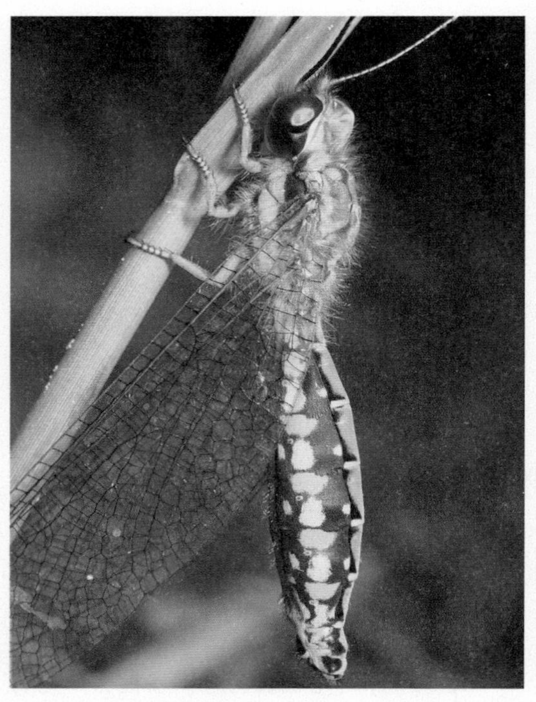

↗ 这种肯尼亚的蝶角蛉科的昆虫是众多色彩艳丽的长角蛉中的一种。

吃肉的幼虫
发育阶段

大部分的草蜻蛉幼虫都是陆栖肉食性昆虫。口器由上颌骨和腭组成，像吸管，通过咽部的泵状机制吸吮食物。肠末为盲端，任何未消化的固体食物都会在这里堆积。水蛉科的幼虫为水栖，专吃淡水中的海绵。雌性在悬垂于水面之上的树枝上产卵，幼虫长有7对鳃，孵化出来后直接落入水中。

褐色的草蜻蛉（褐蛉科）是具有重要意义的一族，其陆栖的幼虫以蚜虫和其他吸吮植物汁液的昆虫为食。人类较熟悉的绿色草蜻蛉（草蛉科），其幼虫是蚜虫的重要天敌。有些草蜻蛉幼虫能躲在它们猎物空空的外壳下以避开敌人。受到蚂蚁攻击时，幼虫会转着圈子摆动自己柔软灵活的腹部，用一滴从肛门处流出来的防御性液体涂抹到敌人身上。雌性草蜻蛉为了保护自己的卵免遭寄生虫和敌人的侵袭，会把它们缚在长长的茎上，关于这根茎，是它把一滴“胶水” 抹在叶片上，然后快速向前移动腹部，将这滴能很快变硬的胶水拉成的。卵被缚在这根茎上，一串串的卵看起来像个针插。

溪蛉科的幼虫没有鳃，但仍然能捕食摇蚊的幼虫和其他水生生物。具有相似翅脉的蚁蛉科和蝶角蛉科昆虫，是贪婪的食肉动物，长有大大的锯齿状的颚，能在猎物体内注入酶，然后把猎物的体浆吸出来。蚁狮是蚁蛉科的幼虫，它们会在沙里挖一个坑，然后秘密地躲在坑底，仅把大大的颚部露在外面。任何被绊倒的小型昆虫都会遭到方位精准的沙粒的连续扫射——蚁狮会不停地把沙向上扬，直到猎物跌进自己一直等待的嘴里。有的种类的幼虫住在

知识档案

草蜻蛉

纲 昆虫纲

目 脉翅目

20科，约5000种，包括海绵蛉、褐蛉、绿草蜻蛉、蜡蛉、螳蛉、蝶蛉等。

分布 全世界，主要是热带。

体型 体长2毫米至7.5厘米；翅展3毫米至16厘米。

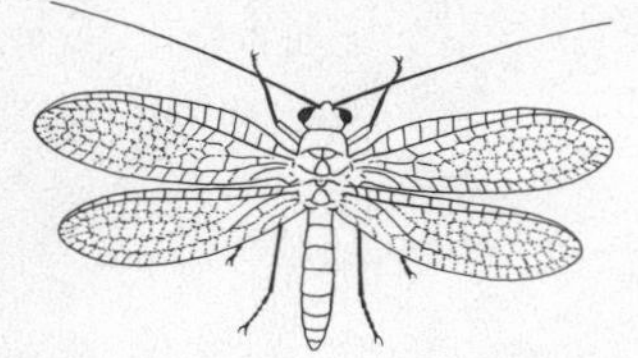

特征 身体绒毛较多；触角为线状或棒状；4扇翅膀；翅脉尖端几乎都分叉；有注射器状口器。

生命周期 无产卵器或尾须；幼虫主要陆栖，食肉；3个幼虫期，1蛹期。

树干上，或在土壤里挖洞居住。旌蛉科幼虫，前胸极长，像个长长的脖子，能帮助它们捕猎。而许多螳蛉的幼虫会钻进蜘蛛尤其是狼蛛的茧里面，把卵吃掉。

在夜晚飞翔的四翅昆虫

成虫的习性和生态

大部分成年的脉翅类昆虫都是夜行性，通常只有在它们跑到人造的光线下时才能发现它们。膜质的翅膀上总有密集交错的网状脉络，静止时像屋顶一样盖在身体上面。成年绿草蜻蛉在巨大的翅脉上长有听觉器官，能听到蝙蝠发出的短暂、高频的脉冲音，这能帮助它们避免被吃掉。

雌雄两性均通过腹部的摇摆来传递性信息——脉冲向下通过附肢到达栖息的叶面，然后传播给邻近的个体。每一个种类都有它们独有的呼叫码，以便排除无用的中间联系。

蝶角蛉的成虫在白天用翅膀捕食。相对大部分脉翅类昆虫来说，它们具有较强的飞行能力。在远处看的话，很容易把它们和蜻蜓弄混，但在近处的话，它们长长的棒状触角让它们很容易辨认。某些种类的雄性，翅膀上有色彩鲜艳的花纹，非常迷人。有的则色彩暗淡，栖息时总采取一成不变的姿势，即腹部与栖息处（小嫩枝或树干）的表面成一个角度，通常是直角，翅膀排成一行。这个时候腹部弯曲得厉害，形状多节，看起来似乎是一根突然截断的小嫩枝。一旦被擒，有些热带种类不仅会装死，还会释放出像腐肉般的臭味。

雌性在草叶或嫩嫩的小树枝上产卵，有些种类会绕着卵串围一圈棒状物组成的栅栏般的东西（卵杆体），大概是起保护的作用。旌蛉科的成虫以它们非凡的彩色纸带般的后翅而闻名：翅膀并不是用来飞翔的，而是拖在身后，大概也跟性有关。雄性会一群群地像蜉蝣那样上下飞舞，以此吸引异性。

迷人的螳蛉很像小型螳螂，也有用于抓取的前肢、长长的前胸、能活动的头部和巨大的复眼，很适合捕捉猎物。螳蛉主要生活在热带，在温带地区（英国的岛屿除外）也很普遍。某些来自美洲的种类能逼真地伪装成群居性黄蜂，而且这个种类呈多态性，因此这一个品种的螳蛉能模仿数种不同的黄蜂。

↘ 草蜻蛉的代表种类：1. 一只褐蛉，这种小型草蜻蛉以蚜虫为食。2. 普通草蛉，是一种普通的绿草蜻蛉，以它们金色的眼睛著称。3. 一种嗜肉成性的蝶角蛉，或称蝶蛉。4. 由于长有长长的前胸和抓捕前肢，这只螳蛉很像螳螂，但只有2.5厘米长。

蝎 蛉

蝎蛉这一名称来源于蝎蛉科蝎蛉的一项特征——腹部末端有大而上翻的突出部分，令人想起蝎子的尾巴。不过这二者之间的相似也仅限于此：蝎蛉既不咬人，也不刺人。

蝎蛉的8科中，有 5 科如异蝎蛉科、水蝎蛉科、原蝎蛉科、美蝎蛉科等，加起来总共只有11种，且几乎都生活在南半球。这11种具有一些非常古老的特征，似乎自从1.44亿年前的侏罗纪时代起就没什么变化。另外的3科——雪蛉科（雪蝎蛉）、蚊蝎蛉科（吊蝎蛉）和蝎蛉科（蝎蛉）则常见得多，且分布广泛。

苗条的食肉动物
形体和功能

蝎蛉是纤细、体型小到中等的肉食性昆虫。向下的原始咬合式口器与身体成直角，形成喙状结构——部分是由头部被膜的延长部分形成的。成年蝎蛉有长而多节的丝状触角；复眼发达，通常有3只单眼或眼点。

成虫一般有两对外形相似的膜质长翅——长翅目的名称“mecoptera”即来源于希腊语“mekoptera”，意思是“长长的翅膀”。这两对翅膀通常透明或半透明，常有明显的斑点或条纹。静止的时候翅膀的摆放姿势不一，有的水平，有的纵伸。加利福尼亚的某些蝎蛉没有翅膀。雪蝎蛉科的雄性由一对细长、刚毛状的退化器官代替了翅膀，而雌性则在胸部的中间体节上生有介壳虫那样的肉瓣。

蝎蛉的附肢通常长而纤细，适合爬行，附

↘ 蝎蛉这个俗称是因为蝎蛉科雄性昆虫球根状的微红色生殖球囊而得。球囊与蝎子的针非常相似。图中这只常见蝎蛉的球囊在尾部很醒目地向上翘着。

肢上的爪差不多都成对。长长的腹部通常分10节，上尾须很短，雄性的生殖器突出。

蝎蛉的幼虫像毛虫（十字形），头部发达，上颚锋利，触角很短，分3节。众多小眼组成的复眼长在头部两侧，是这一目昆虫的独有特征。有些幼虫与锯蜂的幼虫很相似，而有的幼虫在体节上则有伸出的枝杈状突起。蝎蛉幼虫都栖息在植物或昆虫的遗体上。人们还不太清楚它们具体的蜕皮次数，只知道有些蝎蛉科的成员一生蜕皮7次。蝎蛉幼虫在土壤中度过蛹期，化蛹的时候用上颚刺破茧出来。

根据化石记录，蝎蛉首次出现在二叠纪末期（2.95亿~2.48亿年前）。长翅目是最原始的具蛹期的目之一。

知识档案

蝎 蛉

纲 昆虫纲

亚纲 有翅亚纲

目 长翅目

总共不到400种，分属8科。其中，有些是真正的蝎蛉，有些则是俗称的蝎蛉，包括蝎蛉、雪蝎蛉（雪蛉科）和吊蝎蛉（蚊蝎蛉科）等。

分布 全世界都有发现，多见于凉爽潮湿的环境中。

体型 成虫大都12~26毫米长，通常有两对外形相似的膜质长翅，翅展最大可达5厘米。

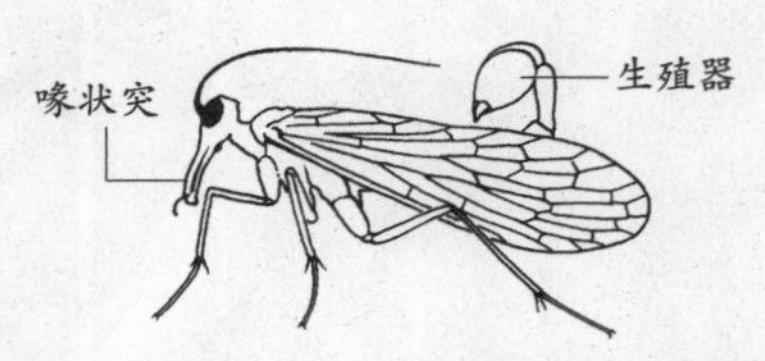

特征 身体细长，小到中等体型，有向下突出的“喙”。成虫有丝状触角。蝎蛉科成员的雄性，其生殖器上翻，像蝎子的尾巴。

生命周期 幼虫像毛虫，前肢已长出，有特征化的复眼。蛹是裸蛹，上颚可以活动，附器露在外面。属于完全变形（全变态发育）；翅膀内生（内翅）。

偏爱凉爽潮湿的环境

分布状况

在长翅目不到400种的群体中，美国有85种，澳大利亚有20种，英国有4种。大部分蝎蛉成虫偏爱潮湿、凉爽的环境。有些种类从不会离开沼泽、池塘或小溪太远。

真正的或常见的蝎蛉其实分布很广。它们约15~20毫米长，身体为黄褐色，翅膀上有褐色的条状或点状花纹。整个欧洲都很常见的一种蝎蛉的翅展达30毫米。

翅膀退化的雪蝎蛉，见于欧洲和北美，以苔藓为食。这种非同一般的昆虫常常出没于冬季雪后的地面上，有细长的身体，长度为2~5毫米，深色体色。

吊蝎蛉这一名称来自于它们捕获猎物的方式：它们用后肢捕食，而用前肢把自己吊在小树枝或某种植物上，有的属于真正用翅膀捕食的种类。大部分成年的吊蝎蛉为黄褐色，附肢长，看起来非常像大蚊。

蝎蛉的成虫和幼虫都以植物或昆虫的尸体为食，或捕食活体，有些则偶尔吃花粉、花蜜或花朵。人们还观察到雌雄两性的蝎蛉都曾出现在蜘蛛网上搜捕昆虫猎物，看起来它们似乎能很安全地在网上出没而不被蜘蛛发现。有些种类的蝎蛉还会同类相残，但这种情况极其罕见。

蝎蛉交配的礼物和“性暴行”

大部分成年的雄性蝎蛉可以从3个可行的方案中提高交尾的几率。第一个是向异性提供一份节肢动物如昆虫的遗骸作为礼物。这份礼物常常是雄性冒着风险从蜘蛛网里获得的，因为蜘蛛网中经常可发现雄蝎蛉的尸体。第二个方案是雄虫把自己唾液腺中产生的唾液收集起来，最后弄成一个比自己的体重差不了多少的唾液柱送给雌性。这种礼物只有那些把自己喂得饱饱的捕食高手才能做得出来。而这些充足的食物有可能也是从蜘蛛网里得来的，其风险系数与采用第一个选项的雄性相当。最后一个方案是“性暴行”，即雄虫用第三和第四腹节背板的钳状结构抓住异性的翅膀以防止它逃跑。这个选项避免了头两个方案中偷食包含的风险，但对其自身也有害处，因为处于这种情形中的雌性，最后产卵的数量比那些收到礼物的雌性所产的卵要少。实际上，只有那些在激烈的争夺节肢动物食源的竞争中落败的雄性才会采取这种不顾一切的手段。

↙按照雄性吊蝇所采用的常见求偶策略，图中这只澳大利亚蚊蝎蛉科的典型种类正向雌性提供一只肥胖而富有营养的苍蝇。它通常没有其他选择，因为雌性不会接受那些空着手来的异性。

用礼物求偶

社会行为

蝎蛉的求偶行为很复杂，其中包括双方交换“婚礼礼物”和雄性发出吸引异性的性信息素。雌性蝎蛉不止一次地反复交尾。有些吊蝎蛉的求偶行为由温度决定，大多数的交尾发生在正午。雄性吊蝎蛉用后肢抓住捕获的猎物后，改用自己的喙戳着食物飞去一个可供休息的场所，此间它会一直用自己的口器挑着这份用来求偶的礼物。然后同种的雌性会被雄性的分泌物所吸引。抓住靠近的雌性后，雄虫会把备好的礼物送给它，在雌虫享用礼物的时候，交尾就发生了。几分钟后，二者分手，雄虫会在下次觅食前把雌性吃剩下的求婚礼物吃光。有时候一只雄性会把好几只雌性吸引过来，那么它会利用这同一份礼物轮流与它们交尾。

雌性吊蝎蛉也并不是每次都会吃收到的礼物，这大概是因为雄性提供的礼物是富含营养价值的食物来源，可以令雌性产下成熟的卵。有些雄蝎蛉去寻找其他的雄性，以偷走它们的礼物；有些则会用武力赶走处于交尾中却还没来得及授精的同性，但大部分种类的雄性蝎蛉，其尾端的生殖器能紧紧抓住雌性以避免这种的情况发生。

交尾后，椭圆形（蝎蛉属）或骰子形（蚊蝎蛉属）的卵单粒或成批地产于土缝中，或直接产在地上。蝎蛉的幼虫约1周左右就能孵化出来，然后在地面上四处觅食。一旦找到后，它们要么跑到食物下面，从下方开始吃起，要么把食物拖到某个洞穴中去。

跳蚤

跳蚤是一种与众不同的吸血昆虫，高度专注于它们在热血动物身上的体外寄生生活。跳蚤的身体侧面扁平，呈流线型，加上龙骨状的头部，使得它们能快速地在宿主的毛皮或羽毛中“游泳”前行。作为对寄生生活的适应，它们能用牙齿、爪或喙与宿主对抗，其无比坚硬的身体使得它们不会轻易死于碾压。

与跳蚤亲缘关系最近的是蝎蛉，二者有非常相似的骨骼和肌肉结构，甚至染色体也很相似。也许在约2.6亿年前，长翅目昆虫的祖先衍生出了跳蚤、蝴蝶、蛾和苍蝇等后代及已知的蝎蛉动物群或吸吻类动物，而后新进化的哺乳动物也成了跳蚤的宿主。

知识档案

跳 蚤

亚纲 有翅亚纲

目 蚤目

共约1800种，200属，16科，3总科

分布 全世界分布的体外寄生虫，多见于哺乳动物和鸟类身上。

体型 小；成虫体长为1~9毫米。

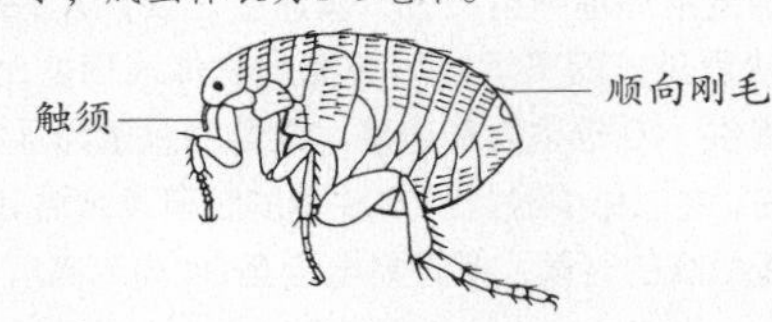

特征 无翅；一般为棕黑色或黑色，体侧扁平，呈流线型；有刺吸式口器，专为吸血；有的有单眼；头部两侧的小凹槽中生有短触角；体被闪亮而又坚硬的覆盖物，为黄褐色到黑色，有顺向的刚毛和“梳子”；腹部一般分为7节，尾部3节特化为独特而复杂的生殖器官；其跳跃的进化适应性包括：有力的后肢和胸膜弓；有骨骼锁定机制。

生命周期 属于完全变形（全变态发育），一生会经过卵、幼虫（3龄）、蛹（在丝制的茧内）和成虫4个时期。蠕虫状的幼虫无附肢、无眼、自由来去，有发达的头部；以有机物残余物如宿主的死皮屑和宿主干燥的血液为食；头部行压磨和吮吸的肌肉会配合口器完成进食。

↗ 人类只知道少数几种跳蚤的详细生命周期，但它们的生活模式很明显。雌性跳蚤产的卵会在2周内孵化为无附肢的幼虫。再经历2~3次蜕皮后，幼虫会织个茧，然后钻进去进入蛹期，并常常在数天内羽化为成虫，但这一过程也有可能被延长为1年或更长时间。

执著的吸血者

形态和功能

除了全身长有密密麻麻的顺向刚毛，大部分跳蚤还有两套形成“梳子”（栉鳃）的刺：头部有一个颊梳，第一胸节上有一个前胸梳。梳子和刚毛对纤巧的关节和眼睛形成保护，并协助跳蚤固定在宿主的皮毛上。住在满身都是刺的宿主身上的刺猬跳蚤和豪猪跳蚤，展示出趋同进化结果，即二者的体梳上都生有大片粗短的刺，估计是用来抓住宿主的刺的。在那些长有翅膀的宿主如鸟类和蝙蝠身上，跳蚤必须紧紧依附着它们，否则就会掉下去，因此这种跳蚤身上也有发达的、长满刺的梳子，有的还不止两套。

大多数的跳蚤都寄生在哺乳动物身上，鸟类包括大部分海鸟和小型雀鸟身上发现的只有10%左右。只有水生哺乳动物如鲸、海豹、麝鼠、鸭嘴兽和包括飞狐猴、灵长动物、斑马、大象、犀牛和土豚在内的某些陆生哺乳动物不会受到跳蚤的侵扰。跳蚤的全变态特性在寄生性昆虫中很稀有，并且由于成虫与幼虫的差别，它们不得不依赖那些筑巢的，或住在隐蔽洞穴中的宿主——这些栖息地使刚羽化的成虫

能轻易占据一位常住宿主，或者是在一年内返回同一个巢中的鸟类。尽管没有视觉，但跳蚤成虫具备极强的跳跃能力，并能非常敏锐地感觉到附近的振动、热源和呼出的二氧化碳，因此跳蚤在寻找和占领宿主方面非常有效率，即便是在空旷的环境中也是如此。

由于跳蚤幼虫期比较脆弱，因此成年跳蚤的分布也相应地受到限制。在不同地区广泛分布的各种宿主身上，寄生的跳蚤种类各有不同。有些跳蚤则会在许多不同的宿主身上大批滋生。猫跳蚤就会吸附近各种宿主甚至包括蜥蜴的血，只有啮齿动物能幸免。这种选择宿主的灵活性会大大降低它们的繁殖数量，比如人类的血液中所含的营养成分实在有限，对其繁殖帮助不大。

跳蚤的体形与宿主的体形没有什么关联，一些体型最大的跳蚤就发现于如鼹鼠和等小型哺乳动物身上。

跳蚤是如何叮咬的
食物和进食

与其他许多只有雌性会吸血的蝇类不同，雌雄两性的跳蚤都以血液为食，而且它们的叮咬会使受害者的皮肤发炎。不过，跳蚤与血液接触的方式实在是非同一般。

↗雌性恙螨，也叫穿皮潜蚤或沙蚤，会钻进人类和其他哺乳动物柔软的肉中，只留下腹部尾端在外面。交尾后，由于卵的发育，它们的身体会膨胀到豌豆大小，给宿主带来强烈的痛感。

用附肢“飞行”

昆虫学家米里亚姆·罗斯恰尔兹曾描述跳蚤为“用附肢飞行的昆虫”。尽管跳蚤没有翅膀（次要条件），但特殊的结构——胸膜弓仍使它们具有高度的灵活性。胸膜弓是跳蚤有翅祖先的翅铰合部特化而成的，由节肢弹性蛋白构成，可说是跳蚤那惊人的跳跃能力的发电站。

为了有效地适应极大的温差，如从寒冷的北极来到炎热的赤道，跳蚤只依靠肌肉是不行的。因为在低温地区，僵硬的肌肉运动会变得低效。为了在跳跃中达到惊人的加速度，跳蚤们运用了一种触发点击机制。

受压时，头盔形的胸膜弓会产生并储存跳跃所需的能量：非常高效的节肢弹性蛋白能在需要的时候释放 97% 的储存能量。当跳蚤把自己缩成一团准备跳跃的时候，肌肉配合后肢（转节压肌）的第二节使外表皮变形，同时“飞行”肌肉压挤胸膜弓。坚硬的外表皮上的一连串链板互锁上，把胸部三节紧紧夹在一起。抬高后肢后，跳蚤的身体重心落在各转节上，保持起飞前的平衡状态。

一旦处于平衡中的跳蚤受到刺激如目标宿主呼出一口二氧化碳的时候，肌肉放松使胸膜弓展开，突如其来的爆发力使表皮脊突下沉，并进入各转节。伴随着清晰可闻的“嘀嗒”一响，后坐力把跳蚤以 60 倍重力加速度从原地弹射出去，其速度之快，人的眼睛都没办法看见，而下沉的后肢撞击物体表面的时候，能额外提供 140 倍重力加速度。饥饿的跳蚤为了找到一名宿主，会以每小时跳跃 600 下的频率连续跳 3 天。而猫跳蚤跳跃的时候，能轻易地蹦至 34 厘米高。

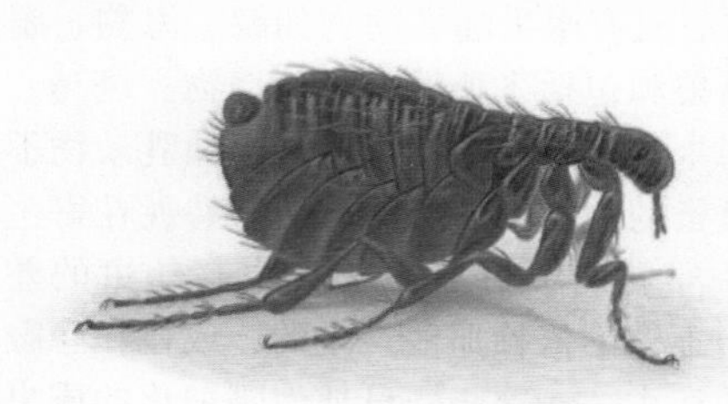

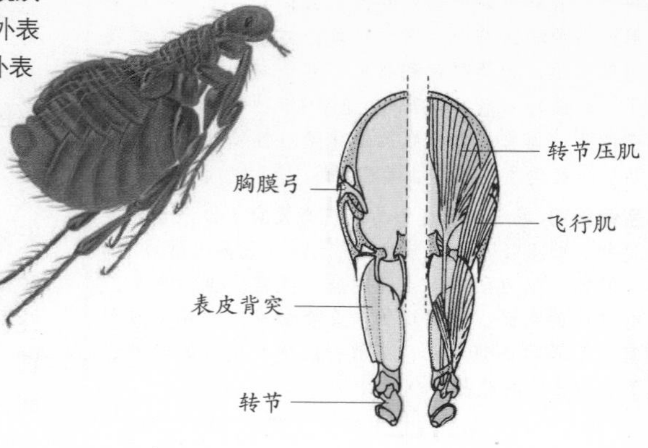

↖蚤科的野兔跳蚤在野兔的耳朵部位吸血。这种跳蚤是多发性黏液瘤的主要传播者。

在跳蚤的头部里面，有一层特殊的由节肢弹性蛋白构成的膜，同样的物质还形成了胸膜弓（参阅“用附肢‘飞行’”）。挨着这层膜嵌在头部里面的是一个铁锤状的软骨条，与具有戳刺功能的螯针相连。每当饥饿的跳蚤在宿主皮肤上找到一块美味可口的区域时，螯针肌肉会把软骨条使劲压向那层膜。跳蚤准备好进食的时候，头部会向下倾，背部向上拱起。当它突然放松螯针肌肉时，节肢弹性蛋白膜会弹回来，使锤状的软骨条下陷，螯针随之刺进受害者的皮肤。跳蚤会快速地重复这一连串动作直到找到皮肤中的毛细血管，这一过程通常不会给受害者带来痛感，除非它不小心触到皮下神经末梢。

等候宿主

发育阶段

跳蚤的整个发育周期会受到宿主睡眠和进食习惯的影响。许多跳蚤幼虫以宿主已经干燥的血液为食，即由成年跳蚤排出带有宿主的血液干燥粪便。欧洲鼠跳蚤的幼虫会通过抓住成虫尾部的一根刚毛来乞食，这一行为会刺激成虫从肛门中排出一滴血液，然后幼虫就将其喝掉。由于它们的体型是那么的小，跳蚤幼虫在气候变化期间非常脆弱，一滴水就能把它们淹死，而它们也受不了干燥的环境。这一事实可以解释为什么各项环境指标较稳定的燕子的巢穴非常受跳蚤的欢迎——有19种跳蚤普遍与这些鸟类的巢穴有联系。

跳蚤的基本生命周期很简单：成虫为体外寄生虫，而卵、幼虫和蛹则在宿主的栖息地或巢穴中自由生长。蛹的状态能长期维持，直到合适的宿主出现。当空的房子重新住进人的时候，新的主人会突然受到一大群成年猫跳蚤的折磨——行走在地毯上或真空吸尘器引起的震动会使可能已休眠了1年或更长时间的蛹即刻孵化。

有些很独特的种类，如北极野兔蚤，幼虫会挨着成虫住在宿主的皮毛中。而塔斯马尼亚的魔鬼跳蚤，雌性会把卵产在宿主的皮毛中，孵化后的幼虫会钻到宿主的皮肤里面继续生长。相反，寄生在遍布中亚的鹿、牦牛、山羊和马等动物身上的蠕形蚤的卵和幼虫，在宿主们闲逛的时候会彼此分散开来。

住在宿主（如猫跳蚤或狗跳蚤）身上的成年跳蚤统称为毛皮跳蚤；那些住在巢穴中的，只在短暂的进食期间跳到宿主身上的，则统称为巢穴跳蚤。毛皮跳蚤产下的卵既有光泽又很光滑，因此会从宿主的毛皮上滑进巢穴或其他的栖息地中；巢穴跳蚤所产的卵是黏糊糊的，会粘在筑巢的材料上。角叶蚤总科的成员属于巢穴跳蚤类，成虫一生中与宿主接触的时间很短，而且常常会往远处迁徙。在蚤总科里，雌性沙蚤或恙螨会把自己埋进宿主的皮肤（常在人类的脚趾间）里，并在里面产下所有的卵。

在开发新的宿主方面，跳蚤可是惊人地熟练，除去所有跳蚤的老鼠，在被投放到它们的自然栖息地之后，会在短短的24小时内又招来同样数量的跳蚤或者更多。而鸟跳蚤也有同样的本事。

传播鼠疫

环境和健康

鼠疫是由鼠疫菌引起的，是一种啮齿动物疾病，这种病会通过跳蚤，如东方鼠跳蚤，从老鼠那传染到人身上。在历史上，鼠疫，或称“黑死病”，不仅致命，还会产生灾难性的后果：在14世纪的意大利，由于鼠疫的肆虐，一些大城市几乎失去了一半的市民。甚至在现在，鼠疫仍然伴随着人类，并周期性地在一些地区爆发。

当某只跳蚤吸食感染了鼠疫的宿主的血液，病菌会沾在通向胃的滤血腔（前胃）的刺上，在那里，病菌会分裂繁殖，直到塞满肠道。随后，当饥饿的跳蚤再次叮咬新的宿主时，被发达的食管肌肉吸进的血液无法通过病菌阻塞的肠道，只能回流进被跳蚤叮咬的伤口中，无可避免地带进了一些鼠疫的细菌，疾病就这样被传染到新的受害者身体中。这种极端致命的鼠疫菌株极富黏性，能轻易形成栓塞。只有当温度升高到28℃以上时，栓塞才会消退，因此鼠疫的发生与季节性的温度紧密相关。

当身上有大量跳蚤的老鼠进入城镇，以垃圾为食，并在住宅的附近集结成群、繁衍生息的时候，潜在的险情就会出现。如今，人们用杀虫剂控制水库周围的病源（啮齿动物和跳蚤），而接种疫苗和现代的药物也被用于降低这种疾病的危害性。即使这样，世界卫生组织仍在持续地向人们宣传，千万要小心鼠疫这种“潜伏的敌人”。

↘ 声名狼藉的猫跳蚤的正面照极佳地展示了它扁平的身体，这使它能轻松地在宿主浓密的毛皮中滑行。它头部的颊栉也很明显。

蝇

真正的蝇并不受大众欢迎，它们缺少蝴蝶那般美丽的外表，也不像社会性的蚂蚁和蜜蜂那样能组成错综复杂的团体。但双翅目昆虫是所有昆虫目中最让人着迷的群体之一。有许多种蝇其实是益虫，它们造访花朵，并为花儿们授粉，能除去害虫、控制野草的蔓延，或使有机营养成分能够被循环利用。那些会叮咬我们，污染我们的食物或啃吃庄稼的蝇是少数。

在地球的温暖区域，蝇类可说是真正的苦难根源，会携带一些对人和牲畜来说极危险的疾病，并将病原体传播到卫生条件落后的地区。在这样的情况中，对蝇类的生物学研究揭示了许多关于不同类的动物之间的共同进化，以及昆虫作为一个整体存在的生态学意义。

多种多样，多才多艺
形态和功能

就全世界范围来说，蝇类是屈居甲虫（集中在热带）之后的第二大昆虫群体，在温带的许多国家，蝇类会占到所有昆虫的1/4。这个群体中12万个已知的种类几乎能以各种你想象不到的方式生存，并出现在各种气候带，直到两极的边缘。它们栖息地甚至还包括海洋。成年蝇的食性多样，有的吃花，有的捕食其他动物，有的吃死亡的动物组织，有的吸血。而幼虫的食性又与成虫不同，有很多吃腐烂的动植物组织，有些则在水中滤水觅食植物，或者营寄生生活，或者食肉。

蝇类的多样化很大程度上是基于三个主要特征：口器、飞行机制和幼虫的形态。成虫的口器主要适合于进食流质，但经过高度进化后，变得适合刺、吸和舔。大大的可活动的头部里面长着1个（有时2个）发达的肌肉泵，能协助它们从任何活的或腐烂的物质中榨取流质。除了有些寄生在哺乳动物身上的（狂蝇科）和成虫期非常短暂的小型摇蚊之外，几乎所有的蝇在成虫期都会觅食。

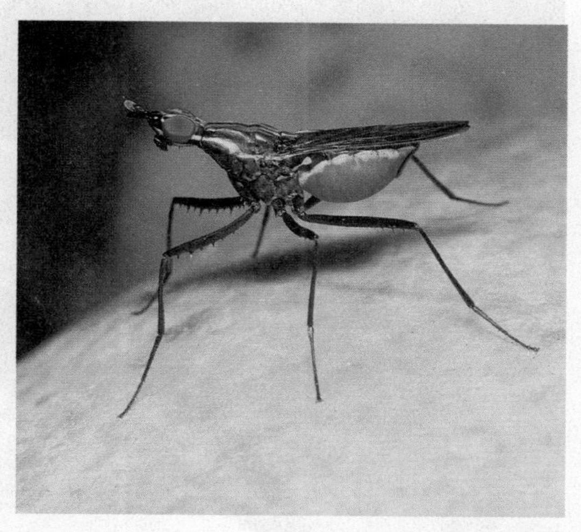

↗一只成年的香蕉蝇正在舔一个腐烂的木瓜的汁液。指角蝇科的幼虫通常以分解中的植物为食，尤其是树木的腐洞。

知识档案

蝇
纲 昆虫纲
亚纲 有翅亚纲
目 双翅目
已知约12万种，155科，2亚目

分布 全世界各种栖息地。

体型 成虫体长0.5毫米至5厘米，翅展最大可达8厘米。

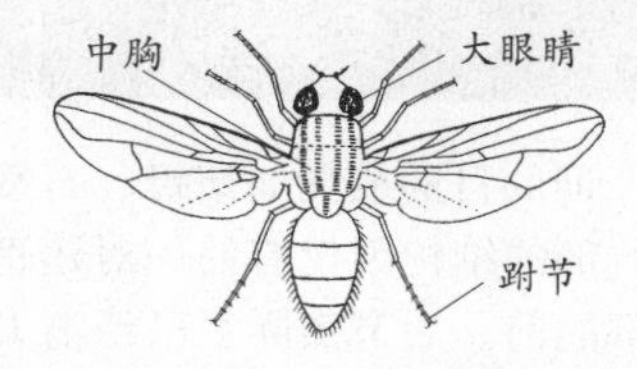

特征 1对膜质翅；后翅特化为棒状平衡器；第二胸节明显变大，第一和第三胸节退化；口器适合进食流质，但也能刺、吸、舔。

生命周期 属于全变态发育；幼虫和成虫期之间有蛹期。幼虫无附肢。

蝇的飞行工具只有两只短小却强壮的翅膀，希腊语中，双翅目的学名“Diptera”这个词的意思就是“两只翅膀”。第二对翅膀退化为小平衡棒——果蝇属有一个突变异种的平衡棒又还原为翅状结构，证实了这一现象。这种适应性将蝇（双翅目）与许多其他的名称中有

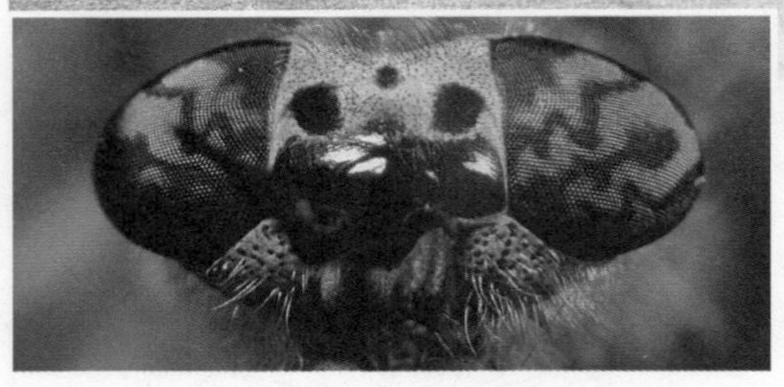

↑蝇的外形和体型非常多样。图中这只哥斯达黎加的大虻科成员是世界上最大的蝇之一，体长达到4.75厘米。它巨大的幼虫以被砍伐的雨林树木为生。

← 大部分蝇的眼睛都很大，增强了飞行的机动性。像图中这只雌性凹角马蝇一样，它们的眼睛通常都分得很开。相反，许多雄性都是接眼式的，即眼睛在头顶部相连。

“fly”这个词的目的成员如蜻蜓、石蛾等区别开来。蝇胸部的结构因仅有的一对翅膀而变得简单：胸部的前、后节实际上已经消失，中间的那一节变大，且整个被翅肌肉包裹起来。这种结构使其身体具有高度的机动性，可以实现极高的速度和振翅的频率（小型摇蚊能达到每秒1000次）。而对方向和身体姿势的控制能使身体降落在任何可能的地点，甚至可以头朝下地停留在天花板上。

许多蝇都有盘旋飞行的本事，能绕着它们自身的体轴旋转，或者飞过那些比它们的翅展宽不了多少的地方，甚至倒退着飞。所有这些本领都是在平衡棒提供的感觉信息的协助下实现的。平衡棒就像一个微小的陀螺仪，在每一个平衡棒的基部，感觉器官彼此间呈直角地形成三组，这样的排列使蝇能够感觉到自己飞行和转弯的速度，以及它是否被吹离飞行的轨道。与机动性相联系的是蝇的大眼睛，隔得很开的眼睛能提供敏锐的视觉，神经内的视杆感觉元素通向小眼面（蝇类独有的特征）。此外，蝇能通过附肢上灵巧的爪和肉垫抓牢任何表面。

在所有主要的蝇类别中，让人吃惊的是，许多种类的翅膀已经间接消失，有的平衡棒也一样。对于部分寄生蝇（虱蝇科）来说，这大概是对生活在宿主身上的方式的适应。有些蚤蝇科成员，雄性有完整的翅膀，而雌性却没有，人们曾观察到交尾中的双方飞来飞去，有可能是雄蝇带着雌性从一处飞向另一处。有些这种蝇住在白蚁的巢穴中，本来长有翅膀的雌性会在进入巢穴的时候断掉翅膀。两性中翅膀消失或退化的情况在那些栖息在经常刮风的海洋岛屿上的种群中尤其普遍，因为翅膀的存在会增加它们被风刮走的危险。而对那些住在洞穴深处，或掘洞而居的其他种类来说，翅膀在狭小的空间中无用武之地。许多翅膀退化或消失的高级蝇类，由于翅肌肉的消失，胸也相对较小。此外，由于它们的触觉比视觉更加重要，所以眼睛退化，而触角增大。

蛆和其他生长阶段

翅膀内生或完全变形，是蝇的典型生长模式。幼虫在形态和习性上都与成虫很不一样。蝇幼虫的胸部附肢还没长出来，取而代之的是很多司移动的次生假肢。前面已经描述过，那些已发现的蝇幼虫种类具有各种生存的本领。它们能在多种小环境中存活，而且具有极端多样的外形——远远超过任何其他的目。它们出现在池塘、湖泊、盐水、高温矿泉、油床、植物叶基部积聚的水里，以及死木头烂出的洞中，此外还有活水中（包括流动缓慢或快速的河流）中，甚至在湍急的瀑布中，它们也能牢固地附着在岩石和植物上。

生活在陆地上的幼虫，栖息地包括沙漠、土壤、堆肥、水体泥泞的边缘，以及高度污染的矿泥中。它们把腐烂的植被，菌类、粪便，以及几乎所有其他动物的尸体都开拓成栖息地，它们还是哺乳动物、鸟类和其他昆虫巢穴的清道夫。它们以植物为食的种类习性进化过很多次，一株植物从根到种子的几乎任何一部分都可能成为它们的食物。有些肉食性的会寄生于蠕虫、蜗牛、多数大型的昆虫、其他节肢动物、两栖动物和它们的卵、爬行动物、鸟类和哺乳动物身上，或者吃它们的肉。有些幼虫会把它们自己的父母吃掉，当然，也有些幼虫由雌蝇一直照顾到发育成熟。

在长角亚目中，幼虫长有完整的头壳，而且像大部分其他昆虫那样，上颚能水平移动，花园长足虻的蛆（大蚊的幼虫）就是一个例子。在许多长角亚目的科中，幼虫水栖，如黑蝇、蚊子和许多摇蚊。这些蝇类都会经过一个“空”蛹期，即没有蛹壳。

短角亚目成员的口器能垂直运动，而且

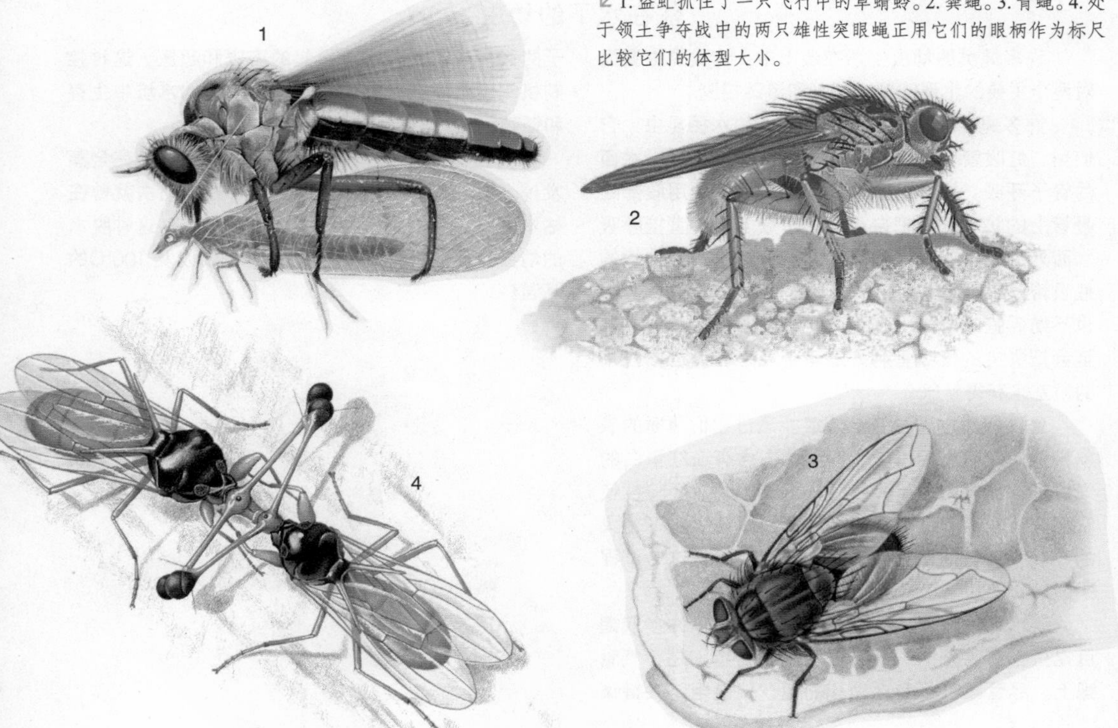

↙1. 盗虻抓住了一只飞行中的草蜻蛉。2. 粪蝇。3. 青蝇。4. 处于领土争夺战中的两只雄性突眼蝇正用它们的眼柄作为标尺比较它们的体型大小。

在整个发育过程中，头壳会呈现逐渐退化的趋势。短角亚目有4个次亚目，幼虫的头壳不完整，蛹期也属于“空”蛹。这些种类的蝇，幼虫的形态非常多样，有些能在极端干燥的环境中存活。部分长角亚目和短角亚目的成员，蛹的特征与众不同，即它们在蛹期时也能自由活动，而几乎所有内翅类昆虫在蛹期时都是不能活动的。蚊子的蛹能活跃地游泳——这也是它们不得不做的事情，因为它们经常生活在缺乏氧气的死水中，必须到水面上来呼吸，然后下潜至安全的地方。蜂虻和盗蝇在地下数厘米深处度过蛹期，但羽化前它们会利用身体上一排可怕的刺和突起爬到接近地面的地方。

高级蝇类的幼虫就是我们常见的蛆，其外观平常，没什么特色，但实际上这里面包括很多生理适应性。与长角亚目和短角亚目成员相反，高级蝇类的蛹包在末龄幼虫的皮内，这层皮起与“蛹壳”相同的作用，具有优良的安全性和防水性能，能适应变幻莫测的气候条件。要刺激蛹继续发育并促使其羽化成虫可能需要精确的提示，如准确的温度、白天的时长或空气湿度。但坚硬、具有保护性的蛹壳也有其本身的缺点：为了能从蛹壳中出来，成虫不得不在头部用血液充起一个特殊的囊，这个囊与汽车的安全气囊很相似，以把蛹壳顶部挤开，方便成虫羽化而出。随后，囊就瘪掉了，会在成虫的触角上面留下一个凹槽。

我们前面提到过，蝇会经过一个多样化的生命历程，所以双翅目昆虫的卵呈现多样性也就不奇怪了。大部分雌蝇都有一个结构简单的管形产卵器，而那些在植物上产卵，或营寄生生活的雌蝇，多数长有更加坚硬的产卵器，有的为了把卵产在深处，产卵器则相对更长一些。有的卵是普普通通的椭圆形，有的则结构复杂。在潮湿的小环境中产卵的种类，卵的表面呈脊状或网状，功能类似腹甲，能使卵在靠近其表面的空气薄膜中吸氧。处于液体环境中的卵，表面会有供呼吸用的能穿透液体表面的角状突出。有些蚊子如库蚊的卵，生有精致的漂浮装置，能使卵粘在这种“小筏子”上。

蜂虻的幼虫住在群居蜜蜂的巢穴中，具有一些很古怪的适应：有些种类的雌蝇会把腹部的育儿袋里装满沙，用来给卵裹上一层“外套”。然后母亲把裹着沙的卵给弹出去，有的

住在水下的幼虫

许多蝇类的幼虫生活在淡水中。这类昆虫要面对两个主要的生理问题：呼吸和渗透控制。

许多蝇幼虫都不是严格意义上的水栖昆虫：它们用“虹吸管”呼吸，即从气门上伸出可露出水面的管子呼吸。蚊和蚋的幼虫（见右下图）用腹部虹吸管上的防水纤毛把自己吊在水膜上，能直接呼吸水面外的空气。蜂蝇的鼠尾幼虫有长长的可伸缩的虹吸管，即使身体沉在溪流表面下6厘米深的地方，也不妨碍虹吸管露出水面呼吸。有些双翅目昆虫甚至会把尖尖的虹吸管刺入池塘野草中，通过拍打草的气室来获得氧气。

体型较小的幼虫，溶解氧能透过它们薄薄的表皮扩散，使得它们得以生存。体内含有血红蛋白的红蚯蚓在昆虫中差不多是独一无二的，这个特征使它们具有携带和储存氧气的本领。黑蝇表皮下密集的呼吸气管帮助氧气在体内扩散，有时候这一过程是通过特殊的“气管鳃”完成的。

淡水动物必须把盐分滤去并替换掉。许多双翅目昆虫都有特别的“盐吸收”组织，特别是在气管鳃上。尽管吸收行为会消耗能量，但能阻止关键离子的丢失或因额外水流引起的溶胀和超压。这种控制机制使蝇能在各种淡水水体如临时的水坑中生存和繁殖。

有些生活在淡水池中的幼虫，即使水分完全蒸发掉，它们也能存活。非洲的一种摇蚊幼虫就曾在枯水的状态下一直坚持到雨水重新降临：这种脱水的幼虫能承受短时间内 -190℃的低温以及 100℃的高温！

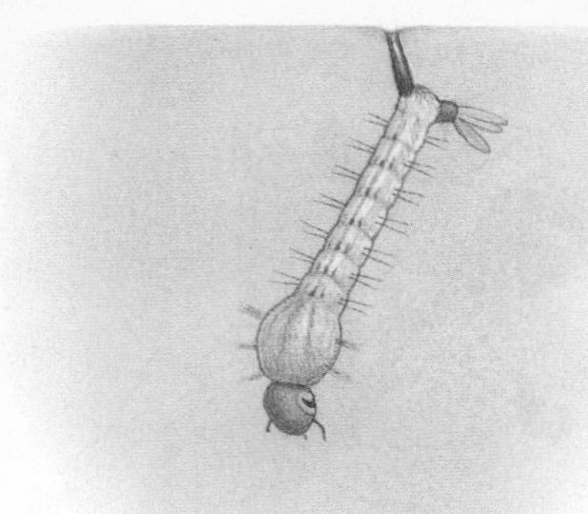

弹到环境适宜的地面上，有的则直接弹进蜜蜂的巢中。胃蝇的雌性把卵产在蚊子身下，当蚊子叮咬哺乳动物时，哺乳动物的体温会促使卵孵化，幼虫就趁便钻进宿主的皮肤里。

真蝇的幼虫在结构上的多样性虽然不如成虫，但其外形的变化多样，是任何其他昆虫目都望尘莫及的。它们的栖息地也很多样，成年的雌性在产卵的时候，会设法找出任何所能想象到的小生境，这个小生境有充足的食物，潮湿，还具有隐蔽性。它们通常会把可活动及可伸缩的导卵器（产卵器）深深地插进选好的某个部位，以确保卵在孵化和生长的时候能在不会脱水和不会饥饿的情况下安全地避过捕食者或寄生虫。

高级蝇类的幼虫基本为“陆生”，但总是会出现在液体环境中，以及土壤、植物体内（以虫瘿的形式，或在叶子上开道），或其他动物身上。在这个群体中，不仅有寄生虫，还包括那些住在粪便中的、为鸟类和蜜蜂的巢穴充当清道夫的，末一种还会出现在人类的栖息地。基本上所有这些蝇类在幼虫期都以蛆的形式出现，没有附肢，大部分感觉器官还没长出来。它们像蠕虫那样扭来扭去地活动，住在母亲为它们挑选的半液体环境中，通过强有力的吸吮动作贪得无厌地大吃特吃，直到大得足可以化蛹。只有少数几种，如食蚜蝇幼虫，是真正的在陆地上自由生活的种类。

某些长角亚目的蝇幼虫营真正的水栖生活。产卵中的雌性会栖息在水膜上，把产卵器伸进水下并将卵粘在水下的石头或水草上，或直接把卵产在水面上，弄得像只卵做的小筏子。这种卵孵化出的幼虫，多为淡水生物，偏爱池塘、水坑、湖泊等死水；蚊和摇蚊会在夏季的时候迅速占领这些死水区域。

许多种类的蝇都能忍受低含氧量的水环境，或者进化出一些获取氧气的本领。有些摇蚊的幼虫，因为体内含有血红蛋白相似体，因此体色也呈红色。它们用这种相似体在水层面上收集氧气并储存起来，然后沉到深水处进食。食蚜蝇科成员的鼠尾蛆则采取一种更简单的适应方法：它们在泥浆中进食的时候，长长的尾巴能伸到水面上去呼吸。更让人惊奇的是，有些食蚜蝇和水蝇的幼虫，身体上的末一对气门（呼吸管）独立地长在尖尖的、能插进

↗ 这只常见的橙色大蚊的平衡棒看上去像一对微型的鼓槌，在一对翅膀的后部清晰可见。许多科的蝇的这种平衡棒都被翅膀盖住了。

水生植物茎杆的螯针上，这样它们就能从植物中获得氧气。有少数种类的幼虫，特别是黑蝇或水牛蚊，住在湍急的溪水和河流中，能利用吸管状的软垫把自己吊在石头上，然后用专门的口刷过滤水流，获取其中的小颗粒食物。一种水蝇，其“水栖”幼虫居然住在汽油池中，虽然会把汽油咽下去，但不会受其害，平时以落入油中的其他无脊椎动物为食。

从水栖幼虫和蛹期到陆生的飞行成虫，这样的转变并不容易，这一转变中，蝇类又完成了一些奇怪的适应。黑蝇的蛹会因充满空气而膨胀，当蛹壳裂开的时候，初长成的成虫会在一个气泡内升到水面上来，避免了被水打湿的情况。还有一些，羽化中的蝇则会因蛹壳的突然裂开而弹出水面。这样，一只新鲜、干燥和原生态的蝇就离开了它那安全的幼虫环境，开始了它短暂而冒险的、以求偶为目的的飞行生活。

采花的蝇

授粉和以花为食

野生花卉和庄稼的授粉员，除了膜翅目的蜜蜂、黄蜂和蚂蚁外，其次就是双翅目的蝇。蝇是最普遍的“全能型的”花卉拜访者，作为主要食物的补充，它们从许多种花卉上采蜜或

花粉。或者，自幼虫时期起储存在体内的食物耗尽后，它们利用花卉产品作为主要的“补充”燃料来维持相当短暂的成年生活。几乎所有双翅目群体的代表们都能在花朵上被发现——尤其是那些有浅花冠的，如伞形植物（豕草或峨参）、混种植物（雏菊）或蔷薇科植物如山楂和树莓。这些并不特别的花卉，常为白色或黄色，其花蜜和花粉即使对短舌头的访客来说也很容易采到，而蝇类则是它们主要的授粉员。有些对这些花造访频率很高，如以花蜜为食的雄蚊和雄摇蚊（只有雌性因为产卵需要蛋白质时，才会吸我们的血），或在人类看来对食物缺乏审美观的粪蝇和丽蝇。在高纬度的极地和高山地区，蜜蜂和其亲友们都很少出现，只有蝇类是当地花卉植物的主要授粉员。

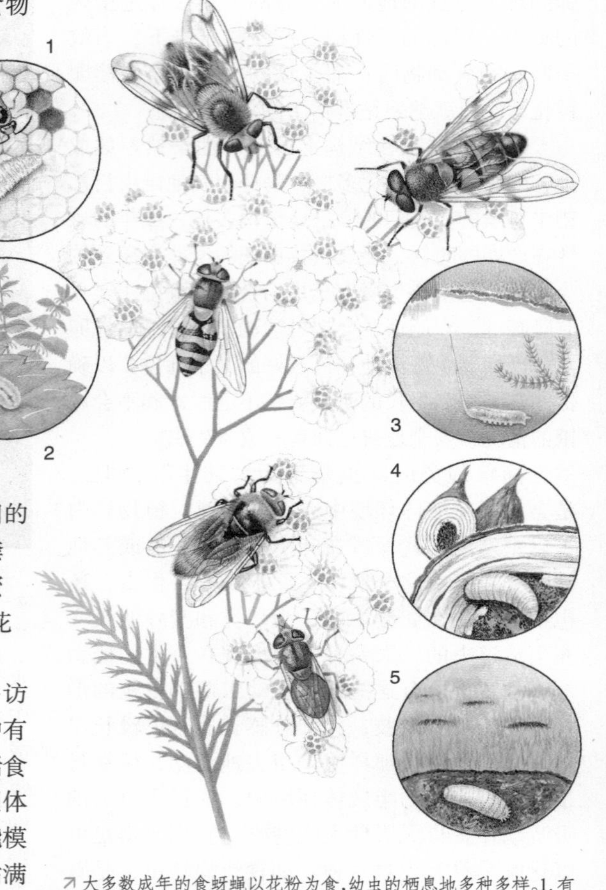

↗ 大多数成年的食蚜蝇以花粉为食，幼虫的栖息地多种多样。1. 有些种类住在蜜蜂和黄蜂的巢穴中充当清道夫。2. 有的是食肉动物，比如吃蚜虫。3. 有一种食蚜蝇的幼虫甚至水栖，通过一根 15 厘米长的管呼吸。4. 鳞茎蝇幼虫会侵袭花卉的鳞茎，而另一个种类（图 5）在牛粪堆上度过幼虫时期。

在蝇类中，包括一些非常专注的花卉访客，其成虫时期只依靠花粉和花蜜过活，其中有些是所有昆虫中最有魅力的一群，这里面包括食蚜蝇，也叫花蝇。食蚜蝇大部分为中到大型体型，体被亮丽的黄色、古铜色和金色条纹，能模仿蜜蜂和黄蜂，有许多还毛茸茸的，身体上沾满了花粉。在花园里，常常能见到大量的食蚜蝇在花朵之间进行它们富有个性的盘旋和冲刺飞行表演，而且还能模仿蜜蜂的行为模式。蜂蝇（蜂蝇属）是极优秀且四海为家的蜜蜂模仿者，常常通过那恐怖的假相刺来逃避追捕！

蝇类的拟态很复杂——也许是因为人类不具有所必需的视觉灵敏度来鉴别原型和模仿者吧。有些食蚜蝇，与黄蜂非常相似。在黄蜂的巢穴中，这种食蚜蝇的幼虫以腐质为食，意味着这些蝇在双重获利。它们成功的伪装来自身体上的那根刺，进入黄蜂巢穴产卵的时候，连真正的黄蜂都很难将其分辨出来。有的食蚜蝇有不同的策略，它们有的住在水仙花鳞茎中，有的住在腐木洞中，有的以蚜虫为食，但都是大黄蜂优秀的模仿者，甚至可以模仿不同种类的外形。它们都是采花的好手，还会因与大黄蜂混淆而占到些便宜。几个科的许多种蝇都有醒目的黄黑色花纹，使它们都看起来与黄蜂大体相似。

↘ 欧洲的黑翅蜂虻的喙长如细短剑，适于伸进花的长管（如图中的夏枯草的长管）中。

专业的食花者通常都有长长的舌头，能刺穿管状的花冠。像蜂虻一样，有些食蚜蝇就属于此类。 在温带地区，这种蝇会造访报春花

和玉黍螺，它们也是专业的盘旋飞行家。在热带，有些种类的舌头出奇的长，外形像微型的三角翼喷气式飞机。与大量的传统授粉昆虫相比，这些蝇类在给那些难以企及的花卉授粉方面扮演着关键的角色。

除了收集花蜜之外，蝇类也会因为其他原因造访花卉。这里面，那些在伞形植物上见到的许多种类怀着更加不可告人的目的——那些被当作其目标的授粉昆虫都在它们的密切监视之下。体被鲜艳带状纹的黄蜂蝇频繁造访花卉的原因就是为了等候黄蜂和蜜蜂，以便在它们身上产下自己的卵。舞虻和粪蝇把花当作出巡的站点寻觅猎物。有些蝇类在花头上产卵。而有的则利用花进行日光浴——杯状的花冠里面通常比外面要温暖得多，尤其是在寒冷的季节里。在北极生活的蚊子，把始终面向太阳方向的白色花朵当作惬意的空调房，它们坐在花冠中央的“热点”上，直到翅肌肉的温度上升到起飞所需的值。

所有这些光顾花朵的行为都包含着对蝇类的益处。但有时植物也会从中受益，而蝇类反过来被植物利用。有些，如斑叶阿若母（疆南星属），会释放出一种类似腐肉或粪便的臭味引诱蝇类为其授粉。世界上最大和最奇怪的一些花卉，如豹皮花属和马兜铃属植物，也具有腐肉的气味，也得依靠蝇类授粉员来传宗接代。可可——巧克力的主要成分，同样靠一种小型蠓授粉。其他有些花，小型蝇类被它们引诱过去后，会被其上的黏性分泌物粘住，变成富有营养的食物被植物慢慢吸收——这样的植物包括茅膏菜和捕虫堇。

当我们漫步在地球上任何一处的森林或树丛间，会发现很多不同家族的蝇类都会深受某种树叶的吸引。这些树叶的魅力很多都来自于覆盖在它们身上富含糖分的蜜露——同翅目昆虫（蚜虫及其同盟者）的分泌物。蝇类会绕着这种树叶打转，找到蜜露浓度最高的地方后，就从消化器官中反刍少量液体溶解其中的糖分，然后才把它吸掉。这种饮食行为对人类不会有什么危害，但其他双翅目昆虫就不一定

↙ 食蚜蝇是园艺花卉的常见拜访者。许多人会把一些最常见的种类弄错，如把图中这种黄足蜂蝇当成蜜蜂。

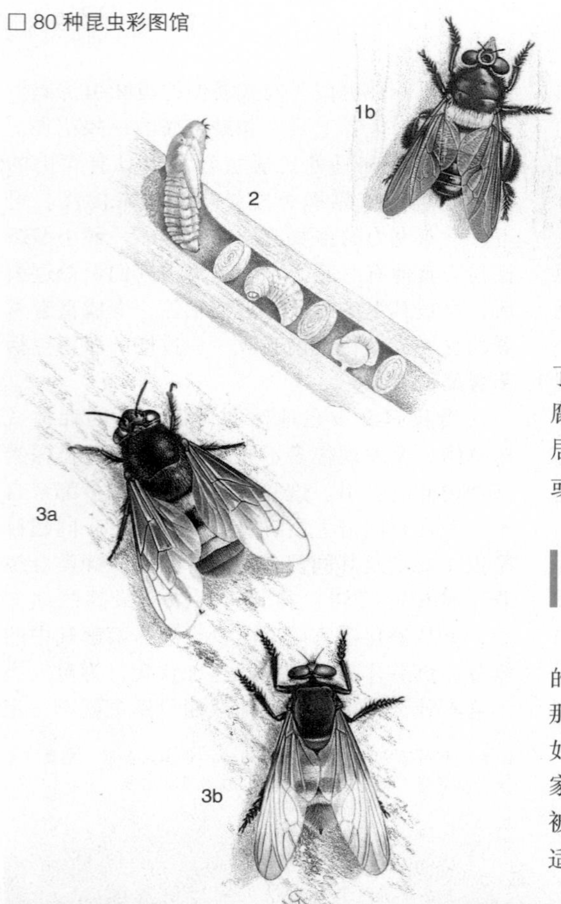

↙ 蜂的寄生蝇实例：1a. 盗虻会伪装成非洲的一种木蜂（1b），并以这种蜂为食。它的幼虫（图 2）在木蜂的巢穴中孵化并度过整个幼虫期。另一种南美的盗虻（图 3a），正尾随一只雌性兰花蜂（图 3b）。

了。家蝇和其他某些蝇类，喜欢吃那些不体面的腐肉、粪便，或者感染的伤口，然后拜访我们的居室或与我们接触，把含细菌的体液反刍到食物或新鲜的伤口上，传染病就这样蔓延开来。

猎手和吸血者

捕食

虽然大部分的幼虫都是肉食性的，但成年的蝇中，食肉的和吸血为生的不像以花为食的那么普遍，包括了短角亚目中某些科的成员，如著名的舞虻、长足虻和盗虻，有些与粪蝇和家蝇是亲戚的高级蝇类也是食肉动物。盗虻已被证实属于高度的机会主义者，会捕食任何合适的小型生物——对方常常也属于蝇类。

当蝇飞翔的时候

几乎所有的昆虫都要依靠阳光来飞行，它们与许多脊椎动物不同，它们自己无法产生足够操纵翅肌肉的身体热量。通常体型大的昆虫比体型小的昆虫能吸收更多的辐射热，体色深的昆虫比淡色和有光泽的昆虫能更快地吸收热量。因此小型的、身体发亮的蝇很少能在黎明或黄昏时分见到，这两个时段对它们来说气温太低，无法作有效的飞行。但体型较大的深色蜂蝇、肉蝇或家蝇在这两个时间内也很常见。不过体型较大的蝇在炎热的夏季会有热度过高的危险，而小型且色彩鲜艳的食蚜蝇、水虻和长足虻则正好适合生长。那些有许多蝇类频繁出入的地方，比如伞形植物（如家草）的花冠，或被日光照射过的小树枝或大树叶等方便休息的位置，蝇类造访者白天的出行顺序和该处的小气候条件对其体温的影响有密切的关联。

但是，对这种行为模式的观察会让你发现一些有趣的异常现象——基于它们的体型和体色，当你预计它们如果出现在某个时间的话会让自己冻坏或过热的时候，它们却偏偏会选择那个时间出现。比如，有些食蚜蝇和马蝇在缺少来自太阳的重要热能的情况下，能简单地通过“颤抖”自己的胸部肌肉使自己暖和起来；其他一些蝇能通过血液分流机制控制热量在毛茸茸的胸部和不绝热的、散热器一样的腹部之间的分配。但是，我们仍然闹不明白冬季的小型蚋是如何在正下着雪的日子里还能胜任飞行的！

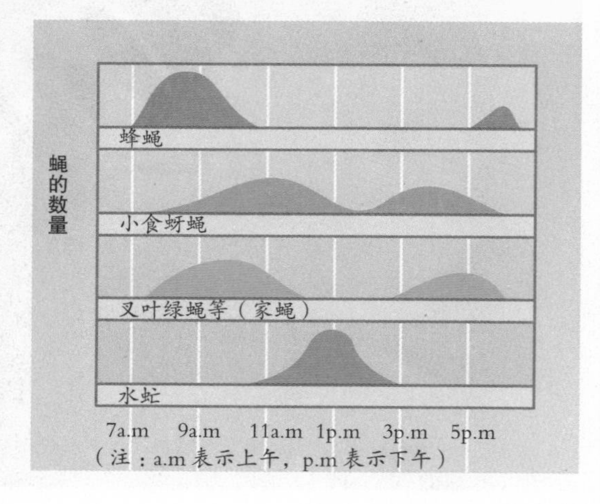

（注：a.m 表示上午，p.m 表示下午）

↖一只长头蝇正在吃一只水栖蠕虫——相当罕见的情景。很少有人能观察到成年蝇进食的情景。

人们已发现了很多捕食方面的专家。有些蝇捕食那些困在池塘水膜上的昆虫，一旦发现目标，会猛扑下去用身后的附足“网”住牺牲者；有些则专门偷窃落入蜘蛛网中的猎物。有些蠓科的小型摇蚊依靠大型昆虫为生，包括蜻蜓和甲虫——这种摇蚊把口器插入昆虫的坚硬部位之间或翅脉中吸血。更稀奇的是，芋蚊属成员的成虫和蚂蚁一起住在树干里，它们会中途落在蚂蚁前面，把蚂蚁从蚜虫那里得来的蜜露从其口中抢走。

蝇的捕食活动与吸血习性紧密相关，并要求它们都具有相似的口器和行为。吸血的蝇通常把体型较大的动物作为食物来源，尤其是脊椎动物，每次取食一点汁液。很多科的蝇都具有这种习性，其中以摇蚊、蚊、蚋、黑蝇、马蝇、鹿虻和螯蝇等最为著名，而且其中的多数只有雌性具有叮咬的习性。摇蚊和蚊都有长长的针状口器，而马蝇和大型家蝇中，如具叮咬习性的螯蝇和采采蝇，口器较短，似刀片。这些蝇中的大部分都会把疾病带给动物甚至是人类。

蝇幼虫的捕食活动具有非常重要的意义，许多种类的幼虫在控制庄稼害虫方面非常有用。有些蝇幼虫以甲虫幼虫为食。更重要的是，它们会攻击同翅类昆虫、跳虫、蚜虫等给农民和园艺劳动者带来困扰的害虫。扮演这种角色的是许多食蚜蝇幼虫和瘿蚊幼虫。在商品菜园中，定期出现的食蚜蝇幼虫可说是蚜虫的灾难：这些灵活、身体扁平、体色暗淡的生物在蚜虫群里穿行时，每小时能消灭掉80只蚜虫。有些食蚜蝇专门吃根蚜或针叶树上的羊毛蚜。部分蝇类的大家族中，如舞虻科和长足虻科，其数量在温带地区非常丰富，幼虫基本上全是肉食性的，据说它们能极有效地控制害虫的数量，但人们还没有证实这种说法，因为这些幼虫几乎都住在土壤或垃圾中，很难发现它们并进行研究。

少数蝇幼虫具有很奇怪的捕食习性，沼蝇科的成员专门吃蛞蝓和蜗牛，某些住在海边的长足虻，幼虫期竟然吃藤壶。

依靠其他动物生活
寄生

除了膜翅类昆虫之外，蝇是所有寄生性昆虫中数量最多、最有影响力的一群，它们把卵产在各种动物，尤其是其他昆虫和脊椎动物体内或体外。寄蝇科是体内寄生群体中最重要的一科，它们与肉蝇一起组成了一个很大成年蝇的群体，当它们还是幼虫的时候，专门以甲虫、臭虫、黄蜂、毛虫和蚱蜢为食。雌性在宿主身上的寄生方式多种多样：有的用非常坚硬的刺形产卵器把卵注入成年的臭虫体内；有的把卵产在宿主寄居的植物上，让自己的后代以宿主的幼虫为食；有的直接把卵产在宿主的皮肤上或宿主周围，因此孵化的幼虫得自己找个合适的宿主（如捻翅目的幼虫三爪蚴）并钻进它体内。在双翅目的所有主要分支中，真正的寄生态已经经历了多次进化。

其他多种蝇类群体专选脊椎动物作为宿主。有些蛹蝇家族，如虱蝇和绵羊大吸血蝇（虱蝇科），以及夜蝠蝇（蛛蝇科），都是绝对的鸟类和哺乳动物的体外寄生虫，具有显著的结构适应性。虱蝇寄生在鸟类和某些大型哺乳动物身上，以宿主的血液为食，它们的翅膀通常极小，却有非常大的爪，而且习惯于用类似螃蟹那样的方式爬行。蛛蝇更奇特，这种体型微小、无翅的昆虫只寄生在蝙蝠身上，退化的头部能挤进胸部的凹槽中，这种蝇也生有很大的附肢。

在体外寄生虫和体内寄生虫之间，皮瘤蝇和马蝇比较中庸，卵（有时为活体幼虫）产在大型哺乳动物宿主的体外，然后幼虫会钻进肉里去，或从鼻孔等通往宿主体内的开口处进入宿主体内。它们会在宿主皮肤里住上一段时间，通过一根管呼吸，或者待在其鼻腔或嘴部区域。一旦准备好化蛹或处于将死之际，它们会离开宿主（或随着喷嚏被打出去）。这种寄

↗ 许多蝇幼虫都是活跃的捕食者。图中这种正在吃一种螨的幼虫（下部）。这种蝇幼虫已被投入商业用途，即在暖房中作为生物控制媒介去控制害虫红叶螨——这种害虫会吃掉生长中的植物。

生蝇具有过敏物质，常常成为二级传染源，但除非具有极重的传染性，它们很少直接危害人类（除了腐蚀羊毛和牲畜的皮）。

食腐者
废物利用

蝇类都是杰出的食腐者。由于它们主要通过适合舔吸的口器以液体为食，那么将各种腐烂物质作为它们最重要的食品就不足为奇了。于是，在分解物质和生态系统的养分循环方面，它们就扮演了非常重要的角色。它们的习性可能不招人喜欢，但缺少了蝇蛆的话，世界将变得肮脏而令人生厌！

蝇和各种腐烂物质之间有很复杂的联系。有些与林地真菌过往密切，有一个种群靠新鲜的真菌（这种物质加速绿色植物的分解）为生，而另一个种群侵袭那些已结果并开始腐烂的菌类。蕈蚊幼虫取食多种真菌，一旦受到惊扰，会一群群像云一样从烂木头上飞起来。其他有大量蝇类以自然腐烂的、开始液化的植物为食，果蝇就是最有代表性的例子——它们能感觉到腐烂的绿色植物产生的醋状物，这种像酵母那样产生发酵物质的东西很适合给幼虫吃。

许多来自节肢动物群体的，比如栖息在混合肥料或类似环境中的幼虫，会组成庞大的、

种类多样的一个个同盟。像蚜虫，有些已经掌握了提高繁殖速度的方法。有些瘿蚊在幼虫期就能产卵——雌虫产下几个大型卵，卵中孵出大型幼虫，这些幼虫体内又有其他的幼虫在生长，这些幼虫体内的幼虫会吃掉自己的父母，羽化后又轮到它们来繁殖出更多的后代，这些后代中会出现雌雄两性的成虫。在所有的蝇里面，大概是那些靠动物的排泄物（如粪蝇和其他的）和靠动物的死尸生活的种类最引人注目。对这些蝇来说，二者都是营养丰富的理想液态食物，并且在这种地方产卵的话，还能确保为后代的成长提供既潮湿且相对安全的小生境。

以那些死亡或腐烂的有机物为食，并使这些物质进入自然界生态循环过程的蝇类中，相互关联的种类之间存在着一种特别的顺序。以它们对待脊椎动物尸体的方式为例，通常首先到达暴露（未埋葬）的尸体旁的是丽蝇，尤其是人们熟悉的“叉叶绿蝇”——这种蝇能在离尸体35米高的上空发现目标；尸体开始腐烂的时候，赶来的是某些家蝇属的成员。如果腐烂继续发展，死亡的组织开始液化，就会出现更多的蝇类包括果蝇来舔食那些液体；当尸体化为氨性物质并变得干燥后，蚤蝇科成员成为此时的特别来宾；最后，干燥的皮肤和含骨髓的骨头对酪蝇科成员和某些蝇类来说也是很有用的。这些蝇类是根据尸体温度的变化来安排造访尸体的顺序的，人们可以据此判断动物死亡到发现尸体的时间间隔，以及死亡后尸体是在建筑物内部还是外部。

当尸体被掩埋后，出现的动物群又不一样了。棺材蝇能钻进人类的墓穴中去，在尸体上繁殖好几代，最后成功地从坟墓中羽化而出。

在粪便上出现的昆虫也有类似的顺序：在粪蝇、甲虫和其他在粪块还是热乎乎、软绵绵的时候来产卵（很快变硬的粪便会对成长中的幼虫提供保护）的昆虫之间也可能会发生激烈的争夺战。那些既吃腐肉又吃粪便的种类，其种种适应性使它们对食物来源会迅速加以利用。虽然从人类的角度来看，动物的死尸和粪便都是让人厌恶的东西，但它们富含自然界中缺乏的丰富营养，因此昆虫为争夺它们的激烈

↙发酵的果实的气味很快就引来果蝇（果蝇科），它们来到后立即开始进食并产卵。由于具有高繁殖率，果蝇是基因研究中受宠的物种。

战斗不时发生。有些蝇类会产下很快能孵化的大型卵，以便及早开始它们较缓慢的生长过程。大型雌性肉蝇（麻蝇科）是尸体的早期访客，产卵后会一直待到孵化出钻进肉中的活蛆出现。然后这些麻蝇幼虫会释放出一种使尸体液化的物质，并且在尸体“汤”中继续发育。

绿蝇属的蛆虫具有天然抗生素的效用，已被用来清理人类被感染的伤口。有的绿蝇属种类则会造成“羊皮肤感染”——这种蝇的雌性如果在羊身上找到伤口，就会在伤口中产卵，孵出的幼虫可能会使羊丧命。其实这种蝇也吃腐烂的尸体，但其中只有两种（一种见于新大陆，一种见于旧大陆）专门以之为食。它们的幼虫能远远地就发现某只动物（包括人）身上的小伤口，然后在伤口旁边产一窝卵，孵化后的幼虫会使伤口扩大至拳头大小，这只动物有可能因此丧命。蝇在寻找宿主方面是如此的有效率，以至于它们能以每平方千米数只的水平维持一个可繁殖的种群。

除了专业的食粪者和食腐者外，其他蝇的幼虫都是普遍的清洁工。花园里的一个粪堆就可能成为许多种蝇的家，但最近的研究显示，蝇的进食习性和方式远比我们看到的要专业得多。死亡植物的物质是由一些微生物逐渐分解掉的，蝇幼虫通常会专注于吃这其中特别的成分，比如细菌和真菌。这样的例子还包括哺乳动物、鸟类或蜜蜂巢穴中的清洁工，末一类动物的巢穴中经常包括那些伪装成蜜蜂的蝇。海藻蝇（扁蝇科）经常造访海岸线上的渣滓；许多蝇幼虫住在池塘边、水坑和潮湿的车辙周围的泥浆中，以藻类和腐质为食；有些种类的外表皮在需要的时候能抵御干燥，一直等到泥土再度变湿润；有些则会在干燥的季节里会向下钻进泥窝的深处；有些，尤其是长角亚目丝角蝇的幼虫，是真正的水栖昆虫（参阅“住在水下的幼虫”），也普遍是机会主义捕食者，它们捕食小型昆虫，从水中过滤微生物，或者以腐质为食。

蝇群和求偶舞蹈
交尾和繁殖

在那些充当清洁工和食腐的蝇（即以死亡或腐烂的有机物为食的）中，人们观察到一些有关双翅目昆虫习性的最有趣的例子。其中最值得注意的是那些与交尾有关的策略。

对科学家们来说，最熟悉的种类当是果蝇，这是一个长期被拿来进行遗传研究的群体，因为它们的染色体很容易看到，且繁殖率很高，还出现过许多突变种类。但果蝇的求爱演示同样出名。这种小型的黄色蝇有亮红色的眼睛，它们会聚集在储存水果的地方，这种地方——比如那些掉下来的水果或从树的伤口中流出来的树液上——通常会出现自然发酵的现象。雄性会去接近静止的雌性，用自己的前肢轻拍它，并伸出舌头与它面对面。然后两只蝇会使用左右交替的步法一起“跳舞”。当它们这样做的时候，雄蝇会逐渐张开并来回摇动一只或两只翅膀，直到雌性又恢复开始的静止状态，此时它开始绕着对方转圈，然后从后面爬到它身上去。

在经常造访林地里泥泞小水坑的长足虻中

↘腹部卷曲在附肢之间，这只雌性舞虻科成员将喙伸入一滴雄性在交尾期间分泌的液体中。有的舞虻中，雄性的礼物包括一只死昆虫。

↖住在欧洲和北美的山区中的雄性盗虻科成员，会在雌性面前表演一场精心准备的求爱舞蹈。图中，一只红角盗虻（欧洲种类）正在上下晃动自己的腹部。

也能观察到类似的舞蹈。这种长足虻的雄性翅膀上生有两个明显的白色斑点，当它在异性面前摇摆翅膀后，会从其身上盘旋着一跃而过，然后灵巧地落在对象近处。许多翅膀上长有斑点和花纹的蝇，似乎都是以这种方式发出性信号。有的雄性因复杂的生殖器和足部的装饰而著称，二者大概在求偶过程中都很重要。

另有两个例子中不含求偶的舞蹈。突眼蝇长有非常显眼的、极宽的头部，眼睛（有时候是触角）长在两根突出的柄上。这种多见于热带的蝇以植物腐质为食，并且会通过吓唬入侵者的方式来争夺一小块食物的占有权。它们长在柄上的眼睛视力很好，能看到60厘米外的东西，并且利用眼睛进行仪式化的战斗，尤其是雄性之间，两只蝇会通过比较两眼分开的距离来“测量”彼此的体型，而眼间距较近的那只通常就会撤退。同样地，雌性也会偏爱那些眼柄极长的雄性。

有的罕见的果蝇种类的雄性，其面部长有突起，与鹿和驼鹿的角很像，也用于争夺领土的战斗中。这种蝇在与异性交尾前会把领土的入侵者赶走。这些蝇幼虫住在新倒下的树木的树皮里，雄蝇会把那一根树干视为自己的领地。

最后，我们不能落掉粪蝇（粪蝇属）的趣味故事：金色的雄性粪蝇会在一小块新鲜的粪便旁等候异性的到来——它必须到粪便这儿来产卵。每一只到来的雌性都会使雄性们展开争夺战，数只扭打在一起的雄性可能会一起爬到某只雌性的身上，由于产卵前的最后一次交尾能确保约80%的受精成功率，雄蝇们因此会全力以赴投入战斗——在粪蝇属的许多其他蝇类中，会出现“精液取代”的现象，每一只得胜的雄蝇都会用自己的精液取代前面一位胜利者的精液。

相反，雌性得尽快找个能产卵的地方，因为粪便很快就会变冷变硬，不适合产卵了。雄蝇们也意识到了这个事实，它们会离开那些老粪堆去找个新的，这多少平衡了一些异性间交配的几率，因为总会有些雌性跑到老粪堆那里去，但打斗的情形相对少了。但在新的粪堆旁，拥挤的雄蝇群中又会开始上演新的异性争夺战。

有些食蚜蝇也显示了复杂的交尾习性：雄性会在某棵植物旁边，或沿着林间小路为自己划定一块专属领地，把其他蝇都赶跑，有时还好奇地在逼近的人类面前盘旋。它们拥有一种聪明的“计算”系统，会针对逼近的入侵者设置一条拦截路线，在飞行中以精确的速度和角度迎接并击退侵略者，通过这种方法守卫自己作为交尾场所的领土。

在双翅目昆虫中，有时会发生以交尾为目的的雄性蝇群集飞行的情况，这种情形并不普遍，因为许多种类交尾的时候都不会飞行，但这种现象几乎发生在所有主要群体的家族中。雄蝇们云集在一起跳舞，通常会把某种物体当作记号。蝇群有可能在树上方或下方，或水面上方，有时甚至是一个静止不动的人的上方。也许最不同凡响的记号是烟蝇（扁脚蝇科）的，它们居然曾被大火冒出的烟所吸引而聚集到浓烟中，而几乎所有其他的昆虫都是害怕火和烟的。

不论是什么记号，雌性都会受到雄蝇群的吸引而加入进去，受到异性的求爱，交尾的时候它们则会离开蝇群。不同的种类聚集的时候，会使用不同的记号，有时它们会在一天的不同时间内集合，使雌性能较容易地选出合适的交尾对象。关系亲近的种类会在某个地点或某个时间解散，以减少不成功的尝试交尾行为。大部分的群体中都是雄性聚集成群，它们的眼睛比雌性的大，常常用头顶相碰触，且长有不同大小的小眼面。

舞虻组成的蝇群是一个很好的例子。它们是凶猛的食肉动物，因此雄性常常冒着遭到雌性捕食的风险去寻找可能的交尾对象。有些种类的雄蝇群会带着合适的猎物（常常是其他的蝇）送给异性，作为它在交尾时享用的大餐。某些种类中，作为礼物的猎物会被丝给包裹起来，而有些种类的蝇，用丝包裹起来的礼物根本就不能吃，甚至还有雄蝇会把一个空的丝壳送给异性。

在温带发现的两个舞虻的大型属中，缺脉喜舞虻属的成员在陆地上聚集成群，而喜舞虻属的成员在水面上方聚集成群。属中的许多近亲种类，在集结成群的时候都会使用差别不大的记号。在许多乡村中，这样的交尾群体都非常引人注目，它们总是像云一样盘旋在树顶上空、教堂尖塔上，以及类似的陆地标志物上，或者就在靠近地面处。附近的行人或骑脚踏车的人要想从它们之中穿过去可得冒点儿风

蝇的亚目

长角亚目（丝角蝇）

35 科。身体细长灵巧，附肢和翅膀长。触角细长，像身体一样常覆盖有长而细密的茸毛，触角分节（多于 8 节）。幼虫（通常 4 龄）长有坚硬的头壳和咬合式下颚，上颚能水平运动；幼虫多为水栖，蛹也一样。包括：黑蝇或水牛蚋（蚋科）、大蚊、长足虻（大蚊科）、蕈蚊（菌蚊科）、瘿蚊（瘿蚊科）、摇蚊（摇蚊科和蠓科）、蚊、蚋（蚊科）、冬蚋（毫蚊科）。

短角亚目（短角蝇）

120 科。触角短而粗（少于 8 节）；体型多样。幼虫的头壳仅部分坚硬或退化，口器能垂直移动。5 个次亚目归入 2 个主要的群。

直裂短角蝇（4 个次亚目，21 科）体型较大，鲜有小型品种。触角粗短；体色鲜艳。幼虫（5~8 龄），头壳部分坚硬，有些为水栖。包括：蜂虻（蜂虻科）、马蝇和牛蝇（虻科）、长足虻（长足虻科）、盗蝇（食虫虻科）和水虻（水虻科）等。

家蝇次亚目（高级蝇）

蛹被包在末龄幼虫的表皮内（蛹壳）。触角通常短，分 3 节；幼虫为结构简单的蛆，用“口钩”进食。分 2 类：无缝类和有缝类。

无缝类（8 科）包括食蚜蝇，或称花蝇（食蚜蝇科），以及棺材蝇（蚤蝇科）等。

有缝类（2 组 91 科）其中一组（75 科），大部分属于体型较小，难以辨认的蝇类。包括：胡萝卜蝇（茎蝇科）、果蝇（果蝇科、实蝇科）、潜叶蝇（潜蝇科）、海藻蝇（水蝇科、扁蝇科）、突眼蝇（突眼蝇）、黄蜂蝇（眼蝇科）等。

另外一组（16 科）较常见，身体粗短，一般有较多的刚毛，包括丽蝇和蓝丽蝇（丽蝇科）、食蚜蝇和食根蝇（花蝇科）、粪蝇（粪蝇科）、肉蝇（麻蝇科）、家蝇和螫蝇（蝇科）、寄生蝇（寄蝇科）、皮瘤蝇和马蝇（狂蝇科和胃蝇科）等。

在该组中，蛹蝇类（3 科）体型扁平，寄生在鸟类和哺乳动物身上；雌蝇会照顾幼虫。这一类中包括夜蝠蝇（蛛蝇科）、鹿虻、绵羊大吸血蝇和虱蝇（虱蝇科）等。

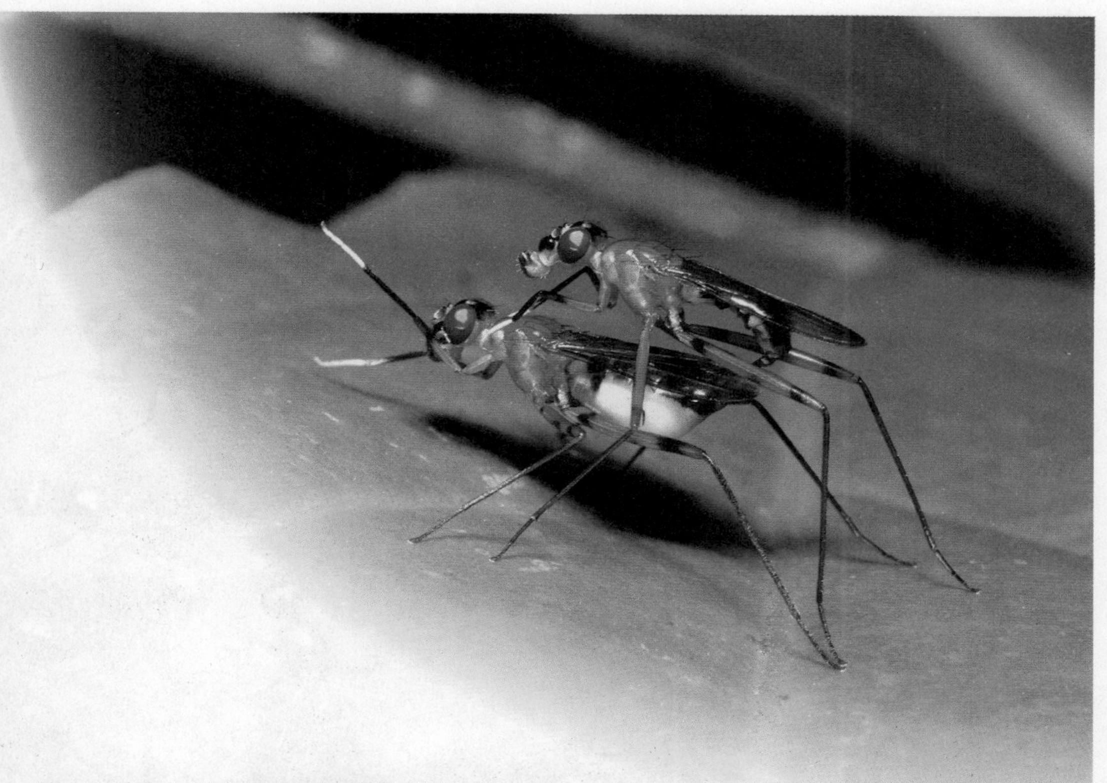

险——曾有人因为吸入虻而导致过敏反应。蝇高度发达的飞行机制和灵敏的视觉使它们能组成并控制好蝇群。

如果两性以大致相等的数量出现时，它们有可能会组成大的混合群，这可能与交尾无关，比如出现在植被上的鼓翅蝇科成员的混合群，但我们还没有找出它们形成群的原因。丽蝇科和秆蝇科的少数种类会组成大型两性的混合群过冬。出现这种聚集的原因，部分是因为它们没有多少合适的地方可去，同时集合信息素也发挥了一定的作用。头年曾出现过的蝇群会在标志物上留下化学记号，并在下一个冬天的时候把同类给吸引过来，这些蝇群还常常滋扰很多家庭。

花蝇、食蚜蝇和其他蝇类的交尾蝇群常常使用“嗡嗡”的声音或改变扑扇翅膀的频率来传达性信号。日益精确的声波探测设备已经显示许多蝇类以及其他昆虫的交配习性中包括发出声音或振动。不同地方的同种蝇的个体间发出的声音也有差别，就好像人类语言中的方言一样。

↖ 在茂盛的雨林林下叶层中，一些瘦足蝇利用它们显眼的白色前足尖发出性信号。图中来自特立尼达的交尾中的这对，雌性的腹部明显因含有卵而膨大。

雌雄两性的蝇都会使用信息素与异性交流，其中包括雌蝇发出的与蛾类非常相似的长距引诱剂。有一种人工引诱剂与雌性发出的自然信息素非常相似，雄性果蝇会受到这种引诱剂的强烈吸引，因此在监控或控制害虫方面，这种化学物非常有用。有的种类中，雄蝇会散发出短距化学物诱使雌性交尾。很多蝇的腹部都生有功能不一的腺体，有些就是用来释放这种短距信息素的。

危机中的庄稼
保护和环境

从食腐的祖先开始，蝇幼虫消耗绿色植物（植食性）的能力已经过多次的进化，这种本领是双翅目所有主要分支群体中普遍的谋生方式。很多情形下，它们的食谱中也包括农作物，这也是影响农作物产量的主要因素之一，这种情况在热带尤甚。据估计，在数年前，仅

果蝇每年给农作物带来的损失就达4亿美元之多。瘿蚊（瘿蚊科）会造成植物组织变形，常形成外表可见的虫瘿，大量瘿蚊横行的时候，庄稼可能就保不住了。很多主要的谷类作物，如小麦和水稻，都会受其危害。麦秆蝇（秆蝇科）和部分蝇科种类都以植物新芽为食，它们的卵被产在谷类作物的叶片或茎秆上，孵化的幼虫会钻进茎秆中去，使植株这部分断掉。幼虫在晚期龄期时，会以腐烂的茎秆中心为食，就算这棵植物依然存活，也只能从根部再发出新芽。潜叶蝇（潜蝇科）对植物造成的危害很明显——体型微小的幼虫在活的植物组织内部挖隧道，在叶片或茎秆间留下它们淡淡的“形迹”，使植株越来越脆弱，直至死亡。北半球的革蚊（大蚊科）会危害草地，把草根当作自己的食物，它们大量出现的时候会毁掉草皮。胡萝卜蝇（茎蝇科）和甘蓝根蝇（花蝇科）都会侵害它们名字中的作物的根。果蝇（实蝇科）则危害植物或果实，这种蝇的雌性长有坚硬的产卵器，能刺穿植物组织并在其中产卵。有些蝇会在植物上形成虫瘿，幼虫在虫瘿中发育。有些

↙ 图中是斑翅粪蝇集结成的谜一般的群体。尽管人们有过许多推测，但仍然还没有结论性的观点表明这些活跃的蝇组成这样大型的集群是出于何种目的。

则刺破生长中的果实，然后把卵产在里面，幼虫孵化出来后就以果实为食。雌性果蝇会在果实上留下化学记号以阻止其他雌性在这个果实上产卵。幼虫的出现还会加速果实的成熟过程，以致造成其腐烂而无法出售。

其实果蝇中的大部分都专门吃一种或数种没有经济价值的植物，但有少数果蝇以数百种植物为生，其中许多都是果物或庄稼。如并非来自地中海，而是来自东非的地中海果蝇就是其中一例。令人同样担忧的是，潜叶蝇和果蝇都被证实具有在新环境中大量繁殖的特殊适应性，即使这个环境与它们原来自然分布的地区隔着一个大洲那么远。因此它们成为了各国出入境检疫的主要目标，一旦某个地区发现有这种害虫出没的话，当地的农产品都会被限制出口。许多国家禁止旅客携带新鲜水果入境的原因就是由于这些蝇。但就像大多数昆虫一样，蝇类中也有能除杂草的益虫，有些已作为生物控制媒介到了世界各地。

包含约12万个已知的种类的蝇家族中，有些已被用于评估环境状况。摇蚊科就既包括一些能忍受被污染的水体的种类，也包括一些只在清洁水体中生存的种类。因此在水体中发现的蝇的种类成为评估水体污染程度的极好的指标。那些幼虫住在死木头或类似环境中的蝇类群体中，有一些种类对栖息地的选择非常保守，它们在林区的存在表示这片区域已经有很长时间没被打扰过了。这些蝇类作为环境指标的价值仅次于鞘翅类昆虫。在湿地中，也有数科水栖或半水栖的种类（如水虻）是评价清洁环境的良好指标，这些种类无法忍受被污染的环境，因此它们的存在表示这片区域长期受到了良好的管理。

↗ 胡萝卜蝇幼虫正在吃一根坏掉的胡萝卜。这种蝇幼虫是严重的农业害虫，会在作物的根部打洞，以便为自己越冬提供一个居所。除了胡萝卜外，欧洲萝卜、芹菜和茴香也是它们袭击的目标。

法布尔昆虫趣谈

老朋友绿蝇

我从没有像现在这样喜欢独自去思考生活。我钟情于幻想着有一个自己的天地，这个天地独立而有空间，一个能够让我稍微避开尘世打扰的地方。这个地方长着灯心草，中间是一个池塘，水上还漂浮着水浮莲。在我闲暇的时候我可以在美丽的杨柳树下，微风轻抚着我的双臂，看着水中它们的生活，那是纯粹的自然生活，充满了荒蛮和温馨但不失质朴。

我对软体动物的栖息地进行观察，赞赏着欢快玩耍的豉甲、在水中滑行的迟蝽、跳水的龙虱、逆风滑行的仰泳蝽。特别是仰泳蝽，它慵懒地划着它的桨板，而把用来捕捉猎物的前腿放在胸前，守株待兔。其实钻研扁卷螺产卵也是一个很有意思的事情，你会发现原来生命就孕育在这看不清的润滑的分泌物里。它们闪闪发光，似乎是星星之火，运动给了生命延续的条件，它不停地旋转着，渐渐地留下了痕迹，这个痕迹的延续就是将来要诞生的贝壳，略懂几何的人们就会发现，这些痕迹尽然构成了天体运动的轨迹。

↗图中这种粗股蝇科的蝇长有醒目图案的眼睛，是这一科的典型特征。它正在吃一堆鸟粪。作为一般的规律，蝇对哺乳动物的粪便比对鸟粪的兴趣要大，但它们同时也是机会主义的食客。

常常到水塘边游玩使得我产生了很多深重的思想，可是天不遂人愿，人世间好多事并不是你想怎样就怎样，心里的想法最终只是水月镜花。我只能依靠工业文明的东西来满足我心里美好的构想，人工的水塘并不能真正实现某种类似于新陈代谢的东西，而人为建造的空间却始终不能超越自然的法则，它们还是自然而然地形成了适合自己生存的巢穴，生命就在这里诞生了。

阳春时节，紫色的英格兰山楂树鲜花盛开，夜莺蟋蟀陆续鸣叫，我的第二个愿望隐隐约约在我脑海里时时闪现。我恰巧在路上碰见了令我难以释怀的悲惨故事，一只死鼹鼠和一条被人打死的游蛇，它们的死因可想而知。我们完全可以想象：一只正在寻找食物的鼹鼠，当然它的主要食物就是田间的害虫，而田间劳作的农夫的在田间地头发现了它，惯性的思维使得他们看见鼹鼠就无情地将其用锈钝的铁锹砍死，随手丢在路边。游蛇的命运似乎和鼹鼠一样，温暖的阳光使它很早就苏醒过来，新的生命轮回开始了，它蜕掉旧皮，换上新装，可惜却被愚昧的路人发现，它打着除害的幌子把正在帮农夫除去田间害虫的益虫打死，其无辜可想而知。

腐烂的尸体开始发臭，从旁边走过的活物都没有理会两具尸体的意思。研究者从这里经过，看见两条逝去的生命体上窜动着一群虫子，这些小东西紧张有序地处理着两具尸体，也许最好我们不要去打扰这些负责殡葬的劳动者。

把尸体分解的过程依然约定俗成，忙碌的分解者在按部就班地将分解的物质转化成了另外一种存在形式。而对这一切的观察成了我另一个久未实现的梦想。我要走了，虽然我不忍离去，但我却不能在这里看惨死的鼹鼠及它的分解者。这里并不适合我去讲大道理，我要离开这发臭的现场，如若不立即离去，过路的人们会怎样看待我的行为呢？

如果书本上的知识就在现场，我们会将关注点放在哪里呢？我们有无坚定而明确的立场？是可怜遇难者还是鄙视分解尸体的啃尸者？其实，我们并不需要从这个角度来思考问题，我们最应该关心生命从开始到结束这个短暂的过程，生命由微生物慢慢累积而来，可是宿命却是注定的。我们谁也逃脱不了被另一种物质分解的命运。到这里我的问题的答案也就有了。水塘里的扁卷螺明确地回答了我的第一个疑问。而可怜的鼹鼠也恰当地诠释了我的第二个疑问。总结起来，一切都是融化的过程，熄灭即开始，我们无须惺惺作态！让不了解生命的人们尽早离开不属于他们的空间吧。

我的第二个愿望已见端倪，我似乎找到了一个适合隐居的地方，这里很安静也没有人来打扰我，有一个独门小院对像我这样的研究者来说再合适不过了。

但是像猫这样捣蛋的家伙还是让我很担心，它们游手好闲，要是被这些家伙发现我的研究场地，后果可想而知。被破坏掉成了最有可能发生的事情，我事先预料到了这一点，因此我着手建造了一个空中楼阁，只有那些专门用来制作腐烂物的才能飞到的地方。

具体的制作过程其实很简单，我把三根芦苇枝绑在一起，形成一个三脚架的形状并将其布局在院子里不同角落，支架的高度大约有一人那么高，上面吊着一个装满沙子的罐子，为了在下雨的时候将多余的水排出，我在罐底钻一个小洞。我把收集到的各类生物的尸体放在罐子里，当然条件允许的话，我会首选游蛇、蜥蜴、癞蛤蟆，原因是这些东西都有一个共同的特点，它们都是皮肤没有毛，这样更容易看清入侵尸体的不速之客。我收集来的东西主要来自邻家小孩的辛勤劳动，这些小孩子会用我给的工钱来买自己喜欢的东西，一到了夏天，我的货源更为充足，经常有用棍子挑来的蛇、有用菜叶包来的蜥蜴、有用捕鼠器补来的褐家鼠、没有水喝导致死亡的小鸡、被打死的鼹鼠、被过往车辆压死的小猫，还有被有毒的草毒死的兔子。我的买卖公平交易、童叟无欺，这样的交易很新奇，也可谓之：前无古人后无来者。时间长了罐子里的东西慢慢地多起来了，为了不让一些讨厌的家伙来访问我的作坊，我才用心良苦地把罐子吊得如此之高，但是嘲笑者还是来了，一只蚂蚁顺着芦苇秆爬了上来，真是贪婪的家伙啊！这只刚死的动物，并没有什么味道显示出其已死亡。但是猎食者却发现了它，如果胃口合适，它们就会在这附近定居下来直至将这个食物吃完为止。

蚂蚁在属于自己的季节是最忙碌的，它们会在第一时间发现死尸，并在死尸已确定没有任何可以啃的东西后再缓缓离去，这个到处觅食的蚂蚁在自己并不能看见的高处发现了这具死尸，可是它并不是最专业的分解死尸者，这就是蚂蚁嗅觉灵敏的缘故。当死尸真正开始发臭，专业部队就蜂拥而至，这里面包括：皮蠹、腐阎虫、扁尸甲、埋葬虫、苍蝇和隐翅虫。就是它们把死尸完全彻底地消化了。

这里不得不提的就是比其他分解者更为高级的苍蝇，从苍蝇的活动习性上我们可以去观察研究苍蝇，我们不妨用绿蝇和麻蝇。

绿蝇，大家熟知的双翅目昆虫。它的颜色很特别，而且光泽亮丽，和金匠花金龟、吉丁一样美丽。我常常感叹这么美丽的外衣却穿在了分解死尸的清洁工身上，是那么的不相称。屡次来我作坊的三种绿蝇分别是叉叶绿蝇、食尸绿蝇、居佩绿蝇。叉叶和食尸绿蝇的颜色是金绿色，而居佩绿蝇的颜色是铜色。但是它们有一个共同点那就是它们眼睛的颜色都是红色，周边还有银边环绕。单论绿蝇的个头，食尸蝇是绿蝇中个头最大的，我无意中碰巧发现了处在生育期的它，它找的地方很温暖，然后把卵产在了羊的脊椎上，我似乎看见了它的红眼睛以及银白色发亮的面孔，我很容易就收集到了这些卵。一共约有157个蛹，根据绿蝇的生产规律这只是它产下卵的一部分而已。钩提供了这些溶液，这些溶液的主要成分就是蛋白酶，也就是说蛆虫先进行初步的消化，然后进食。

第三篇

昆虫探秘

昆虫飞行的动力是什么

任何人若被困在摇蚊群中，就能切实感受到昆虫飞行的能力。那些倍受其困扰的人为老是打不着恼人的青蝇而丧气之余，也许会纳闷这些虫子的飞行特技真是令人难以捉摸，居然能头朝下地停在天花板上。

毫无疑问，大多数昆虫成年后的生活几乎都在飞行中度过。在三维世界中，飞行能使它们保持高度的活跃性和主动性，以便开拓用其他方式无法到达的栖息地，包括岛屿。昆虫的飞行能力早在距今3.54亿~2.95亿年前的石炭纪就进化出来。一种理论认为，早期的大型昆虫依靠体侧的延伸部分滑行，随后进化为盘旋，以达到更有效的控制，最后发展为振翼。另一种理论则认为，小型昆虫的翅膀是由那些通过不断拍打实现某些功能的部分进化而来的，比如用于气体交换的鳃或用于性信号的胸腔的延伸部分，飞行可能通过运用肌肉偶然发生了一次，起作用的肌肉在缨尾目中不会飞的衣鱼体内也有大体相似的部分。

在昆虫朝更高速度和更强控制力的飞行方式的进化过程中，有几个发展趋势。由于较少的褶皱或凹槽能给翅膀提供纵向的坚硬度，那些最初呈网状的翅膀脉络逐渐简化。一对单一的振翼结构被进化出来的形式包括：身体一侧的两只翅膀长在一起，或通过缩小其中一对翅膀的尺寸来形成防护甲片（如蠼螋和甲虫），或形成其他名为平衡棒的平衡器官（如双翅目蝇类）。产生动力的肌肉变得与控制肌肉迥然不同，而最初这两种功能是由同种肌肉实现的（如蜻蜓）。此外，身体也逐渐朝着更短更厚的方向发展，随之而来的是其内在稳定性的降低和控制能力的显著增强。最后，飞行的成功极大地归功于一种专门的翼肌肉的进化，这种肌肉收缩的频率比其他肌肉高得多，如部分小的蝇类，其频率能高达每秒1000次。

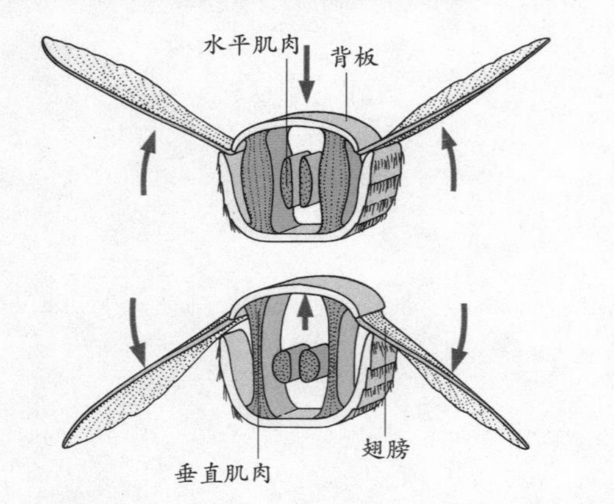

↗ 新翅类昆虫的振翼模式。1. 翅向上拍时，其背腹部肌肉将背板垂直向下拉，翅膀随之升起，胸腔被拉长，使水平肌肉扩张。2. 当肌肉收缩时，背板升高，把翅膀向下推。某些昆虫就通过这种利用肌肉改变翅膀的倾斜度或振幅来间接辅助飞行。

翅膀振动的形式十分复杂。翅膀向下拍时，其前缘向下倾斜；翅膀向上拍时则向上倾斜。对蝇类而言，在每次振翼后会自动盘旋翅膀，但是盘旋的程度可被小的肌肉所调整。除最低等的以外，大多数昆虫飞行的动力都通过作用于骨片（胸部表皮外骨骼的片状物）上的肌肉间接得来。

翅膀的振动受到如下几种结构支持：首先是具有弹性的关节，构成这种关节的蛋白名为节肢弹性蛋白，这种关节能使翅膀在振翼达到最顶处和最底处反弹；其次是缘自于掣爪机制的弹性，这种机制能使翅膀在中位附近（类似于灯开关）不稳定；再次是肌肉本身的弹性。通过提高翅膀盘旋的次数和振翼的频率，均能使动力提升。飞行的方向通常靠改变一侧的振幅或盘旋来控制，还可利用长的腹部或步足作为方向舵来辅助实现，例如蚱蜢。

有些昆虫可以原地盘旋，像直升机那样通过身体近乎垂直状和翅膀向上拍打时的翻转来实现。有的昆虫在其翅膀扇到最高处时同时拍打，然后从前缘处分开翅膀，使空气如漩涡状流通，从而产生举升力。蜻蜓、食蚜蝇及黄蜂盘旋时身体呈水平状，利用浅浅的振翼盘旋于空中——其空气动力学原理尚未被完全掌握。

就行程所需要的能量消耗而言，飞行的能

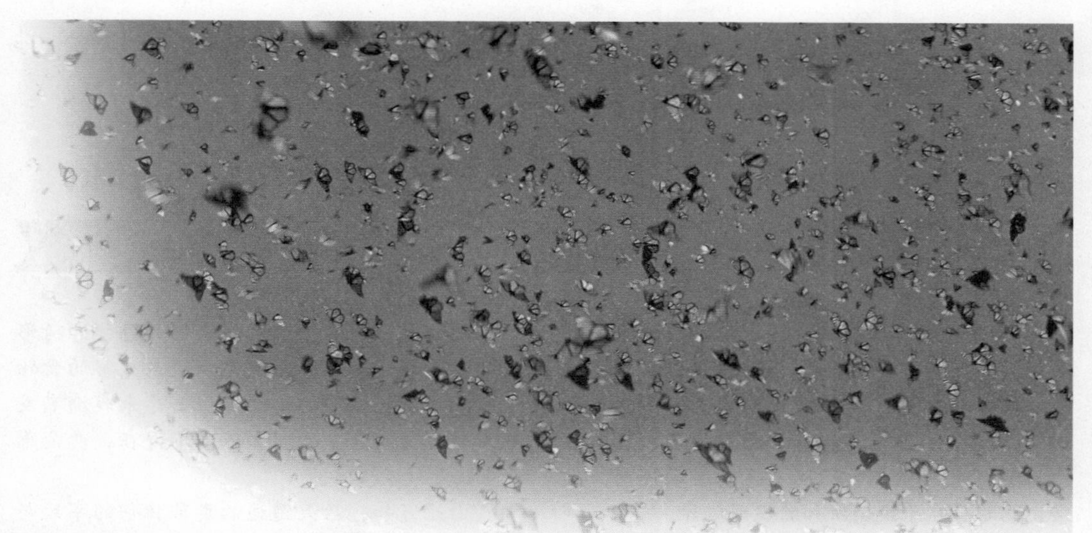

↗一群君主斑蝶从墨西哥冬天的大地飞入天空。这一物种以其迁徙能力强而著称，一些君主斑蝶能从墨西哥飞到远至加拿大。

耗比较少，可能少于爬行或奔跑。然而单位时间内的能耗却相当高，特别是当它们背负重物盘旋空中的时候（如黄蜂带着猎物），或当它们以超高速飞行时——有些昆虫可以高达每秒20米，能量消耗可达150焦/千克，因此飞行肌肉要有非常有效的供氧系统——在血淋巴中有高浓度的碳水化合物，利用激素也能推动养分在体内循环。这样一来，足够的能量供给就得到了保证。

飞行中高频的能量消耗会产生相当可观的热量，这些热量对小型昆虫来说极易散失，但对大型昆虫而言却容易聚集。飞行肌肉已适应了在高达40℃的温度中工作，许多昆虫必须先晒太阳或振颤翅膀来预热，才能顺利起飞。大黄蜂有一套更为完善的机制，它们是热血生物，其起飞所需的临界温度可以通过某种化学作用产生热量而达到。当它们在寒冷的早晨开始起飞时，这一作用就显得格外重要了。

飞行时，为了避免过热，有的昆虫能将热血从胸腔分流到腹部——腹部就像汽车的散热器一样工作。而那些缺少这种机制的昆虫，它们的飞行只能被限制在诸如夜间这样比较凉爽的时间进行。蝴蝶、蜻蜓和蚱蜢这样白天活动的飞虫，依靠翅膀振翼间隙的滑行来节约能耗并防止身体过热，它们的后翅有延展的后叶能支持这种滑行。

飞行昆虫必须具有可操控性的机制以抵消翻转、倾斜或摇摆的倾向。帮助维持这种稳定性的感觉器官包括复眼、单眼以及存在于触角、头、翅、腹部尖端的尾毛等处的机械性刺激受器。许多钟形感受器位于飞虫平衡棒上，这种平衡棒能像回转仪一样记录运动偏差。介壳虫和捻翅目昆虫在其退化的前翅上也有相似的机制。

因此，昆虫翅膀的进化是彼此制约的结果。翅膀的重量必须轻得足以保持其内在负荷在肌肉的可承受范围之内，同时还必须有足够的体力，不仅能对抗空气的阻力，还能支撑身体和其他额外负重——猎物或花粉。它们的翅膀必须兼具结构强度和灵活性。昆虫飞行的机制及其相关的生理学原理十分协调，而推动这种复杂、功能化的整体向前发展的动力则应归功于自然选择。

许多昆虫目都有不会飞的种类，其中很少是完全不能飞的，比如跳蚤。飞行在成虫前的发育阶段和成虫时期的能量消耗都非常高，如果不存在这方面的需要，这种能力很快就被摒弃。失去飞行能力的昆虫包括那些演变成水栖的、能钻洞且身体能变形的、寄生于脊椎动物身上的和居住在小岛上的——那里的风使飞行行为变得很危险。对其他昆虫而言，飞行可能被局限于成体的某一特定阶段，在此阶段以后，其飞行肌肉可能萎缩，翅膀退化（如白蚁）。此外，由于季节的变化，有的昆虫某几代会飞，而其他几代则不会，如一些水虫和蚜虫。

法布尔昆虫趣谈

昆虫的反常

人们总是对能够被称作“规则”的事情，加以习惯性地认同。不会轻易质疑，更不会费尽心思刨根究底。通常来说，规则是根据整体的一致性归纳得来，自有其存在的理由，打破沙锅问到底只能使自己陷入无意义的怪圈。反常之物都存在于我们所知的规则之外。

昆虫界的规则是，虫子一般都有六只足，且每只足上都有一个跗节。如果你非要搞清楚为什么它们的足是“六”和“一”，而不是其他的数字，跗节为什么是一个而不是几个，这种问题我想都没有想过，因为它没有任何意义，就像一个人非要弄明白人类为什么长着十根手指而不是九根或十一根一样，只会招人嘲笑。

规则因为这样的事实而得以存在，并得到人们的肯定。反常的事物会使我们感到不安，思绪纷乱。每个怪象背后似乎都有一股反秩序的力量，它们是否会在某个地方留下印迹？我们也许会产生这种疑问——狂乱的不协调的音符粉碎了人们对和谐乐章的期待。

粪金龟的幼虫是我观察过的昆虫中最奇怪的一种。当我准备罗列众多反常的例子时，想到的首先是这个家伙。我第一次遇见这个小家伙时，它给我的感觉是未老先衰，它的形象因足的残疾而大打折扣，我丝毫看不出年轻人应该具备的锐气。

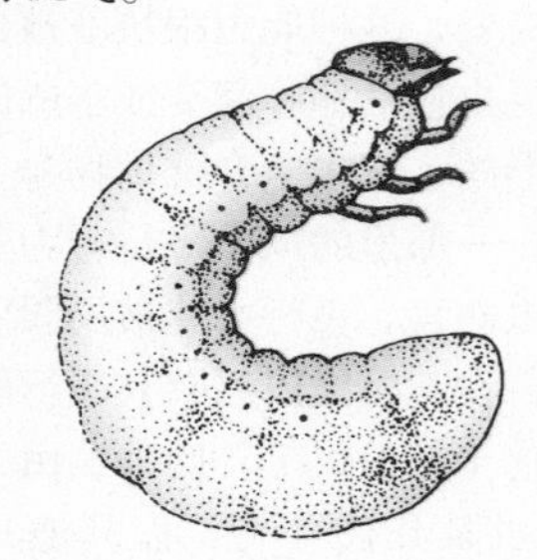

↗金龟子的幼虫住在土壤和腐木中。

最初我以为粪金龟幼虫衰弱的身体和畸形的后足是后天因素所致，比如适应狭窄的食物仓库，以便能正常的活动。但是后来我渐渐发现，那些冠冕堂皇的理由根本不存在，粪金龟天生就是残疾。

由此可知，后天遭遇的类似扭伤的事故与它成为瘸子的事实并无必然联系。我曾经用放大镜仔细观察过新生儿出壳的过程，并且在它羽化成虫后，也进行了长期的跟踪研究。我可以用我亲眼所见到的事实说话。

粪金龟的幼虫刚孵化出来时，由于腿过于纤细，无法支撑身体，导致腿的末端离开地面，向背部弯曲，贴在背上的后足看上去像个弯曲的秤钩，对幼虫来说，它毫无用处，仿佛粪金龟随时准备把什么东西扔出去一样。

成虫后，粪金龟就不能再像孩子那样享受父母为它们准备好的食物，它必须独自觅食，并学会如何为它即将出生的孩子储备干粮。在这种情况下，它们只好把后足当作压榨机使用，例如把粪球压制成粪肠，可见成虫的后足是非常有力的，我们几乎想象不出在幼虫时代后足蜷缩、畸形的样子。不过，幼虫的另外两对足倒还算正常，它们的前足缩在身体前部，相对短小。前足在粪金龟住在粪球里时，被用来夹住啃咬过的食物；中足长而有力，看上去就像竖立着的两根坚实的柱子。粪金龟常常翻到在地，之所以会出现这种情况，是因为肚子太大，从背后看过去，长着圆鼓鼓腹部的粪金龟，就像一个被两根高跷支撑着的圆球，十分滑稽。

导致粪金龟幼虫在移动中不时摔上一跤的原因除了它那鼓鼓的肚子，更因为那贮藏着修建蛹室所需的材料的驼背，这结构为什么会这么奇怪呢？我们知道，粪金龟的幼虫是个夸张的驼背，那个驼背看上去像面包状，却实在是个沉重的仓库，小家伙背着它爬来爬去，腿脚又不够利索，难免会显得有几分蹒跚。

粪金龟幼虫如此奇怪的身体结构令我难以理解，那两条畸形的后足更是让人费解，如果这两条后足变成爪钩不是很有用吗？幼虫在长长的食物洞里爬上爬下时就能更方便地勾住墙壁。对于要不停爬行的昆虫来说，来来回回地寻找中意的食物，拥有足够健康的后足是多么重要啊！

当我看着幼小的残疾者来回奔波时，不由得想起了另一种比它幸运很多的昆虫——躲在小洞里的圣甲虫幼虫，它未成年时就躲在食物洞里，饥饿时只要用肩臂膀轻轻一推，就能把一片食物送到嘴边，它几乎不需要运动。造物主是多么的不公平：身体健全者饭来张口，而足有残疾者却必须辗转奔波。

但是圣甲虫的幸运并没有持续很久。我只知道圣甲虫以及与它同属的半刻金龟、阔背金龟、麻点金龟，当它们在长成成虫形态时，不仅后足出现了萎缩，就连它们的前足也出现了异常——前足上竟然没有跗节！目前为止，我只了解这四种金龟子的残疾，它们这种看似特殊的残疾却是整个金龟子家族的共同特征。我很想找出隐藏在这有悖常理的现象背后的神秘力量。

讲到金龟子，我不得不将自己对某些构词者的不满表达出来。在一本内容肤浅的专业分类词典中，编者竟怪异地用“阿德舒斯”这个名称来取代古老而又可敬的“金龟子”。“阿德舒斯”，这个拉丁词的意思是“无兵器者”，如果非要用这个词作为某种昆虫的名字，那么入选者会有很多。想出这名称的不见得是一位很有灵感的人，因为许多食粪虫，例如与圣甲虫极相似的侧裸蜣螂，也都不带护身武器，但是，一位缺乏创意的人士偏偏用“阿德舒斯”这个名称称呼“金龟子”，甚至将这个名字写进了一本专业的分类词典，这让我不得不对它的“专业”程度提出质疑。仅以一个很多昆虫都具备的特征来指称其中的某一种，这是不科学的，只见树木不见森林，造词者们常犯这种错误。既然他想根据这类昆虫的特征来命名，那么他就应该造出一个表明前足无跗节这个特征的词来，或许更能令人信服。因为

↗短翅天牛

在整个昆虫界中，前足没有跗节的只有圣甲虫和它的同属们。但人们似乎对这个重要的特点并不了解，因此也没有想到。

关于金龟子为何不像其他昆虫那样，按照惯例长着指形爪尖，却要留着一双爪端平截的残肢呢？有些人做了一番貌似合理的解释。他们说这些昆虫在狂热地滚粪球时头朝下尾朝上，它们倒立行走时，身体和粪球的重量就会全部压在足上。与坚硬的地面的长期磨砺下，前足的端部就这样被磨平了。

这种解释乍一听，还是挺有道理的。但是，新的疑点很快又出现了：如果说在这种会对身体造成伤害的艰苦的劳动条件下，纤细的跗节被消磨掉，那么截肢手术又是何时进行的、如何完成的呢？会不会像现在常见的那样，在作坊里干活时出了意外事故而损害掉的？那也就是说金龟子最初是有跗节的，但是为何从来没有人见到过金龟子的前足上有跗节呢？就连那些刚刚开始从事滚粪球的新手也没有跗节。所以，这种“后天截肢”说并不成立。

我可以通过另一种推论来证明这种猜测的不合理之处，如果在很久以前，一只金龟子祖先遭遇一次意外而不幸失去了两条前足上这两个不实用的、几乎是没有用处的跗节，这场事故只是让它感觉到了一时的疼痛，然而之后它发现失去跗节后劳动起来反而更加方便了，于是它便巧妙地利用遗传把这没有跗节的平切前足遗传给了后代，所以我们现在看到金龟子只拥有一双光秃秃的前足。

信息素是如何传递的

信息素是同种昆虫个体间用来交流的自然化学物质，也叫化学信息素（“信号–化学物”）。化学交流在生命进化的早期就已出现，信息素对几乎所有动物来说都很重要，但仅在昆虫中出现了显著的进化，且能被昆虫们准确理解。

昆虫间化学信号的用途很广，从吸引异性进行交配（性信息素）、引起团体内其他成员的注意（聚集信息素）、危险警告（警戒信息素）、产卵后做标记（标记信息素）到留下跟踪信号（踪迹信息素）等。一旦这种种信息素被启动，或称“释放”，都会立即得到接收者的回应。除此之外，还有“引物信息素”，能作用于接收者的生理功能，使之产生缓慢和深远的变化，比如从此进入成虫期。

昆虫的信息素是数种常见化学物质的混合体，不同种类使用的信息素各成分的比例也不同，精确在几个百分点内。美洲蟑螂使用的性信息素——蜚蠊酮,其化学结构既独特又复杂，是一个罕有的例子。

经过不断进化，昆虫信息素系统已变得非常精确和协调，各种成分合成为具有高纯度的化学物质。更有甚者，同种分子排列成不同的几何结构（异构体）后，会导致几乎完全不同的行为模式。也就是说，不管是触角还是中枢神经系统，对这些信息素的辨别都是分子级别的。

信息素由自然界中存在的化学物质演变为昆虫的交流功能，通常表现为分子结构（很多套分子结构更为常见），并且为相关的功能服务。例如，蚂蚁和蜜蜂用来作为警报信息素的很多种化学物质，与它们体内用来抵御敌人的化学物很相似，也许是从后者变化来的。当蚂蚁的巢穴受到攻击时，空气中会充满这种用于警报的化学物质。如果巢穴中其他的蚂蚁能回应这种警报并筑起更佳的防御工事，那么这种化学物质此后就会成为蚂蚁的警报信息素。

大多数种类的昆虫，都把从食物中找来

↗ 在尼泊尔，一只刚经过变态的特殊的雌性白蚁在摆一种专门的“召唤”姿态，同时活跃地拍打它的翅膀，以散布一种吸引雄性的信息素。

的化合物合成信息素，如热带蜜蜂的某些种类，雄性会从某种花里面收集性信息素，且非此不能吸引到异性。北美虎蛾毛虫从它的寄主（一种有毒素的乳草属植物）体内吸取并储存防御性毒素，雄性会把部分这种毒素转化为信息素，雌性在选择雄性交尾时会利用这种信息素，即选择最毒的雄性（雄性会在交尾时把这种毒素输入雌性体内，然后它会利用这种毒素保护它的卵），因为雄性信息素的浓度说明了它的保护性毒素的强度。

信息素的特性由功能决定。警报信息素需要被迅速散布出去，然后浓度降低直到警报解除，因此需要由较小、挥发性较强的分子组成。性信息素也需要一定的挥发性，但相比警戒信息素，分子要大得多也重得多。蚂蚁会使用存留期较短的、挥发性强的化学物质作为标记信息素来注明寻找较易消耗的食物的临时路线；存留期较长的、不易挥发的化合物则用来指明几乎永久性存在的“高速公路”。

雄性的蛾会在一个明显的逆风处用性信息素“召唤”同类的异性，并确定异性的方位——即使这个异性对象可能离着几千米远。雄性用它们的触角（类似昆虫的“鼻子”）去探测信息素，然后要相互竞争着以便第一个到达雌性身边，这种竞争导致它们的触角百万年以来进行了非同寻常的进化，结果便是触角上覆盖着数千根对信息素敏感的纤毛，可以感觉到随风而来的、难以察觉的极小量信息素。纤毛中的神经细胞再将信号传送给灵敏的大脑——大脑的大部分都被用来对这些信息素作出回应。当雄性辨别出了正确的信息素，会对接收到的信号以毫秒为单位连续不断地回应，如果讯号丢失，它会利用身体左右摇摆呈“Z”字形逆风飞翔来帮助它找到雌性。

昆虫的行为都是典型的老套路，或者像编排好的一成不变的程序。每天晚上，雌性的蛾以1~2小时1次的频率释放信息素，雄性在很短的时间内作出回应。两性之间的这种行为差不多是同步的，但其中一个常常受到外界刺激的影响，比如温度和光线。如果雄蛾遇到的信息素在合适的回应期之外，那么即使信息素的浓度正合适，这只雄蛾也不会回答。

那些社会化的昆虫如蚂蚁、蜜蜂和黄蜂利用信息素协调它们复杂社会性行为的几乎每个方面。典型的白蚁们（它们更像蟑螂而不是膜翅目昆虫）就是独立地演化出了非常相似的行为和对信息素的利用。

社会化昆虫使用的许多信息素被远距离探测到的方式与雌蛾发现性信息素的方式相同，但有一类重要的信息素——同类辨认的那种——是通过互相碰触探测到的，即一只蚂蚁用触角轻轻拍打另一只蚂蚁。这种接触信息素像一层特殊的外套一样沾在虫子的体表上。这样的化学暗示通常用来辨认同伴的交尾巢穴，这对属于同种类的不同群体经常因为磕碰而打架的成员来说是必要的步骤。

用于同类辨认的信息素，部分由个体自身发出，部分来自于该群体其他成员的分泌物。社会性昆虫生命周期的所有不同阶段都能通过信息素辨认出来，如不同龄的幼虫、成虫和幼

←有些雄性大型天蚕蛾的触角生有很均匀美丽的分支，就像图中这只来自东南亚的乌桕大蚕蛾一样，触角的表面积因此而增大许多，其功能也随之增强。触角的嗅觉感受器（上图）能侦测到信息素——化学物通过感受器表面的孔渗透进薄薄的体壁，触角上的表皮突起和纤毛则包含了很多感觉神经纤维，用于将神经脉冲传输给中枢神经系统。

虫、性别，都能被群体内的所有成员辨识。

复杂的行为，如50万只盲眼行军蚁席卷南美雨林的觅食行为，可能是其中几只回应行踪信息素而引起的，而这一群体信息素的释放和对信息素的跟踪只是某种遵循一套简单规则的机械模仿。类似地，尽管体型微小且没有视觉，白蚁却能利用这种对信息素的回应建造起复杂的、高达十几米的城堡。

在不同的环境中，同样的信息素起着吸引和排斥两方面的效果。比如，蜂后颚部的信息素会作为吸引交配的性信息素释放。但在这只蜂后一生中的大部分时间里，这种信息素又排斥作用于工蜂，告诉它的臣民，它状态很好并正在产卵。只要蜂后的信息素出现，工蜂们就会保持不育的状态且不会产卵，但一旦工蚁发现蜂后不再产生这种信息素了（比如它死了），它们会立刻从幼虫中挑选出一个新皇后。更有趣的是，蜂后的信息素是由工蜂们嘴对嘴地传递的。

此外，把四处游荡的个别蝗虫纳入到群体生活中来，或组织一次蝗灾，都少不了信息素这个角色。

盗用和行骗

在昆虫的世界中，由于通过信息素交流不仅非常有效而且很重要，许多动物和植物都进化出了破译信息素的方法。出于行骗和宣传的目的，信息素有可能被盗用，或者被假冒。

↗ 有些昆虫通过植物间接获取它们的信息素。图中这只秘鲁的兵蝶正在吃一株天芥菜的残余物。天芥菜是吡咯里西啶类生物碱前体的最佳来源。

信息素的传播有可能被敌人或寄生生物“空中拦截”。例如，有些树皮甲虫利用集合信息素吸引足够的同类攻克树木的防线，然而，有些对树皮甲虫非常敏感的敌人，对它们的信息素也同样敏感，于是树皮甲虫们集合的同时，敌人会使它们陷入危险的境地。

信息素同样有可能被用来行骗。有些兰花依赖一种性格孤僻的蜜蜂或黄蜂来为它授粉，而这种兰花看起来和闻起来都活像一只携带同样信息素的雌性同类。雄蜜蜂受骗，努力想和这朵花交尾，于是花粉就沾到它身体上。当这只雄蜜蜂再次落到另一朵兰花的时候，花粉也就被传递过去了。

某些爱光顾蚁巢的“客人”，如甲虫和某

↘ 通过释放并跟随“行踪信息素”，特立尼达盲眼行军蚁能够在极窄的路径上穿过雨林。途中的沟沟坎坎会由蚂蚁们用身体搭成“桥”越过。

↖ 来自中、南美洲，体被金属光泽的一种雄性兰花蜂正从某种特定的兰花上收集香味。它们常常在雨林的光缝中使用这种香味作为领地的标志。

种著名的灰蝶科蝴蝶，也会利用信息素行骗，它们会秘密收集蚂蚁的气味，或者，更高级一点，会自己合成蚂蚁的化学“签名”，以此欺骗蚁巢的卫兵。一旦进入蚁巢，它们就寄生在里面，甚至吃掉蚂蚁幼虫。同样地，南美盗蜂会用信息素有意制造混乱以获取它们的食物，即大量释放一种无刺蜜蜂使用的警报信息素，引起一团混乱后，这些盗蜂就从容地进入无刺蜜蜂的蜂巢，盗走蜂蜜和花粉。

对信息素的利用

信息素可被有效地用于控制有害昆虫的习性。利用信息素诱饵设下陷阱，不仅可用来侦察和监测有害昆虫的种群数量，也能更好地掌握控制的尺度。这种技术已经被广泛用在专吃存粮的甲虫身上，如从中美洲引入的席卷了非洲地区的大谷蠹。同样，一种蜜蜂信息素也被用来侦测非洲蜜蜂在美国的分布。在农田，可以先用信息素将害虫引诱出来，再间隔性地用传统的杀虫剂喷雾扑杀。

合成信息素可直接阻止雄性和雌性害虫相遇，以此降低它们的繁殖率。这种办法已经有效用于控制美国、埃及和巴基斯坦棉田里的红棉铃虫的数量。阻挠交配的方法在控制番茄蛲虫的数量上也取得了巨大的成功，且不会杀害它们在自然界的天敌，如蜘蛛和寄生虫。因此，信息素为环保、高效地控制害虫提供了值得振奋的新手段。

法布尔昆虫趣谈

昆虫的植物性本能

很多种类的昆虫都知道自己应该在哪里产卵，无论这种昆虫强大也好，弱小也罢，也无论它是华丽也好，还是质朴也罢。在产卵之前，昆虫母亲的职能是对未来的关注。它们建立自己的家庭，而且为即将出生的小家伙们准备吃的东西和住的地方。我们能够在膜翅目昆虫和食粪虫那里看到这样的举动。这是昆虫本能能够激发出的最有成效的行为。然而一旦昆虫母亲转变为一名产卵者，而且变为简单的生殖胚孢的实验室，它们所拥有的技能就消失得无影无踪了。

↗天牛

七月里的天牛母亲毫无目的地对橡树干进行着探测，它的背上骑着自己的雄性配偶。天牛母亲的输卵管不停地寻找着产卵的合适地点，它可以自由地插入裂开的树皮鳞片下。卵在被安放好的一刻，它也基本上受到了周详的保护。之后，天牛母亲就没有什么事情可干了。

八月，以花朵为栖居地的金匠花金龟把自己的壳在腐殖土中弄碎。然后它便到花朵上吃东西、睡觉，这是恢复体力的必经程序。在一堆腐烂了的树叶堆积地，金匠花金龟母亲找到一个最有利于产卵的温暖之地，它在这里产下了自己的卵。我们没有必要再追踪它接下来的行为，因为仅此而已。

同样地，拥有漂亮羽毛饰的松树鳃角金龟也是如此。它用自己的腹尖在沙质土地中进行挖掘，用力地往下面钻，直到自己的头部能够完全被掩盖。之后它就在这个洞穴中产下自己的卵。假如有人不小心在这个洞穴上扫了一把，那么它的整个功夫就白费了。

昆虫母亲除了知道自己应该如何产卵之外，对自己的幼虫毫不关心。幼虫通常都是依靠自身的力量和本能来适应困难的环境。天牛幼虫的卵壳还拖在身子的后面，它第一口咬下来的是不能吃的木质东西，然后再把这些枯萎了的树皮弄成粉末状，之后便在这里挖洞，因为这个洞穴能够让它到树干比较深的地方去。那里有着它能够吃上三年的食物。金匠花金龟幼虫刚出生就有能够吃的东西，它根本不需要额外去寻找食物，因为它们出生在糜烂的牧草上面。沙子下面柔软的、腐烂的植物根部是松树鳃角金龟幼虫寻找的对象，因为那就是它们的食物来源。

与埋葬虫、蜣螂、泥蜂以及其他一些昆虫拥有的温情不同，许多野蛮的昆虫族类，它们的幼虫一生出来就处于流浪的状态。没有家庭的呵护，更没有任何受教育的权利。金匠花金龟就具有这种粗野的习性。与那些温情脉脉的昆虫不同，对这些粗野的昆虫族类的探究让昆虫学家们大失所望。因为它们身上值得载入历史的东西实在是太少了，没有非常值得探索的习性。

菊花象母亲除了会在蓟草的花冠里产卵之外，它还会做点别的什么事情吗？不会。昆虫的幼虫往往能够将母亲的不足弥补出来，因为它们一出生就具有本能所赋予的灵巧技能。菊花象幼虫会凭借自己的技能修建房屋，还会剪下毛来制作床垫子，而且还作出了一个类似羊皮袋的防御性武器，就好像城堡的主塔一样。

那些没有任何经验的新生幼虫在蜕变之后便离开了自己亲手建造起来的屋舍，反而去一个碎石的堆积处住下来。这是为了躲避冬季恶劣气候的袭击，因为糟糕的天气很有可能会摧毁它的居所。这是多么富有预见性的举动啊。

人类拥有对过去记载的历书，根据这本历书，我们能够预见到未来的历书。然而昆虫并没有有关季节变化的任何记载，它们只能依靠本能。出生在酷暑难耐季节的昆虫，它们知道这样的日子不会持续很长时间。而那些从来没有遭遇过屋舍坍塌的昆虫也知道它们的房子将会在不久后倒掉。

本能告诉它们必须在房屋倒塌之前逃离。在依靠本能行事这一点上，象虫科昆虫做得最好。它们的幼虫能够预见未来，而且能够提前做好准备。即便象虫母亲再没有技巧，即便这是一只最蠢笨的象虫，它也同样会考虑一个比较复杂的问题。它依靠自己的本能来为自己的幼虫选择最佳的出生地点，那里生长着符合幼虫口味的食物。

甘蓝还没有开花，它的球冠紧紧地缩着。粉蝶飞到这样的植物上不知道能做些什么。而且这种黄色、简朴的花朵并不比其他的花朵更能够吸引蝴蝶。然而它的毛虫却依靠这种植物才能成长。由于蛱蝶的毛虫对荨麻比较喜欢，所以它们飞到了荨麻上。然而，荨麻上却没有什么东西是成虫可以吃的。这两种蝴蝶拥有比较好的记忆力，它们来到的地方虽然对于自身没有任何价值，然而对于自己的毛虫来说，却是美食的储备之地。

成年的松树鳃角金龟喜欢在夏至傍晚的微光中围着一棵它钟情的树跳婚礼芭蕾。它在这颗树上寻找几根针叶作为食物，这样它的体力就会得到恢复。之后它便离开这片树林，到一片拥有沙质土地的地方去。这种地方对于松树鳃角金龟母亲来说，并不适合产卵。然而它依旧会把自己的卵产在这里。因为禾本科植物的侧根会在这种沙质的土地中腐烂。浓烈的松脂香味吸引着昆虫母亲，大片的松树让这位母亲万分地高兴。它让自己身体的一半都埋在土里，然后开始产卵。松树鳃角金龟母亲还依稀地对这片糜烂的植物有着童年的回忆。

腐殖土那里根本没有适合金匠花金龟的食物，但是它还是执著地离开自己喜爱的蔷薇和山楂的伞状花序。它让自己在脏污的腐烂物中埋着。它有它自己的原因来到这个地方，不是为了喝香甜的蜜汁，更不是为了陶醉在浓香的汁液中。之所以来到腐殖土中，是因为金匠花金龟对从前有着模糊的记忆，那个时候的它还是在糜烂牧草中的一只幼虫。

假如成虫有着与幼虫同样的饮食方式，那么它们很可能就拥有对幼虫时期的记忆。在食物方面产生的问题通过饮食的均一性得到了很好的解决。人们认为食粪虫的行为非常好，它们在自己吃粪便的时候，还不忘了为自己的家庭成员储备一些。这样一来，成虫和幼虫的食物就能够很好地交互，这种交互又能产生联想与回忆。

然而我们对捕食性的膜翅目昆虫却不知道作出怎样的解释。就像金匠花金龟原本拥有高级的花朵类食物，而它们的幼虫却在低级的腐烂叶中进食。这些昆虫的嗉囊中装满了蜜，但是它们却用捕获物来喂养自己的幼虫。飞蝗泥蜂为了让自己的体力得以恢复，它们选择在刺芹上进食。然而在体力恢复之后却迫不及待地飞走了，因为它们想对蟋蟀进行屠杀。节腹泥蜂也同样如此。它们离开了盛开着鲜花和流淌着花蜜的伞形花序，转而去刺杀象虫，因为这是它们孩子的食物。

↗松树鳃角金龟

昆虫在水中是怎样呼吸的

大家知道，人在水里是不能呼吸的。但是，地球上有很多昆虫却是生活在水下的。只要是生物都要呼吸，那么水下昆虫是怎样进行呼吸维持生命的呢？

生物学家们对昆虫的进化过程进行研究，发现昆虫的祖先是有鳃的。只是在它们离开海水到陆地上居住时，鳃才慢慢退化消失了，取而代之的是一种用来呼吸水面以上空气而不呼吸溶解在水里氧气的新器官。而那些从陆地重新回到水里生活的昆虫，为了适应水里的生活环境，必须改变呼吸空气中氧气的呼吸系统。水生昆虫们为了能在水中呼吸，慢慢演变出各种各样巧妙的办法。

通过水肺进行呼吸便是其中的一种。水肺是一种昆虫所带的气泡，这个气泡具有与鳃类似的作用。它与昆虫身上的气门连接在一起，使动物能够在水底呼吸空气。水肺里的氧气被昆虫逐渐消耗时，气泡里的氧气压力逐渐降低，当这种压力降到比附近水里的氧气的压力小得多的时候，水中较高浓度的氧就会渗入水泡内氧浓度较低的气体中，通过这种方式水肺可以补充消耗掉的氧气。通过这样不断地消耗，不断地补充，昆虫从它的水泡里所获得的氧，要比水泡里的原有氧气多得多。一只昆虫把从陆地上呼吸的氧气带到水里，大概只够它使用20分钟，然而由于水泡可以不断从周围的水中补充到氧气，因此它在水里的生存时间可以长达36个小时。

↗ 蜻蜓蛹正逮住一条生有三棘的棘鱼。

使用潜游通气管呼吸空气是另一种比较常见的办法。水中的幼虫就是用这种方式呼吸空气的。潜游通气管长在它们身体后部，这样，它们吸取空气时，只要浮到水面上，把这根管子伸出水面就行了。潜游通气管的口上有一些瓣膜，在水里的时候，这些瓣膜是紧闭的。当潜游通气管的尖端露出水面后，瓣膜就自动张开。这主要是因为水对瓣膜的外部表层有一种吸力，当通气管伸出水面时，水的吸力作用可以使瓣膜的叶片向外向下展开，从而使这根管的呼吸孔露出来，它就是这样呼吸到空气的。水虻幼虫的通气管与上文提到的稍有不同。在它的通气管的尖端长了一些扁状细毛，这些细毛围成一个圆圈。幼虫浮游于水面时，细毛会在水的作用下向外展开，使幼虫牢牢定在水面上，这时呼吸孔随之张开。当呼吸结束幼虫再

↖ 划蝽也称为背部游泳虫，是生活在淡水中的食肉虫，它具有在水下呼吸的独特系统，凭借腹部顶端的通气孔来呼吸。

次潜到水里的时候，扁状细毛又自然地向里弯曲，形成一个储备空气的气泡。

还有一些以蜉蝣、蜻蜓和石蚕蛾的幼虫为代表的昆虫用气管呼吸。这类昆虫仍然保留了陆上昆虫具有的气管，所不同的是，它们的气管与鳃相连，因为鳃可以过滤溶解水里的大量氧气。这些鳃像稀疏的羊齿叶子一样，有的从腹部向外延伸，有的则是由胸部和头部向外延伸。蜻蜓幼虫的构造与此稍有不同。它们的鳃长在消化管后端，呼吸时需要借助身体外壁的伸缩来完成吸水排水的过程。这些鳃的作用是可以把氧气通过鳃的表面送入气管。大部分蜉蝣的幼虫长有7对鳃，一般为椭圆形扁甲状，覆盖在腹部两侧。其中除了第7对是静止的以外，其余位置靠前的六对则是不停颤动的。第一对像橹那样摇晃，接着后面几对依次颤动，有点像“多米诺骨牌效应”。这样一来，水可以源源不断地流到鳃里，到达最后一对鳃时把水放出。此时，水里的氧气已被全部吸收，这时蜉蝣便会去寻找新的含氧水。当水里含氧量较高时，蜉蝣的鳃颤动的节奏较慢。如果水里氧气较少，鳃便会加速颤动。这时，在幼虫身体两侧出现晕轮形状的东西。

还有一些昆虫无须浮出水面就可以吸取空气中的氧气。一种名叫水蝎的水虫是它们需要的典型代表。这种昆虫的腹部长着一个针状的不能伸缩的呼吸管。有些甲虫和蝇类的幼虫，也能够在水里呼吸空气。它们的特殊之处在于，它们需要的空气是从水生植物的细胞空隙里取得的。有一种蚊虫长在沼泽地带，它的幼虫也有一个尖针状的通气管，它就是通过把这根通气管刺入香蒲和菅茅之类的水草组织内部来吸取空气的。除了上述几种昆虫可以在水里呼吸空气外，寄生虫也有这种本领，它们使用的是宿主积存的空气。

由此可见，水生昆虫虽然生活在水下，但仍能通过各种各样的办法进行呼吸。这使人们不得不对它们的生存本领发出由衷的赞叹。通过对它们的研究，说不定人类很快就可以发明一种比目前的潜水设备更轻便的潜水器呢！让我们拭目以待吧！

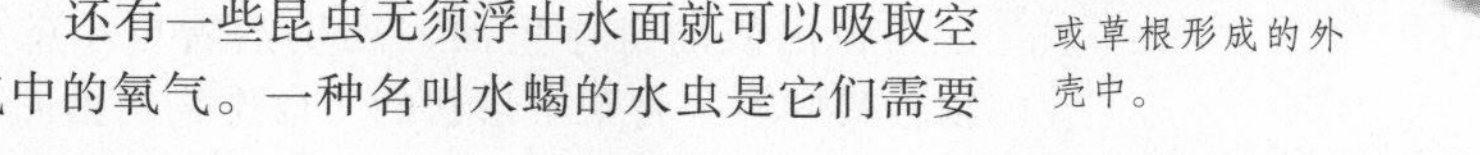

↗石蚕蛾的水生幼虫，其中很多幼虫潜生在沙土或草根形成的外壳中。

↘龙虱是一种水生食肉性昆虫，它能在翅膀下卷住一串气泡，使它可以在水中呼吸。图中的龙虱正在捕食一条小鱼。

昆虫如何吃东西

昆虫的嘴巴叫做口器，并为了适应它们的食物而有着特殊的造型。大多数昆虫吃植物，但一些物种，像行军蚁就吃肉，而且会非常积极地捕食猎物。蜜蜂以花蜜和花粉为食，它们还会用花蜜酿蜂蜜，储存起来到冬天食用。蜜蜂的幼虫和成年蜂的食物是一样的，但年幼的黄蜂要吃不同的东西。成年黄蜂主要吃流质的食物，但幼虫吃嚼碎的昆虫。

许多蚂蚁吃流质的植物，一些物种舔蚜虫的蜜露，其他蚁种甚至还会捕食毛虫、蚯蚓，甚至蜥蜴、鸟类和哺乳动物。大多数白蚁和它们的幼虫以植物为食，靠肠子里的小器官吸收植物中的养分。

花蜜的收集者

蜜蜂的舌头卷成灵活的管子，可以缩短、伸长，也可以指向任何方向。工蜂用舌头吮吸花蜜，把这些液体储存在蜜胃里，直到返回蜂巢。

嘴巴的双重作用

工蜂的口器适合处理液体和昆虫类的食物。它们用吮吸的口器吸食液体，用强壮的颚咀嚼昆虫的尸体。

喂食时间

当蜜蜂舔花蜜时，嘴巴里的肌肉就把液体送到蜜胃里。在蜂巢后面，工蜂把花蜜喂给同伴，或者把花蜜储存在专门的贮藏室里。

↗蜜蜂在蜂巢里喂养工蜂。

壮颚蚁

红木匠蚁露出它大而有力的齿颚（即下颚）。蚂蚁的颚可以左右、上下移动，用来磨碎块状的食物。

帮助消化

在白蚁的身体里面，还生活着更小的生物，其中有一种梨子形状的奇怪生物叫做原生动物，生活在白蚁的肠子里。在白蚁的肠子里，原生动物消化掉了纤维素——植物的主要组成部分。这样原生动物和其他细菌等就帮助白蚁打碎了植物分子并吸收了其中的养分。

木头咀嚼者

白蚁主要吃倒下的树木和人们住房里松软且正在腐蚀的木头。在热带地区，白蚁可以破坏木结构的房子和家具、书和其他的木头制品。白蚁如果在树木和庄稼地里大批滋生，还会危害农作物和果园的生长。

←木头是白蚁钟爱的美食。

→制酪蚁

右页图中，这些红蚁正给黑蚜虫“挤奶”，挤出来的甜味液体叫做蜜露，而蚜虫只会被当作垃圾扔掉。蚂蚁会用触角触动蚜虫分泌蜜露，同时蚂蚁也会保护蚜虫免受敌人的攻击，这样它们就有丰富的食物来源。

法布尔昆虫趣谈

以蛆虫为食的寄生虫

除了在挖掘中会碰上危险，反吐丽蝇还会在其他地方遇到其他危险。它们所处的世界，其实也是我们所处的世界，就如同一个杀戮的场所，谁导致了他人的死亡，自己到头来也会丧命于别人的手中；此时你是捕食者，也许很快就会成为别人的盘中餐。

腐阎虫是蛆虫的天敌，这点我很清楚。一起在沼泽里蠢动，它会不加区别地将绿蝇、灰蝇和反吐丽蝇的蛆虫拖到岸边，一口一口地吞吃掉。在它看来，所有的蛆虫都一个模样。待在我们的房间里，灰蝇会感到不自在，腐阎虫和绿蝇也不会光临我们的屋子，正因如此，只有在野外，在强烈的阳光照射下，人们才能见到这些家伙。不过也有例外，反吐丽蝇来到我们屋里的次数就非常多，这也让它的命运较之前面几位有所改善。但是在野外，它也喜欢把卵产在它遇到的任何一具尸体上，因此，它的蛆虫也和别的苍蝇蛆虫一样，绝大多数都被腐阎虫这个恶魔吞入肚中了。

除了上述提到的，我还确信，如果它的竞争对手灰蝇所遭受的不幸降临在它的身上，那么结果将会是——反吐丽蝇的家庭成员的大批死亡。这将是最为浩大的劫难。反吐丽蝇和灰蝇，这两种双翅目昆虫的蛆虫极其相似，关于前者的情况会在后者那里得到毫无差别的观察结果。

那么，接下来我们就来看看实验的过程。就在刚才，我把一大堆灰蝇的蛹收集在一个养蛆虫的容器里面，这样做，是为了便于我观察它那个周围有一圈花饰、像火山口一样凹陷下去的尾端。等我用小刀尖挑掉尾部的体节后，发现在那个角质袋里，装满了数不清的蛆虫，不过除了这些，这个袋子里面并没有我期望发现的东西。我的眼睛只发现了一堆晃动的虫群，除了变成棕色硬壳的皮肤以外，藏身于此的原住民不见了。那里有35个侵略者，我将这些家伙重新放回属于它们自己的箱子里。被占领的还有另外一些蛹。里面究竟住着哪一种寄生虫的幼虫，我感到很好奇，在这种心情的驱使下，我将它们放在试管中进行观察。我无须等到它们羽化成虫，依据它们的生存方式我就能清楚地辨认出它们是谁。它们是动物肠道的微型害虫，属于小蜂科。

为了能尽早蜕变，象虫把自己包裹在大肠膜一样的薄膜气球中。在过去不久的寒冬，我从一个大孔雀蝶的蛹壳里掏出3499条同一种类的寄生虫，未来的蛾已踪影全无，而剩下的蛹壳却毫无缺损，那样子如同一个漂亮的俄罗斯皮袋。

幼虫占满了整个蛹壳，就算是大孔雀蝶，待在里面恐怕也不会撑得这样满当当的。里面

↗蛆是蝇的幼虫，没有附肢和翅膀。图中这些蕈蚊的蛆正乱糟糟地爬满一根布满真菌的木头。这一科中，像这样的群体迁徙很典型。

的幼虫粘在一起，相互靠得很紧。我需要费一些力气和精力才能将它们分开。巨大的乳房已被这群幼虫吸干，不过正是依靠这只已经变成了尚不定型的乳制品的蛹，它们才得以健康成长。死者的物质变成了等量的活性物质，不过被分得很细。

每当我想到这些新鲜生活的肉体，被四五百个捕食者一点一点地蚕食时，就会不由自主地感到毛骨悚然、一阵恶心，猎物所遭受的折磨是我无法想象的，不过这种痛苦是否真正存在？对此我是表示怀疑的。痛苦能让受难者的身份地位显得崇高。对一个处在生命世界底层、尚未定型的生命来说，痛苦应该是微不足道的，甚至可以说，这种感觉是不存在的。蛋清这种物质是有生命的，然而它却能不带一丝恐惧与颤抖地忍受针刺。大孔雀蝶蛹在遭受捕食者的摧残时不也是如此吗？丽蝇和象虫的蛹难道不也同样如此？这种做法其实就是在将一些躯体重新熔炼之后转变成卵，进而诞生出一个全新的生命体。因此，对于它们来说，有理由相信，被分解成碎屑是宽容的做法。

灰蝇蛹壳里的寄生者羽化成虫，是在八月底的时候。随后，它们从被坚韧的大颚咬出的小圆洞里钻出身体。它们此时就是名副其实的小蜂科昆虫。我数了一下，每个蛹壳里住着大概有30只寄生虫，如果这个数字有所增加，里面就住不下了。尽管它们看上去漂亮迷人，身材也相当地苗条，但它们是那样的渺小，只有2毫米长，脑袋的宽度略大于长度。它们穿着铜黑色的服装，爪子是白色的，尖尖的腹部带一点小肉柄，呈心形。在卵体上接种的探针的痕迹在此时的身体上丝毫不见踪影。

对雄虫来说，也许交配是次要的事，因为雄虫的体格只有雌虫的一半大，数量上也比雌虫少许多。雄少雌多并不会给种族的繁衍造成太大的影响。在我安顿那群昆虫的管子里，为数不多的雄虫总是对过往的雌虫大献殷勤。有个问题需要解答，寄生虫是用了什么办法侵入到灰蝇蛹壳里的呢？我非常有幸地得到了那些被侵害的蛹，然而入侵者采用了什么计策，我还是无法知晓全部秘密。我从没有见过小蜂科昆虫开发容器里的蛹。我从没有想过要去观察它，我的注意力不在那里，不过，就算没能亲眼目睹，但依靠逻辑推理，大致的情况我也能略知一二。

入侵者不可能是穿过坚硬的蛹壳侵入到里面的，这一点很明显，那个矮子没有那种本事，它只能将卵输入蛆虫细嫩的皮肤，突如其来的产卵者，观察着在脓血中蠕动着的蛆虫，它是在挑选适合自己的寄生对象。不多会，它在蛆虫身上扎了一个很细的眼，把卵接种在里面。因为要安置30个寄生者，所以蛆虫的皮肤需要承受多次的针扎。观察至此，我想到一个问题，一个非常有意义的问题。为了将这个问题说清楚，我必须说明另一件事情，这件事看似和研究的主题毫无关系，事实上却紧密关联。

很久以前，我希望通过研究朗格多克蝎子的毒液以及它对昆虫的作用，清楚地认识到能让我自己选择穿刺的部位，在这个过程中，我还希望能够按照自己的意愿改变毒液的剂量。我该怎样做到这一步呢？我不可能让自由活动的蝎子的毒针刺向受害者的特定部位，并有效控制毒液的释放剂量，这样做对我来说很危险。

蝎子没有胡蜂和蜜蜂都有的聚集和贮存毒液的球形容器。蝎子尾部那个形状如同葫芦一样的东西是其最后一个体节，在它的头上有一枚毒针，毒囊里只有一块肌肉，里面分布着分泌毒液的细管。由于蝎子没有贮存毒液的球形容器能让我割下来随意使用，它尾巴的那个藏有毒针的体节就成了我的唯一目标。我将取下来的体节放进水里碾碎，它待在里面的时间是24个小时。

如果它的葫芦里有毒液存在，可以想到，在溶液里必然会含有一些毒液成分。这样，我就得到了准备用于接种的溶液。尖头玻璃管就是我的接种工具。溶液被我用嘴吸入管子里，然后我再用嘴将其吹出。普通剂量为两立方米，根据需要我可以逐渐加大剂量。一般说来，角质皮的部位是我选择的第一注射点。注射器尖头很脆，容易折断，为了避免这类事情的发生，我先用针在注射点上扎好眼，再从针眼里给受害者注射毒液。完成这一步骤后，我将注射器的尖头扎进针眼，随后开始吹气，注射过程就这样完成。这个简陋注射器让我感到满意，它适合于进行一些较为精确的研究。实验得出的结果也让我满意。

昆虫如何保护自己

地球上的现存动物中，昆虫占了80%左右，可以这样说，在动物界几十亿年的演化历史中，昆虫是最大的赢家。与哺乳类、鸟类或者两栖爬行类、鱼类相比，绝大多数昆虫实在是过于渺小，那么，这些如此弱小的家伙，面对自然界中残酷的生存竞争，究竟是如何周旋自如，并不断发展壮大的呢？

惊人的繁殖能力

首先，昆虫一般都有着极其惊人的繁殖能力，举例来说，一对普通的家蝇，在适宜的条件下繁殖，如果都能存活并且继续繁殖，那么半年后，它们的个体总数可以达到1020个以上。当然，实际情况不会如此，但是，有了这样天文数字般的基础，即使外部环境相当恶劣，总会有一部分留存下来并且继续繁衍。

其次，昆虫的繁殖并不是非常随意的，它们一般会选择安全性好、食物充足、环境适宜的地方产卵。有些昆虫甚至会为子孙设置一些保护性措施，如我们非常熟悉的蟑螂，它们的卵就是包在卵鞘里的，而象鼻虫的产卵更像是在构筑一项伟大的工程，它们费尽心思地把一片叶子卷成圆筒状，卵就产在这个状似摇篮的小天地里。

刚刚孵化的幼虫，几乎完全没有抵抗能力，它们鲜嫩多汁的身体，常常成为食虫动物的美餐，所以，很多幼虫会施展各种各样的技巧来保护自己。例如，它们在刚孵化时会聚集成团，使得乍看之下犹如一个庞然大物；或者，它们在危险到来时会装死，以躲避敌人的袭击，等等。

保护色

保护色是指昆虫的体色与其周围环境的颜色相似的现象。如栖居于草地上的绿色蚱蜢，其体色或翅色与生活环境极为相似，不易为敌害发现，利于保护自己。菜粉蝶蛹的颜色也因化蛹场所的背景不同而异，在甘蓝叶上化的蛹常为绿色或黄绿色，而在篱笆或土墙上化蛹时，则多呈褐色。

↗ **伪装得很好的两只树螽**
这种树螽生活在秘鲁的热带丛林中，它们的颜色跟树皮非常像，让人很难把它们分辨出来。

快速逃走

当危险逼近时，很多昆虫的第一反应是快速逃脱。蚊子、跳蚤都凭借极快的速度逃脱人类或捕食者的袭击。但是要逃离危险，启动速度常常和速度一样重要。蟑螂的最大速度只有每小时5000米，但是它们可以以惊人的速度启动。在逃脱危险后，它们常常还改变前进的方向，这样就更难抓到它们了。

环境的适应者

昆虫能够如此在地球上天马行空，还与它们

的特殊性能及构造有关。因为它们的体形小，所需的食物和生活空间也就相对较小，还有它们对环境要求不高，以及身体有外骨骼保护，等等。总而言之，昆虫在自然界的长期演化过程中，形成了一套适合自己的独特的生活方式，才使得它们在这个弱肉强食的世界中，面对无数强劲的敌人，仍然能够生生不息、繁荣昌盛。

↑**台湾长肛竹节虫**

台湾长肛竹节虫体长 80 ~ 120 毫米，纤长的褐色体形使它极易隐藏在树叶间。

警戒色

还有一些昆虫会采用相反的策略——它们的身体呈现出一种明亮的色彩，与周围的环境相比格外触目惊心，给敌手以“警戒”，被称为“警戒色”。大部分具有警戒色的昆虫都具有一套贮藏或从有毒植物中分离毒素的本领。但有的昆虫根本就没有毒，却伪装成有毒的昆虫，从而让敌手真假难辨，不敢下手。使用警戒色最多的要属蝴蝶了。君主斑蝶的幼虫身上有橙红、乳白和鹅黄色的条纹，前胸还有一对触角，非常引人注目。但是它们根本不怕暴露自己，而是用这美丽的色彩来警告敌手：“别碰我，我有毒!”非洲的桦斑蝶体内贮存着一种心脏病毒素，这种毒素能引起鸟类呕吐，甚至是死亡，从而使鸟儿望而生畏，不管多饿，也不敢食用它们。那些无毒的蝴蝶见到这种情况，便争先恐后地将自己的体色甚至是外形变得和有毒的蝴蝶一模一样，希望借助它们的声望逃避厄运。

←**木叶蝶**

木叶蝶身长约 3 厘米，翅膀比躯干长 1 倍。它的翅膀两面颜色不同，正面很鲜艳，蓝黑色的底上点缀着白色的斑点，边缘镶着黄褐色的波纹；背面基本是褐色的，中间有深色的条纹贯穿，就像枯叶的脉络。当它停在树上时，就像一片枯叶。

↘这只模仿黄蜂的有透明翅膀的飞蛾与真正的黄蜂有着惊人的相似之处。虽然它带有黑黄相间的警告色，但事实上它根本没有刺。

拟态

还有一种自我保护方式叫拟态，即某些动物在进化过程中所形成的具有保护作用的，与其他生物或非生物相近的形态。木叶蝶、竹节虫、桑尺蠖等昆虫就是通过拟态来保护自己的。它们在形态、色泽上模仿周围的植物枝叶，可以说达到了惟妙惟肖的地步。

哪种植物被称为昆虫的陷阱

猪笼草是存在于旧大陆热带地区的藤本植物，在世界上有很多种，但是每一种都是捕捉昆虫的陷阱。

猪笼草攀援于树木或者沿地面而生。叶一般为长椭圆形，末端有笼蔓，以便于攀援。而能够捕捉昆虫的捕虫笼就发育自笼蔓的末端。所以说猪笼草是昆虫的陷阱再也形象不过了。

当一片新的叶片生长出来时，在笼蔓的末端便已带有一个捕虫笼的雏形。在初期，这个雏形的表面覆有一层毛被，在成长的过程中会逐渐脱落。捕虫笼的雏形一开始是黄褐色，扁平的，长到1~2厘米时，渐渐转为绿色或红色，并开始膨胀。在笼盖打开前，捕虫笼上就已出现了其特有的颜色、花纹和斑点。笼盖打开后，笼口处的唇会继续发育，变宽变大，并会向外或向内翻卷。同时唇开始呈现色彩，某些瓶子的唇上会带有不同颜色的条纹。此时的捕虫笼已成熟，约几天后即可观察到有昆虫落入其中。

猪笼草的每一张叶片都只能产生一个捕虫笼，若捕虫笼衰老枯萎了或是因故损坏了，原来的叶片并不会再长出新的捕虫笼，只有新的叶片才会长出新的捕虫笼。

在捕虫笼的内表面通常具有消化腺和蜡质区。消化腺存在于捕虫笼内表面的下部。消化腺会分泌消化液，所以捕虫笼中常常存在着液体。这些消化液的作用是淹死落入捕虫笼中的昆虫并消化它。

猪笼草的边缘处十分润滑，它们从掉入叶笼里的昆虫尸体中获取养分，为花和种子提供氮。猪笼草最复杂的部位是它们像藤一样的叶子。每一个猪笼草的叶端都有一个像伞一样的盖子，叶笼里分泌着许多消化酶。这种叶子色（通常是红色）、香（花蜜的香味，后来变成腐烂的尸体的气味）、味（很好吃的茸毛）俱全，当昆虫爬到它润滑的边缘，便会无一例外地滑进这致命的陷阱里，很可能还会陶醉在它芳香的蜜腺里。

↗ 茅膏草捕捉昆虫的过程

茅膏草也是一种食虫植物。它在捕食昆虫的时候，植物的叶子上覆盖着的红色的布满腺体的茸毛能分泌出透明清澈的黏性液体。昆虫被闪光的小黏液滴吸引着落而被粘住。昆虫的挣扎会刺激叶子上的茸毛向其弯曲紧紧缠绕。当叶子将猎物完全包裹后，叶子就分泌出消化酶，将昆虫溶解消化吸收。

猪笼草的两部分（叶笼和盖子）都很润滑，哪种昆虫容易被哪个部分吸引住就要看情况而定了（爬行类昆虫容易被长在地上的叶笼所吸引，飞行类昆虫则容易被悬在上面的盖子所吸引）。猪笼草的内壁有许多润滑的蜡质，掉进去的昆虫将很难爬出去。有些猪笼草更甚一步，它们的表面有一层水，使得昆虫一下就滑到了它们的叶笼里。有些猪笼草还会要诡计，当它们的叶笼干燥时，蚂蚁会被它们散发的蜜汁的香味所诱惑，蚂蚁们不会立即进去，而是去通知同伴们来分享食物。当蚂蚁们返回时，猪笼草的叶笼已经变得滑润了，最后所有的蚂蚁都掉进去了。

还有一类猪笼草与一种长着特殊的腿的蚂蚁有共生关系。这种蚂蚁能在叶笼里进进出出，帮助猪笼草找来昆虫的尸体，它们吃掉尸体，留下排泄物给猪笼草，因此它们加速了猪笼草的氮的释放。

↖对于昆虫来说，猪笼草是一个美丽的陷阱。

哪种植物捕捉昆虫速度最快

维纳斯捕蝇草是一种非常美丽的食虫植物，同时也是自然界最著名的肉食植物，其叶片上长有许多细小的触角。一旦有物体碰到它，它的叶片会自动收拢并将碰触它的物体包夹于其中。维纳斯捕蝇草叶片的合拢速度奇快，时间不到一秒，是捕捉昆虫速度最快的植物。维纳斯捕蝇草分布的地理范围十分狭小，仅存在于美国北卡罗来纳州与南卡罗来纳州海岸部分地区。其花朵直接从根部生长出来，而花柄则从玫瑰状的花瓣中央直接伸出。花柄高度约30厘米，周围包覆着成串的平头白色花朵。

每片叶子都由两片由中脉相连的圆裂片组成。每片裂片的外刃则布满流苏般的毛须。每个裂片的表面都长出三根敏感的丝。当昆虫一旦碰触到这敏感的丝，裂片就会突然咬合在一起。维纳斯捕蝇草叶片的合拢速度奇快，时间不到一秒。外刃处的毛须则互锁，将昆虫困在其中。叶子中的腺体分泌出汁液来消化掉昆虫身体上较柔软的部位。一两周后，叶片再次打开，准备再次设下圈套来捕食昆虫。

维纳斯捕蝇草还有别的神奇之处。它能判断在它的陷阱里的生物是否已经死去。它是通过数是否有两根或者更多的毛发在刺激它而判断出来的，如果没有什么刺激了，它的陷阱就停止工作。一旦昆虫被牢牢固定在诱捕器中，消化过程就可以开始了。此时，诱捕器便充当了小型的胃。就像人类的胃一样，诱捕器能够分泌出酸性消化液，以便溶解食物的软组织和细胞膜，杀死无意中摄入或与食物一起密封的少量细菌，并通过酶的作用将DNA、氨基酸和其他细胞分子消化为捕蝇草可以吸收的小碎片。昆虫被浸泡在这些液体中5~12天就会被消化掉。

维纳斯捕蝇草分布的地理范围十分狭小，它们仅存在于美国北卡罗来纳州与南卡罗来纳州海岸部分地区。随着目前人工栽培技术发展，这种植物也越来越多被人们接受。

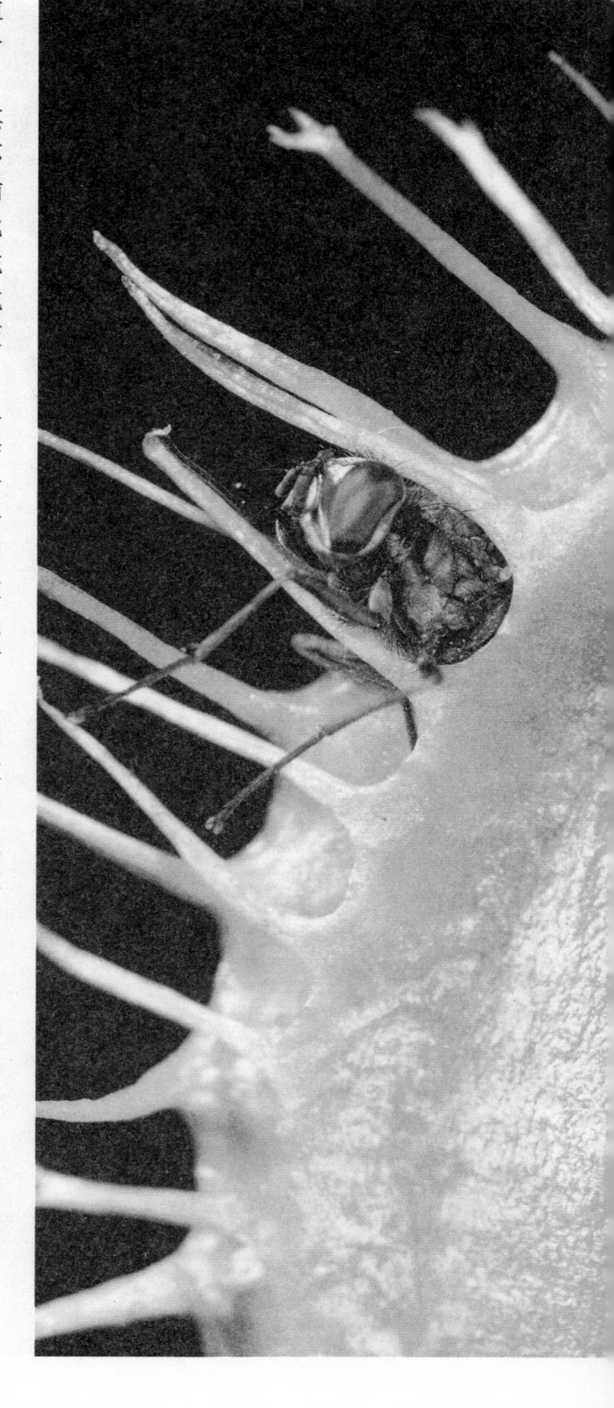

↗ 维纳斯捕蝇草在极短的时间内将苍蝇捕获。

哪种昆虫是最大的破坏群体

一大群落基山脉的蝗虫曾经覆盖的最小面积相当于英格兰、苏格兰、威尔士和爱尔兰的总面积，它们曾给北美洲西部的开拓者带来过巨大灾难。1875年8月15~25日，当蝗群飞过内布拉斯加州时，估计总质量有250亿~500亿千克。不可思议的是，这一种蝗虫于1902年就已经灭绝了。

现在，沙漠蝗虫成了最大、最广泛地具有破坏性的昆虫群体。1954年，科研人员曾在肯尼亚用侦察机测量得知，一个蝗群就能覆盖200平方千米的面积。那还只是在同一个地区的几个蝗群中的一个而已，而把所有蝗群合起来则会覆盖1000平方千米，厚达1.5千米，估计有5000亿只蝗虫，重量约10万吨。

这种动物最奇怪的一点是它基本上是独居的。大多数时候它是普通的、绿色的蚱蜢（蝗虫基本上就是迁移的蚱蜢）。但是当沙漠条件改变时，昆虫的行为也发生改变。有时当天气较往常湿润时，更多的蚱蜢就会孵化出它们的卵。小蚱蜢互相撞击，互相摩擦， 这种撞击和摩擦会促使个体释放出一种“群聚的信息素”（一种由动物，尤其是昆虫分泌的化学物质，会影响同族其他成员的行为或成长），因此它们开始聚集在一起。大量的蚱蜢朝一个方向行进。这一阶段会持续大约一周，然后它们长成成虫开始飞行，于是蝗灾就产生了。蝗群会在哪里出现并不很明确，但是如果它们在阿拉伯半岛繁殖的话，就会飞过非洲，沿途经过的农作物将遭到严重破坏。

↘ 沙漠蝗虫的破坏性极大，它们飞到哪里，哪里就会变得一片荒芜。

法布尔昆虫趣谈

昆虫的催眠与自杀

人类在受到威胁或者惊吓之后完全有可能陷入昏迷状态，那么一只弱小的昆虫就更有可能发生类似的眩晕了。轻微的碰触和突如其来的危险都会使小昆虫进入假死的状态，就像家禽在被摆弄之后全身瘫软在地上一样。外界轻微的躁动会让昆虫感到不安，如果程度较轻，昆虫就会蜷缩着身体停留片刻，等到外界恢复了平静之后再夹着腿逃跑。但是如果它们遇到的是很大的危险，那就会被吓到晕厥，好像被催眠似的，一动不动地躺在地上。

至今为止我还没有见到或是听到过有动物主动地结束自己生命的事情。动物们不可能装死，因为它们对死亡的确不了解。有些情商较高的动物会因为同伴的离去或者其他打击而陷入深度忧伤之中，这种忧伤很有可能让它们身体衰竭，最终导致死亡。但是这与自杀是扯不上关联的。但是我又听有人说蝎子会自杀，说蝎子在被火围困的时候就用身上有毒的螯刺来结束自己的生命。不过也有一些人否定了此事。是真是假，我还是亲自做个实验吧。

在我的实验室中养着差不多十来只白蝎子，它们的身材非常粗大。野生的白蝎子常常生活在丘陵上的石头底下，而且最好是日光充足的沙地之中。它们是离群索居的昆虫，非常让人讨厌，也很可怕。不过我是将这些蝎子放在一个大瓦钵里养的，里面垫着陶瓷碎片和沙土。它们不太符合我研究昆虫的习性，所以我要将它们用于别的实验。

被蝎子的螯刺伤过的人还真是不少，不过由于我在实验室中总是小心翼翼地与它们相处，所以还没有遭到这样的悲惨事件。但是为了让大家了解被蝎子蜇伤是多么痛苦，我请了一位深受其害的樵夫来讲述他的经历。这位樵夫看上去非常淳朴，他一边讲述着他的经历，一边用手比划着蝎子的大小。我并没有惊奇于这些，因为我见过的蝎子跟他描述的都差不多大。

“本来我喝完汤在柴捆中睡觉，刚进入梦乡就感觉有什么东西刺在了我的小腿上面，我被吓醒了，赶忙将裤腿卷起，发现一只可恶的蝎子正在用它那恶毒的螯刺蜇我。后来我的腿就开始逐渐变得红肿，越来越粗。原本我还想继续干活，可是也没有办法了。那只蝎子好粗大。我拖着伤腿踉踉跄跄地回到了家。到了第二天，我的腿已经肿得不成样了。第三天就连站都站不起来了。后来我用了一些消肿的碱性敷料涂在了腿上，就这样一直耗着，这才慢慢地有了好转。”除了他自己，他还说了另外一位樵夫被蝎子刺伤的事情。“那个人在捆柴火的时候被蝎子蜇了，他甚至连回家的力气也没有，只是像个死人一样躺在那里。后来还是过路的人把他背回家的，他们好像是在抬一具尸体。”

这位樵夫手舞足蹈地讲着，情绪有些激动，他的动作绝对多过于他的言语。蝎子之间相互进攻时假如被对方蜇到，那么受伤的一方也很快就会死去。樵夫所讲的经历在我听来一点也没有夸张的成分，因为白蝎子真的很残忍。对于这一点，我有实验为证。

我拿了一个短颈的大口瓶，在瓶子的底端铺上了一层沙土。然后在我所喂养的蝎子当中选了两只比较强悍的放入瓶中。两只蝎子都恶狠狠地看着对方，看样子它们是准备开战了。刚开始的时候，两只蝎子都互相向后退了几步。为了让它们具有更强的进攻性，我用麦秸尖轻微地挑逗它们，让它们离对方的距离再近一些。这两只小虫根本不会想到引发它们决斗的是我这个旁观者。

螯钳是蝎子在战斗时的防身武器，它们在准备进攻时都呈半圆形展开着。这样做的目的就是能够在相对较远的地方将敌人钳住。之后蝎子的尾巴也开始伸展，由背上往前伸。蝎子的毒液位于一个形似细颈瓶的器官里面，螯钳尖端挂着一颗水珠般的毒液。进攻开始了，其中一只蝎子将自己的毒刺刺向另一只。那只受伤的蝎子立刻倒了下来。看来蝎子的螯刺真的可以致对方于死地，其威力已经非常清晰了。

那只最终获胜的蝎子不停地啃食着死去那只蝎子的肉体，尤其是头部和胸前的部位，更是不放过。它可以不停歇地啃上几天几夜，每一口都细细咀嚼，慢慢品味。人类在战争过后，获胜方没有将敌人的肉体吞食，这点我还是不理解。因为食用战败方的肉体是一件很正常的事情，是可以理解的。

人们告诉我蝎子只有在被火围困的时候才会有自杀的举动，果真如此吗？我想做个实验。我点燃一堆火焰，并用风箱把它煽得通红。然后我在那群蝎子中挑选了最为强壮有力的一只，将它放在火圈的中央地带。由于受到了炽热的烘烤和严重的惊吓，蝎子开始后退，它的身子也在地上不停地打转。它害怕极了，开始乱了方寸。前后左右处处都在包围之中，无论它转向哪一个方位，都会被火烧到。它挥舞着自己的防身武器，无所适从，原本强壮凶悍的蝎子开始绝望了。

我想传说中蝎子自杀的时刻就要来临了。果然，它的身子在突然间的抽搐中瘫在了地上，之后便一动也不动了。我没有看清它用钳子将自己刺伤的那一举动，不过我认为是这样的。因为蝎子进攻同伴时也用了同样的方式，而且敌人很快就倒地而死。我不知道这只蝎子是不是真的死了，不过表面上看真的很像。我将它从火圈中取出，放在了铺着沙土的地方。很快地我就有了答案。大约一个小时过后，原本瘫在地上的蝎子居然活了过来。之后我又拿了两三只蝎子进行了同样的实验，结果都是一样。蝎子在昏迷一段时间之后又醒了过来。

高温的炙烤让陷于无助的蝎子开始抽搐，不一会儿就会进入昏迷。看来蝎子的智商还不够高，相信它懂得自杀的人们只是被它的行为蒙住了。由于这些人认为蝎子是自杀死掉了，所以根本不会把它从火堆中拿出来，因此蝎子没有了复苏的机会。人们这才觉得蝎子真的会自杀。不过我的实验已经很清楚地反驳了这种说法。

世界上只有人类了解死亡的可怕，也只有人类深受苦难的折磨，因此也只有人类懂得用自杀这样的方式来让自己远离苦痛。比起其他动物来，人类的这种行为实在是高明。这也是人类比其他动物高级之处。然而，那些自杀而死的人事实上也出于自身的怯懦，为了逃避世事的无奈，最终选择了离开。

一位哲学家曾说过这样的话：“只要我活着，无论我被人伤了还是致残了，无论是我的胳膊没了还是我的腿瘸了，也无论我是患了痛风还是其他疾病，只要我还活着，我就知足了。”这几句言论倒是与孔子的言说有着相似之处。孔子是一位伟大的思想家和哲学家，他是黄皮肤的中国人，约生活在25世纪以前。有这样一个故事，孔子曾经路过一片树林的时候看到一个陌生人正在准备上吊，于是孔子对他说：“哀莫大于心死。哀皆可补，惟心死不能。勿以万事于子皆无可救。试以历多世而无争之理自服。此理为：活则无绝望之事。人能自至哀达至乐，自至难达至福。子其鼓勇若自今日起知生之所值。子其善用寸阴。”

自杀确实是人怯懦的表现，更是愚蠢的选择。生命对于人类来说是多么可贵，我们应当尽心尽力地对待自己的生命，而不应该将它提前结束。完全享乐地活着和完全在苦难中活着都不是生命的真谛，活着只是一种义务。在人生的旅途中难免会遇到这样或者那样的苦痛折磨，但这些坎坷绝不是我们选择自杀的借口。哲学家和孔夫子的言论是对的，虽然我们有着自杀的能力，但是我们并不应该运用这种能力对世事进行逃避。

动物不了解死亡，动物也不懂得自杀，因此动物世界中缺少了我们人类所特有的欢快与痛苦。我们知道什么是人生苦短，我们也知道每个人都要面临死亡。我们敬重死去的人，我们也能够预见到自己有一天也会消失于世。只有我们人类知道彼岸世界这个概念，而对于动物们只能够说：“要相信，本能不会超出本能的范畴。”

至于那些所谓的科学，那些大肆宣称动物会自杀的荒谬结论，最终只是把动物的暂时性昏迷当作了死亡。对待这些低劣的研究结果，我们只能够采取更为精细、更为负责的研究态度和研究成果来对其进行回应与反击。

沙漠蝗虫是独居还是群居

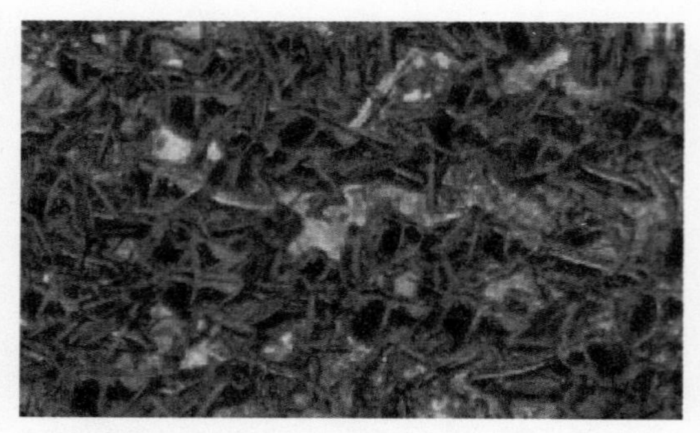

↗ 沙漠蝗群会毁坏庄稼。一个蝗群一次就能造成 16.7 万吨谷物的损失，这些谷物足够 100 万人吃 1 年。

独居和群居两种独特的生活方式，每一种都与当时的环境条件紧密联系，这使沙漠蝗虫呈现个性化的一面。当美味的绿色植物生长繁盛的时候，它们习惯独来独往，凡是有植被的地方，必定能发现它们的踪迹。在这种独居时期，生长中的若虫都是绿色的，与其所处的环境相匹配，长大后也会过着独处的生活。然而，当干旱来临，植被变得像大地上棕色的一块块补丁的时候，若虫通过蜕皮，会变化出较鲜艳的具有警示性的体色。同时，它们会聚集起来，使种群的密度戏剧性地变大。

这些变化与它们身体的化学变化密切相关：独居性和绿色组合在一起的时候，若虫通过这种与环境相呼应的外表来躲避天敌——蜥蜴、鸟类；当群居和警戒色组合在一起的时候，若虫们还会从有毒的植物中吸收毒素，使它们对所有敌人来说，味道都很难吃。此外，群居反映了这样一个事实，就是数量越多它们越安全。当大家都换上了差不多的黑色、黄色和橙色斑纹的外衣时，被捕食的幼虫相对较少，因为敌人们会很快把这些颜色同极不愉快的食用经历联系在一起。

如果天气变了，植被在雨后又欣欣向荣地生长着，蝗虫们又会把体色和习性变回去，它们的一生中这种变化经常发生。如果干旱持续的话，若虫会保持群居状态，其成虫期也会具有群居的习性。然后这些恐怖的蝗虫会集结成群，四处飞行寻找食物。

沙漠蝗虫一旦形成群体，个体常常多达50亿只，能一下扫光1000平方千米的植被。这里面诱因很多。因此，人们要么去理解导致蝗灾形成的因素并找到对环境友好的解决方法，要么只能用昆虫灭杀剂浇透非洲和中东的大片地区来改变环境。

牛津大学的科学家们确认了很多引起生活状态变化的因素。独居的雌性蝗虫，如果近期变化为群居的生活方式，其后代就是群居性的。而如果独居的雌性蝗虫和群居的雄性交尾，那么它的后代也会是群居性的。尽管还不清楚雌性在求偶和交尾时如何获得来自种群密度间接的影响，但根据已了解到的，在它把群居习性传递给它的后代的过程中，信息素起了关键性的作用。

母亲会在它挖好的洞穴中放入30~100粒卵，然后用附属腺体分泌出来的一种多泡的分泌物把卵包裹住。分泌物干燥后，就会变成保护卵的外壳，能避免水分流失。营群居生活，或最近才改为群居的雌性蝗虫，其附属腺体产生的信息素会一起进入卵鞘中，并使孵化的若虫感应到。但没有证据表明那些一直独居的蝗虫也会制造相应的“独居化”信息素。

处于孵卵阶段前一小会儿的雌性成虫或生长中的雌性幼虫，在后腿节上的触觉传感器受到其他蝗虫的推挤时，就会“知道”自己身处群体中。雌性蝗虫这种群体的感觉会经验性地增加，并通过用不断敲打腿节的方式使之完全孤立地保留下来。雌性这种方法的刺激，会产下携带有群居化信息素的卵荚。这大概就能解释为什么独居的雌性蝗虫在倾盆大雨中，附肢因受到雨点密集的敲打后会暂时性地改为群居。

沙漠蝗虫引人注目的生活方式的改变，反映了生存状态与不断变化的环境之间的联系。昆虫都会努力以最佳的方式适应环境，这只是许许多多的例子中的一个。

蝗虫真的怕鸭子吗

蝗虫是蝗科，直翅目昆虫。全世界有超过10000种。蝗虫数量极多，生命力顽强，能栖息在各种场所，在山区、森林、低洼地区、半干旱区、草原分布最多。

蝗虫全身通常为绿色、灰色、褐色或黑褐色，头大，触角短；前胸背板坚硬，像马鞍似的向左右延伸到两侧。脚发达，尤其后腿的肌肉强劲有力，外骨骼坚硬，使它成为跳跃专家，胫骨还有尖锐的锯刺，是有效的防卫武器。

↗蝗虫在庄稼的叶子上贪婪地进食。

蝗虫是农作物的大害，它们性情贪婪，喜欢吃庄稼。蝗虫在吃粮食的时候，有时连周围的树叶也不肯放过。蝗虫给人类造成的灾害古今中外都不鲜见。2010年4月上旬，大批蝗虫席卷澳大利亚东南部的4个州，覆盖约50万平方千米的区域，给当地居民的生产和生活带来严重影响。所以，人们想出许多办法来对付蝗虫，而鸭子的灭蝗技能则是被人们交口称赞的。

鸭子长着又宽又扁的大嘴，所以吃起蝗虫来又快又准。一只鸭子一天能吃400多只蝗虫，堪称蝗虫的天敌。

2000年，蝗虫严重危害新疆草原地区，至少有100万亩优质草原遭到了蝗虫的袭击。为了保护庄稼，不能喷洒农药。所以，有人想到用鸭子来消灭蝗虫。

最初，有5000只鸭子受邀转战在乌鲁木齐东山区芦草沟乡的2万多亩草场，以每天200亩的速度推进。草场上，鸭掌踏过之处，蝗虫纷纷跳起来，鸭子用它弹簧般灵活的脖颈在空中啄食，犹如探囊取物。据统计，一只鸭子一口气能吃100多只蝗虫。鸭子每天进餐两次，早上四五点钟，天刚露明，鸭子们就自己出去吃蝗虫了，八九点钟后，就到附近的小河沟里喝水、休息。下午七点再出去，九点多钟太阳落山时，又回来露营。这些鸭子就像像训练有素的部队，一个接着一个地在草原上追蝗虫吃。

目前世界各国灭蝗主要依靠喷洒化学药物，使生态遭到污染。相比之下，鸭子捕蝗能力强、捕食量大、“军纪”严明，用鸭子来治理蝗虫，既帮助灭了蝗虫，又省了喂鸭的饲料钱，是个一举两得的好办法。 鸭子可以有效地控制蝗虫，它是人类的好帮手。

↙鸭子的嘴巴又宽又扁，吃起蝗虫来又准又快。

法布尔昆虫趣谈

蝗虫的角色和发音器

蝗虫如同扇子般突然展开的蓝色翅膀、红色翅膀；在我们的手心乱蹦乱踢的天蓝色，或者玫瑰红的带锯齿的长腿——我的那些孩子们在梦里见到的大概就是这些可爱有趣的小昆虫吧。与他们借助魔灯看到的东西一样，我也常在梦中与它们相遇。它们所带来的无邪与天真，时刻抚慰着孩子们和老年人柔软的内心。

捕捉蝗虫，可以被视作一种没有多大威胁、男女老幼皆宜的狩猎活动。蝗虫就是这样给我们带来了无比愉快的上午。我的助手能轻易地抓住那些已经老迈的蝗虫，然后与我在被太阳晒硬的草地上漫步，这种感觉是多么美妙啊！

身手敏捷的小保尔，具有一双极具观察力的眼睛。当他要捕捉蝗虫时，会先在灌木丛中仔细查看，这时候，被他惊到的灰蝗虫会像小鸟一样从那里飞出来。作为捕猎者，小保尔会拼命地追上去，随即失望地停下来——蝗虫已经逃之夭夭了，有了这次的经验，下一次他无疑会成为一个幸运的捕猎者。

↗蝗虫

玛丽·波利娜，年龄比小保尔更小些。与细心观察意大利蝗虫相比，背部有四条白色斜线，看上去像极了圣安德烈十字架的另一种蝗虫让这个小姑娘更为着迷。

这种蝗虫披着缀有几个铜绿色碎片的外衣，那模样如同各代的胸章。可爱的玛丽用她的耐心，一点点靠近那个蝗虫，随着手的落下，终于逮到了。蝗虫一个个被装进纸袋里，以至于还没到太阳变得炽热，我们已收获了种类繁多的蝗虫。

我将这些小个子家伙养在网罩里，它们可能会透露有关它们世界的一些秘密，如果我善于发问的话——在野地里，你们扮演什么角色？这是我对我的俘虏提出的第一个问题。教科书告诉我们，你们是害虫，声名狼藉，可是否因此就该受到人类的指责呢？对此我充满了怀疑。不过，那些给亚洲和非洲造成巨大灾害的毁灭者不在此列。

你们的好处远甚于坏处，至少我这么认为。你们从没有给这个地区造成过伤害，这里的农民也没有对你们产生抱怨。绵羊不吃长着芒刺的植物，你们吃了，农作物中间那些让人讨厌的杂草也是你们热衷的食物。此外，长不出果实的东西，被其他动物抛弃，而你们却喜欢得不得了。事实上，当人们收割完麦子后，你们才现身，就算你们在菜园子里偷吃了几片生菜叶，那也不是什么不能宽恕的弥天大罪。

鼠目寸光之人，为了他那几个可怜的李子，将宇宙固有的秩序打乱，任用这样的人去处理昆虫，最终得到的只有毁灭。还好，他没有这种权力。我们可以观察一番，假如那些只对蔬菜地造成微不足道破坏的蝗虫彻底消失，会给我们造成怎样的后果。

9~10月间，孩子们赶着火鸡群来到收割后的田里。火鸡走过的地方，光秃秃一片，放眼望去，也就只有一簇矢车菊长着最后的几个绒球。可是孩子们还是把火鸡赶到了这里，这些饿得咕咕叫的火鸡要干什么呢？答案是，这里是火鸡们的饲料场。它们要在这里被喂得肥满，以便到了圣诞节成为餐桌上的一道美味。那么，火鸡的饲料是什么呢？是的，是蝗虫。人们在圣诞之夜吃的味道可口的烤火鸡，很大一部分就是靠上天赐予的、不用花费一分一文的美食喂养成熟的。

在农场周围转悠的珠鸡，毫无疑问，它们在寻找麦粒，但是请注意，它们首先关注的却是蝗虫。美味的蝗虫使得珠鸡的腋下长出一层脂肪，从而使肉质更为鲜美。爱吃蝗虫的还有母鸡，它对这种昆虫能促使自己产更多的蛋这一作用非常了解。如果将它放出鸡笼，它要做的第一件事就是领着小鸡去完成收割的麦田里，寻找营养价值极高的蝗虫。

如果你对法国南部丘陵地区的著名特产红胸斑山鹑情有独钟的话，恰好你又是一名猎人，当你熟练地将打下来的山鹑的嗉囊剖开，你就能找到这种长期被人污蔑的昆虫为别的动物作出贡献的证明。你会发现，十只山鹑中，有九只的嗉囊都装满了蝗虫。如果它们能长年尝到蝗虫的美味，对于植物籽粒的印象将会消失殆尽。普罗旺斯的白尾鸟是图塞内尔热情善于歌唱的黑脚族飞鸟中最为著名的一种。为了对这种鸟类的摄食习性进行了解，我捕捉到了它，并将它的嗉囊和胃里残存的东西详细记录下来，从而得知了这种鸟类的食物，包括排在最前列的蝗虫，其次是象虫、砂潜、叶甲、龟甲、步甲这样的鞘翅目昆虫。

这种鸟类，我们可以称其为食虫鸟，它对野味从不挑剔，吃浆果是实在找不到可吃食物之后无可奈何的选择。在我48例的记录中，只有3例是吃植物的，而蝗虫是它们最常吃、吃得也最多的昆虫。除了白尾鸟，一些小候鸟的口味也是如此。蝗虫是这些小候鸟最无法舍弃的美味。在荒地里，它们总是争先恐后地捕捉自己的猎物，从而为自己的长途旅行做好能量的储备。

除了动物，人也吞食蝗虫。在多玛将军提到的《大沙漠》里，有着这样的记载：

蝗虫是人和骆驼的可口食物。将它的头、翅膀以及腿去掉，就可以和古斯古斯放在一起煮着火烤着吃。把蝗虫晒干、碾碎，以牛奶拌匀，也可以和上面粉，之后加上盐，用油脂或者是牛油来炸。骆驼特别爱吃蝗虫，在给骆驼准备食物的时候，我们先是把蝗虫放到炭火之间，烤干然后炒好。

玛利亚曾乞求主赠予她一块无血的肉，主给她的是蝗虫。一些人以蝗虫为礼物送给先知的妻子们，她们将蝗虫转送给其他女人。欧麦尔曾说："我想吃满满一篮子的蝗虫。"这是当有人问起他是否允许吃蝗虫时，欧麦尔的回答。

由这些事例可以得知，主把蝗虫当作礼物恩赐给人类。

我不曾像这位阿拉伯学者一样，踏足过那么多的地方。如果人类想吃蝗虫，势必需要非常强健的胃，这样的胃并不是每个人都拥有的。我能确定的是，蝗虫是上天赠予诸多鸟类的食物。鸟类之外，对蝗虫格外倾心的还有爬行动物。令小女孩感到害怕的眼状斑蜥蜴挺着的大肚子就是一个极好的例证。我还多次看到墙上的小壁虎嘴里含着费尽心思才捕捉到的蝗虫的残骸。如果能有幸捕捉到蝗虫，鱼类也会感到高兴，不过，对于鱼类来说，蝗虫有时也是致命的，因为垂钓者经常以这种昆虫作为美味的诱饵。

↗灰蝗虫

为什么说甲虫是生物控制媒介

不管是有意的还是偶然的，每当有某种外来植物品种进入某一地区的时候，通常都缺少抑制这一物种的自然控制手段。免疫性使得外来植物品种有机会大量繁衍并使当地的生态系统不胜负荷。为了抵抗这些入侵者，甲虫被越来越多地得到利用。

原产于南美的水蕨已被人为地传入非洲、亚洲和澳大利亚。不管它被传入哪个地区，都会通过稻田、湖泊、河流和灌溉渠道大范围蔓延开来。1972年，有一两棵被带进巴布亚新几内亚，而到了1980年，这些草本植物像许许多多的草垫一样覆盖了250平方千米的面积，估计其总量达200万吨。人们于是开始研究有哪些当地的昆虫会以这种草为食，最后在巴西发现了一种象鼻虫。当蕨类植物给人们造成烦恼的时候，这种甲虫就成了非常有效的控制媒介：成年的这种象鼻虫以蕨类植物的芽为食，而幼虫则喜食根和根状茎。结果就是这些植物种群的

数量迅速降至原来的1%。巴布亚新几内亚的生物控制工程因此取得了非常好的效果，人们又能够回到原先那些因为野草霸占而不得不离弃的村庄里。

凤眼蓝据说是这世界上生长速度最快的植物之一。人们最初在巴西境内一条河流中发现它们，并为其美丽的花朵而倾倒。此后，这种植物被引进53个国家的河道内，并迅速占领河道的水面，不仅遮住了光线，还破坏了现有的生态系统，造成鱼群的死亡。1989年它来到乌干达的维多利亚湖后，其密度让小船都无法在其中通过，数千渔民陷入失业状态。因鳄鱼的攻击造成的死亡率也在上升，就是由于这些植物为鳄鱼提供了非常好的掩护。后来人们从南美引进两种象鼻虫来对付这种植物：成年的象鼻虫以它们的叶片为食，而幼虫则会钻进茎部，最终导致植株死亡。但不幸的是，凤眼蓝已在当地扎下强大的根基，这些象鼻虫没法跟上它们生长的步伐。

↙七星瓢虫幼虫是贪婪的食蚜虫者，能用来进行有效的生物控制，20世纪80年代的时候美国曾使用过。然而时至今日，由于它们的过度繁殖，已威胁到本土的其他昆虫。

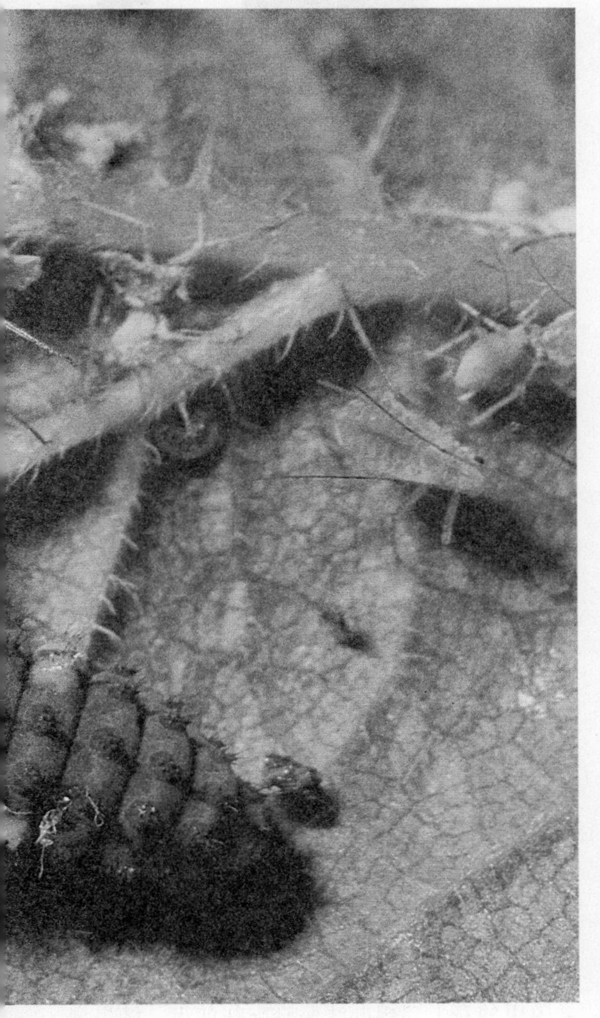

如今，凤眼蓝已占领了非洲最大的湖泊之一——马拉维湖。它们的横行已成为制约当地经济发展的主要问题，但能对付它们的化学武器既昂贵而又收效不大。人们于是引进一批凤眼蓝甲虫，在当地培育出数千只后投放到湖中。与化学制剂相比，生物控制方法见效的过程要慢，但看起来却是唯一可长期使用的安全手段。

然而，意外总会发生，引进一种非本土的昆虫品种有可能会带来一系列的新问题。甲虫们不一定就能随人们的意愿只对付目标植物，它们很有可能会把注意力转移至当地的其他植物品种上。1969年，美国引进的一种象鼻虫就出现过这样的情况，当时这种象鼻虫是为了对付一种外来的、给畜牧的乡村造成麻烦的蓟草而引进的。但如今它们也会侵袭至少4种本土的蓟草，弄不好最后会把这些蓟草一扫而光。此外，这种象鼻虫还会与美国本土其他的昆虫争夺食源，有可能使后者在美国绝迹。人们也不清楚这种连锁反应会蔓延多远，或是否还会有其他的有机生物受到影响。

同样，20世纪80年代在美国，七星瓢虫被投放到小麦田中去对付那些俄罗斯小麦蚜虫。但现在，人们开始担心这些七星瓢虫会扩散至那些它们没到过的区域，并与当地的瓢虫争食。

虽然甲虫们不会飞，但它们仍能四处蔓延。在法国，人们开发了一项培育不会飞的瓢虫的技术，暴露在辐射光线下的亚洲瓢虫，再经过诱导基因突变的化学物的处理后，就成为不会飞的变种，进而可以大量培育。在对付害虫方面，它们与其他有翅的瓢虫同样有效，在美国被广泛用于保护瓜田。但是，尽管没有翅膀，这些变种瓢虫仍然扩散到了其他地区，并成为当地的优势物种。

甲虫为什么被称为“大力士”

如果有人问世界上哪种动物的力气最大，人们一定会对这个问题的答案争论不休。有人会说是大象，有人则说是海里的鲸，更有人抬出了早已绝迹了的恐龙。毫无疑问，人们的注意力都集中到了身形庞大的物种身上，却很少有人会想到那些小小的昆虫。

其实，若要从动物本身的重量同它的负重能力比来看，力量最大的动物应该是甲虫。这似乎是个不可思议的问题，但科学实验表明甲虫确实是当之无愧的“大力士”。

↗深红色甲虫

↗红腹青铜金龟

↗马来半岛蛙形虫身体构造示意图

大象可以用门牙和鼻子将一棵数米高的大树连根拔起，但这棵大树的重量不过是大象体重的几倍。一匹0.7吨重的骏马在平地上可以拉动3.5吨重的货物，货物的重量也不过是骏马体重的5倍。

与此相比，一只6克重的小甲虫却可以拖动一堆重达1.093千克的货物，后者是前者体重的182倍。

一种绰号叫“独角犀”的金龟甲，就像一辆无坚不摧的小装甲车。金龟甲往往要在坚硬的土壤里寻觅食物，为此它必须先在土壤里挖出一道又一道长长的沟壑。这些土壤坚硬无比，人们使用锄具都要花费很大的劲才能挖出一个缺口，可金龟甲在挖掘的过程中却似乎毫不费力。

科学家为了测量出金龟甲的力量究竟有多大，便拿它做了个有趣的小实验。他们将一个重量超过金龟甲体重10倍的铅制物体固定在金龟甲的身上，想办法驱赶它往前走。结果金龟甲不仅没有泰山压顶的负重感，反而昂首阔步，走得轻松自如。铅制物体的重量又往上加，20倍、30倍、40倍……直到重量是金龟甲体重的100倍的时候，它的步态仍然很平稳，仍保持平常的速度。科学家们仿佛都不敢相信眼前这个小不点儿能驮起如此之重的物体，而且若无其事，于是又将重量不停地往上加。直至达到349倍的时候，金龟甲才觉得不堪重负。

这些实验只是就昆虫的全身力量而言，为了测量昆虫四肢的力气，科学家首先选择了蜻蜓作为研究的对象。他们将蜻蜓用线缚住，悬挂在空中，然后让它的脚爪紧紧抓住一个物体。科学家们依然采取了逐渐加大物体重量的办法，结果发现蜻蜓那看起来纤细脆弱的长腿竟然可以抓起相当于自己体重20倍的重物。

在用各种昆虫做实验的过程中，科学家发现了这样一个似乎与常识背道而驰的现象，那就是动物的身体越小，相对的力气就越大。因此可以说，身体微小的甲虫才是真正的“大力士”。如其中一种叫贝雅尔果虫的甲虫，它能负荷起比自身重900倍的物体。900倍，这可是一个天文数字，试想，一头重1000千克的大象要是能负荷比它重900倍的重物，那它就能抬起900吨的东西来。若真能如此，人们也就无须使用起重机等机械装备了，要移动什么重物时，找来一头大象即可。很显然，这只能是一种异想天开的想法。

最令人惊讶的是，甲虫在进行自身运动时所消耗的力气，要比负重时消耗的多。这听起来完全是一个不可想象的悖论。毕竟，甲虫自身的重量要比所负重物的重量小得多，为什么拖动一个如此之重的东西所消耗的力气反而比自身运动时消耗的力气少呢？人们在头顶重物行走的妇女身上找到了答案。世界上大部分地区的人都以肩或背来负重，而非洲、印度等少数地区的妇女却习惯用头顶来负重，她们在头顶上顶着很重的东西，依然能行走如常，似乎没花费什么力气。原来这是因为她们走路时把身体的重心保持在恒定的高度，这样一来，就不必花费多少力气来移动自己身体的重心。而一个人在运动时，由于重心不稳，为了使身体保持平衡，就自然而然消耗了很多力气。甲虫便是如此。

↗深红色的甲虫停在绿叶上，显得分外醒目。

当然，人们虽然发现了真正的“大力士”是小小的甲虫，但对于甲虫为什么能做到这一点却又知之甚少。看来，要揭开甲虫之所以“力大无穷”的原因，人们还有很多事情要做。

↙甲虫举起自己的同类易如反掌，而人类要做同样的事情就很困难。

最强壮的甲虫是哪一种

犀牛甲虫属于金龟子科，这个科的许多动物都特别强壮，有的能滚动巨大的粪球，有的可以杀死别的昆虫。但是犀牛甲虫应该是最强壮的，有人做过实验，一只犀牛甲虫能把自身体重850倍的重量举到背上，远远超过了一只大象的相对力量。

犀牛甲虫生活在南美地区，将尖角包括在内的话其体长可达到15厘米左右。从它的名字我们便可以看出，使犀牛甲虫著称于昆虫界的绝非它们的体长，而是其惊人的力量。这种只以蔬菜为食的甲虫并不具有攻击性，到了交配季节与其他雄虫上演“夺妻大战”时，平时不具有攻击性的大力士甲虫也会成为凶猛的斗士。

即使这个纪录有点夸张，但是我们对于犀牛甲虫的力量却不应怀疑。雄性犀牛甲虫以它们的叉形触角而出名：一只巨大的触角在头上拱起来，一只较小的触角朝上拱起与它相对应。当雌性犀牛甲虫准备交配时（它们长期待在地下，以植物为食，很可能见不到雄性犀牛甲虫），它们会散发出一阵迷人的信息素，吸引雄性犀牛甲虫飞进去。这时候它们就用触角互相碰撞。最大的、最重的以及最长的雄性犀牛甲虫——它们吃的食物是最好的，可能最有希望成为父亲，养育后代，然而它们必须向旁观的雌性犀牛甲虫证明自己。决斗中的雄性犀牛甲虫首先点头互相威胁，然后以头碰撞，举起对方并且投掷出去，胜利者最终会得到交配的权利。

雄性犀牛甲虫身体越大，它的触角也就越大，肌肉和钳子越强壮，就很有可能获胜。但是越大不一定越好。有种有触角的金龟子甲虫，雄性甲虫的触角很大却只有很小的生殖器。

↘在交配季节，雄性犀牛甲虫为了争得交配权而互相争斗，直到双方决出胜负为止。

↗沫蝉在遭遇到威胁时，能以一种爆发性的跳跃方式逃跑。其速度之快、高度之高，令人咋舌。

跳得最高的昆虫是什么

昆虫里面最适合跳高的是跳蚤，其中以猫蚤跳得最高，能跳24厘米高。这项技能使得它们能在走动的哺乳动物身上跳来跳去以觅食。但是，还有别的不太出名的跳跃者能轻易地超过它们，那就是沫蝉。沫蝉是一种吸食植物的小虫，当它需要新鲜树液时就能飞到或者跳到新的植物上。如果遇到威胁时，它们有一种爆发性的逃跑方式。极细微的振动或者触摸就会使这些小虫以极快的速度跳走，速度之快令人咋舌，以至于如果碰到你的脸的话，都会伤到脸。

大“股”肌肉控制着它们最长的后腿(它们藏在翅膀之下)，肌肉极富弹性。它们腿上特殊的隆起使它们可以保持不变的竖起的姿势，而此时“股”肌肉慢慢收缩，使得大腿能突然打开并快速弹起，整个身体向前射出。一只沫蝉能在千分之一秒之内加速到每秒4米的起跳初始速度，承受大于体重400倍的重力(而人类乘太空火箭进入轨道时最多只能承受其体重5倍的重力)。相比之下，一只普通的跳蚤也只能承受其体重135倍的重力。但是跳蚤也值得在这里记下一笔，即使它的生活方式也只是进行跳跃而已。

法布尔昆虫趣谈

粪金龟和公共卫生

很多昆虫的一辈子似乎一直在为了一个任务而生存，这个任务一旦完成，它们也就随之死亡了。就像步甲，很多人都认为它厚厚的胸甲可以所向披靡，殊不知，它一生的任务就是把自己的后代安顿在碎石下面，在做这些事情的时候它似乎还生机勃勃，可一旦后代安顿好了，它就立刻颓然倒地，再也没有力气了；还有蜜蜂，在人们眼中它是一个辛勤的小家伙，嗡嗡地飞来飞去，采蜜是它一辈子的工作，它的目标只有一个，就是把蜜罐装满，一旦蜜罐满了，它就好像立刻失去了生存的意义，一命呜呼了；蝶蛾也不例外，这样美丽的小家伙似乎也是为后代而活的，等到把自己一团团的卵固定好以后，就立刻死去了。但是在昆虫界却有一个小家伙是跟大家很不一样的，那就是食粪虫家族，它们在产完后代后非但不会死去，

忙碌的粪金龟

在来年的春天还会跟自己的子女们一起享受春天的生机，甚至还可以让自己家族的规模再扩大一倍，这是让人感到惊叹的。

研究昆虫的人很可能都会有这样的经历，就像我一样，起初我花费很多时间和精力去寻找那些让同行们啧啧称赞的昆虫，像是铺满层叠状黑绒的黄色衣服的天使鱼楔天牛；身上闪着黄金和铜器的光芒又有着绿色孔雀石的雍容高雅，能将二者结合在一起的就非那些火红的吉丁莫属了；还有拥有镶着紫水晶般滚边的黑色鞘翅的步甲。每当我们一起外出寻找昆虫的时候，如果能够发现这些稀有罕见的种类，发现的人会有些得意地惊呼一声，我们其他的人也会随之祝贺，当然，也有一点点的嫉妒情绪在里面，因为这些昆虫实在太稀少了，能够找到的人着实是幸运的。

到了七八月份的时候，这种情况更为明显，因为这个时候，很多昆虫都因为酷暑的原因不愿从自己的洞穴中走出来，这种高温会让很多昆虫都晕头转向，但是食粪昆虫就不一样，它们整天忙忙碌碌地寻觅着粪便，并且乐此不疲，根本不去理会气温的变化，似乎在炎热的太阳下，它们工作得更加起劲了。后来我发现，我要是想大量地进行实验和观察，就要与这些成群结队的小东西为伍。因为当其他昆虫已经寥寥无几很难找到时，我依然可以不费吹灰之力地在一堆粪便下面找到成千上万的食粪虫，像是蜉金龟和嗡蜣螂，这些东西有时候多得会让我有一种直接用铲子把它们装进口袋的冲动。

这些小东西之所以能够有这么庞大的家族也有一定的原因，那些比较稀少的昆虫其实并不是因为母亲每次只产下很少数量的卵，而是因为高贵者只能保留少数的大自然规则而被无情地扼杀了。但是这些食粪昆虫就不一样了，也许自然

界的操控者怜悯它们是地下的滚粪工人，是大自然的清道夫，所以它们躲过了大批的扼杀，在田野或者草原上开心地生活，畜牧业的发达使得它们一直过着满足的生活，所以都是小个头的老寿星。我之所以能够大规模地发现这些十分小的昆虫，跟它们的长寿是有很大关系的。那些比较少见的昆虫每次出游都只能跟自己的兄弟姐妹做伴，甚至有的时候只有自己。但是这些食粪虫就不一样了，它们出行的时候身边不仅有自己的兄弟姐妹，还有自己成群的后代，一簇一簇，尽管总能看见数量很多的群体，但是每当发现一个新的家族，我还是抑制不住地兴奋。

有时候我在想，大自然操控者是不是一个偏心的家伙，要不然为什么它对那些小乡村那么好，赐给它们两种很强大的清道夫。第一种清道夫就是我刚刚说的食粪虫，在小乡村里，似乎人们更加随性，更加自然一些。这里没有大城市那种干净清洁但是却有着浓烈刺鼻的氨气味道的厕所。

可能有人会问，那这里的人想要方便的时候该怎么办呢？其实很简单，随便找一排篱笆，一堵围墙，只要蹲下去可以遮羞，那么这个地方就是他想要的。也许这会让很多城市里的人苦恼，他们选择乡村采风、放松，被开满牵牛花的篱笆吸引，被小围墙底下厚厚的青苔所吸引，慢慢地靠近这些吸引自己的风景线，

↗黑脚金龟

↗粪金龟是大自然的清道夫。

等想自己欣赏的时候，可能脸色会大变，看见了那些恶心粗俗的东西，什么欣赏的心情都没有了。但是如果你第二天抱着侥幸的心理再来看看，就会惊喜地发现，这个地方现在只有让你满心欢喜的风景，只有美丽的花朵，没有任何肮脏的东西，你甚至会怀疑昨天是自己的眼睛出了问题。这些小东西不仅仅是勤劳的不嫌脏不嫌累的劳动者，也不仅仅是一个把粪料视为美味的贪吃鬼，它们的任务还有一个更崇高的目的，就是为人类的健康作出贡献。

很多科学家通过研究发现，能威胁到人类健康的最恐怖的因素就在微生物身上，这些跟霉菌有些相像的东西处在植物界的最边缘。它们在动物的排泄物中不停地繁衍生息，生殖能力甚至让人感到惊叹。如果不及时处理，这成千上万的微生物会带着我们知道的和不知道的数不清的病菌散播到各个角落。空气、水、食物，它们能落到的地方都会被污染，人类很难在这种状况里健康地生活，大自然的操控者看到这种状况后，赐给了人类一个个小家伙，就是这些小小的食粪虫，它们不知疲倦地工作着，为人们创造了一个健康的生活环境。

蝇传播的疾病有哪些

蝇传播的疾病在人类历史上造成的恶劣影响很明显。对于人类来说，长着两只翅膀的蝇被列入最可恶的昆虫祸害。例如，在克里斯托弗·哥伦布和他的同伴们把蚊传播的天花带到海地后，50年内，这种疾病几乎让当地的约500万人全部丧命。在17世纪，欧洲殖民者给新大陆的居民带去了相当多的致命性疾病，以致英国人居然顽固地认为这证明了上帝赋予他们对当地进行殖民统治的权利！尽管杀虫剂和药物在不断升级，但蝇传播的疾病仍在持续不断地影响着许多人类社区的组织和分布。

↘ 带蚊是世界上最大的蚊子之一，体长达8毫米（不包括喙和触角）。这种蚊子因其腹部和附肢上独特的白色带状花纹而得名。

蝇以3种主要的形式危害人类的健康。首先，它们担当着显而易见的致病生物体的传播者的角色。家蝇和蓝丽蝇在粪便或腐烂的有机物上进食和繁殖后，会污染我们的食品。大量的细菌、毒菌和原生动物传染物，都是通过这种途径传播的——据统计，在发展中国家，每年都有上百万的婴幼儿死于重症腹泻引起的脱水。

蝇类因吸血而污染的口器形成了一个“飞针”型传播方式。因此，蚊子会把肝炎血清病毒传播给它叮咬过的人。马蝇和蚊子还会把伪鼠疫（兔热病）杆状菌传播给人类，这种病一般只会通过虱子在啮齿动物中传播。当人类被这种方式间接地带入动物疾病循环的过程中时，这种疾病就被称为“人畜共患病”。

其次，蝇会通过蝇蛆病影响人类和动物（尤其是家畜），这种情况下，蝇蛆以皮下活的组织为食。如热带美洲的人马蝇和非洲的盾波蝇，因这些蝇幼虫进食而造成的伤口会为传染病大开方便之门。

最后，也是最重要的影响——随同致病生

与巴拿马运河的疾病作战

1881年，法国人费迪南·德·雷赛的公司，即有名的苏伊士运河的承建方，开始开凿一条跨越巴拿马地峡的运河。8年后，这项冒险工程失败了。导致失败的唯一因素是蝇传播疾病，这种敲响了可怕的死亡丧钟的昆虫，让超过2万人死于黄热病或疟疾。

同一年，这项命运多舛的工程又开始了。古巴医生胡安·卡洛斯·芬莱首先假设了黄热病的传播与蚊子之间的联系——传统的观点认为这种疾病是由不道德的生活方式，或某种叫做“毒气”——大概被定义为不稳定的空气——的物质引起的。

在芬莱的假设被证实之前，又过去了十多年时间。1894年，斯科特·帕特里克·曼森（一位外科医生），发现当地的蚋会把极微小的线虫带进人体中，这种线虫钻进人的淋巴腺里后，会在人体皮肤表面形成大面积的肿块，即“象皮病”。这是首个非偶然的蝇传播疾病的证据，特别是寄生虫的生命周期中最致命的致病阶段同时发生在蝇和人类两种宿主身上的例子。

6年后，为了对付一种流行性黄热病，沃尔特·里德领导的一个美国医疗考察团来到古巴。采纳了芬莱关于致病原因的观点后，里德用油覆盖所有活水水体摧毁了致病蚊子的繁殖地，并用熏蒸的方法对付蚊成虫，同时对所有受感染的病人采取了监控和隔离措施。结果是，因这种病引起的死亡率戏剧性地下降了。

在美国军医陆军上校威廉·戈加斯（此人非常了解曼森的研究）的监督下，里德完成了他的开创性工作。1904年，当美国人接管巴拿马运河的工程时，戈加斯被任命为运河项目的首席卫生官员，他在面对官方的怀疑论调时，毫不犹豫地采用了里德的方法。该方法的成效可以用数据来说明：在1906年以前的7年中，运河工人中疟疾的发病率从原来的80%降至7%。同期，黄热病被彻底根除了。戈加斯于1913年离开了巴拿马，这一年正是运河工程胜利完成之前。

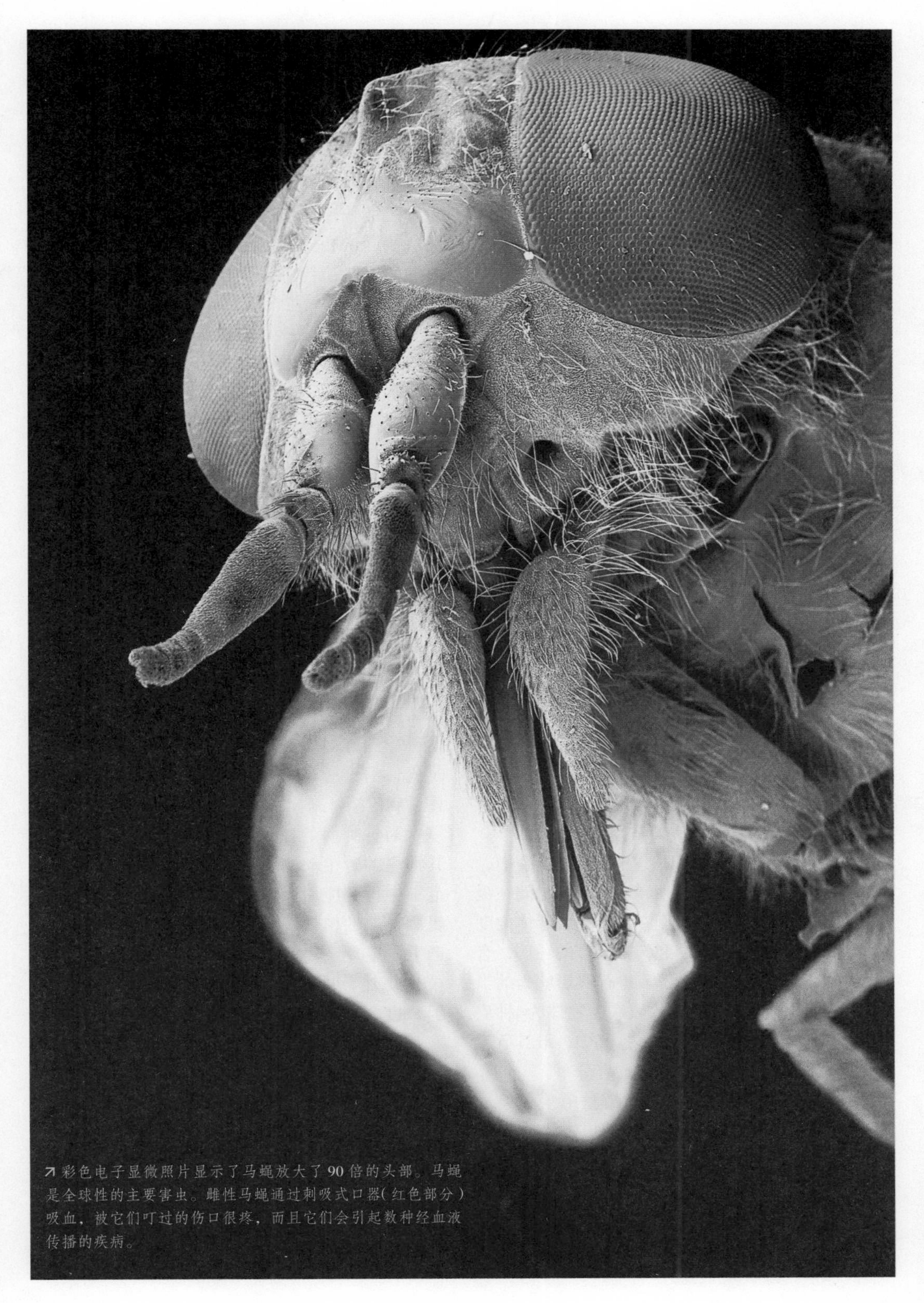

↗彩色电子显微照片显示了马蝇放大了90倍的头部。马蝇是全球性的主要害虫。雌性马蝇通过刺吸式口器（红色部分）吸血，被它们叮过的伤口很疼，而且它们会引起数种经血液传播的疾病。

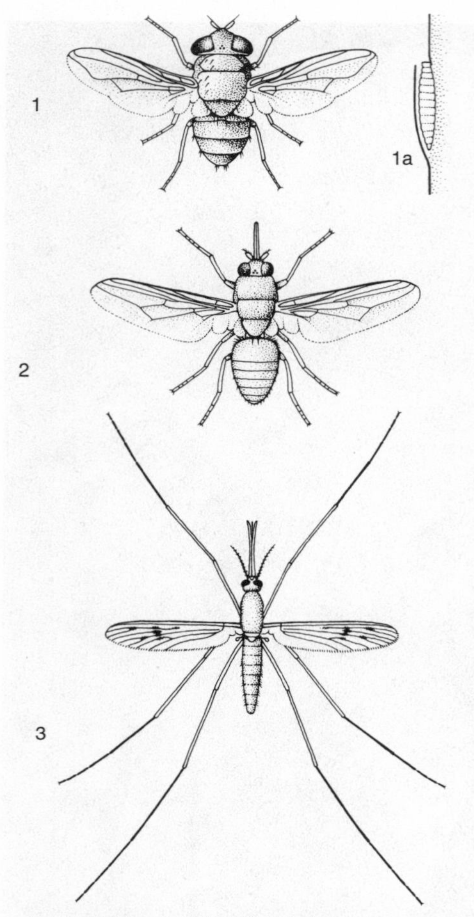

↗ 有 3 种类型的双翅类蝇会给其他动物带来疾病：1. 盾波蝇幼虫（图 1a）钻进皮肤里后会留下伤口。2. 采采蝇会把致昏睡病的原生动物传播给人类。3. 吸血的疟蚊会导致疟疾。

物体的生物性传染而出现。在生物性传染中，病原体具有复杂的发育周期，它们部分时间在吸血蝇体内度过，部分时间则在人类受害者体内度过。疟疾就是其中最普遍和传播最广的一例，有30多种疟蚊携带这种病菌，其中最具影响力的当属非洲冈比亚按蚊。疟疾的致病生物体为4种疟原虫，均属于单细胞原生动物。其中，最具危险性的恶性疟原虫在泛热带地区均有分布。

人类在广阔的阵线上进行着抗疟疾战争。杀虫剂可以对付蚊成虫和水栖幼虫，进入人体内的疟原虫可用药物消灭，驱虫剂和蚊帐也可用来保护自己。但根除疟原虫的尝试仅在疟疾发病区的边缘温暖地带取得了成功。尽管有无数的控制计划和国际组织如世界卫生组织的努力，但每年仍会发生超过1.2亿的疟疾门诊病例，其中死亡人数超过100万。

尽管某些地区不稳定的地方政策也是造成上述情形的原因之一，但根除疟疾的失败大部分还是因为疟蚊和疟寄生虫已经对昆虫学者和医生们大量使用的化学武器产生了抗药性。疟寄生虫能快速改变外皮化学性质的本领使人们无法研制出相应的疫苗。最近，人工培养寄生虫的研究与遗传工程学相结合，多少为这方面的突破提供了一些希望。

完全消灭疟蚊目前被认为是一个不可能实现的梦想。当前人们力求用综合控制的方法去对抗疟疾，即适时审慎地使用杀虫剂与药物治疗和对高危人群的监控相结合，使疟疾的发病率控制在可接受的水平，这个水平是指发病率大幅降低，并尽可能控制因反复发热而日渐虚弱的病人数和减低由此产生的经济损失。

如果人类某一天真的成功消灭了疟疾，也会有别的问题产生，如昏睡病——一种由血液中的原生物锥体虫引起的，以及仅见于非洲的疟疾——通过5种采采蝇传播。这种病——那加那病也在家畜身上有发现，属于大群野生放养动物中的地方性疾病，并对人类产生严重影响。因那加那病从野生动物传播至家畜中来，使得非洲许多地区已无法再饲养家畜。在殖民时代，由于所有人都被强迫返回非发病区，使昏睡病传播开来。

对昏睡病的控制可以通过大范围屠杀作为其宿主的野生动物实现。另有一种方法已在小范围中得到应用，即清除那些为采采蝇提供专属栖息地的植被带。但这两种方法都会对环境产生恶劣的影响，而且最终也会影响到人类。

此外，即使采采蝇和昏睡病全都被消灭了，也会有其他问题产生。比如，越来越多的家畜会使得它们与野生动物争夺食源，过度放牧使土地荒漠化的可能性也逐渐加大。 在许多国家，野生动物从旅游者那里赚来可观的收入，如果它们被大量宰杀的话，那么这部分收入也就泡汤了。蝇传播的这些严重疾病给人类带来了压力和迫在眉睫的难题，但即使这些都得到了解决，在将来仍会有新的问题对我们发出挑战。

苍蝇浑身带病菌却为何不生病

苍蝇喜欢在垃圾堆、腐烂的尸体上活动，它浑身沾满病菌，到处传播，对人类产生很大的危害。尽管如此，苍蝇却从不感染细菌，这是怎么一回事呢？

经过研究，意大利科学家莱维蒙尔尼卡博士发现，苍蝇的免疫系统会发出BF64、BD2两种球蛋白，将侵犯自己的病菌杀灭。这两种球蛋白射向病菌，就像原子弹和氢弹一样，与敌人同归于尽。BF64、BD2球蛋白总是一前一后地从免疫系统里出来，从不错乱，而且制造和发射都很快，能在短时间内把敌人消灭。

苍蝇并不是随便发射这两种球蛋白的，只有当细菌繁殖得特别快时，系统才会工作。一般情况下，苍蝇会尽快地将细菌排出体外。

生物学家和病理学家经过研究，发现苍蝇一般只用7~11秒钟就可以将食物进行处理、吸收养分，最后将废物排出体外，细菌还没来得及繁殖子孙就已被苍蝇排出了体外。这种处理方法，速度之快、效率之高，令别的动物望尘莫及。一般说来，哺乳动物从进食到排便，短则几十分钟，长则几个小时；而人类一般要24小时才排便一次。所以当人们吃了带有病菌的食物后，病菌、毒素不能及时排出体外，病菌便会给人体造成危害。而苍蝇这种独特的本领使它不会感染细菌而生病。

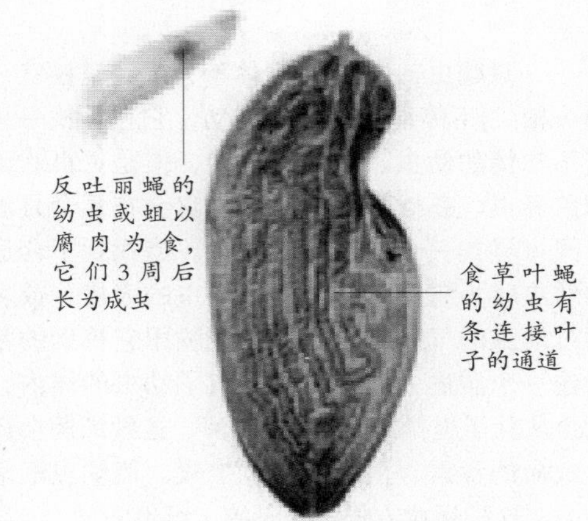

↗反吐丽蝇和食草叶蝇的幼虫

科学家对苍蝇进行研究后，发现BF64、BD2比青霉素的杀菌力还要强千百倍。如果有朝一日能从苍蝇体内提取BF64、BD2，那么，这将会造福于人类。由此可以说苍蝇也并不是有百害而无一利的。

↗反吐丽蝇外部形态示意图

哪种昆虫有最令人讨厌的伙伴关系

一只蠕虫，即线虫(身体不分节，呈柱状，两头稍尖)不停地在土壤里蠕动，它在寻找一只毫不知情的幼虫。它并不挑剔，但是更喜欢诸如象鼻虫、苍蝇之类的幼虫。它会花几个月的时间来寻找一个合适的受害者。当找到了合适的幼虫时，它就会刺入这只幼虫的表皮，或者通过幼虫的气孔进入，或者干脆用它特别的牙齿挖一个洞进去。它一旦进入了幼虫的体内，就会从肚子里排出100多个细菌，这种细菌会产生致命的毒素、消化酶和抗生素。使幼虫渐渐死去。这种死亡方式是缓慢的、可怕的。

这种细菌就是发光细菌，随着它们在幼虫的体内繁殖，幼虫发出一种致命的光，即“发光病”。幼虫体内的那只线虫就以这些细菌和幼虫的尸体为食。由于抗生素的作用，使得其他与之竞争的微生物不敢吃这只幼虫的尸体。最后，这只线虫变成了一只雌雄同体的雌性线虫，在那只幼虫的尸体里产卵，并且孵化雌性和雄性的线虫。

但是更多的卵还是在线虫的体内发育，小线虫一旦孵化出来，它们就会吃掉自己的母亲，然后再互相交配产卵。就这样，大约两周后，那只幼虫的尸体最终被分裂开来，数千只小线虫(每一只线虫腹部都有发光细菌)钻入土壤中。发光细菌和线虫共存，离不开彼此，它们是一对令人讨厌的伙伴。但是人类可以利用它们的伙伴关系，特意繁殖这种小线虫，然后让它们去捕食花园里的害虫。

↘ 数量众多的小线虫从裂开的幼虫尸体内钻了出来。

为什么苍蝇和蚂蚁能在天花板上走

在日常生活中，我们经常可以看到苍蝇和蚂蚁在天花板上走，这是为什么呢？苍蝇6条腿的末端生有跗节，用来抓住所攀附的物体表面。相比于苍蝇的身体尺寸来说，它的体重并不大，所以苍蝇只需要很小的力量就能抓住天花板不掉下来。

如果你有一只高倍率放大镜，就能用它看到苍蝇腿上长有一组爪子，爪子底端还生有海绵状的脚垫，这些脚垫看上去像褶皱的炸土豆片，能使脚底更牢地附着于物体表面。苍蝇脚垫的作用好似柔软的衬垫，而不是章鱼脚上的吸盘，令苍蝇无论是停在某处还是四处爬行时都足够安稳。再者，苍蝇脚上的肉垫还能分泌黏液。当它四处爬行时，无论何时就算有两条腿悬空，也一样能如履平地。

↗蚂蚁不仅能在天花板上走，在悬空的蜂巢上也能够行走自如。

与苍蝇依靠脚垫爬行不同，蚂蚁更多的是依靠自己的爪攀附在物体表面上，但脚垫却相对苍蝇的小得多。

有的蚂蚁其实善于攀爬。生活在地面上的蚂蚁更习惯于粗糙的土地，而不像一些生活在树木上的蚂蚁那样，能在光滑的表面甚至是倒转身体也能行走自如。

↘腐肉上的苍蝇

当然，对于爬进屋子里的蚂蚁来说，上面这些都不成问题。它们的身体非常轻小，在天花板上爬行时所花费的力气甚至可能比苍蝇还小。

另外，地心吸力的大小是和身体的重量成正比的，即重量越大，吸引力就越大。由于苍蝇和蚂蚁的体重很轻，地心吸力相对也小，再配合它们身体独有的构造，所以能在天花板上走来走去。

↑苍蝇的腿的末端生有附节，再加上它们体重很轻，可以轻而易举地抓住天花板。

哪种昆虫构成最大的有机生物群

蚂蚁无可争议地是世界上最成功的动物，估计它构成了整个地球15%的总生物量。这要归功于它们的合作精神：每个个体都发挥作用，共同协作，就像一个超级有机生物体里的细胞一样。群体里的成员都是蚁后的后代，从进化的角度来讲，为了帮助它们的同类，它们会牺牲它们自己，这一点是非常有意义的。然而，有些蚂蚁的合作精神达到了极端的程度。

在20世纪初，一种微小的、褐色的、无害的蚂蚁偷偷地从南美乘船来到美国，还有的远离家乡来到南非和澳大利亚。这些原来的阿根廷蚁类数量上并不是太多，但是它们的遗传血统使得它们变成了庞大的群体。在温暖的新陆地，没有南美的寄生虫，没有数量上的控制，只要有水，它们就能不断繁殖，最终形成规模庞大的蚁群。这种最大的有机生物群落由数百万有相关遗传基因和互相关联的巢穴组成，从意大利北部一直绵延伸展到西班牙北部，至少长6000千米。

蚂蚁的成功之处还在于它们的生育力很强（蚁穴里有无数的蚁后，因此繁殖速度很快），而且它们还能和平共处，不像自然界中的许多巢穴动物。它们并不互相攻击，而是省下更多时间来收集食物、繁殖后代以及进行防卫。这种不寻常的群居团体不会由于新阿根廷蚁的到来而被冲淡。因此，从加利福尼亚到澳大利亚，这种超级有机生物很可能不断变化，到了亚洲，阿根廷蚁就是一些新的蚂蚁了。

↘阿根廷蚁规模庞大的主要原因是它们的繁殖速度非常快，它们都是蚁后的后代，并且能够帮着蚁后照顾自己的兄弟姐妹。

为什么到了春天消失的蚊蝇会跑出来

夏天的时候，苍蝇和蚊子特别多。人们经常会在不经意间遭到蚊子的叮咬，也会看到苍蝇在食物上爬来爬去。到了冬天，这些数量繁多的惹人讨厌的动物好像蒸发了一样，让人找不到踪迹。等到了春天，天气刚刚暖和起来，苍蝇和蚊子就像赶集似的出来了。这是为什么呢？

首先，我们来说一说苍蝇和蚊子冬天去了哪里。

一般蚊子每年4月开始出现，至8月中下旬达到活动高峰。秋天气候变冷温度降到10℃以下时，蚊子就会停止繁殖，大量死亡，有极少的蚊子能存活下来。而这些极少数的蚊子是靠躲藏在墙缝等可以避风避寒的地方来越冬的，比如躲藏在室内较温暖、且较隐蔽处，如衣柜背后等。但会躲开较热的地方，如暖气等。这是因为蚊子不喜欢温度太高的环境。如此一来的话，蚊子既可以躲过严冬，又可以降低新陈代谢的速度，避免因饥饿而死。

蚊子的这种行为有点儿像冬眠。一到早春，这些蚊子就从墙角裂缝等各个隐蔽处出来。沐浴在温暖的阳光下，饱餐一顿人畜的鲜血，然后开始产卵。在夏天适宜的环境里，雌蚊将卵产在水中，一两天后就孵化成幼虫，叫孑孓。

孑孓经过4次蜕皮后变成蛹，蛹继续在水中生活两三天，即可羽化成蚊。完成一代发育大约只要10~12天，一年可繁殖七八代。蚊子的幼虫

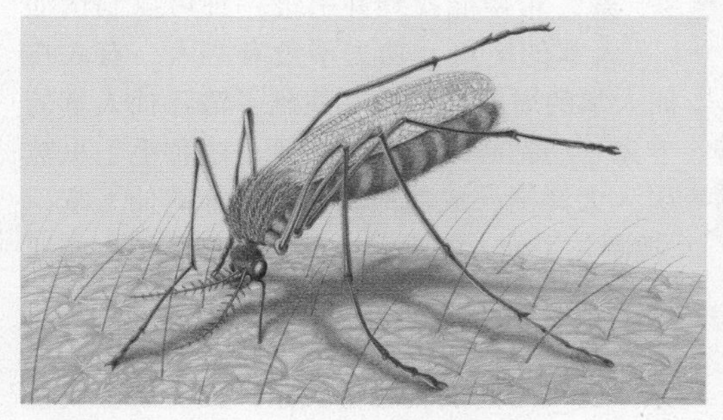

雌蚊的体长大约有2厘米，以动物和人的血液为食。

蚊子的幼虫需要空气。悬挂在水面之下，它们通过具有防水功能的“通气管”进行呼吸。

蚊虫叮咬后止痒小妙招

1. 用切成片的大蒜在被蚊虫叮咬处反复擦一分钟，但皮肤过敏者应慎用。
2. 用西瓜皮反复擦拭蚊虫叮咬处，即可止痒。
3. 取少量藿香正气水，涂抹于被叮咬处，半小时左右，瘙痒即可减轻或消除。
4. 取少许牙膏，或碾碎的薄荷敷在被叮咬处，立刻会感到清凉惬意，痒意顿消。
5. 用肥皂涂抹可止痒。

最易扑灭，因为孑孓必须生活在水中，如能填平低地，疏导积水，经常清理存水的器皿，孑孓无处生存，灭蚊就一定会收到好效果。

事实上，当雌蚊子把卵产在水中的时候，有一大部分卵会在当年孵化出来，但是也有一部分卵会随着温度降低而冷冻起来，直至来年的春天温润的春雨普降，卵才会解冻并孵化。

另外，还有一些蚊子的卵会孵化为孑孓，这些孑孓栖息在水里，似乎有很强的御寒能力，因此这些孑孓能够在水中安全越冬。

苍蝇的越冬方式与蚊子很相似，所以人们会感觉到了冬天看不到蚊蝇，而春天一到，它们就陆陆续续地出来了。

如何用毛毛虫清除仙人掌

仙人掌曾经使大洋洲的畜牧业陷入恐慌之中，如果不是一种毛毛虫的出现有效清除了这些仙人掌，恐怕大洋洲的畜牧业也不会这么发达，所以人们还给这些毛毛虫树立了纪念碑。那么，究竟是哪种毛毛虫立下了这么大的功勋呢？

这是种叫做钻心蛾的昆虫的幼虫，喜欢钻进仙人掌的茎内并以其中的肉为食物，这样会造成仙人掌的茎从内部开始腐烂，然后慢慢枯萎而死。就是这样的一个过程，使毛毛虫成为了清除仙人掌的专家。

19世纪，澳大利亚从南美引入了仙人掌这种植物，因为仙人掌对大洋洲环境的适应力很强，所以繁殖很快，没多久便侵占了大片的地段。到1933年，澳大利亚的牧场被仙人掌霸占得只剩下了几百万公顷。长满了仙人掌的牧场由于仙人掌浑身带刺而不能放牧，使得澳大利亚的牧场主十分犯愁。后来，他们想了不少办法，但无论开动机器去碾压，还是用人工方法去铲除，都见效甚微。而采用化学除草剂不但花费了大量的钱财，而且可能会对人畜造成化学污染与伤害。这时有人提出：是否在仙人掌的原产地有仙人掌的天敌才没有造成仙人掌在那里泛滥成灾？于是，一些专家立即到美国、锡兰、墨西哥、南非、印度、乌拉圭等有仙人掌的国家考察，希望能找到并引进一种可以制伏仙人掌的昆虫。功夫不负有心人，有人在仙人掌的原产地阿根廷找到了清除仙人掌的专家——钻心蛾的幼虫。于是这种毛毛虫被引入大洋洲，成功地腐烂了大片的仙人掌，扼制住了仙人掌蔓延的趋势，挽救了大洋洲的畜牧业。

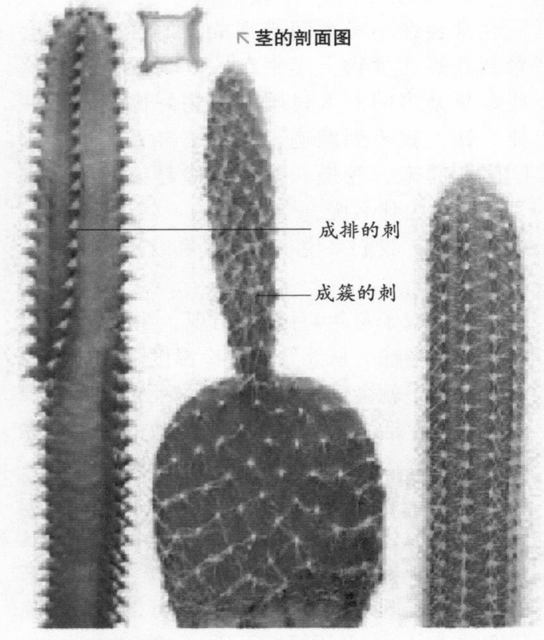

↗仙人掌及其结构

↘专吃树叶的毛虫

从这件事上可以看出，如果充分利用昆虫与某一物种之间的食物链关系，人类就会获益匪浅。

哪种昆虫构成最大的冬眠群体

每年的8~9月份，在北美生活的君主蝴蝶就会从它们的基因里获得一种神奇的信息。它们会停止它们平常的路线，要么开始检查太阳的位置，要么去感觉地球的磁场（没有人能确切知道），然后振翼飞向南方。到11月份为止，它们到达了墨西哥中部的山里——数目多达成千上万只密密麻麻地分布在杉树林中。这是世界上最大群的昆虫迁徙：事实上落基山脉所有的君主蝴蝶都参与到这次迁徙活动中了。

一旦它们在树上安定下来，它们就要等到来年2月或3月份才会离开，那时它们从冬眠的状态中苏醒过来，开始交配，然后往北方飞。当它们飞到美国南部时，雌蝴蝶会去寻找马利筋属植物（别的动物不会这样），然后在上面产卵。接着所有的君主蝴蝶都会死去。当卵孵出后，幼虫就以马利筋属植物为食，然后形成蝶蛹，蛹化成新一代的蝴蝶，又开始朝着遥远的北方飞去。经历了两三代之后（夏天的那一代蝴蝶比冬天的那一代存活的时间要短），又到了一年中的8月份了，它们得到了遗传基因的信号，又开始大规模迁徙了。因此，并不是为了变得性成熟和交配，而是像它们的父母、祖父母和曾祖父母那样，这些君主蝴蝶直奔墨西哥。

令人遗憾的是，最近的研究表明，在杉树林中过冬的君主蝴蝶的数量大大减少了。这可能是综合原因造成的，首先可能是由于它们在墨西哥冬眠的树林被非法砍伐，然后还可能由于君主蝴蝶在北美的产卵地的食物马利筋属植物因使用杀虫剂而使君主蝴蝶的幼虫大量死亡，所以动物保护者们现在正竭尽全力采取措施来保护这一世界上最大群的冬眠动物。

↖成千上万的君主蝴蝶紧紧地挤在树干周围。

毛虫的防御措施有哪些

毛虫很脆弱，它们几乎全都行动缓慢，而且常暴露在外，对鸟类和其他敌人来说，毛虫又圆又胖的身体是很容易到手的一小顿美餐。因此，毫不奇怪地，毛虫们拥有多种防御本领。

许多小型种类毛虫把自己藏在植物的根、茎、虫瘿、种子和其他组织中，间接地以这种方式保护自己。有些大型种类也同样从它们选择的居所中得到庇护。例如，蝙蝠蛾科的幽灵蛾毛虫住在树干或树根里；木蠹蛾（蠹蛾科）的幼虫会钻进树干中去。

“结草虫”（蓑蛾科）会做一个让幼虫（通常与无翅的雌性成虫住在一起）住的壳。壳用丝做成，幼虫会把它粘到沙砾、小树枝或叶子上去。有些体型较大的种类，如非洲的蛾的毛虫，做的壳非常坚硬，你很难把它撕开，脆弱的幼虫能在里面得到很好的保护。巢蛾科的很多种毛虫用自己吐出的丝织成又大又厚的网，然后大伙一起躲在里面。

在所有动物中，伪装是一种很普遍的防御手段，鳞翅目昆虫也不例外。最非凡的那些例子出现在尺蛾总科的毛虫中，它们中的许多与所取食植物的小枝惊人的相似，它们用后抱握器抱紧树枝，并使身体保持静止，完美地伪装成一根小枝。

其他有些毛虫像鸟粪，如燕尾蝶的一种，在它们幼虫阶段（龄）的早期，黑色的身体正中会出现一块白斑。刚孵化不久的桤木蛾也使用这种伪装策略。

有些昆虫用视觉警报器保护自己。身体上有“眼点”的大象天蛾幼虫一旦受惊，会把脑袋缩进去，然后突然把“眼点”露出来。有迹象显示，这种行为会把捕食者吓得立刻丢掉猎物逃之夭夭。

某种毛虫会把让人讨厌的气味和“闪动的”色彩结合在一起。欧洲的黑带二尾舟蛾毛虫不仅会摆出一个吓唬人的姿势，还会从胸腺中喷出强烈的刺激物（蚁酸）；此外，它们的腹部末端的“尾巴”附近能伸出一对亮红色的须，并且能舞动，据说这种方法能阻止寄生性的膜翅目昆虫靠近它们。

↘ 这只环绕着白色涂鸦般花纹的巴西天蛾毛虫非常有效地利用了黑白相间的色彩作为“警戒色”。

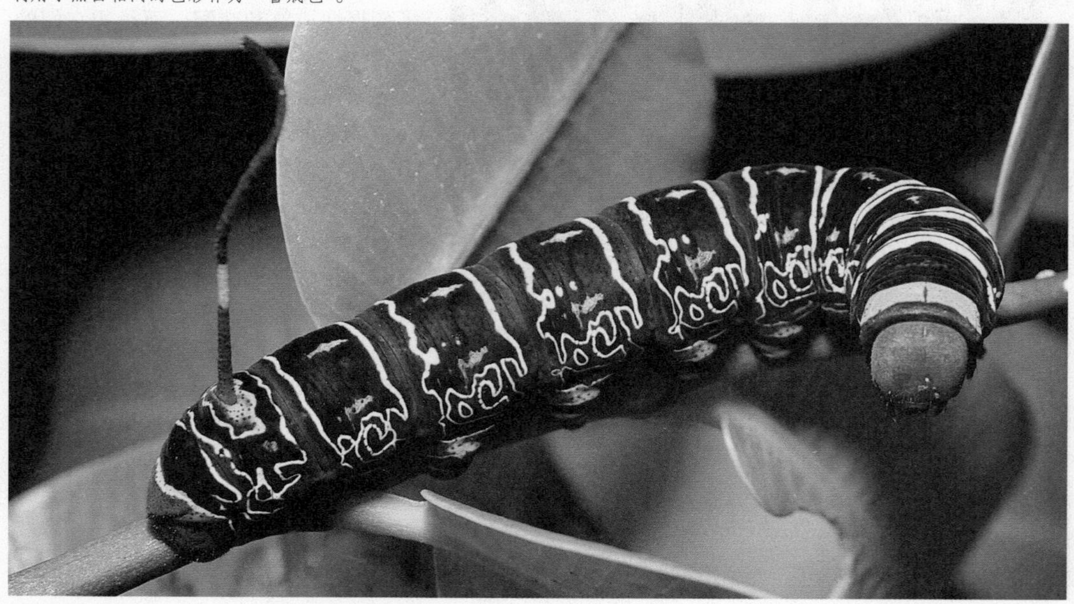

↖图中是许多将亮红的色彩和一排具保护性的刺，以及纤毛相结合的毛虫，如果被它们刺到的话，会造成被刺者长时间的疼痛。为了增添一层保护，这种毛虫常常聚在一起，就像图中这些大蚕蛾科的毛虫一样。

那些长有毒性纤毛的毛虫，大概也明白这些毛会引起讨厌的皮疹。有时候这种症状来得又急又猛，对人有不利影响。招致不良反应的纤毛被称为螫毛，主要有两种：一种是基部长有毒腺，向入侵者喷射毒液的；另一种无毒，但是有刺，如捕食者碰触到会有刺痛感。据说，一只末龄的黄尾蛾毛虫身上就长有200万根螫毛，这种蛾属于毒蛾科，该科成员以其长有螫毛的幼虫而著称。委内瑞拉皇蛾毛虫会喷出一种强力的抗凝血剂，会导致严重的出血。

刺蛾科的"蛞蝓"虫常常体被一簇簇尖锐的、针一般的刺，这种刺还常常武装着毒素化合物。"蛞蝓"这一名字既指它们短厚而宽的外形，也指它们波浪般起伏或滑行的动作。如果不小心碰到它们身上的刺，会引起剧烈的疼痛和肿胀。刺蛾毛虫一般为绿色，但也常有鲜艳的色彩点缀，大概是起警告捕食者的作用。

如果捕食者尚没有学着把特殊的颜色和不愉快的经历联系到一起，那么它们的猎物即使有毒或味道难吃，在被捕食者认识到这种联系之前，也会有性命不保的可能。因此许多幼虫都体被警戒色，比如身体组织内含有氰化物的地榆蛾毛虫为黑黄相间的体色，而这两种颜色是自然界中最为常见的警戒色。

关于蝴蝶，在斑蝶亚科（王斑蝶就属于此类）中占绝大多数的黑黄相间的毛虫，从它们的食物（如马利筋属植物）中获取并储存心脏毒素，并一直保留到成虫时期。

燕尾蝶的毛虫在胸部长有一个叉形的突起（丫腺），当这个腺体被翻转过来时，会释放出一种辛辣的气味，据说这专门用来对付那些寄生性的昆虫。

↘受到惊扰的时候，许多天蛾的毛虫（天蛾科）会露出显眼的眼状花纹，并开始左右摆动"头部"。这种演示使其看起来很像一条蛇，大概用来恐吓并阻止那些稍小的且比较胆小的捕食者。

法布尔昆虫趣谈

松毛虫的窝和社会

初冬来临，冷风已经开始耀武扬威，松毛虫开始修建过冬的住所。它们选择了一处松针密集的枝梢，用纺丝器织成一张网，将枝梢覆盖起来。这是一个半丝半叶的居所，丝网四周的松针都向房屋的中轴微微侧着身子，叶梢湮没在丝网中。十二月初，丝屋已经有拳头大了；临近冬末，它终于完工。丝屋体积两升，呈卵形，下部逐渐缩小，最下方包裹着支撑房屋的松枝梢。

每个天气好的晚上，松毛虫就成群结队地走出丝屋，沿着房屋中轴那根茁壮宽大的松枝，慢条斯理地挪动。然后，大部队逐渐拆分成小分队，各自前往临近的枝杈上，享用美味的松针晚餐，吃得饱饱的再回去。在这来回的路上，每一只松毛虫都没有停止纺丝器的工作，它们在往返的路上留下了双线梢。这是它们为了避免迷路而留下的路标吗？

事情应该不是这么简单。如果只是沿途的路标的话，那么一条线就够了。松毛虫日复一日地在这条路上来来回回，每次都毫不吝啬地留下两条带子，日积月累，这条路上便覆盖了密密麻麻的线，好像是一个鞘。这个鞘使它们住所的根基更加深厚，并与稳固茁壮的松枝连为一体。所以，它们的丝屋上部是卵形的居室，下部则是柄、蒂和这个缠绕着支撑物的鞘。

↗各种松毛虫

每晚的七点和九点之间，你会看到丝屋的表面聚集着数不清的松毛虫，它们把始终挂在唇上的丝线，粘贴在经过的路上。似乎每一只松毛虫对这加固加厚住所的工作都抱有极度的热情，它们如火如荼，毫不松懈。丝屋上的这番景象真是热闹非凡，就如同乡村的集市一般。

可是，这些未雨绸缪、使劲干活的松毛虫，难道已经预料到它们在寒风刺骨的冬日所要面临的苦难了吗？应该不是，因为生活并没有告诉它们。生活告诉它们的只是，在家门口就有美味的松针，在平台上可以懒洋洋地享受阳光中的午睡。什么是凶号怒吼的寒风，什么是寒凉刺骨的冰雪，它们一无所知。然而，它们却认认真真地加固住所，似乎对未知的苦难有一种警惕的本能。

丝屋的中央，露出一个不透明的白色大壳，它由密集的线编织而成。屋顶上半开着一些分布得毫无次序的圆孔，这些就是毛虫进出的门洞。白色大壳的四周，围着很多完好无损的松针，它们隐没其中，变成了厚厚的围墙。每根松针鞘都发散出一些轻柔的线，它们交织在一起，形成一张半透明的纱帐。

纱帐里面有一个宽广的平台。每天上午，松毛虫就离开丝屋，来到阳光照射的平台上。它们相互堆靠着，你挨我挤地在这里晒日光浴。它们每天都在这暖洋洋的地方睡午觉，一直睡到晚上六七点钟太阳下山，才慵懒地散开。

我用剪刀沿着经脉把它们的小窝刮开，现在，让我们仔细参观一下它们的房间布置吧。屋里围着的松针竟然完好无损，丝毫没有被啃咬的痕迹。面对近在眼前的美味，馋嘴的松毛虫为何不为所动呢？原因很简单，这些松针是住所的支撑物，一旦受损很快就会干枯，北风一刮，丝屋就会随着脱落的松针一起被拔离枝梢，顷刻坍塌。要保住寒冬时节抵御风雪的小窝，就必须保证这些绿色的屋架茁壮繁茂。所以，即使天气恶劣时，松毛虫们几天内都不能外出进食，它们也会强忍饥饿，不会打这些房梁的主意。

我再剪开的虫窝内部，看到一条松针形成的柱廊，它层层叠叠，稠密厚实，呈卵球形。松毛虫用丝制的编织物在柱廊上罩了一层薄纱，像是一个鞘；鞘上悬着破皮屑和一串串干粪，这个容纳废弃物的地方与它美丽的围墙极不相称。而此时，松毛虫正杂乱无章地聚集在柱廊绿色的柱子上休息。

↘吃松针的松毛虫

为了在无需提灯照明和气候暖和的条件下，观察松毛虫的生活习性，我将半打虫窝移进暖房。虽然我的这个暖房十分简陋，并没有比外面暖多少，但也总算是能够遮风挡雨。作为饲养者，我的责任是将这些支撑着松毛虫住所的松枝在沙土上固定好，并为这些观察对象们提供新鲜而充足的食物；作为博物学家，我的职责是对松毛虫的饮食进行探究；而寄宿者们只要按照它们的本能生活，供我观察就可以了。

这些纺织工们在加固房屋的劳动之后，来到临近的树枝上补充能量。它们三三两两地趴在每一根松针上，默不作声，一动不动，安安静静地享受着美味的松针。它们的胃是多么的灵巧，消化的速度很快，以至食物的残渣像雨点般落下；第二天早晨，地面上一定会覆盖上一层这样的绿色细粒。晚餐持续的时间很长，一直要到深夜。它们吃得饱饱的，一直要将自己盛丝的壶装满，才起驾回窝。回去之前，还都不忘在小窝的表面上再添加几根细丝。它们陆陆续续地返回，等到整个虫群都回到小窝的时候，已经是凌晨一两点左右了。

根据我在野外的观察经验，松毛虫对普通松树、阿勒普松树和海洋松树都十分喜爱，对其他松树好像不感兴趣，从未在其他松树上爬行过。不过，根据化学分析，它们似乎对含有树脂芳香的叶子情有独钟。

于是，我变换了菜单，给这些寄宿者们送上了许多新菜：侧柏、刺柏、冷杉、紫杉。虽然这些新菜都散发着树脂的香气，却明显没有受到松毛虫的欢迎。它们宁肯饿着，也不去吃一口新菜。只有一种叶子例外，这就是雪松叶；它们吃雪松叶就像吃普通松树的叶子一样，丝毫没有排斥。同样都是松树替代品，为什么松毛虫只喜欢雪松叶，而对其他树叶不感兴趣呢？我回答不出来。或许，松毛虫的胃和我们的胃一样，都有着自己独特的喜好和难以探究的秘密吧。

现在，我可能要打扰一下松毛虫的正常生活，对它们进行一项新的实验。白天的时候，松毛虫都跑到有温暖阳光照射的平台上睡午觉；而这时，它们的房间空空荡荡，我就可以放心大胆地用剪刀实行我的新计划。我在虫窝的中部打开了一条裂缝，约有两根指头宽。出现了这么大的一个缺口，冬天的寒风冰雪轻而易举地就能将虫窝毁灭。面对这突如其来的灾难，平常谨小慎微的松毛虫会如何应对呢？

它们根本没有应对，因为现在正是阳光好的时候，它们还在舒适的平台上午睡。松毛虫根本没有意识到，在它们甜睡的时候，居所已经被开了一个致命的大缺口。或许，到了晚上它们出来吃晚饭的时候，它们就会发现吧。我想，当它们从梦中醒来，熙熙攘攘地奔向嫩叶的时候，不会对这个大洞视而不见的，它们会用刚刚装满的丝壶，立即展开补救工作。

哪种昆虫拥有最具爆炸性的防御

↗投弹手甲壳虫正用化学武器进行防御。

在昆虫界，蚂蚁几乎无所不能，但它们并不总是成功。投弹手甲壳虫对付蚂蚁的方法很奇特，那就是用爆炸的方式。也就是说，当一只蚂蚁、蜘蛛或者任何一种别的掠食者带有敌意地咬住这种甲壳虫的腿时，它们立刻就会发现自己被一股化学喷雾所轰炸，这股喷雾就像沸水一样热。

那么，如此微小、冷血的生物是如何产生爆炸的呢？这完全是由其体内的化学物质引起的：在这种甲壳虫的腹部末端有两个完全一样的腺体，它们并列地分布在两边，在腹部的尖端有开口，这就是投弹手甲壳虫的天然微型燃烧室。每个燃烧室都有一个内室和一个外室，内室含有氢的过氧化物和对苯二酚，外室含有过氧化氢酶和过氧化物酶。当内室的化学物质被迫通过外室时，这些化学物质之间就产生了化学反应，于是投弹手甲壳虫就有效地制造了一次爆炸。

爆炸所产生的液体含有现在被人类称为p–苯醌的刺激物。这种高压沸腾的液体从甲壳虫腹部的末端喷出，同时伴随着一声巨响，声音之大连我们人类都能听见；液体的温度也足以烫伤企图攻击甲壳虫的掠食者。更令人惊讶的是，投弹手甲壳虫的腹部还能朝任何一个方向做270° 的旋转，这样它就能准确射中它的对手；如果旋转270° 还对不准的话，它就会越过背部射击，先击中一对反射镜，然后液体通过反射镜跳弹到所需的角度，最终射中对手。科学家认为投弹手甲壳虫的神奇之处就在于它们是自然界唯一一种能混合化学物质引起爆炸的昆虫。

蜜蜂的翅膀那么小，为什么却能飞起来

蜜蜂的翅膀非常小，而它的身体却非常肥胖、粗笨，那小而薄的翅膀看上去都无法支撑它的身体，那么它是怎么飞起来的呢？

这是因为蜜蜂遵循的运动规律不同于我们那受限制的飞行概念。当然，如果一架飞机是像蜜蜂一样的大小和形状，那它是不可能飞起来的。但蜜蜂和飞机却以非常不同的方式飞起来了。

机翼上下的空气流动是保持一架飞机飞在空中的原因：机翼的形状确定了机翼上方的空气运动要比下方的空气快，这造成了机翼上方空气降压和下方空气升压。这使得飞机可以升空。

蜜蜂飞行方式更像是直升机。它们的翅膀处于持续地运动中，而这提供了升空的动力。因为蜜蜂非常小，从它们的角度看，空气的运动更像是黏滞的流体，就像是蜂蜜那样，而它们利用在翅膀外围产生的向下的漩涡来帮助自己上升和前进。

所有昆虫当中，蜜蜂的翅膀相对而言是非常先进的，这是因为其翅脉比较简单，而且它的翅膀上有一系列微小的钩子，可以将前后翼连接在一起，所以在振动时候，它的前后翼就像一对翅膀一样，非常符合空气动力学的要求。相对其体积而言，蜜蜂翅膀振动的频率非常快，每秒钟大约可振动230次，不过比蜜蜂体积小80倍的果蝇，其翅膀振动的频率也很快，每秒钟可以达到200余次。当运送花粉的时候，蜜蜂还可以通过调整翅膀扇动的弧度来增加飞行的力量。

另外，蜜蜂的飞行并不是全部由翅膀来完成的，它的腿也发挥着重要的作用。蜜蜂在飞行的时候它的腿不是收起来的，相反它把后腿向前伸出来帮助飞行。飞行过程中它的后腿不仅能够产生上升的力量，而且还能帮助蜜蜂保持身体平衡，防止出现翻滚。

↙蜜蜂的翅膀虽然非常小，但是振动的频率很快。

法布尔昆虫趣谈

隧蜂的守护者

现在的我们每天都在忧虑与烦恼中度过，与童年的快乐纯真相比，现在的时光却往往不被我们记住。童年时代因美好而被多数人回忆，这其中就包括我。我清楚地记得儿时的我是如何用那双纯真无邪的眼睛观察每一样东西，然而如今的我却再也没有了那清澈的双眸，我无法再以一颗童真的心去描绘这个礼拜在我眼皮下发生的所有事情。生命的旅程将我运载到一座崭新的城市，然而过后的我却对它们没有太过深刻的印象。相反，我那童年生活过的村庄却无时无刻不在我的心中停留。尽管那是个与贫穷挂钩的村子，现在的我依旧对它情有独钟。我甚至想将自己的尸骨埋在那里。故乡与我们之间经由一根神奇的纽带相连，就像植物一样，只要还没有断裂，我们就永远不会忘怀初生的故土。

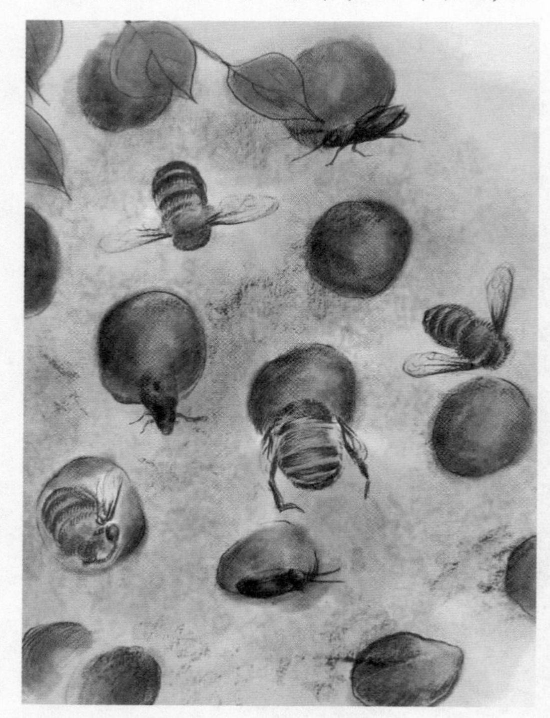

↗隧蜂母亲的住宅很讲究。

当一个人还是孩子的时候，离开他的家乡并不是一件苦闷的事情。相反，对于一个孩子来说，走出故土去看看外面的世界未必不令人激动。新鲜的事物往往能够引发孩子们的兴趣。然而，经过岁月的磨砺之后，孩子已经长成了大人，慢慢地在生活中老去，也慢慢地开始回忆。儿时生活过的村庄又浮现在脑海间。由于童年时的我们还有着清澈的思想，所以现在回忆来看，那时候的村庄已经被美化了。高于现实的、理想中的故乡让人赞叹、让人怀念，古老而不久远。我们开始喜欢谈论那个村子，回忆村子里发生的事。生命最终在回忆中悄然结束。

三十年后的我，即使是紧闭着双眼也能够找到童年走过的那块平坦的石头。那时的我就是在这块大石头上欣赏着铃蟾的歌声。只要这块石头不被移动或是破坏，即便是其周围的任何东西都已经找不到，即便已经没有了铃蟾的叫声，我也一定能够找到这个地方。我甚至还能够把癞蛤蟆居住的地方找出来。

在春天的一个阳光灿烂的清晨，我在一颗白蜡树下面发现了一个美丽的小动物。我在乱七八糟的枝杈中看见一个白色的小球，毛茸茸的，这个发现使得我的心情极不平静。我隐约地看见那只小家伙戴着一顶红色的遮阳宽边软女帽，脑袋缩进了茸毛中，它害怕极了。这是一只金翅鸟，它正在自己的巢中孵卵。这个发现让我激动得很。而今天的我不假思索地就可以重新把那棵白蜡树找出来。

我能够回忆起桤木坐落在哪个方位，它们就位于小溪边上。桤木的根部错综复杂地盘在水下，那里正是虾子的隐居地。虾子长着长长的触角，它有着肥美的臀部和像卵一样的大大的螯，丰满得很。就是在这颗桤木树下，我钓上来肥美的虾子，也因此获得了无穷的乐趣。那种感觉真是难以形容。

刚刚所描述的那些童年的记忆一旦遇到了父亲的园子就立刻黯然失色，就让我先把那些无足轻重的回忆放下吧，我现在想要让父亲的园子再现出来。那是个约十步宽、三十步长的小花园，悬空地位于村子的最高处。一小块空旷的地带平铺在那里，空地上毅然地矗立着一座古老的城堡，鸽子们在城堡的四个角落搭建起自己的屋舍。站在那片空地上可以对四野的事物一览如云。这座古老的城堡与一条小巷子相通着，沿着巷子走到尽头，那里就是我家。洼地呈漏斗形延伸着，每家每户的小园子按照阶梯的形状向上排列着。我家的园子就位于阶梯的最高处，山顶的位置，不过面积是最小的。

父亲的园子简直就是个菜园子，有萝卜、莴苣和甘蓝，满满地长在菜畦之间。与后院紧挨着的是一座挡土墙，那里有一排拱形的葡萄架，像一个碧绿的长廊。这是白葡萄架，它生长得很慢，即便是阳光充裕也需要很长的时间才能够长出白葡萄。这个角落阳光很充足，所以才能够种植葡萄。邻居们也因此非常羡慕。小园子里有一棵硕大的苹果树，它几乎将整个园子都遮满了，根本无法再种植其他的树木。

在前院的土台上有一排栏杆，那是由一排醋栗形成的篱笆，可以防止土方坍塌。我和弟弟经常趴在篱笆旁边看邻居家墙角下的那条深深的沟槽，当然要选择父亲对我们放松警惕的时间。公证人先生的花园就位于墙内。这座墙由于泥土的推压而变得凸出来了。我们一向是从上面俯瞰着这座墙的，这简直就是天堂的所在地。因为墙边种着梨树，是那种真的可以结出很大个儿的梨的梨树。秋天快要结束的时候，这些梨子便以草垫为依托长着，它们已经成熟了。除了梨树，墙边还种着一些黄杨木。有着这么多可口的梨子，还有这样宽阔的空间，那里能不是天堂吗？

墙缝中长出一小簇灌木，看起来非常孤单，好像同我家的醋栗齐平。这些灌木的叶子很大一部分都铺在了公证人先生的蜂房上面，不过也有少部分是往我家的田土下面延伸过去的。那些属于我们，不过收获就很困难了。蜂房周围的蜜蜂正在勤劳地干活儿，它们好像一股炊烟似的在一棵大橡树下徘徊着。有一根比较粗的树枝露在半空中，我就坐在树枝上面移动着自己的身体。树枝一旦断了我就会丧失支撑物而掉在蜂群中，那时我肯定会摔断骨头。不过树枝不曾断过，我当然也没有被摔断骨头。弟弟把一根钩形的竿子递给了我，我用它将一串果子钩到我够得着的地方。等到满袋子都装满了果实之后，我便坐在树枝上面小心地向后移动，然后回到地面上去。那时候的我竟然会为了几串果子而爬到危险的树枝上去，一不小心掉下去就会没命啊。现在回想起来那段时光是多么的令人留恋。

↖蜂类凭借自己的本能行事

好了，回忆暂时停止吧。无论我的回忆多么让我神往，但是读者对这些并没有多少兴趣。我没有必要再去将类似的回忆通通地唤醒，我只需要知道那时候的我有着怎样清新的思想。那种思想就好像最初透进黑暗小屋的那缕阳光一样，让人无法忘记。岁月的磨砺不但没有让我忘记这些，相反，它让我记得更加清楚。

昆虫会不会像人们一样，会从它最初见到的东西那里得到历久弥新的记忆呢？大多数游居不定的昆虫不是这样的，它们无论在哪里，只要有特定的条件满足它们，它们就会在哪里停留。那么对于定居的、群居的昆虫来说，情况又是如何呢？它们会对自己初生的地方流连忘返吗？它们同我们一样也会对故乡有着深刻的记忆吗？没错，它们会回到母亲住过的地方进行修补与装修。斑纹隧蜂就是大量例子中的一个证明。它们对于自己初生地的喜爱程度超乎了我们的想象。

隧蜂的子女在春天出生，大约两个月后它们就长成成虫了。这些小隧蜂在六月的时候要第一次离开自己的家，走向外面的世界。岁月的流逝并没有让我忘记童年时的癞蛤蟆，它蹲在石板上、醋栗护墙上，在公证人先生的园子中。那些琐碎的事情成了我的生命中最为美好的回忆。

蜜蜂给人类的宝贵礼物有什么

对那些彼此依赖的地球生命来说，作为授粉员的蜜蜂是地球上的关键物种之一：从赤道雨林到北美的沙漠地带和中东地区，从地中海附近长有繁茂的花朵的疏灌木丛到英国乡村的灌木树篱，我们视觉所见的世界上的各种不同的栖息地都有来自植物和授粉的蜜蜂之间的相互关联及由此形成的网络的作用。

当我们的祖先离开他们的森林栖息地去开拓东非的热带稀树大草原时，他们发现，以蜜蜂和植物间互相依存的进化关系为基础的生态系统使得原始狩猎的生活方式具有了实现的可能。这一事实已超越了理论上的阐释：今天，我们每一口的食物中，有1/3依赖于蜜蜂的授粉服务。

像我们人类一样，显花植物也分两性，其中大部分种类是自花不育的，要结果实并繁衍下去的话，它们必须要得到同种类的其他个体上的花粉（雄细胞）。基于这一点，它们需要第三方作为授粉的媒介。许多植物种类，如针叶树、橡树、草本植物，可以简单地通过风授粉。这些植物简单开放的花朵能产生数亿颗又轻又干燥的花粉粒，能轻易地被风带起来在空气中传播。但是，大部分植物都是依靠昆虫来为它们授粉的，而这其中的大部分又是专门吸引蜜蜂来授粉的。

↘ 瓦螨给养蜂业带来了重大的冲击，它们危害着全世界的蜜蜂群。瓦螨是幼年和成年蜜蜂的体外寄生虫。这张图中显示的是瓦螨正在侵害两只处于蛹期的雄蜂。

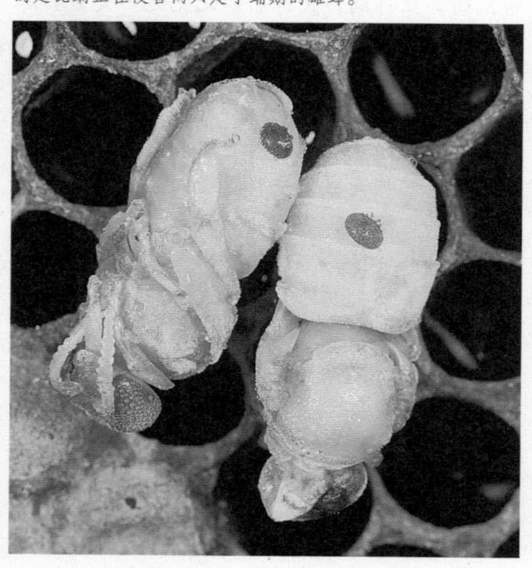

蜜蜂授粉植物产生的花粉的数量总是多于它们实际繁衍的需要，那些富含蛋白质的额外的花粉对蜜蜂来说非常具有吸引力。作为奖赏，显花植物还会提供花蜜，这是一种含高热量的糖分混合物，是蜜蜂的“高能燃油”。花朵鲜艳的色彩在我们看来是如此迷人，有时还带有花香，其实二者都是为了吸引蜜蜂前来的一种策略。

新西兰农场主的经历戏剧性地说明了蜜蜂作为授粉员的重要经济价值。19世纪的定居者开始大量饲养绵羊和乳牛，同时种植车轴草作为饲料。然而，新西兰本土的蜜蜂种群非常稀少，而且都是一些低等的、短舌头的种类，无法为车轴草授粉，结果19世纪的大部分时期中，新西兰不得不每年进口数百吨的车轴草种子。到了20世纪的80年代，有人建议从英国引进4种长舌头的熊蜂来完成为当地的车轴草授粉的任务，于是在此后的5年中，新西兰不仅不用再每年进口车轴草种子，而且成为车轴草的净出口国。

在全世界，约有150个农作物品种大部分或全部依赖蜜蜂授粉。仅在北美，这些农作物的年产值就达到近19亿美元。其中有些授粉是由驯养后的蜜蜂群完成的。实际上，蜜蜂授粉是一种理想的授粉方式：一旦某个地方有需要，那些可以四处活动的养蜂人就可以把蜂箱搬到目的地去，数量庞大的蜂群便开始施展它们的才华，为农场提供授粉服务。农场主们向养蜂人支付授粉的报酬，养蜂人也同时在蜂蜜和蜂蜡上获得了丰收，形成共赢的局面。

尽管蜜蜂由于能制造蜂蜜、蜂蜡和蜂胶

↗像图中这只油菜花上的意大利蜜蜂一样，在通过协助花卉繁衍来维持生态系统方面，蜜蜂起着至关重要的作用。它们会像图中这只蜜蜂一样，把沾满全身的金色花粉粒从一株植物传到另一株植物上去。蜜蜂得到的回报是能为它们补充能量的花蜜，以及富含蛋白质的过剩的花粉。

而具有极高的经济价值，但每年蜂蜜的产值据估计仅仅占那些由它们授粉的农作物的产值的1/5。在北美，指望蜜蜂来授粉的面积中，真正能得到蜜蜂的服务的实际上只有1/3。北美的大部分庄稼只能依赖蜜蜂和本土蜂群偶发的授粉服务，这种可能产生严重后果的情况在世界上许多其他农业地区差不多都同样存在。很明显，对于本土的蜂群以及如何驯养它们成为庄稼授粉员，我们还有很多知识需要了解。

来自北美和西欧部分地区的有力的证据说明，那些重大的农业和生境的破坏或分割现象对野生蜂群具有不利的影响。例如，英国本土的254种蜜蜂中，现在已有25%被列入IUCN（世界自然保护联盟）英国濒危动物红皮书的名单中；在欧洲中部的部分地区，情况甚至更加严重，500多种中有45%被列入当地的濒危物种名单中。这意味着每年我们都在和地球打赌，即随着生境和农业的破坏，以及因此带来的筑巢地点和花卉品种的减少的情况，我们仍然期望下一个季节蜜蜂为我们赖以生存的授粉服务尽责。

蜜蜂种群受到威胁

现在，有另一个非常重要的理由促使我们应该保护那些将来有可能经驯养而成为授粉员的野生蜜蜂，即那些在全世界危害蜜蜂种群的瓦螨。这种螨只攻击蜜蜂，养蜂人可以将提高蜂箱的清洁程度和专门的杀虫剂（除螨剂）这两种办法相结合来对抗螨害。但是这得耗去养

↗ 美国的商业养蜂人将它们的蜂箱租给农场主们授粉用。每年有超过 110 万个蜂群被租用，为近 50 种农作物授粉。图中是一位养蜂人正将它的蜂箱运到一个樱桃园里去。运输的时间会选在樱桃树正发芽的时候。

蜂人大量的金钱购买昂贵的杀虫剂，还要动用大量的人力。在英国，过去的10~15年中，有40%~45%的养蜂人已经放弃了他们的养蜂生计。类似的情况也出现在欧洲和北美的许多地区。此外，就在最近，已经出现了瓦螨对杀虫剂出现耐药性的情况。

当瓦螨使得寻找蜜蜂的替代物授粉变得非常紧迫的时候，也有一个逐渐成形的认识是：不管怎样，对于某些特殊的作物来说，采蜜蜜蜂并不永远是最佳的授粉员。一个典型的例子是，苜蓿作为一种重要的家畜饲料作物，在北美和南美广泛种植。这种植物属于豆科，具有一种弹性授粉机制：压在较低（龙骨瓣）的花瓣上的一只蜜蜂的体重会“绊住”有花粉的雄性花蕊束，而雌花蕊的柱头会把一些已沾上的花粉弹到蜜蜂的腹部。当蜜蜂来到另一朵苜蓿花上时，花粉就沾到雌蕊的柱头上，而蜜蜂本身也得到更多的花粉。但，蜜蜂在这种植物中的表现很差，要么把花彼此分开而不是让它们凑到一起，要么就是直接从侧面的花瓣钻进蜜管，却碰也不碰花朵本身——这样一来就没起到授粉的作用。

因此，采蜜蜜蜂对苜蓿来说不是好授粉员。而其他种类的蜜蜂却是这种重要作物的优秀授粉员，其中最棒的莫过于苜蓿切叶蜂。与那种采蜜蜜蜂不同的是，切叶蜂不会被苜蓿的花难倒。跟苜蓿一样，切叶蜂也并不是北美本土的品种，而是来自欧亚大陆的干平原和半沙漠地区，他们的巢穴是现成的死木头或植物茎秆，几乎是很偶然地于20世纪30年代被带到北美的。

切叶蜂这个名称的由来，是因为这种蜂的雌性会把一片片树叶裁剪为合适的尺寸做成蜂房，再把一个个蜂房粘成一排。大部分切叶蜂都是独居性的，营群居生活的较少，能很欣然地住进人工的蜂巢中。在北美，大量繁殖的这种蜂的批发交易可达数百万美元：每年，在切叶蜂羽化之前，也就是苜蓿开花之前，载满成千上万只切叶蜂的木板或木箱被运往苜蓿田地。这种欧亚大陆本土的切叶蜂似乎是最专业的苜蓿授粉员，它们收集花粉的器官是长在腹部底面的、有密集硬纤毛的刷子，当它们来到苜蓿花上时，花粉自动就会粘上去。

对驯养授粉员的需求

切叶蜂的成功使美国的昆虫学家和农业专家开始探索发展其他野生蜂作为驯养授粉员的课题，而且现今有几种已被积极研究并推广驯养。一个成功的例子是蓝色果园石巢蜂，与切叶蜂一样，它是一种独居型的蜂，但只要木板上那些孔的尺寸合适，很容易就能吸引它们进去。之所以叫它们石巢蜂，是因为这种蜂用泥土而不是用树叶将一个个蜂房隔开。

对果园里的果类，尤其是苹果和樱桃来说，石巢蜂是出色的授粉员。实际上，石巢蜂成为水果的驯养授粉员的潜力是如此巨大，以至于美国农业部的研究员们开始搜寻世界上其他相关的种类，他们从西班牙引进角壁蜂来为加利福尼亚的杏授粉，还从日本引进角额壁蜂为苹果授粉。另一种美国本土的斑艳蜂，人们正考虑驯养它们来为加利福利亚的高灌木蓝莓授粉。

欧洲的研究成果显示，除了角壁蜂外，红壁蜂也是苹果的高效授粉员。这种蜂在英国分布很广，很常见，适合种植园主们使用的人工蜂巢很容易就能将它们引来。对儿童和宠物来说，所有的壁蜂种类既温顺又安全，除非有人粗暴地抓它们，否则它们不会螫人。

作为果类授粉员被研究的所有的壁蜂种类具有某些共同的特征，这些特征使它们在授粉方面比采蜜蜜蜂更为高效。首先，当采蜜蜜蜂在某种温度状况下休息的时候，它们却依然能飞行。此外，在某一给定的温度条件下，壁蜂每分钟造访的花朵数量更多。在觅食的时候，壁蜂对很多种不同的树种感兴趣，因而增加了异花传粉的几率。其次，壁蜂的雌性用腹部浓密的硬毛花粉刷运送干燥的花粉，而且对如何修饰自己不太在行；相反，采蜜蜜蜂的花粉刷长在后肢上，花粉常常被花蜜打湿，而且采蜜蜜蜂很会修饰自己。因此，从身体结构和习性的来看，壁蜂将松散的花粉从一朵果类花朵运送到另一朵上去的机会比采蜜蜜蜂要大得多。最后，壁蜂种类基本上只运输花粉——石巢蜂不储存花蜜，只顾闷头扒寻花粉。而采蜜蜜蜂对收集大量花蜜也非常感兴趣，常常直接从果类花朵的侧面钻进蜜管中去，很少去接触载有花粉的花粉囊。

↗在英国，驯养蜜蜂的蜂箱很常见。出于需要，通常让蜜蜂住在活动蜂房中，如若不然，那就意味着会破坏蜂箱收获蜂蜜。

研究显示，约500只雌性红壁蜂就能胜任1公顷的苹果园（商业所需密度）的授粉任务，而换成采蜜蜜蜂的话，同样的面积需要6万~8万只。也就是说，一只雌性红壁蜂的工作量就抵得上120~160只蜜蜂的工作量。

基于以上的所有这些理由还有很多其他原因，充分的经济上的需求都表明我们应该保护本土的蜂群，并不断提高对它们的自然史和习性的认识。

↘在犹他州，雌性的苜蓿切叶蜂（左）住在农民们为它们提供的木质蜂巢中，为了使巢穴完整，农民们会用树叶把蜂房封起来。而右图中的红石巢蜂则是用泥封闭蜂房。这种蜂很乐意住在人工巢穴中——如果有人想得到这种蜂高效率的授粉服务，这个办法很有用。

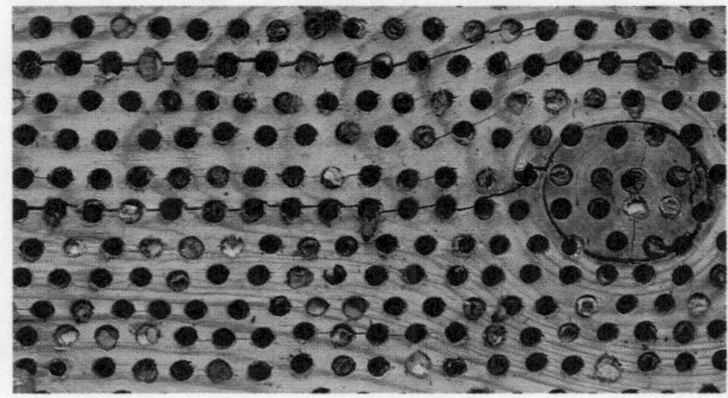

法布尔昆虫趣谈

蜂类的毒液

现在化学问题也带来了一定的麻烦，化学观点一般认为膜翅目昆虫的毒液各不相同。蜂类的毒液虽说成分复杂，但总的来说也就两大类，一种是酸性的，另一种是碱性的。捕食性昆虫大多数只拥有酸性毒液，使猎物保持生命活力，并不是所谓的捕食性昆虫的智慧，而恰恰是这种酸性的毒液。

我将各种溶液注入昆虫体内，这溶液包括酸性的、碱性的、氨水、中性溶液、酒精、松节油等，观察到的结果与捕食性的昆虫蜇刺的结果完全相同，被麻醉的猎物却依旧保持着一定的生命活力，这活力是通过触角和口器的活动表现出来的。在承认化学反应真实有效的前提下，我试图探究它们所导致的结果，但看起来都是一无所获。昆虫的螫针是经过反复试验后，才能显现出无比的自信和准确性。但我们的实验并不总是成功的，我用蘸过这些毒液的针刺入昆虫时，所戳的伤口过大，且极不稳定，根本就无法与昆虫螫针准确的攻击及细小的伤口相提并论。另外，我还要加上一点，我们对实验所研究的实验对象是有一定要求的，那就是使它们的神经链相对集中，譬如说，像象虫、吉丁、金龟子等一类的昆虫。只要在昆虫的胸部和胸部节间膜刺一下就能麻痹它们，这与节腹泥蜂麻醉猎物是一样的。在这种情况下，无论是注入刺激性极强的液体，还是注入少量的液体，成功的概率都非常小。对于那些神经节相对分散的一类昆虫，就需要专门地逐个进行麻醉手术，我这种方法是根本行不通的，一旦那样，昆虫就会因过度腐蚀而死亡。权威人士一直反复使用一些古老的实验方法，也许能使我解除化学家的批评和非议，因此，我羞于向他们求助。

如果光明那么容易得到，我们还有必要对深奥莫测的黑暗进行探究吗？如果简单地求助于真实情况，就可以证明一切，那么我们还要做什么也证明不了的酸碱反应吗？如果肯定了昆虫的酸性毒液能使食物保鲜之前，那么我们来了解下家蜜蜂的螫针或许能在酸碱毒液的作用下，产生麻醉一样的效果，虽然那样做，会否认蜜蜂蜇刺的灵巧性。我们的化学家也许没有想到这一点，因为简单明了的方法，在实验室里并不受欢迎。现在我的职责就是弥补这一小小的缺憾，于是我打算研究蜂类的首领蜜蜂，看它是否擅长麻醉且不会杀死对手的外科手术。蜜蜂螫针必须刺进一个确定的部位，这个部位恰恰是捕食性昆虫刺入的地方，我希望刺入的部位却从来都不如我所愿，因为那些不听话的俘虏总是疯狂地扭动、乱刺。结果我的手指，受伤的次数比要刺对手的多得多。于是我一剪刀把蜜蜂腹部剪下来，再立刻用小镊子夹住它，将腹尖靠近螫针要刺的部位，这也是唯一的办法，才能稍稍控制一下不驯服的螫针。

看来我刚才捕捉的那只昆虫，根本就不可能用来做实验，无数次毫无成功的实验，耗尽了我的耐心。尽管困难重重，可这也不是我应该放弃的理由吧！

↗虽然蜘蛛是高效率的捕食者，通常武装着可怕的毒牙，但它们很少能逃过蛛蜂科的雌性猎蛛蜂的捕食。正如图中这只蜘蛛被黄蜂的刺弄瘫后，被当作黄蜂幼虫的食物拖向蜂巢。

蜜蜂在毫无征兆的情况下死亡之前，它不需要来自头部的命令，就能为自己的死亡复仇，因为它的腹部还能再蜇刺一会儿。我正是利用了它这种执著的复仇心理，使蜜蜂带刺的螫针停留在猎物的伤口中，这样我就能准确地观察到螫针的攻击点。螫针的长时间停留，我就能把握螫针蜇刺的效果。倘若猎物的组织透明，我还能够辨别螫针攻击的方向，符合我意图的是直线刺入，毫无效果的则是斜着刺入。这些就是这种方法的优点所在。讲完那些优点，我们来谈谈缺点。蜂腹虽然被剪下来，但是比起整只蜜蜂来还是容易驯服，但有时候也不能随我的心愿，它仍有些小任性，蜇刺点也是不可确定的。我想它从这一点刺入，它偏不，根本不理会我的镊子，偏要刺入那一点，看起来离得不远，但是要想不伤害到神经中枢，就必须离得很近。我想它垂直刺入，它也不，大多数情况都是斜着刺入，可仅仅刺穿了猎物的表皮层。失败乃成功之母的例子，已经数不胜数了。

我自认为我的皮肤敏感度并不比别人差，一旦被蜜蜂螫针蜇一下也不会有多痛，而且对此我也没有什么感觉。我触摸飞蝗泥蜂、砂泥蜂、土蜂，根本不用防范它们的螫针，看来大多数情况下，被捕食性昆虫的蜇伤其实也无足轻重。为了把事情讲清楚，我想再提醒一下读者，在不知道它是什么化学性质或其他已知性质的情况下，我们只有一个办法，那就是比较它们的毒液。至今只能比较它们被蜇刺的伤痛程度，而其他的一切仍是一个谜。我想以以下各种实验，来得出不同的结果，比如用力过大、对抽搐的腹部注入不等量的毒液、螫针不容易驯服、刺得或深或浅、或正或斜、神经中枢被攻击或周边组织受到影响等。我将蜜蜂的螫针作为进攻武器，就像是捕食性昆虫一样蜇刺猎物，蜜蜂一蜇所造成的伤痛应该等同或数倍于后者。此外，无论哪一种毒液，哪怕是响尾蛇的毒液，至今也没有弄清它到底会产生怎样可怕的后果。

诚然，上述实验结果非常混乱。蜜蜂所蜇刺的对象有的麻痹、偏瘫，有的行动失控，有的则一直间或暂时性残废，有的遭刺后马上又回过神来，也有的很快就死掉。这一百多次的尝试所形成的报告会白白占据我的篇幅，倘若没有从中提炼出规律来，那么连篇累牍也无助于研究，因而，我试着进行归类，找几个例子来进行说明。

我们地区有一种巨型的白额螽斯，它比较强壮，前足所在的前胸中心被蜇刺，螫针会直穿而入。蟋蟀和距螽被蜇的也是这个部位。被蜇之后，这只庞然大物会暴跳如雷，竭力挣扎，最后跌落一旁，无力再站起来，此时前足呈麻痹状，其他的足都不能动。不一会儿，它侧身而卧，变得不再那么焦躁，此时只剩下触角和唇须的颤动、腹部的痉挛和产卵管的伸缩，只有这些现象表明它还活着。然而，只要你稍稍轻触一下它，它后面的四只足还是会有反应，其中第三对足粗壮的大腿，还会时不时地进行着蹬踢。到了第二天，没有什么变化，只是麻醉程度加重，已延伸到中足。第三天到来的时候，它的六只脚已都不能动弹，只有触角、唇须和产卵管还能活动。朗格多克的飞蝗泥蜂蜇了距螽胸部三次，其状态也和上述一样，残存的生命力也更加衰弱。第四天一到，螽斯就死了，从它深黑的体色就明显能看出来。

由此我得出了两个明确的结论。其一，蜜蜂的毒液极其厉害，无论再怎么庞大、体格再怎么健壮的昆虫，只要对着它的中枢神经一蜇，四天内必会死于非命。其二，最初的麻痹只影响神经节所控制的前足，而后才会向中足缓慢延伸，最后波及后足。麻醉在捕食性昆虫的受害者中非常容易扩散，但在捕食性昆虫的进攻中，扩散却起不了任何作用。产卵期将至，所有控制运动的神经中枢被蜇时，很快就会被毒液所摧毁，因为这时的猎手要求猎物是完全失去知觉的。

倘若捕食性昆虫的毒液和蜜蜂的毒液一样强，一蜇便会夺去猎物的生命，否则猎物的剧烈运动对于狩猎者尤其是对于卵是极其危险的。然而它却不是这样的，它凭借温柔的动作将毒液慢慢注入神经中枢，猎物就会立刻动弹不得，就像对付幼虫时一样。尽管它也有许多伤口，可也不会立刻变成死尸。这些优秀的麻醉师还有令人赞叹的另一才能，它们将毒液用力注入，结果却生效很慢。这也是为什么捕食性昆虫的毒液几乎毫无痛感的有力佐证。蜜蜂为了复仇，加大了它所排出的毒素，而飞蝗泥蜂为自己的幼虫捕食时，将毒素减弱到最低限度。

法布尔昆虫趣谈

树莓桩中的居民

道路上长满了荆棘，修剪篱笆的农夫把树莓的藤蔓剪下。茎干枯后只留下了膜翅目昆虫喜欢的树莓桩。这里极卫生，不必担心潮湿的树汁。树莓桩的髓质柔软，容易挖掘，而且可以直接从桩头挖起。因此，许多膜翅目昆虫遇到这种干枯的茎桩，只要大小合适，就会毫不犹豫地在里面安身。对于一个昆虫学家而言，这样的发现是有研究意义的。当冬天修剪篱笆时，手握剪枝剪，随意一剪就能剪下有许多叹为观止的精妙工艺的柴火。长久以来的冬天，我总是喜欢在浓密的树莓丛中打发时间。为了得到不为人知的事实，我宁愿付出皮肤被划破的代价。

虽然我的记录并不完整，但是我家周围的树莓丛中有的昆虫，记录在案的有30多种；有些更勤奋的观察者记录下来50种。这些昆虫凭借不同的天分，从事不同的职业。有些灵巧的昆虫擅长把干枯的树干里的髓质挖出来，然后把这截管子用隔板分成数个隔间，作为幼虫的卧室。有些技术和力量都不太行的昆虫利用别人丢下来的房子，把巷道里的茧屑、坍塌下来的碎地板扒掉，修理这所破房子，最后用黏土或者自己制作的水泥来当作新隔板。

要区分这两种住宅是一件容易的事情。那些亲手挖制的巷道非常节约空间。巷道里的每间房间的大小都一样，刚好够住。既能住下尽可能多的昆虫，又要给幼虫留下足够的空间。这要耗费昆虫大量的体力，毕竟是整整几星期的勤奋劳动。所以，一切空间的安排都遵照规则。但是那些利用别人房子的膜翅目昆虫，就大肆浪费。比如制陶短翅泥蜂为了给自己的蜘蛛找个仓库，就把借来的大房间用黏土作隔墙，分为几个小房间。这些房间有的有一分米长，适合给幼虫用；有的长达两法寸，真是大小不一。可以看出来这个不费吹灰之力就得来房子的户主根本不爱惜这房子。无论房子是自己建的，还是后来借过来的，昆虫都有自己的寄生虫。这些寄生虫不仅不用自己挖掘房间，

↘树莓桩是各种昆虫的乐园。

不用储备粮食，甚至可以把卵产在别人的房间里，合理地吃业主的粮食和幼虫。

在树莓桩中的所有居民里，要数三齿壁蜂的房间最精美，规模也最大了。它的巷道深约一肘，内径有一支铅笔粗。巷道最初差不多完全是圆形，但是由于后来不断修整，稍微有些改动。但是它们挖洞也没什么好看的。炎热的七月，三齿壁蜂在一节树莓上挖竖井，不断深入进去，背着大块的髓质出来，除非它碰到一块挖不动的木疤。

壁蜂从洞底到洞顶会做出一个一个的房间，用来储蜜、产卵和当蜂房。最尽头是一堆蜜，蜜上会有石蜂产的卵。然后有一个造出来的隔墙用来把两个房间隔开。每只卵都有自己的卧室，长约1.5厘米。隔墙的材料是树莓髓质的残屑和壁蜂的唾液。但是为了节约时间，壁蜂并不会飞出去把自己扔出去的髓质捡回来，而是在巷道壁上保留着一些髓质——这是预先存留下来用来造墙壁的。它用大颚尖在巷道壁上削刮，中间宽而两边窄。这样被削刮的部分就成了一个卵球形的空腔，有点像小木桶，这就是第二间蜂房。

削刮下来的髓质就成了隔墙，既是前一间蜂房的天花板，又是下一间蜂房的地板。另一份蜜浆口粮就留在这样的地板上，然后是另一只卵。再从第三间蜂房的壁上刮下的髓质垒一层隔墙，封好第二间房间。这样，壁蜂充分利用挖掘剩下的材料来为下一间房间提供隔墙。

正在花丛中采蜜的壁蜂

劳作的蜜蜂

最后到达竖井的末端，壁蜂用一大团跟做墙壁一样的灰浆把管子封住。然后它就跟这段树桩没什么关系了。如果卵巢里还有卵，它会去寻找另一段树桩。

蜂房的数量跟树桩的质量有很大关系。如果树莓桩整齐没有木疤，房间可以有15间——这也是我目前观察到的最多数量的树桩。为了看清蜂房的结构，一到冬天食物被吃完，幼虫包裹在茧里的时候，我就会把树桩竖直劈开。里面等距离轻微收缩，嵌有一个厚度约一两毫米的圆盘。每个小隔间里都有一只红棕色半透明的茧，里面的幼虫弓起身子像个钓鱼钩。整个蜂窝就像一条由削平的椭圆形珠子串起来的大琥珀念珠。

在这一串茧里，显然是尽头那个年纪最大，最年轻的那个是最后一间蜂房里的。这些茧按照年龄，从底部排到顶端。在我看来，一个巷道的同一高度上只能住一只卵，每个茧都填满了属于它的那个楼层。而且壁蜂羽化之后，只能全都从树莓桩上端的唯一洞口出去。那里只有一个唾液黏结的髓质的塞子，对壁蜂的大颚来说，这不是个困难的障碍。而在下端，没有准备好的路。且不说树桩下面是无穷无尽的泥土，其他地方也都是木质的围墙，又厚又硬，无法凿穿。所以壁蜂只有向上爬这一个选择。而且过道太狭窄，如果下层的壁蜂先出窝，上层的壁蜂又待在原地不动的话，它就无法通过。那么搬家必须从上到下，出去的顺序恰好跟出生的次序相反，最年轻的壁蜂先出去，最年长的最后出去。

蜜蜂为什么有如此高的筑巢技能

蜜蜂不仅十分勤劳，而且还是一个高明的建筑师，它的筑巢技能常令人叹为观止。著名生物学家达尔文曾经说过："如果一个人看到蜂房而不大加赞扬，那么它一定是没有体会出其中的魅力。"

大家都知道，从教学角度来看，如果用正多边形去铺满整个平面，这样的正多边形只能有正三角形、正方形以及正六边形3种。聪明的蜜蜂正是选择了角数最多的正六边形来建筑蜂房。整个蜂房由无数个正六棱柱状的蜂巢组成。蜂巢一个挨着一个地紧密排列，形成一个统一的整体。可以说，精巧奇妙的蜂房是一种最经济的结构，非常符合实际需要。从这一点上说，勤劳的蜜蜂称得上是最高明的建筑师了。

长期以来，蜜蜂筑巢的技能引起了许许多多科学家的注意。早在2200多年前，古希腊数学家巴普士就仔细地观察并研究了精巧奇妙的蜂房结构。在其著作《数学汇编》中，巴普士这样写道："蜂房里到处是等边等角的正多边形图案，非常匀称规则。"而著名的天文学家开普勒也曾经说过："这种充满空间的对称蜂房的角，应该与菱形12面体的角相同。"法国天文学家马拉尔弟则亲自测量了很多的蜂房，结果发现，每个正六边形蜂巢的底，均是由3个完全相同的菱形拼成的；同时，他还测量出每个菱形的锐角均为70° 32′，钝角都是109° 28′。

18世纪初，法国自然哲学家列奥缪拉提出这样一个设想：以这样的角度建造起来的蜂房，应当是相同容积中最省材料的。为了证实自己的这个猜测，列奥缪拉便向巴黎科学院院士、瑞士数学家克尼格请教。克尼格用高等数

↘蜜蜂的巢造型奇特，结构巧妙，真可谓巧夺天工。

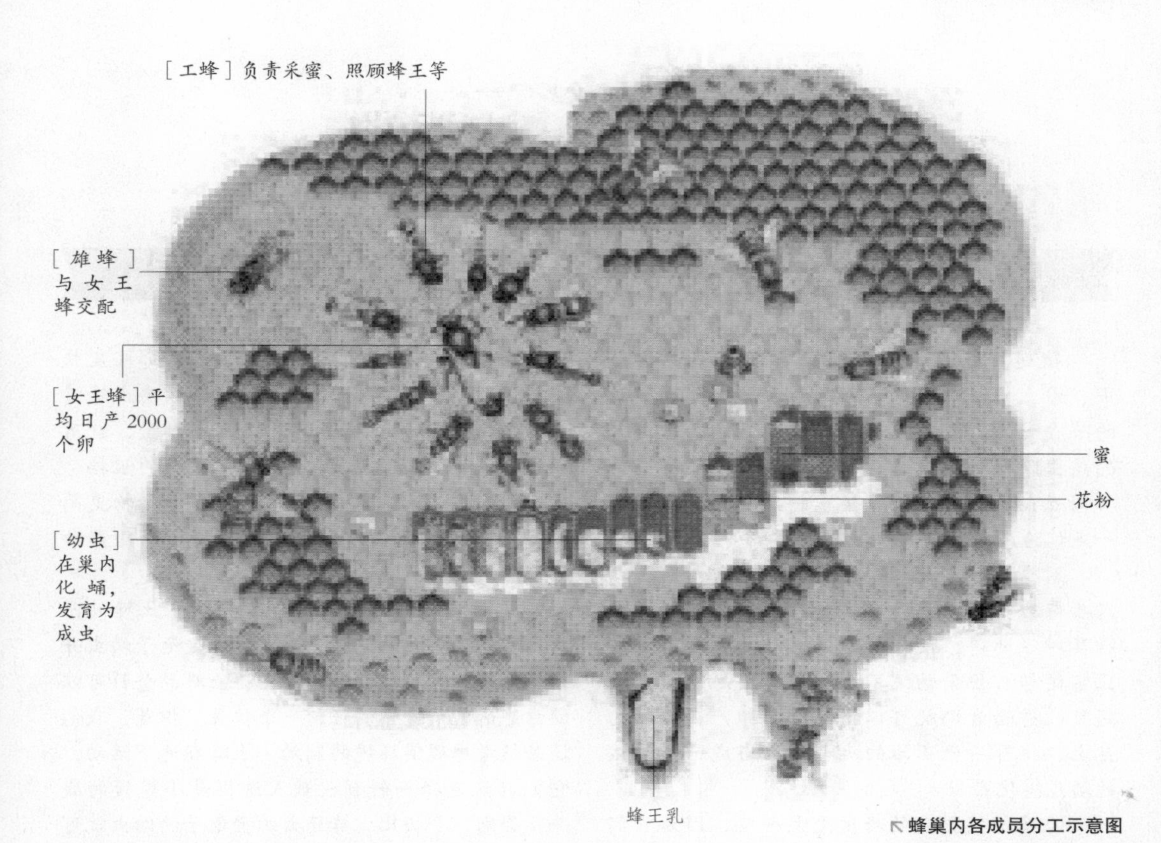

↖蜂巢内各成员分工示意图

学的方法对这个数学上的极位问题作了大量计算，最后的结论是要建造出相同容积中最省材料的蜂房，每个菱形的锐角应为70° 34′,钝角应该为109° 26′。这个结论与蜂房的实际数值仅差2′，这么小的误差当然可以忽略不计了。

就在人们对蜜蜂的这一小小误差表示惊讶时，著名数学家马克劳林在研究中发现，要建造相同容积中最省材料的蜂房，每个菱形的钝角应该为109° 28′ 16″，锐角应该为70° 31′ 44″。这个结论与蜂房的实际数值正好吻合。原来，数学家克尼格在计算时使用了印错了的对数。

小小的蜜蜂在人类有史以前就已经将人类到18世纪中叶才计算出并证实的问题运用到蜂房上去了。所以，人类虽说是万物之灵，但小动物的智慧力量也是不可忽视的。

蜜蜂的筑巢技能不仅体现在对几何学的完美运用上，它们所选用的建筑材料也让人啧啧称奇。

蜜蜂从花朵上收集蜂蜜和花粉，然后将这种原材料转变成蜂蜡这一非凡的建筑材料。蜂巢完全是用蜂蜡搭建成的，蜂巢内部是一排排的蜂房。这些蜂房是用来储存食物的，所以我们称它为蜂窝。

这些蜂蜡来自于蜜蜂的尾部。蜜蜂靠腹节之间的腺体分泌蜂蜡，然后利用它们建造蜂巢。但这件事并不容易做到，要知道，蜜蜂一次生产的蜂蜡还不及针尖大。储存一斤材料大约需要50万滴这样的蜂蜡，而且每一滴蜂蜡都必须小心浇铸到六边形的蜂房里，这样的蜂房总共有近10万个。因此人们称蜜蜂为“最高明的建筑师”。

↗蜜蜂的分类

法布尔昆虫趣谈

土蜂的问题

鞘翅目昆虫似乎都格外喜欢那些身披铠甲、看上去仿佛刀枪不入的昆虫，比如鞘翅目的节腹泥蜂最爱捕捉象虫和吉丁，这两种美味的昆虫除了都拥有坚硬的甲壳之外，还有一个共同点：神经器官比较集中。土蜂也往往把这一点作为选择猎物的依据。

对这些神经器官集中的猎物，泥蜂或土蜂只要奋力一刺，并精准地刺中要害，就能立刻将其神经麻痹，使那些控制运动的神经节无法正常运转。但猎物又不会立刻死亡。随后，鞘翅目的狩猎者们就可以把自己的卵产在猎物的身上，把那半死不活的庞大昆虫当成一个天然的幼儿孵化器。

土蜂捕捉猎物的难度更大一些，因为它们在地下活动，视野有限，并且行动常常受阻，相比之下，能在阳光下觅食的泥蜂就不会遇到这么多困难，它们可以自由行动，能根据眼睛所见到的实际情况作出判断。但是，泥蜂也会像土蜂一样面临棘手的问题——如何一枪击中要害。

猎物有盔甲的保护，土蜂和泥蜂的螫针再锋利也很难直刺进去，所以只能选择关节处下手。如果针戳在脚上的关节上，只会造成局部的瘙痒，受到刺激的庞大猎物就会因愤怒而复仇，到时候不仅制伏不了它，反而会被它所伤；虽然刺在颈部关节上能够将之制伏，但猎物会因脑部神经受损而迅速死亡，鞘翅目昆虫不能利用这即将腐烂的食物孕育后代。

胸腹之间的关节成了它们最好的选择，只要一针刺中那里，猎物就会被麻醉而无力挣扎反抗。象虫和吉丁之所以成为首选，是因为至少有三个控制运动的神经节连在一起并且集中于它们胸节上的某一点，只要刺中这一点，狩猎者的任务就基本完成了。

有人可能会想，土蜂完全可以不必把择食的条件规定得这么苛刻，只要选择那些皮肤柔软、无法阻隔螫针的猎物就行，只要土蜂清楚地知道对手那些关键的神经节在哪里，就可以一个接一个地去戳刺，没有了甲壳的阻挡，这个过程应该比寻找神经器官集中的猎物更简单，比如飞蝗泥蜂就是因此选择蝗虫、距螽和蟋蟀作为食物。

这种观点并非毫无道理，事实上土蜂的猎物确实有着柔软的皮肤，它最爱的金龟子幼虫并不像穿着钢铁铠甲的铁面战士，土蜂的螫针可以随意穿透它们身体的任何一个位置。但是，我们还必须考虑现实环境的制约。土蜂在地下活动，它们只能选择一针制伏敌人这样最小规模的战斗，否则，个头比土蜂还大的金龟子的幼虫就可能拼命反抗，或者遁迹于漆黑的地下。所以，土蜂的每次出击要么就是胜利，要么就是失败，几乎没有发动第二次进攻的机会。

土蜂总是能够准确无误地击中对方的要害，它简直是通过数学计算确定了金龟子幼虫身上最敏感的那一点。它究竟是怎样做到的呢？难道它拥有世界上最精密的瞄具吗？

让我们来听听达尔文学派是怎么回答的

↗土蜂

吧。他们认为，无论是在食物的选择，还是袭击位置的确定上，土蜂都经历了漫长的犹豫、探索和尝试，由于一个偶然的机会，它们终于找到了最好的方法，目的、手段、结果，这三者终于有了一个完美的契合点，于是土蜂祖先们就把这一切一代一代传承了下来。

“偶然”真是语言宝库中最有力、功能最多的一个词汇啊！有些人爱极了这个词，他们自称最具科学精神，却又习惯用“偶然”这样毫无严谨性可言的词语解释那些不易看透的现象，面对他们，我只好耸耸肩表示无奈，多么讽刺！

按照这些人的观点，土蜂捕捉金龟子幼虫是一种本能，但这本能却不是从它们祖先那里开始拥有的，而是经过代代相传才确定下来的。这复杂的学说背后有着一个漫长的演化过程：土蜂一开始并不知道什么昆虫更适合它的幼虫的孵化和成长，所以它只好不停摸索，它根据自身的能力和幼儿的需要，毫不犹豫地扑向所遇到的任何一种猎物，或者捕杀对方，或者为对方捕杀，几个世纪或者更漫长的时间里，一代又一代土蜂做着同样的尝试，直到某一天它们遇到了金龟子幼虫，这个寻觅的过程终于结束，经过多次选择而固定下来的习惯也最终变成了本能。

如果以上假设成立，那就意味着古代土蜂的猎物与现在不同。既然土蜂的祖先们曾经依靠着某一种食物繁衍生息，并且不曾因此招致种族的危机，那么莫非是后代吃厌了这种食物，于是决定更改的吗？这个理由放在人类社会或许适用，但在昆虫界未免显得牵强。如果土蜂最初选择了错误的食物，那么这个物种很可能已经陷入窘境甚至灭绝；既然繁衍非常顺利，那么它们通常都会把最初的选择当成最好的选择。那么，那些聪明人对本能的一套解释是否还讲得通呢？

又有人说了：土蜂的祖先是一种没有常性，喜欢变化的生物，随着环境、地域、气候条件的变化，土蜂祖先的习性、外形也不断改变，并因此分成了不同的小种族，比如一些常常在腐质土层活动的土蜂，无意间在土堆里发现了花金龟，它们热爱这种美食，于是就成了后来的双带土蜂；另一支也爱挖掘土堆的土蜂遇到的却是蛀犀金龟，后来它们成了花园土蜂；还有一支喜欢柔软的沙土，它们在沙粒中发现了害鳃金龟，这

蜂巢的制作过程

就是沙地土蜂的祖先了。当然，我们也可以认为这些不同的土蜂拥有同一位祖先，很可能还有更多分支将和它们共享这份家谱。

这一套庞大的土蜂谱系让我不得不努力去相信这位善变的祖先的存在。“祖先”具有和“偶然”同样的魔法，它简直就是进化论的解围之神，任何一个棘手的问题都会因为千姿百态的祖先的出现迎刃而解。这个想象中的生物面目模糊不清，随便戴上一个面具都能让心存疑虑者无话可说。

探究蜜蜂发声和螫人身亡的奥秘

蜜蜂一直是勤劳者的象征，它们不知疲倦地采集花粉。每当听到“嗡嗡……”的声音时，我们就知道，蜜蜂又开始工作了。但你知道蜜蜂是怎样发声的吗？不同的声音各有什么作用吗？

蜜蜂的发声不是由于翅膀振动，即使把蜜蜂的双翅剪去，蜜蜂仍然能发出声音。原来，在蜜蜂双翅的根部有两粒比油菜籽还小的黑点，蜜蜂鸣叫时，小黑点上下鼓动。这是蜜蜂发声的原因。如果用大头针捅破小黑点，蜜蜂就不发声。

研究者发现，通常蜜蜂飞行时，发出的嗡嗡声在175~200赫之间；而在给花授粉时候，蜜蜂常常夹紧翅膀，并发出频率在300~400赫之间的嗡嗡的声音，远高于平时的声音的频率。原来，授粉时的高频率嗡嗡声，可以使散发出的花粉形成花粉尘雾，一部分花粉就很容易落到蜜蜂身上。

英国剑桥大学的赛利·考柏特和他的同事们发现，蜜蜂特别喜欢那些干燥的粉状花粉的花朵。尤其在温度较高、湿度不大的环境下，蜜蜂喜欢光顾花朵。此时，蜜蜂发出的叫声会让大量花粉落在自己身上。虽然人们还不知道蜜蜂怎样用声波授粉，但是这种方式显然是经过蜜蜂精心设计的。

但是，蜜蜂也有让人害怕的一面，那就是它那根又尖又细的刺。许多调皮的小孩都有挨蜇的经历。

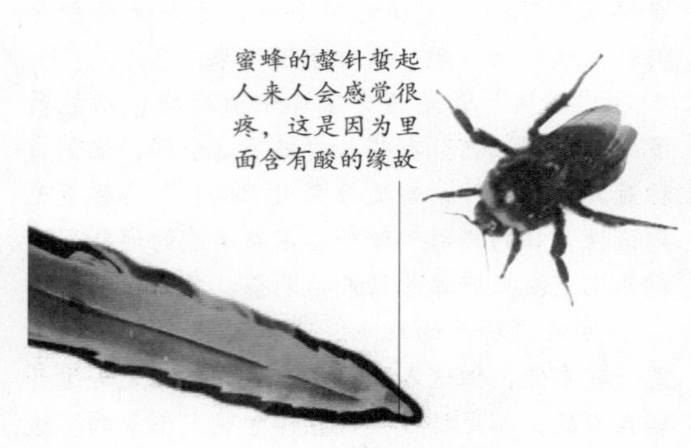

蜜蜂的螫针蜇起人来人会感觉很疼，这是因为里面含有酸的缘故

↗蜜蜂螫针的特写镜头

其实，蜜蜂常常是冒着生命危险蜇人的。原来，蜜蜂的螫针长在腹部末端，是由一根背刺针和两根腹刺针组成，刺针尖端有很多小倒钩，刺的后面连着内脏器官和毒腺。当蜜蜂的螫针蜇入人体的皮肤以后，小倒钩牢固地钩住了皮肤，蜜蜂拔刺时，一部分内脏也被刺拉了出来。这样，蜜蜂就死去了。所以不到万不得已的时候，蜜蜂是不会蜇人的。当蜜蜂蜇到某些昆虫时，它可以顺利地拔回刺针，使自己免于一死，因为那些昆虫的身上一般覆盖着硬质表皮。

无论怎样，蜜蜂都是一种益虫。蜜蜂是授粉昆虫的一种，在传授花粉的过程中扮演着至关重要的角色。世界上76%的粮食作物和84%的植物依靠它们传授花粉。再者，蜜蜂还是蜂蜜的制造者，给人们酿造出甘甜的蜂蜜。然而，目前一个不容乐观的事实是，蜜蜂的数量在逐年减少，这意味着粮食作物、水果、坚果和鲜花的产量将随之下降。因此，我们应该不遗余力地对蜜蜂——人类的好朋友进行保护。

↘蜜蜂在传授花粉时，能够发出300~400赫的声音，使得散发出的花粉形成尘雾，落在蜜蜂身上，有助于蜜蜂传授花粉。

蜜蜂怎样把花蜜转化成蜂蜜

我们经常听到儿歌中唱道："小蜜蜂，整天忙，采花蜜，酿蜜糖。"蜜蜂这样忙忙碌碌其实是在采花酿蜜呢。它们酿造的蜂蜜是一种甜蜜的黏稠状液体，是营养丰富的天然保健食品。小蜜蜂因而成了人们心目中勤劳的象征和甜蜜生活的创造者。那么，蜜蜂是怎么把花蜜转化成蜂蜜的呢？

蜜蜂把花蜜酿制成蜂蜜，其过程主要经过两个方面的变化：一个方面是糖的化学变化：蜜蜂将自己唾液中的酶吐出来和花蜜混合，产生水解反应，使花蜜的双糖变成单糖，也就是说将花蜜中的蔗糖水解成葡萄糖和果糖。另一个方面是物理变化：就是经过蒸发的作用，使水分从平均含量为60%~65%降至17%~25%。

花蜜来自植物的蜜腺，是植物从土壤中吸收的营养通过光合作用制造的。花蜜的主要成分为蔗糖与水，还有葡萄糖、果糖、氨基酸、蛋白质、维生素、矿物质等。

蜜蜂采集花蜜时，每采集一次需要20~40分钟，在巢内大约停留4分钟便再次出勤，流蜜盛期一天出勤10~24次。蜜蜂采访1100~1446朵花才能获得1蜜囊花蜜，在流蜜期间1只蜜蜂平均日采集10次，每次载蜜量平均为其体重的一半，一只蜜蜂一生只能为人类提供0.6克蜂蜜。由此可见蜜蜂采蜜之辛苦。

↗一只蜜蜂一天之内可以造访花朵超过500次，工蜂将花粉装在后腿上一个凹陷状的花粉筐中。

采集花蜜如此辛苦，把花蜜酿成蜜也不轻松。采集蜂返巢后将蜜汁吐给内勤蜂或自己分散至几个巢房内，由内勤蜂继续加工。内勤蜂在加工中，先把蜜汁吸到自己的胃里和转化酶进行混合，然后再吐出去，再吸进来，如此轮番吞吞吐吐要进行100多次。在此过程中，一方面蜜珠里加入了更多的转化酶，加快了蔗糖的转化；另一方面，蜜珠的蒸发面扩大，加速了水分的蒸发。此外，部分蜜蜂加强扇风，排除巢内湿气，使蜜汁很快浓缩。

酿制过程结束后，酿蜜工蜂把蜜暂时存放在巢房里，蔗糖转化及蜜汁浓缩过程继续进行。直至蜂蜜成熟，蜜蜂用蜡将巢房封上盖，这就完成了从花蜜到成熟蜂蜜的整个过程。

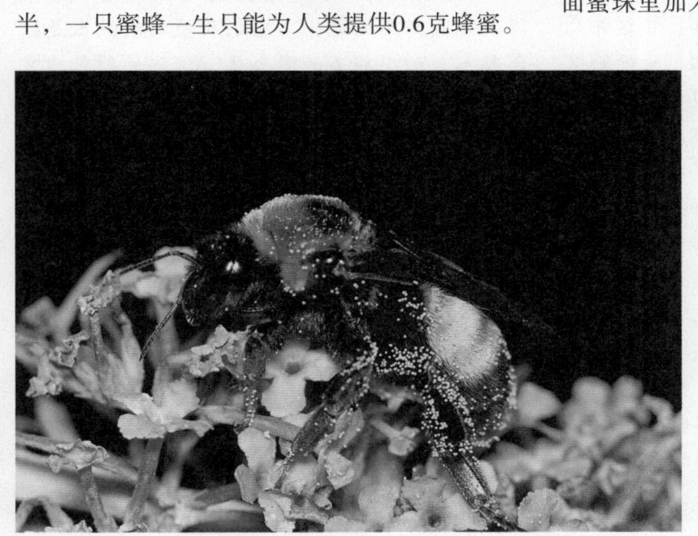

↖美丽的花朵淡淡的芳香，吸引着蜜蜂前来采蜜。

法布尔昆虫趣谈

隧蜂与寄生蜂

↗ 隧蜂

隧蜂是蜂蜜的辛勤制作者，也许人们每天品尝着新鲜的蜂蜜却对隧蜂毫无了解，但这并无大碍。不过对这些没有历史的、卑微的隧蜂的探究确实让我们知道了一些奇特的信息。既然我们现在有空闲的时间，那就让我们来研究一下它们吧，因为这些隧蜂的确值得我们去了解。

比起蜂房里的蜜蜂来，隧蜂的身材要修长苗条得多。在隧蜂这个庞大的群体中，各只隧蜂的体型和色彩都有不同。在大小上，有的隧蜂甚至比一般的胡蜂还要大，但也有的隧蜂与家蝇差不多大小，或者比家蝇还要小些。虽然隧蜂家族庞大，品种也十分繁杂，但是它们却有一个共性的特征，这个特征使得新手们对它们的研究有了着手点。在隧蜂背部的最后一个体节，也就是隧蜂的腹部尾端那里，有一条光亮的线盒纤细的沟槽。这就是隧蜂家族所有成员共有的标志，无论身材还是体色，这道沟槽就是隧蜂的共性特征。当隧蜂采取守势来防御时，它的螯针就会沿着这条沟槽向上滑行。除了隧蜂以外，其他的带有螯针的昆虫都没有这道特有的沟槽。

我的实验对象是三种不同类型的隧蜂，而且我与其中的两种隧蜂还是邻居，我与它们非常熟悉。它们每年都要到我的荒石园中光顾并且住下来，事实上，它们占领这块地方的时候我还没有来到。作为隧蜂的邻居，我可以每天都去看望它们，在这一点上，我是个幸运者。我小心地与它们相处，避免侵占它们的领地。我应该很好地利用与隧蜂之间的邻居关系。

我的第一个研究对象是斑纹隧蜂，它是隧蜂家族的代表成员。斑纹隧蜂有着优美的身材，就像黄蜂一样。它穿着朴素但不失优雅。它的腹部很长，在那里有一条淡红色与黑色相间的肩带所形成的环形条纹，非常漂亮。

斑纹隧蜂群体性地在我的荒石园中采集修筑地道所用的泥土。它们所使用的泥土是红色黏土与细小卵石的混合体，这样的材料非常适合隧蜂所修建的工程。斑纹隧蜂修筑地道往往选择在坚实的土地里，这样可以有效地避免由于受干扰而发生垮塌事件。斑纹隧蜂群体中的成员数目并不是固定的，有时候多，有时候少，多的时候甚至达到一百来只。斑纹隧蜂的群落各自建立起自己的小镇，每个小镇之间互不干扰，各个群体独立地进行劳作。

每只斑纹隧蜂之间都是邻里关系，而不是合作关系。这样的关系让斑纹隧蜂的世界里弥漫着祥和安定的完美气氛。每只斑纹隧蜂都有属于自己的独立的房屋，任何其他一只斑纹隧蜂都不能擅自闯入进来，否则房屋的主人就会以猛烈的推搡来警告这位大胆的私闯民宅者，让它以屈服告终。确实，莽撞的行为在隧蜂中是决不允许的。

四月是斑纹隧蜂为自己挖掘地道的时间。它们在自己的隧道中忙碌地工作着，很少会有隧蜂将自己的身体露出地面。这样一来，虽然斑纹隧蜂在地下进行着热火朝天的工作，但是在地面上看来却毫无热闹的迹象可言。工程浩大而不惹人注目，只会在地面上显露出一些小土丘。总体来讲，斑纹隧蜂的地道挖掘工程进行得非常隐蔽。

我用芦苇秸编织了一个小栅栏，用来保护斑纹隧蜂正在进行的紧锣密鼓的地道挖掘工程。我在小栅栏的中间放了一个警示的牌子，上面写着“禁止通行”的字样。这种做法可以防止过路人将隧蜂努力修建的工程踩踏，我的家人也不会去那里。栅栏里面，斑纹隧蜂依旧挖着它们的地道。由泥屑所堆成的小土丘有时候会因为泥屑的下滑而震动起来，这时候位于顶端的泥屑就会沿着土坡滑下去。斑纹隧蜂在运输挖掘出来的泥土时也不会让自己的身体显露出来。

挖掘工程在四月结束，等到五月，斑纹隧蜂已经由挖掘工人转变为采集工人。阳光和暖地洒在每朵鲜花上面，这是让所有生命欢愉的月份。斑纹隧蜂满身铺满了花粉，我看到它们在小土丘上面飞来飞去，这时的小土丘已经变得像火山口一样。接下来我想要了解一下斑纹隧蜂的居所，我拿了铲子和三尖头，这是能够帮助我有效地进行探测的工具。斑纹隧蜂对于自己居所的布置会让我们采集到更多的信息。

进入隧蜂居所的前厅隧道大约有三分米长，直径差不多与粗铅笔相当。这条隧道的内壁并不光滑，因为光滑细腻的内壁在这里并不适用。相反，这条长长的前厅隧道表壁凹凸不平，斑纹隧蜂可以在这种高低不平的隧道里很容易地找到支撑点。这条前厅隧道循着由卵石碎屑合成的土地，尽量垂直地往里延伸，但有时候也显得弯弯曲曲。隧蜂母亲对于这条前厅隧道的全部要求就是能够让它顺利快速地上下行动，所以粗糙的壁里比较合适。

在隧蜂居所的底部，每间小蜂房都以不同的高度横向层叠起来。这些是挖掘在大土堆里的椭圆形洞穴，大约2厘米左右，它的尾部是很短的细颈。细颈的口端逐渐扩大为一只双耳尖底瓮口，非常精致，就像是一只用来做顺势疗法的小玻璃瓶，小巧细腻。在地道里的任何东西都宽阔地敞开着。与粗糙的前厅隧道不同，用来供隧蜂孩子居住的房间则建造得精致细腻。在一间间小住所的内部，被粉饰得非常亮丽光润，小巧细致的菱形标志泛着光芒，就连我们技艺最精湛的粉刷工看见了这样的住所都会心生嫉妒。这种精致的表层时由一种近乎完美的抛光技术制成的，这种抛光技术就是由隧蜂的舌头所完成。斑纹隧蜂的舌头就像是一把镘刀，这把镘刀通过有秩序的舔舐能够把室内抛得光亮。

还有最后的一道平坡，它在修建之前就有过粗略的加工，显得精致且漂亮。蜂房在没有储备食物之前，内壁上铺满了许多用大颚作出来的类似针孔的小洞。大颚通过颚尖来把黏土压得严实，然后往后推动，使黏土中没有沙质的细粒。完成了的作品就好像由细粒状花边围成似的，而被磨光的那层则会与滚边很好地进行黏合。斑纹隧蜂通过对黏土精心的筛选，然后经过过滤、纯化和参拌，最终把它们小块小块地黏连在一起。

↗隧蜂不知道自己养育的孩子有的是寄生蜂的后代。

蝴蝶翅膀如何保持靓丽的色彩和图案

蝴蝶和蛾的翅膀具有鲜艳夺目的颜色，极少有其他动物能与之媲美。该群体中的每个种类都有自己独特的彩色图案，有的甚至不止一种，不同的群体和性别也表现出不同的图案组合。事实上，这些颜色即使它们死后也不会褪去，这使得鳞翅类动物成为能够被深入研究的一个群体。蝴蝶的收集可以追溯到16世纪初瑞士动物学家康拉德·杰斯特纳建立动物学博物馆的时候。现存的最古老标本是1702年捕捉的云粉蝶,它完好的保存状态给人留下深刻的印象。这意味着这类昆虫风干后基本可以完整地保留它们固有的颜色。

这些颜色和图案提供了两种指示信息。一是为了展示给同类的，或者是雄性之间的竞争，或者是给潜在的伴侣留下深刻的印象。并且，人类仅能够看到光谱中的靛兰到红色段，而鳞翅目及其他的一些昆虫种类却可以看到紫外光部分，由此它们可以分辨出人的视力所不能及的颜色。

二是为了展示给将鳞翅目昆虫当作攻击和食用对象的群体。作为目标群体，它们的颜色和图案传递出一种信息，即自己是很难吃的食物。另一方面，这也能为它们提供伪装，使它们逃过脊椎动物的捕杀。

鳞翅目昆虫鳞片颜色稳定性的秘密在于这些鳞片上有永久性的色素，或者是具有能产生干涉色的精微表面结构。这种色彩的持久性和蜻蜓等昆虫色彩的短暂性形成了鲜明对比，后者死后，其色彩马上消失。最普遍的一种是黑色素，它使昆虫身上产生黑色，这种色素来自于昆虫体内释放的化学物，能够硬化蜕皮后的皮肤或表皮，和人体黑头发和黑皮肤的色素是一样的。其他的色素来自于幼虫的食物或者毛虫本身。

植物色素——一种十分普遍的色彩来源，被鳞翅目毛虫吸收后会一直保留到成虫期。类胡萝卜素——红、黄、橙色的植物色素——是蝴蝶和蛾身上最常见的色素，和黑色素混合后产生棕色以及更深的渐变色；花朵中的叶黄素产生亮黄色；花朵中的花青素产生蓝色、紫色、深红色，并给翅膀的鳞片提供相同的颜色。最后，青草可以提供大量的黄酮类色素，能够产生从乳白到黄色的颜色。这些色素被食草的幼虫利用，如欧洲石纹蝶，当暴露在氨中时它可以由浅白色变成亮黄色。这种颜色的暂时改变是其与黄酮素的化学反应产生的。

体内制造的色素来自于氨基酸这种构成蛋白质的物质，也普遍存在于鳞翅目昆虫中。蛱蝶科中常见的棕色和红色由眼色素产生。次一类产生色素的群体是粉蝶科中很普遍的蝶呤，能制造出白色和黄色。

这些基本的色素还能够用来产生虚幻的颜色：橙色尖翅蝶底面的绿色斑纹是以黑色鳞片为背景叠加黄色鳞片而产生的——同样的光学原理也用于打印设备和计算机屏幕上，这些光学设备输出图像时，每个像素有不同的色调。类似地，黑色的鳞片边缘对应灰白的眼点会增强翅膀图案的效果，甚至能在一个平面的翅膀上产生生动的三维立体像。

有一些蝴蝶翅膀包含的颜色和图案是人眼看不见的，由此推断可能某些潜在的捕猎者也不能看见。这类图案能反射脊椎动物看不见的紫外光，而昆虫的眼睛却能够看见，这就使得同种类的昆虫能直接沟通而不会给其他脊椎类捕猎者留下任何线索。许多黄色或者白色的粉蝶有着独特的紫外光图案，使得它们能够很好地分辨彼此的性别。

所有颜色中最引人注目的是众多鳞翅类家族所拥有的闪光的蓝色、紫罗兰色和红色。这些颜色在被液体弄湿了之后会消失，而液体一旦蒸发之后，颜色又重新出现。这些都是结构色，是由鳞片表面上一些精微的凸起和外表皮下面很细密的一层共同产生的。这些结构产生闪光的颜色，并会随着视角的变化而变化。豆粉蝶鳞片的凸起和表皮下的那一层结合，与照射在它们上面的光线进行干涉，产生出以蓝色和紫外光为主的反射图案。压缩光盘利用了与此相似的原理——光盘上的光线从微小的槽和凸起折射出来，产生色彩。每种蝴蝶在色彩上都有细微的不同，这是由它们鳞片结构上微小的差异决定的。这种电光般的颜色对我们来说很显眼——在低飞的飞机上也可以看见飞翔的雄性大闪蝶。反射光在紫外光里很丰富，大闪蝶的眼睛对紫外光波长非常敏感，这类蝴蝶可能会把镜子中的蓝色当成是频闪观测仪的强烈闪光。

翅膀颜色的一个鲜为人知的作用是可以通过晒太阳来调节体温。暗色能比灰白色更有效地吸收来自太阳辐射的热量，蝴蝶就是利用这一点在起飞前加速热身的。豆粉蝶种的云黄蝶和某些白粉蝶，其翅膀上图案的黑色素的数量会随着季节、经度、纬度的变化而改变。温度越低，图案的黑色越多，由此，昆虫的移动力得到了提高。

这种对温度调节的效果来自于产生黑色素的化学过程。在寒冷的环境下，外表皮的变硬过程减慢，因此产生出比在温暖环境中更多的黑色素。将不同种类的蝶蛹暴露在寒冷的环境中时会产生很多不同的黑色图案，生动地验证了颜色变化与温度的关系。然而自然界的事物通常并不是表面上所看的那样，至少有一种黑色翅膀的热带蝴蝶虽然看起来翅膀是黑色的，却是通过鳞片的色素来避免过热，黑色的翅膀实际上是不吸收红外线的。

↙马达加斯加的一种珍蝶展示了由色素产生的鲜艳橙色。这一种类采取化学防御手段，明亮的外表是展示给潜在的敌人看的。

北美大蝴蝶为何迁徙

1975年，墨西哥政府进行生态普查时，惊讶地发现，在中部山区的一些枞树林中有许多大蝴蝶。后来证实这些大蝴蝶是从北美迁徙过来的。

据考证，这种蝴蝶大迁徙的现象已经存在了1万多年，但是引起生物学家们注意的却是20世纪70年代的事。

现在，墨西哥政府为了保护大蝴蝶，允许生物研究和生态保护机构将大片林区划为保护区。区内许多以伐木为生的居民都在政府协助下转业了。

这种大蝴蝶有黑、白、橙三种颜色，每年冬天到来之前，这种大蝴蝶便飞越美国，不远千里从故乡加拿大来到温暖的墨西哥过冬。它们总是几千万只一起行动。它们在家乡饱餐一顿花蜜后，就开始浩浩荡荡往南飞去，速度高达每天160千米。

到达墨西哥时，这些大蝴蝶从天而降，落在棵棵枞树上，树上就好像开出了绚丽多彩的花朵，远远望去，就好像一张张色彩斑斓的大花毯铺在树林里，非常壮观。第二年的4月，这些蝴蝶又开始踏上了返回北方老家的漫长征程。昆虫学家发现，这种蝴蝶每年可以繁衍3~5代，而向南飞的只是最后一代。

据昆虫学家的研究，北美洲的上一次冰河期结束以后，蝴蝶的觅食区慢慢地北移，到了冬天向南迁徙。之所以选中墨西哥中部山区，可能与那里有丰富的铁矿有关，这些铁矿形成的强大的磁场把北美蝴蝶吸引到这里过冬，这

↘北美大蝴蝶在饱食花蜜。

↘迁徙中的蝴蝶铺天盖地，犹如色彩斑斓的花瓣雨。

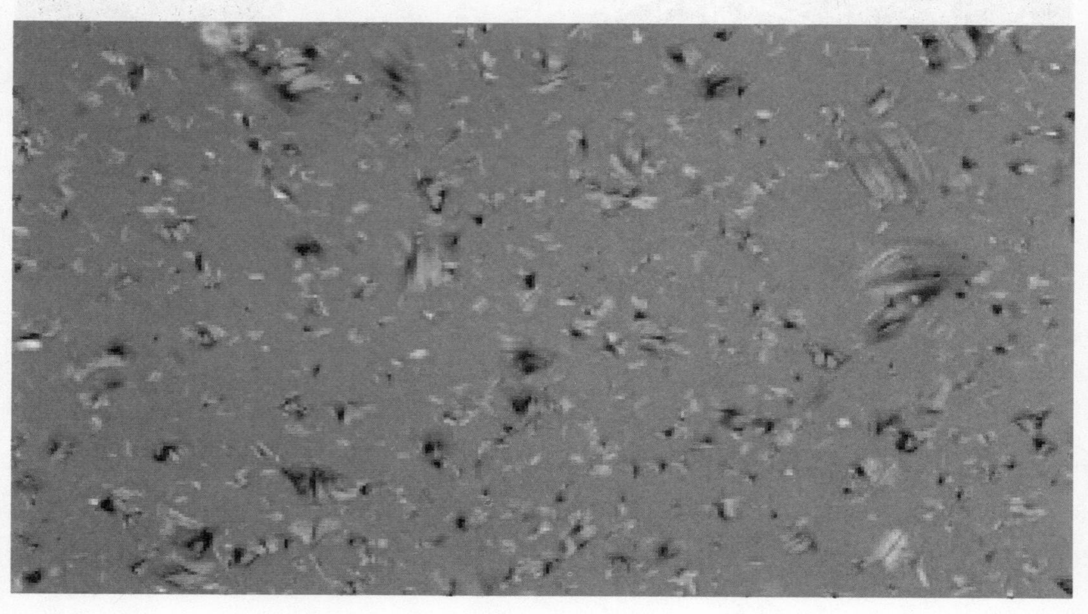

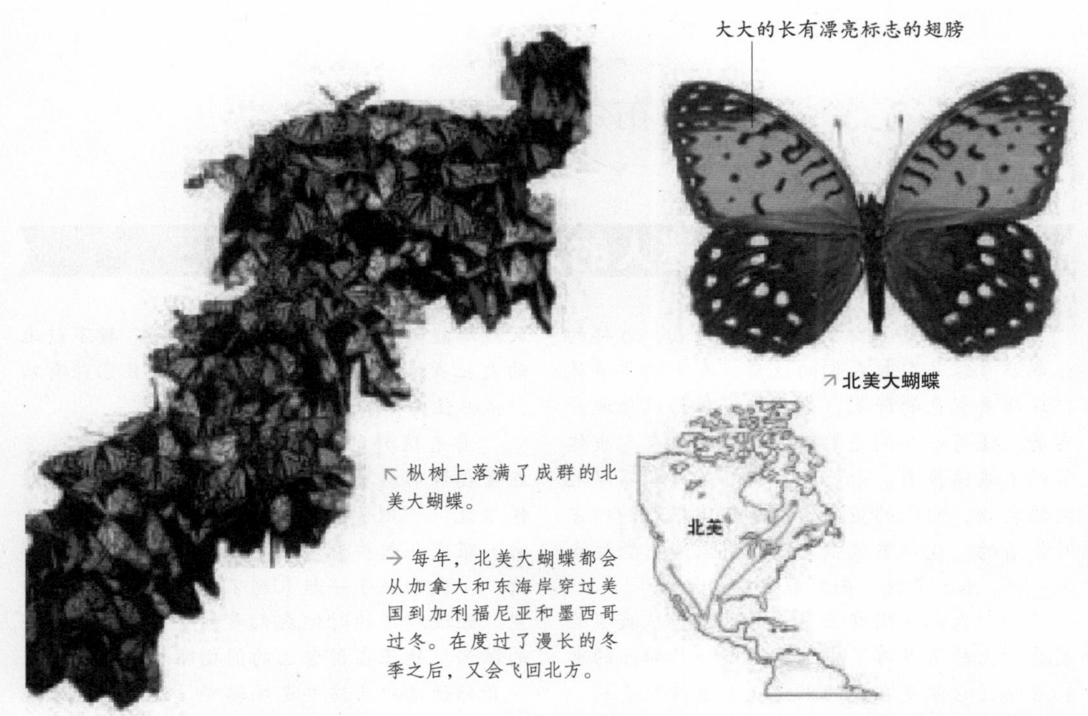

北美大蝴蝶

枞树上落满了成群的北美大蝴蝶。

每年，北美大蝴蝶都会从加拿大和东海岸穿过美国到加利福尼亚和墨西哥过冬。在度过了漫长的冬季之后，又会飞回北方。

样，蝴蝶大迁徙的壮观景象就产生了。这一奇观吸引了无数的观光者。而当地居民从当导游和出售蝴蝶手工艺品中获得大量的经济收入。然而，至今仍然无人知道大蝴蝶为什么每年都要举行一次这种大规模的迁徙活动。

从动力学的角度来讲，弱不禁风的蝴蝶是无法飞越崇山峻岭、漂洋过海的。苏联科学家米哈伊洛夫娜和斯维塞尼夫提出了“喷气发动机”原理。他们认为，在飞行时，蝴蝶有1/3的时间翅膀是黏合在一起的。利用翅膀的张合，前面一对翅膀就好像一个空气收集器，后面一对翅膀则形成了一个漏斗状的喷气通道。翅膀连续不断地扇动，空气从前向后挤压出去，形成一股气流。一部分气流使蝴蝶加速向前，另一部分气流则使蝴蝶维持在一定的飞行高度。这样，蝴蝶就可以顺利地漂洋过海。但是，要保证喷气通道的大小，进出气口的形状及收缩程度的有序变化，蝴蝶又是如何做到这些的呢？

实际上，世界上的蝴蝶有1.4万多种，而进行迁徙的蝴蝶也不仅仅只有北美大蝴蝶一种。印度是世界上蝴蝶资源最丰富的国家之一。每年11月份，都会有大群的蝴蝶从印度南部城市哥印拜陀迁徙到相邻的泰米尔纳德邦。成群的蝴蝶由北往南迁徙，人们只要抬起头就能看到蝶影飞舞，实在是难得的生态景观。

我国云南大理城西三月街有个驰名中外的蝴蝶泉。每年暮春三月，各种蝶类千里迢迢赶来，云集于此。其种类之多，数量之大，色彩之艳，堪称一绝。

据研究，这些蝴蝶和鸟类一样，有迁徙飞行的习性，并且在迁徙的过程中拥有良好的方向感，仿佛空中有一条无形的航线，很少出现偏差。目前，人类发现的具有迁徙行为的蝴蝶有数百种之多。

蝴蝶效应

蝴蝶效应是气象学家洛伦兹 1963 年提出来的。其大意为，一只南美洲亚马孙河流域热带雨林中的蝴蝶，偶尔扇动几下翅膀，可能在两周后在美国德克萨斯引起一场龙卷风。其原因在于，蝴蝶翅膀的运动，导致其身边的空气系统发生变化，并引起微弱气流的产生，而微弱气流的产生又会引起它四周空气或其他系统产生相应的变化，由此引起连锁反应，最终导致其他系统的极大变化。此效应说明，事物发展的结果，对初始条件具有极为敏感的依赖性，初始条件的极小偏差，将会引起结果的极大差异。

法布尔昆虫趣谈

迷人的大孔雀蝶

大孔雀蝶的毛虫拥有黄色的外表，这样的体色非常容易引起人们的注意。毛虫的体节尾部环绕着黑色的纤毛，这些纤毛稀稀疏疏地分布着。还有一些闪亮的蓝绿色珍珠也在毛虫体节的末端镶嵌着。老巴旦杏树叶是大孔雀蝶毛虫的食物，它们的茧通常都是与树根部的树皮紧挨着的。这些茧呈褐色状，好像渔夫的捕鱼篓一样，长相奇怪，而且非常粗大。

一只大孔雀蝶在五月六号的上午从我实验室桌子上的茧里孵了出来。这是一只雌性的大孔雀蝶，它就是在我的眼皮底下进行蜕变的。我赶紧把这只蜕变了的大孔雀蝶放进我的金属钟形网罩内。作为一个观察者，我只是把这只大孔雀蝶简单地关了起来，并没有对它做其他处理。它浑身湿透了，这是因为孵化时的潮湿导致的。我对它的观察非常仔细，一刻也没有松懈，生怕会错过好机会。

大孔雀蝶拥有美丽的外表。它穿着栗色的天鹅绒外套，还系着一条白色的皮毛领带。它的翅膀中间有一个圆形的斑点，就像是一只漆黑亮丽的眼睛。这个圆形的斑点拥有美丽的光环，像彩虹一样，栗色、鸡冠花红色以及白色等色彩交相辉映。翅膀的周边呈烟熏的白色状，而中间则有一条之字形的曲线穿过，同样是白色的。此外，大孔雀蝶的翅膀上还布满了灰色和褐色的斑点。

晚上快九点的时候，我的家人都已经进入梦乡了。然而就是在这个时间，我听到隔壁房间有一阵骚乱声。保尔好像在挪动着什么东西，他半裸着身子来回跑跳，双脚直跺，拼命地想要将椅子推翻。我听到他的呼喊声，兴奋而激动：“快来啊，房间里飞满了蝴蝶啊，像鸟一般大啊！”我急忙跑过去，看到的场面让我大吃一惊。在过去的时间里，还没有哪一种大蝴蝶能够如此般将我的居室入侵。数不过来的大孔雀蝶飞满了孩子的房间，并且已经有四只被抓住关在了麻雀笼子里。

看着这样的场面，我想到了早上被我关在金属钟形网罩中的那只雌性大孔雀蝶。我对保尔说：“儿子，留下你的鸟笼，把衣服脱下来，跟我一起去看看究竟发生了什么古怪的事情。”我和孩子一起来到了我卧室右边的实验室。经过厨房的时候我们看到了同样受到惊吓的保姆，她正在用自己的围裙驱赶大孔雀蝶。一开始她还以为这些是蝙蝠呢。这些大孔雀蝶正是早上被囚禁起来的那只雌蝶招来的，想必它们已经把我的整个房子都占领了。幸亏有一个窗户还开着，这能够让它们畅通无阻地从我的居所中出去。

走进实验室后看到的场景更是让我记忆犹新。一群大孔雀蝶围绕着关着那只雌蝶的钟形网罩飞着。它们一会儿飞过来，一会儿又飞走。来来回回，时而停歇，时而继续飞翔，与天花板等实物的碰撞发出了噼噼啪啪的声音。整个实验室就像是一个招魂卜卦者的洞穴，非常危险。儿子因为害怕而紧紧地抓住我的手，他想让自己变得胆大起来。大孔雀蝶有时会抓住我们的衣服，与我们的脸相擦，还会扑打我们的肩膀。有时候又向蜡烛扑过去，用翅膀将烛火拍灭。算上卧室和厨房里的那些，我的住所里一共飞来了四十只左右的大孔雀蝶。

谁都认识这种欧洲最大的蝴蝶，然而并不是所有人都见过今晚的这场大孔雀蝶晚会。这真是一场让我至今无法忘却的晚会啊。它们是飞来向这只雌蝶求爱的，然而这四十余只雄性大孔雀蝶是怎样获得信息的呢？蜡烛的火焰将这些冒失鬼的翅膀烧黄了不少，我们今天还是不要再打扰这些求爱者了。我想明天先拟好一张实验问卷，然后再来对它们进行研究。今天还是让我先把场地清理一下吧。

我对这群大孔雀蝶的观察持续了八天。在这八天之内，它们每次都是在同一个时间段出现在我的居所里，也就是晚上的八点到十点之间。这正是昏沉沉的黑夜十分，在外面的花园里根本看不到任何东西。再加上是雷雨天，乌云密布的天空中一片黑暗。大孔雀蝶们除了要面对黑暗之外，它们还需要绕过前往我居所时要遇到的种种障碍。

大孔雀蝶需要迂回地穿过一片杂乱的树枝和深黑的夜色才能到达我的住所。我的家由于有着杉柏和松树的遮掩，所以不会遭受来自法国南部的西北风袭击。那是一种干燥、寒冷，而且异常强烈的风。整座房子都隐没在高大的法国梧桐树丛之中。在离居所大门几步远的地方有一道壁垒，那是由一些小的灌木丛形成的。还有一条通往居所的小路，就像房子的前厅似的，周边长着繁茂的蔷薇和丁香。

↗大孔雀蝶

在这样的重重困难之下，大孔雀蝶居然义无反顾地飞来了，而且它们在飞行的途中根本没有撞上任何东西。这种困难的飞行道路，就连猫头鹰也不敢轻易地离开它在油橄榄树上的洞穴而尝试。然而大孔雀蝶却能依靠本能，在曲曲折折的路线中准确无误地把握方向。对于大孔雀蝶来说，黑暗其实就象征着光明。它们在穿越阻碍之后，身上毫无擦伤的痕迹。它们的翅膀完好无损地拍打着，精神状态也良好。

大孔雀蝶不可能是依靠强大的视觉来到这里的。因为即便是它们的视网膜能够感受到一般视网膜所无法感受的光线，但是这种视觉也不可能强大到能够在很远一段距离内得到感知，何况在通往我住所的这段路途中还有很多困难的阻隔。大孔雀蝶对于光线的指引非常敏感，它们在通常情况下都是直接前往光线所向导的地方。然而，由于光线有时候会出现折射，所以在这种情况下，大孔雀蝶也会走错地方。这种错误不会致使飞行的方向有大的偏离，只是会让它们对目的地确切地点的感知有一定的偏差。实际上，大孔雀蝶的直接目标是我实验室中的那只雌蝶。然而它们有的却出现在了我儿子的房间，甚至是厨房之中。这正表明大孔雀蝶所获得的信息并不十分准确。光线是让大孔雀蝶无法抵抗的强大力量，即便是一盏微弱的灯所发出的光亮。

嗅觉和听觉的情况也是如此。在我们需要准确地依靠这两种感觉对气味或是声音的发源地进行判断时，它们总是会存在这样或是那样的偏差。因为光线的引导而产生判断偏差的大孔雀蝶并不是稀疏的几只，它们也并不都是从那扇窗户中直接飞进来的。因为那扇窗户离关着雌蝶的钟形网罩只有几步之遥，那里绝对是通往正确地方的关口。我在实验室周围的其他地方也看到一些大孔雀蝶。它们有的从下面飞进来，在前厅中徘徊，顶多也就是飞到楼梯跟前。不过楼梯的上面是一扇紧闭着的门，这是一条死路。看来除了一般的光辐射带给大孔雀蝶通往目的地的信息的同时，还有另一种东西从远处为它们提供信息。这种信息把大孔雀蝶引到目的地的附近，让它们在徘徊中寻找确切无误的地点。

大家猜测为大孔雀蝶提供信息的另一种东西就是它的触角。雄性大孔雀蝶拥有具备探测器作用的宽触角，处于发情期的它们正是靠着触角发出的信号来到雌性大孔雀蝶的藏身之地的。

哪种昆虫的雄性色彩最艳丽

在所有的蝴蝶当中，翅膀呈彩虹蓝色的大闪蝶一直是收藏者最爱收藏的，它们的翅膀甚至被视为珍宝。在任何博物馆或蝴蝶展览厅里，大多数闪蝶那迷人的蓝颜色都会首先吸引住观众的目光。最小的闪蝶翅展只有75毫米，最大的则超过200毫米。其硕大的翅膀使它们能够快速地在天空翱翔。日夜活动，飞翔敏捷。

雄性大闪蝶翅膀呈现出的鲜艳的色彩，甚至在飞过热带雨林上空的飞机上都看得见。然而，它们这么漂亮的翅膀并不是为了向雌性蝴蝶示爱。事实上，它们鲜艳的色彩是为了恐吓对手以及宣告领地的所有权。

如此艳丽的色彩并不是由色素形成的，而是由世界上最复杂的反射装置形成。翅膀上的鳞状物（从翅膀上擦下来的“粉末”）像屋顶的瓦片一样交叠。每个鳞片支持其他层次的鳞片，这些近乎透明的鳞片，可能会被更深的结构盖住。这种安排的目的是为了不但可以向上反射光线，而且还可以向外反射光线。这些结构如此井然有序地排列，仅让某种波长的光线从同样的却是平行的方向反射回来，互相增色，因此产生了反射颜色，最终形成了极端鲜艳的色彩。当一群闪蝶在雨林中飞舞时，便闪耀出蓝色、绿色、紫色的金属光泽，“蓝色幻影”便产生了。但是，并不是所有闪蝶都有这种亦真亦幻的金属光泽，一些种类和大部分闪蝶的雌蝶是没有闪光的。

↗ 大闪蝶的翅膀上的鳞片

↘ 大闪蝶的翅膀呈现最鲜艳的彩虹蓝色。

然而色彩太艳丽会很危险（相比之下，雌蝶会伪装成褐色）。因此，雄性大闪蝶还有一个防身技巧。当它们飞行时，它们翅膀的上下运动会随着光线照耀在鳞片上而改变方向，色彩也会突然由耀眼的蓝色变成褐色。由于加强了上下起伏无序的飞行以及褐色的后翅的向上摆动，产生了一种这样的效果，好像它们一会儿出现，一会儿又消失了。当停下来时，它们就会合拢翅膀，使褐色的那一面露出来，不一会儿就融入到森林里了。

这种热带蝴蝶生活在热带地区的蓝色大闪蝶并不是以花蜜为食，它们主要吸食腐烂水果的果汁，所喜欢的水果包括芒果、奇异果和荔枝等，尤其是成熟的热带水果的汁液。

哪种昆虫的舌头最长

马达加斯加天蛾的舌头可能是世界上最著名的舌头了。它首先引起科学界的注意是由于达尔文的想象力。

达尔文是19世纪最伟大的自然哲学家和进化论之父。1862年，他分析出了彗星兰花的一个样本，这种兰花生长在马达加斯加岛上的森林树荫里。它的花朵很大，蜡质，呈白色，星形，在夜晚能散发出强烈的、甜甜的香气。吸引达尔文的是它的花蜜在花冠的底部，大约长30厘米，他认为这种结构一定与某种特殊的昆虫授粉者相匹配。

达尔文知道这种白色的、夜晚会散发出香气的花很吸引蛾子，在1877年他写道："在马达加斯加岛肯定有种蛾子，它们长着长'舌头'，通过舌头来吸取花蜜，并且能伸到30~35厘米的长度！"因为这种兰花没有给昆虫提供着陆点，它很可能是一种一直盘旋的天蛾。当时达尔文的观点受到嘲笑。但是在1903年，人们发现了马达加斯加的天蛾，它确实长有与彗星兰花的花冠长度相匹配的长舌头。

多年来，在野外这两个物种之间的关系没有被确定，但是人们最近观察到天蛾在兰花上停留，并且带走了花粉。还有一个更神奇的事是，彗星兰花有近亲，它的花冠长约40厘米，这表明还有一种蛾子有待发现，它的舌头会更长。

↘马达加斯加天蛾通过细长的舌头来吸食花蜜。

飞蛾投火为哪般

自古以来，飞蛾扑火的故事就使人浮想联翩。《梁书》中有佳句“如飞蛾之赴火，岂焚身之可吝”。飞蛾真的愿意送死吗？它为什么喜欢扑火呢？

夏天的晚上，点亮一盏灯，就有许多的小青虫、甲虫和蛾子等飞过来，绕着灯光转圈，直到最后死去。灯光熄了，这些小虫立刻就飞散了。重新点亮灯时，四面八方的昆虫又飞了回来。

以前，人们认为这是昆虫的喜光性，正是由于昆虫的趋光性，它们才会以身扑火。昆虫对紫外线的反应特别灵敏却看不见红色光线。利用这种特性，人们常将一盏紫外光灯挂在野外来诱杀飞蛾。他们在灯下放置一水盆，飞蛾飞过来时，最终死在水盆里。

经过长期观察和实验，科学家发现飞蛾在夜间飞行时，是依靠月亮的光线来确定方向的。月光总是从一个方向投射到飞蛾的眼里。在逃避敌手的追逐，或者绕过障碍物转弯以后，飞蛾只要再转一个弯，月光就仍从原先的方向射来，于是飞蛾就很容易找到方向。

现在，飞蛾扑火之谜已经解开了。原来，这是飞蛾辨认方向的一个方法。有些昆虫依靠食物、同类个体的气味、湿度的大小和温度高低来确定活动的方向。飞蛾则是利用光线在夜间辨认方向的。

飞蛾之所以绕灯光转，是因为它把灯光当成了月光，因此，它误用灯光来辨别方向。月亮距离地球很遥远，飞蛾只要同月亮成固定角度就可以确定自己的方向。可是，灯光离飞蛾很近，飞蛾本能地保持固定的角度，所以它只能绕着灯光转圈，直到最后死去。

从飞蛾扑火的故事中，科学家得到了启发。有一种远程导弹，导弹头部安装有类似飞蛾的眼睛，它以一定的角度对准一颗明亮的恒星，发射后，导弹的眼睛始终与恒星保持着一

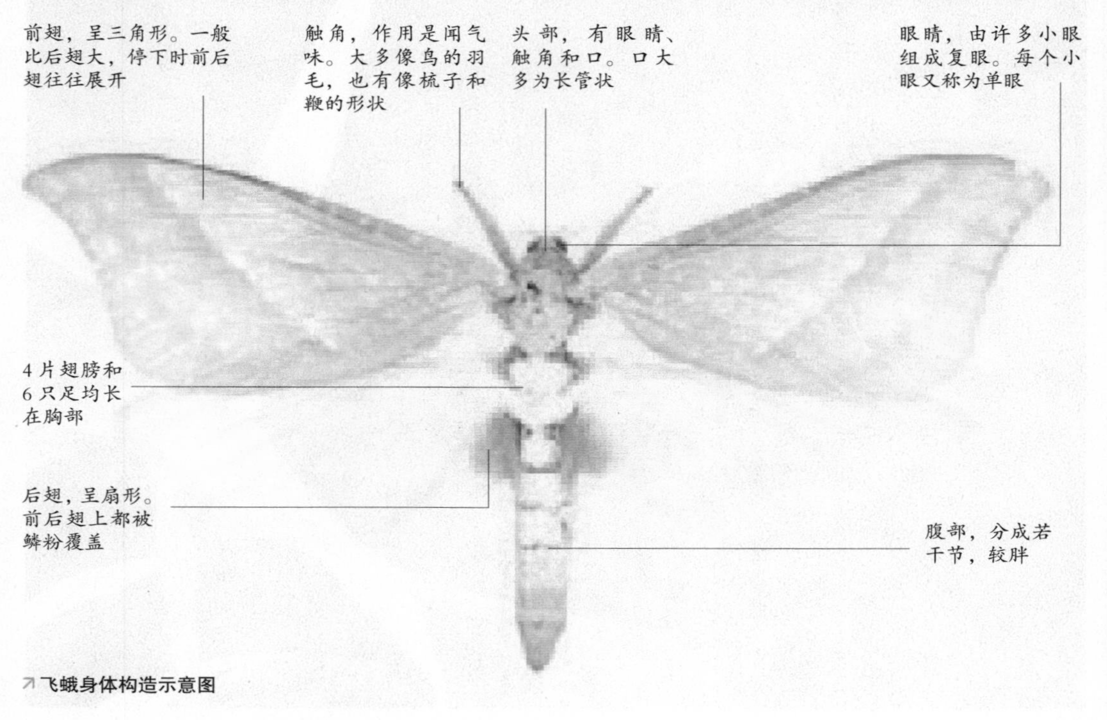

↗飞蛾身体构造示意图

↗扑向灯光的飞蛾

定的角度。导弹一旦偏离了航向，这个人造眼睛就会把这种偏差传到导弹的电脑装置，然后重新修正航向，以此保证导弹不偏离预定的飞行轨道。

蛾的生活周期

蛾类大多在傍晚到晚上这段时间活动，其幼虫以蔬菜、水果等的叶子为食，对农作物有害。蛾利用晚上这段时间或在花附近采蜜，或寻找交尾产卵的场所。当然也有白天活动的种类。晚上活动的种类，翅膀为素色；白天活动的，翅膀比较鲜艳。

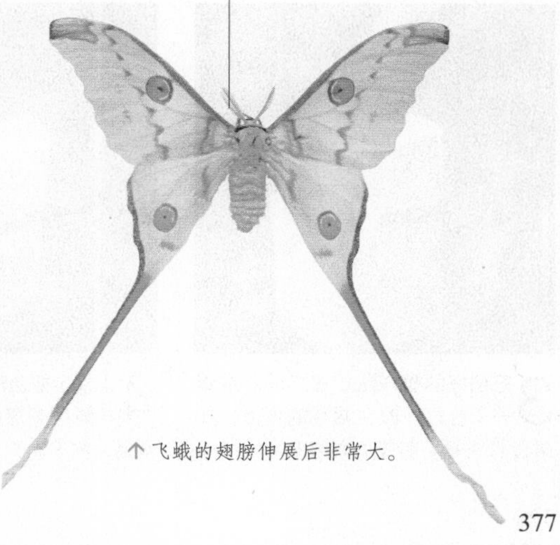

↑飞蛾的翅膀伸展后非常大。

我爱昆虫

灯光陷阱

飞蛾和其他一些昆虫在夜晚活动。它们会被电灯泡发出的亮光所吸引。你可以用一个简单装置来捕获它们。

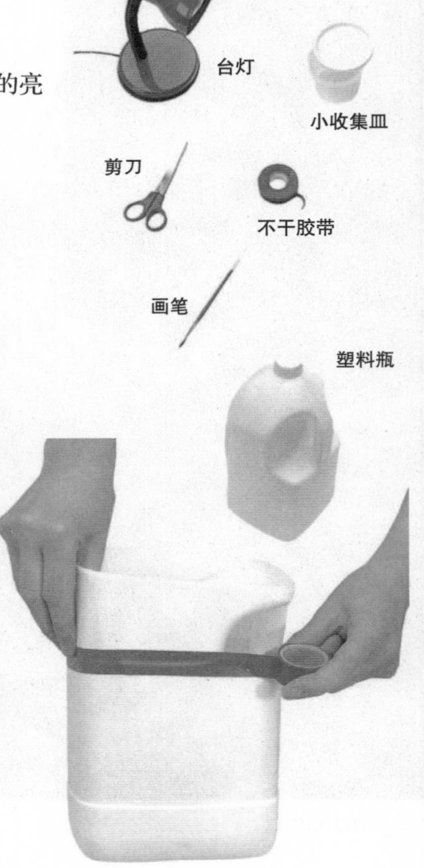

材料和工具

- ◎ 厚壁大塑料瓶
- ◎ 剪刀
- ◎ 不干胶带
- ◎ 台灯
- ◎ 小收集皿
- ◎ 画笔
- ◎ 《野外指南》
- ◎ 笔记本
- ◎ 铅笔

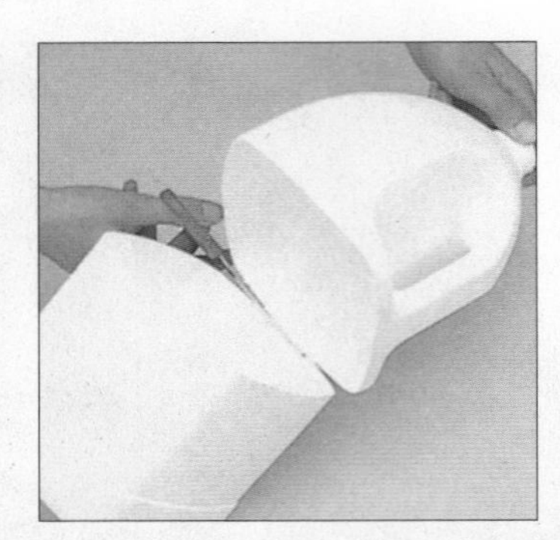

1 向大人要一个大塑料瓶，剪下上半截，制成一个漏斗。

2 把上半截翻转，倒立在瓶子的底部里，两部分用胶带粘牢。

3 把粘好的塑料瓶放在户外。放置一个台灯，照在漏斗的顶上，如果台灯太矮，就把灯放在砖块上。

4 让成人把台灯插在附近的插座中。不要在潮湿的天气中使用它。入夜后，打开台灯，点亮数小时。

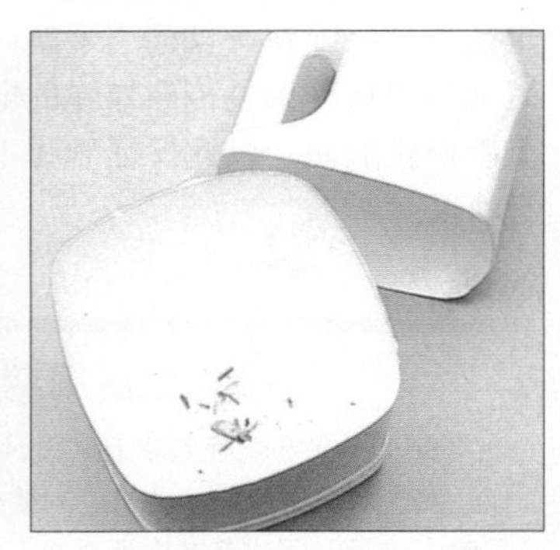

5 飞蛾向灯光飞去，落入漏斗，然后被困在瓶底。移开漏斗，看看有什么飞蛾和其他飞虫落网。

6把它们放入小的收集瓶中，用小画笔轻轻拈出来。用一本《野外指南》来辨认，然后在你的自然笔记本中记下笔记并画出它们的图像。最后小心地释放捕获的飞蛾和昆虫。

法布尔昆虫趣谈

蓑 蛾

春季来临的时候，无论是在灰蒙蒙的小路上，还是在破旧的城墙壁上，都会有一些奇怪的现象让我们费解。究竟是怎么回事呢？就像受到什么惊吓似的，原本静止着的一些小柴捆却在突然间晃动起来。我们可以看到在柴捆里面有一条黑白色的小毛虫，看起来挺漂亮，长得也有点粗壮。待在柴捆里的它们就好像发动机一样，带着柴捆行动。小毛虫的前半身有六只爪子，它们只将自己身体的一部分伸出柴捆，那就是一半的身体和一个脑袋。假如听闻到外界的丝毫动静，它们就会立刻将全部身体都缩回柴捆，一动也不动。这些小东西的行为有什么目的呢？原来它们是在为自己将要发生巨大变化的身体寻找最合适的地点，所以才钻在柴捆里四处游荡。这也是柴捆为什么会动弹的原因。

为了让自己的身体不受伤害，在没有变化之前，毛虫让自己躲在柴捆之中。虽然简陋，但也不乏是一个不错的避难所。毛虫会一直躲在这个临时搭建的小屋子里，直到身体蜕变之后才会将它抛弃。这个小屋子是由棕色呢制成的，这种材料十分罕见，毛虫在里面就像穿着隐身衣似的，非常安全。这个小房子甚至比流浪者的麦秸顶篷马车要好得多。当然了，这些由零散的小树枝搭建编织起来的外衣的确有些扎身，特别是对于毛虫娇嫩的身子来说，更是如此。不过没关系，因为毛虫已经为它们自己编织了一层厚的丝绒里子。生活在多瑙河岸的农民们系着海生灯心草腰带，而且还穿着山羊毛制成的宽袖外套。锯角叶甲也穿着陶瓷般的衣服。与他们相比起来，毛虫的柴捆外衣更加显得质朴了。

这些钻在柴捆里面的小毛虫是蓑蛾家族的成员。“蓑蛾”一词代表着灵魂的意思，寓意古时候的普塞克。由于为昆虫专业词汇分类的那些人目光不长远，他们并没有真正弄清蓑蛾

↖蓑蛾

这个词的意思，只是想取个雅致一点的名字，所以蓑蛾这个名称显得有些名不副实。不过也的确找不到这以外的其他名字了。

在毛虫身体临近蜕变之时，它们通常会显得昏昏沉沉。我找到了一个最佳的观测场所，那就是阿尔邦卵石地，毛虫在这里成堆地聚集着。这时候正值四月，这些毛虫能够让我更好地对蓑蛾进行研究。由于现在还不能观察到其他的现象，所以我想先来对柴捆进行一番探索。

毛虫将自己的身体吊起，柴捆看起来像一个锤子的形状。有大约四公分左右的长度，前段是固定着的，后面的部分则比较松垮，因为这样的方式比较容易活动。整个柴捆编织得有条有理，非常整齐。但这貌似是一个不能够很好地挡风遮雨的房子，因为这里并没有其他的遮蔽物，除了用麦秸制成的房顶之外。不过我对这个柴捆只是进行了大致地观察，大概“麦秸”这个词并不适合用在这里。事实上，禾本科植物的茎秆很少被用到，这是有益于蓑蛾家族将来发展的。

我没有在中间是空着的小栅条内找到任何一件适合蓑蛾的物品。那里堆积着乱七八糟的东西，有尼姆的有翼蒴果的花亭和山柳菊；有禾本科植物的叶子、带鳞片的细枝、柏树和小块的木柴，当然木柴这种材料是在逼不得已的

情况下才会被选用的；还有一些含有髓质的残渣，就像各式各样的菊苣似的，它们看起来非常轻薄、细嫩、小巧。有时候荷叶边上的宽大物体也会派上用场，这种物质可以被用在柴捆膜上，这是由于圆柱体零件的短缺造成的。总的来说，不论什么东西，只要能够将柴捆建造或缝补成功，蓑蛾都会用到。

蓑蛾对编织房屋的物质没有太多特殊的要求，除了对含有髓质物的偏爱之外。我在上面所举出的例子并不十分完全，蓑蛾毛虫认为任何物质都有其用途，所以它们总是会不加区别地对待这些东西。毛虫不会对找来的材料进行特别的加工，无论长度如何，也无论样子怎样，只要是干燥的、轻薄的、面积大小合适的，而且是能够在空气中长期停留受到浸渍的通通可以。就连屋顶上方的板条蓑蛾也不会对其进行切割，而只是原汁原味地将它们收集并且排列组合。蓑蛾对板条的排列呈叠瓦状，一根接着一根。它们只要把这些板条的前段固定下来就可以了。

在柴捆的前端部分并没有由小梁形成的覆盖层，那里有着比较特殊的结构。因为覆盖层比较坚硬，而且也比较长，所以有可能致使毛虫不能灵便地活动与劳作，甚至会完全阻挡毛虫的行动。为了保证毛虫活动自如，而且在放置新材料时能够让爪子自由活动，所以柴捆的前段需要非常灵活的结构。这就是一个圆筒似的颈状物，它能够让毛虫在任何一个方向上进行劳作而不受到丝毫妨碍。

颈状物上面布满了细小的木块，它们对于柴捆的牢固程度有着适当的加固作用，同时也不会降低柴捆的韧性。蓑蛾毛虫会用自己的大颚将原本干燥的麦秸磨碎，然后用残渣制成一个有绒毛的外壳，而颈状物的内部则是由纯丝做成。丝绒在风吹日晒之后褪去了原有的光润与丝滑，看起来有些陈旧。柴捆的尾部非常长，裸露着。其实这个部位只是一个附属品，它的顶端呈半开状。颈状物整体上呈现为丝质的网状结构，由于它能够让毛虫自如地进行活动，所以几乎所有的蓑蛾毛虫都会利用它。每只毛虫的柴捆前端都会有这么一个摸上去很柔软，而且也易于弯曲的颈状物。无论各个毛虫柴捆的其他部位有多大的不同，颈状物这个东西都是不可或缺的。

接下来我想了解一下构成柴捆的栅条数量，所以我必须把柴捆一个个地拆掉。栅条被拆解后里面是一个空心的圆柱体，从前到后，每个柴捆都是如此。我们能够很清楚地辨认圆柱体的两端，它们都裸露在外面，有着非常结实的丝质组织，用手指根本不能将它们拉断。这种丝质组织的外部呈灰色，比较粗糙，还有一些小木片嵌在上面；而内部则是白色，细腻光滑。构成柴捆的栅条数目各不相同，有的柴捆甚至由八十根以上的栅条构成。

那么，蓑蛾毛虫是用怎么技巧来为自己制作这个柴捆外衣的呢？我们对这个问题探索的时机到来了。柴捆由合成材料制成，这层合成材料的上面还覆盖着一层灰粉色的木质棕色粗呢。这种物质不仅能够使柴捆变得结实牢靠，而且还能节约丝的使用。由于毛虫细嫩的皮肤需要与柴捆的内里直接接触，这层内里需要格外的柔软与光滑，因而组成合成材料的物质也需要柔软。它们是由丝绒还有一些其他的物质组成的。此外，由叠瓦状排列而成的板条所形成的瓷器也是这层内里的组成部分。

↗有些蛾有着尖细的翅膀和流线型的身躯，善于飞行。

哪种昆虫的求爱礼物最奇特

如果雄蛾要给雌蛾占雄蛾1/5体重的精液和营养的话，它首先要保证雌蛾不会在产卵之前就死去。雌蛾最大的危险是被蜘蛛吃掉，雄蛾要不顾一切阻止这一切的发生。这就是鲜红色的雄黄蜂蛾为雌蛾所做的。它飞到狗茴香上，以它们含有的毒素（氮杂戊环生物碱）为食。这些化学物质对蜘蛛以及大多数别的无脊椎动物来说具有很强的刺激性，它们会进入蛾子的一对腹囊中，腹囊里有许多精细的、能收放自如的细丝。雄蛾发现了雌蛾的话，作为一种求爱的方式，它会用这些黏黏的、含生物碱的细丝来装饰雌蛾。为了确定雌蛾能被保护，它还会随精液射入一些生物碱到雌蛾体内。

狗茴香产生氮杂戊环生物碱的目的是为了使叶子免于被食草昆虫吃掉，但是自然界似乎给万物都设计好了一种方式——事实上，鲜红色的黄蜂蛾对这种毒素具有免疫力。蜘蛛在进行捕捉的时候，它们能觉察到生物碱的气味，所以它们根本就不想碰到雌蛾，更别说吃它了。生物学家为了证明这一点，他们把一只被含生物碱的细丝装饰的雌蛾放在一个蜘蛛网上，蜘蛛切断网住雌蛾的丝，将它放走了。这种雄性昆虫为了使它的性伴侣免于受伤害，确实采用了人们所知道的独一无二的方式。

↗鲜红色的雄黄蜂蛾从狗茴香上吸取毒素，这些毒素可以有效地保护自己或伴侣不受蜘蛛的伤害。

夜蛾靠什么与蝙蝠“斗法”

蝙蝠号称“活雷达”，因为它能在夜间随意飞行捕捉猎物，却不会撞到障碍物。这就使蝙蝠成为很多小飞行动物的克星。但有一种动物却能轻易地避开它，那就是夜蛾。这一点引起了科学家们的极大兴趣。

人们通过电子仪器发现，蝙蝠在飞行时，口中可以发出几万赫的超声波。当碰到昆虫或障碍物时，这种超声波会被反射回来，被蝙蝠的两个耳朵接收。传到神经中枢以后，蝙蝠便可准确地判断出目标和距离。因此，这种超声信号是蝙蝠能准确地捕捉到昆虫、避开障碍物的“秘密武器”。

由于超声波的频率在2万赫以上，人的听觉是感觉不到的，所以人听不到这种声波。和其他波动一样，超声波可以在各种媒介诸如固体、液体、气体等物质中传播，并且速度和声波相同；而且在两种媒质的交界面上，也会发生反射和折射。所不同的是，和普通声波相比，超声波频率高，波长短，所以它像光波一样，可以集中向一个方向传播。在传播中即使遇到很小的障碍物，也会发生反射。

科学家们发现，正是这种精确的超声波定位系统，即声呐系统，保证了蝙蝠捕食昆虫不会发生判断失误的情况。有时它在短短一分钟内可以捕捉19只蚊子，其速度之快让人不得不佩服。但蝙蝠在捕食夜蛾这种昆虫时却并不顺利。科学家们反复研究后，终于发现了夜蛾不易被蝙蝠捕捉到的秘密。

原来，夜蛾具有一套精妙的反声呐系统，可以对抗蝙蝠的侦缉。夜蛾是一种害虫，危害棉花、玉米和果树。在它的胸腹之间，长有特殊的“耳朵”——鼓膜器。这种鼓膜器能听到20万赫的超声波。因此，当蝙蝠发出超声波时，它能听到并及时逃避开。即使在充满噪声的情况下，夜蛾的鼓膜器也能非常灵敏地分辨出蝙蝠发出的声波，它的灵敏度比世界上最好的微音器还要好。

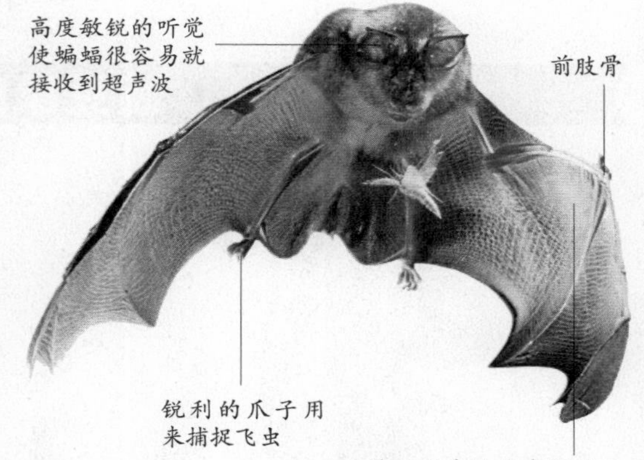

↗蝙蝠在捕食夜蛾。

↗夜蛾身上长长的绒毛，可以将超声波吸收。

对抗蝙蝠的另一个“法宝”，是夜蛾的振动器。这是一种长在关节上的振动器，它能发出一连串的超声波，干扰蝙蝠的超声波，使它无法摸清夜蛾的准确方位。

有些夜蛾身上还长有一层绒毛，这层绒毛也有保护作用。这种绒毛能吸收蝙蝠发出的超声波，使得蝙蝠的“声雷达”的作用距离因收不到足够的回声而缩小，从而使夜蛾得以逃出蝙蝠的“罗网”。

夜蛾的精妙的反探测系统为武器设计者打开了新思路。受蝙蝠高超的“超声定位”系统和夜蛾的反声呐系统的启发，科学家们准备研制一种新的抗干扰的雷达装置。这项技术一旦获得成功，将在军事侦察、天文、气象观测中广泛应用并发挥巨大威力。

所以说，大自然是人类创造活动的不竭的灵感源泉。随着人类对大自然认识的不断加深，相信我们可以发现更多令人惊叹的奥秘，创造出更多的为人类造福的仪器。

法布尔昆虫趣谈

豌豆象的产卵

↗一只豌豆象正在一棵豌豆荚上进食。

人类对绝大多数植物根源的了解是非常少的，甚至是一无所知。例如我们最熟悉的小麦，它是禾本科植物，同时也是面包的供给者，但我们却不知道它究竟从何而来。古老的东方世界是农业的诞生之地，可是没有一个采集标本的人在还未被翻犁过的土地上找到过小麦的痕迹。无论是在国内还是在外国，人们除了能够细心地照料土地里种植的小麦之外，对于小麦的根源始终无从寻找。

豌豆是一种性格较为温顺的植物，只要人们稍稍给予它一点关怀，它就会给予我们很多的回报。因此豌豆也获得了人类很高的赞誉。瓦罗和科吕麦拉的年代已经离我们远去，小硬豌豆和紫花豌豆生长的年代也渐渐久远。从古至今，豌豆在人们精心的种植与呵护下，它的果实长得越来越大、越来越嫩，也越来越甜美。但是，它的起源在哪里？我们无法回答这个问题，我们也不知道第一个使用沿穴熊的半颌骨来犁地的人是谁。我们所生活的地带找不到与豌豆相同的植物，或许在其他地域可以找得到吧？模糊的可能性是植物学能够给我们的唯一的答案。

我们不了解小麦和豌豆的起源，同样地，我们对大麦、燕麦、黑麦、萝卜、小红萝卜、胡萝卜、笋瓜、甜菜等植物的起源也不是特别清楚。千百年来，人类只不过是对模糊不清的事物进行不断地猜测，而没有过确切的答案。大自然为人类提供了无数未经培育的野生植物，这些植物在最初的时候并不愿意为我们提供食物。大自然在赐予我们植物的时候，它们全都是未经栽培的，如桑葚和灌木丛的黑刺李。为此，人们不得不通过辛勤的劳作和积攒下来的经验来精心地培育它们。而种植植物所留下的经验却是人类的一笔不断上升的财富。

豆类植物和谷物虽然是为人类供给食物的主要作物，但它们绝大多数都是经过人工栽培的植物。人类为了从它们身上获取更多的食物来源而不惜花费大量的精力对它们进行培育，最终这些植物也毫不吝啬地为我们提供了大量的食物。人类对小麦、豌豆等植物有着必不可少的需求，也正是由于这样的需求才促使我们不断地改进种植方式，从而有了盛产的植物。然而一旦我们对这些植物弃之不顾，那它们就不可能再成为人类的食物供给者。这是由于它们自身的力量无以抵挡自然界其他力量的攻击。就像没有羊圈的羊在很短的时间内会消失不见一样，没有人类精心照管的植物，尽管它们一开始有着无数的种子，也会在瞬间化为乌有。

大自然对待地球上的一切生物都是公平

的，它在给予人类丰富食物与物质的同时，也为其他生命提供了同样的维持生命的原料。虽然能够提供食物的植物是在我们的精心培育之下才有的，但它们却不为我们人类所独有。在人类囤积的粮食和食物盛宴面前，来自四面八方的食客会纷至沓来。而且我们能够提供的食物越丰盛，那么来的客人就会越多。人类在生产充足丰富食物的同时，也招来了越来越多的饿着肚子的虫子。粮食储备得越多就越对这些昆虫们有利，而对我们的贡税要求也就越沉重。

昆虫们不用在田间劳作就可以获得大自然给予它们的恩赐。它们在人类生产出来的粮食仓库中安营扎寨，还用灵活尖利的嘴一粒粒地啄食粮食，最终把我们辛苦耕作出来的粮食啄成糠。豌豆象无法了解田间耕作的艰辛与劳苦，然而在作物丰收的时刻它还是能够获得丰收物的一小份。大自然让豌豆荚成熟起来，这不仅是为了在田地里辛苦耕耘的人类，同时也为豌豆象做了这一切。不同的是，我们的皮肤被太阳炙烤成了黑红色，我们的腰背累到直不起来，而豌豆象却安然无恙。

豌豆象从哪里来？这个问题得不到一个准确无误地答案，我们只能说它是从隐蔽的场所里飞出来的。酷热的夏季使得悬铃树能够自行将树皮剥开，正是这种略微抬起的木栓质树皮为豌豆象和其他一些小虫子提供了躲避恶劣天气的场所。在严寒肆意横行的冬日里，豌豆象躲藏在铃木的枯树皮下面，以冻僵的状态度过寒冷的天气，直到这样的季节彻底过去。等到春暖花开的季节，第一缕温暖的阳光洒在铃木树上时，豌豆象就会从麻木的状态苏醒过来。豌豆象的本能让它知道豌豆开花的时期，只要到了季节，它们就会从四面八方哼着小曲欢快地飞到园丁劳作的地方，享受豌豆带给它们的快乐。

豌豆花有着白色的花边，像蝴蝶的翅膀一样美丽。豌豆象们就选择在这样美好的住所里繁殖后代。在产卵时刻到来之前，豌豆象们纷纷开始占领花瓣。有些豌豆象选择花的旗瓣下作为自己的住所，有些则将自己的房子安置在龙骨瓣的小盒子中，但是很多的豌豆象都在搜寻花序，并且将它们占为己有。婚配的时刻选择在上午进行，因为这个时候的阳光虽然强烈但是没有让人腻烦的感觉。豌豆象们双双对对地结合起来，享受温暖的阳光和美丽的豌豆花带给它们的欢乐。一队队的豌豆象时而分开，时而又重新组合在一起，好不快乐。等到正午到来后，由于阳光炽热，豌豆象们便藏匿在自己已经寻找好的豌豆花住所里，躲避强烈阳光的炙烤，待明日以及日后更多的上午时光，再度享受欢乐。这样的欢快日子一直能够持续到龙骨瓣的小盒子被鼓胀起来的豌豆果实弄破。

豌豆象是繁殖茂盛的家族，在产卵的适当时节还没有到来之时，就有一些迫不及待的豌豆象将自己的卵产下。但是还没有成熟的豆荚显得非常细小且平扁，它们的花蒂才刚刚褪除。这些心急火燎的豌豆象们就把卵产在了稚嫩的豆荚里。这些卵看起来情况不大好，因为卵的所在地还十分脆弱，而且没有粉质堆。急急忙忙产下来的卵也许是被卵巢强制性地排除掉的，因为卵巢不能等待。豌豆象的幼虫一旦出生就必须有便利的食物供给，否则很快就会死去。这样看来，急忙产下的卵成活的希望是非常渺小的。在还没有成熟的豆荚那里，豌豆象不可能找到方便的食物，除非它们等待果实彻底长成。不过豌豆象并没有因为自己过急的产卵而导致家族的消亡，因为它们的繁殖率非常高。虽然大部分卵都逃脱不了死亡的命运，但是豌豆象的多产使得这个家族依旧热热闹闹。

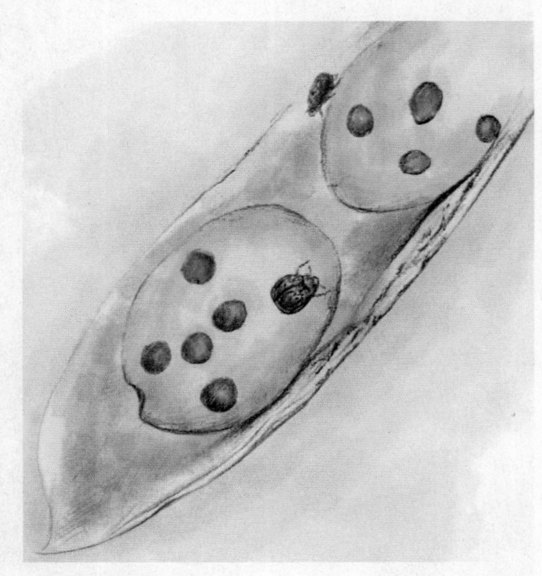

↗豌豆象和它们的卵

蝉为什么要“引吭高歌”

炎炎的夏日，树上的蝉总是在“知了、知了……”地叫个不停，令人心烦意乱。细心的人会发现，蝉刚开始叫的时候是低沉的“咚咚”声，然后逐渐变成烦人的噪音，震耳欲聋。天气越热它们叫得越欢，而且时间还越长。可是只要一到傍晚，凉风一吹，蝉们就默不作声了。

有意思的是，古代文学家为了抒发自己的情怀，常常以蝉为诗，他们认为蝉只吃树上的露水，不沾俗尘，是一种十分高洁的动物，所以常用它喻指自己的品行高洁，从而来咏叹自己的怀才不遇。

尽管如此，人们对蝉的认识还是从它的噪声开始的。在动物世界中，蝉可算得上是一个出色的“鼓手”。在它的腹部两侧各有一片薄膜，叫做声鼓，一块盖片覆在其外。里面不仅有鼓膜，还有一个完整的扩音系统，由1个音响板、2片褶膜和1个通风管组成。蝉在高歌时，你不要以为它是用锤敲鼓，相反它是使肌肉徐徐颤动，拉动鼓膜，振动空气，又在褶膜里使发出的颤音扩大，然后从音响板上将颤音反弹回来，音量就变得更大。接着，只要一张开穴

↘几只蝉的“合奏”，将形成令人烦躁的噪音。

上的盖片，鼓声就传扬出来了。

蝉为什么要如此“引吭高歌”呢？原来，这嘹亮的歌声是求偶的表现，希望引起其他蝉们的注意，这标志着它就要举行“婚礼”了。一般成年雌蝉都不会发出声音，只有成年的雄蝉才会引吭高歌。

蝉可算得上是世界上最长寿的一种昆虫，然而它却要在地下度过大半生。幼虫一般要在地下生活2~3年，长的可能要5~6年。现在，科学家所了解的寿命最长的蝉是美洲的17年的蝉和13年的蝉，也就是说它们每隔17年或13年才孵化一次。蝉所遵循的生命循环是十分奇异的，所以科学家叫它周期蝉。

蝉的幼虫从地下钻出来的时候，会在地面上留下一个个小圆洞，像蜂巢一样。这时的蝉还没有翅膀，最为坚强有力的是前腿。它们爬上树梢或草丛，蜕掉一层浅黄色的蝉衣后，就变成了有翅膀的蝉。

成年后的雄蝉很快就会发出求偶的鸣声，这些声音对雌蝉来说，就像是一种美妙的爱情乐曲，从而使“婚礼”的进程加快了。受精后的雌蝉会把嫩枝劈开，把卵产在枝叶内。完成延续种族的任务后，雄蝉和雌蝉于几个星期后就死去了。

此外，蝉的声音还有另外两种含义，一种是集合声，受每日天气变动和其他雄蝉鸣声的调节；另一种是被捉住或受到惊扰飞走时的粗厉鸣声。蝉的鸣叫还能预报天气，如果蝉很早就在树端高声歌唱起来，这就告诉人们“今天天气很热”。

① 秋蝉开始羽化。

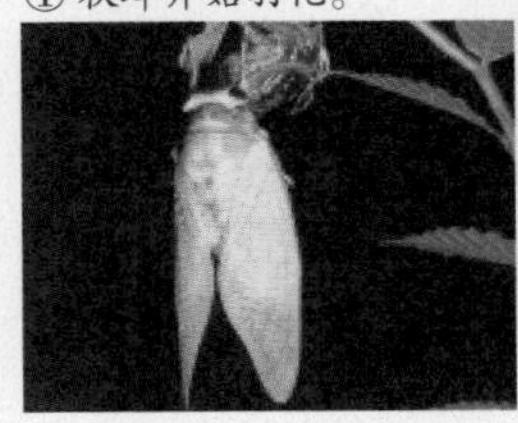

② 羽化完毕，身体由绿色变成褐色。

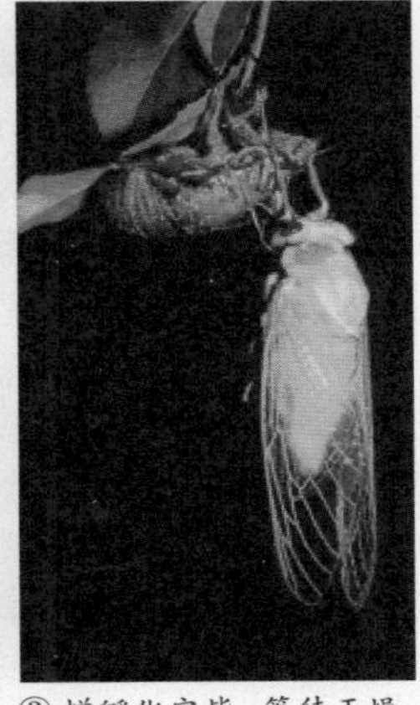

③ 蝉孵化完毕，等待干燥。

↑ 蝉蜕皮的过程

↗ 红熊蝉，体长40~47毫米。黑色，上翅基半部翅为橙黄色或橙红色，腹部黑色，外缘与内缘橙红色，生活在平地与低海拔地区，多栖息于乔木枝干上觅食。

虽然成年的蝉死去了，但生命依然在循环不息。嫩枝内的受精卵不久便孵化出来，新一代的生命又开始了。

美国的科学家发现，蝉至少有20个不同的族群，各自根据自己的生命周期进行繁殖。因此，每年都有不同族的蝉出现，这样来看17年的周期似乎也就不长了。

也许很多人会问，蝉为什么要大半生都过着暗无天日的地下生活呢？蝉在地下度过漫长的幼虫时期，通过树根得到水分和营养，这样就可以几度寒暑。生物学家认为，蝉的这种繁殖方式有一定的自然保护意识。因为这样可以使蝉少受鸟类等捕食动物的攻击，从而保存了有生力量。

英国科学家于不久前证实了蝉和蟋蟀等能担任天气预报的工作。原来，蝉和蟋蟀频繁发出的特殊声音与气温有很大关系。科学家们据此绘制了一张图表，从而可以预报第2天早晨是冷还是热。

夏日，人们早已熟悉了蝉的聒噪，然而细细了解蝉之后，才发现居然有这么多的学问。看似很寻常的一件事，背后竟蕴藏着如此深奥的道理，看来大千世界还有无数的奥秘等待人类去发现。

法布尔昆虫趣谈

蝉的动人歌唱

关于蝉的寓言故事其实有很多，可是关于蝉的一切，这些写寓言的人或是传言的人是不是真正地了解呢？就连18世纪初期法国著名的科学家、昆虫学家雷沃米尔自己都承认，他从来没有听过蝉的歌声，谁会相信写出《昆虫志》这样鸿篇巨制的昆虫学家，自己居然没有听过蝉的叫声。他只看过浸泡在跟消毒液有着相似功用的烧酒里的蝉而已。他们看过解剖后的蝉，在那些解剖者对蝉的发声器官作出准确的描述后，他们以此作为自己的理论源泉，然后创作出了让后人一直误会蝉的寓言。

大师已经把基本的方向定夺下来了，我们只能照着前辈的方向走下去。就像收割一样，大师把大捆的麦子收走了，我们只希望拾到的麦穗能够捆成小堆。就像雷沃米尔在听交响乐的时候，我能听到的可远远比那隆隆作响的交响乐要多。也许我能让话题听起来更加吸引人一些，就像对那些已经存在的资料，我只有在做基本的讲述时才会翻来覆去地使用。

我想说说蝉的发音器，就紧紧地贴在它后腿的地方，在后胸部位，像两片半圆形的锅盖一样，很宽。这就是蝉发音器官的音盖，我们也叫它顶盖、制音器或者是护窗板。如果尝试着把这个器官打开来，就会看到两个小教堂，两个小教堂加在一起就是一个大教堂，也是一个巨大的音腔。音腔的前面有一层质地柔软细腻的膜，呈黄色的乳状，而后面又是一层很薄的虹色的膜，像干燥的肥皂泡一样，普罗旺斯人叫它镜子，只是一个器官而已，发音跟镜子相似，我只能这么叫。

这些可以看得见的器官就是很多人印象中的蝉的发声器官，但是如果你能忍心做这样一个实验，就会发现，这些一直以来的想法根本就是错误的。是的，我又当了一次坏人，因为我急切地想知道到底是什么样的构造使得它们有这样嘹亮的声音。我剪掉音盖，把薄膜撕破，甚至把镜子也打碎，我本以为这样一来，这些高声歌唱的家伙就会像失去创作灵感的艺术家一样，再也无法一展歌喉，可我错了，它们的声音依然存在，只是略微变小了而已。所以，大教堂也好，前后的薄膜也好，还是音盖也好，都不是它们发音的真正的工具，只是增强或是改变声音的辅助器官。那么真正的发声器官到底在哪里呢？

是的，我不得不承认，前几次的观察和寻找我并没有发现真正的奥秘所在，真正的发声器官是在两个小教堂的外侧，这里跟腹背交接的地方，有一个小孔，一个包着角质外壳像纽扣一样大小的小孔，音盖就罩在它的上面，所以我叫它音窗，它通向另外一个比小教堂要大得多的空腔。这里比较靠近后面的翅膀，并且也比小教堂要狭窄很多。外壁是一个很难让人忽略的地方，因为在一片闪着银色光泽的绒毛中，只有这里黑得几乎失去了光泽，而且像一个小丘陵一样微微地隆起，整个呈椭圆形。

真正的发声器官其实是音钹，想要找到这个器官就要在音室上打开一个大的天窗。接着你就会看清这个器官的全貌：向外突起的椭圆形薄膜，呈白色，上面还穿插着三四根褐色的脉络，这样一来，这里的弹性就更加出色。整个音钹固定在周围的框架上，框架很坚硬。很容易想象，当像橡皮筋一样的脉络受到拉伸的时候，自然会带动整个音钹向中间凹陷，但是坚固的框架让脉络无能为力，最终还是要弹回来，这样，音钹又迅速地恢复到凸起的状态，一个清脆的声音就这样产生了。

这让我想起了二十多年前的一种玩具，当时那种恼人的东西真的算是风靡了整个巴黎，其原理跟蝉的发声原理是基本一样的。制造商把一个短的钢片的一头固定在一个金属底座上，这样一来，当人们用手指将钢片挤压的变形的时候，突然放手，钢片就会迅速弹回去，然后发出一个响声，人们还为这种玩具起了一个名字，很形象，似乎是叫“噼啪”或者是“唧唧”，大概就是这样。当时我真的很不理解这种玩具怎么会风靡一时，我甚至害怕现在再来描述这样的玩具时，很多人都不知道我在说的是什么，我想这也足以证明它的存在的确没有给人们留下什么印象。

蝉的音钹的发声原理其实就是跟这个小钢片一致的，或者也许这个玩具的制造商正是受到了蝉的启迪。让我有些疑问的是，小钢片发声的时候，是因为有人用手指给它施力，可是蝉不一样，没有人会因为想让它发声而跑去用手指给它的发声器官施力。那么音钹是依靠什么来调节发音器官的凹凸的呢？让我们再回过头来研究教堂的原理吧，先说大教堂，一片黄色的乳状薄膜挡在前面，我们把它撕破，看，两根粗粗的肌肉柱子就这样显现了出来。这两根肌肉柱就像人拨弄钢片的手指一样，连接起来，成一个V字形。在蝉腹背的中线上，同时也就是V字形的顶点部分，而V字形两端的端口上，有点像被刀生生地截断了一样，在横截面上，又长出一根细细短短的系带，这样一共两根系带对应着跟两侧的音钹相连。这样真相就大白了，系带就相当于人们拨弄钢片的手指，音钹就相当于玩具中的钢片，而玩具的底座，就是蝉身上坚固的框架，这样一来，靠着肌肉柱一张一弛地伸缩，音钹就可以不停地做凹凸的变化，清脆的声音就这样回荡在它的教堂里。

也就是说，只要肌肉柱能够伸缩，蝉就能发出叫声。我找到了一只刚死去不久的蝉，小心翼翼地把它解剖，找到肌肉柱的存在，然后用镊子轻轻地拉动它，接着松开镊子。肯定是刚死不久的原因，肌肉柱还可以迅速弹回去，一个清脆的声音又响起了，很戏剧化的，眼前的发声器的主人已经毫无生气可言，但是在一段时间内，用我的方法，声音还可以源源不断地从它的体内传出来，尽管没有以前那样响亮，没有办法，我只能让这具尸体发音，却不能让它再去调节声音的大小。也就是说，真正的发声器是音钹。我们之前的实验想要找出蝉的发声器官，我们打碎了镜子，破坏了教堂，但是还是无法让这些小家伙安静下来，尽管它们看起来已经破败不堪了。现在做了这个实验之后，我们就知道了，要想让这个小东西不再唱歌，其实不用做这么大的破坏，我们只要一根细细的针就可以了。拿一根针从被我叫做音窗的地方伸进去，尽量地伸到音室的底端，这样就可以触及音钹，不用太用力，针尖就会刺破这个部位，这样一来，这只蝉就再没有办法高声歌唱了。也许它还可以像以前一样欢快，甚至还可以用自己细细的喙来钻开树皮喝到甘美的汁液，谁也看不出它跟其他的伙伴有什么不一样，它却不能高声歌唱了。因为音钹上面有了一个缺口，这样一来，整片音钹就不能做凹凸的变换了，就像船上的帆一样。本来帆是可以控制航向的，但是如果在帆上打上大大小小的洞，就算刮再大的风，帆还是一动也不会动，音钹也是同样的道理。

↗蝉慢慢地爬出洞。

哪种昆虫的嗅觉最敏锐

许多动物依靠嗅觉去寻找食物或者配偶，甚至以此来辨别周围的路径。有些动物居住的环境使得它们的某些感觉器官很少使用，如大部分在黑暗中活动的动物就很少利用它们的眼睛，而在嘈杂环境中生活的动物就很少利用它们的耳朵，因此它们更加依赖嗅觉。

有些动物，如鲨鱼可以有针对性地利用它们的嗅觉，它们对那些与进食或者繁殖有关的气味特别敏感。事实上，嗅觉对于鲨鱼是如此重要，以至于它们的嗅觉器官被称为“游动的鼻子”。它们的嗅觉接收器可以进行微调，以便接收很低浓度的血液和其他化学物质的气味。还有许多其他的动物也有类似的嗅觉接收器。有些鲶鱼有超级的接收器，它们能嗅出水中一百亿分之一的化合物的气味。

但是，蛾子，尤其是雄性的蛾子，很可能是嗅觉最灵敏的记录的保持者。它们利用触角导向目标追踪性别信息素（一种由动物，尤其是昆虫分泌的化学物质，会影响同族其他成员的行为或成长），或者由雌性蛾子释放出的化学物质，就能判断出这些雌蛾是否适合产卵。有些雌蛾会故意弯曲运动路线，释放出少量的信息素，这样一来，只有那些触觉极其灵敏的雄蛾才能找到它们的踪迹。嗅觉灵敏度的最高纪录保持者很可能就是波吕斐摩斯蛾，它的触角只要接收到一个信息素的分子就能在大脑中产生反应。

↘ 波吕斐摩斯蛾

蟋蟀、蚱蜢和纺织娘是近亲吗

蟋蟀亦称“促织”、“趋织”、“吟蛩”、“蛐蛐儿”。昆虫纲，直翅目，蟋蟀科。触角比体躯长。雌性的产卵管裸出。雄性善鸣，好斗。全球约2400种，长0.5~7厘米。触角细，后足适于跳跃，跗节三节，腹部有2根细长的感觉附器（尾须）。前翅硬、革质；后翅膜质，用于飞行。雄虫通过前翅上的音锉与另一前翅上的一列齿互相摩擦而发声。

蚱蜢属于昆虫纲、直翅目、蝗科、蚱蜢亚科。成虫体长8~10厘米，常为绿色或黄褐色，雄虫体小，雌虫体大，背面有淡红色纵条纹。前胸背板的中隆线、侧隆线及腹缘呈淡红色。前翅绿色或枯草色，沿肘脉域有淡红色条纹，或中脉有暗褐色纵条纹，后翅淡绿色。若虫与成虫近似。卵成块状。

世界上共有5000多种蚱蜢，其中的许多种不仅能跳，而且能飞。在它们又窄又厚的前翼下面，有一对又宽又薄的后翼。蚱蜢飞行时，抬起前翼，而拍打后翼。不过它们更多的是用脚行进而不是用翅膀飞。

↘纺织娘通常以叶子和果实为食，但是它们有力的颚部可以咬得敌人非常之疼。

↙绿色大蟋蟀又名纺织娘，很多纺织娘都以树叶或者树皮的颜色作为保护色。

纺织娘属于昆虫纲、直翅目、纺织娘科。它体型较大，体长约5~7厘米，体色有绿色和褐色两种。纺织娘的体形很像一个侧扁的豆荚。头较小，其触须细长如丝状，前胸背侧片基部多为黑色，前翅发达。雄虫的翅脉近于网状，后腿长而大，健壮有力，其弹力很强，可将身体弹起，向远处跳跃。

雄性纺织娘的前肢摩擦能发出声音，每到夏秋季的晚上，常在野外草丛中发出“沙沙”或“轧织、轧织”的声音，很像古时候织布机织布的声音，因而被人们取名为“纺织娘”。

从种属关系上来看，蟋蟀、蚱蜢和纺织娘都是昆虫纲、直翅目下的一种。它们都具有如下特征：前翅革质，后翅膜质，静止时成扇状折叠；前足和中足适于爬行，后足形成跳跃足；口器咀嚼式，雄虫常具发音器。它们以植物为食，很多是农业上的重要害虫。

但是，蟋蟀、蚱蜢和纺织娘之间也存在一些不同之处。比如纺织娘、蟋蟀等的卵为散产，蝗蚱蜢则多产于卵囊内；纺织娘和蟋蟀的雄虫常具发音器，以左、右翅相互摩擦发音，而蚱蜢则以后足腿节内侧的音齿与前翅摩擦发音；纺织娘、蟋蟀的听觉器官位于前足胫节基部，或显露，或呈狭缝形。蚱蜢的听觉器官位于腹部第1节的两侧，近似月牙形。

法布尔昆虫趣谈

蝉和蚂蚁的寓言

似乎人类很愿意以传言的方式去了解事物，不管是关于人还是关于动物或是关于某一件事情，大家可能往往都会一直相信从书本上、从别人嘴里或是从各种各样的渠道得来的信息，似乎没有人愿意再去印证一次，这些久为流传的事物当中，有很多其实都是很可笑不科学的。

比如关于蝉和蚂蚁的故事，这个寓言可能很多人在很小的时候就听过了。整个夏天，蝉都在树上高声歌唱，当看到小蚂蚁们成群结队地往洞里搬运食物的时候，它觉得这一切很可笑，还问蚂蚁："现在正值夏季，有这么多可口的食物，为什么要这么着急储藏食物呢？而且现在天气这么炎热，在这种天气里劳作是一件多么痛苦的事啊！"蚂蚁很诚恳地告诉蝉："夏天很快就会过去了，秋天到了的时候，就没有这么多的食物供我们储藏了，如果是这样，那么到了冬天，我们会饿死的。"但是蝉听了这些却不以为然，甚至还觉得蚂蚁的担心是多余的，于是继续在树上高声歌唱。很快夏天过去了，万物萧瑟的秋天到来了，蝉每天忙着找吃的都没有办法填饱自己的肚子，更不要说储备食物了。到了冬天，蝉忍冻挨饿，终于有一天，它受不了了，来到了蚂蚁家，乞求蚂蚁施舍给它一点食物，可是蚂蚁却说："过去在我们辛勤劳动的时候你在唱歌，现在你可以去跳舞呀！"这段寓言在很多小朋友的童年里都留下了很深的印象，并且深深地记住了一件事，那就是蝉是懒惰的家伙，我们不能向它学习，否则就不会有一个好的结局。

↗蝉和蚂蚁

这个寓言在之后很长的一段时间里，甚至一直到现在，还对人们有着深远的影响，大家现在还是认为，蝉是一个爱炫耀自己歌喉的懒家伙。可是事实真的是这样的吗？当然不是，蝉生活在有橄榄树的地区，事实上，这个地区很少有人会听见蝉的叫声。但是大家还是觉得它是个只会唱歌的懒虫。因为人们通常很信赖于来自小时候的记忆，就像很长一段时间都相信大森林会有吃掉小红帽的大灰狼一样，当我们钟爱的书本上出现这样一个寓言以后，儿童就会发挥他们的本性，把这些讲给身边的人听，大人们也认为这些牙牙学语的小精灵是不会骗人的，更何况这样的寓言是自己从小就学过的。于是，蝉的声望就这么被破坏了。它是人们口中到了冬天就会被饿死的可怜虫，是向蚂蚁乞讨的小乞丐，偶尔还要靠偷食我们庭院中的麦粒来维持生命，蝉在我们的眼中真算得上是毫无优点了。

可是真正的情况是，冬天的时候根本就没有蝉，就像我们不会在夏天看见雪一样；蝉也不会去偷吃我们遗落在庭院里的米粒，因为吃这样的食物会毁了它较弱的吸管；更不会去向小蚂蚁乞讨，让你去和小鸟对话行得通吗？尽管这么多不争的事实摆在眼前，可还是会有很多人说蝉是一个会鸣叫不停的懒东西。

造成这样一个甚至有点可笑的错误，使得蝉背负了一个莫名的坏名声，始作俑者到底是谁呢？只能说是这篇寓言的作者——拉·封登。当然首先要承认的是，在他的寓言中，对于其他动物的很多描写都是很细腻的，像对乌鸦、黄鼠狼、山羊、猫、狐狸还有狼等这些动物的描写都很生动，加上是用寓言的手法来描述，所以他的故事都让人觉得既细致入微又生动活泼，加上他对很多动物的习性、品行的描写都是正确的，所以人们对书中的内容很少产生怀疑。

但是人们没有想过，这些动物都是他见过的，细心观察过的，甚至会成群结队地出现在他家门前，它们的生活习性拉·封登自然很清楚。可是蝉这种昆虫，对于他来说可不是熟悉的物种，他只是凭借自己平时听见的叫声和从前得到的关于蝉的印象，就错把蝈蝈当成了蝉，这个错误在他看来不是什么大事，可是蝉却因为这个寓言一直背负了很多误解。

这个寓言传播范围的广泛程度是让人很惊讶的，这位法国的寓言家的故事很受欢迎，简单易懂，并且能让小孩子们学到很多知识。其实早在拉·封登之前，就有人写过了这个寓言，那就是希腊寓言，所以早在古代的希腊，孩子们就知道蝉是一个只知道享乐的懒家伙，最后有一个悲惨的结局。当他们背着草编的小筐，装满了无花果和橄榄，蹦蹦跳跳去上学的时候，他们就会高声地温习着课本上的寓言，虽然情节听起来没有后来拉·封登描写得那样生动，但是大致的内容是一样的。还是说蝉在夏天没有辛勤劳作，最后在冬天被冻死的故事。

还有人为了让拉·封登的寓言看起来更生动，还有人为他的寓言添加了插画，就是同样生于法国的画家格兰维尔。但可惜的是这位想象力丰富的画家犯了同样的错误，画面中的情节应该是寓言中冬天里发生的一幕。蚂蚁就像一个勤劳的主妇一样，好像是已经开始忙活着把潮湿的麦粒搬出来晾晒了，而可怜的蝉这时候就低声下气地站在门口，把自己长长的手伸进蚂蚁的家，想求得一点施舍，但是蚂蚁却

↗蝉并不是靠蚂蚁的帮助度过寒冬的，人们对它们有误解。

说出了最让孩子们铭记的话：“夏天的时候你在唱歌，那么现在你就去尽情地跳舞吧。”为了让这个画面更具讽刺意义，格兰维尔让蝉穿戴上了漂亮的衣帽，甚至还赐给它一把艺术家的吉他，向人们暗示这个在夏天高声歌唱的懒家伙现在遭到了应有的惩罚。可正是这把吉他显示了他在这个问题上的错误，他肯定也跟拉·封登一样，把蝈蝈错贯上了蝉的大名。

但我更不可原谅的还是希腊的作家，拉·封登不了解蝉，仅从解剖学家那里听了一些言论，加上自己的分析和天马行空的想象，才把蝉写成了一个整个夏天都在歌唱而不去觅食、最后在冬天饥寒交迫的状况下死去的可怜虫。但是希腊的作家不一样，它们天天都能够看得到蝉，只要稍加留心，甚至只是随便看一下，也不会创作出那么荒谬的寓言。如果说他们是根据古印度关于蚂蚁和蝉的故事而继续承袭，那更是让人不可原谅，因为这代表了他们不仅没有没有细心观察自己的生活，只知道一味地去遵循传统，更揭露了他们理解寓言时的肤浅。文明的古印度在流传开这则寓言的时候，旨在告诉人们要有居安思危的思想，做好充足的准备来应对以后的日子，以免苦难发生时没有防备。

萤火虫为什么能够发光

萤火虫流动的荧光常在夏夜给人们带来无尽的遐想，让孩子们获得谜一样美丽的想象。这些荧光五颜六色，有淡绿色、淡黄色，也有橘红色和淡蓝色。

萤火虫美丽的荧光可不简单，它带给科学家的启示可不少呢！科学家们根据萤火虫的内在机理，人工合成冷光，用在含有易爆瓦斯的矿井和弹药库中，也用于水下作业。

在医学上，科学家将从萤火虫身上提取的腺苷磷酸与癌细胞相结合，根据癌细胞内腺苷磷酸发亮的强弱程度来判断癌细胞生长的程度及其活跃情况。

在工业上，腺苷磷酸可用于探测金属的污染和分析过滤金属元素，亦可鉴定水的污染情况。在航天上，腺苷磷酸在探测太空是否有生物存在上也可大显身手。

夏天的夜晚，当人们看到一个个小亮点一闪一闪地在夏天凉爽的夜风中游来游去时，不用猜就知道是萤火虫。但与此同时，人们也很想知道萤火虫是怎样发光的。

萤火虫是一种世界性昆虫，世界各地都有，而且种类繁多。萤火虫身体扁平细长，一般来讲，都是雄虫有翅，雌虫无翅。全球总计约有2000多种不同的萤火虫，而且基本上都能发光。不仅是萤火虫的成虫，它的卵、幼虫、蛹也都能发光。它的这种特殊的本领是用来招引异性和“求爱”的。

可萤火虫为什么能发冷光呢？科学家们通过研究揭示了这个秘密。原来在萤火虫的腹部有一个发光器，发光器上有发光层，其表皮是小窗孔状的。在发光层下面是反光层。这些发光层上包含有几千个发光细胞，每个发光细胞里都有荧光素和荧光酶。荧光素在荧光酶的作用下，可以和氧化合发出荧光，而氧气是由发光器周围的气管供应的。

那么，萤火虫的光亮为什么会忽明忽暗呢？主要原因是当气管输送的氧气充足时，荧光强；当氧气减少后，荧光便会变弱，甚至完全熄灭。但是，在萤火虫体内有一种叫做三磷酸腺苷的特殊物质，这是一种高能化合物，它能一次次地为萤火虫再度点亮“活灯笼”提供能源。每当荧光变弱时，荧光素在与三磷酸腺苷相互作用后便重新再生而发光。

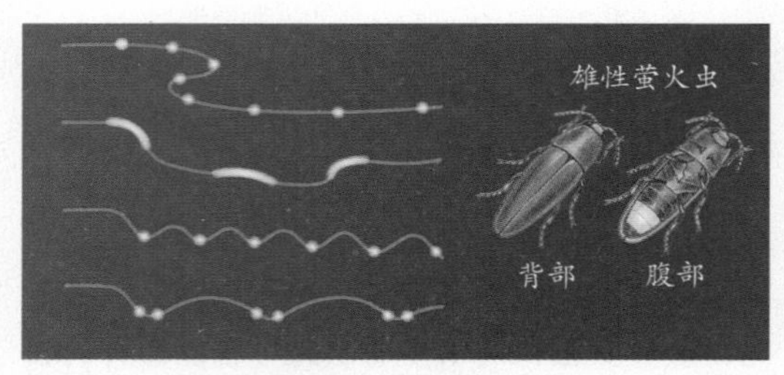

↗ 雄性萤火虫会用光向等在地上的雌性发出信号。每一种萤火虫都有自己的明暗间隔，随着雄性萤火虫在空中飞过可以留下不同的痕迹。图中是4种不同的萤火虫留下的闪烁明暗间隔图。

单只的萤火虫发出的光虽然微弱，但如果把许多萤火虫放在一起，它们发出的光就可以抵上一个灯泡发出的光。我国古代有个著名的故事说的就是一个书生怎样借萤火虫光读书的。晋朝时的车胤非常喜欢读书，但他家境贫穷，点不起灯。因此他想了一个办法，他用很薄的纱布做了个小口袋，然后抓很多萤火虫放到里面。到了晚上萤火虫都发光了，于是他就

↘ 三磷酸腺苷是萤火虫“活灯笼”美誉的能源，它们集聚在一起发出的光不亚于一只灯泡发出的光，这得益于其腹部有一个发光器。

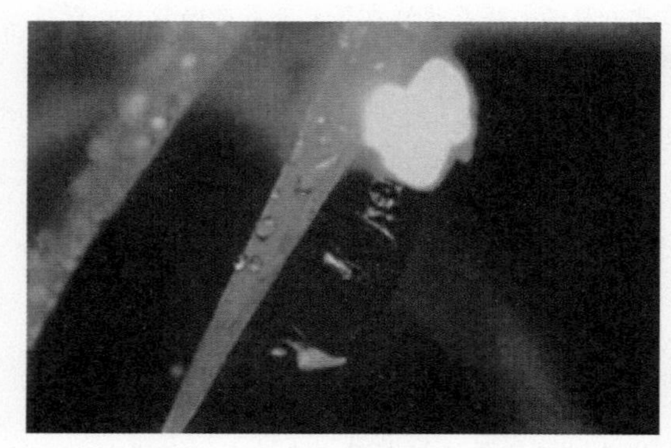

借着这个光亮读书学习。

在国外，也有一个与萤火虫有关的真实故事。那是1898年，在美军与古巴的作战战场上，著名的哥加斯医生正在为伤兵施行手术，不料灯突然灭了。这时他急中生智，用一个装满了萤火虫的瓶子发出的光亮，成功地完成了手术。据估计，集中37~38只扁甲萤在一起，它们就可以发出相当于1支蜡烛燃烧的光亮。

萤火虫发光的特性给了科学家很大的启发。最近几年，科学家们先是从萤火虫的发光器中成功地分离出了纯荧光素，后来又从中成功地分离出了荧光酶。此后不久，又用化学方法人工合成了荧光素，科学界称之为冷光源。目前，我们日常使用的光源，一般只能把1/10的电能转化成光能，而剩下的9/10都被转化成热能而损耗掉了，所以，发光效率很低。由于发电需要消耗大量的煤、油等不可再生性能源，不仅不利于环境保护，而且也很不节约。而荧光素是可再生资源，用它发光不用担心能源枯竭的问题。而且冷光源光色柔和，不会对人的眼睛造成刺激和伤害。除此之外，冷光源还有一个最大的优势就是它的能量转化率极高，它可以将几乎95%的化学能转化成光能，大大地提高了资源的利用率。

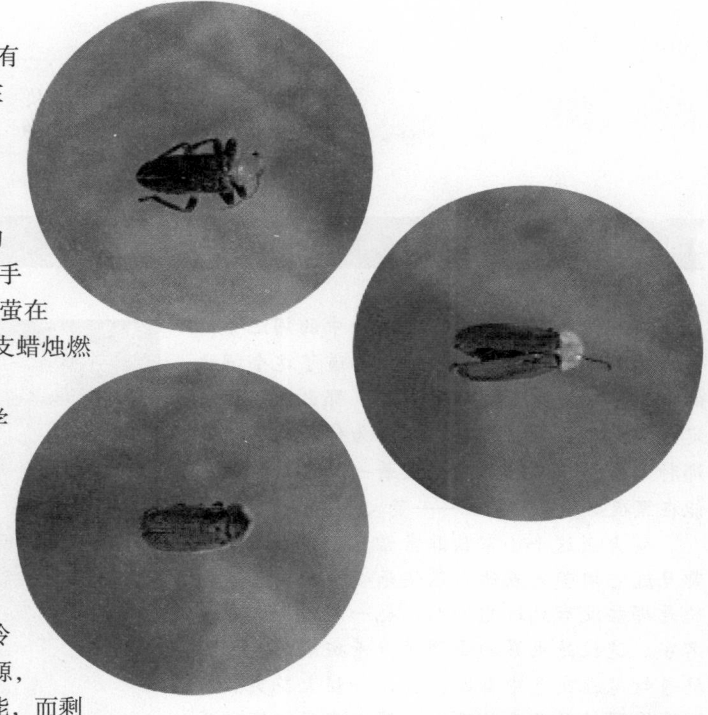

↗萤火虫是一种世界性昆虫，约有2000多种，其用途广泛。在医学上，还可以明目、泻火，使须发变黑。

根据目前科学界对冷光的研究成果，我们可以预见，在未来人类的生产和生活中，冷光将以其无与伦比的优势替代电光，并广泛地应用于制衣等领域。人们的生活将因冷光而更精彩。

↘夏夜，成群的萤火虫聚集在一起，在天空中发出耀眼的光芒，煞是好看。

↘荧火闪烁是萤火虫吸引异性和求偶的信号。研究认为，雄性萤火虫发光的时间越长，表明给其配偶的“婚礼”（精囊的昵称，它们大体上像雄性萤火虫在交配时给雌性提供的营养物）越大，它们成功交配的次数就越多，这样这些雌性萤火虫产卵也越多。

法布尔昆虫趣谈

萤火虫的习性

“朗皮里斯”，这个希腊语中的词汇会让你产生怎样的联想呢？如果你知道了这个词语的本意是“屁股上挂灯笼者”，那么我想你一定能立刻猜出来，接下来我将为你介绍的就是那种家喻户晓的、屁股上挂着一只小灯笼的、能在黑夜里发光的昆虫——萤火虫。

萤火虫这个小家伙非常常见，几乎所有人都见过它用萤光表达自己快乐心情的样子，即使是那些没有见过它的人，也一定听说过它的名字。这位昆虫界的小明星身着斑斓的盔甲，提着灯笼在夜色中舞蹈，就像一粒火花突然从滚圆滚圆的月亮上坠下来，消失在了茂密的青草丛中。

我那些自诩浪漫的法国同胞把一个一点都不浪漫的名字送给了这粒火花，他们叫它“发光的蠕虫”。严格来讲这个名字并不科学，首先萤火虫根本不是蠕虫，这一点在昆虫的分类学上再明确不过；其次，即使仅从外表上看，也不能把蠕虫的帽子戴在萤火虫的头上。

我想人们之所以叫它蠕虫可能是因为萤火虫在成年之前，确实有几分和蠕虫相像的地方，比如虽然雄性成虫到了交配成熟期后会长出鞘翅，就像其他真正的甲虫一样，但雌虫终身都会保持着幼虫的形态。即使是这样，“蠕虫”这个称呼也不恰当。因为蠕虫是没有脚的，但是那些暗夜中的舞者却足足有六只脚，虽然这些脚有些短，萤火虫却知道如何充分利用它们，甚至能迈着碎步小跑。再者，法国有句俗话说“像蠕虫一样一丝不挂”，这也就是说蠕虫是没有衣服的。看看那些萤火虫吧！它们衣服的色彩是那样的华丽，栗棕色、粉红色、艳红色，这斑斓的色彩涂抹在坚韧的外皮上，显得既华贵又英气。如此看来，那些赤裸裸的蠕虫和威风的萤火虫哪有一丝一毫的相像呢？

↗萤火虫

名称的问题可以暂且搁置一旁，我迫不及待地想要告诉读者关于萤火虫觅食的趣闻。曾经有一位美食家说过：“告诉我你吃什么，我就能说出你是什么样的人。”这句话对于昆虫来说同样适用，我们往往可以把昆虫的食物和捕食方法作为研究其生活习性的突破口。因为对于几乎所有动物来说，再没有什么事情比填饱肚子更重要了。

表面看上去小巧柔顺的萤火虫是一种食肉昆虫，而且它的捕食手段罕见地恶毒，这个事实大概会令很多人瞠目结舌。我之前阅读昆虫学家们的著作时就已经知道，蜗牛是萤火虫最爱的食物之一，但至于萤火虫是怎样捕捉并食用这些蜷缩在厚厚的硬壳中的美味的，我并没有从书籍里获得准确的答案。直到我对萤火虫进行了细致的观察和研究之后，这些谜团才最终被揭开。

萤火虫爱吃蜗牛，尤其是一种比樱桃还

要小一些的变形蜗牛是它们的最爱。这些变形蜗牛喜欢生活在稻田里或者沟渠边，整个夏季这些地方都比较潮湿，且杂草丛生，非常适宜蜗牛居住。它们常常成群地附着在稻秆上，其他植物的干枯的长茎也是它们的乐园。这些蜗牛非常懒惰，而且反应迟钝，我经常看到它们一动不动地趴在植物的茎秆上，就连危险的天敌——萤火虫靠近都毫无知觉。萤火虫对这些食物的聚居地十分熟悉，所以常常潜伏在那里，只要一发现蜗牛就会迅速出击，用精湛的外科技巧将猎物麻醉，然后大快朵颐。

为了得到更准确的资料，我在家里养了一些萤火虫。很简单，只需要一个大玻璃瓶、一点青草、几只蜗牛，然后把萤火虫放进去就可以了。和这些外科大夫相处并不是一件困难的事情，只要提供给它们的变形蜗牛能令它们满意就行。为了品尝这美味的食物，它们会毫无保留地将高超的手术技巧展示出来。不像人类的手术总要持续很长时间，萤火虫对蜗牛的袭击往往是在一瞬间发生的，所以只有耐心地等待，甚至不眨眼睛地盯着玻璃瓶，才不至于错过最精彩的瞬间。

经过漫长的等待之后，我终于看到了惊险的一幕：被萤火虫盯住的那只蜗牛全身都藏在壳里，只在壳的边缘露出了一点软肉。萤火虫在旁边窥伺了很久，猝不及防地一头扎了过去，看上去像是轻轻地触碰了蜗牛的软肉一下。蜗牛并没有像我想象的那样“嗖”地缩回壳里，而是像中了定身咒一样，纹丝不动。这一切，不过是眨眼间发生的事。

↗萤火虫看似温和，其实是凶猛的捕猎者。

接下来萤火虫就取出了它的手术刀——两片呈钩状的锋利的大颚，这需要借助放大镜才能看到，因为那大颚只有一根头发丝粗细，用肉眼难以分辨。如果把它放到显微镜下，还能看到弯钩上的细细凹槽。它的工具非常简单，却十分有效。萤火虫就用它轻轻击打蜗牛壳封口处的薄膜，就像在温和地敲门一样，动作轻柔地让人想起了孩子们嬉闹时互相用手指揉捏对方脸蛋的情景，孩子们那个接近搔痒而不是用力拧的动作被人们称作“扭”，萤火虫就是这样“扭”着蜗牛的。它的动作轻柔得完全不像笼罩着死亡阴影的蜇咬，仿佛只是温柔的接吻。

但对于蜗牛来说，萤火虫的吻是致命的。在萤火虫有条不紊地扭动下，蜗牛逐渐失去了生气，仿佛没了知觉一样。萤火虫还在不慌不忙地进行着手术，就像外科医生常常要歇口气、让护士帮自己擦擦汗一样，萤火虫每扭一次也会休息一下，它并不急于制服猎物，它需要不时地检验一下扭的效果如何。

一般来说，萤火虫的麻醉剂药效非常明显，它只要轻轻地扭几下（最多六次），并在这个过程中利用带槽的弯钩把毒汁注入蜗牛身体里面，就足以使蜗牛彻底失去生气。在那表面温和的蜇咬背后，却是残酷的死亡，这在昆虫界里并不罕见。

死亡不仅残酷，还常常突如其来、防不胜防。比如我曾经看到过有蜗牛正在地上爬行，它的动作非常迟缓，就像在享受生活，但是萤火虫仿佛从空中坠落下来的杀手，瞬间就毁灭了它的惬意。蜗牛有时候根本来不及挣扎，只是流露出一丁点不安的情绪就迅速陷入了昏迷，接下来等待它的，就是在不知不觉中成为萤火虫腹中的食物。

为了更直接地验证萤火虫的麻醉技巧究竟有多高超，我从一只萤火虫嘴边抢走了它的食物。这只蜗牛已经被扭了四五下，萤火虫大概马上就要开始进餐了，但美味被人强行夺走，它一定非常恼怒，想到这些我微微有些歉疚。

蜻蜓“点水”的奥秘

雨后的池塘上，常常能看到许多蜻蜓在飞翔，纤细的身躯、透明的翅膀在阳光下摇曳生姿，真是美极了。偶尔，蜻蜓平展双翅停在一株草上休息，又立刻飞开了。仔细观察，我们会发现蜻蜓一次次地不断地把尾部插入水中。其实，对于蜻蜓这一行为，人们早就注意到了，古诗“点水蜻蜓款款飞”就是最好的证明。

大大的复眼

←蜻蜓的身体纤细。

纤细的身体

在昆虫的世界中，蜻蜓堪称是最出色的飞行家。因为蜻蜓在作急速的冲刺飞行时，速度高达每秒钟40米。而且，即使连续飞上1个小时，它也不觉得累。

尽管身体很纤细，蜻蜓却有一颗滚圆的大脑袋，它的脑袋可以任意转动，头部的一半几乎被一对大复眼所占领。这对大复眼非常发达，每只复眼都由1万多只小眼组成。因此，疾飞中的蜻蜓能清晰地看到9米外的活动的昆虫的各个部分，甚至能看清千米之外的同类。

人们常常能看见蜻蜓点水，科学家们研究表明，这实际上是蜻蜓的产卵动作。蜻蜓为什么要把卵产在水中呢？这要从它的食物说起。蜻蜓专门捕食蝇、蚊、小型蛾类、稻虱等昆虫。1小时内，1只蜻蜓能消灭20只苍蝇或840只蚊子。而水中蚊子的幼虫——孑孓和蜉蝣的幼虫等可以成为蜻蜓的幼虫的食物。所以，蜻蜓把卵产在水中。

蜻蜓的卵是在水里孵化的，在变成成虫以前，一直都生活在水中。幼虫也有3对足，但不像我们平时所见的蜻蜓能飞翔的翅膀。它的下唇可以折曲，顶端是捕捉食饵的工具钳。休息的时候，口被折曲的下唇全部遮盖起来。它的主要食物是池塘中的蜉蝣或摇蚊等昆虫的幼虫。我们称这种蜻蜓的幼虫为水蚤。经过一年半，它们蜕皮十多次，然后爬出水面，蜕最后一次皮而变成蜻蜓。

全世界大约有5000多种蜻蜓，中国约有300种。蜻蜓的飞行也预示着天气的变化。蜻蜓一般喜欢在下雨之前或雨后初晴时出来。俗话说：“蜻蜓飞得低，出门带蓑衣。”就是说，蜻蜓在低空成群飞舞时，预示着阴雨天气。这是因为，此时的空气湿度大，小昆虫翅翼很湿，没有办法飞得高，而蜻蜓正以小昆虫为食物。此时，正是蜻蜓捕食的大好机会。

根据蜻蜓的这些特征，人们总结出一些规律：小暑前后，红蜻蜓在田野低空成群地飞行，预示着不久就是干旱高温天气。立秋前后，黄蜻蜓在田野低空盘旋，意味着很快就会有一段连绵阴雨天气了。

↘正在水中产卵的红眼蜻蜓。

↗ 刚刚蜕化出的蜻蜓

蚂蚁王国的有趣现象有哪些

蚂蚁属蚁科膜翅目，是地球上相当典型的社会性昆虫，它们的组织制度高度严密，群体中主要有雄蚁、雌蚁、工蚁和兵蚁。雌蚁，也称“蚁后”，是群体中体形最大的，生殖器官发达，一般有翅，在交配筑巢后脱落，主要职能为产卵、繁殖后代，是大家庭的总管。雄蚁，俗称“蚁王”，体形较蚁后小，触角细长，外生殖器发达，主要职能是与蚁后交配，但交配后不久便死亡。工蚁，又叫“职蚁”，体形最小，无翅，数量最多，是一群无生殖能力的雌蚁，故也称中性蚁，专门负责筑巢、觅食、饲喂幼蚁、侍奉蚁后、护卵、清洁及安全等。兵蚁，无翅，头大，上额发达，也是不能生育的雌蚁，专门负责保卫群体安全。

蚂蚁虽然各自所处的地位和身份不同，但都自觉地各司其职，使集体生活井然有序，和和睦睦，充满生机。

每到繁殖季节，众多的蚂蚁便开始进行“婚配”。“婚”后，蚁王使蚁后受孕，而后便撒手离世。蚁后则脱掉翅膀，在产房中准备“生儿育女”。它在生产之后还要负责抚育幼蚁长大。当新的群体中出现工蚁并初具规模时，蚁后的“统治”地位日益巩固。此时的蚁后俨然一位养尊处优的“女皇”，不仅喂养幼蚁的责任由工蚁承担，连自己的饮食起居也要由工蚁照顾。蚁后通常可以活十几年，生殖力也较强，所以总是可以做“新娘”，不断与“新郎”交配，繁殖后代。

蚂蚁的社会是一个母系社会，蚁巢中除了蚁后之外，雌蚁管理着整个蚁巢的正常运作。蚁后产下的卵中，雌雄比例相当，而蚁巢内雌蚁却比雄蚁多好几倍。这是为什么呢？原来，为了保持性别比例平衡，延续种群遗传优势，雌蚁消灭了雄卵。

自然界中弱肉强食的现象比比皆是，而蚂蚁世界中的战争无法简单地用争夺配偶或获取食物来解释，它常常由某些掠夺成性的蚁群挑起，而被侵略的蚁群则要誓死保卫家园。因而，战争也就不可避免地一次次爆发。

蚂蚁的军队同人类的军队一样具有兵种的分工，不仅有机敏的侦察兵和坚守岗位的哨兵，还有勇猛的特种兵。它们的武器主要有两种，一种是“冷兵器”，即头上一对坚硬的大颚，可以当作战刀来使用；一种是“生化武器”，它们可以通过喷射带腐蚀性的蚁酸，使敌手受伤，这种武器往往更为重要。蚁军作战时还有不同的策略，有偷袭，有防守反击，有乘胜追击，还有围追堵截。

蚂蚁非常聪明，其自身有一种化学信息素会在蚁群的集体行动中发挥出神奇的作用。搬运食物时，它们会散发出气味，形成一条“气味走廊”。它们还能发出警戒激素，接收到这种警戒激素的蚁群就会做好防卫或逃离的准备。

有一次，几只蚂蚁一起抬出了一只强壮

腰部

工蚁没有翅膀

颚

灵敏的触角，用于嗅、听、触摸等

膨大的腹部

↗蚂蚁身体构造示意图

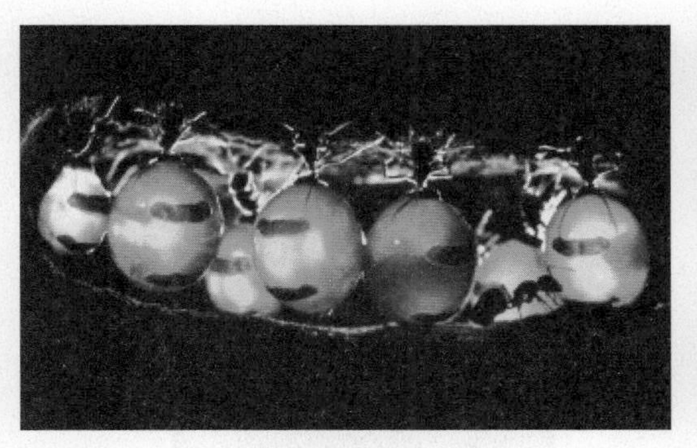
↗蜜罐蚁

↗蚂蚁是典型的社会性昆虫，其集体生活井然有序。

的蚂蚁。这只蚂蚁一次一次地爬回到蚁巢里，但很快又被蚁群一次一次地抬出洞外。这是怎么回事呢？原来，那只蚂蚁身上沾上了死蚂蚁的气味，回巢后，引起了蚁群的误会，蚂蚁可不允许洞内有“死亡气味”，也不管你是死是活。于是，众蚂蚁把它当作死尸抬出洞外，不管它如何挣扎，直到它身上的那种气味完全消失了，才被允许回巢。

夏日里，人们常常能看到成群的蚂蚁在一团混战，一直杀得天昏地暗。蚂蚁为什么这样好战呢？原来，不同窝的蚂蚁身上都有一种独特的“窝味”，能分辨出对方是不是“自家人”。如果不是，就有可能厮杀起来。有趣的是，如果去掉正在拼杀的蚂蚁身上的“窝味”，它们便会相安无事地走开。如果把同窝的一只蚂蚁身上沾上香料让它回到窝中，那么同窝的同伴马上会把它当作异己分子驱赶出去。

人们还发现了一个有趣的现象，蚂蚁经常会跟在蚜虫后面。经过研究后才知道，蚜虫在蚂蚁触角的按摩下，会分泌出“乳汁”。担任“运输工”的蚂蚁就会从伙伴手中接过乳汁，运回巢中。在蚂蚁的按摩下，有些蚜虫能不断分泌蜜滴。

最大的黑树蚁——“嗉囊”的平均容量为2立方毫米，而褐圃蚁只有0.81立方毫米，全体“搬运工”要将5升蜜滴运回蚁穴就必须往返数百万次。负责按摩的“挤奶员”占蚁群总数的15%~20%，它们平均每天要“挤”25次“奶”。一棵老树根上大约有2万个黑树蚁家庭营巢，它们能在一个夏天得到寄生在豆科植物上的蚜虫分泌的高达5 107立方厘米的“奶汁”。

为了保证蚜虫的生活，蚂蚁会不惜花费大力气来修建“牧场”。在聚集大量蚜虫的枝条的两端，它们用黏土垒成土坝，形成一个牧场。为避免有“小偷”混入，两边“拱门”都会有蚂蚁重兵把守。当“牧场”的蚜虫繁殖过多时，蚂蚁就会把多余的蚜虫转移到新的地方。为了保护和抢夺蚜虫，不同家族的蚁群经常会展开战争。

令人费解的是，没有蚂蚁的地方绝对找不到斯托马菲奈夫蚜虫。蚂蚁甚至会把蚜虫的越冬卵也保存在蚁穴里，像照顾自己的孩子一样照顾着虫卵。春天，蚂蚁会把从卵中孵化出的小蚜虫小心翼翼地护送到幼嫩的树梢上。研究者发现，没有蚂蚁有力的按摩，斯托马菲奈夫蚜虫就不会产生蜜滴，而这些蜜滴又是蚂蚁们的“佳肴美食”。

俗语说得好，“麻雀虽小，五脏俱全”。就拿小小的蚂蚁来说吧，它们的个头虽然小得几乎不被人重视，但是，在蚂蚁家族里，它们也有自己的社会和活动的王

↙切叶蚁

国，如果仔细观察还会有很多有趣的事情呢!

正如人类历史发展进程中曾出现过奴隶社会一样，蚂蚁王国中也存在一种蚂蚁，它们靠掠夺、蓄养奴隶为生，这就是生活在南美洲的非常强悍的蓄奴蚁。在蓄奴蚁蚁群中，所有的工蚁无一例外都是兵蚁。英勇善战的蓄奴蚁非常不喜欢劳动，比如抚幼、造巢、觅食之类的工作，它们根本不愿意做。于是它们就进攻周围的邻居，把它们的蛹和幼虫抢到自己的巢内。这些幼虫和蛹注定长大后要成为奴隶，它们承担造巢、觅食、保洁、抚幼之类的繁重工作。由于苦命的奴隶寿命太短，蓄奴蚁只好不断发动战争，不停地掠夺奴隶以备奴役和使用。

蓄奴蚁还不算最凶猛的，在南美洲的热带丛林中，生活着一种异常凶猛的食肉游蚁。只要它们“光临”人类住宅，屋中的蟑螂、蝎子就会被消灭得干干净净，比杀虫剂还要厉害。草丛中的小动物只要一碰上食肉游蚁群就倒霉了，因为游蚁们会群起而攻之。举个例子，遇到毒蛇时，它们会很快组成一个环形的包围圈，团团围住毒蛇。随着包围圈越来越小，一些游蚁向毒蛇发起进攻，毒蛇便被狠狠地咬住了。疼痛难忍的毒蛇疯狂地摆动身躯，可食肉游蚁仍然死死地咬住它不放。惊慌万分的毒蛇更加猛烈地向四周碰撞，企图突出重围。可是食肉游蚁才不理会呢，它们在与毒蛇扭成一团的同时，一边咬一边还大口吞食着蛇肉。几个小时后，食肉游蚁全胜而退，只有一条被啃食过的毒蛇的残躯留在原地，让人看了不禁毛骨悚然。

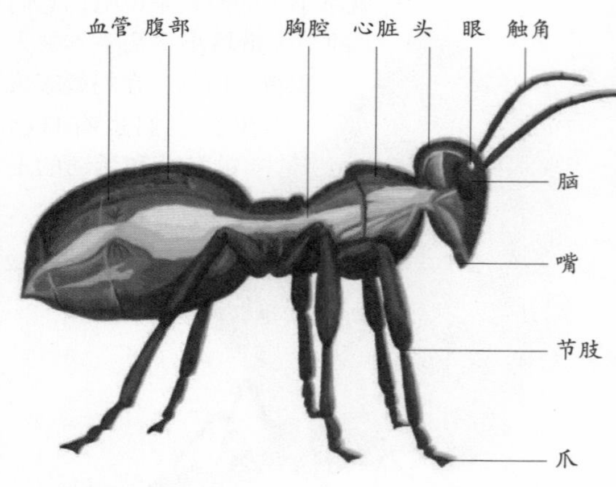

↗工蚁构造图

昆虫身体主要分为 3 部分：头、胸、腹。大多数昆虫有 3 对腿和 1~2 对膜翅，都连属上胸部。

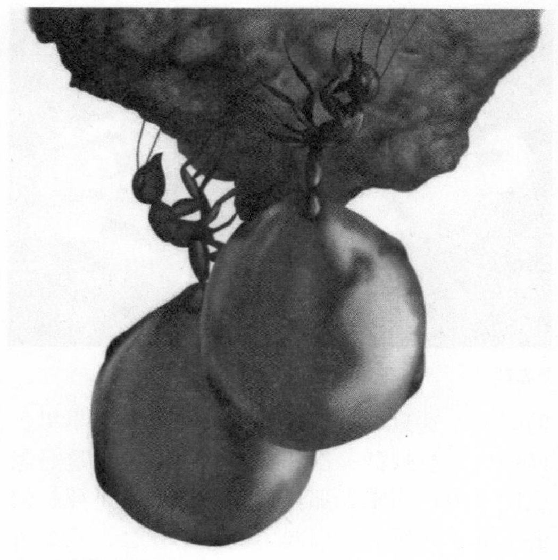

↗北美洲的蜜罐蚁

这种蚂蚁的工蚁可以用腹部贮存花蜜，在干燥的季节里，食物比较短缺，其他蚂蚁就依靠贮存的花蜜为食。同时，这也是土著居民爱吃的一种甜食，揪掉头，像吃葡萄一样放到嘴里。墨西哥人用蜜罐蚁腹中的蜜，经发酵制成一种酒，成为当地的特产。

蚂蚁大部分还是勤劳的，比如在南美洲的阿根廷、巴西、巴拉圭，就生活着一种蚂蚁，它们有种蘑菇的手艺。这种叫做切叶蚁的蚂蚁整天在叶茂枝繁的大树上爬来爬去，相中哪棵果树后，它们就把树上的叶子用大颚切光，然后再把碎片运回蚁巢，接着再用大颚将碎叶反复咀嚼成碎屑，将碎屑搬到专门培植蘑菇的地方堆放好，然后在上面排泄粪便。一种小蘑菇很快便从碎叶堆里“破土而出”并逐渐长大。此时就会有一些切叶蚁来到“蘑菇房”里做一些准备工作，它们把子实啃破，被咬破的蘑菇顶部便会流出蚂蚁们的第一道佳肴——某种黏液。随后，其他蚂蚁也陆续来到这里吮吸黏液。这时的子实体表面已经变得黏稠，许多蛋白质积聚在上面，这便是切叶蚁的第二道大餐。出去建立新家庭的雌性切叶蚁，会在自己的嗉囊里装上带孢子的蘑菇碎片，以便在新的家庭里种植蘑菇来生存下去。奇怪的是，这种小蘑菇只有在切叶蚁的蚁穴中才能继续生存，如果不是切叶蚁的蚁穴，而是别的蚁穴的话，小蘑菇就只有死亡的命运，更别提继续繁衍生长了。

为什么说白蚁是“杰出的建筑师”

白蚁是天生的“杰出的建筑师”。白蚁是巢居生活的昆虫，蚁巢是白蚁集中生活的大本营，但群体活动的范围可以扩展到巢外相当远的距离。各类白蚁不论如何生活，都有或简或繁的蚁巢，有些在地上筑垄高达9米，基部直径20~30米，有的巢筑在地下，也有的筑在墙壁里、树木中。在天然环境中脱离蚁巢的白蚁很难长期得以生存，所以蚁巢在白蚁生活中占有极其重要的地位。

蚁巢不仅有保护白蚁群体免受外敌侵害的作用，而且提供一个适于白蚁生活的稳定环境。蚁巢内的温度经常保持在温暖的幅度内，冬季巢内温度高于巢外，而在夏季巢内温度却低于巢外。黑翅土白蚁的主巢温度通常处于25℃~28℃，当冬季周围土温降至9℃~19℃时，巢内温度不低于20℃，夏季巢外酷暑，而巢温仍然相对稳定。巢内湿度的保持也是依赖于蚁巢的外壳，白蚁自身的活动和菌圃的代谢作用，都可以调节巢内的温度和湿度。

大约有200多种蚂蚁——最著名的是南美切叶蚁——能在它们的巢穴里种植菌类作物作为它们的一种速食来源。大约有3500种甲壳虫和330种白蚁也会培育菌类作物。但是在所有的昆虫里面，只有非洲白蚁才能培育出更加复杂的菌类作物，而且具有非常高级的栽培技术。非洲白蚁培育的菌类作物只能在它们的排泄物上生长，而且需要特殊的温度——30℃，高于或低于这一温度不是太热就是太冷了。白蚁所建的巢穴的方方面面都是为了能恰好保持这一温度。

白蚁通常把泥浆建在一个潮湿的洞上面，它们至少会挖两个孔通到地下水位线以下。它们还会建一个直径为3米的地窖，大约深1米，中间撑着一根较粗的柱子。这里面居住着蚁后、保育蚁和它们培育的菌类作物。地窖的顶端是薄薄的聚合叶脉，洞穴的四周有通风的管道。洞穴的顶部有很多空心的塔，当作烟囱，高达6米，直通地面。洞穴的每一项精心设计都恰好有利于空气的流通以及保持湿润，不管外面温度如何，洞内菌类作物的温度始终都保持在30℃。更令人惊奇的是，工蚁只有2厘米大小，所以，按照同样的比例，它们建造的蚁穴比人类造的建筑物还要高，相当于180层楼。

↘这些高高耸立的大土丘就是白蚁的“家”——蚁垤。

法布尔昆虫趣谈

睿智的红蚂蚁

↗红蚂蚁

有这样一位睿智的观察者，虽然他不是那么了解收集在橱窗里的动物，但是却是研究原生态动物的专家。在他的专著《动物的智力》中，他说：

法国这种鸟，根据经验知道北方寒冷，南方炎热，东方干燥，西方潮湿。它可以通过丰富的气象知识判断方位，方便飞行。假如把鸽子放进篮子里，拿块布盖着，从布鲁塞尔把它们带到图卢兹，它们是没法凭借眼睛把路线记下来的，但是没有人能妨碍鸽子凭借自己对气温的印象，感觉到自己是向南进发的，所以它才会一直向北飞。一旦感到天空的温度跟自己家乡的温度相当，它就会停下来。就算不能马上发现旧所，它也可以向东或者向西飞上几个小时来寻找，以便纠正偏差的路线。

但是这种解释只适用于在南北方向移动这种情况。如果是在等温线上向东西方向移动呢？那就得另当别论了。再者，这种解释是不能在动物中被推广的。鸽子从几百里远的地方返回自己的鸽棚，燕子穿越海洋从远在非洲的越冬地重新回到旧窝，在这种漫长又艰辛的旅行中，动物是靠视力来指引方向的吗？猫咪从城市的一端跑回另一端的家里，穿越迷宫似的大街小巷，靠的不仅仅是视力，也不可能是气候变化的影响。同理，我的石蜂也不是靠视力辨别方向的。比如在密林里放出几只石蜂，它们不会飞很高，离地面大概只有二三米，既然无法一眼看出地形全貌以便画出地图，那么为什么要了解地形呢？它们盲目地在实验者身后转几个圈，犹豫了那么一会儿，便向北飞去了。那里有高耸绵延的丘陵，有茂密树林的遮挡，它们顺着不高的斜坡往上飞去，穿越这些障碍。的确是视力帮助它们躲开各种障碍，但视力不能告诉它们要往哪个方向飞。温度显然也不能起什么作用，仅仅是几千米的距离而已，气候是不会有什么变化的。我的石蜂没有从对热、冷、干、湿的经验中学到什么，更何况那还要耗费它们几个星期的时间。就算它们熟悉方位，但蜂窝和放飞地的气候都是一样的，它们怎么能对向哪个方向飞这种事情拿定主意呢？

能不能假设动物们具有人类所没有的一种特别的感觉呢？对于这些现象，我不禁想提出一种神秘的东西来解释。没有人想否定达尔文的权威，他得出的也是一样的结论。动物能够感受磁性吗？当它们身上紧贴一根磁针时，对它们的感觉会有什么样的映现呢？动物对地电会有什么样的感应呢？人类也拥有这样的感应能力吗？毫无疑问，我指的是物理学的磁力，而不是梅斯梅尔和卡缪斯特罗之流的磁力。如果水手本身就是罗盘，那干吗还要随行带罗盘呢？所以人类肯定是没有相应的能力的。

依然是这位大师的观点，身在异地的鸽子、燕子、猫、石蜂等动物能够找到方向，都是拜一种特别的感官能力所赐。这种能力人类不具备，甚至不能想象。我不能确定这是否是对磁力的感觉，但我已经尽我所能去研究这种能力，对此我感到满意。跟人类比起来，动物是多么伟大、多么先进啊。除却我们拥有的感官能力之外，动物又增加了一种。为什么人类没能拥有这样的能力呢？对“物竞天择，适者生存”的环境来说，这样的能力是多么有用的武器啊。如果像人们研究发现的，包括人在内的所有的动物都是从原细胞这一唯一起源产生，并且遵循自然规律在历史进程中自然进化，发展最好的天赋，摒弃最差的天赋，那为什么在低级的动物身上有这种奇妙的能力，而身为万物灵长的人类反而一丝一毫都学不会呢？这种能力远比胡子上的一根毛，或者尾骨上的一截骨头更值得保留啊。我们的祖先怎么会任凭如此优秀的能力在进化中逐渐遗失了呢？

如果这种感官功能真的没有遗传下来，那就缺乏足够的证据。为此，我请教了进化论者，并且期望从原生质和细胞核那里得到不一样的答案。

我们总是认为有某种未知的感官存在于膜翅目昆虫身上的某个部位，是通过某种特殊的器官来感知的。首先想到的一定是触角。我们总是习惯把昆虫那些不明了的行为归结于触角，想当然地认为触角上一定有什么特殊的构造来满足人们的争论，但我的确有充分的理由来怀疑触角带有指向的能力。当毛刺砂泥蜂寻找猎物幼虫时，的确不停地用像小手指一样的触角不断地拍打着地面。那些探测丝仿佛在指引昆虫去捕猎，它们能同时指引昆虫旅行的方向吗？这依然存疑的一点，如今已经被我弄明白了。

我齐根剪断了几只高墙石蜂的触角，然后把它们带到其他地方放掉。但它们像其他的石蜂一样，很容易就返回了巢穴。我用同样的方法试验了我们地区最大的节腹泥蜂栎棘节腹泥蜂，这种平时能捕捉象虫的节腹泥蜂也回到了它的地穴。由此，我们可以完全摒弃触角具有指向能力的说法。如果这种能力不存在于触角上，它又能存在于什么地方呢？我也不知道。然而，失去了触角的石蜂，回到蜂房并不马上恢复工作，而是盘旋在正在建造的蜂房前，休憩于石子上，停靠在蜂房的石井栏边。它们长久地凝视着没有完工的建筑物，看起来像是在悲伤地沉思。它们来来回回，赶走了所有的不速之客。可是它们也没有运进蜜或者煤灰。到了第二天，它们彻底消失了。一旦没有工具，工人就失去了工作的兴趣。触角是石蜂的精密仪器，如同建筑工人的圆规、角尺、水准仪、铅绳一样重要。当它砌窝时，需要用触角不断地拍打，探测，勘探，只有用触角才能把工作干得精确。

到目前为止，我只实验过雌性石蜂。基于母性，它们对巢穴总是比雄蜂忠实得多。假如实验的对象是雄蜂，那么结果会如何呢？我总是不太信任这些爱拈花惹草的家伙，有那么几天，它们一窝蜂似的在蜂房前面等待雌蜂出来，为了占有情人而互相争风吃醋。然后不管建设工程多么如火如荼地进行，它们都跑得无影无踪。我不明白，对它们而言，回到出生的蜂房或者在别处安居有什么差别呢？只要有老婆就行。没想到我居然想错了，它们也回窝了。由于它们比较弱小，我没有让它们飞太远，只有1千米左右。然而，对雄蜂来说，这也是一场在陌生场所里进行的远征。谁让我从来没见过它们长途跋涉呢？毕竟白天它们就观赏花朵或者参观蜂房，到了晚上就在荒石园的石堆缝里或者旧洞里藏身。

↘忙碌的红蚂蚁

最庞大的团体捕食部队是哪种昆虫

行军蚁每天都在不断地行军，发现猎物，吃掉和搬运猎物。一般一个群体就有2000万只，它们应该是最大的集体行动群体。

晚上，行军蚁就互相咬在一块儿，形成一个巨大的蚂蚁团，抱在一块儿休息。工蚁在外圈，兵蚁和小蚂蚁被围在里面，这样做的目的，是保护它们的下一代。 行军蚁行动非常迅速。虽然每一只行军蚁都非常小，一滴水就可以将它冲走或者淹死，但是它们合起来的力量太大了，没有什么东西能将它们挡住。

行军蚁的捕猎能力惊人。蟋蟀、蚱蜢等身体比它们大上百倍千倍的“大块头”，都是行军蚁的美食。虽然一只蟋蟀很有力气，对付一两只行军蚁很有把握，但是当成百上千只行军蚁源源不断地迅速爬上它的身体咬它的时候，它最后也只有被消灭掉。行军蚁之所以这么厉

害，一是因为它们数量多，二是因为它们的唾液里有毒，猎物被咬伤后，很快就被麻醉从而失去抵抗力了。

在行军蚁看来，狮子、老虎、熊也不足为惧。这些优秀的“女战士”披坚执锐，躯壳硬似铁甲，大颚利如弯刀，以蚁海战术采取攻势，数量之大超乎想象，倚仗势众砍劈削切，即使体型远胜它们的猎物也得碎尸刀下。

行军蚁会捕食其他社会性昆虫，如黄蜂、白蚁与其他蚁类。如果两种社会性昆虫狭路相逢，行军蚁通常会胜出。某些亚利桑那州的蚂蚁遭受行军蚁攻击时，会引起强烈的护巢行动，同时整个群集进行撤离。行动迅速的工蚁负责运送卵、幼虫和蛹。接着它们会爬上附近的植物，好几个小时保持不动，只不过稍后会再缓慢而小心翼翼地返回遭洗劫一空的巢。

黄蜂遭受行军蚁攻击时，一般的反应是逃离。当行军蚁接近蜂巢时，会大批黄蜂驻守在蜂巢入口，疯狂地拍动翅膀来震动蜂巢，以警告巢内的同伴。比较好斗的黄蜂则会试图飞进行军蚁集群，挑选个别的蚂蚁，把它们丢到远方，好保护蜂巢。可是蚂蚁实在太多，这么做发挥不了什么效果。还有些黄蜂会几只聚在一起，用身体挡住蜂巢入口，但不久行军蚁就会抵达，用触须拖走它们。

↙集体出动的行军蚁像声势浩大的百万雄师。

蚊子是怎样吸血的

蚊子是最让人类头疼的小动物之一。因为它们通过吸食人的血液，大面积地传播疟疾、丝虫病和黄热病等疾病。可人类又总是拿它们没办法，因为它们总是有办法让人类的各种灭蚊措施变得无效。只要夏天到来，它们就在黑暗中向沉睡的人们肆无忌惮地伸出“魔掌”。

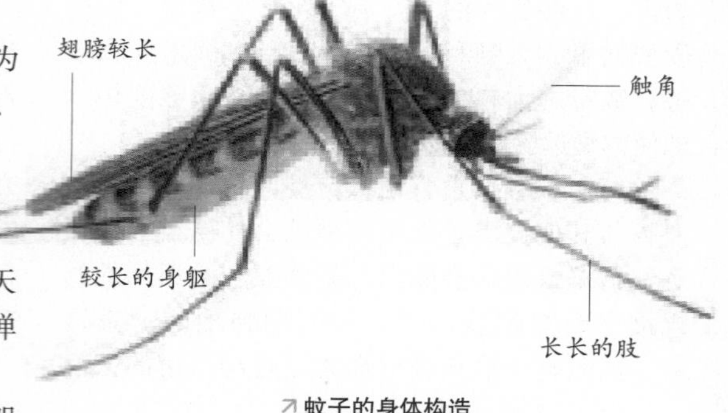

↗ 蚊子的身体构造

为了研究蚊子是如何吸血的，以及蚊子如何通过吸血传染疾病，科学家选择了埃及伊蚊作为研究的突破口。

埃及伊蚊是所有蚊种中最危险的一种蚊虫，它不仅传播黄热病，同时也比其他任何种类的蚊虫传播的疾病更多。可这样一个极具杀伤力的小东西，外形却美丽异常，它身上布满了银白色和黑色鳞片相间的斑纹，看起来犹如一只会飞的华南虎。

埃及伊蚊喜欢吸食人血，但并不是所有的埃及伊蚊都有此嗜好，科学家们发现只有雌蚊才会如此。为了证明这一点，他们将一只雄蚊的喙尖轻轻地接触人的皮肤，结果发现雄蚊并没有作出任何反应来试图刺入人的皮肤去吸血。

雄蚊和雌蚊的这一区别在它们还是幼虫的时候就表现得非常明显。雄蚊幼虫在刚开始学会寻找食物时只吸甜液，如鲜花蜜或水果汁液，而且当人们把甜液和血液摆在它面前时，它也会首先选择前者。可雌蚊幼虫就不同了，它也会吸食甜液，但一旦有血液可以选择时，它的首选却是血液。有意思的是，科学家发现大多数雌蚊幼虫在吸饱甜液之后，在3个小时左右的时间里对血液不再感兴趣。在这段时间内纵使将一只手放在它的面前，它也会不予理睬。这个现象表明雌蚊在喝饱甜液之后，某些诱发它吸血的功能被抑制了。至于为什么会这样，目前科学家还是一无所知。

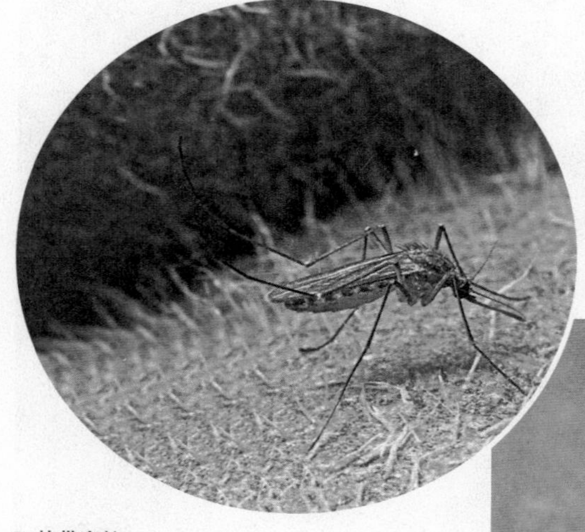

↗ 热带家蚊

它是居家最常见的一种蚊子。平常白昼潜伏在室内，夜晚便开始叮食人血。

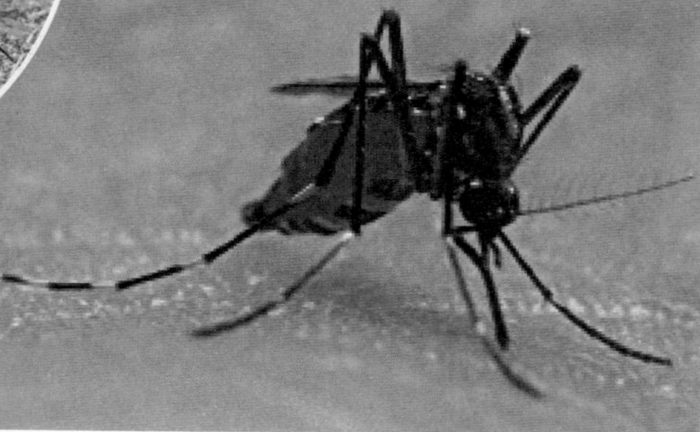

→ 百线斑蚊

此蚊的幼虫主要繁殖于户外的积水容器中；成虫习惯在白昼叮人。

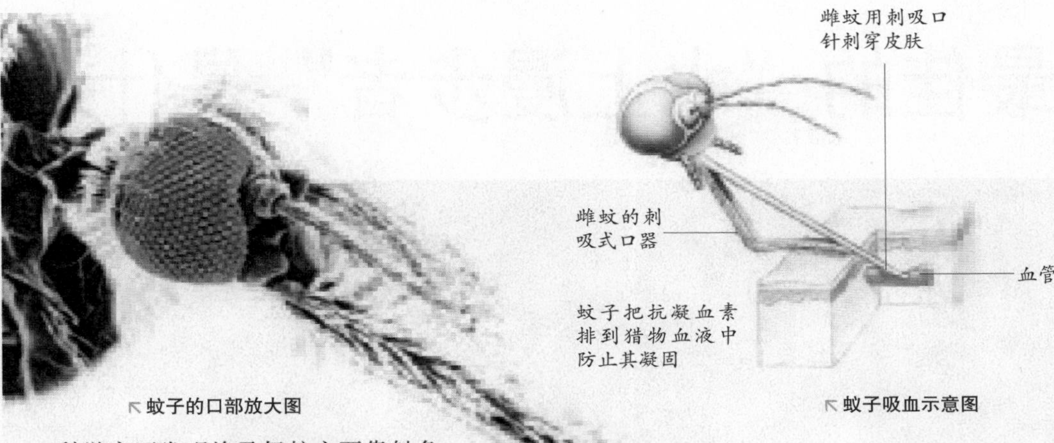

↖蚊子的口部放大图

↖蚊子吸血示意图

科学家还发现埃及伊蚊主要靠触角上的微小感觉器官来寻找人的气味，并通过这个气味去寻找吸食目标。下面这个实验就证明了这一结论：把一只饥饿的雌蚊的两个触角都除掉，那么，这只雌蚊就会对近在咫尺的人视而不见，即使将雌蚊直接放到人手上，它通常也不会去吸血。究竟是什么气味诱使雌蚊前来吸血呢？目前科学界还没有统一的定论。不少科学家认为乳酸、皮脂、氨基酸以及各种激素都可以吸引雌蚊，而有的科学家则认为三磷酸腺苷能引起雌蚊的刺入行为，更有科学家推测5—导向磷酸腺苷可以导致刺入后的吮吸行为。可是这些结论都还需要更进一步的证实。

为了认识雌蚊吸血行为的全部过程，科学家对它进行了仔细解剖，结果如下：雌蚊头部正前方有一个凸出来的喙，喙包括上唇和下唇。上唇是一个尖锐的口针，它能形成一个翻卷的导血沟。上唇两侧有两个细长的上颚，其下又有两个较大的针状下颚，其末端呈细锯齿形。在它们的下面是一个扁平的口针，叫做下咽。沿着下咽往下则有一个单独唾液管。下唇较大，有鳞片，唇的尖端有两个多毛的叶状物，叫做唇瓣。这个下唇形成一个深槽，槽内隐藏着一小束长的、逐渐变细的淡黄色的刺吸口针，统称为口针束。口针束既有刺针的作用，又有食物管的作用。

这就是雌蚊吸血所使用的工具的构造。当蚊虫一沾上人的皮肤时，它的唇瓣就迅速张开，口针束中呈细齿形的下颚随之以极快的速度刺入皮肤组织。血液通过口针束流入导血沟，随后流向腹部。在吸血的同时，雌蚊还不忘时刻警惕外界的突然袭击。它身上有一种类似气压计的特殊器官，可以迅速测量出极为微小的气压变化。一旦气压随着袭击的发动而有所异常时，雌蚊便会当机立断，马上逃之夭夭。

当雌蚊吸饱血后，它就马上抽出刺入皮肤的口针束。口针束从皮肤中一抽出，就向上方和前方弹起，然后缩回到下唇的深糟中去。至此，吸血才算大功告成。

科学家通过研究雌蚊吸血的姿势，发现雌蚊在吸血时有一个很奇怪的惯用姿态，那就是在少于3条腿支撑身体的情况下，它会放低腹部，并展开1只翅膀，形成了一个稳固的基础以继续吸血。这一下引起了科学家的兴趣：难道雌蚊的腹部与它吸血有什么必然的联系吗？于是他们将雌蚊的腹神经索在它的胸部和第一腹节之间切断，结果雌蚊在腹部饱胀之后仍会继续吸血，直到腹部胀破。而在腹神经索完好无损的情况下，雌蚊就算被砍断了其他肢体也能控制吸血量。这就说明腹神经索是控制雌蚊吸血多少的一个信号源。

尽管在对雌蚊的仔细研究过程中，科学家对蚊子吸血的方式、过程等已经有了比较全面的了解，但对于怎样根据这些知识来有效地防止蚊子传播疾病，还是一个需要进行更深入研究的问题。

最佳的“水上漫步者”是什么

↗ 依靠水的张力得以在水面行走的水黾

水黾属于水生半翅目类昆虫，半翅目，水黾科。水黾是一种在湖水、池塘、水田和湿地中常见的小型水生昆虫。它的身体细长，非常轻盈；前脚短，可以用来捕捉猎物；中脚和后脚很细长，长着具有油质的细毛，具有防水作用。水黾的体色为黑褐色，体长约22毫米。

对于水黾而言，“水上溜冰者”这个名字比“水上漫步者”似乎更适合这类神奇的小昆虫，因为它会充分利用静止水体的表面张力，比如它在池塘的水面上站立时，就好像站在一层薄冰上。大型的、较重的动物并不会注意到表面张力，其实它是这样一回事：在水面以下，水的分子在各个方向——上面、下面、旁边都受到其他水分子的吸引力。但是，在水面上，水分子不能再往上了，所以它就朝着下面以及旁边。这样就产生了一层自然的薄膜，这层膜足够结实，可以承受一些很轻的物体。

水黾的长腿有极其细微的纤毛，可以吸纳空气使腿和水面之间形成空气垫，这样就能使腿不易被水蘸湿。一个物体的疏水性越大，就越容易被表面张力所支撑。水黾的腿根本不会浸湿，因为它在水面上移动的速度高达每秒75厘米，利用表面张力它既不会划破水面，也不会泛起涟漪。如果有涟漪的话，那么涟漪就是它的“桨叶”，它就像在水面上划桨一样。它仅仅用它的6条腿中的4条来奔跑（或划桨），它前面的两条腿很短但很敏感。当有物体划破了水面时，它们能立即辨别出来，如果那个物体很小，而且还会不停地动，它们就会立即冲过去抓住它，然后美餐一顿。

另外，水黾的种类不同，大小也不一样，一只中等大小的水黾重约30毫克，比水轻，所以，它在水面上行走时，不会沉入水中。

但是，如果往水里加一点中性洗涤剂，就会削弱水的表面张力，这时，走在水面的水黾足上的毛被蘸湿，它的足冲破了表面张力而穿入水中，水黾就会沉入水中，当水黾沉下去后，由于表面张力的作用，水黾就再也浮不上来了。

哪种昆虫的繁殖能力最强

许多昆虫的一只雌虫一次产下成百上千粒卵已是很普遍的现象。如危害玉米的玉米螟一只雌虫可产卵1250粒；危害棉花的棉蛉虫一只雌虫可产卵2700粒；一只介壳虫雌虫可产卵4500粒。获得高产称号的蜜蜂的蜂王，一天就能产2000~3000粒卵；白蚁的蚁后一昼夜可产卵3万多粒。它们的一生恐怕要产数亿卵了，它们的繁殖能力是多么惊人啊！

然而，这还不是昆虫中繁殖能力最强的。繁殖能力最强的昆虫是蚜虫。危害棉花的棉蚜及危害桃树等果树和蔬菜、烟草、花卉的桃蚜，它们的身体虽只有2~3毫米长，可是身体的形状和类型在一年中却有多种性行为的变化，而且繁殖下代的方法也非常奇特。

在雌蚜虫的一生当中，它可以通过无性繁殖而生出一群遗传因子完全相同的后代。平均起来，它每10天就会繁殖一次，因为这些后代本身在出生前就已经怀孕了，也就是说胚胎里含有胚胎，以桃蚜虫为例，假设桃蚜一年可繁殖20~30代，其后代如果不死，恐怕要布满整个地球。据有人推测，棉蚜在6~10月的150天中，所繁殖的多达6万亿亿只后代如果都活着，把它们头与尾相接起来，可绕地球3圈。

↗蚜虫主要靠吸食绿色植物的汁液为生。

自从植物出现在地球上以后就有蚜虫了。它们以刺吸式口器在植物上以吸食汁液为生。如果汁液从人工化肥那儿吸取了丰富的氮，蚜虫就会长得更快。有些蚜虫对于蚂蚁而言可以起到奶牛的作用，它们给蚂蚁提供蜜露的排泄物。蚂蚁为了回报它们，不仅提供保护，甚至还会为它们建造遮盖物，在冬天把它们的卵储存起来或者搬到新的植物上。蚜虫的数量也许会成功地增加得更快，它们不会受到昆虫等掠食者的攻击，瓢虫、草蜻蛉和飞蝇的幼虫也不会以它们为食。

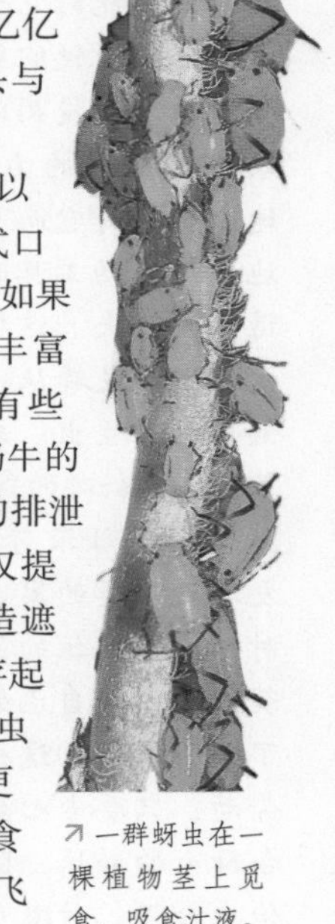

↗一群蚜虫在一棵植物茎上觅食，吸食汁液。

如果蚜虫的数量对于它们所生存的那棵树来说太多的话，或者当这棵树开始死亡时，蚜虫可能就会开始孕育有翅膀的后代，它们能利用风传到新的植物上。这些长了翅膀的后代会在新的植物上进行有性繁殖，雌虫还会产卵。但是产卵数量的多少要取决于食物的供应，因为随着冬天的来临，温带地区逐渐减少。事实上，在大自然生态平衡的法则下，当然不会出现这种蚜虫布满全球的景象，原因是大自然中的气候千变万化，风、雨、冰、雹等自然灾害以及人们采取综合治理害虫的各种措施，才使昆虫与其他生物长久保持生态平衡的状态下，互相制约又互相生存发展。

法布尔昆虫趣谈

各种类型的寄生理论

根据自己的本能，毛足蜂做了它力所能及的事情，这一点我必须说明，明白这一点后，我们就不能对它大加指责。然而还是有人对它进行斥责，说它毁弃了最初作为劳动者拥有的劳动工具，没用而且偷懒。它不喜欢劳动，喜欢借助别人的力量来供养自己的家庭。逐渐地，劳动对它而言就越来越可怕。当越来越少地使用劳动工具时，它就会像无用的器官那样退化、消失。这样整个种族也就渐渐异化了。最终，毛足蜂从一开始的诚实的工匠，变成了懒惰的寄生虫。我现在说的就是这样一种简单又令人感兴趣的寄生理论。

某个母亲劳动之后，急着产卵，在附近发现了同类的巢，就把自己的卵托付在这里。对于办事拖拉的昆虫来说，没有时间筑巢和收获，为了救自己的家人，强占别人的成果就成了一种需要。这样就没必要耗费时间去辛苦地劳动，只要专心致志地产卵，并且让后代也学会母亲的懒惰。随着世代繁衍，这种特性在遗传中加强。对激烈的生活竞争来说，这种简捷的方式最适合为传宗接代的成功提供良好的条件。同时，既然没有机会使用劳动器官，那么就会逐渐废弃、消失。为了适应新的生活环境，身体形态和色彩的某些细节，会产生各种各样的变化。就这样，寄生一族形成了。但是如果将这个种族追本溯源的话，就会发现这个族系的某些方面的变化并没有人们想象中那么多。寄生虫保留了许多祖辈们劳动的特征。因此，拟熊蜂和熊蜂非常相像，而前者恰是后者的寄生虫和变种。暗蜂保留了祖先黄斑蜂的外貌特征，尖腹蜂也会让人想到切叶蜂。

进化论有许多俯首可拾的例子，不仅有外观上的一致，就连一些细微的特征也非常相似。我跟所有人一样确信，这些相似没有大小之分，我更倾向于以最细微的特征的相似作为理论的基础。我被说服了吗？不论有没有道理，我的思维方式并不满足于结构上的细微相似，一条唇须不会激起我的热情，一簇毛也不会使我觉得是无可指责的论据。我宁可直接向昆虫提问，让它们说说自己的爱好、生活方式和能力。听到它们的证词，我就会看到寄生理论会变成什么样子。

在虫子说话之前，我要先说出萦绕在我心头的话。首先我不喜欢懒惰的说法，这种所谓的对昆虫繁荣有利的懒惰。我过去始终相信，现在还坚持相信，是劳动保证了现在的强大，只有劳动才能使未来美好。不论对动物还是对人来说，劳动就是生命。一个族群拥有多大的能量与本身劳动的总和成正比。

我已经听到过那么多动物学上的不负责任的言论。比如人是猩猩变的，良心是天真者的诱饵，爱国是沙文主义，上帝是童话人物，有责任心的人是蠢货，灵魂是细胞能量的产物，人是为了互相残杀而存在，芝加哥贩卖腌猪肉的商人的保险箱就是我们的理想。够了！这样的话语完全是垃圾。如今进化论还不足以摧毁劳动这个神圣的法则；没有足够强健的臂膀来支撑这个即将倒塌的建筑，只能是尽力加速它的倒塌。我不喜欢这种把我们生活中的一切有尊严的东西都否定的做法。为什么要把我们的生活笼罩在物质这个可怕的罩子下面？就算只是一个梦想，我也想思考人性、责任、劳动和良心的尊严。不要禁止我思考！假如动物可以为了自己和自己的族群而去剥削别人，为什么人类在这个方面就表现得谨慎呢？母亲为了后代的繁荣就可以发扬光大与懒惰有关的准则吗？我要再一次让昆虫们来说话。

难道对懒惰的喜好就让它们产生了寄生习

性吗？寄生虫觉得什么都做不好所以选择压根不做吗？它宁可放弃古老的习惯说明休息对它是这么重要吗？观察膜翅目昆虫这么久了，我没有看出什么表明它懒惰的习性，反而是过着一种比劳动者更加艰辛的生活。

在一个烈日曝晒的斜坡，我看到我的昆虫忙碌着在酷热的地面上来回奔走，无休止地寻找，可惜常常是无功而返。为了寻找一个合适的巢，它要上百次钻进无价值的洞里，钻到没有食物的通道里。就算寄主心甘情愿，寄生虫也并非会在寄宿处受到热烈欢迎。这种寻找产卵地的活动耗时耗力，并不比筑巢储蜜的工作轻松。而且后者的劳动有规律可循，并且保持一直在劳动，这样产卵条件就得到了最好的保证。而前者的劳动不是一帆风顺的，需要指望运气，又常常徒劳无功。只有一切偶然条件都恰好具备的情况下，才能产下自己的卵。只要看看尖腹蜂，它在寻找切叶蜂的巢时，为了知道占据别人的巢会不会很有困难，而显得犹豫万分，我们能够充分理解它的苦处。如果它真想让自己后代的生活更加方便而繁荣，这样的考虑真的有欠周到。它牺牲了自己的休息去进行艰难的劳动不说，还换来了不断缩减的家族，而非子孙满堂。

我要为这些模糊的概说加上一些精确的事例。暗蜂是高墙石蜂的寄生虫。当石蜂筑完巢，寄生虫就会突然出现。凭借自己羸弱的身体长时间在蜂巢外部挖掘，试图把卵植入这个水泥城堡里。这个蜂巢外面涂着一层至少有一厘米厚的粗灰泥浆，而且每个蜂房的入口还封着厚厚一层砂浆。它要想钻入这个关得严严实实的蜂房，简直像要穿透和岩石一样厚的墙壁一样。这个号称“懒王”的昆虫开始勇敢地干累活。它一小块一小块地钻探外壳，挖出一个恰好能让它通过的井来。它一下一下在蜂巢的外壳上啃噬，直到觊觎的食物出现。挖掘是一项缓慢而艰难的工作，虚弱的暗蜂累得筋疲力尽。我用刀尖都只能费力地将蜂巢的砂浆外壳勉强切开，简直像天然水泥一样坚硬。寄生虫用它那小小的镊子，要多么耐心地工作才能成功啊！

我不知道暗蜂为了挖掘通道所需要的确切时间。与其说我没有机会，不如说我没有耐心从头到尾看完它的工作。我只知道，高墙石蜂比起它的寄生虫，不知粗壮了多少倍。我却亲眼目睹它用了整整一下午的时间去摧毁一个前一天用砂浆封住的蜂房盖，而且都没有成功。我在白天快要过去的时候，帮了它一把，才使它完成了任务。石蜂筑巢用的砂浆，可以与一块石头比硬度。然而暗蜂不仅仅要穿透蜜库的盖子，还要穿透整个蜂巢的外壳。它得花多长时间啊？就算对劳动者来说，这个工程都浩大到难以承受。暗蜂的努力终于得到了回报，蜜露出来。暗蜂溜进去，在食物的表面，在石蜂卵的旁边，产下自己数量不定的卵。对于石蜂自己的孩子和这些外来的孩子来说，食物是共同享用的。

被侵略的房子可以就这样向外界的偷食者敞开吗？不行！所以寄生者还要将挖开的通道堵死。于是暗蜂又从破坏者变成了建设者。它在蜂巢的下方，采集了一点我们种植薰衣草和百里香的红土。这种红土来自多石子的高原，它用唾液将土混合成砂浆。准备好以后，它变身成了真正的泥水匠，细心又富于艺术性地把通道的入口堵住。但是它完成的封盖在石蜂的蜂巢上显得十分突兀。石蜂只会在附近的大道上寻找水泥，大道上布满碎石，所以它们很少使用红土。显然这是结合材料的化学特性来考虑建筑牢固性的关系。大道上的碎石与唾液混合之后会具有红黏土无法达到的硬度。正是材料的关系，石蜂的巢总是灰白色的。如果在一个灰白色的底上，出现了一个几毫米宽的红点，那一定是暗蜂探访后留下的痕迹。打开红点的蜂房去印证的话，就能发现无数寄生虫。因此只要在我家附近出现了铁红色的斑点，我就知道石蜂的家遭到了侵犯。

最开始，暗蜂用大颚去迎击岩石，算是一个热诚的挖道工。随后它又变成了黏土搅拌工和用砂浆修复天花板的泥水匠。它的职业也是艰辛的。然而它在做寄生虫之前，又是做什么的呢？通过它的体型和进化论判断，它过去是黄斑蜂，从绒毛植物干枯的茎上采摘松软的绒絮加工成棉囊，然后用腹面的花粉刷将花上的花粉收集在囊里。或者这个出身棉布工的家伙，就在一只死蜗牛的壳上建造几层树脂隔墙。这应该就是它祖先的职业。

蟑螂为何难以灭绝

蟑螂属于直翅类，昆虫纲蜚蠊目。它的体形椭圆而且扁平，身子轻盈，神出鬼没，它偷吃食物，咬坏衣物和家具，传播许多种疾病。同苍蝇一样，蟑螂喜欢待在脏地方，身上有大量病菌和毒素。与人类的食物和衣物接触后，它可传播伤寒、霍乱、脊髓灰质炎和过敏症等疾病。蟑螂的食物很多，它的美餐包括衣物、塑料、纸张和电线。

蟑螂是一种非常令人讨厌的昆虫，它能传播大量的病菌，而且很难将其彻底消灭。为什么会这样呢？让我们先看一下蟑螂的历史。

早在3.5亿年前的石炭纪，地球上就出现了蟑螂，它是目前世界上最古老的昆虫之一。在这漫长的时期，地球表面的很多昆虫都消失了，可是，蟑螂经受住了各种变化，顽强地生存下来。现约有4 000种以上的蟑螂存活于世上，隐藏在人们的房屋里过着偷吃食物的生活的蟑螂只是其中的一部分。

蟑螂的危害非常大，但是要彻底地消灭它却很不容易，这是由于蟑螂有一套保护自己的特殊本领，主要包括以下几个方面。

第一，蟑螂有很强的繁殖能力。据估计，一对德国蟑螂一年内繁殖的蟑螂高达40万只。即使切掉这种蟑螂的脑袋，它也会爬到安全的地方产下一个卵匣，这其中有12只蛹可以“传宗接代”。

第二，蟑螂的身体构造也能帮助它逃生。它膝关节中有一个震动传感器，异常灵敏，能

↘食物上的蟑螂

蟑螂有简单的能咀嚼的嘴，其食物范围很广泛，包括动物和植物的残骸。

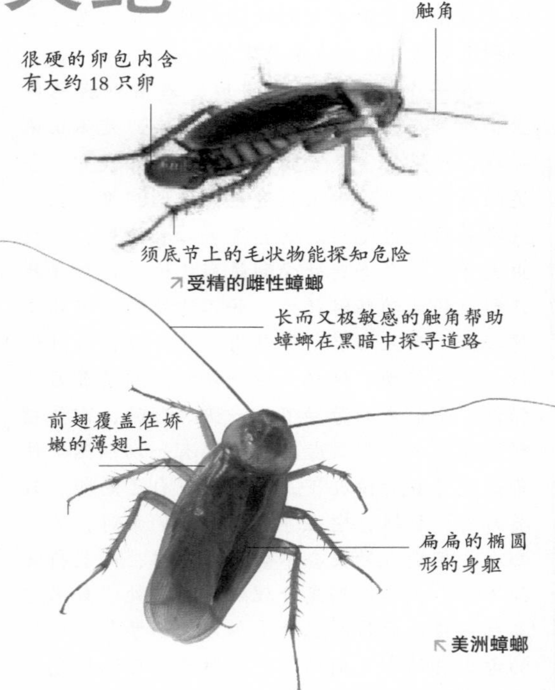

↗受精的雌性蟑螂

↖美洲蟑螂

感知人的脚步，以便迅速逃跑。它还有灵敏的尾须，当人们用脚踩它时，尾须能及时感知气流向下压，能在54‰秒的瞬间跳开，速度奇快，以至于人的脚还未落地，它就跑了。

第三，蟑螂的适应性也非别的生物所能比，在极端恶劣的环境里，它也可以生存。1个月不吃东西，3个月藏在水下，对于它是家常便饭。在受到威胁时，它能把身体卷成一个小球，能喷射有毒液体击退攻击者；被捏住时，它能喷出一种有润滑作用的油状飞沫，趁机扭动身体，从指间脱身。人们发明了大量杀虫剂来消灭蟑螂，可是幸存的蟑螂很快会产生抗药力，它的基因也会发生变化以适应不利的环境。

至今，人类也没有找到有效的办法对付蟑螂。但是，人们发现蟑螂的多少与环境卫生状况是有关系的。因此只有搞好环境卫生，才能防止蟑螂的繁殖。平时要经常清扫死角、缝隙，喷洒杀虫剂，使蟑螂无处可躲。同时在食物旁边和食物柜里要放几片杀蟑螂片。

对蟑螂有了进一步的了解之后，我们相信，蟑螂总有一天会从地球上彻底消失的。

雄蟋蟀怎样与雌蟋蟀“约会”

长期以来，人类一直不知道蟋蟀是怎样“约会”的。与别的昆虫一样，蟋蟀必须通过“约会”来繁殖下一代。但是在很长一段时间里，人们对于蟋蟀“约会”的认识还存在着许多误区。

蟋蟀的成虫一般都有两对质地不一的翅膀。前翅的作用是发声和保护身体，质地较硬；后翅起飞翔的作用，且质地比较柔软。雄性蟋蟀的翅脉之间是透明的翅窗，前翅的翅脉纵横交错。两前翅基部的一条特别粗壮的脉是蟋蟀的发音器官，一排齿状的突起长在右前翅的基部的横脉下，形成音齿。雄性蟋蟀鸣叫时，不停地摩擦右前翅的音齿与左前翅的横脉，使透明的翅窗产生了共振。这和小提琴的演奏原理是一样的。在秋天的夜晚，经常会从草丛中和墙角中传来“唧唧”的声音，这就是蟋蟀在鸣叫。一只蟋蟀发出的声音非常洪亮，当蟋蟀栖居在洞穴、砖隙、石缝中时，借助于居所之利，能发出更为响亮的鸣叫。

↗蟋蟀的“约会”通过声音来安排。

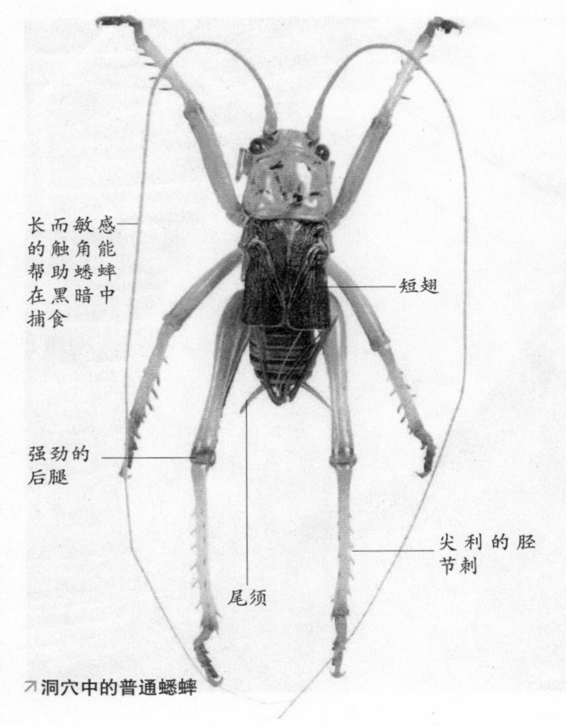

↗洞穴中的普通蟋蟀

科学家们刚开始研究时，发现在生殖期间，树蟋蟀的两只翅膀间有一种腺体，能分泌一种液体，雌蟋蟀一闻到液体味，就会前来约会。后来经过研究，发现其他的蟋蟀并没有分泌这种液体的腺体，这种腺体只存在于树蟋蟀身上。

一直以来，人们都认为雌蟋蟀是聋哑的，只有雄蟋蟀才能发声，所以也就排除了蟋蟀通过声音交流的可能性。后来，一个有趣的实验打破了这一观念。有人通过电话让雌蟋蟀听到雄蟋蟀发出的叫声，反复多次，证实了只要听到雄蟋蟀的叫声，雌蟋蟀就会马上“赴约”，屡试不爽。这证实了雌蟋蟀并非聋子，而且它们的“约会”也是通过声音来安排的。

通过研究，人们发现，雌蟋蟀的两前足的膝部下面有声音接收器官。这里有一对鼓膜，约有55~66个听觉感受细胞排列在每对鼓膜下面，这些细胞一直连到腿部。我们明白了雌蟋蟀接收约会邀请的问题，那么，它需要将信息反馈回去吗？它又是如何确定约会地点的呢？

经过研究，科学家们认为雌蟋蟀并不需要反馈信息。雄蟋蟀发出邀请后，只需等待雌蟋蟀即可。关于约会地点的问题，尽管有各种各样的假设，但到目前为止，仍没有一种被证实。或许，在不久的将来，人们会弄清其奥秘的。

哪种昆虫的受精伤害最深

臭虫的交配方式被称为“创伤式受精”或者“痛苦的受精”，尽管这听起来有些恐怖，但是却非常贴切。因为臭虫在交配的时候，会用自己像剑一样的生殖器官刺穿雌性身体的任何部位实现受精。这种受精方式一点也不考虑雌性的感受，甚至会对雌性的身体带来伤害，被认为是雄性战胜雌性交配抵抗的一种形式。

雄性臭虫不仅有用来吸人血的嘴，还有一根用来输送精子和刺穿雌性臭虫身体的针（同时也是它的阴茎）。精子通过针直接被注射到雌性臭虫的血液中，再游到它的卵巢里。不过，刺破的伤口有时可能会引起感染。这种相当粗暴的方式逐渐代替了正常的交配行为，以防止雌臭虫选择受精的时机和使用抗精子的装置（人们认为雌性臭虫有这种装置，因为一旦雄性臭虫不陪在左右抚育后代，雌性臭虫就会与多个雄性臭虫交配来放宽基因选择，甚至选择用谁的精子来生育后代）。

这种创伤性的受精方法看起来好像是证明雄性臭虫在性别竞争中更胜一筹的例子，不过雌性臭虫发展出了相应的对策。通过雌性臭虫身上的瘢痕判断，当雄性臭虫与之交配时，雄性臭虫的姿势常常导致它的器官刺入雌性臭虫第5节的部分。如果它刺到右边，它的器官就会滑到一个槽中，并被引入一个囊中，其中充满了杀精细胞，不仅可以杀死雌性臭虫不想要的精子，还能杀死细菌和病毒。雌性臭虫通过这种交配方式可以活得更长，生产出更多的卵子。雄性臭虫则在一旁观察着滥交的雌性臭虫，它的刺入器官上有味觉传感器，如果这些传感器在雌性体内探测到其他臭虫的精子，它就仅仅注射很少量的自己的精子，留着资源给它真正想要的对象：“处女”臭虫。

↘ 正在进行交配的臭虫

蚂蚁为何能搬比它重几十倍的东西

↗蚂蚁可以举起相当于自身体重52倍的物体。

蚂蚁是动物界的小动物，可是它有很大的力气。如果你称一下蚂蚁的体重和它所搬运物体的重量，你就会感到十分惊讶！它所举起的重量，竟超过它的体重差不多有100倍。世界上从来没有一个人能够举起超过他本身体重3倍的重量，从这个意义上说，蚂蚁的力气比人的力气大得多了。

这个大力士的力量是从哪里来的呢？看来，这似乎是一个有趣的谜。科学家进行了大量实验研究后，终于揭开了这个谜。原来，蚂蚁脚爪里的肌肉是一个效率非常高的“原动机”，比航空发动机的效率还要高好几倍，因此能产生相当大的力量。我们知道，任何一台发动机都需要有一定的燃料，如汽油、柴油、煤油或其他重油。但是，供给“肌肉发动机”的是一种特殊的燃料。这种“燃料”并不燃烧，却同样能够把潜藏的能量释放出来转变为机械能。不燃烧也就没有热损失，效率自然就大大提高。化学家们已经知道了这种特殊“燃料”的成分，它是一种十分复杂的磷的化合物。这就是说，在蚂蚁的脚爪里，藏有几十亿台微妙的小电动机作为动力。

这个发现，激起了科学家们的一个强烈愿望——制造类似的“人造肌肉发动机”。从发展前途来看，如果把蚂蚁脚爪那样有力而灵巧的自动设备用到技术上，那将会引起技术的根本变革，那时电梯、起重机和其他机器的面貌将焕然一新。现在我们用的起重机一般也是靠电动机工作的，但是作功的效率比起蚂蚁来可差远了。

为什么会出现这种情况呢？因为火力发电要靠烧煤，使水变成蒸汽，蒸汽推动叶轮，带动发电机发电。这中间经过了将化学能变为热能，热能变成机械能，机械能变成电能这么几个过程。在这些过程中，燃烧所产生的热能，有一部分白白地跑掉了，有一部分因为要克服机械转动所产生的摩擦力而消耗掉了，所以这种发动机效率很低，只有30%~40%。而蚂蚁“发动机”利用肌肉里的特殊“燃料”直接变成电能，损耗很少，所以效率很高。

人们从蚂蚁“发动机”中得到启发，制造出了一种将化学能直接变成电能的燃料电池。这种电池利用燃料进行氧化还原反应直接发电。它没有燃烧过程，所以效率很高，达到70%~90%。

↘一群蚂蚁正在齐心协力地搬运食物。

白蚁为什么怕穿山甲

穿山甲全身裹满了坚硬的鳞片，好像很凶猛。其实，它的性情很温顺，还被人称为“森林的忠实卫士”。这是因为它能消灭破坏森林的害虫——白蚁。

白蚁对农业和林业都非常不利，而穿山甲则主要以白蚁为食。穿山甲主要分布在亚洲南部和非洲，中国也有一类，属二类保护动物，主要集中在长江以南地区。

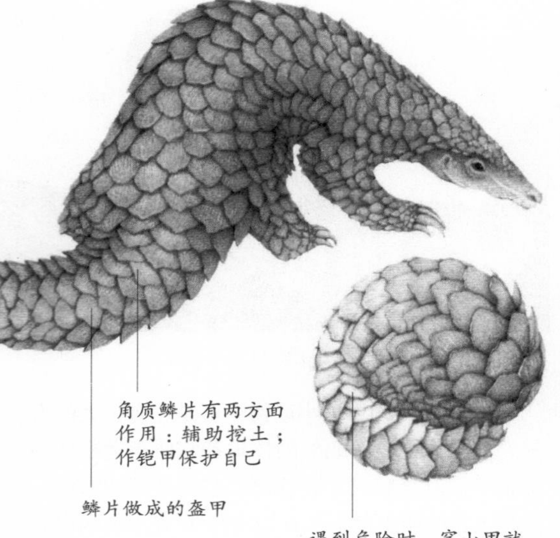

↖ 穿山甲

穿山甲属夜行动物，只有在夜晚，它们才出来在洞穴周围觅食。它们胆子很小，一有动静，就立刻挖洞藏身。穿山甲善于挖洞。在挖洞时，它的前后肢分工协作，前肢挖洞，后肢刨土，转眼间洞就挖成了。有时，它们会换一种方式挖土，先用前爪把土挖松后，再整个儿钻进去，然后竖起全身坚硬的鳞片拉住松土向后退。据估计，穿山甲每小时掘土的重量相当于它自身的体重。穿山甲除了腹、面和四肢内侧外，其余的地方都有角质鳞片。这种鳞片除在挖洞时发挥作用外，在逃避敌害时，也能当作铠甲保护自己。

穿山甲平时独居于洞穴之中，只有繁殖期才成对生活。与洞穴生活相适应，穿山甲有爱清洁的习性，每次大便前，先在洞口的外边1~2米的地方用前爪挖一个5~10厘米深的坑，将粪便排入坑中以后，再用松土覆盖。

↘ **穿山甲常驮着幼崽活动**

幼崽只需用三只脚和尾巴抱住妈妈尾部，再用前肢的长爪插入母亲鳞片间，就能牢牢趴在母亲身上。

穿山甲的洞穴的结构常随着季节和食物的变化而不同，一般有两种主要形式：一种是夏天住的，叫做夏洞，建在通风凉爽，地势较高的山坡上，以免灌进雨水，洞内隧道较短，大约为30厘米左右，里面结构比较简单；另一种是冬天住的，叫做冬洞，筑于背风向阳，地势较低的地方，距地面垂直高度有4米多，洞内结构比较复杂，隧道弯弯曲曲，形似葫芦，每隔一段距离还有一道用土堆起的土墙，长度可达10余米，还经过二三个白蚁的巢，成为其冬季的“粮仓”，洞的尽头有一个较为宽敞的凹穴，里面铺垫着细软的杂草，用以保暖，是其越冬期的“卧室”，也用作“育婴室”。

穿山甲是哺乳动物，主要以白蚁为食物，偶尔也吃些蜜蜂等昆虫的幼虫。成年穿山甲一次能吃许多白蚁。

穿山甲的视觉和听觉都很差，只能靠嗅觉来寻找白蚁巢。它的嘴里只有一条细长的舌头，没有一颗牙齿。

穿山甲以白蚁为主食，也食黑蚁或白蚁的幼虫和其他昆虫的幼虫，从不食素。它没有牙齿，囫囵吞食。胃中披着角质膜，借吞食时吞进胃中的小砂石将食物磨碎。穿山甲的食量较大，一只体重3公斤的穿山甲一次能食白蚁300~400克，饱食后2~3天不吃一只白蚁也可以。而这1千克白蚁1天内能破坏153平方千米山林。因此，穿山甲是森林的好伙伴。

在夏秋季节，气温较高，白蚁和蚂蚁在地表活动，这时穿山甲就舔食地面的白蚁和蚂蚁；冬春季节，气温下降，白蚁都集中在蚁巢内活动，穿山甲便挖洞掘巢，采取全面歼蚁的方法取食。掘巢时，穿山甲用两只生有尖锐长爪的前肢挖土，后肢推泥，有时还能扭转身体，仰卧着挖洞上方的泥土，使洞道保持圆形，穿山甲的掘洞速度每小时可达2~3米。

穿山甲遇敌或受惊时蜷成一团，头部被严实地裹在腹前方，并常伸出一前肢作御敌状，若在密丛中有躲避处，遇人或敌害，则迅速逃走。它善于打洞，前肢挖泥，挖捕时，若听见过分吵扰，即迅速遁土而去。掘到蚁巢后，它便用前肢扒碎白蚁的菌圃，将富有黏液的长舌迅速伸缩，从碎菌圃和泥沙中舐食白蚁；像带子一样的长舌头每扫一次，就有成百上千只白蚁成为穿山甲的腹中之物。大约半小时后，穿山甲便能将巢内大部分白蚁吞食下肚。有时遇到大蚁巢，一次吃不完，它出洞后就用泥土封闭洞口，到第二天晚上再取食剩余的白蚁。穿山甲挖掘白蚁巢的准确率达100%。

长长的舌头能直伸至昆虫的巢穴

↗马来亚穿山甲

穿山甲居住的洞穴大多是把蚁巢的白蚁吃光后，再搬一些干草枯叶垫在洞里并居住在里面，有时几个月不搬走，有时3~5天就搬走。穿山甲的居住处一般冬春季节多选择向阳避风处，夏秋季节则选择阴凉通风的地方，从不马虎。

据科学家观察，在250亩林地中，只要有一只成年穿山甲，白蚁就不会对森林造成危害，可见穿山甲在保护森林、堤坝，维护生态平衡、人类健康等方面都有很大的作用。

穿山甲有时还会设下圈套，让蚂蚁自动前来送死。穿山甲先在蚁穴边躺下装死，它张开全身的鳞片，一股浓烈的腥膻味立刻从鳞片里散发出来，一阵阵地飘向蚁穴。蚂蚁们闻到气味纷纷出洞，它们把装死的穿山甲当成一座肉山，蜂拥而上。等到前来送死的蚂蚁差不多了，穿山甲把全身肌肉一紧，合拢鳞片，大部分蚂蚁就被关在鳞片内。接着，带着满身蚂蚁的穿山甲跳进池塘中，抖动身子，打开鳞片，蚂蚁便浮在水面上了。然后，穿山甲就用舌头舔吃水面上的蚂蚁。不一会儿，水面上的蚂蚁就被吃光了。

利用这种方法，不用费多大劲，穿山甲就能捕食大量的蚂蚁。

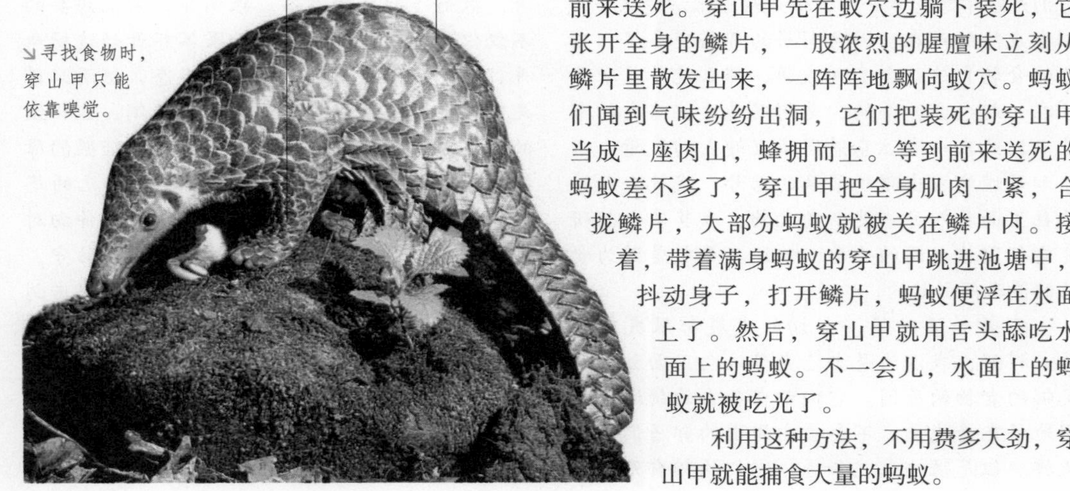
强壮的前腿利于穿山甲拆毁昆虫的巢穴以捕食昆虫

起保护作用的鳞甲，似房屋的瓦片

↘寻找食物时，穿山甲只能依靠嗅觉。

法布尔昆虫趣谈

螳螂的爱情

我还想再一次重申，把螳螂叫做“祷上帝的人”，你们真的是被它的外表所蒙蔽了。难道你们真的以为它捕猎前高举的双手是在向上帝祷告吗？难道你们真的认为它是一个很善良的只会吃草的昆虫吗？当然不是，抛开我之前讲述它在猎食的时候，执著地、凶狠地只啃噬对方的后颈这一点来说，还有一件事让它显得更加丧失品性，甚至连最臭名昭著的蜘蛛都不如。

这件事是我在实验观察中发现的，我当时甚至不敢相信眼前的一幕。为了给螳螂们更宽敞的活动空间，我减少了桌面上网罩的数量，这样一来，有的网罩里面就会有几只母螳螂，有的甚至有一打那么多。我知道让它们这样同居在一起是有一定危险的，但是考虑到母螳螂们都拖着大大的肚子，缓缓地行动，因为身体太重，它们也不会具有很强的攻击性。何况减少了网罩之后，整个空间也变得大了很多，它们还是有足够的可以活动的空间，何况在田野里时，这群家伙在这个时期不也同样静静地等待猎物的到来，而鲜少主动出击吗？尽管我知道在母螳螂的这个时期，它们是很不愿意争斗的，但是我也很清楚这个网罩中危险的存在。因为同居的邻居变多了，自己的食物自然就会受到威胁，那么就算是驴子住在一起也会厮杀的，更何况是这些嗜肉的家伙。因此我一直注意着网罩里蝗虫的数量，不等到母螳螂发出猎物紧缺的信号，我就会及时地往里面放入另一些新的食物，我其实也想研究它们同族之间的斗争，但绝不希望是因为食物的匮乏而引起的。

刚开始的时候，一切的发展都跟我想象的一样好，我以为是自己勤劳地向里面放入了足够的食物的原因。它们都在各自的领域里悠闲地补充着能量，不会去向周围的邻居们肆意挑衅。但是很快我就知道，它们的相安无事只是暂时的，并且也不是因为我不停地向里面放入足够的蝗虫的缘故。它们的肚子一天比一天大，它们渐渐地到了发情期，肚子里成百上千的卵都等待着交配，这也使得它们变得比较急躁，终于，强烈的嫉妒心开始作祟了。尽管我没有在这个网罩里放进雄性螳螂，它们暂时还不会因为争夺雄性螳螂而产生争斗，但是这并不意味着争斗不存在。我每天在网罩外面观察着，观察的结果是有史以来最为惨烈的厮杀，不是为了争夺食物，不是为了划分地盘，仅仅是发情期的嫉妒在作祟。它们一个个张起了幽灵一般的翅膀，上身高高地直立，前足夸张地打开，放肆地抖动自己肥大的腹部，我想它们之前恫吓任何一个猎物的时候都没有这样卖力过吧。可是我实在猜不出原因是什么，前一刻还相安无事的两个邻居这一刻就剑拔弩张。

我看到的两只螳螂就是这样，突然毫无征兆地直立起上身，轻蔑地看着对方，甚至左右打量。它们的腹部都开始发出“扑哧”“扑哧”的响声，很明显，它们已经吹响了冲锋号，做好了战斗的准备。很明显，它们想要的不仅仅是恫吓对方，因为如果不想开始这场争斗，它们可以摆出一个示威的姿态，把两只前足像摊开的书本一样放到胸部的两侧，这样做的意思才是只想恫吓对方，或是一场轻微的摩擦就好。可是现在它们居然摆出了拼死的姿态。一只螳螂突然松开铁钩，并迅速地伸向对方，一击即中，然后再迅速地后退以便防守，另一方也作出了相同的举动。这种有点像击剑一样的斗争通常谁也预料不到结果是什么。有的时候，一只螳螂的腹部被划破了一点，流血了，那么另一方宣告胜利；可是有的时候，双方各自尝试之后，可能什么结果都没有，战争就也这么不了了之。但其实不管结果是怎样

↗螳螂不仅捕食异类，还吃同类。

的，双方都在酝酿着下一场战争。可是有的时候战争的结果是不那么平静的，胜利者会像往常一样，死死地钳住失败者，而后者也是曾经的捕猎好手，如今怎么会不知道自己要面临的是怎样的境地，于是它会摆出拼死一搏的姿态。但是失败终究是失败，它甚至知道自己是怎样一步步走向死亡的，因为它曾经就是这样消灭掉自己的猎物的。胜利者开始了自己的屠戮，就像咀嚼一只蝗虫或是一只蝈蝈儿一样，它还是那么大快朵颐，丝毫没有意识到自己正在消灭的是自己的同胞，而其余的围观者也丝毫没有表示出一点惋惜，甚至还跃跃欲试地希望自己下一次也可以这么做。

真是凶残之极的做法，都说狼是一种狠毒的动物，却尚且不杀害自己的同类，但螳螂似乎毫无忌讳。最让我不能接受的是，我并没有减少网罩中蝗虫的数量，也就是说，它们都有足够的食物来享受，可是在这种情况下，它们却选择了屠戮自己的同胞。这跟那些喜欢吃人肉的恶魔有什么区别呢？更让我没有办法接受的还不仅仅是这些，让人发指的事情还在后面。

现在我回想起来，还觉得母螳螂在怀孕时候的古怪行径让我难以接受。在我的实验里，为了观察雄性螳螂和雌性螳螂的交配，我特地挑了几对螳螂把它们单独放在不同的网罩里，这样就不会有外界的打扰了，我还在它们各自的小窝里放上了足够的粮食，我不想自己的实验观察因为饥饿的因素而被破坏。时间很快就到了八月末，又瘦又小的雄性螳螂大概觉得时机差不多成熟了，于是它鼓起勇气去向雌性求爱。站在雌性螳螂的面前它真的太微不足道了，甚至显得有些卑微，挺着胸膛，但是却侧着头弯着脖子，不停地朝雌性螳螂发送求爱的信号。再来看看雌性的反应，似乎不是很满意，一副有点冷漠的态度。可是雄性似乎毫不气馁，继续自己的示好，终于，它似乎得到了一个关于允许的回应，甚至兴奋得浑身上下都抽搐起来，然后迅速地爬到雌性螳螂的背上开始了交配，整个过程相对于其他的小昆虫来说是很长的，大概有五六个小时。

交配结束后，两只螳螂就分开了，但是很快又腻在了一起，这个一无所有的穷小子大概还在为自己抱得美人归而倍感兴奋吧，或许它是为自己有了后代而感到欣喜若狂，但是有一点我想我不会猜错，那就是这只雄性螳螂不会因为自己马上就成为妻子的食物而高兴至极的。

是的，我没有说错，在交配过后很快的时间里，顶多不会超过第二天，雌性螳螂就会把刚刚才交配完的雄性螳螂一口一口地吃掉，就像它以前吃其他的昆虫或是自己的同胞一样，先从后颈开始，咬断中枢后一点点地把雄性螳螂吃得只剩下一堆翅膀。

术语表 GLOSSARY

不完全变态：或称为半变态。较原始昆虫（外翅类）的发育过程，它们没有蛹期，而是由卵直接孵化出幼虫（有时称为若虫），从结构、食性和习性上来看，这些幼虫像小型的成虫。翅膀在体外发育。长出性腺并最终成为成虫前会经过数次蜕皮。

超级拟寄生物：其他拟寄生物身上的拟寄生物。

重寄生：昆虫拟寄生物寄生在已被寄生的宿主身上的现象。

虫瘿：由于某些病毒、真菌或昆虫卵的存在，使植物组织受到刺激而长出的瘤状体。

闯蚴：某种拟寄生性的双翅目和膜翅目昆虫能活动的一龄幼虫，它们会利用长长的刚毛在移动中积极地寻找宿主。

刺：膜翅目昆虫如黄蜂、蚂蚁和蜜蜂的特化的产卵器，但已不具有产卵的功能，而是用来向捕捉到的昆虫猎物体内或袭来的敌人注射毒液。

单倍体：配子（精子和卵子）只有一半的正常完整染色体。该现象常见于雄性。

单眼：（a）由单个表皮晶状体和数个感觉细胞组成的简单的眼；（b）蝴蝶或蛾的后翅上一种眼状斑点或图案。

单肢动物：单肢动物门的成员，是由单肢动物门中的六足总纲和多足总纲组成的节肢动物。

盗窃生物：寄生的一种形式，如一只雌性黄蜂或蜜蜂找到其他种类储存猎物和食物的地方后在那里哺育自己的后代。

蝶蛹：蛾和蝴蝶的蛹（蛹期），常被包在丝茧中。

毒液：节肢动物如蜘蛛和膜翅目昆虫产生的有毒物质，能注入猎物或敌人的体内。

多态性：出现在具有数个不连续基因或显型的一个种群中的现象，其中，甚至是最稀有的类型也比周期性突变所能具有的出现的频率要高，因此这是自然选择直接的结果。

二倍体：存在两套同源染色体的细胞核。

复变态：完全变态的普通幼虫期、蛹期和成虫期各阶段之外的一系列发育阶段。

附器：体外生长的任何肢部或连接部位，如触角或翅膀。

副生殖器：属于雄性昆虫的交配器官，与交配前排出精液或精囊的生殖孔相隔较远。蜘蛛、蜻蜓和草蜻蛉都有副生殖器。

复眼：节肢动物眼睛的一种类型，由许多长长的圆柱体单元——小眼组成，每个小眼都能接收光线。

共生：两种生物如一种昆虫和一种植物之间共赢的关系。

孤雌生殖：新个体从未受精的卵中发育出来的生殖方式。这种情形出现在某些快速繁殖对它们来说非常重要的动物群体或种群中的雄性缺失或非常少的动物群体中。

古北区：生物地理学区域，包括温带欧亚大陆和非洲撒哈拉沙漠北部。

化学感受器：对化学物有反应的味觉或嗅觉感官。与其他感知声波、振动或触觉信息的感受器不同。

环节动物：环节动物门的成员，包括分节的蠕虫，比如我们熟悉的蚯蚓和水蛭。

激素：动物身体某个部位的腺体制造的少量化学物，进入血流后会对其他腺体或身体其他部位产生生理影响。

几丁质：复杂的含氮多糖化合物，形成了一种具有相当的机械强度和化学物耐受性的物质，是形成节肢动物外骨骼的材料。

寄生虫：以其他动物——即宿主——的组织为食的动物，但并不会导致宿主死亡。这种关系对宿主并没有益处。

甲壳动物：属于甲壳纲的动物，包括蟹、龙虾、藤壶、小虾等。

兼性寄生物：有特殊类型的寄生习性或生活方式的寄生虫，并不只依靠寄生方式生存。

茧：许多昆虫的成熟幼虫（预蛹期）在化蛹前用丝编织的囊。

节肢弹性蛋白：昆虫表皮中的一种弹性的、橡胶状蛋白质，分布在弹性关节中，跳蚤的跳跃机制中也有这种蛋白质在起作用。像橡胶一样，节肢弹性蛋白能在张力下被拉伸，储存能量，并在张力释放的时候恢复原来的长度和形状。

节肢动物：有“关节联结”附肢、长有硬的表皮（外骨骼）的无脊椎动物，这些特征被认为是数种偶然状况下独立进化出来的——由此产生单独的“节肢动物门”。

警戒色：动物身上显眼的色彩图案，同时它们一般具有难吃或难闻的味道，或有毒，或长有刺。警戒色使敌人学会将这些特点与不愉快的经历联系在一起并避免再次经历。

昆虫学：动物学的一个分支，专门研究昆虫。

两栖动物：既能在水中也能在陆地生活的动物。

龄：未发育成熟的节肢动物两次蜕皮之间的一段时期。

六足节肢动物：一个大型的六足节肢动物群体——六足总纲的成员，六足总纲由弹尾纲、双尾纲、原尾纲和昆虫纲组成。

卵生节肢动物：繁殖方式为产卵的节肢动物。

卵胎生节肢动物：某些将卵留在生殖道内，直到幼虫准备孵化的雌性节肢动物。孵化出现在产卵前或刚产卵的时候。

裸蛹：附器能自由活动的蛹。

酶：一种化学物质，通常是一种蛋白质，作为消化过程和组织呼吸等化学过程中的催化剂。

拟寄生物：某些特殊的昆虫，其幼虫为其他昆虫的体外或体内寄生虫，最终会导致宿主死亡。

拟态：某种动物个体为了增加防御敌人的自我保护度而模仿另一种动物的外表的现象。比如某种无毒动物模拟另一种有毒或能喷出毒液的品种，称为贝氏拟态。而缪氏拟态则相反，是某些没有亲缘关系却具有某些相似之处的群体，它们全都有毒或长有刺。

气门：节肢动物气管或呼吸管的外开口。

气囊：节肢动物气管系统的薄壁扩张部分，能促进空气的吸入和排出。气囊还使水生昆虫具有浮力。蜻蜓体内的气囊围绕胸翅肌形成隔离体。

趋同进化：源于不同祖先的两种或多种生物逐渐进化出越来越多的相似的特征。

染色体：细胞核中携带着遗传信息的线形结构。

鳃：昆虫的水生幼虫体外生长的薄皮肤状物，通过这个器官进行气体交换。

生物控制：利用自然界的天敌、寄生虫或致病生物减少害虫或有害植物种子的数量。

湿地吸水：雄性蝴蝶的习性，尤其在热带，雄性蝴蝶聚集在潮湿的泥土或池塘的边缘，以便吸收矿物盐。

食腐动物：以腐烂的植物或动物物质为食的动物。

食物链：生物中分等级的排列，后一级以前一级低等的生物或低营养物质为食，如树叶－象鼻虫－盗蝇－鸟－鹰就形成了一条食物链。

授粉：花粉颗粒通过各种不同的媒介，如风、水、鸟、蝙蝠（但主要是昆虫）传播到花朵的柱头或其他接收花粉的雌性部位的过程。

书肺：蛛形动物身上成对生长的、陷进腹部体壁的腔室。在那里，呼吸作用中的气体交换会穿过那些皱褶的、叶子状的薄片，薄片中有丰富的血液供应。

书鳃：某些蛛形动物的呼吸器官，与书肺很相似，但长在身体的前部。

树状突：神经纤维（轴索）最细且高度分叉的末端，主要用于接收刺激以启动神经脉冲。

体节：身体上（或附器上）重复出现的单元，各体节基本结构类似。多个体节分别组成体段，如头部、胸部和腹部。

体内寄生虫：住在宿主身体组织中的寄生虫。

体温调节：体温的内部控制机制。

头壳：将节肢动物头部和相关结构包住的外骨骼的一部分。

外表皮：是相较于较软的内表皮的表皮外部的硬层。

外翅：指那些翅膀在体外发育的昆虫的翅膀，这些昆虫属于不完全变态（半变态）。

外骨骼：节肢动物的外部骨骼，由表皮构成。

外生殖器：节肢动物生殖系统末端的坚硬部分，用于交配。

完全变态：卵发育成成虫前需经过独特的幼虫期和蛹期的整个过程。典型情况是，幼虫不仅在身体结构上与成虫不同，就连食性也不同。

无变态：不具有变态发育的昆虫，如无翅亚纲的昆虫，从卵中孵化的幼虫除了大小和未发育的生殖器官外，跟成虫基本一致。生殖腺和体型随着每一次蜕皮而发育和变大。

细胞：所有动植物组织的基础结构单元，每个都包含中央细胞核和围绕细胞核的细胞质。

细胞质：细胞中除细胞核外的所有活性物质。

纤毛：以规律的节奏摆动的微小毛发，见于排列在内部导管中的许多上皮组织中。许多原生动物的体外也覆有纤毛，用于身体的移动。

腺体：一种独特的组织或组织群，能分泌出殊定的物质，如气味或激素。

新陈代谢：生物体体内发生的化学过程。

血淋巴：节肢动物的血液。

亚成虫：蜉蝣成年前的一个阶段，在这个阶段，蜉蝣有翅膀，能飞行，与成虫比较相似，但有一层薄且暗的皮包住了整个身体和翅膀。

直翅类昆虫：来自同一个祖先的直翅总目昆虫群体，包括直翅目（蟋蟀和蚱蜢）、竹节虫目（竹节虫和叶虫）和革翅目（蠼螋）。

轴索：神经细胞上长长的突起，能自神经细胞体远距离传输神经脉冲。

专性寄生物：某种必须寄生在另一种动物身上度过生命周期中某个时期的动物。

自割：当附肢被敌人抓住后能自动脱落的过程。蜘蛛和蚱蜢具有这一能力，通过作用在某个特殊的断裂点或脆弱区域的肌肉地剧烈收缩而完成。

自然选择：进化改变机制。具有能增加其在环境中生存机会的某些特征的生物比不具备这些特征的生物更倾向于能存活下来，并产下拥有这些特征的后代。